永磁电机

第3版

王秀和 等 编著

CHINA ELECTRIC POWER PRESS

内 容 提 要

随着永磁材料性能的不断提高和电机技术的发展，永磁电机在国民经济的各个领域得到了极其广泛的应用。本书从永磁电机的基本理论入手，首先详细介绍了各类永磁材料的特点及选用原则、永磁电机的磁路及其计算、永磁电机的磁场分析、永磁电机的齿槽转矩等共性问题；然后分析了各类常见永磁电机的结构特点、工作原理、性能计算和设计方法；最后对具有特殊结构的新型永磁电机进行了简要介绍。在展示永磁电机全貌的同时，力求反映永磁电机的最新发展。

本书既可供从事永磁电机研究、设计、生产和使用的科研人员、工程技术人员、科技管理人员使用，也可作为高等学校的研究生教材，以及继续教育的参考教材。

图书在版编目（CIP）数据

永磁电机 / 王秀和等编著. —3 版. —北京：中国电力出版社，2023.2
ISBN 978-7-5198-6536-8

Ⅰ. ①永…　Ⅱ. ①王…　Ⅲ. ①永磁式电机　Ⅳ. ①TM351

中国版本图书馆 CIP 数据核字（2022）第 033793 号

出版发行：中国电力出版社
地　　址：北京市东城区北京站西街 19 号（邮政编码 100005）
网　　址：http://www.cepp.sgcc.com.cn
策划编辑：周　娟
责任编辑：杨淑玲（010-63412602）
责任校对：黄　蓓　郝军燕　李　楠
装帧设计：张俊霞
责任印制：杨晓东

印　　刷：北京雁林吉兆印刷有限公司
版　　次：2007 年 8 月第一版　2023 年 2 月第三版
印　　次：2023 年 2 月北京第十次印刷
开　　本：787 毫米×1092 毫米　16 开本
印　　张：28.25
字　　数：686 千字
定　　价：98.00 元

前　言

《永磁电机》第 2 版于 2011 年出版发行，期间受到了广大读者的厚爱。10 多年来，永磁电机的基础研究和产品研发都取得了长足进展，为体现永磁电机的最新研究成果及应用，我们对《永磁电机》第 2 版进行了修订。

在本书第 1 版中，王秀和编写了第一、二、三、五、八章，杨玉波编写了第四章和附录，李光友编写了第六章，王兴华编写了第七章，徐衍亮编写了第九章，第十章由王秀和、徐衍亮、朱常青、陈谢杰、张冉、刘士勇、申宁共同编写。全书由王秀和负责定稿。

在本书第 3 版中，各章节修订和编写情况如下：第一章由王秀和、赵文良修订，第二章由王秀和、张岳修订，第三章、第八章由王秀和修订，第四章由杨玉波修订，第五章由王秀和、杨玉波修订，第六章由李光友修订，第七章由王兴华修订，第九章由王秀和、朱常青修订，第十章由徐衍亮修订，第十一章由杨玉波、赵文良、张岳编写，附录由杨玉波修订。全书由王秀和负责定稿。

在本书的编写和修订过程中，得到了沈阳工业大学的唐任远院士、孙昌志教授以及山东大学电气工程学院诸多同事的大力支持和指导，在此表示诚挚谢意。

由于作者水平有限，书中难免存在错误和不妥之处，恳请读者批评指正。

作　者
2022 年 12 月

第 1 版 前 言

作为电机家族的重要成员，近 20 多年来永磁电机发展迅速，在国民经济的各个领域得到了广泛应用。永磁电机采用永磁体产生机电能量转换所需要的磁场，具有结构简单、运行可靠、体积小、重量轻、高效节能等优点。特别是稀土永磁材料的应用，大大提高了永磁电机的性能，使永磁电机具有更广阔的应用前景。

本书的撰写兼顾先进性和实用性，既阐述了永磁材料、永磁电机的共同问题及最新研究成果，又分类给出了各种永磁电机的基本结构、工作原理、设计方法及相关电磁设计程序，特别是对永磁电机技术的最新发展及新型特种永磁电机进行了论述。

本书的撰写分工如下：王秀和编写了第一、二、三、五、八章，徐衍亮编写了第九章，李光友编写了第六章，王兴华编写了第七章，杨玉波编写了第四章和附录，第十章由王秀和、徐衍亮、朱常青、陈谢杰、张冉、刘士勇、申宁共同编写。全书由王秀和负责统稿。

本书在编写过程中得到了沈阳工业大学的唐任远院士、孙昌志教授以及山东大学电机电器研究所各位老师的大力支持和指导，在此表示诚挚的谢意。

由于作者水平有限，书中难免存在不足之处，恳请读者批评指正。

作　者

2007 年 7 月

第 2 版 前 言

自 2007 年《永磁电机》出版以来，已 3 年之久，期间受到了广大读者的厚爱，其影响大大超出了我们的预期。有鉴于此，中国电力出版社建议我们进行修订，由于工作繁忙，直到现在才完成全部修订工作。

本书在第 1 版的基础上，增加了永磁同步发电机方面的内容（第九章），对第二、五、八章进行了大幅度的修改，第三、六、十（原第九章）增加了新的内容。由于受字数限制，删除了原第十章的全部和第四、七章的部分内容。

本次修订工作主要由原来的编写人执笔。王秀和修订了第一、二、三、五、八章，并编写了第九章；李光友修订了第六章；徐衍亮修订了第十章；王兴华修订了第七章；杨玉波修订了第四章和附录。最后由王秀和对全部修订稿统一进行了修改并负责定稿工作。

参加本书第 1 版编写的还有朱常青、陈谢杰、张冉、刘士勇、申宁等。在本书的编写过程中，得到了沈阳工业大学的唐任远院士、孙昌志教授和山东大学电气工程学院诸位同事的大力支持和指导，在此表示诚挚的谢意。

由于作者水平有限，书中难免存在错误和不妥之处，恳请读者批评指正。

作　者

2010 年 12 月

目　录

第一章 概 论

第一节 永磁材料的发展及其应用概况

永磁材料是一种重要的磁功能材料，具有宽磁滞回线、高剩磁和高矫顽力，经外部磁场饱和充磁后，无需外部能量而能持续产生磁场，广泛应用于电机、仪器仪表、医疗设备、设备制造、汽车和家电以及电子、电声和通信产品中，其中永磁电机是永磁材料最大的应用领域。永磁材料也称为硬磁材料，其矫顽力通常在 8kA/m 以上[1]。

一、永磁材料的分类

根据永磁材料制备工艺和组成成分的不同，可将常见的永磁材料分类如图 1–1 所示。

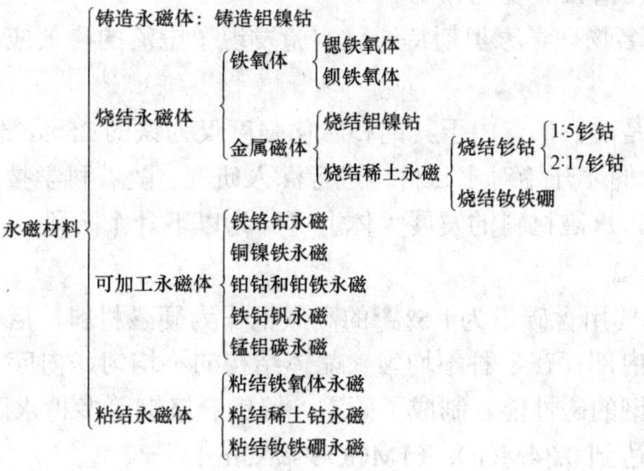

图 1–1 常见的永磁材料分类

二、永磁材料的发展历史

中国是世界上最早利用磁的国家，早在公元前 2500 年前后就已经有关于天然磁石的知识。中国古代把磁铁矿石叫作“慈石”，后逐渐演变为“磁石”，其主要成分为 Fe_3O_4，它是人类发现的最早永磁体，主要用于制造司南勺、指南车和指南针等。据《吕氏春秋》记载，中国在公元前 1000 年前后就已经有了指南针。战国时的《韩非子》中提到用磁石制成的司南，图 1–2 为我国汉代的司南，由一把“勺子”和一个“地盘”组成，地盘是用青铜制成的，内圆外方，中心圆面磨得非常光滑，以保证勺子指示方向的准确性。中心圆外围依次排列八卦、天干、地支等，共计 24 个方位。勺子是用整块的天然磁铁磨成的，勺头地部是半球面，非常光滑。使用时先把地盘放平，再把司南放在地盘中间，用手拨动勺柄，使它转动，等到勺子停下来，勺柄

图 1–2 汉代的司南

所指方向就是南方。

春秋时期的《管子》、汉初的《淮南子·览冥篇》、东汉的《论衡》中都有关于磁石吸铁片的记述。到了宋代，人们发明了人工磁化的方法，并创造出具有更好指南性能的指向仪器——指南针。指南针所用的磁针是以钢针摩擦天然磁石而制成的，《梦溪笔谈》最早记载了指南针的制造方法，《萍洲可谈》（约公元1119年）则已提到广州海船在天气阴晦时用指南针航海，这是世界航海史上使用指南针最早的记载。南宋文天祥在《扬子江》一诗中写道："臣心一片磁针石，不指南方不肯休"，后来人们把他的诗集命名为《指南录》，可见当时磁针指南已经普遍使用。在之后的漫长岁月里，人们发现了更多的磁现象。

在国外，公元前600年前后，希腊哲学家泰勒斯看到人们用磁铁矿石吸引铁片的现象，将其解释为"万物皆有灵，磁吸铁，故磁有灵"，这是国外关于磁的最早记载[2]。

1600年，英国物理学家和医师、曾任英国女王伊丽莎白一世御医的吉尔伯特对磁石进行了试验，发现磁石间相互吸引和排斥，并对磁现象进行了研究，写了一本名为《磁石》的书，这是最早的关于永磁材料的系统论述。但是，在论及磁现象的本质时，吉尔伯特和泰勒斯一样，也认为磁石中存在潜在灵魂的作用。

1820年，丹麦著名物理学家奥斯特通过实验发现了电流的磁效应，终于揭开了磁现象的物理本质。

最早的永磁材料是磁铁矿，由于其饱和磁化强度仅为铁的25%，长期未受重视。直到19世纪末20世纪初，人们才开始对永磁材料进行深入研究。随着科学技术的进步，出现了许多性能各异的永磁材料。永磁材料的发展大体上可分为以下几个阶段：

1. 基于碳钢的永磁

1910年以前，主要用含碳量为1.5%❶的高碳钢作为硬磁材料，后来将碳、钨、铬添加到钢中，使钢在常温下内部存在各种不均匀（晶体结构的不均匀、内应力的不均匀、磁性强弱的不均匀等）以改善钢的磁性能，制成了碳钢、钨钢、铬钢等多种永磁材料。1900年发现了钨钢，其最大磁能积达到0.34MGOe（1MGOe≈8kJ/m^3）。

1916年，日本金属物理学家本多光太郎发现添加钴的钨钢具有强磁性，开始进行新型永磁合金的研究，1917年制成含钴量为36%的Fe−Co硬磁合金，其最大磁能积达到1.8MGOe。

2. 铝镍钴永磁

1931年日本的三岛德七发明了Fe−Ni−Al三元硬磁合金。1933年本多光太郎研制出铝镍钴永磁。1938年英国人奥利弗等在Fe−Ni−Al的基础上加入Co并采用磁场热处理方法改善了合金的磁性能，20世纪40年代初荷兰的范于尔克等制成了高性能的$AlNiCo_5$合金。后来美国的埃贝林和英国的麦凯旋格等人发现定向结晶法可明显改善合金磁性。1956年荷兰人科赫等制成含钛的FeNiCoAlTi合金，矫顽力显著提高。1960年出现了定向结晶的$AlNiCo_5$磁体，后来又出现了定向结晶含钛的$AlNiCo_8$合金，与最初的铝镍钴永磁相比，矫顽力提高了200%，剩磁通密度提高了56%，最大磁能积提高了557%。

3. 铁氧体永磁

1913年，Hausknecht对氧化铁和氧化钡的混合物进行试验，发现$BaO+5Fe_2O_3$的退火样品具有高的磁性能。1938年，日本的Kato和Takei用粉末氧化物制成永磁材料，标志着铁氧

❶ 含量均为质量分数。

体永磁材料的诞生。1947 年，新西兰的 J.L.Snoeck 出版了《铁磁材料的最新发展》，公布了他们所发明的具有强磁性、高电阻率的铁氧体永磁材料。1952 年，Went 等人研制成功了最大磁能积为 1MGOe 的各向同性钡铁氧体永磁，并取得了专利。1954 年，各向异性钡铁氧体问世，最大磁能积达 4.45MGOe。1959 年，J.Smit 和 H.P.J.Wijn 出版了专著《铁氧体》。1963 年，高矫顽力锶铁氧体永磁材料诞生，当时国外研究最大磁能积已达 5MGOe。

4. 稀土永磁

人类对稀土永磁材料的认识始于 1935 年列宁格勒的科学家在《Nature》上发表的一篇论文“具有高于 340kA/m 矫顽力的 Nd－Fe 材料”。稀土永磁材料自 20 世纪 60 年代问世以来，经历了三个阶段：第一代（1:5 型钐钴 $SmCo_5$）、第二代（2:17 型钐钴 Sm_2Co_{17}）和第三代（钕铁硼 NdFeB）。

稀土是化学元素周期表中镧系元素——镧、铈、镨、钕、钷、钐、铕、钆、铽、镝、钬、铒、铥、镱、镥，以及与镧系元素密切相关的两个元素——钪和钇，共 17 种元素，最初是在瑞典的比较稀少的矿物中发现的，“土”是当时对不溶于水的物质的习惯称呼，故称为稀土。第二次世界大战后，随着稀土元素分离技术和低温技术的发展，人们对稀土元素的低温特性进行了研究，发现稀土元素在低温下大多有很强的磁性，但由于其居里温度低于室温，因此不能直接制成永磁材料。考虑到铁、镍、钴等元素在常温下具有很强的磁性，人们开始研究利用稀土与铁、钴的合金来提高稀土元素在常温下的磁性能。

1959 年出现的 $GdCo_5$ 合金具有较强的磁晶各向异性，1966 年发现了 YCo_5 合金，1967 年，美国学者 K.J.Strant 等研制出最大磁能积为 5MGOe 的 $SmCo_5$ 粉末粘结永磁材料，成为第一代稀土永磁材料诞生的里程碑。

1968 年采用普通制粉法制造的 $SmCo_5$ 的最大磁能积为 8MGOe，同年采用静压工艺，制出最大磁能积为 17.5MGOe 的 $SmCo_5$ 永磁体。1970 年首次采用液相烧结法制造 $SmCo_5$ 永磁体，从而使 $SmCo_5$ 的制造工艺逐步趋于完善与成熟。

1977 年日本的 T.Ojima 等利用粉末冶金法研制出最大磁能积为 30MGOe 的 Sm_2Co_{17} 永磁材料，标志着第二代稀土永磁材料的诞生。

由于 $SmCo_5$ 中含有 66%左右的 Co，而 Co 是昂贵的战略元素。因此，$SmCo_5$ 出现后，人们就开始考虑 Co 的替代材料。1983 年，日本住友特殊金属公司用粉末冶金法研制出最大磁能积为 36MGOe 的 NdFeB 永磁材料[3]，美国通用汽车公司也宣布了 NdFeB 实用磁体的开发成功，标志着第三代稀土永磁材料的诞生。钕铁硼永磁采用稀土元素钕代替了钐钴永磁中的钐（在稀土矿中，钕的含量为钐的 5～10 倍），且不含战备物资钴，这正是人们研究新型永磁材料所追求的目标。

1995 年，NdFeB 的最大磁能积已达到 51.2MGOe，用快淬与热挤压法生产的各向异性快淬磁体的最大磁能积已经达到 40MGOe，用还原扩散法制造的 NdFeB 最大磁能积达到 36MGOe。1987 年，日本住友特殊金属公司宣布最大磁能积为 50.6MGOe 的 NdFeB 磁体研制成功，1990 年日本东北金属公司的研究者声称可以得到最大磁能积为 52.3MGOe 的 NdFeB 永磁体，1993 年，住友特殊金属公司宣布制成世界最高磁能积的 NdFeB 磁体，最大磁能积为 54MGOe。目前报道的最大磁能积已达到 59.5MGOe。

三、永磁材料产业的发展概况

永磁材料产业的发展与电子信息、矿业、通信技术、航空航天、交通运输等行业密切相关，具有重要的战略意义。全球磁性材料总产值平均每 10 年增长约 1.7 倍，而永磁材料产值的年平均增长率则在 8%以上。20 世纪 90 年代以来，我国的永磁材料产业得到了巨大发展，永磁材料的产量快速增长，已成为“全球永磁体产业中心”[4]。

1990 年，我国 AlNiCo 产量已居世界第一，当年全世界的 AlNiCo 永磁产量为 7300t，其中我国 2000t，日本 1910t，美国 1100t，欧洲 1730t，其他地区 1100t。2000 年，我国烧结铁氧体永磁的产量超过日本总产量，成为世界第一。2001 年，我国烧结 NdFeB 永磁体的产量超过日本位居全球第一，当年全球烧结 NdFeB 永磁材料的总产量为 14 465t，其中我国 6400t，日本 6200t，美国 1030t，欧洲 835t。

目前，我国各类永磁材料产量都居于世界首位。在钕铁硼永磁方面，2018 年我国产量为 13.8 万 t，占全球总产量的 87%，居于第二位的日本占 8.8%，其他国家共占 4.2%。2019 年我国钕铁硼产量为 17 万 t，占当年钕铁硼永磁总产量的 94.3%。在铁氧体永磁方面，2018 年我国产量为 54.54 万 t，约占全世界产量的 65%。

四、永磁材料的应用领域

永磁材料的应用十分普遍，小到儿童玩具、文件夹的制作，大到人造卫星、宇宙飞船、磁悬浮列车的制造，从家庭、办公室到工农业等各个产业部门，随处都可以见到永磁材料的应用。按用途的不同，永磁材料的主要应用分类如图 1－3 所示。

永磁材料的主要应用
- 机电能量转换装置
  - 电机
  - 测量仪表
- 电声转换装置：电话、话筒、耳机、扬声器等
- 磁力装置
  - 固定和提升装置：磁吸盘、房门吸块、冰箱密封条等
  - 处理装置：磁分离器等
  - 磁力耦合及制动装置、永磁齿轮等
  - 永磁轴承等
- 微波器件：磁控管、粒子加速器、质谱仪、阴极射线管等
- 传感器：电流、位置、速度、加速度、液体流量、压力、振动等传感器
- 医疗设备：核磁共振成像仪、医疗器具、磁疗设备等
- 其他

图 1－3　永磁材料的主要应用分类

第二节　永磁电机及其发展概况

一、永磁电机的发展历史

在最初的电机中，人们利用磁铁矿石建立所需要的磁场。1821 年 9 月，法拉第发现通电的导线能绕永久磁铁旋转，第一次成功实现了电能向机械能的转换，从而建立了电机的实验室模型，被认为是世界上第一台电机，其原理如图 1-4 所示。在一个金属盘子内注入水银，盘子中央固定一块永磁体，盘子上方悬挂一根导线，导线的一端可在水银中移动，另一端跟电池的一端连接在一起，电池的另一端与盘子连在一起，构成导电回路，载流导线在磁场中受力，围绕永磁体旋转。

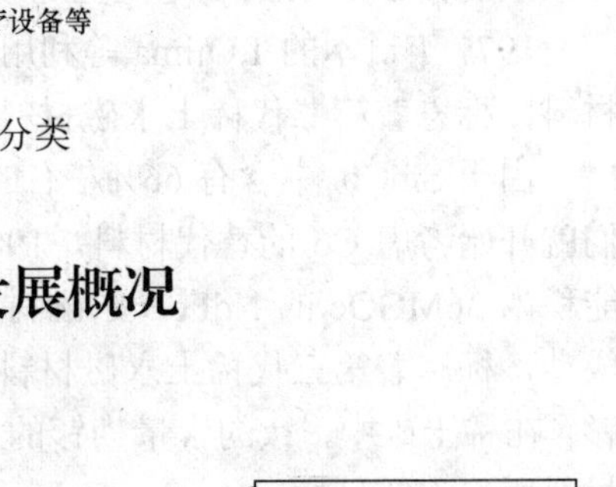

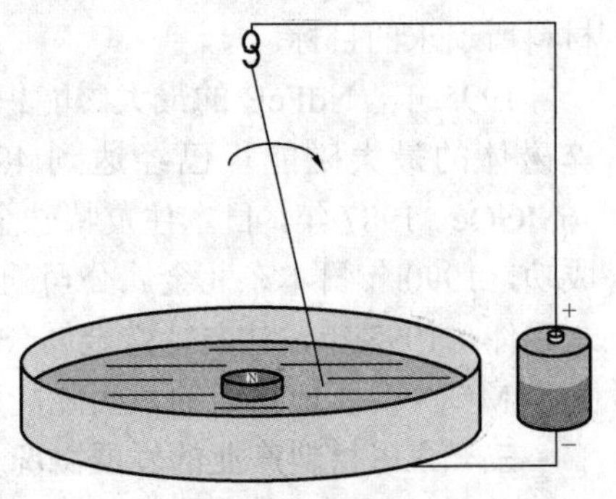

图 1－4　第一台电机的原理图

1822 年，法国的盖·吕萨克发明电磁铁，即用电流通过绕在铁心上的线圈的方法使铁心磁化，这是一个重要的发明，但当时这一发明并未得到重视和应用。

1831 年，法拉第发现电磁感应现象之后不久，利用电磁感应原理发明了世界上第一台真正意义上的电机——法拉第圆盘发电机，如图 1–5 所示。这台发电机的构造跟现代发电机不同，在磁场中转动的不是线圈，而是一个铜圆盘，圆心处固定一个摇柄，圆盘的边缘和圆心处各与一个电刷紧贴，用导线把电刷与电流表连接起来，铜圆盘放置在蹄形永磁体的磁场中，转动摇柄使铜圆盘旋转时，电流表的指针偏向一边，电路中产生了持续的电流。同年夏天，亨利对法拉第的电机模型进行了改进，制作了一个简单的装置（振荡电动机），其原理如图 1–6 所示，该装置的运动部件是在垂直方向上运动的电磁铁，当它们端部的导线与两个电池交替连接时，电磁铁的极性自动改变，电磁铁与永磁体相互吸引或排斥，使电磁铁以每分钟 75 个周期的速度上下运动。该电机的重要意义在于第一次展示了由磁极排斥和吸引产生的连续运动，是电磁铁在电动机中的第一次真正应用。

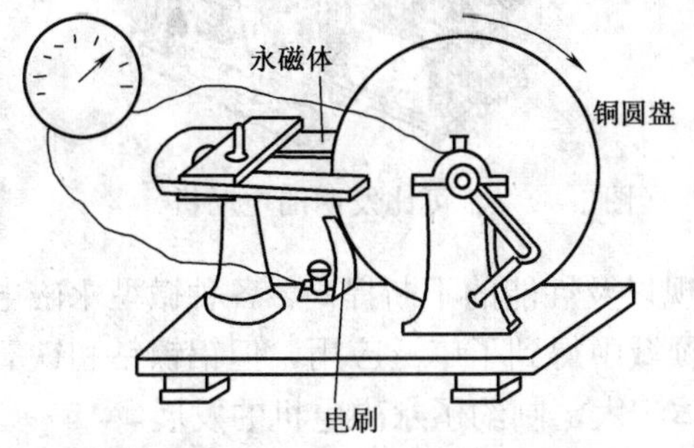

图 1–5 法拉第发明的圆盘发电机

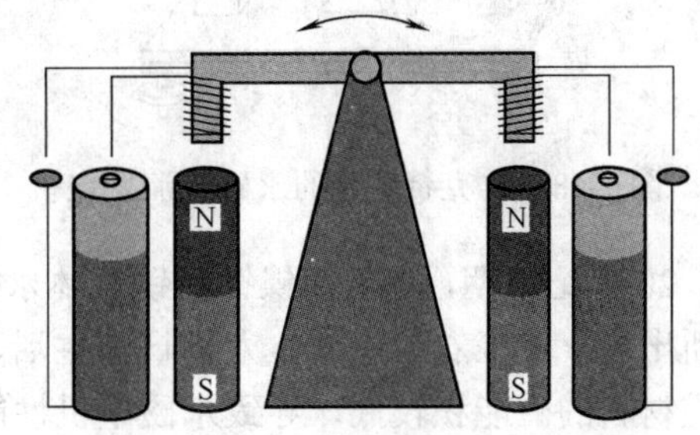

图 1–6 亨利发明的振荡电动机原理图

1832 年，斯特金发明了换向器，并对亨利的振荡电动机进行了改进，制作了世界上第一台能产生连续运动的旋转电动机，其原理如图 1–7 所示。

随后，各种电机不断问世。1832 年，法国人皮克希发明了一台永磁交流发电机，如图 1–8 所示。后来，在物理学家安培建议下，皮克希采用能使电流自动改换方向的装置（即换向器），做成了直流发电机。

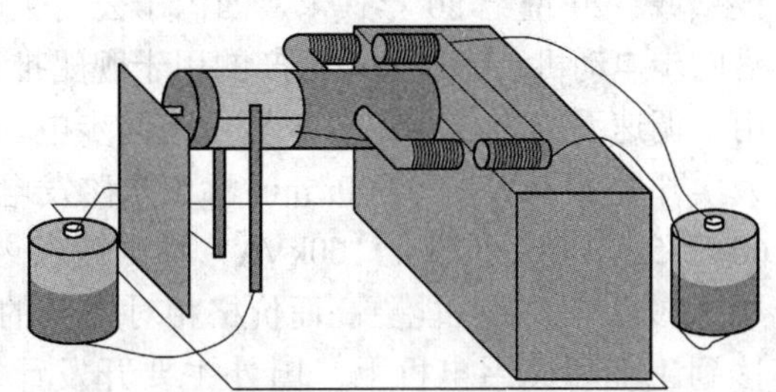
图 1–7 斯特金发明的旋转电动机原理图

1834 年，德国的雅可比制造了一个简单的装置，在两个 U 型电磁铁中间，装一六臂轮，每臂带两根棒型磁铁。通电后，棒型磁铁与 U 型磁铁之间相互吸引或排斥，带动轮轴转动，如图 1–9 所示。后来，雅可比做了一个大型的装置，安装在小艇上，用 320 个电池供电，1838 年在易北河上首次航行，时速为 2.2km/h。与此同时，美国的达文波特也成功研制出印刷机驱动用电动机。

上述电机都采用永久磁铁建立磁场。由于当时永久磁铁均由天然磁铁矿石做成，磁性能低，造成电机的体积庞大、性能差。1845 年，英国的惠斯通用电磁铁代替永久磁铁，并取得了专利权。1857 年，他发明了自激电励磁发电机，开创了电励磁方式的新纪元。由于电励磁方式能在电机中产生足够强的磁场，使电机体积小、重量轻、性能优良，在随后的70多年内，电励磁电机的理论和技术得到了迅猛发展，而永磁励磁方式在电机中的应用则较少。

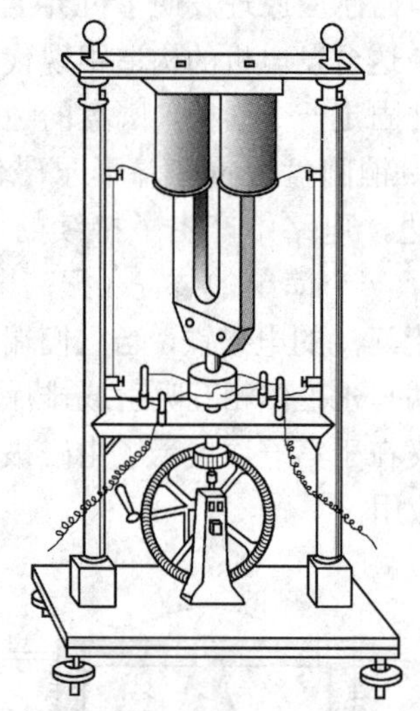

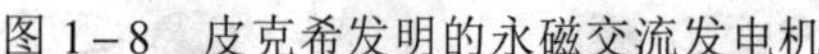

图1-8　皮克希发明的永磁交流发电机

图1-9　雅可比发明的电动机

20世纪中期，随着铝镍钴和铁氧体永磁的出现以及性能的不断提高，各种微型永磁电机不断出现，在工农业生产、人们日常生活、军事领域中得到了广泛应用。但铝镍钴和铁氧体永磁材料的磁能积较低，导致永磁电机性能低、体积大，制约了永磁电机的发展。

1967年，钐钴永磁材料的出现，开创了永磁电机发展的新纪元。钐钴永磁材料性能好、价格昂贵，各国研究开发的重点是航空航天用电机和要求高性能而价格不是主要因素的高科技领域。20世纪80年代末，西门子公司生产的用于舰船推进的6相、1.1MW、230r/min永磁同步电动机，ABB公司生产的用于舰船推进的1.5MW永磁同步电动机和德国AEG研制的用于调速系统的3.8MW、4极永磁同步电动机是国外永磁电机的代表[2]。在国内，沈阳工业大学开发了3kW、20 000r/min稀土永磁发电机，并与东方电机厂、哈尔滨电机厂联合开发了60～75kVA（后扩展至160kVA）稀土钴永磁副励磁机[6]。

1983年，磁性能更高而价格相对较低的钕铁硼永磁体问世后，国内外研究开发重点转移到工业和民用电机上。国外主要开发计算机硬盘驱动器电机（即驱动读写磁头往复运动的音圈电动机）、数控机床和机器人用的无刷直流电动机，国内主要开发各种高效永磁同步电动机。

进入21世纪，随着永磁材料性能的不断提高和电力电子技术的快速发展，永磁电机产品研发呈井喷之势。小功率异步起动永磁同步电动机、小功率无刷直流电机、小功率变频调速永磁同步电动机、高压中型异步起动永磁同步电动机、小功率交流伺服电机、高速永磁同步电机、大转矩直驱永磁电机、永磁风力发电机等众多产品已系列化生产并大批量推广应用，永磁同步变频调速系统已成为高性能调速和伺服系统场合的首选。

二、永磁电机的分类与特点

磁场是电机实现机电能量转换的基础。根据电机建立磁场方式的不同，可分为电励磁电机和永磁电机。与电励磁电机相比，永磁电机具有以下优点：

（1）取消了励磁系统损耗，提高了效率。

（2）取消了励磁绕组和励磁电源，结构简单，运行可靠。

（3）稀土永磁电机结构紧凑，体积小，重量轻。

（4）电机的尺寸和形状灵活多样。

常规永磁电机通常分为永磁直流电动机、异步起动永磁同步电动机、永磁无刷直流电动机、调速永磁同步电动机和永磁同步发电机五类。

永磁直流电动机与普通直流电动机结构上的不同在于取消了励磁绕组和磁极铁心，代之以永磁磁极，因此，具有结构简单、可靠性高、效率高、体积小、重量轻的特点，绝大多数永磁直流电动机是微型电机，在电动玩具、家用电器、汽车的制造中得到了广泛应用。其中在汽车工业中的应用发展最快，每台高档轿车上有几十台电机，除发电机外，基本上都是永磁直流电动机。

无刷直流电机和调速永磁同步电机结构上基本相同，定子上为多相绕组，转子上有永磁体，它们的主要区别在于无刷直流电机根据转子位置信号实现自同步。它们的优点在于：① 取消了电刷和换向器，可靠性提高；② 损耗主要由定子产生，散热条件好；③ 体积小，重量轻，效率高。

异步起动永磁同步电动机与调速永磁同步电动机结构上的区别是：前者转子上有起动绕组或具有起动作用的整体铁心，能实现异步起动，无需控制系统即可在电网上运行。

永磁同步发电机与电励磁同步发电机在结构上的不同在于，前者采用永磁体建立磁场，取消了励磁绕组、励磁电源、换向器和电刷等，结构简单，运行可靠。若采用稀土永磁，可以提高气隙磁通密度和功率密度，具有体积小、重量轻的优点。但永磁同步发电机制成之后，难以调节励磁磁场以控制输出电压，使其应用受到了限制。

三、永磁电机的应用

目前永磁电机的功率从几毫瓦到几千千瓦，应用范围从玩具电机、工业应用到舰船牵引用的大型永磁电机，在交通运输、军事工业、航空航天及日常生活的各个方面得到了广泛应用。主要应用如下[2]：

（1）家用电器，包括电视及音像设备、风扇、空调器、食品加工机、美容工具、油烟机等。

（2）计算机及其外围设备，包括计算机（驱动器、风扇等）、打印机、绘图仪、光驱、光盘刻录机等。

（3）工业生产设备，包括工业驱动装置、材料加工设备、自动化设备、机器人等。

（4）燃油汽车，包括永磁起动机、雨刮器电机、门锁电机、座椅升降电机、遮阳顶棚电机、清洗泵电机、录音机用电机、玻璃升降电机、散热器冷却风扇电机、空调电机、天线升降电机、油泵电机等。

（5）新能源汽车，包括车辆主驱电机、起动发电一体机、氢燃料电池用电机等。

（6）公共生活设施，包括钟表、美容器件、自动售货机、自动取款机、点钞机等。

（7）交通运输装备，包括电车、飞机辅助设备、舰船等。

（8）航天装备，包括火箭、卫星、宇宙飞船、航天飞机等。

（9）国防装备，包括坦克、导弹、潜艇、飞机等。

（10）医疗设备，包括牙钻、人工心脏、医疗器械、康复机械等。

（11）发电装备，包括风力发电、余热发电、潮汐发电和波浪发电等。

参 考 文 献

［1］ 大本豊明，刘代琦，等编译．磁性材料手册［M］．北京：机械工业出版社，1987.

［2］ Jacek F.Gierras，Mitchell Wing.Permanent magnet motor technology［M］．New York：Marcel Dekker.Inc.1997.

［3］ 任伯胜，等．稀土永磁材料的开发和应用［M］．南京：东南大学出版社，1989.

［4］ 罗阳．21世纪永磁材料产业结构变化趋势［J］．电工材料，2004（1）.

［5］ 宋后定，陈培林．永磁材料及其应用［M］．北京：机械工业出版社，1984.

［6］ 唐任远．现代永磁电机［M］．北京：机械工业出版社，1997.

第二章　永 磁 材 料

第一节　永磁材料的磁性与分类

一、磁性的来源

原子的电子结构是材料磁性的基础。在原子内部，电子除了绕原子核公转外，还绕自身的轴线自转（即自旋）。电子绕原子核做轨道运动时，形成环形电流，产生磁矩，称为电子的轨道磁矩，如图 2–1（a）所示。电子自旋产生自旋磁矩，如图 2–1（b）所示。原子核自旋也产生自旋磁矩，如图 2–1（c）所示，但由于其质量大，运动速度慢，只是电子自旋速度的几千分之一，其磁矩与电子自旋磁矩相比可以忽略。因此，原子磁矩就等于原子核外所有电子的自旋磁矩和轨道磁矩之和。从图 2–1（b）可以看出，电子的自转方向有逆时针和顺时针两种，所产生的磁矩方向相反，有正反两种方向。在一些物质中，产生正、反磁矩的电子数目相等，它们产生的磁矩互相抵消，整个原子，以至于整个物体对外没有磁矩。若产生正、反磁矩的电子数目不等，则磁矩不能相互抵消，导致整个原子具有磁矩。

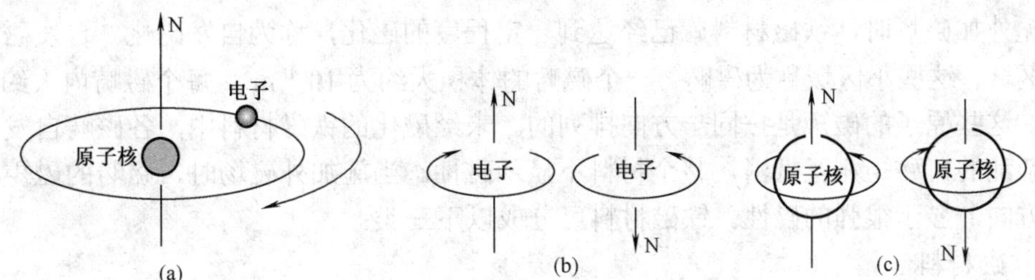

图 2–1　原子内的磁矩

（a）轨道磁矩；（b）电子自旋磁矩；（c）原子核自旋磁矩

物理学研究表明：任何微观粒子都处于热运动中，热运动使各原子的磁矩方向不断地、无规则地变化，因而各原子的磁矩互相抵消，如果没有其他因素的影响，整个物体不显示磁性。然而，相邻两个原子内电子的运动范围在空间上发生重叠，存在一种交换作用，在强磁性材料中，这种交换作用比热运动的影响大得多，电子磁矩的相互取向就取决于交换作用的性质。交换作用有正负两种：正的交换作用使电子的自旋磁矩互相平行且同方向，显示固有磁矩，即这些原子磁矩之间被整齐地排列起来，整个物体也就有了磁性；负交换作用使电子的自旋磁矩互相平行且互相抵消，不显示磁性。

因此，根据磁性能的不同，可将材料划分为以下五类[1]：

（1）抗磁性材料：原子无磁矩，或者原子有磁矩、但原子组成的分子无磁矩。在外加磁场作用下，获得与外磁场方向相反的弱磁性，其磁化率$\chi<0$ 且$|\chi|<10^{-5}$，包括惰性气体、许多有机化合物、石墨以及若干金属、非金属等，大多数物质属于这一类。

（2）顺磁性材料：当物质中不存在交换作用时，磁矩间相互混乱排列，且每一磁矩在热运动作用下的空间取向不断变化，为顺磁性材料。在外磁场作用下，顺磁性材料能呈现出十分微弱的磁性，且磁化强度的方向与外磁场方向相同，磁化率$\chi>0$，一般为$10^{-8}\sim10^{-5}$。铝、镁、含水硫酸亚铁等属于这类材料。

（3）反铁磁材料：当交换作用为负时，若磁性电子的自旋磁矩互相平行、互相抵消，不显示磁性，为反铁磁材料。当外加磁场时，各原子磁矩勉强地转向外磁场，由于它们的磁矩没有完全被抵消，显示出较弱的磁性。其磁化率$\chi>0$，一般为$10^{-5}\sim10^{-3}$，如铬、锰等。

（4）亚铁磁材料：当交换作用为负时，若磁性电子的自旋磁矩不能互相抵消，则显示一定磁性，为亚铁磁材料，电子技术中大量使用的软磁铁氧体就是亚铁磁材料。与铁磁性材料一样，亚铁磁材料很容易被磁化，其磁化率$\chi\gg0$。

（5）铁磁性材料：当交换作用为正时，磁性磁矩平行排列，显示很强的磁性，为铁磁性材料，包括铁、镍、钴及它们的合金、某些稀土元素的合金和化合物、铬和锰的一些合金等。其特点是，在相当弱的磁场作用下也能磁化，其磁化率$\chi\gg0$，一般为$10^{-1}\sim10^{5}$。χ不仅仅是磁场强度的函数，还与磁化前样品的磁状态有关，表现为磁滞回线。另外，当温度超过某一温度时，磁性消失，转变为顺磁性材料。

其中，抗磁性材料、顺磁性材料和反铁磁材料都是弱磁性材料，它们的磁性只有用精密仪器才能测出，称为非磁性材料。亚铁磁材料和铁磁性材料具有很强的磁性，属于强磁性材料，通常称为铁磁材料。

二、铁磁材料的分类

在无外加磁场时，铁磁材料就已经达到一定程度的磁化，称为自发磁化。自发磁化分成许多小区域，这些小区域称为磁畴。一个磁畴的体积大约为$10^{-15}m^3$，每个磁畴内大约有10^{15}个原子，这些原子的磁矩是按同一方向排列的。未经磁化的铁磁材料中，各磁畴自发磁化的取向是杂乱的，磁矩相互抵消，整个材料不显示磁性。当施加外磁场时，磁畴的磁矩就转向外磁场方向，显示很强的磁性。铁磁材料可分成以下三类：

1. 软磁材料

软磁材料的特点是磁导率高、矫顽力低，大量用于制造电机、变压器以及其他电磁装置的铁心，常用的有硅钢片、纯铁和软磁铁氧体等。

2. 永磁材料

永磁材料的特点是剩磁高、矫顽力高、磁滞回线面积大、磁化到饱和所需外磁场强。一经充磁，便可为外部磁路提供稳定的磁场，在电磁装置中代替励磁绕组，应用非常广泛。

3. 其他磁功能材料

其他磁功能材料包括磁光材料、磁电阻材料、磁敏感材料、磁致伸缩材料、磁记录材料、磁致冷材料、电磁波吸收材料、磁致形状记忆合金、磁性薄膜、微波磁性材料、磁性液体、磁流变体等。随着材料科学的发展，新型的磁功能材料将不断涌现。

三、常用的磁学单位制

在电磁学中，目前常用的单位制有两种：高斯单位制和国际单位制。高斯单位制是最初使用较多的单位制，缺点是其中的电学量单位都不是实际单位。国际单位制在1960年由第11届国际计量大会通过作为全世界统一的单位制，以米、千克、秒和安培作为基本单位。目前国际单位制已经取得了世界各国的公认，绝大多数国家都已经完成了向国际单位制的过渡。

但在磁学领域，特别是磁学的工程应用领域，由于传统习惯以及高斯、奥斯特这两个单位的大小比较适合于工程实际，高斯单位制仍然有一定的应用。鉴于此，本书给出了国际单位制和高斯单位制中磁学单位的对照，见表 2-1[2]。

表 2-1　国际单位制和高斯单位制中磁学单位的对照

物理量		国际单位		高斯单位		换算关系
名称	符号					
电流	I	安培	A	静电单位	CGSE	$1A = 3\times10^9$CGSE
磁感应强度	B	特斯拉	T	高斯	G	$1T = 10^4G$
磁场强度	H	安培/米	A/m	奥斯特	Oe	$1A/m = 4\pi\times10^{-3}Oe$
磁通	Φ	韦伯	Wb	麦克斯韦	Mx	$1Wb = 10^8Mx$
磁动势	F	安培	A	吉伯	Gb	$1A = 4\pi\times10^{-1}Gb$
最大磁能积	$(BH)_{max}$	焦耳/立方米	J/m^3	兆高奥	MGOe	$1J/m^3 = 4\pi\times10^{-5}MGOe$

第二节　永磁材料的主要性能参数

一、铁磁材料的磁滞回线

在铁磁材料中，磁感应强度 B 与外加磁场强度 H 的函数关系非常复杂，B 的变化落后于 H 的变化，这种现象称为磁滞，用磁滞回线描述。如图 2-2 所示，将铁磁材料置于外加交流磁场中进行周期性磁化，当 H 从零开始增加到 H_m 时，B 沿曲线 Oa 增加到 B_m，然后逐渐减小 H，B 将沿曲线 ab 下降，H 下降到零后，反方向增加 H 到 $-H_m$，B 沿 bcd 变化到 $-B_m$，再逐渐减小 H 的绝对值，B 沿着曲线 de 变化，当 H 为零后，再增加 H 到 H_m，则 B 沿 efa 增加到 B_m，如此反复磁化，就得到如图所示的 $B-H$ 闭合曲线，称为磁滞回线。

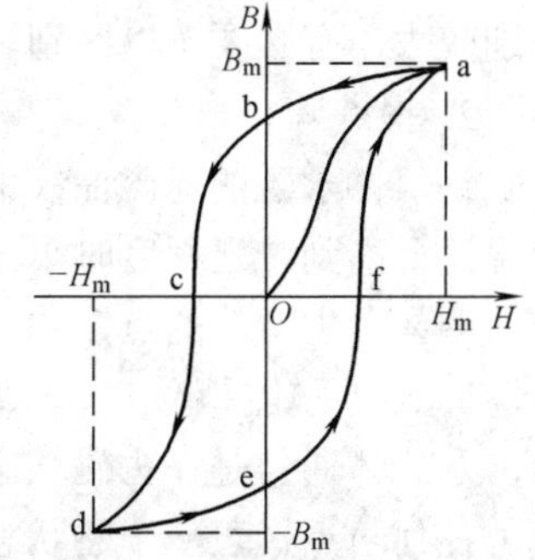

图 2-2　铁磁材料的磁滞回线

在外加磁场交变的最初几个周期内，所得到的磁滞回线虽然接近，但并不相同，经过多次反复磁化后，磁滞回线趋于稳定。磁滞回线的面积与最大磁场强度 H_m 有关，H_m 越大，面积越大。当 H_m 达到或超过材料的饱和磁化强度时，磁滞回线面积最大，磁能积最高，磁性能最稳定。面积最大的磁滞回线称为饱和磁滞回线。

根据磁滞回线形状的不同，可将铁磁材料分为软磁材料和永磁材料。磁滞回线窄的为软磁材料，磁滞回线宽的为永磁材料。

二、永磁材料的退磁曲线与内禀退磁曲线

对于永磁材料，通常用磁滞回线的第二象限部分描述其特性，称为退磁曲线，如图 2-3 中曲线 $B=f(H)$所示。由于 B 为正而 H 为负，表达不便，故将 H 坐标轴的方向取反。在室温下，稀土永磁的退磁曲线为直线；铁氧体永磁退磁曲线的上部为直线，下部弯曲；而铝镍钴永磁的退磁曲线为曲线。

根据铁磁学理论，在上述坐标系下，永磁材料中的磁场满足：

$$B=-\mu_0 H+\mu_0 M \tag{2-1}$$

式中：$\mu_0=4\pi\times10^{-7}$H/m 为真空的磁导率；M 为单位体积内磁矩的矢量和，称为磁化强度，单位为 A/m。可以看出，在永磁材料中，B 有两个分量，即$\mu_0 H$ 和磁化后产生的分量$\mu_0 M$，$\mu_0 M$ 称为内禀磁感应强度，用 B_i 表示。由式（2−1）可知，内禀磁感应强度与磁感应强度之间满足如下关系：

$$B_i=B+\mu_0 H \tag{2-2}$$

描述内禀磁感应强度与磁场强度关系的曲线 $B_i=f(H)$称为内禀退磁曲线，如图 2−3 中 $B_i=f(H)$所示。

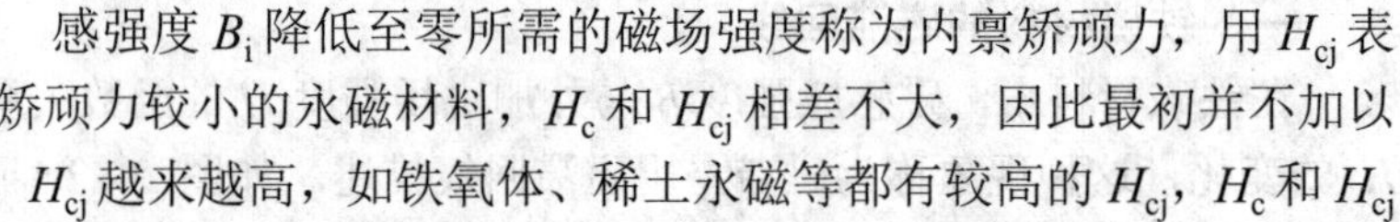

图 2−3　永磁材料退磁曲线

三、永磁材料的磁性能参数

1. 剩磁、矫顽力和内禀矫顽力

从永磁材料的退磁曲线可以看出，当磁场强度 H 为零时，磁感应强度不为零，而是一个较大的值，称为剩余磁感应强度、剩磁通密度度或剩磁，用 B_r 表示，单位为 T。

当磁感应强度为零时，H 不为零，而是 H_c，H_c 称为磁感应矫顽力，通常简称为矫顽力，单位为 A/m。同理，使内禀磁感强度 B_i 降低至零所需的磁场强度称为内禀矫顽力，用 H_{cj} 表示，单位为 A/m。对于内禀矫顽力较小的永磁材料，H_c 和 H_{cj} 相差不大，因此最初并不加以区别。随着永磁材料的发展，H_{cj} 越来越高，如铁氧体、稀土永磁等都有较高的 H_{cj}，H_c 和 H_{cj} 差别较大，有必要予以区别。从本质上讲，H_{cj} 更能表征材料保持磁化状态的能力。

2. 拐点

铁氧体永磁的退磁曲线上部为直线，下部弯曲；NdFeB 永磁的退磁曲线在室温下为直线，但温度升高到一定程度时下部会出现弯曲。退磁曲线明显发生弯曲的点，称为拐点，也称膝点。

3. 最大磁能积

永磁体通常是在去磁状态下工作的，退磁曲线上任何一点代表一个磁状态，该点 B 和 H 的乘积代表了该磁状态下永磁体所具有的磁场能量密度，称为磁能积。磁能积随 B 变化的关系曲线称为磁能积曲线，如图 2−4 中纵轴右边的曲线所示。退磁曲线上存在一点 d，该点的磁感应强度 B_d 和磁场强度 H_d 的乘积最大，称为最大磁能积，用$(BH)_{max}$ 表示，是评价永磁体磁性能的重要指标。最大磁能积越大，产生同样磁场所需的永磁体体积越小。要提高最大磁能积，需使剩磁和矫顽力尽可能高。在进行磁路设计时，从理论上讲，将永磁体的工作点设计在最大磁能积点，永磁体的利用率最高。

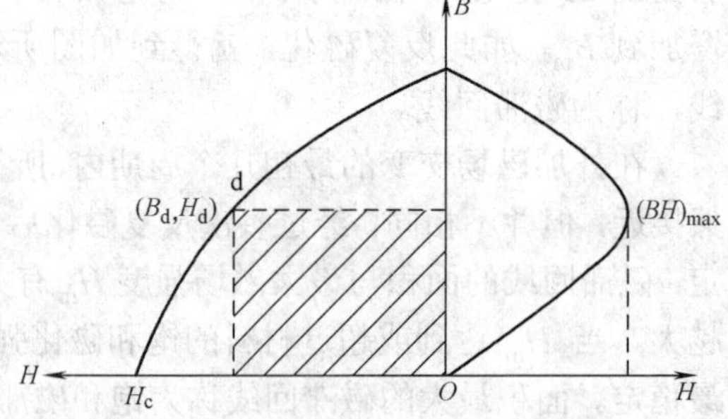

图 2−4　永磁材料的磁能积曲线

永磁材料的退磁曲线往往不是直线，而是有一定程度的弯曲。如果两种材料的剩磁和矫顽力相同，而弯曲程度不同，则最大磁能积也不同，退磁曲线凸出程度越大，则最大磁能积越大。退磁曲线的凸出程度可用凸出系数 γ 表示，凸出系数定义为：

$$\gamma=\frac{(BH)_{max}}{B_r H_c} \tag{2-3}$$

4. 回复磁导率和相对回复磁导率

如图 2−5 所示，假设永磁体处于外加磁场中，工作点为 a 点（在拐点之下）。当去掉外加磁场时，工作点不是沿着退磁曲线回到 b 点，而是到一个新的位置 c，如果反复地改变外磁场，得到一个局部磁滞回线，由于其非常窄，可用一条直线代替，称为回复线。回复线的斜率称为回复磁导率μ_{rec}：

$$\mu_{rec}=\tan\alpha=\frac{\Delta B}{\Delta H} \tag{2-4}$$

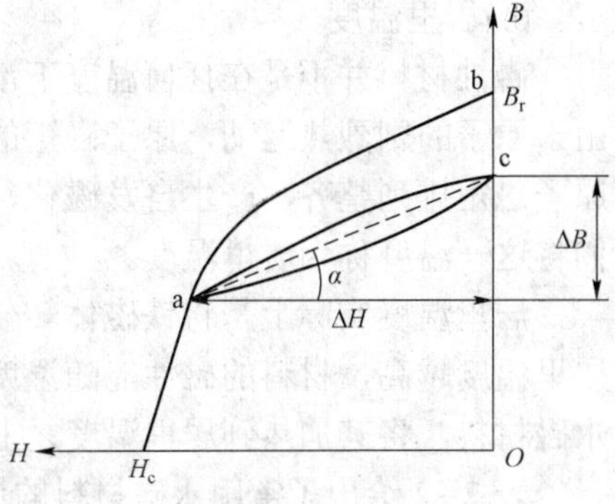

图 2−5 回复线

μ_{rec}与μ_0的比值称为相对回复磁导率，用μ_r表示。若退磁曲线为直线，则回复线与退磁曲线重合；若退磁曲线上部分为直线，则回复线可能与退磁曲线重合，也可能与退磁曲线平行，取决于回复线的起点是在拐点之上还是拐点之下。

不同永磁材料的回复磁导率是不同的，即使是同一材料，退磁曲线上不同点的回复磁导率也有差别。但为了便于计算，通常认为永磁材料的回复磁导率为常数。

当用相对回复磁导率表示永磁体的特性时，满足：

$$\begin{cases} B=B_r-\mu_0\mu_r H \\ B_i=B_r-\mu_0(\mu_r-1)H \\ M=M_0-(\mu_r-1)H \end{cases} \tag{2-5}$$

式中，$M_0=B_r/\mu_0$为剩余磁化强度。

由式（2−5）可以看出：

（1）退磁曲线的斜率为$\mu_0\mu_r$，而内禀退磁曲线的斜率$\mu_0(\mu_r-1)$。

（2）由于内禀磁感应强度和磁感应强度之差为$\mu_0 H$，因此内禀退磁曲线与退磁曲线的拐点对应的磁场强度相同。在不同温度下，内禀退磁曲线的拐点在第二象限，而退磁曲线的拐点有的在第二象限，有的在第三象限，但生产厂家往往只给出曲线的第二象限部分，因此，有时无法得知退磁曲线的拐点。若根据内禀退磁曲线与退磁曲线拐点对应的磁场强度相同这一点，即可得到退磁曲线拐点对应的磁场强度和磁感应强度。

5. 温度系数

永磁体通常工作在电磁装置内，装置所处环境温度的变化和装置产生的热量使永磁体工作温度发生变化，影响永磁体的性能，温度对永磁体性能的影响可用温度系数表示。

在永磁体允许的工作范围内，其所处环境温度每变化 1℃，剩磁和内禀矫顽力变化的百分比，分别称为剩磁温度系数和内禀矫顽力温度系数，用α_{Br}和$\alpha_{H_{cj}}$表示：

$$\begin{cases} \alpha_{Br}=\dfrac{B_r-B'_r}{B'_r(t-t_0)}\times 100\% \\ \alpha_{H_{cj}}=\dfrac{H_{cj}-H'_{cj}}{H'_{cj}(t-t_0)}\times 100\% \end{cases} \tag{2-6}$$

式中：B_r、H_{cj} 分别为永磁体在温度 t 下的剩磁和内禀矫顽力；B'_r、H'_{cj} 分别为永磁体在温度 t_0 下的剩磁和内禀矫顽力。

温度系数表征了永磁材料的温度稳定性。

6. 居里温度

磁性材料并不是在任何温度下都具有磁性，而是存在一个临界温度 T_c，在该温度以上，由于原子的剧烈热运动，原子磁矩的排列是混乱无序的，材料不显示磁性；在此温度以下，原子磁矩排列整齐，产生自发磁化，材料表现出铁磁性。居里首先发现了这一现象，因而人们将这一温度称为居里温度。

居里温度实际上是将铁磁体转化为顺磁体的温度，是永磁材料保持铁磁性的最高温度。居里温度越高，材料的磁性能随温度的变化越缓慢，材料的热稳定性越高。经过充磁磁化的永磁材料，将其加热到居里温度之上，就可恢复到磁中性状态，称为热退磁。

表 2–2 给出了常用永磁材料的居里温度[3]。

表 2–2　　常用永磁材料的居里温度

材料	铝镍钴	铁氧体永磁	钐钴 1:5 型	钐钴 2:17 型	烧结钕铁硼
居里温度/℃	800～860	465	750	800～850	312～420

7. 最高工作温度

将规定尺寸的永磁材料样品加热到某一特定温度，保持 1000h，然后冷却到室温，其开路磁通不可逆损失小于 5%的最高保温温度，称为该永磁材料的最高工作温度。

8. 各向同性与各向异性

在永磁体成型过程中，往往对其施加外磁场，使其磁畴的易磁化方向都沿同一方向，得到的永磁体称为各向异性永磁体，否则就是各向同性永磁体。

对于各向同性永磁体，在任意方向上充磁都可以得到相同的磁性能。对于各向异性永磁体，存在一个能获得最佳磁性能的充磁方向，称为永磁体的取向方向，也称作易磁化方向，要充分利用永磁体，必须沿该方向充磁。

四、永磁材料的物理参数

永磁材料作为永磁电机的关键部件，在进行电机性能分析时往往需要永磁材料的一些物理参数，例如，进行永磁电机温度场分析时，需要永磁材料的热导率、比热容等参数；分析永磁体内的涡流损耗时，需要永磁材料的电阻率。表 2–3 给出了几种永磁材料的常用物理参数[3]。

表 2–3　　永磁材料的常用物理参数

性能	铝镍钴	铁氧体永磁	钐钴 1:5 型	钐钴 2:17 型	烧结钕铁硼
电阻率/（Ω·cm）	45×10^{-6}	$>10^4$	8.6×10^{-5}	$\sim8.6\times10^{-5}$	14.4×10^{-5}
密度/（g/cm³）	7.0～7.3	4.8～5.0	8.1～8.3	8.3～8.5	7.5～7.6
热膨胀系数（$\times10^{-6}$）/℃$^{-1}$	11	13（//），8（⊥）	6（//），12（⊥）	−8（//），11（⊥）	6.5～7.4（//），−0.5（⊥）
热导率/［W/（m²·K）］	20～24	4		～12	6～8
比热容/［J/（kg·℃）］		0.047 78	0.031		0.0287

注：//表示平行于永磁材料的取向方向，⊥表示垂直于永磁材料的取向方向。

五、永磁材料的力学参数

在进行永磁电机的力学分析时，往往需要其力学参数。表 2–4 给出了几种永磁材料的力学参数[3][7]。

表 2–4　　永磁材料的力学参数

性能	铝镍钴	铁氧体永磁	钐钴 1:5 型	钐钴 2:17 型	烧结钕铁硼
韦氏硬度	650	530	500～600	500～600	600
弯曲强度/（N/m²）		1.27×10^8	1.2×10^8	1.5×10^8	2.457×10^8
抗压强度/（N/m²）		8.64×10^8	$>2\times10^8$	8×10^8	1.05×10^9
抗张强度/（N/m²）		3.97×10^7		3.5×10^7	7.87×10^8
弹性模量/（N/m²）			0.139	0.108	0.15
泊松比		0.28			0.24

第三节　主要永磁材料的种类及特点

永磁材料主要包括马氏体永磁、铁镍钴基永磁、可加工永磁、铁氧体永磁、钐钴永磁、钕铁硼永磁和粘结永磁，它们在磁性能、经济性等方面差异很大，各有其特点。下面详细介绍。

一、马氏体永磁材料

马氏体永磁材料是早期的永磁体，包括碳钢（含碳量 1%左右）、钨钢（含碳量 0.68%～0.78%、含铬量 0.30%～0.5%、含钨量 5.2%～6.2%）、铬钢（含碳量 0.95%～1.1%、含铬量 2.8%～3.6%）、钴钢（含碳量 0.9%～1.05%、含钴量 5.5%～6.5%）和铝钢（含碳量 2%、含铝量 8%），其中常见的为铬钢、钨钢和钴钢。

马氏体永磁材料是通过热处理将已经加工好的零件加热到高温，通过淬火使奥氏体转化为马氏体而得到的永磁材料，具有塑性好、可进行冷加工和车削加工、原材料丰富等优点，但矫顽力和磁能积较低、组织不稳定，目前已经很少采用。表 2–5 是马氏体永磁材料的磁性能。

表 2–5　　马氏体永磁材料的磁性能

名称	剩磁/T	矫顽力/（kA/m）
碳钢	0.95	3.98
钨钢	1.05	5.25
铬钢	0.9	4.38
钴钢	1.2	20.7
铝钢	0.6	15.92

二、铁镍钴基永磁材料

铁镍钴基永磁包括铝镍型永磁材料、铝镍钴钛永磁材料和铝镍钴永磁材料。

1. 铝镍型永磁材料

铝镍型永磁不含钴，价格相对便宜、组织稳定、制造工艺相对简单，可以制成体积大或多极的永磁体，但磁性能相对较低，有铸造型和粉末烧结型两种。一般用于电磁式仪表、继电器、磁分离器、里程表中。

2. 铝镍钴钛永磁材料

铝镍钴钛永磁材料是在铝镍钴永磁的基础上增加了钛元素，提高了钴含量，矫顽力得到了提高，但剩磁较低，制造工艺对性能影响很大，磨削加工比较困难。有铸造型和粉末烧结型两种。

3. 铝镍钴永磁材料

铝镍钴永磁材料是在铝镍型永磁成分中加入钴而制成的一种合金，有两种不同的生产工艺：铸造和烧结。铸造工艺可以加工生产不同尺寸和形状的永磁体，烧结工艺则局限于小尺寸的永磁体。与铸造铝镍钴永磁相比，烧结铝镍钴永磁的磁性能稍低，但工艺简单，适合大批量生产，用其制成的永磁体比铸造铝镍钴永磁更硬，且无需研磨即可获得相当好的尺寸精度。根据铝镍钴的磁特性，可将其分为各向同性和各向异性两类。

铝镍钴的主要优点是温度系数非常低，一般为−0.02%/K，且工作温度范围可达−273℃～400℃，最高工作温度为520℃，居里温度800℃以上。铝镍钴的剩磁高，范围为0.53～1.35T，但矫顽力低，一般为50～160kA/m，因此对其进行充磁和去磁都很容易。记忆电动机就是通过对铝镍钴永磁进行充磁和去磁达到改变极性和调节磁通的目的。在永磁电机中，为保护铝镍钴免受电枢反应去磁作用的影响，有时采用软铁极靴。

铝镍钴永磁的退磁曲线弯曲，因此其回复线与退磁曲线不重合，在使用前必须进行人工稳磁处理，也就是预加可能发生的最大去磁，据此确定回复线的起点，只要以后发生的去磁不超过预加的最大去磁，永磁体就工作在该回复线上，回复线的起点不再变化。

在实际应用中，铝镍钴永磁适合于做成长棒形以尽可能减小退磁风险。即便如此，永磁体开路时，仍出现退磁，以至于安装到磁路系统中后，其性能不能达到饱和充磁后的性能。为充分发挥其磁性能，必须对铝镍钴永磁构成的磁路进行整体饱和充磁，且在重新组装后还需再次整体饱和充磁，否则其磁性能将大大下降。在使用过程中严禁接触任何铁器，以免造成永磁体局部退磁或磁路中磁通发生畸变。

与其他永磁材料相比，铝镍钴永磁的相对回复磁导率较大，为3～7。铝镍钴坚硬而脆，用普通工艺无法进行切削和钻孔，要尽可能铸造或烧结成所需尺寸，以便最大限度地缩短研磨时间、减少误差。

铝镍钴永磁广泛应用于环境温度高或对永磁体温度稳定性要求严格的场合。

表2-6～表2-9分别为铸造各向同性、铸造各向异性、烧结各向同性、烧结各向异性铝镍钴的特性。图2-6为部分铝镍钴永磁的退磁曲线。

表 2-6　　铸造各向同性铝镍钴永磁特性

牌号	最大磁能积/（kJ/m^3）	剩磁/T	矫顽力/（kA/m）	内禀矫顽力/（kA/m）	相对回复磁导率	密度/（g/cm^3）	剩磁温度系数/（%/K）	居里温度/℃
AlNiCo 12/6	12	0.64	52.2	56	4.0～5.5	7.0	−0.03	810
AlNiCo 13/5	13	0.75	52	55	6.0～7.0	7.0	−0.03	810
AlNiCo 18/9	18	0.53	96	101	3.0～3.5	7.1	−0.01	860
AlNiCo 20/11	20	0.55	112	118	—	7.3	−0.01	860

表 2-7　　铸造各向异性铝镍钴永磁特性

牌号	最大磁能积/（kJ/m^3）	剩磁/T	矫顽力/（kA/m）	内禀矫顽力/（kA/m）	相对回复磁导率	密度/（g/cm^3）	剩磁温度系数/（%/K）	居里温度/℃
AlNiCo 38/5	38	1.2	50	52	3.0～4.5	7.3	−0.02	850
AlNiCo 40/5	40	1.25	49	50	2.8～3.9	7.3	—	—
AlNiCo 44/5	44	1.27	52	53	2.5～3.8	7.3	−0.02	850
AlNiCo 56/6	56	1.3	60	62	2.0～3.5	7.3	−0.02	850
AlNiCo 36/6	36	1.15	60	62	3.0～4.0	7.3	−0.02	860
AlNiCo 44/16	44	0.75	152	161	1.5～2.5	7.3	−0.01	860
AlNiCo 46/14	46	0.93	130	134	2.5～3.5	7.3	−0.015	860
AlNiCo 48/16	48	0.82	144	158	1.3～2.5	7.3	−0.01	870
AlNiCo 72/12	72	0.95	120	123	1.5～2.5	7.3	−0.015	850

表 2-8　　烧结各向同性铝镍钴永磁的特性

牌号	最大磁能积/（kJ/m^3）	剩磁/T	矫顽力/（kA/m）	内禀矫顽力/（kA/m）	相对回复磁导率	密度/（g/cm^3）	剩磁温度系数/（%/K）	居里温度/℃
SAlNiCo 8/5	8.5～9.5	0.53～0.62	45～50	47～52	4.5	6.8	−0.02	750
SAlNiCo 10/5	9.5～11	0.63～0.70	48～56	50～58	5.0	6.8	−0.02	780
SAlNiCo 12/5	11～13	0.70～0.75	50～56	53～58	5.0	7.0	−0.02	800
SAlNiCo 14/5	13～15	0.73～0.80	47～50	50～53	5.0	7.1	−0.02	790
SAlNiCo 14/8	14～16	0.55～0.61	75～88	80～92	3.2	7.1	−0.01	850
SAlNiCo 18/10	16～19	0.57～0.62	92～100	99～107	3.2	7.2	−0.01	860

表 2-9　　烧结各向异性铝镍钴永磁的特性

牌号	最大磁能积/（kJ/m^3）	剩磁/T	矫顽力/（kA/m）	内禀矫顽力/（kA/m）	相对回复磁导率	密度/（g/cm^3）	剩磁温度系数/（%/K）	居里温度/℃
SAlNiCo 35/5	35～39	1.10～1.20	48～52	50～54	5.0	7.20	−0.02	850
SAlNiCo 29/6	29～33	0.97～1.09	58～64	60～66	4.50	7.20	−0.02	860
SAlNiCo 33/11	33～38	0.70～0.80	107～115	111～119	2.20	7.20	−0.01	860
SAlNiCo 39/12	39～43	0.83～0.90	115～123	119～127	2.30	7.25	−0.01	860
SAlNiCo 44/12	44～48	0.90～0.95	119～127	124～132	2.50	7.25	−0.01	860

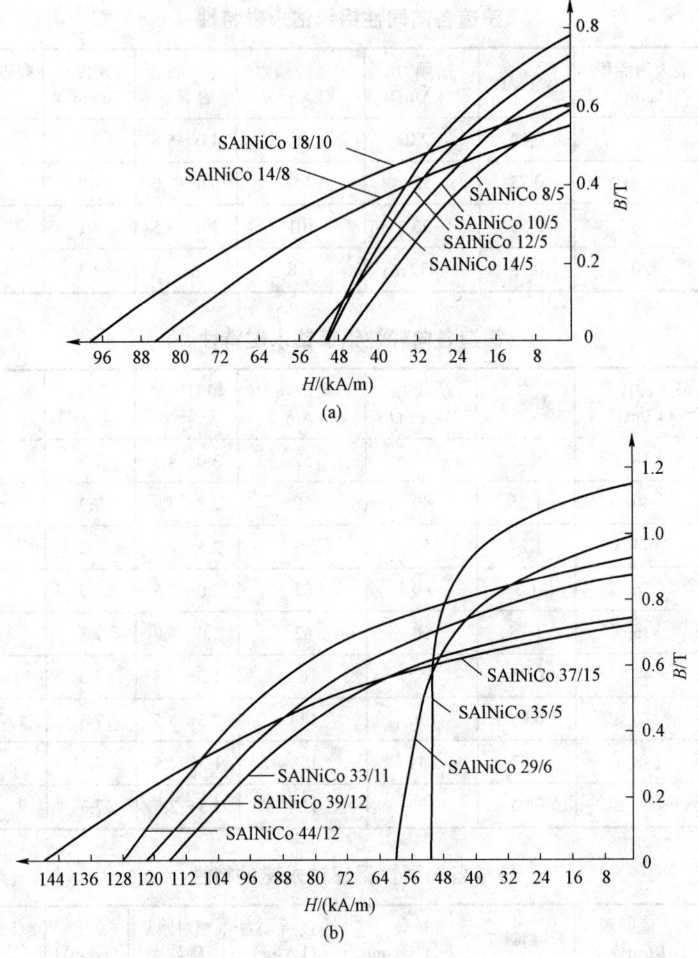

图 2-6　部分铝镍钴的退磁曲线

三、可加工永磁材料

可加工永磁是指那些机械性能好，可通过冲压、轧制、车削等手段加工成各种带、片、板、线且具有较高磁性能的永磁材料，包括铁铬钴、铜镍铁、铜镍钴、铂钴、铁钴钒和锰铝碳等。

铁铬钴永磁是 20 世纪 70 年代初出现的新型永磁材料，其磁性能与铝镍钴永磁相当，最大磁能积为 40～48kJ/m^3，矫顽力达 159～207kA/m，韧性好，可锻造加工或车床精加工，最薄的带材的厚度为 0.05mm，最细的丝材的直径为 0.1mm，最高使用温度可达 400℃，特别适于制作尺寸要求准确、形状复杂的细小永磁元件。

铜镍铁、铜镍钴具有较高的矫顽力，但剩磁和最大磁能积较低。如铜镍铁 I 合金的矫顽力可达 37kA/m，剩磁为 0.57T，最大磁能积为 11.9kJ/m^3，一般用于测速计和转速表。

铂钴永磁性能较高，其剩磁高达 0.72T，矫顽力高达 400kA/m，居里温度为 825℃，具有良好的韧性，可以加工成任意形状，极耐腐蚀，不怕一般火烧，但其价格较高，每千克的价格以万元计，主要用于医疗和飞机航行记录仪，是一种具有重要用途的永磁材料。

锰铝碳永磁的矫顽力与铁氧体相当，磁能积接近 AlNiCo 8 永磁，不含 Ni、Co 等金属，原料丰富，价格便宜。

表 2-10 为部分可加工永磁材料的性能。

表 2-10　　部分可加工永磁材料的性能

合金	牌号	矫顽力/（kA/m）	剩磁/T	密度/（g/cm^3）	热膨胀系数（$\times10^{-6}$/℃）	电阻率/（$\times10^{-6}\Omega\cdot cm$）	硬度（HRC）	弹性模量/（$\times10^{11}$Pa）
铁钴钒	2J12	28.87	0.75	8.1	13.4	74	40～46	1.666
	2J11	17.5	1.0	8.1	11.2	77	40～46	1.666
	2J10	9.55	1.2	8.1	11.3	71	40～46	1.862
	2J9	7.96	1.3	8.1	10.6	65	40～46	1.764
	2J7	5.97	1.4	8.1	10.6	61	40～46	1.764
	2J4	4.46	1.65	8.1	10.7	33	40～46	1.764
铁钴钼	2J21	7.96	1.2	8.2	11.24	35	35～42	2.156
	2J23	11.94	1.15	8.3	11.1	37	35～42	2.058
	2J25	15.92	1.05	8.3	11.16	42	35～42	2.058
	2J27	21.49	1.00	8.4	11.21	38	35～42	2.156
铁锰镍	2J53	8.75	0.9	7.9	15.5	32	42	1.666
铁钴钨	2J51	3.82	1.6	8.7	10.9	30	40	1.96
铁钴钼钨	2J52	3.89	1.65	9.2	11.0	35	42	1.96
各向同性铁铬钴 15		43.77	0.85	—	—	—	—	—
各向异性铁铬钴 30		47.75	1.1	—	—	60～70	40～50	—
锰铝碳（多晶）		528	0.275	5.1	18	80	50～55	—

四、铁氧体永磁材料

铁氧体磁体分为钡铁氧体和锶铁氧体两类。烧结铁氧体永磁材料又分为各向异性和各向同性两种。各向同性烧结铁氧体永磁材料的磁性能较弱，在不同方向都具有相同的磁性能，故可在磁体的不同方向上充磁。各向异性烧结铁氧体永磁拥有较强的磁性能，但只能沿着取向方向充磁。

铁氧体永磁材料的显著特点是剩磁低、矫顽力高、相对回复磁磁导率小。表 2-11 为常用铁氧体永磁材料的性能，剩磁范围为 0.2～0.44T，矫顽力范围为 128～264kA/m。实际应用中宜做成扁平形状。

由于其原料不含稀土元素及钴、镍等贵金属，且生产工艺相对简单，故其价格低廉。此外，铁氧体永磁材料还具有密度低、电阻率高的特点，是目前应用最广的一种永磁材料，大量应用于永磁电机等产品。

烧结铁氧体永磁材料可以在-40℃～200℃下工作，其主要缺点是温度系数大，剩磁温度系数为（-0.18～-0.2）%/K。但矫顽力的温度系数却是正的，为 0.27%/K，温度越低，矫顽力越低，若磁路设计不合理，低温时易出现退磁现象。

铁氧体永磁体硬而脆，易破碎，在磨加工时必须用软砂轮，工件和磨头的线速度要低，且需对工件和砂轮进行淋水冷却。

在使用时，既可将铁氧体永磁体装配进电机后再充磁，也可以将铁氧体永磁体充磁后再装进电机。对于先装配再充磁的电机，拆卸后再装入永磁体，其磁通会有所下降，必须重新充磁才能恢复到原来的磁通。对于先充磁后装配的电机，拆卸后，再装入永磁体，其磁通不变。

图 2-7 是常用铁氧体永磁体的退磁曲线。

表 2-11　　常用铁氧体永磁体的性能

牌号	剩磁/T	矫顽力/(kA/m)	磁能积/(kJ/m^3)	密度/(g/cm^3)	居里温度/℃	相对回复磁导率	剩磁温度系数/(%/K)
Y10T	≥0.20	128～160	6.4～9.6	4.0～4.9	450	1.05～1.3	-0.18～-0.20
Y15	0.28～0.36	128～192	14.3～17.5	4.5～5.1	450	1.05～1.3	-0.18～-0.20
Y20	0.32～0.38	128～192	18.6～21.5	4.5～5.1	450～460	1.05～1.3	-0.18～-0.20
Y25	0.35～0.39	152～208	22.3～25.5	4.5～5.1	450～460	1.05～1.3	-0.18～-0.20
Y30	0.38～0.42	160～216	26.3～29.5	4.5～5.1	450～460	1.05～1.3	-0.18～-0.20
Y35	0.40～0.44	176～224	30.3～33.4	4.5～5.1	450～460	1.05～1.3	-0.18～-0.20
Y15H	≥0.31	232～248	≥17.5	4.5～5.1	460	1.05～1.3	-0.18～-0.20
Y20H	≥0.34	248～264	≥21.5	4.5～5.1	460	1.05～1.3	-0.18～-0.20
Y25BH	0.36～0.39	176～216	23.9～27.1	4.5～5.1	460	1.05～1.3	-0.18～-0.20
Y30BH	0.38～0.40	224～240	27.1～30.3	4.5～5.1	460	1.05～1.3	-0.18～-0.20

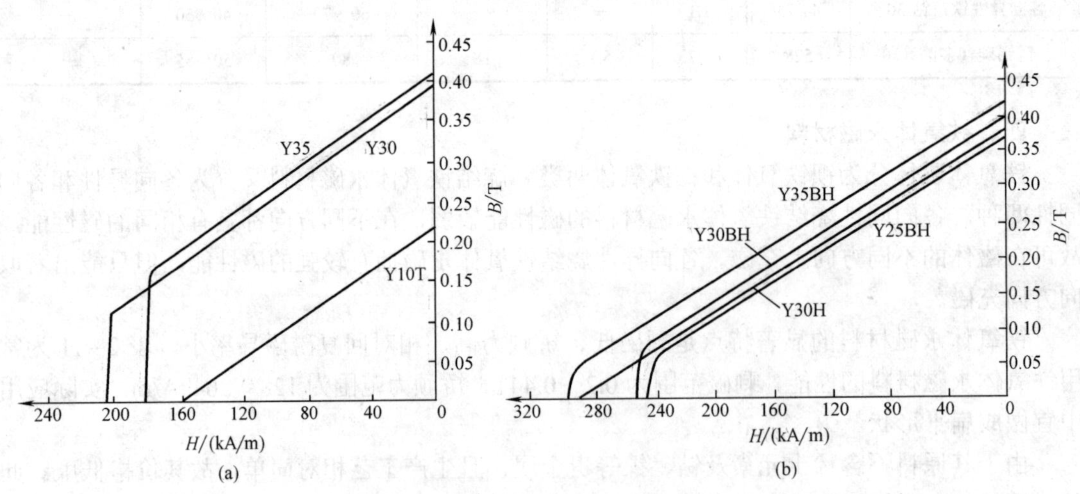

图 2-7　常用铁氧体永磁体的退磁曲线

五、钐钴永磁材料

钐钴主要分两类：一类是 RCo_5，称为 1:5 钐钴；另一类是 R_2Co_{17}，称为 2:17 钐钴，其中 R 代表稀土元素。在钐钴中，Cu、Fe、Cr、Mn 都可部分取代钴，仍能获得良好的磁性能。1:5 系列的矫顽力比 2:17 系列高，而 2:17 系列的剩磁比 1:5 系列高。

钐钴永磁体的剩磁一般为 0.85～1.15T，矫顽力可达 800kA/m，最大磁能积可达 258.6kJ/m³，退磁曲线基本为直线，抗去磁能力强。

钐钴永磁体居里温度高，一般为710～800℃，剩磁温度系数为（－0.03～－0.09）%/K，磁性能稳定性好，可在 300℃高温下使用。此外，钐钴永磁体具有很强的抗腐蚀和抗氧化能力，一般场合不需做表面处理，但在酸碱和盐雾环境下使用需进行表面涂层保护。

钐钴永磁体硬而脆，弯曲强度、拉伸强度及抗压强度较小。

钐钴永磁体的磁性能优异，但含有储量稀少的稀土金属钐和昂贵的战略金属钴，应用受到了很大限制，主要用于要求体积小、重量轻、性能非常稳定的场合。

表 2－12 是部分钐钴永磁体的磁性能。图 2－8 是 YX－20 和 YXG－30H 永磁体在不同温度下的退磁曲线和内禀退磁曲线。

表 2－12　　部分钐钴永磁体的磁性能

材料	牌号	剩磁/T	矫顽力/（kA/m）	内禀矫顽力/（kA/m）	最大磁能积/（kJ/m³）	居里温度/℃	最高工作温度/℃	剩磁温度系数/（%/K）	内禀矫顽力温度系数/（%/K）
钐钴 1:5 (SmPr)Co_5	YX－16	0.81～0.85	620～660	1194～1830	110～127	750	250	－0.05	－0.3
	YX－18	0.85～0.9	660～700	1194～1830	127～143	750	250	－0.05	－0.3
	YX－20	0.9～0.94	680～725	1194～1830	150～167	750	250	－0.05	－0.3
	YX－22	0.92～0.96	710～750	1194～1830	160～175	750	250	－0.05	－0.3
	YX－24	0.96～1.0	730～770	1194～1830	175～190	750	250	－0.05	－0.3
钐钴 1:5 $SmCo_5$	YX－20S	0.9～0.94	680～725	1433～1830	143～160	750	250	－0.045	－0.28
	YX－22S	0.92～0.96	710～750	1433～1830	160～175	750	250	－0.045	－0.28
铈钴铜铁 Ce $(CoFeCu)_5$	YX－12	0.70～0.74	358～390	358～478	80～103	450	200		
钐钴 2:17 $Sm_2(CoFeCuZr)_{17}$	YXG－24H	0.95～1.02	700～750	≥1990	175～191	800	350	－0.03	－0.2
	YXG－26H	1.02～1.05	750～780	≥1990	191～207	800	350	－0.03	－0.2
	YXG－28H	1.03～1.08	756～796	≥1990	207～220	800	350	－0.03	－0.2
	YXG－30H	1.08～1.10	788～835	≥1990	220～240	800	350	－0.03	－0.2
	YXG－24	0.95～1.02	700～750	≥1433	175～191	800	300	－0.03	－0.2
	YXG－26	1.02～1.05	750～780	≥1433	191～207	800	300	－0.03	－0.2
	YXG－28	1.03～1.08	756～796	≥1433	207～220	800	300	－0.03	－0.2
	YXG－30	1.08～1.10	788～835	≥1433	220～240	800	300	－0.03	－0.2
	YXG－26M	1.02～1.05	750～780	955～1273	191～207	800	300	－0.03	－0.2
	YXG－28M	1.03～1.08	756～796	955～1273	207～220	800	300	－0.03	－0.2
	YXG－30M	1.08～1.10	788～835	955～1273	220～240	800	300	－0.03	－0.2
	YXG－28L	1.02～1.08	398～478	438～557	207～220	800	250	－0.03	－0.2
	YXG－30L	1.08～1.15	398～478	438～557	220～240	800	250	－0.03	－0.2

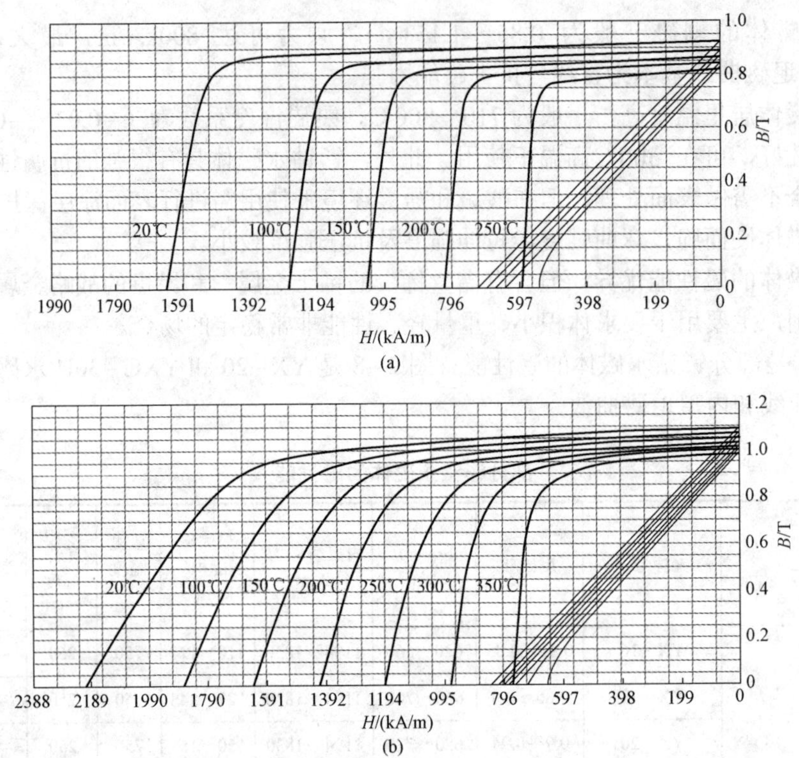

图 2－8　YX－20 和 YXG－30H 永磁体在不同温度下的退磁曲线和内禀退磁曲线

（a）YX－20 永磁体；（b）YXG－30H 永磁体

六、钕铁硼永磁材料

钕铁硼永磁材料的主要成分是 $Nd_2Fe_{14}B$，它是目前磁性能最强的永磁材料，最大磁能积最高可达 398kJ/m³，为铁氧体永磁材料的 5～12 倍、铝镍钴永磁材料的 3～10 倍，理论值为 527kJ/m³；剩磁最高可达 1.47T，矫顽力最高可超过 1000kA/m。由于不含钴且钕在稀土中的含量远高于钐，钕铁硼的价格比钐钴要低得多。

钕铁硼永磁材料含有大量的钕和铁，易锈蚀，化学稳定性欠佳，其表面通常需做电镀处理，如镀锌、镍等，也可以做磷化处理或喷涂环氧树脂以减慢其氧化速度，通常涂层厚度为 10～40μm。

钕铁硼永磁材料的机械性能较好，可切割加工及钻孔。

表 2－13 为部分烧结钕铁硼产品的磁性能，图 2－9 为 44EH 钕铁硼永磁材料的温度特性。

表 2－13　　部分烧结钕铁硼产品的磁性能

牌号	剩磁/T	内禀矫顽力/(kA/m)	矫顽力/(kA/m)	最大磁能积/(kJ/m³)	剩磁温度系数/(%/℃)	内禀矫顽力温度系数/(%/℃)	相对回复磁导率	最高工作温度/℃	密度/(kg/cm³)
48N	1.37～1.43	876	836	358～390	－0.1	－0.75	1.05	80	7.5
50N	1.40～1.46	876	836	374～406	－0.1	－0.75			
53N	1.44～1.50	876	836	398～430	－0.1	－0.75			

续表

牌号	剩磁/T	内禀矫顽力/（kA/m））	矫顽力/（kA/m）	最大磁能积/（kJ/m³）	剩磁温度系数/（%/℃）	内禀矫顽力温度系数/（%/℃）	相对回复磁导率	最高工作温度/℃	密度/（kg/cm³）
48M	1.37～1.43	1114	1019	358～390	−0.105	−0.65			
50M	1.40～1.46	1114	1043	374～406	−0.1	−0.65		100	
52M	1.42～1.48	1114	1051	390～422	−0.1	−0.65			
50H	1.40～1.46	1274	1043	374～406	−0.105	−0.55			
40H	1.26～1.32	1353	939	302～334	−0.105	−0.55			7.5
42H	1.28～1.34	1353	963	318～350	−0.105	−0.55			
44H	1.30～1.36	1353	971	326～358	−0.105	−0.55		120	
46H	1.33～1.39	1353	995	342～374	−0.105	−0.55			
48H	1.37～1.43	1274	1019	358～390	−0.105	−0.55			
38SH	1.22～1.29	1592	907	287～318	−0.105	−0.55			
40SH	1.26～1.32	1592	939	308～334	−0.105	−0.55			
42SH	1.29～1.35	1592	963	318～350	−0.105	−0.55			
44SH	1.3～1.36	1592	971	326～358	−0.105	−0.55		150	
46SH	1.33～1.39	1592	995	342～374	−0.105	−0.55			
48SH	1.37～1.43	1592	1019	358～390	−0.105	−0.55	1.05		7.55
35UH	1.17～1.24	1990	860	263～295	−0.11	−0.5			
38UH	1.22～1.29	1990	907	287～318	−0.11	−0.5			
40UH	1.26～1.32	1990	939	302～334	−0.11	−0.5		180	
42UH	1.29～1.35	1990	963	318～350	−0.11	−0.5			
44UH	1.30～1.36	1990	971	326～358	−0.11	−0.5			
33EH	1.14～1.21	2388	852	247～279	−0.11	−0.5			
35EH	1.17～1.24	2388	868	263～295	−0.11	−0.5			
38EH	1.22～1.29	2388	915	287～318	−0.11	−0.5			
40EH	1.26～1.32	2388	939	302～334	−0.11	−0.5		200	
42EH	1.29～1.35	2388	963	318～350	−0.11	−0.5			
44EH	1.30～1.36	2388	971	326～358	−0.11	−0.5			7.6
30AH	1.08～1.15	2786	804	223～255	−0.115	−0.45			
33AH	1.14～1.21	2786	852	247～279	−0.115	−0.45		230	
35AH	1.17～1.24	2786	868	263～295	−0.115	−0.45			
28ZH	1.04～1.11	3184	772	207～239	−0.115	−0.45		250	

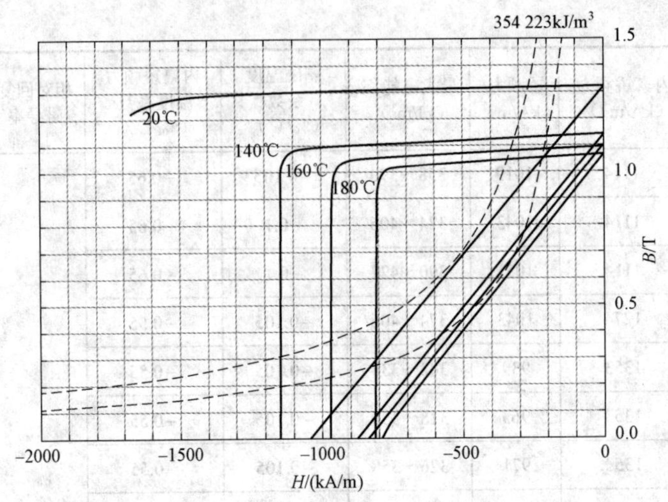

图 2-9　44EH 钕铁硼永磁材料的温度特性

七、粘结永磁材料

粘结永磁材料是将永磁材料粉末与其他材料，如合成橡胶、塑料、低熔点金属、树脂等混合制成的永磁材料。采用注入成型、压缩成型、挤压成型等方法，可以制成形状复杂的永磁体，具有机械性能好、尺寸精度高、不变形、材料利用率高、形状可以复杂多样的优点。但也存在明显的缺点，在一般的粘结永磁体中，粘结剂占体积的 40%左右，因此与相应的烧结永磁体相比，磁性能大幅度下降，且其允许使用温度不如烧结的高。

铁氧体、钐钴和钕铁硼都可以制成粘结永磁体。通常烧结钕铁硼的性能比烧结铁氧体高几倍，粘结钕铁硼的磁性能介于二者之间，填补了二者之间的空白。表 2-14 和表 2-15 分别是部分粘结铁氧体和粘结钕铁硼的磁性能。

表 2-14　　粘结铁氧体的磁性能

牌号	剩磁/T	矫顽力/（kA/m）	内禀矫顽力/（kA/m）	最大磁能积/（kJ/m³）
C1	0.23	148	258	8.36
C5	0.38	191	199	27
C7	0.34	258	318	21.9
C8A	0.385	235	242	27.8
C8B	0.42	232	236	32.8
C9	0.38	280	320	26.4
C10	0.40	288	280	30.4
C11	0.43	200	204	34.4

表 2-15　　粘结钕铁硼的磁性能

牌号	剩磁/T	内禀矫顽力/（kA/m）	最大磁能积/（kJ/m³）	最高工作温度/℃
BTP-6	0.52～0.60	640～800	40～56	140
BTP-8	0.60～0.65	640～960	56～72	140

续表

牌号	剩磁/T	内禀矫顽力/（kA/m）	最大磁能积/（kJ/m^3）	最高工作温度/℃
BTP－10	0.65～0.70	640～960	72～80	120
BTP－12	0.70～0.76	640～880	80～96	130
BTP－8H	0.55～0.62	960～1280	48～72	120

第四节　永磁材料的磁性能稳定性

为了保证永磁电机的性能在长期运行过程中不因永磁材料性能的变化而产生性能上的变化，要求永磁材料的磁性能保持长期稳定。

影响永磁材料磁性能稳定性的因素主要有内部结构变化、磁后效、化学因素、温度、外磁场、核辐射、与强磁性材料接触、振动与冲击等。此外，永磁磁路系统本身的因素，如永磁体的尺寸比、工作气隙的长度、磁路的饱和程度、永磁体工作点的选择等，也会影响永磁体的磁性能稳定性[1]。

一、内部结构变化

永磁体刚制成时，内部组织结构不是处于最稳定的状态，随着时间的推移，不稳定的组织结构逐渐趋于稳定，在没有外界影响的情况下，永磁体的性能随着时间的推移而逐渐降低，且经过重新磁化仍不能恢复到最初状态。组织结构的变化，通常随着温度的升高而加剧，因此在使用永磁体时，应避免永磁体温度在其最高工作温度之上。

铝镍钴、铁氧体、稀土永磁等永磁材料在制造过程中已经过高温热处理或烧结，内部结构比较稳定。

二、磁后效

把永磁体饱和磁化后，去掉外磁场，由于永磁体内部不平衡状态的影响，磁性能仍随时间推移而降低，这种现象称为磁后效。这种变化很小，可以通过重新充磁而消除。

三、化学因素

受化学因素，如酸、碱、氧气、腐蚀性气体等的影响，永磁体内部或表面化学结构发生变化，引起磁性能的变化。

烧结铁氧体永磁的主要原材料是氧化物，故一般不受环境或化学物质（除了几种强酸之外）影响而产生腐蚀，化学稳定性好。

铝镍钴永磁含有是铝、镍、钴等稳定性高的元素，化学稳定性好，在弱酸、弱碱环境性能稳定。

钐钴永磁材料不能承受酸碱和盐雾的腐蚀，在这些环境中使用时，表面需镀覆防护层。

钕铁硼永磁含有铁和钕元素，易于氧化；酸碱会腐蚀钕铁硼永磁；钕铁硼易吸氢发生“氢脆”现象，导致永磁体产生裂纹，甚至粉化。因此，钕铁硼永磁必须镀覆防护层。

四、温度

在永磁体使用过程中，其所处环境温度处于变化中，其磁性能将随着温度的变化而变化，磁性能的变化包括可逆变化和不可逆变化两部分。

1. 可逆变化

随着温度的变化，永磁体内部电子自旋的排列受热运动的干扰而发生变化，使其磁化强度随温度的上升而变化，导致磁性能的变化。当恢复到原温度时，磁性能恢复的这部分变化称为可逆变化。

2. 不可逆变化

永磁体加热到高温或降至低温时，其组织结构发生变化，磁畴中的不稳定畴在稳定方向上重新配置，造成永磁体性能的变化，这种变化是不可逆的，称为不可逆变化，也称为不可逆损失。不可逆损失可分为可恢复损失和不可恢复损失。可恢复损失是永磁体重新充磁后能恢复的损失，而不可恢复损失是永磁体重新充磁后也不能恢复的损失。

烧结铁氧体永磁的主要缺点是温度系数大，矫顽力温度系数为正，温度越低，矫顽力越低，若磁路设计不合理，低温时易出现退磁现象。若在低温下退磁，重新充磁可完全恢复其磁性能。

在现有永磁材料中，铝镍钴的温度稳定性好，其居里温度最高，达到800℃以上，最高使用温度可达500℃以上。钐钴永磁体在负温区不会老化，但−196℃的液氮原子会破坏1:5型钐钴的结构，降低磁性能，所以它虽能承受−196℃的负温，但不能与液氮直接接触。2:17型钐钴永磁体既能承受这样的负温，也能与液氮长期直接接触而只发生轻微老化。

钕铁硼永磁体居里温度低，温度稳定性较差，剩磁温度系数和内禀矫顽力温度系数高。目前已有商业化的耐200℃高温的钕铁硼永磁。常温下退磁曲线为直线，但高温下退磁曲线的下部发生弯曲，若设计不当，易在高温时发生不可逆退磁。

五、外磁场

永磁体在使用过程、储存、运输及装配时，常处于外磁场中，可能导致永磁体的性能发生变化。

六、与强磁性物质的接触

永磁体在储存、运输、装配及使用过程中，往往会与其他永磁体或铁磁物质相接触，这些接触会改变已被充磁永磁体的工作点，当此时的工作点在退磁曲线的拐点以下时就会发生不可逆去磁，这种情况主要出现在铝镍钴中。

与铁器接触和摩擦，铝镍钴会发生不可逆退磁，但铁氧体、钐钴和钕铁硼不会。

七、核辐射

只要核辐射不导致永磁体温度过高，铁氧体、铝镍钴、钐钴和钕铁硼永磁都能经受核辐射而不退磁。

八、振动与冲击

振动和冲击会引起永磁体的退磁。这种影响主要出现在马氏体型永磁体中，对铝镍钴、铁氧体、稀土永磁体的影响较小。

铁氧体在承受强烈的冲击（50～100g）和振动（5～10g），以及在三级路面颠簸过程中不退磁。钐钴和钕铁硼永磁体能承受10g的振动、100g的冲击而不退磁。振动和冲击会使铝镍钴的磁通量降低2%左右[4]。

第五节　永磁材料的腐蚀与防护

一、钕铁硼永磁材料的腐蚀与防护

1. 腐蚀

NdFeB永磁材料虽具有优异的磁性能，但耐腐蚀性能差，在潮湿环境下或与腐蚀介质接触时，易发生腐蚀，导致磁性能下降。

从结构上看，烧结 NdFeB 永磁是由主相（$Nd_2Fe_{14}B$）、富 Nd 相（Nd_4Fe_4）和富 B 相（$Nd_{1+\varepsilon}-Fe_4B_4$）组成的多相结构。其易腐蚀的原因是多方面的：一是元素 Nd 的化学活性高，化学稳定性差，易发生氧化；二是其多相结构的各相间电极电位差异较大，易发生电化学腐蚀；三是自身的疏松多孔结构。

NdFeB 永磁的腐蚀主要表现为吸氢过程和氧化过程，且主要出现在以下 3 种环境：湿热环境、电化学环境和高温环境（超过 250℃）[5]。

（1）湿热环境的腐蚀。在湿热环境下，永磁体表面的晶界的富 Nd 相首先与水蒸气发生腐蚀反应，并进一步与该反应生成的氢反应，造成晶界破坏，永磁体性能下降。所生成的氢氧化物及含氢化合物无法阻止永磁体的进一步氧化，因此湿度对永磁体耐腐蚀性的影响比温度大。当湿度过大，超过气体露点时，永磁体的腐蚀主要表现为电化学腐蚀。

（2）电化学环境的腐蚀。在电化学环境中，不同相间因电位的不同而形成许多微小的原电池，化学电位较高的富 Nd 相和富 B 相为原电池的阳极，化学电位较低的主相为原电池的阴极，当所构成的原电池形成电流时，晶界迅速腐蚀，削弱主相晶粒之间的结合能力，致使永磁体粉化。

在 NdFeB 永磁体表面外加防护涂层时，如果涂层质量不高，表面会存在孔隙、裂纹或蚀坑。在腐蚀介质中，永磁体与涂层之间会由于电化学电位的差异形成腐蚀原电池而发生电化学腐蚀。钕铁硼永磁烧结后的切割、表面处理等加工过程均用到水溶液，易于在永磁体表面造成水的残留和聚集，残留于钕铁硼永磁体缝隙的水分会在钕铁硼表面局部形成微电池环境，导致其易发生腐蚀。

（3）高温环境的腐蚀。在干燥环境下，当温度低于 150℃时，NdFeB 永磁的氧化速度非常缓慢。在长时间高温环境（超过 250℃）下，较活泼的富 Nd 相首先被氧化成 Nd_2O_3，随后 $Nd_2Fe_{14}B$ 分解为 Fe 和 Nd_2O_3，进一步氧化生成 Fe_2O_3，从而降低了永磁体的磁性能。

还需要注意氢对永磁体的腐蚀作用。湿热环境中的腐蚀过程所析出的氢可能通过扩散进入钕铁硼内部，永磁体与酸、盐发生电化学反应也可能析出氢，电镀防护工艺也会在钕铁硼表面产生氢，以及处于氢气环境中，钕铁硼的富钕相和主相都有较强的吸氢能力，少量的氢可以导致合金产生缺陷而使材料在远低于屈服强度的应力下发生疲劳断裂，产生氢脆，即在永磁体内部形成细小的裂纹。当氢大量进入晶格时，会导致晶格膨胀，造成永磁体粉化。

2. 防护

目前，NdFeB 永磁的主要防护措施是对永磁体表面进行防腐处理，主要方法有电镀、化学镀、磷化、涂覆有机涂层等，实际生产中以电镀工艺最为常用。

（1）电镀。电镀是将永磁体作为阴极，将电镀溶液中的金属阳离子在永磁体表面还原，形成金属镀层，以保护永磁体。用于钕铁硼永磁体防护的金属主要有 Zn、Ni、Cu、Cr 等。该方法的优点是工艺相对简单，成膜速度快，易于大批量生产。工程实际中，烧结钕铁硼常采用镀锌、镀镍以及镍－铜－镍复合镀。

锌是非导磁材料，用作防护镀层对永磁体的磁性能影响小，且价格低廉，但锌的硬度较低，不适用于防护易磨损的钕铁硼永磁体。在干燥空气中，锌的稳定性较高；在潮湿空气中，生成碳酸锌薄膜，能延缓锌腐蚀速度；在酸碱盐溶液、海洋性大气、高温高湿空气中，耐腐蚀性较差。锌镀层在空气中会变暗，因此镀锌后还需进行钝化处理，钝化处理可显著提升锌镀层的耐腐蚀性能。

镍容易与氧生成极薄的钝化膜，在常温下对大气、碱和某些酸有很好的耐腐蚀性。然而，若电解质渗入镀层内部，会加速永磁体腐蚀，导致镀层和永磁体表面的结合力变小，出现镀层分层、起泡等缺陷，实际应用中对镍镀层致密度的要求非常高。

铜的化学性质活泼，容易生锈，所以一般不单独使用，而是作为底镀层或中间层来提高基底与表面镀层的结合力。由于钕铁硼具有多孔结构且化学性质活泼，单层镀层常不能满足较高的耐腐蚀要求，而镍—铜—镍复合镀可提供更为有效的防护。

（2）化学镀。化学镀与电镀的相同之处是，都通过氧化还原反应将镀液中的金属离子还原并附着在永磁体表面。二者的不同在于，前者无须外部电源，镀液中有还原剂，永磁体表面需要催化。化学镀可在形状复杂的永磁体表面形成厚度均匀的镀层，镀层硬度高、空隙小、化学稳定性高。

（3）磷化。磷化是将永磁体放入磷酸盐溶液中，通过溶液与永磁体表面的化学反应，形成对永磁体有保护作用的磷化膜。磷化膜难溶于水，能改善永磁体的防水性和耐腐蚀性，可用于短期的抗腐蚀或使用环境要求不高的场合。

（4）涂覆有机涂层。有机涂料的种类很多，通过电泳、喷涂和浸涂等方式将有机涂料（通常是环氧树脂）牢固地吸附在永磁体表面形成保护层。有机涂层成膜致密，对盐雾、水蒸气等有较好的阻隔作用。有机涂层可与钕铁硼磁体电镀技术结合使用，为永磁体提供更有效的防护。

二、钐钴永磁材料的腐蚀与防护

钐在干燥空气中相当稳定；钴在常温下不与水反应，在潮湿的空气中也很稳定，且钴具有较强的耐腐蚀性，因此钐钴永磁具有良好的稳定性，在不很高的工作温度下不需要进行表面防护。

钐钴在高温（温度大于400℃）下发生老化现象，造成磁性能发生衰减[5]。老化层的形成与氧的扩散有关，有必要进行表面处理，隔绝氧向永磁体内部的扩散，延缓钐钴永磁体的磁性能衰减。钐钴永磁内含有少量的铁，也会生锈（与钕铁硼相比，钐钴永磁含铁量较低，生锈现象不严重）。另外，钐钴永磁体很脆，在机加工以及使用过程中很容易出现开裂和缺角现象。因此，在工程实际中，可以通过电镀，如镀镍、锌、镍铜镍和环氧等，防止永磁体生锈，改善钐钴的脆性，隔绝氧向永磁体内部的扩散，延缓永磁体性能的衰减。

第六节　永磁材料的制备

一、铁氧体永磁材料的制备

铁氧体永磁材料的制备方法很多，包括固相烧结法、化学合成法等。固相烧结法具有工艺简单，便于大批量生产等优点，是制备铁氧体永磁材料的最主要方法，其工艺流程如图2–10所示[3]。

将铁氧体的制备原料按配比在专用设备中混合，再进行造粒以保证固相反应过程的顺利进行，然后放在回转窑中进行预烧结，预烧结是为了保证原料的固相反应，大部分原料经预烧结转变为铁氧体相。用球磨机将预烧结得到的粉末研磨成细粉，研磨介质为钢球和水。将细粉压制成型，压制成具有一定几何形状、尺寸、密度和机械强度的坯件，将成型的铁氧体进行烧结，得到烧结铁氧体永磁。最后根据用户要求，进行机械加工，包括研磨、抛光等。

根据成型压制工艺的不同，可分别制成各向同性和各向异性铁氧体。对于各向同性铁氧体，采用一般成型方法；对于各向异性永磁体，采用磁场定向成型、特种碾压、卷制成型等。成型方式分为湿法和干法两种，干法成型通常以硬脂酸盐作为润滑剂，将料粉干压成型，湿法成型是将水和料粉的混合物挤压成型。

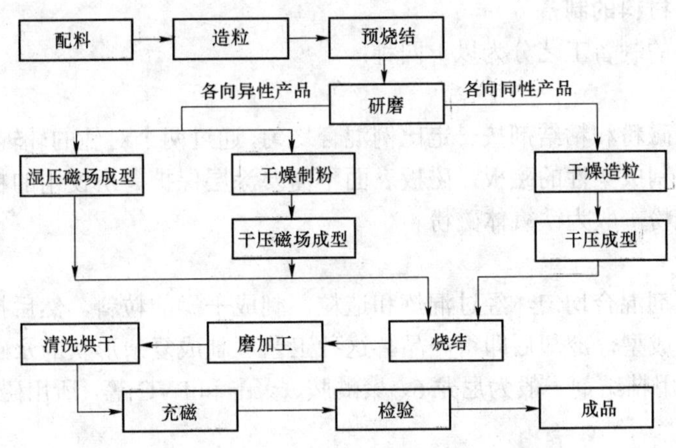

图 2－10　铁氧体永磁材料的制备工艺流程

二、烧结钕铁硼永磁材料的制备

烧结钕铁硼永磁材料的制备工艺流程如图 2－11 所示。将配好的原料进行熔炼，然后利用稀土金属间的吸氢特性，将熔炼得到的钕铁硼合金置于氢气环境下，氢气被吸入合金，使之膨胀爆裂，将薄片变为粗粉。再进行气流磨，用高压气流将搅拌后的粗粉吹起，通过相互之间的碰撞使粒度变小，成为细粉，之后进行成型，根据要求选择相应的模具，将细粉压制成所需的形状，成型时采用磁场取向技术。然后根据等静压原理，将待压制产品装进设备，受到各向均等的超高压介质作用，使产品密度增加，再将等静压后的产品包装拆除，进行烧结成型，并进行时效处理。最后根据用户要求，将烧结好的毛坯进行磨、线切割、切片、打孔、防护层镀覆、充磁等。

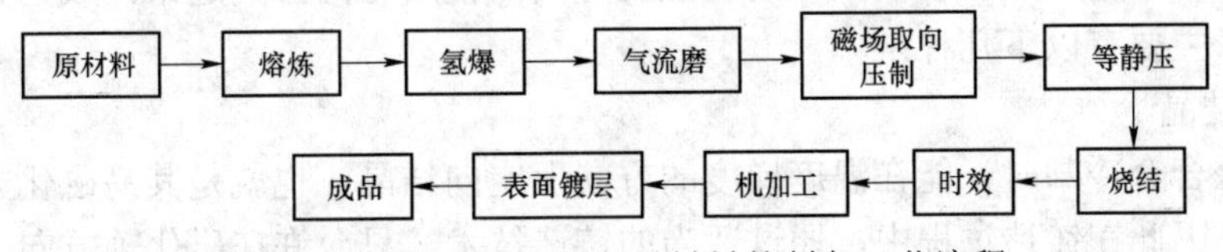

图 2－11　烧结钕铁硼永磁材料的制备工艺流程

三、烧结钐钴永磁材料的制备

烧结钐钴永磁材料的制备工艺流程如图 2－12 所示。首先根据产品配方进行配料，然后进行熔炼，当材料完全融化、充分混合后，在具有快速水冷却的相应锭模内快速浇铸成型，冷却到 50℃时出炉，经机械破碎和氢破炉破碎成粉料，粉料需采用抽真空、充氮保护。之后进行压型，将粉料放入模具，在外磁场作用下，制成所需要

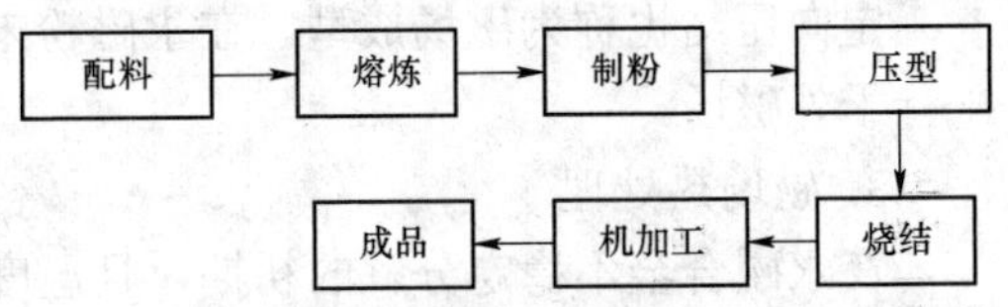

图 2－12　烧结钐钴永磁材料的制备工艺流程

的规格形状，再进行高温烧结，最后进行机加工。

四、铝镍钴永磁材料的制备

铝镍钴有铸造和烧结两种不同的生产工艺。铸造铝镍钴的制备流程为：配料→熔炼→浇铸→热处理→机械加工。烧结铝镍钴的制备流程为：配料→制粉→压制→烧结→热处理→机械加工。

五、粘结永磁材料的制备

粘结永磁材料的制备工艺分为以下四种：

1. 压延成型

压延成型是将磁粉和粘结剂按一定比例混合均匀，通过两个对轧的轧辊轧制成所需厚度，然后经过团化处理制成柔性的磁板，磁板表面不需要涂层保护。所使用的粘结剂为丁腈橡胶和乙烯类树脂，磁粉一般为铁氧体磁粉。

2. 注射成型

将磁粉和粘结剂混合均匀，经过混炼和造粒，制成干燥的粒料，然后把粒料送到加热室加热，注射进模具成型，冷却后即得产品。这种工艺可制成复杂形状的永磁体，不需要进行表面涂层保护。所用粘结剂一般为尼龙6、聚酰胺、聚酯和PVC等，所用磁粉一般为铁氧体、钕铁硼及钐钴。

3. 挤压成型

其工艺过程与注射成型基本相同，区别在于，挤压成型是将加热后的粒料通过一个孔洞挤入模具中成型。一般用来生产粘结工艺较难实现的薄片状或薄壁环状磁体。

4. 模压成型

将磁粉和粘结剂按比例混合，简单造粒并加入一定量的添加剂，把混合粉放入模具中在压机上成型，最后将压坯放入烘箱中固化得到最终产品。所用粘结剂一般是热固型环氧类树脂或酚醛类树脂，这种工艺制成的粘结磁体的磁性能最好，粘结钕铁硼几乎都采用这种工艺。粘结磁体表面需进行涂层保护，一般采用阴极电泳、喷涂等防护方法。

六、永磁材料的定向技术

晶粒取向混乱的永磁体，剩磁难以达到较高的值。为在使用方向上得到尽可能高的磁性能，在制造过程中要设法使永磁晶体的易磁化方向沿使用方向排列起来，成为各向异性永磁体。定向技术主要有以下几种：

1. 定向结晶

液态永磁合金冷却时，能在温度梯度的方向上定向结晶，也就是其易磁化方向沿温度梯度方向排列。因此在铸造过程中，通过适当的铸造技术，只允许在磁化轴方向上存在温度梯度，其他方向上尽量消除温度梯度，就可以得到较好的定向永磁体。

2. 定向压结

定向压结也称为磁场成型。在永磁粉末压结成型时，外加磁场，永磁颗粒的易磁化轴都平行于外磁场。

3. 磁场热处理

在永磁合金不稳定分解的初期，且温度略低于居里温度时，使永磁体受到一个磁场的作用，脱溶出的强磁性相便会沿着磁场方向排列和生长。

磁场热处理对于各向异性不强的材料，如AlNiCo、FeCrCo非常有效，但对各向异性较强的永磁材料，如 $BaFe_{12}O_{19}$、RCo_5、R_2Co_{17} 等效果不大。

4. 碾压定向

片状永磁体粉末与粘结剂混合后，进行碾压，使片状永磁粉末排列起来，效果与磁场定向相似。一般要反复碾压几次，以提高定向度。

第七节　永磁材料磁性能的测量

永磁材料的性能直接关系到所在电磁装置的性能。大批量生产的同规格永磁材料的性能也存在一定的差异，若这种差异对电磁装置的性能产生较大影响，则是不允许的。为了保证永磁材料的性能，在永磁材料生产和使用过程中，往往要对其磁性能进行测量，测量的主要内容包括磁通、磁通密度（简称磁密）和退磁曲线。

一、磁通的测量

磁通的测量通常用磁通计和一个测量线圈进行。早期的磁通计都是电磁式仪表，当交变磁场通过测量线圈时，在其中感应电动势并产生电流，电流流经磁通计的线圈，线圈在磁通计内部的磁场中受力产生偏转，偏转角与测量线圈中的磁通成正比，可以通过磁通计上的刻度读出磁通。

目前生产的磁通计一般为数字式，利用 RC 电子积分原理测量磁通。当测量线圈磁通量发生变化时，其两端感应出电压，此电压信号送入积分放大器，积分放大器输出信号正比于输入信号对时间的积分，再经信号放大器输送到表头显示或连接到记录仪或输送到采集器输入端。

当测量恒定磁场（如永磁磁场）时，通常采用抽拉法或旋转法[6]。

1. 抽拉法

如图 2-13 所示，将测量线圈沿着垂直于被测磁场轴线的方向从待测部位抽拉到 $\Phi=0$ 的位置，线圈切割磁力线，产生感应电动势，与磁通计偏转的刻度成正比，可测得磁通。

2. 旋转法

如图 2-14 所示，将测量线圈沿垂直于被测磁场轴线旋转 180°，线圈产生感应电动势，也可测出磁通。

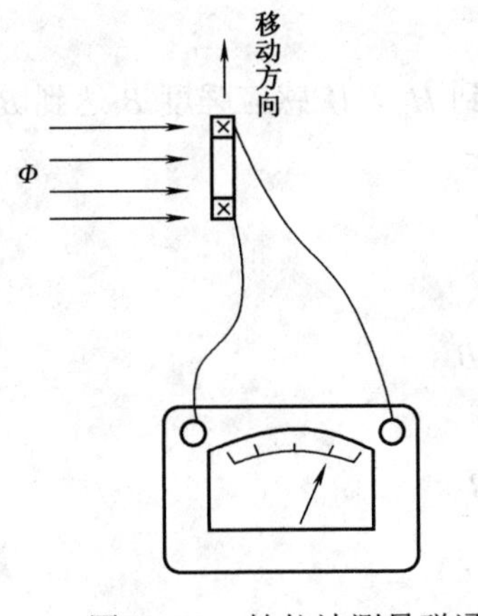

图 2-13　抽拉法测量磁通

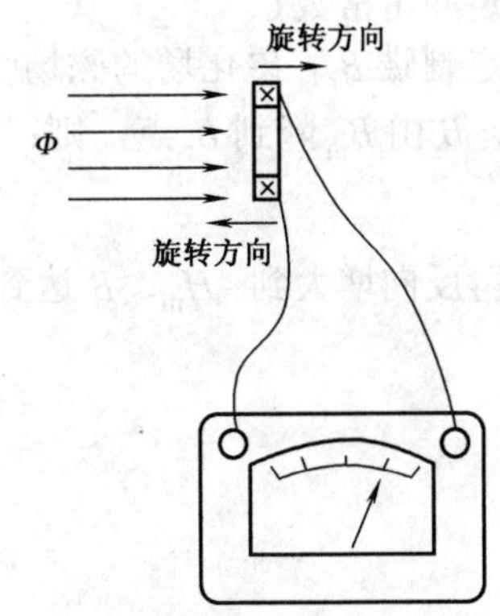

图 2-14　旋转法测量磁通

二、磁通密度的测量

磁通密度的测量采用高斯计，其核心部件是霍尔元件，通常用半导体锗、锑化铟、砷化铟、砷化钾等制成，一般尺寸为4mm×2mm的方片，有4条引线，其中a、b为电流极，c、d为霍尔电压极，如图2-15所示。将其置于磁场中，并在两个电流极上通电，则在c、d两极上产生霍尔电压，该电压与磁通密度成正比，将该电压进行处理，即可得到磁通密度。

在测量永磁体表面磁通密度时，霍尔探头放在永磁体表面待测处，即可得到该处的表面磁通密度的法向分量。在永磁体的各处，表面磁通密度是有差别的，测量时应注意测量位置。高斯计还可用于测量磁场中任意位置的磁通密度。

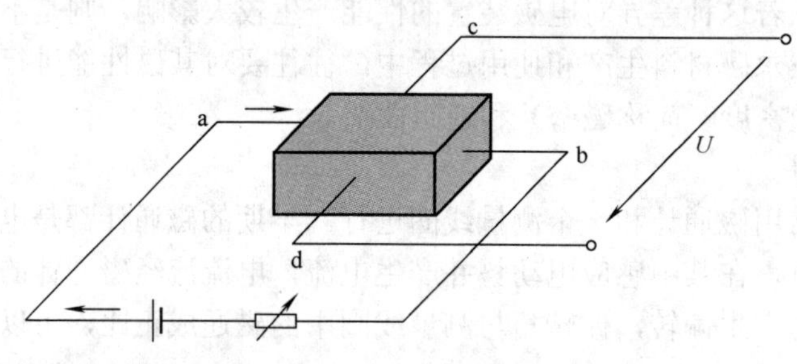

图2-15　霍尔效应原理

三、永磁材料退磁曲线的测量

永磁材料退磁曲线的测量通常采用冲击电流计法。由于永磁材料矫顽力高，需要很强的磁化场。冲击电流计的偏转线圈具有很大的转动惯量，运动周期在10s以上。磁通密度测量线圈绕在试样的中部，并与冲击电流计相连，用于测量磁通密度；H探测线圈或霍尔探头用于测量磁场强度。理论分析证明：冲击电流计的偏转角度α与磁通密度的变化量ΔB成正比，即：

$$\Delta B = \frac{C_b}{NA}\alpha \tag{2-7}$$

式中：C_b为冲击电流计的冲击常数；N、A分别为磁通密度测量线圈的匝数和面积。

具体的测量步骤如下：

（1）确定冲击常数C_b。

（2）确定剩磁B_r。磁化场的磁场强度由零增加到H_m，磁感应强度B达到B_m点。当H_m减小到零时，B由B_m降到B_r点，则：

$$\Delta B_1 = B_m - B_r \tag{2-8}$$

磁化场再反向增大到$-H_m$，B达到$-B_m$，有：

$$\Delta B_2 = 2B_r + \Delta B_1 \tag{2-9}$$

则

$$B_r = \frac{\Delta B_2 - \Delta B_1}{2} \tag{2-10}$$

（3）逐点测量。

反向磁场由零增加到$-H_1$，B由B_r变化到B_1，电流计偏转α_1，则：

$$B_r - B_1 = \frac{C_b}{NA}\alpha_1 \tag{2-11}$$

反向磁场由零增加到$-H_2$，B由B_r变化到B_2，电流计偏转α_2，则：

$$B_r - B_2 = \frac{C_b}{NA}\alpha_2 \tag{2-12}$$

反向磁场由零增加到$-H_3$，B由B_r变化到B_3，电流计偏转α_3，则：

$$B_r - B_3 = \frac{C_b}{NA}\alpha_3 \tag{2-13}$$

如此重复，可得到各点的磁通密度B_1，B_2，B_3，…，同时用探测线圈或霍尔探头测得相应的磁场强度H_1，H_2，H_3，…，即可绘制出退磁曲线。

参 考 文 献

[1]　林其壬，赵佑民．磁路设计原理［M］．北京：机械工业出版社，1987.

[2]　张世远，路权，薛荣华，等．磁性材料基础［M］．北京：科学出版社，1988.

[3]　刘仲武．永磁材料：基本原理与先进技术［M］．广州：华南理工大学出版社，2017.

[4]　宋后定．常用永磁材料及其应用基本知识讲座　第六讲　常用永磁材料的稳定性［J］．磁性材料及器件，2008（1）.

[5]　宋振纶．稀土永磁材料的失效与防护［M］．北京：科学出版社，2016.

[6]　宋后定．陈培林．永磁材料及其应用［M］．北京：机械工业出版社，1984.

[7]　李安华，董生智，李卫．稀土永磁的力学性能［J］．金属功能材料，2002.9（4）.

[8]　王会宗．磁性材料及其应用［M］．北京：国防工业出版社，1989.

第三章　永磁电机的磁路及其计算

第一节　磁 场 与 磁 路

在电机中，磁场是实现机电能量转换的媒介，由电流或永磁体产生，以场的形式存在。在电机设计中，为简化分析，往往将磁场简化为磁路。下面简单叙述与磁场、磁路有关的一些基本概念。

一、磁感应强度、磁场强度、磁导率

磁场是由电流（运动电荷）或永磁体在其周围空间产生的一种特殊形态的物质，用磁感应强度和磁场强度来表征其大小和方向。

磁感应强度定义为通以单位电流的单位长度导体在磁场中所受的力，是一个矢量，用 $\boldsymbol{B}$ 表示，其单位为特斯拉（T）。磁场强度也是一个矢量，用 $\boldsymbol{H}$ 表示，单位为 A/m，与磁感应强度之间满足：

$$\boldsymbol{B}=\mu\boldsymbol{H} \tag{3-1}$$

式中，μ为磁导率，随磁场所在点的媒质性质的变化而变化，单位为 H/m。非铁磁材料的磁导率可认为与真空的磁导率μ_0相同。铁磁材料的磁导率变化范围很大，通常采用相对磁导率μ_r表示，μ_r为铁磁材料的磁导率与真空磁导率的比值。

电机中常用导磁材料的相对磁导率通常为 10^3～10^5，而导体和绝缘体的导电率之比可达 10^{16}，因此电流沿导体流动，而磁场不只在导磁材料中存在，在非铁磁材料中也存在。

二、磁通、磁压、磁动势

磁通是通过磁场中某一面积 A 的磁力线数，用符号$\varPhi$表示，单位为 Wb，定义为：

$$\varPhi=\int_A B\mathrm{d}A \tag{3-2}$$

由于磁力线是闭合的，对于一个闭合曲面，进入该闭合曲面的磁力线数应等于流出该闭合曲面的磁力线数，即通过该闭合曲面的磁通量为零，称为磁通连续性定理。

磁场强度沿一路径的积分等于该路径上的磁压，用符号 U 表示，单位为 A。磁场强度沿一条闭合路径的积分等于该路径所包含的电流数，即：

$$\oint_l H\mathrm{d}l=\sum_{i=1}^{k} I_i \tag{3-3}$$

称为安培环路定律。由于磁场为电流所激发，上式中回路所环绕的电流称为磁动势，用 F 表示，单位为 A。

三、磁路参数

在电机设计中，为简化计算，通常把电机的各部分磁场简化为相应的磁路。磁路的划分原则是：① 每段磁路为同一材料；② 磁路的截面积大体相同；③ 流过该磁路各截面的磁通相同。

电机等效磁路的基本组成部分为磁动势源、导磁体和空气隙，磁动势源为永磁体或通电线圈。图 3-1 为一圆柱形磁路，其截面积为 A，长度为 L，假设磁通都经过该圆柱体的所有截面且在其截面上均匀分布，则该段磁路上的磁通和磁压分别为：

$$\begin{cases}\Phi = BA \\ U = HL\end{cases} \tag{3-4}$$

与电路中电流和电压的关系类比，定义为：

$$R_m = \frac{U}{\Phi} \tag{3-5}$$

为该段磁路的磁阻，上式称为磁路的欧姆定律。磁阻用磁路的特性和有关尺寸表示为：

$$R_m = \frac{L}{\mu A} \tag{3-6}$$

与电阻的表达式在形式上类似。磁阻的倒数为磁导，用Λ表示：

$$\Lambda = \frac{\mu A}{L} \tag{3-7}$$

可以看出，磁路方程与电路方程在形式上非常相似，其类比关系见表 3-1。

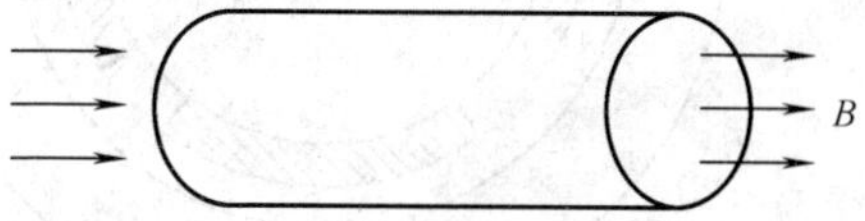

图 3-1　圆柱形磁路

表 3-1　　磁路与电路的类比

磁路	电路
磁动势 F/A	电动势 E/V
磁压 U/A	电压 U/V
磁通 Φ/Wb	电流 I/A
磁阻 $R_m = \frac{L}{\mu A}$（H^{-1}）	电阻 $R = \rho\frac{L}{A}$（Ω）
磁导 $\Lambda = \frac{1}{R_m}$（H）	电导 $G = \frac{1}{R}$（S）
磁路方程 $F = \Phi R_m$	电路方程 $U = IR$
磁通密度 $B = \frac{\Phi}{A}$（T）	电流密度 $J = \frac{I}{A}$（A/m^2）

需要指出的是：电路和磁路虽然形式上相同，但在本质上是不同的，如电路中的电流是运动电荷产生的，是实际存在的，而磁路中的磁通仅仅是描述磁现象的一种手段。

第二节　永磁电机的磁极结构

永磁电机与电励磁电机的电枢结构相同，主要区别在于磁极结构。电励磁电机的磁极由磁极铁心和励磁绕组组成，而永磁电机的磁极由永磁体构成。与电励磁电机相比，永磁电机的磁极具有体积小、结构简单、形状多样的优点。下面介绍永磁电机的磁极结构。

一、按永磁体所在的位置分类

按永磁体所在的位置，可分为旋转磁极式和旋转电枢式两类。图3-2为旋转磁极式磁路结构示意图，永磁体在转子上，电枢静止，永磁同步电动机、无刷直流电动机都采用该种结构。图3-3为旋转电枢式磁路结构，其永磁体在定子上，电枢旋转，需要电刷-换向器结构为电枢绕组提供电流，永磁直流电机采用该种磁路结构。

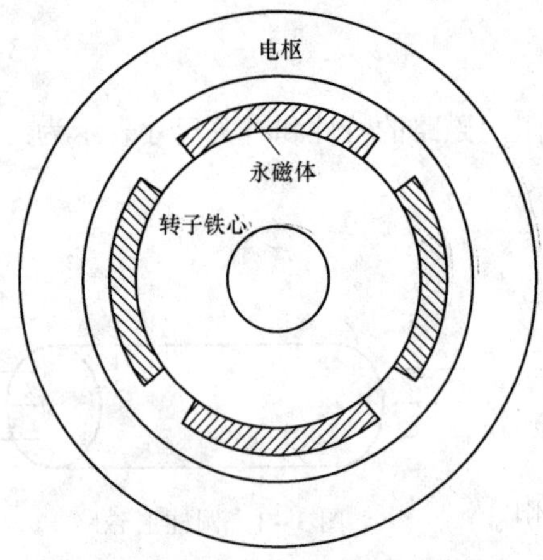

图3-2　旋转磁极式磁路结构示意图

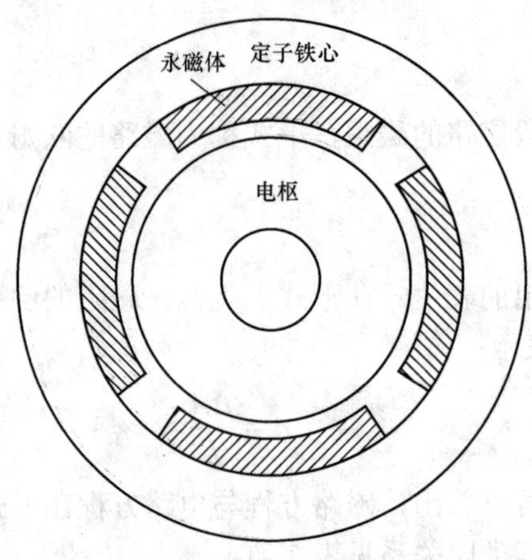

图3-3　旋转电枢式磁路结构示意图

二、按所用永磁材料的种类分类

根据电机中永磁材料种类的多少，可分为单一式结构和混合式结构。在一台电机中，只采用一种永磁材料，为单一式结构，绝大多数永磁电机都采用该种结构。若同一台电机中采用两种或两种以上永磁材料，则称为混合式结构。混合式结构通常采用两种性能不同的永磁体，扬长避短，充分发挥永磁材料各自的优势，提高电机性能。图3-4为永磁直流电动机中的混合式磁路结构，将矫顽力低的永磁体（如铁氧体）置于磁极的前部，将矫顽力高的永磁体（如钕铁硼）置于磁极的后部，提高抗去磁能力。

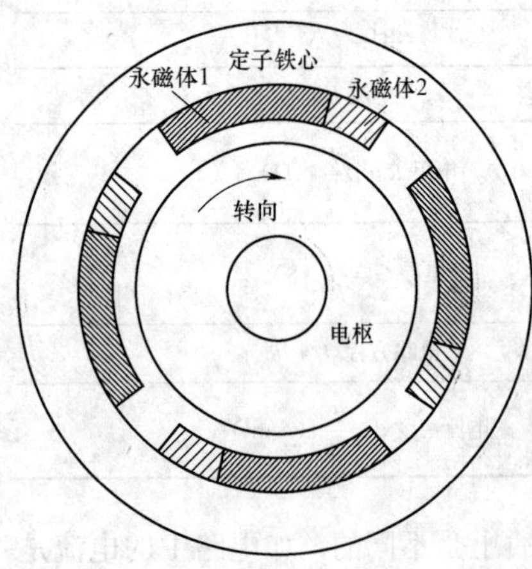

图3-4　混合式磁路结构示意图

三、按永磁体安置方式分类

按永磁体安置的方式，可分为表面式和内置式，如图3-5所示。表面式结构的永磁体直接面对空气隙，具有加工、安装方便的优点，但永磁体直接承受电枢反应的去磁作用，抗去磁能力差；内置式结构的永磁体置于铁心内部，加工、安装工艺复杂、漏磁大，但可以放置较多的永磁体，提高气隙磁通密度，减小电机的重量和体积，抗去磁能力强。

四、按永磁体的形状分类

进行永磁体设计时，必须保证永磁体在磁路中产生足够的磁通和磁动势。选用的永磁材料不同，永磁体的形状也不同。

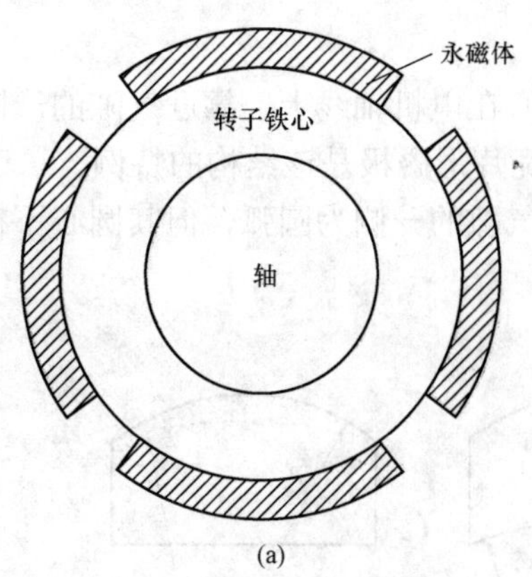

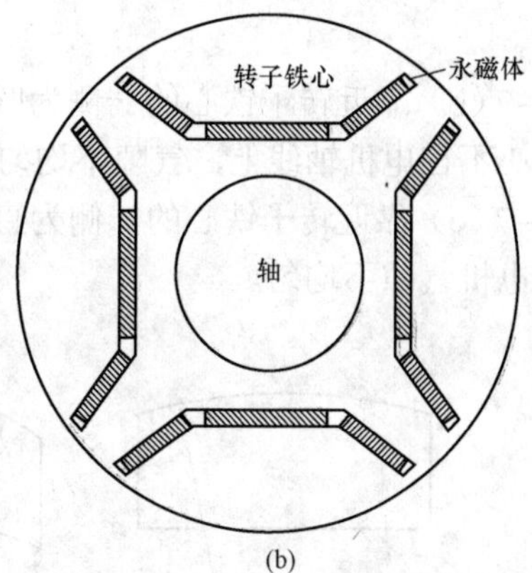

图 3-5　表面式和内置式结构示意图

（a）表面式；（b）内置式

铝镍钴剩磁高、矫顽力小，通常做成细长的形状；铁氧体和稀土永磁矫顽力大，由于其相对回复磁导率接近 1，磁阻大，当充磁方向长度增加到一定程度后，继续增大充磁方向长度，永磁体对外提供的磁通增加很少，因此通常采用扁平结构。

根据永磁体的形状，可分为瓦片形磁极、不等厚磁极、环形磁极、矩形磁极、弧形磁极和爪极式磁极。在永磁电机中，瓦片形磁极应用广泛。

1. 瓦片形磁极

瓦片形磁极通常有同心瓦片形磁极和等半径瓦片形磁极两种，如图 3-6 所示。由于烧结钕铁硼材料的毛坯为长方体，且一般采用线切割方式加工，同心瓦片形磁极的材料利用率较低，一般为 40%～50%。采用等半径瓦片形磁极结构，既能提高材料利用率，又能降低线切割加工费用，永磁体材料利用率可提高到 80%。

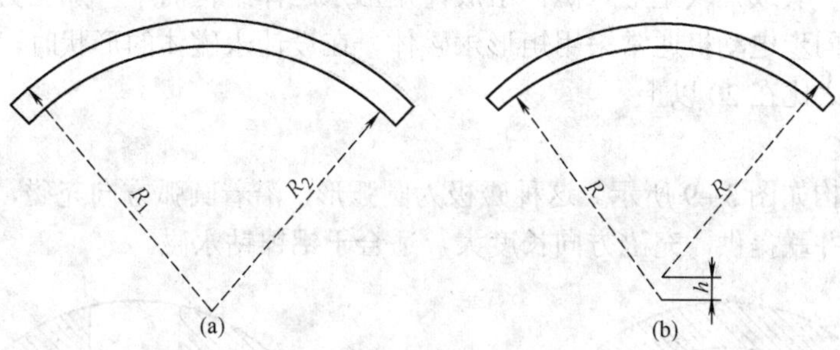

图 3-6　瓦片形磁极

（a）同心瓦片形磁极；（b）等半径瓦片形磁极

2. 不等厚磁极

在表面式永磁电机中，常采用充磁方向长度基本不变的永磁体，例如图 3-6（a）的同心瓦片形永磁体，所产生的气隙磁场近似为平顶波，含有大量的谐波，导致感应电动势和电枢电流中出现大量谐波，产生较大的杂散损耗和电磁转矩波动。为改善气隙磁场，可采用图 3-7 所示的不等厚磁极。

图 3-7（a）靠近转子铁心的一侧为直线，靠近气隙的一侧为圆弧，其圆心在电机轴线上，

气隙均匀。

图 3–7（b）靠近转子铁心的一侧为圆弧，其圆心在电机轴线上，靠近气隙的一侧也为圆弧，其圆心不在电机轴线上，气隙不均匀。等半径瓦片形磁极是该结构的特例。

图 3–7（c）靠近转子铁心的一侧为直线，靠近气隙的一侧为圆弧，但其圆心不在电机的轴线上，电机气隙不均匀。

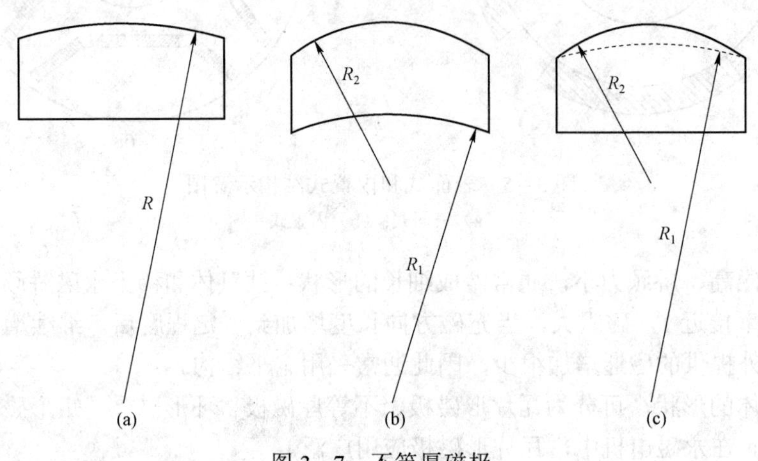

图 3–7　不等厚磁极

3. 环形磁极

环形磁极结构如图 3–8 所示，为一整体圆环，具有结构简单、加工和装配方便等优点。其主要缺点是，材料利用率低，在几何中性线上存在磁场，不利于永磁直流电机的换向。

4. 矩形磁极

矩形磁极由一块或几块矩形永磁体组成，矩形永磁体结构简单，加工方便，材料利用率高，内置式永磁同步电动机通常采用矩形永磁体。在设计永磁体的形状时，应避免矩形永磁体的长度与厚度之比在 20 以上。

5. 弧形磁极

弧形磁极结构如图 3–9 所示。这种磁极为圆弧形，沿着圆弧方向充磁，特点是每极的磁通由两块永磁体并联提供，充磁方向长度大，适合于铝镍钴永磁。

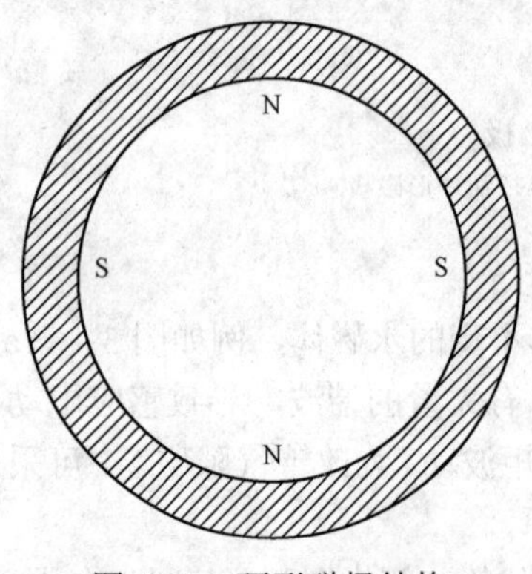

图 3–8　环形磁极结构

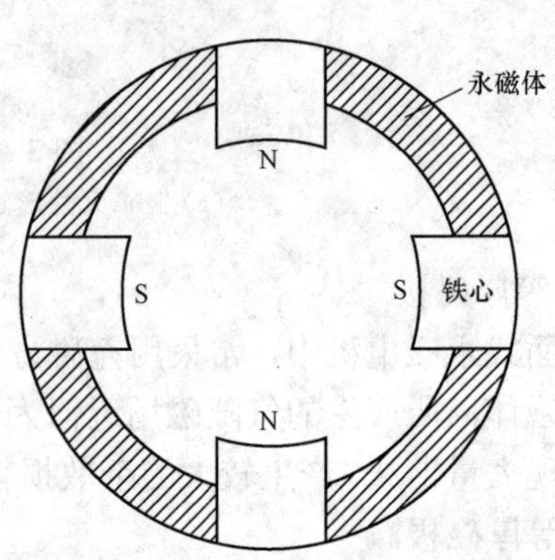

图 3–9　弧形磁极结构

6. 爪极式磁极

爪极式磁极由一个永磁体环和两个带爪的法兰盘组成。法兰盘通常用低碳钢制成，其上有均匀分布的爪，如图 3–10（a）所示，爪数等于极对数；永磁体为图 3–10（b）所示的轴向充磁圆环，与两个法兰盘一起套在转子轴上，位于两个法兰盘之间，两个法兰盘的爪交替错开半个爪距，两个法兰盘上的爪分别为 N、S 极。为了避免磁通沿转轴闭合，一般采用非磁性轴。

爪极式磁极的特点是：永磁体加工装配简单，磁化均匀，交轴电枢反应沿爪极闭合，永磁体抗去磁能力强，但爪极制造复杂，爪极表面损耗大。

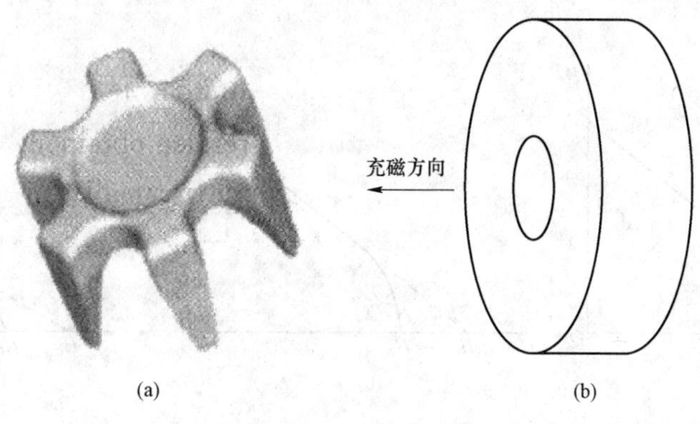

图 3–10　爪极式磁极
（a）爪极；（b）轴向充磁环形永磁体

第三节　永磁电机的等效磁路

永磁电机的磁路由永磁体、空气隙和导磁材料组成，其等效磁路分为永磁体等效磁路和外磁路两部分。

一、永磁体的等效磁路

从第二章的分析可知，永磁体工作点在回复线上。对于钐钴永磁和常温下的钕铁硼永磁，其退磁曲线基本为直线，因此回复线与退磁曲线基本重合，为连接（0，B_r）和（H_c，0）两点的直线，如图 3–11（a）所示，可表示为：

$$B = B_r - \frac{B_r}{H_c}H = B_r - \mu_0\mu_r H \tag{3-8}$$

对于铁氧体和高温下的钕铁硼永磁材料，其退磁曲线的大部分为直线，拐点以上为直线，拐点以下为曲线，只要永磁体工作在拐点以上，回复线就与退磁曲线重合。在设计和使用时，通常采取措施保证永磁体的工作点不低于拐点，因此工作曲线由退磁曲线的直线部分及其延长线组成，如图 3–11（b）所示，可表示为：

$$B = B_r - \frac{B_r}{H_c'}H = B_r - \mu_0\mu_r H \tag{3-9}$$

对于铝镍钴永磁材料，其退磁曲线是弯曲的，回复线与退磁曲线不重合，在设计和使用时，要对其进行稳磁处理，预加可能的最大去磁磁动势，确定永磁体工作点，之后永磁体工作在以该工作点为起点的回复线上，如图 3-11（c）所示，可表示为：

$$B = B_r' - \frac{B_r'}{H_c'}H = B_r' - \mu_0\mu_r H \tag{3-10}$$

式（3-8）～式（3-10）可统一表示为：

$$B = B_r' - \mu_0\mu_r H \tag{3-11}$$

式中，对于图 3-11（a）、（b）两种情况，$B_r' = B_r$。

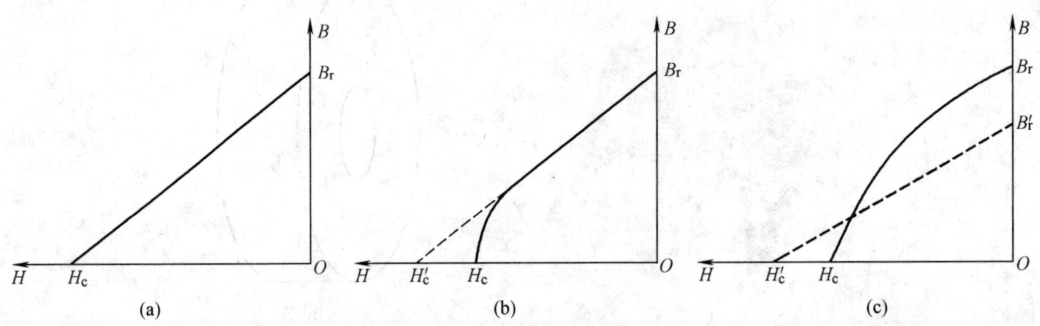

图 3-11 永磁体的回复线

在永磁电机中，永磁体的对外表现是磁动势 F_m 和磁通 Φ_m。假设永磁体在垂直于充磁方向上的截面积都相同（截面积为 A_m，单位为 cm^2），充磁方向长度均匀（长度为 h_m，单位为 cm），磁化均匀，则：

$$\begin{cases} \Phi_m = BA_m \times 10^{-4} \\ F_m = Hh_m \times 10^{-2} \end{cases} \tag{3-12}$$

将式（3-11）两端同乘以截面积得：

$$\begin{aligned} \Phi_m &= B_r'A_m \times 10^{-4} - \mu_0\mu_r HA_m \times 10^{-4} \\ &= \Phi_r - \frac{\mu_0\mu_r A_m}{h_m}Hh_m \times 10^{-4} = \Phi_r - \frac{F_m}{R_m} = \Phi_r - F_m\Lambda_m \end{aligned} \tag{3-13}$$

式中：$\Phi_r = B_r'A_m \times 10^{-4}$ 称为虚拟内禀磁通；$R_m = \dfrac{h_m}{\mu_0\mu_r A_m} \times 10^2$ 为永磁体的内磁阻；$\Lambda_m = \dfrac{1}{R_m}$ 为永磁体的内磁导。可以看出，永磁体可等效为一个恒定磁通源和一个磁阻的并联，如图 3-12（a）所示。

式（3-11）还可表示为：

$$H = H_c' - \frac{B}{\mu_0\mu_r} \tag{3-14}$$

式中，对于图 3-11（a），$H_c' = H_c$。

两端同乘以充磁方向长度得：

$$F_m = h_m H_c' \times 10^{-2} - \frac{B h_m}{\mu_0 \mu_r} \frac{A_m}{A_m} \times 10^{-2} = F_c - \Phi_m R_m \tag{3-15}$$

式中，F_c 为虚拟内禀磁动势，$F_c = H_c' h_m \times 10^{-2}$。可以看出，永磁体也可等效为一个恒定磁动势和一个磁阻的串联，如图 3－12（b）所示。

二、外磁路

外磁路是指永磁电机中除永磁体之外的那部分磁路。永磁体向外磁路提供磁通，该磁通的绝大部分匝链电枢绕组，是实现机电能量转换的基础，称为主磁通Φ_δ，也就是通常所说的每极气隙磁通，用Φ_δ表示。还有一部分磁通不与电枢绕组匝链，在永磁磁极之间、永磁磁极和结构件之间形成磁场，称为漏磁场，对应的磁通称为漏磁通，用Φ_σ表示。它们所经过的磁路分别称为主磁路和漏磁路，对应的磁导分别为主磁导Λ_δ和漏磁导Λ_σ。

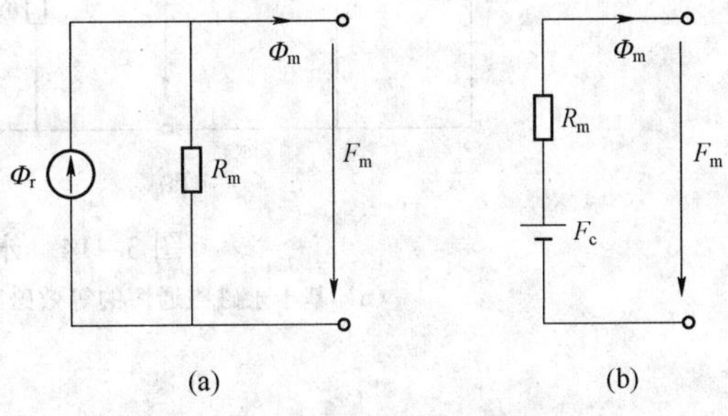

图 3－12　永磁体的等效磁路

在电机中，漏磁场的分布非常复杂，无法准确计算漏磁导。对于永磁体非内置的永磁电机，其漏磁路大部分由空气组成，空气的磁导率低、磁阻大，漏磁路中铁磁部分的影响可以忽略，只考虑其中空气部分的影响，漏磁导为常数。而对于永磁体内置的永磁电机，由于永磁体放置在铁心内部，漏磁较大，漏磁路的由铁心组成，漏磁导取决于铁心的饱和程度，不是常数。主磁导通过主磁路的计算获得，而漏磁路的影响通常用漏磁系数考虑。主磁路和漏磁路的计算将在下一节讨论。

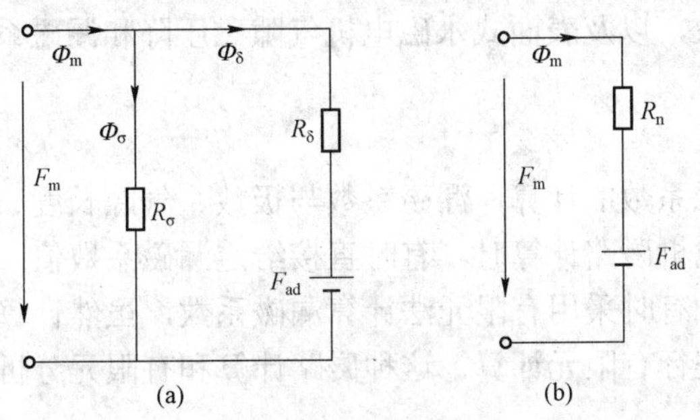

图 3－13　外磁路等效磁路及其简化等效磁路

（a）等效磁路；（b）简化等效磁路

当电机带负载运行时，电枢绕组中的电流产生电枢反应磁场，其中的直轴电枢反应磁动势 F_{ad} 经过主磁路作用在永磁体上，对永磁体有助磁或去磁作用，因此主磁路和电枢反应可用主磁路的磁阻和直轴电枢反应磁动势 F_{ad} 的串联来表示（当 F_{ad} 为正时，起去磁作用；当 F_{ad} 为负时，起助磁作用），漏磁路用其磁阻表示，主磁路和漏磁路并联，得到图 3－13（a）所示的外磁路等效磁路，其中 $R_\delta = 1/\Lambda_\delta$、$R_\sigma = 1/\Lambda_\sigma$分别为主磁路和漏磁路的磁阻。为便于磁路分析，对该等效磁路进行等效变换，得到图 3－13（b）所示的简化等效磁路。二者之间的变换满足：

$$\begin{cases} F_{ad}' = \dfrac{F_{ad}}{\sigma} \\ R_n = \dfrac{R_\delta R_\sigma}{R_\delta + R_\sigma} \end{cases} \tag{3-16}$$

三、永磁电机的等效磁路

因永磁体提供的磁动势和磁通分别等于外磁路的磁压降和磁通，将永磁体等效磁路和外磁路连接起来，得到永磁电机的等效磁路，如图 3－14 所示。

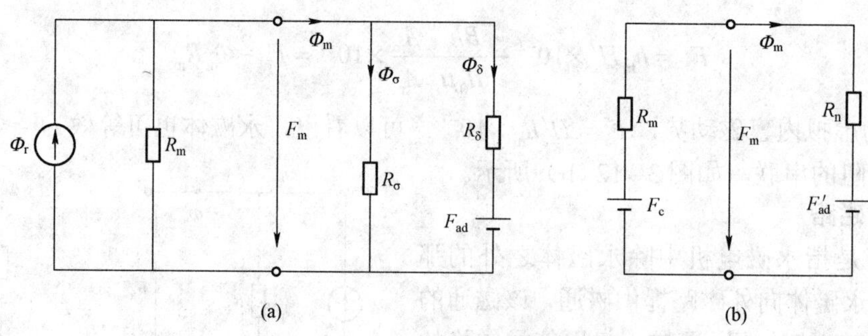

图 3-14 永磁电机的等效磁路

（a）基于永磁磁通源的等效磁路；（b）基于永磁磁动势源的等效磁路

第四节 永磁电机外磁路的计算

本节将讨论内置式和表面式两类结构永磁电机的外磁路计算方法。

内置式永磁电机主要有两类，内置式调速永磁同步电机和异步起动永磁同步电机。前者的主磁路由定子齿、定子轭、气隙、转子轭构成，后者的主磁路由定子齿、定子轭、气隙、转子齿、转子轭构成，它们的计算方法与三相感应电动机基本相同，在此不再赘述。内置式永磁电机磁路计算的难点在于漏磁系数的计算。

在无极靴的表面式永磁同步电机和永磁直流电机中，永磁体直接面对空气隙，外磁路中除气隙外的其他磁路的磁压降计算方法与电励磁电机相同，但气隙磁压降、漏磁系数的计算与电励磁电机有很大不同。

因此本节主要讨论内置式永磁电机漏磁系数，以及表面式永磁电机气隙磁压降和漏磁系数的计算方法。

一、内置式永磁电机漏磁系数的计算

内置式结构永磁电机磁路计算的难点是漏磁系数的计算，漏磁系数与极数、气隙长度、磁桥尺寸、铁心饱和程度等直接相关。在进行电机磁路计算时，有时直接给定漏磁系数值，虽然简便，但磁路和电机性能计算的准确度低。有时采用有限元法计算漏磁系数，虽然计算准确，但一旦调整电机结构参数，就需要重新进行有限元计算，这种磁路计算和有限元分析交错进行的方式计算效率很低。

本节将以V型内置式调速永磁同步电机为例，介绍基于磁路的漏磁系数计算方法。

1. 内置式永磁同步电机的漏磁系数

在内置式永磁同步电机中，永磁体产生的磁通Φ_m包括穿过气隙进入电枢的主磁通Φ_δ和不穿过空气隙而在转子内部闭合的漏磁通Φ_σ，即：

$$\Phi_m = \Phi_\delta + \Phi_\sigma = \Phi_\delta\left(1+\frac{\Phi_\sigma}{\Phi_\delta}\right) = \sigma\Phi_\delta \tag{3-17}$$

漏磁系数σ为：

$$\sigma = 1+\frac{\Phi_\sigma}{\Phi_\delta} \tag{3-18}$$

2. 内置式永磁同步电机漏磁系数的计算

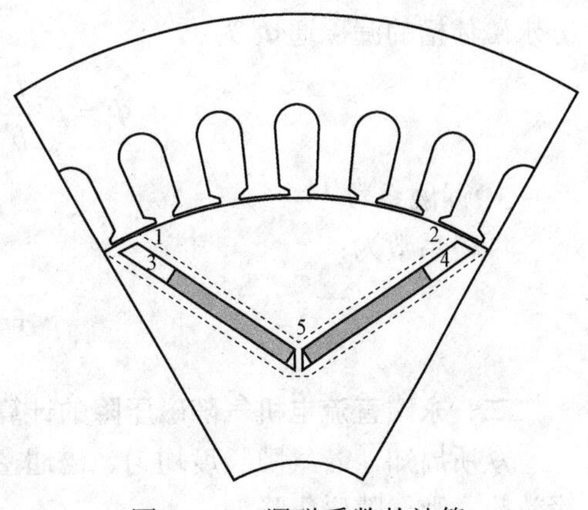

图 3－15　漏磁系数的计算

漏磁系数计算的基本原理是，忽略磁桥以外的转子铁心磁压降，在每极范围内存在两个等磁位面，如图 3－15 中虚线所示。这两个等磁位面上的磁位差 $F_{\delta tj}$ 等于气隙磁压降 F_δ、定子齿部磁压降 F_{t1} 和定子轭部磁压降 F_{j1} 之和，即：

$$F_{\delta tj}=F_\delta+F_{t1}+F_{j1} \qquad (3-19)$$

在进行磁路计算时，每极气隙磁通 Φ_δ 已知，根据 Φ_δ 通过磁路计算可得到 $F_{\delta tj}$，然后根据 $F_{\delta tj}$ 求出通过磁桥 1、2、5 和通过永磁体槽中没有永磁体的部分 3、4 的磁通，相加即得到转子漏磁通 Φ_σ，根据式（3－18）即可求得漏磁系数。

（1）通过磁桥的磁通。该模型的每个磁极有 3 个磁桥，其中通过磁桥 1、2 的磁通相同，用 Φ_{b1} 表示。通过磁桥 5 的磁通用 Φ_{b2} 表示，故通过磁桥的总磁通为：

$$\Phi_b=2\Phi_{b1}+\Phi_{b2} \qquad (3-20)$$

1）磁通 Φ_{b1} 的计算。设磁桥 1 的宽度为 b_1，长度为 l_{b1}，单位都是 cm。由于 $F_{\delta tj}$ 加在 l_{b1} 上，故磁桥 1 内的磁场强度为：

$$H_{b1}=\frac{F_{\delta tj}}{l_{b1}}\ \text{（A/cm）} \qquad (3-21)$$

与其对应的磁通密度 B_{b1} 为：

$$B_{b1}=2.25+\frac{0.3}{2000}(H_{b1}-1500)\ \text{（T）} \qquad (3-22)$$

通过磁桥 1 的磁通为：

$$\Phi_{b1}=B_{b1}b_1L_{ef}\times10^{-4}\ \text{（Wb）} \qquad (3-23)$$

式中，L_{ef} 为铁心的轴向计算长度，cm。

2）磁通 Φ_{b2} 的计算。磁桥 5 的宽度为 b_2，长度 l_{b2}，单位都为 cm。$F_{\delta tj}$ 加在 l_{b2} 上，则磁桥内的磁场强度为：

$$H_{b2}=\frac{F_{\delta tj}}{l_{b2}}\ \text{（A/cm）} \qquad (3-24)$$

与其对应的磁通密度 B_{b2} 为：

$$B_{b2}=2.25+\frac{0.3}{2000}(H_{b2}-1500)\ \text{（T）} \qquad (3-25)$$

通过磁桥 5 的磁通为：

$$\Phi_{b2}=B_{b2}b_2L_{ef}\times10^{-4}\ \text{（Wb）} \qquad (3-26)$$

（2）通过永磁体槽的漏磁通 Φ_r。设每极的范围内不放置永磁体的部分永磁体槽的长度为 l_{air}，永磁体槽的宽度为 b_{air}，单位都是 cm。认为 $F_{\delta tj}$ 加在转子槽的两个槽壁之间，则通过该部分永磁体槽的漏磁通 Φ_r 为：

$$\Phi_r = \mu_0 \frac{F_{\delta tj}}{b_{air}} l_{air} L_{ef} \times 10^{-2} \text{ (Wb)} \tag{3-27}$$

3. 漏磁系数

漏磁系数为：

$$\sigma = \frac{\Phi_\delta + \Phi_r + \Phi_b}{\Phi_\delta} \tag{3-28}$$

二、永磁直流电机气隙磁压降的计算

众所周知，若气隙长度均匀、磁通密度在一个极距范围内均匀分布、铁心端部无磁场边缘效应，则气隙磁压降为：

$$F_\delta = H_\delta \delta = \frac{B_\delta}{\mu_0}\delta = \frac{\delta}{\mu_0}\frac{\Phi_\delta}{\tau L_a} \tag{3-29}$$

式中：δ 为气隙长度；τ 为极距；L_a 为铁心长度。

然而，由于齿槽效应、气隙磁通密度的分布不均匀以及电机铁心端部磁场边缘效应的存在，气隙磁压降计算变得比较复杂，通常用气隙系数 k_δ、计算极弧系数 α_i 和电枢铁心轴向计算长度 L_{ef} 分别考虑上述三种因素的影响。在进行磁路计算时，每极气隙磁通已知，则不考虑齿槽影响时磁极中心线对应的气隙磁通密度为：

$$B_\delta = \frac{\Phi}{\alpha_i \tau L_{ef}} \tag{3-30}$$

再考虑齿槽对气隙有效长度的影响，气隙磁压降为：

$$F_\delta = k_\delta H_\delta \delta = k_\delta \frac{B_\delta}{\mu_0}\delta \tag{3-31}$$

因此，气隙磁压降计算的关键在于气隙系数 k_δ、计算极弧系数 α_i 和电枢铁心轴向计算长度 L_{ef} 的确定。由于永磁体的存在，永磁电机的齿槽效应、气隙磁场分布与电励磁电机明显不同，因而其气隙系数、计算极弧系数、电枢铁心轴向计算长度和漏磁系数也与电励磁电机存在较大差异。

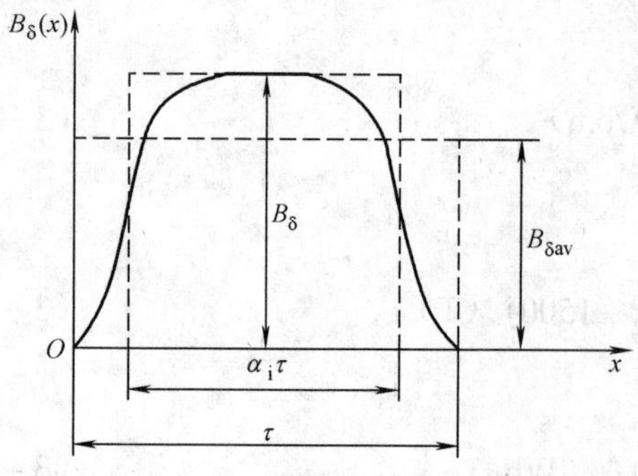

图 3-16　一个极距内气隙磁通密度径向分量的分布

（1）计算极弧系数的确定。在电励磁电机中，在确定计算极弧系数时可以假定磁极表面为等标量磁位面，但在永磁电机中，永磁材料的磁导率接近于空气的磁导率，永磁磁极具有很大的磁阻，因此永磁磁极与气隙的交界面不能视为等磁位面。

图 3-16 所示为气隙磁通密度径向分量在一个极矩 τ 内的分布。为便于磁路计算，将沿圆周分布不均匀的气隙磁通密度径向分量等效为均匀分布的矩形波，其高度为 B_δ，宽度为 $\alpha_i\tau$。根据换算前后磁通不变的原则，有：

$$\alpha_i B_\delta \tau = \int_0^\tau B_\delta(x)\mathrm{d}x \tag{3-32}$$

由此得计算极弧系数：

$$\alpha_i = \frac{\frac{1}{\tau}\int_0^\tau B_\delta(x)\mathrm{d}x}{B_\delta} = \frac{B_{\delta av}}{B_\delta} \tag{3-33}$$

式中，$B_{\delta av}$ 为一个齿距内气隙磁通密度的平均值。

由此可知，计算极弧系数α_i取决于一个极距内气隙磁通密度径向分量的分布。

在表面式永磁电机中，大多采用瓦片形磁极。对于瓦片形磁极，有同心瓦片形和等半径瓦片形两种，有平行充磁和径向充磁两种方式，对于不同的形状和充磁方式，气隙磁场的波形不同，因而α_i也不同。以极弧系数α_p、磁极高度与气隙长度之比 h_m/δ、气隙长度与极距之比δ/τ为变量，计算了 4 极永磁直流电机在不同磁极形状和充磁方式下的计算极弧系数，图 3-17～图 3-21 分别为径向充磁瓦片形磁极、平行充磁瓦片形磁极、平行充磁的两边平行瓦片形磁极、平行充磁等半径瓦片形磁极和径向充磁等半径瓦片形磁极永磁电机的计算极弧系数曲线。

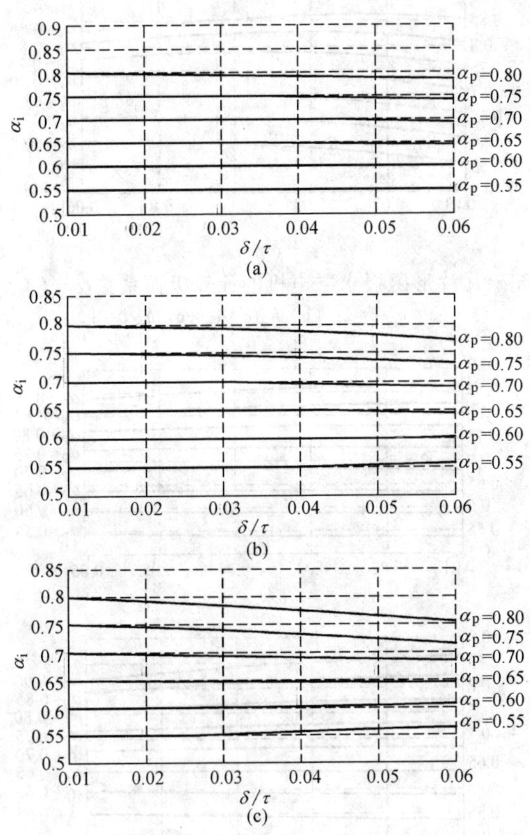

图 3-17 径向充磁瓦片形磁极永磁电机的计算极弧系数$\alpha_i=f(\alpha_p, h_m/\delta, \delta/\tau)$

（a）$h_m/\delta=2$；（b）$h_m/\delta=4$；（c）$h_m/\delta=8$

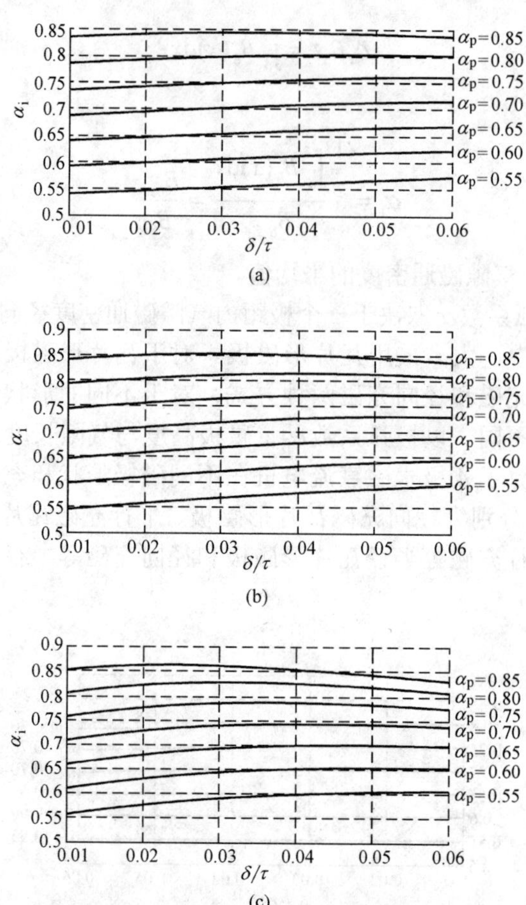

图 3－18　平行充磁瓦片形磁极永磁电机的计算极弧系数 $\alpha_i=f(\alpha_p,\ h_m/\delta,\ \delta/\tau)$

（a）$h_m/\delta=2$；（b）$h_m/\delta=4$；（c）$h_m/\delta=8$

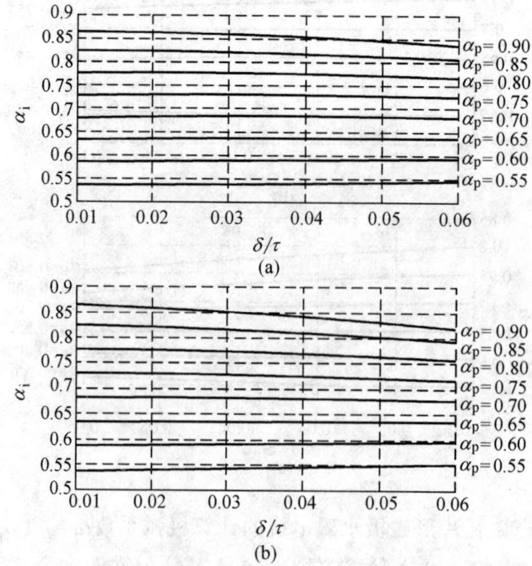

图 3－19　平行充磁的两边平行瓦片形磁极永磁电机的计算极弧系数 $\alpha_i=f(\alpha_p,\ h_m/\delta,\ \delta/\tau)$（一）

（a）$h_m/\delta=2$；（b）$h_m/\delta=4$

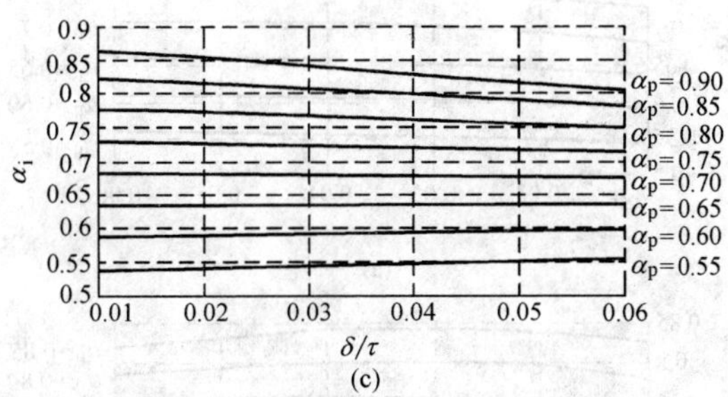

图 3-19　平行充磁的两边平行瓦片形磁极永磁电机的计算极弧系数 $\alpha_i=f(\alpha_p, h_m/\delta, \delta/\tau)$（二）

（c）$h_m/\delta=8$

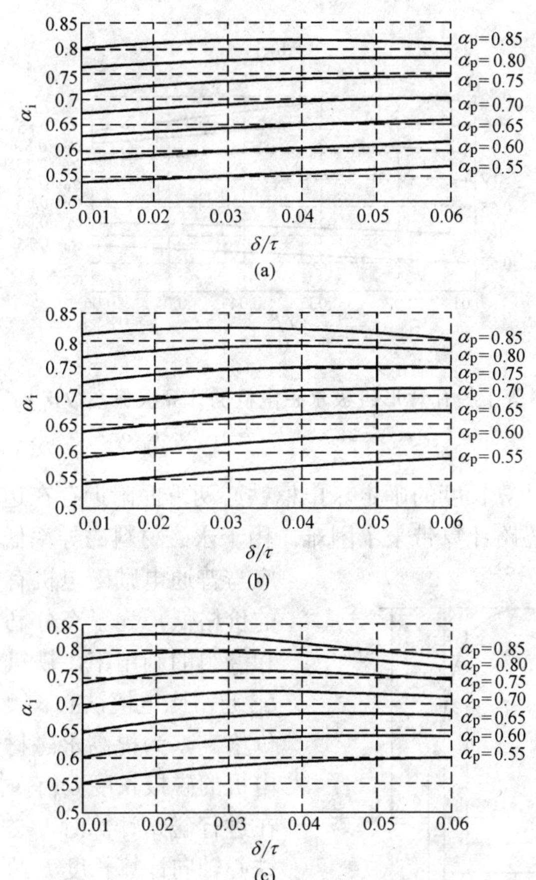

图 3-20　平行充磁等半径瓦片形磁极永磁电机的计算极弧系数 $\alpha_i=f(\alpha_p, h_m/\delta, \delta/\tau)$

（a）$h_m/\delta=2$；（b）$h_m/\delta=4$；（c）$h_m/\delta=8$

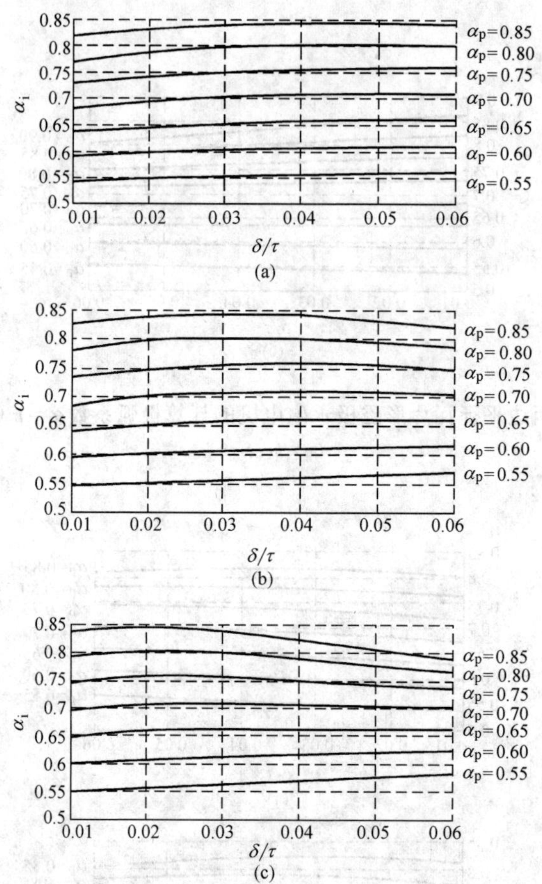

图 3-21 径向充磁等半径瓦片形磁极永磁电机的计算极弧系数$\alpha_i=f(\alpha_p, h_m/\delta, \delta/\tau)$

(a) $h_m/\delta=2$；(b) $h_m/\delta=4$；(c) $h_m/\delta=8$

（2）电枢铁心轴向计算长度的确定。电枢铁心两端面附近存在边缘磁场，使得气隙磁场沿轴向分布不均匀，给磁路计算带来了困难。由于永磁材料磁导率低，永磁电机磁场边缘效应与普通电励磁电机有明显不同。铁氧体永磁的价格低，为了充分利用边缘效应以提高铁心和绕组的利用率，铁氧体永磁电机的磁极长度 L_m 通常比电枢铁心长度 L_a 大。而稀土永磁材料价格高，为提高永磁材料的利用率，永磁直流电机的磁极长度 L_m 有时比电枢铁心长度 L_a 小。在进行磁路计算时，必须考虑边缘效应。电枢铁心轴向计算长度 L_{ef} 的引入，就是为了在磁路计算中考虑边缘效应对气隙磁通的影响。

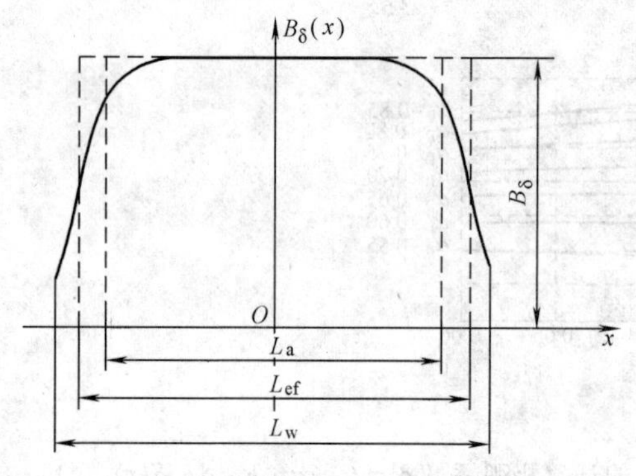

图 3-22 气隙磁通密度径向分量沿轴向的分布示意图

图 3-22 所示为气隙磁通密度径向分量沿轴向的分布示意图，其中 L_w 为电枢绕组的轴向长度。

为便于磁路计算，将轴向分布不均匀的气隙磁通密度径向分量等效为均匀分布的矩形波，其高度为 B_δ，宽度为 L_{ef}。根据换算前后磁通不变的原则，有：

$$B_\delta L_{ef} = \int_{-\frac{L_w}{2}}^{\frac{L_w}{2}} B_\delta(x)\mathrm{d}x \tag{3-34}$$

由此得电枢铁心轴向计算长度：

$$L_{ef} = \frac{\int_{-\frac{L_w}{2}}^{\frac{L_w}{2}} B_\delta(x)\mathrm{d}x}{B_\delta} = \frac{\Phi_\delta}{B_\delta} \tag{3-35}$$

由此可知，要确定电枢铁心轴向计算长度 L_{ef}，必须求出 $\left[-\frac{L_w}{2}, \frac{L_w}{2}\right]$ 范围内气隙磁通密度径向分量沿轴向的分布。

利用磁场有限元分析软件进行求解，可得到电枢绕组轴向长度范围内气隙磁通密度分布，进而得到电枢绕组轴向长度范围内磁通 Φ_δ 和中心线处转子表面的气隙磁通密度 B_δ，则电枢铁心的有效长度为：

$$L_{ef} = \frac{\Phi_\delta}{B_\delta} \tag{3-36}$$

电枢长度增量的相对值定义为：

$$\Delta L_a^* = \frac{L_{ef} - L_a}{h_m + \delta} \tag{3-37}$$

电枢长度增量的相对值 ΔL_a^* 与气隙长度 δ 无直接关系，但铁磁材料饱和时，气隙长度直接影响边缘漏磁路和主磁路的磁阻之比，进而影响电枢长度增量相对值。因此，除考虑永磁体轴向外伸的相对值 ΔL_m^* $\left(\Delta L_m^* = \frac{L_m - L_a}{h_m + \delta}\right)$、磁极高度与气隙长度之比 h_m/δ 外，还应考虑气隙长度的影响。由于难以找到合适的基值将气隙长度标幺化，直接采用气隙长度的实际值作为变量。

以 ΔL_m^*、h_m/δ 和 δ 为变量，计算电枢长度增量的相对值，得到气隙长度 δ=0.4mm、0.6mm、0.8mm、1.0mm 时的电枢长度增量的相对值 ΔL_a^*，如图 3-23 所示。

在工程计算中，根据 L_m、L_a、h_m 和 δ 求得 ΔL_m^*，然后根据 ΔL_m^*、h_m/δ 和 δ 由计算出的曲线得到电枢长度增量的相对值 ΔL_a^*，则电枢铁心轴向计算长度为：

$$L_{ef} = L_a + \Delta L_a^*(h_m + \delta) \tag{3-38}$$

对于不对称外伸结构，其两端的外伸分别为 ΔL_{m1}^* 和 ΔL_{m2}^*，根据 $2\Delta L_{m1}^*$ 和 $2\Delta L_{m2}^*$ 得到 ΔL_{a1}^* 和 ΔL_{a2}^*，电枢铁心轴向计算长度可按下式计算：

$$L_{ef} = L_a + \frac{\Delta L_{a1}^* + \Delta L_{a2}^*}{2}(h_m + \delta) \tag{3-39}$$

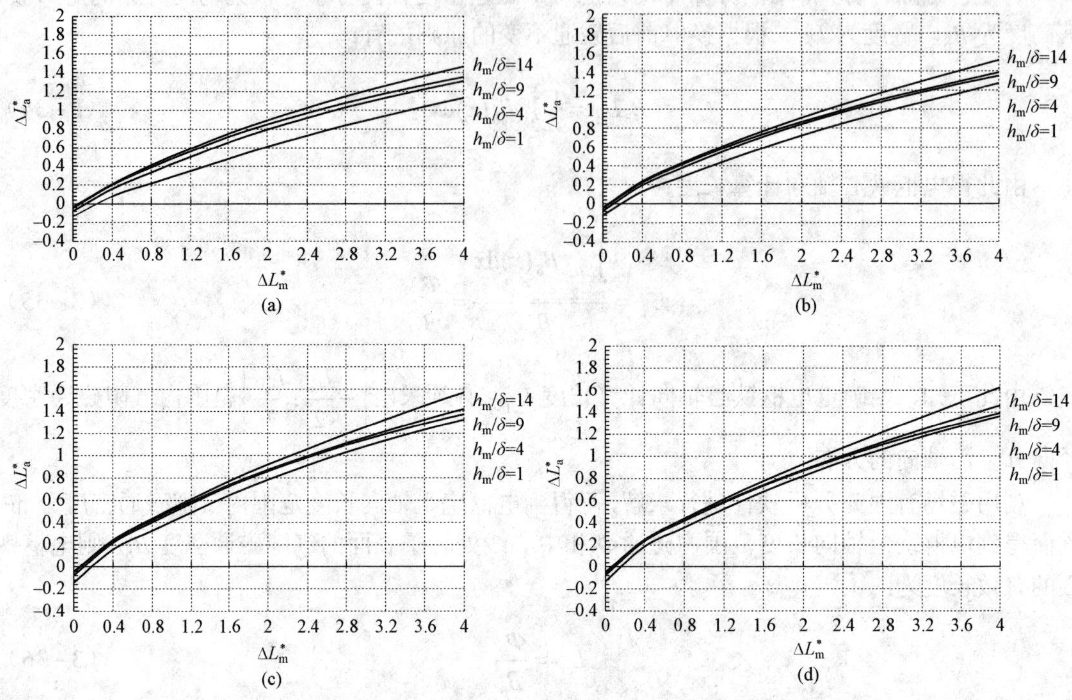

图 3-23　电枢长度增量的相对值 ΔL_a^*

（a）δ=0.4mm；（b）δ=0.6mm；（c）δ=0.8mm；（d）δ=1.0mm

（3）气隙系数。当永磁体不直接面对空气隙时，气隙系数 k_δ为：

$$k_\delta=\frac{\delta_e}{\delta}=\frac{t}{t-\sigma_s b_s} \tag{3-40}$$

式中：δ_e为有效气隙长度；t为电枢齿距；b_s为电枢槽口宽；σ_s为槽宽缩减因子，公式为：

$$\sigma_s=\frac{2}{\pi}\left\{\arctan\left(\frac{b_s}{2\delta}\right)-\frac{\delta}{b_s}\ln\left[1+\left(\frac{b_s}{2\delta}\right)^2\right]\right\} \tag{3-41}$$

当永磁体直接面对气隙时，上式虽可以使用，但不能直接使用。使用时，将 $h_m+\delta$代替上式中的δ，得：

$$k_{\delta m}=\frac{t}{t-\sigma_{sm} b_s} \tag{3-42}$$

式中

$$\sigma_{sm}=\frac{2}{\pi}\left\{\arctan\left(\frac{1}{2}\frac{b_s}{\delta+h_m}\right)-\frac{\delta+h_m}{b_s}\ln\left[1+\left(\frac{1}{2}\frac{b_s}{\delta+h_m}\right)^2\right]\right\} \tag{3-43}$$

有效气隙为：

$$\delta_e=k_{\delta m}(h_m+\delta)-h_m \tag{3-44}$$

气隙系数为：

$$k_{\delta}=\frac{\delta_{e}}{\delta}=k_{\delta m}\left(\frac{h_{m}}{\delta}+1\right)-\frac{h_{m}}{\delta} \tag{3-45}$$

（4）漏磁系数的确定。将表面式永磁电机的漏磁分为两部分：一部分存在于电枢铁心长度范围内；另一部分存在于电枢铁心长度之外，采用数值解法，分别得到极间漏磁系数和单位端部漏磁系数[1]。

1）极间漏磁系数σ_2。以极弧系数α_p、磁极高度与气隙长度之比 h_m/δ和气隙长度与极距之比δ/τ为变量，采用有限元法计算了不同磁极形状和充磁方式时的极间漏磁系数$\sigma_2=f(\alpha_p, h_m/\delta, \delta/\tau)$。图 3-24～图 3-28 分别为径向充磁瓦片形磁极、平行充磁瓦片形磁极、平行充磁的两边平行瓦片形磁极、平行充磁等半径瓦片形磁极、径向充磁等半径瓦片形磁极永磁电机的极间漏磁系数。

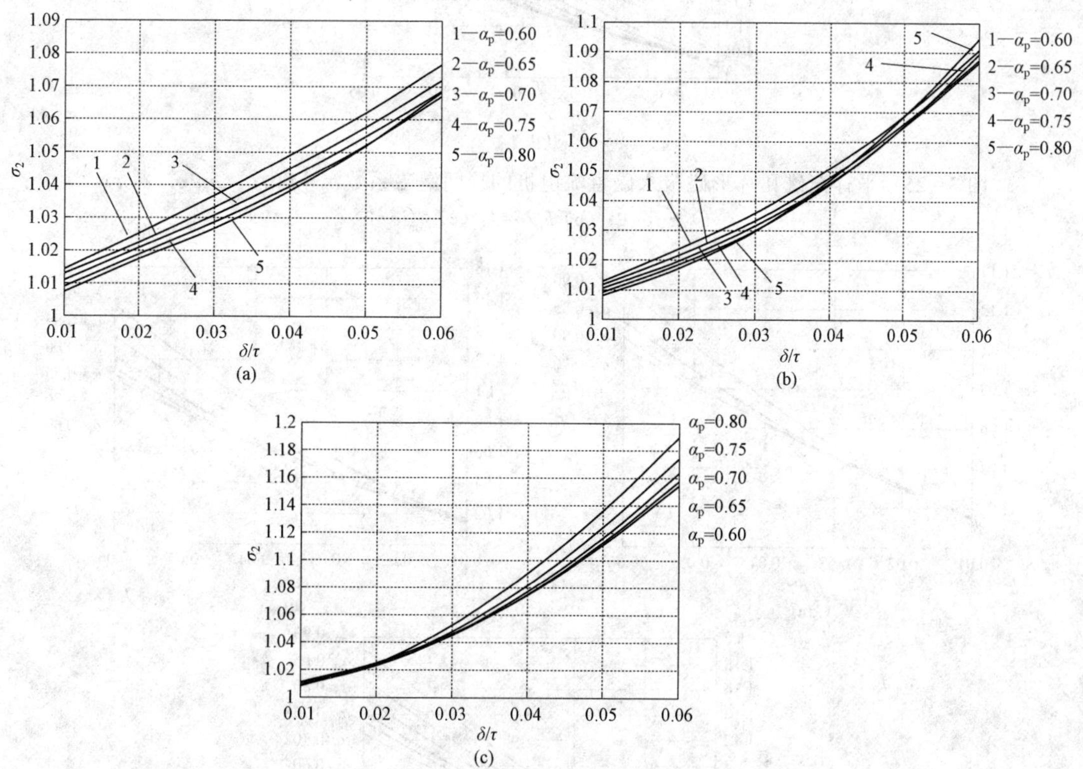

图 3-24 径向充磁瓦片形磁极永磁直流电机的极间漏磁系数$\sigma_2=f(\alpha_p, h_m/\delta, \delta/\tau)$

（a）$h_m/\delta=2$；（b）$h_m/\delta=4$；（c）$h_m/\delta=8$

2）端部漏磁系数σ_1。利用数值解法，可以方便地得到端部漏磁系数σ_1，但主磁通Φ_1随磁极长度和电枢长度变化，端部漏磁系数σ_1也相应变化。为得到通用的确定方法，采用了单位端部漏磁系数σ_1'的概念[1]，定义为端部漏磁通与电枢单位计算长度内主磁通Φ_1/L_{ef}之比，则σ_1'与端部漏磁系数σ_1的关系为：

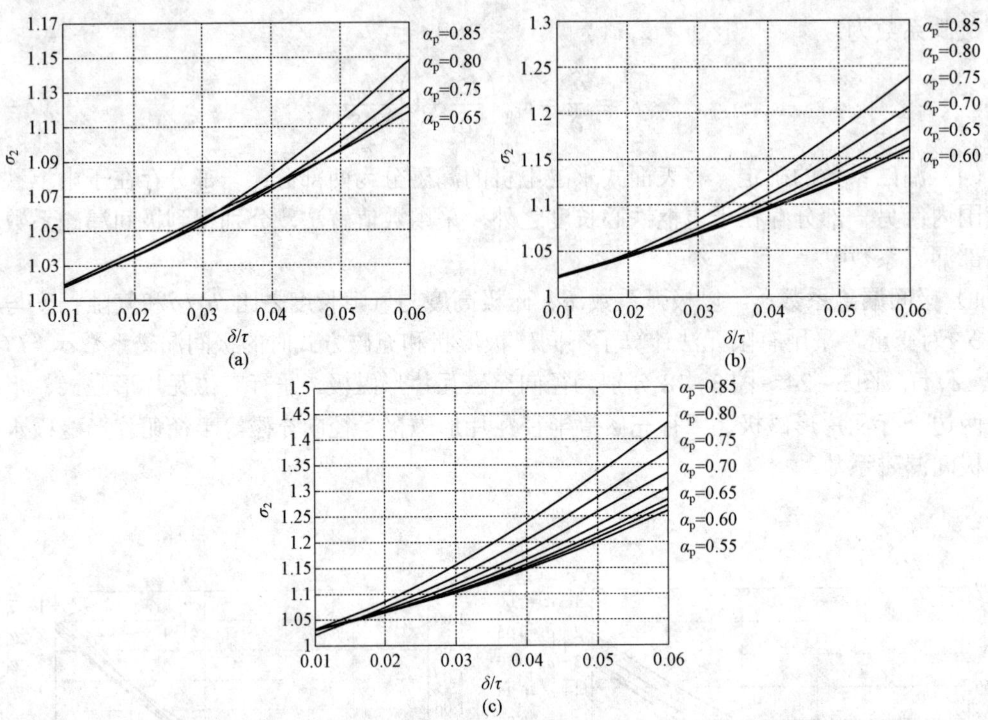

图 3-25　平行充磁瓦片形磁极永磁直流电机的极间漏磁系数$\sigma_2=f(\alpha_p,\ h_m/\delta,\ \delta/\tau)$

（a）$h_m/\delta=2$；（b）$h_m/\delta=4$；（c）$h_m/\delta=8$

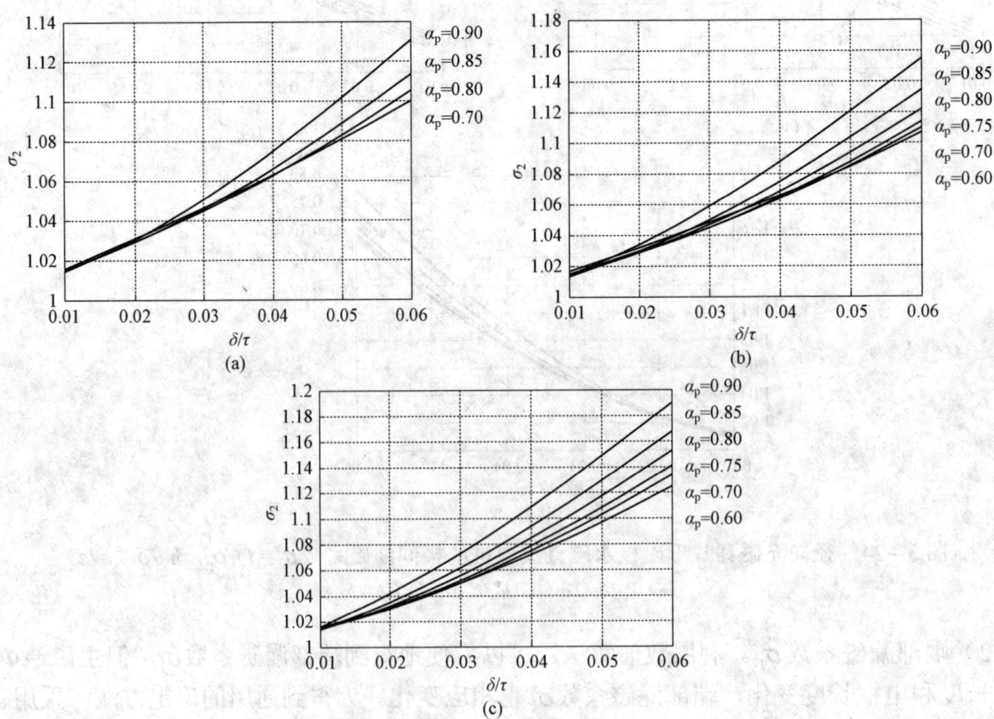

图 3-26　平行充磁的两边平行瓦片形磁极永磁直流电机的极间漏磁系数$\sigma_2=f(\alpha_p,\ h_m/\delta,\ \delta/\tau)$

（a）$h_m/\delta=2$；（b）$h_m/\delta=4$；（c）$h_m/\delta=8$

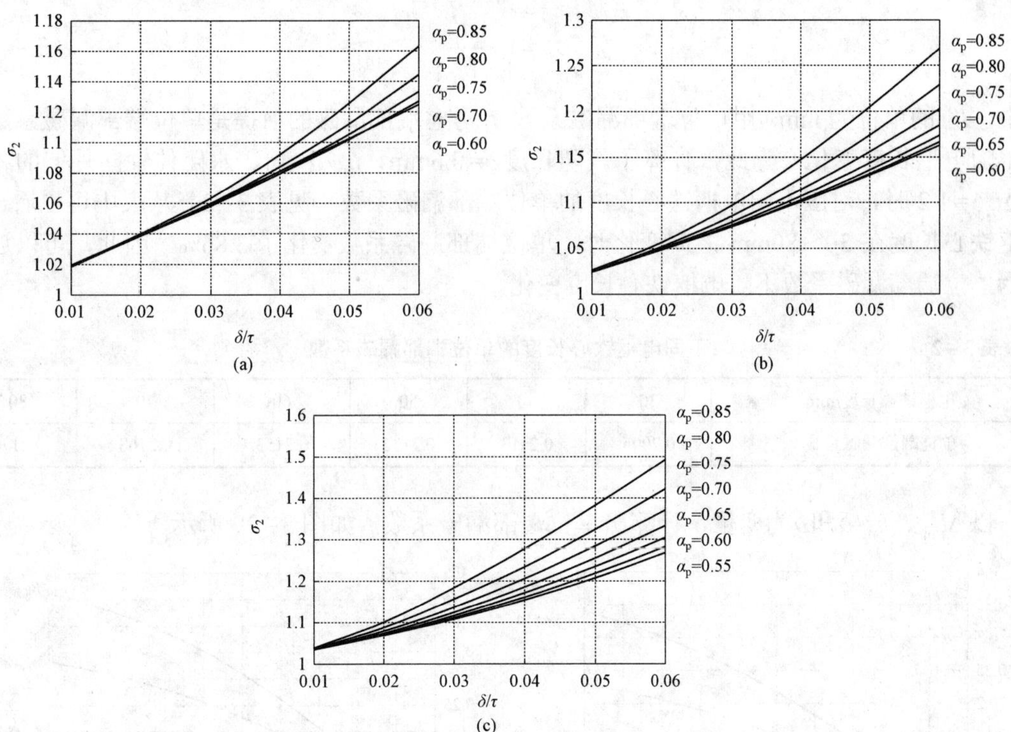

图 3-27　平行充磁等半径瓦片形磁极永磁直流电机的极间漏磁系数$\sigma_2=f(\alpha_p,\ h_m/\delta,\ \delta/\tau)$

（a）$h_m/\delta=2$；（b）$h_m/\delta=4$；（c）$h_m/\delta=8$

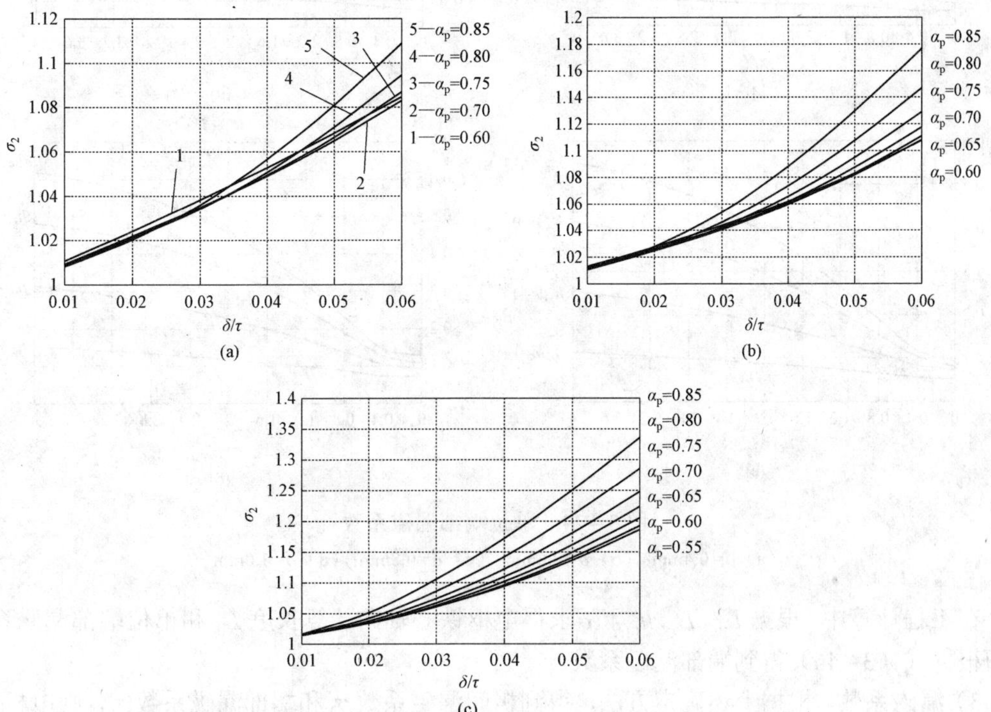

图 3-28　径向充磁等半径瓦片形磁极永磁直流电机的极间漏磁系数$\sigma_2=f(\alpha_p,\ h_m/\delta,\ \delta/\tau)$

（a）$h_m/\delta=2$；（b）$h_m/\delta=4$；（c）$h_m/\delta=8$

$$\sigma_1 = 1 + \frac{\sigma_1'}{L_{ef}} \tag{3-46}$$

式中，L_{ef} 的单位为mm。用单位端部漏磁系数 σ_1' 考虑端部漏磁的前提是单位端部漏磁系数基本不随电枢长度变化。为此，计算了气隙长度 δ=0.6mm、h_m/δ=14、永磁体轴向外伸的相对值 $\Delta L_m^*=1.2$ 时，对应不同电枢铁心长度的单位端部漏磁系数，见表3-2。从表中可以看出，电枢铁心长度在30～80mm之间变化时，单位端部漏磁系数变化了3.86%。因此，可以近似认为单位端部漏磁系数不随电枢铁心长度变化。

表3-2　不同电枢铁心长度的单位端部漏磁系数

电枢铁心长度/mm	30	40	50	60	70	80
单位端部漏磁系数	0.2095	0.2113	0.2132	0.2153	0.2168	0.2176

以 ΔL_m^*、h_m/δ 和 δ 为变量，计算出单位端部漏磁系数，如图3-29所示。

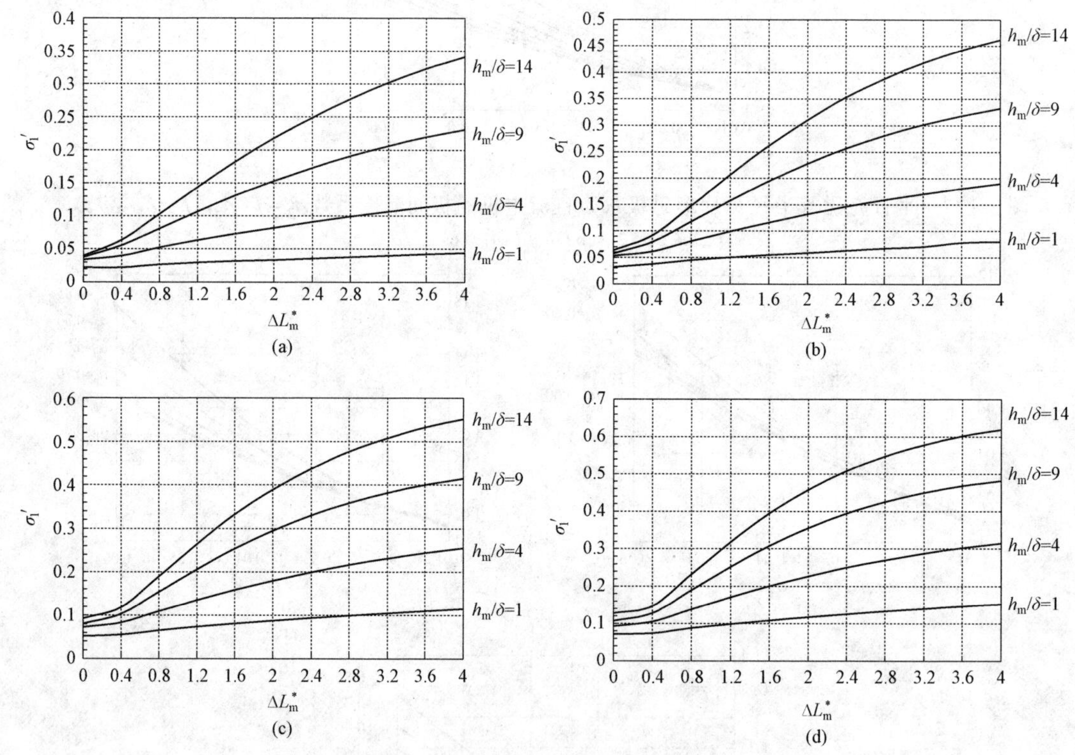

图3-29　单位端部漏磁系数

(a) δ=0.4mm；(b) δ=0.6mm；(c) δ=0.8mm；(d) δ=1.0mm

在工程计算中，根据 L_m、L_a、h_m 和 δ 求得电枢铁心轴向计算长度 L_{ef} 和单位端部漏磁系数，进而根据式（3-46）得到端部漏磁系数。

3）漏磁系数。根据上述确定方法，得到极间漏磁系数 σ_2 和端部漏磁系数 σ_1，则电机的漏磁系数为：

$$\sigma = \sigma_1 + \sigma_2 - 1 \tag{3-47}$$

三、外磁路的计算

通常情况下，永磁电机的外磁路包括空气隙、定（转）子齿、定（转）子轭等几部分，磁路计算的目的就是得到这些磁路上的总磁压降 F 与主磁通Φ_δ之间的关系$\Phi_\delta = f(F)$，即外磁路的空载特性，一般遵循以下步骤：

1. 确定气隙磁通

对于结构尺寸一定的永磁电机，每极主磁通Φ'_δ可如下粗略确定：

$$\Phi'_\delta = b_m L_m B'_k \tag{3-48}$$

式中：b_m 为每极永磁体的总宽度；L_m 为永磁体的轴向长度；B'_k 为永磁体的预估工作点，对于表面式永磁电机，可如下选取：

$$B'_k = B_r \frac{h_m}{h_m + \delta} \tag{3-49}$$

2. 选取不同的磁通

Φ_δ=（0.2、0.3、0.4、0.5、0.6、0.7、0.8、0.9、0.95、1.0、1.05、1.1、1.15、1.2、1.25）Φ'_δ，计算相应的主磁路总磁压降。

对于永磁磁极在定子内表面的电机，如永磁直流电机，其总磁压降为：

$$F = F_\delta + F_{t2} + F_{j1} + F_{j2} \tag{3-50}$$

式中：F_{t2} 为转子齿磁压降；F_{j1}、F_{j2} 分别为定、转子轭部磁压降。

对于永磁磁极在转子表面且转子无齿槽的电机，如表面式无刷直流电机和调速永磁同步电动机，其总磁压降为：

$$F = F_\delta + F_{t1} + F_{j1} + F_{j2} \tag{3-51}$$

式中，F_{t1} 为定子齿磁压降。

对于永磁磁极在转子内部、转子有齿槽的电机，如异步起动永磁同步电动机，其总磁压降为：

$$F = F_\delta + F_{t1} + F_{t2} + F_{j1} + F_{j2} \tag{3-52}$$

曲线$\Phi_\delta = f(F)$就是所要求的主磁路空载特性。由于主磁路的磁通与相应磁动势的比值就是主磁路的磁导Λ_δ，可以方便地得到$\Lambda_\delta = f(F)$。

四、漏磁路的计算

由空载漏磁系数的定义可知：

$$\sigma = \frac{\Phi_\delta + \Phi_\sigma}{\Phi_\delta} \tag{3-53}$$

因而有

$$(\sigma - 1)\Phi_\delta = \Phi_\sigma \tag{3-54}$$

两端同除以磁压降 F，有：

$$(\sigma - 1)\frac{\Phi_\delta}{F} = \frac{\Phi_\sigma}{F} \tag{3-55}$$

故：

$$\Lambda_\sigma = (\sigma - 1)\Lambda_\delta \tag{3-56}$$

因此可以通过主磁导和漏磁系数近似确定漏磁导，漏磁路的磁化特性曲线为$\Phi_\sigma = \Lambda_\sigma F$。

第五节 永磁体工作点的确定方法

一、永磁体工作图法

如前所述，在永磁电机中，永磁体向外磁路提供的磁动势和磁通分别等于外磁路上的磁动势和磁通，因此永磁体的工作点取决于永磁体的特性和外磁路的特性。永磁体的特性用回复线描述，外磁路的特性用$\Phi = f(F)$表示，二者的交点就是永磁体的工作点。具体步骤如下：

（1）将退磁曲线$B = f(H)$的横坐标乘以每极永磁体充磁方向长度，纵坐标乘以提供每极磁通的永磁体面积，得到$\Phi_m = f(F_m)$曲线，如图3-30（a）所示。

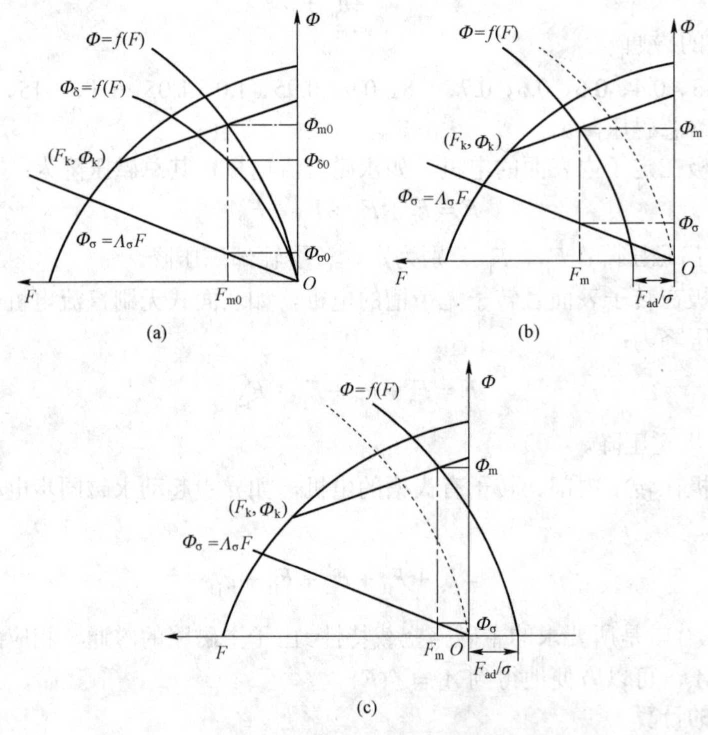

图3-30 永磁体工作图法

（a）空载工作图；（b）电枢反应去磁时的工作图；（c）电枢反应助磁时的工作图

（2）确定回复线的位置和起点。工作于电机中的永磁体的工作点是动态变化的，为保证电机工作性能稳定，将电机中可能出现的最大去磁点（F_k，Φ_k）作为回复线的起点，画出回复线。

（3）画出主磁路的特性曲线$\Phi_\delta = f(F)$和漏磁路的特性曲线$\Phi_\sigma = \Lambda_\sigma F$，将二者叠加，得到外磁路的合成特性曲线$\Phi = f(F)$，与回复线的交点就是永磁体的空载工作点，所对应的磁动势和磁通分别是空载时永磁体向外磁路提供的磁动势F_{m0}和磁通Φ_{m0}，经过该点的垂线与主磁路特性曲线的交点为空载气隙磁通$\Phi_{\delta 0}$。

（4）负载运行时，存在电枢反应磁动势F_a，其中的直轴分量F_{ad}对永磁体有助磁或去磁作用，其对永磁体的等效磁动势为$F'_{ad}=F_{ad}/\sigma$。当该磁动势起去磁作用时，将外磁路合成特性曲线向左平移F_{ad}/σ，与回复线的交点就是永磁体的负载工作点，如图3-30（b）所示；当该磁动势起助磁作用时，将外磁路合成特性曲线向右平移F_{ad}/σ，与回复线的交点就是永磁体的负载工作点，如图 3-30（c）所示。工作点所对应的磁动势和磁通分别是负载时永磁体向外磁路提供的磁动势 F_m 和磁通Φ_m，经过该点的垂线与漏磁路特性曲线的交点所对应的磁通就是漏磁通Φ_σ，气隙磁通$\Phi_\delta=\Phi_m-\Phi_\sigma$。

二、用计算机求解永磁体工作图

在永磁体工作图中，回复线为一直线，当最大去磁磁动势和回复磁导率确定后，可以用一个线性方程表示，而外磁路的工作特性是曲线$\Phi=f(F)$，因此空载工作点的求解，可归结为求解以下非线性方程组：

$$\begin{cases}\Phi=\mu_{rec}\dfrac{A_m}{h_m}(F_k-F)+\Phi_k\\ \Phi=f(F)\end{cases}\tag{3-57}$$

为求解这一方程组，构造一个新函数：

$$P(F)=\mu_{rec}\frac{A_m}{h_m}(F_k-F)+\Phi_k-f(F)\tag{3-58}$$

方程 $P(F)=0$ 的解就是方程组（3-57）的解，通常采用对分法求解。具体步骤如下：初步确定解所在的区间，以该区间的中点作为第一个迭代点代入式（3-58）进行计算，若计算结果与零相比超出允许的误差，则进行第二次迭代，每次迭代求解都以上次迭代点为解所在区间的新端点，舍去不包含解所在的那一段区间，再以新区间的中点为迭代点，不断进行迭代，直至区间缩小到规定精度之内，则认为求解成功，其流程图如图3-31所示。

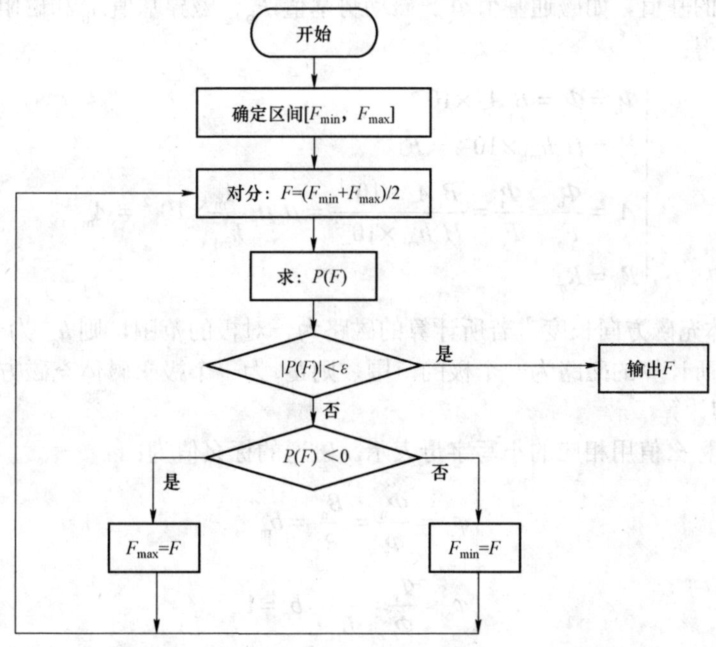

图3-31　计算机求解永磁体工作点的流程图

同理，负载工作点的求解可归结为求解以下非线性方程组：

$$\begin{cases}\Phi=\mu_{\text{rec}}\dfrac{A_{\text{m}}}{h_{\text{m}}}(F_{\text{k}}-F)+\Phi_{\text{k}}\\ \Phi=f(F-F'_{\text{ad}})\end{cases}\tag{3-59}$$

为求解这一方程组，构造一个新函数：

$$P(F)=\mu_{\text{rec}}\frac{A_{\text{m}}}{h_{\text{m}}}(F_{\text{k}}-F)+\Phi_{\text{k}}-f(F-F'_{\text{ad}})\tag{3-60}$$

用同样的方法可求解负载工作点。

三、永磁体工作点的解析法[3]

在电机的工程计算中，有时不用各种物理量（如电压、电流、功率等）的实际值进行计算，而是采用标幺值。所谓标幺值就是某一物理量的实际值与所选定的基值之比，即：

$$\text{标幺值}=\frac{\text{实际值}}{\text{基值}}\tag{3-61}$$

标幺值是两个相同单位的物理量之比，没有量纲。

在进行磁路计算时，采用标幺值可使计算大大简化。

1. 磁路计算中基值的选取

应用标幺值，首先要选定物理量的基值。基值用该物理量符号加下标“b”表示，如磁通密度 B 的基值用 B_{b} 表示。在永磁电机磁路计算中，最基本的两个基值是磁通密度基值 B_{b} 和磁场强度基值 H_{b}：

$$\begin{cases}B_{\text{b}}=B_{\text{r}}\\ H_{\text{b}}=H_{\text{c}}\end{cases}\tag{3-62}$$

其他物理量的基值，如磁通基值 Φ_{b}、磁动势基值 F_{b}、磁导基值 Λ_{b} 和磁阻基值 R_{b} 可以根据这两个基值求得：

$$\begin{cases}\Phi_{\text{b}}=\Phi_{\text{r}}=B_{\text{r}}A_{\text{m}}\times10^{-4}\\ F_{\text{b}}=H_{\text{c}}h_{\text{m1}}\times10^{-2}=F_{\text{c}}\\ \Lambda_{\text{b}}=\dfrac{\Phi_{\text{b}}}{F_{\text{b}}}=\dfrac{\Phi_{\text{r}}}{F_{\text{c}}}=\dfrac{B_{\text{r}}A_{\text{m}}\times10^{-4}}{H_{\text{c}}h_{\text{m1}}\times10^{-2}}=\mu_0\mu_{\text{r}}\dfrac{A_{\text{m}}}{h_{\text{m1}}}\times10^{-2}=\Lambda_{\text{m}}\\ R_{\text{b}}=R_{\text{m}}\end{cases}\tag{3-63}$$

式中，h_{m1} 永磁体充磁方向长度。若所计算的磁路为一对极的范围，则 h_{m1} 为一对极永磁体充磁方向长度；若所计算的磁路为一个极的范围，则 h_{m1} 为一个极永磁体充磁方向长度。

2. 标幺值的计算

各物理量的标幺值用相应的小写字母表示。磁通的标幺值为：

$$\begin{cases}\varphi_{\text{m}}=\dfrac{\Phi_{\text{m}}}{\Phi_{\text{r}}}=\dfrac{B_{\text{m}}}{B_{\text{r}}}=b_{\text{m}}\\ \varphi_{\text{r}}=\dfrac{\Phi_{\text{r}}}{\Phi_{\text{r}}}=\dfrac{B_{\text{r}}}{B_{\text{r}}}=b_{\text{r}}=1\end{cases}\tag{3-64}$$

磁动势的标幺值为：

$$\begin{cases} f_{\mathrm{m}}=\dfrac{F_{\mathrm{m}}}{F_{\mathrm{c}}}=\dfrac{H_{\mathrm{m}}}{H_{\mathrm{c}}}=h_{\mathrm{m}} \\ f'_{\mathrm{ad}}=\dfrac{F'_{\mathrm{ad}}}{F_{\mathrm{c}}}=\dfrac{H'_{\mathrm{ad}}}{H_{\mathrm{c}}}=h'_{\mathrm{ad}} \\ f_{\mathrm{c}}=\dfrac{F'_{\mathrm{c}}}{F_{\mathrm{c}}}=\dfrac{H'_{\mathrm{c}}}{H_{\mathrm{c}}}=h_{\mathrm{c}}=1 \\ f_{\mathrm{ad}}=\dfrac{F_{\mathrm{ad}}}{F_{\mathrm{c}}}=\dfrac{H_{\mathrm{ad}}}{H_{\mathrm{c}}}=h_{\mathrm{ad}} \end{cases} \tag{3-65}$$

磁导的标幺值为：

$$\begin{cases} \lambda_{\delta}=\dfrac{\Lambda_{\delta}}{\Lambda_{\mathrm{b}}} \\ \lambda_{\mathrm{m}}=\dfrac{\Lambda_{\mathrm{m}}}{\Lambda_{\mathrm{b}}}=1 \\ \lambda_{\sigma}=\dfrac{\Lambda_{\sigma}}{\Lambda_{\mathrm{b}}} \\ \lambda_{\mathrm{n}}=\dfrac{\Lambda_{\mathrm{n}}}{\Lambda_{\mathrm{b}}} \end{cases} \tag{3-66}$$

磁阻的标幺值为：

$$\begin{cases} r_{\delta}=\dfrac{R_{\delta}}{R_{\mathrm{b}}}=\dfrac{1}{\lambda_{\delta}} \\ r_{\mathrm{m}}=\dfrac{R_{\mathrm{m}}}{R_{\mathrm{b}}}=1=\dfrac{1}{\lambda_{\mathrm{m}}} \\ r_{\sigma}=\dfrac{R_{\sigma}}{R_{\mathrm{b}}}=\dfrac{1}{\lambda_{\sigma}} \\ r_{\mathrm{n}}=\dfrac{R_{\mathrm{n}}}{R_{\mathrm{b}}}=\dfrac{1}{\lambda_{\mathrm{n}}} \end{cases} \tag{3-67}$$

磁通密度和磁场强度的标幺值分别为：

$$\begin{cases} b=\dfrac{B}{B_{\mathrm{r}}} \\ h=\dfrac{H}{H_{\mathrm{c}}} \end{cases} \tag{3-68}$$

直线的退磁曲线可表示为：

$$F_{\mathrm{m}}=F_{\mathrm{c}}-R_{\mathrm{m}}\Phi_{\mathrm{m}}=F_{\mathrm{c}}-\frac{\Phi_{\mathrm{m}}}{\Lambda_{\mathrm{m}}} \tag{3-69}$$

用标幺值表示为：

$$f_m = \frac{F_m}{F_b} = \frac{F_c - \dfrac{\Phi_m}{\Lambda_m}}{F_b} = \frac{F_c}{F_b} - \frac{\Phi_m}{\Lambda_m}\frac{\Lambda_b}{\Phi_b} = 1 - \varphi_m \tag{3-70}$$

即：

$$f_m = 1 - \varphi_m \tag{3-71}$$

或：

$$h_m = 1 - b_m \tag{3-72}$$

3. 基于标幺值的等效磁路

根据上述的基值选取方法和标幺值计算方法，可得到用标幺值表示的永磁电机等效磁路，如图3-32所示。

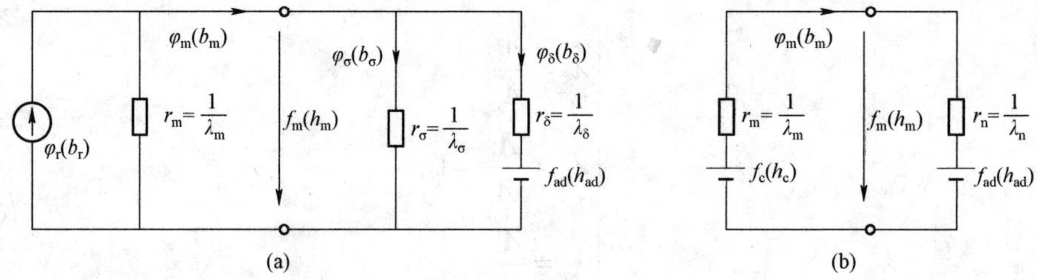

图3-32　用标幺值表示的永磁电机等效磁路

（a）基于永磁磁通源的等效磁路；（b）基于永磁磁动势源的等效磁路

4. 基于标幺值的磁路解析计算

当磁路不饱和时，λ_δ、λ_σ、λ_n 都是常数，可以直接用解析法求解磁路；当磁路饱和时，λ_σ 不变，λ_δ 和 λ_n 随磁路饱和程度的变化而变化，不再是常数，但当磁路饱和程度不很高时，λ_δ 和 λ_n 变化不大，可认为是额定负载时的 λ_δ 和 λ_n，也可以用解析法求解磁路。

（1）电机空载时，可认为没有电枢反应磁动势，永磁体产生的磁动势和磁通的标幺值满足：

$$f_{m0} = 1 - \varphi_{m0} \tag{3-73}$$

外磁路满足：

$$\frac{\varphi_{m0}}{f_{m0}} = \lambda_\delta + \lambda_\sigma = \lambda_n \tag{3-74}$$

将上面两式联立求解得：

$$\begin{cases} \varphi_{m0} = \dfrac{\lambda_n}{\lambda_n + 1} = b_{m0} \\ f_{m0} = \dfrac{1}{\lambda_n + 1} = h_{m0} \end{cases} \tag{3-75}$$

（b_{m0}, h_{m0}）就是永磁体的空载工作点，据此可得到空载时永磁体产生的总磁通 Φ_{m0}、漏磁通 $\Phi_{\sigma0}$ 和气隙主磁通 $\Phi_{\delta0}$：

$$\begin{cases} \Phi_{m0} = b_{m0} B_r A_m \times 10^{-4} \\ \Phi_{\sigma0} = h_{m0} \lambda_\sigma B_r A_m \times 10^{-4} \\ \Phi_{\delta0} = \Phi_{m0} - \Phi_{\sigma0} \end{cases} \tag{3-76}$$

单位都为 Wb。

（2）电机负载时，存在电枢反应磁动势 f'_{ad}，此时磁路满足：

$$\begin{cases} f_{mN} = 1 - \varphi_{mN} \\ \dfrac{\varphi_{mN}}{f_{mN} - f'_{ad}} = \lambda_n \end{cases} \tag{3-77}$$

求解得：

$$\begin{cases} \varphi_{mN} = \dfrac{\lambda_n (1 - f'_{ad})}{\lambda_n + 1} = b_{mN} \\ f_{mN} = \dfrac{1 + \lambda_n f'_{ad}}{\lambda_n + 1} = h_{mN} \end{cases} \tag{3-78}$$

（b_{mN}, h_{mN}）就是永磁体的负载工作点，据此可得到负载时永磁体产生的总磁通 $\boldsymbol{\Phi}_{mN}$、漏磁通 $\boldsymbol{\Phi}_{\sigma N}$ 和气隙磁通 $\boldsymbol{\Phi}_{\delta N}$：

$$\begin{cases} \boldsymbol{\Phi}_{mN} = b_{mN} B_r A_m \times 10^{-4} \\ \boldsymbol{\Phi}_{\sigma N} = h_{mN} \lambda_\sigma B_r A_m \times 10^{-4} \\ \boldsymbol{\Phi}_{\delta N} = \boldsymbol{\Phi}_{mN} - \boldsymbol{\Phi}_{\sigma N} \end{cases} \tag{3-79}$$

第六节　永磁体的设计

磁路设计就是根据对磁场的要求，合理地选择磁路的参数和材料，设计出工艺上可行、特性满足要求、经济性好、能充分发挥材料性能的磁路。对于给定的磁路，经过适当的简化和假设，可以唯一地得到其磁路特性。但是，若给定磁路特性要求，则可能有很多个磁路满足要求，我们进行设计的目的就是找到一个满足要求的磁路。一般的设计过程是这样的：首先根据磁路特性的要求，初步确定其大致的磁路结构，确定各部分磁路的尺寸和材料，然后采用合适的磁路计算方法计算磁路的特性。若计算结果与性能要求之间的误差在允许范围内，则磁路设计完成；若超出允许范围，需要调整磁路的尺寸，甚至材料和磁路结构，直至得到合理的磁路。因此，磁路设计主要在于确定磁路总体结构、磁路的尺寸和相应材料的选择。

电励磁电机的磁路设计已经比较成熟，有关论述也很多。永磁电机与电励磁电机磁路设计的不同在于永磁体的设计。现代永磁电机中，稀土永磁应用广泛，但价格高，因此在进行磁路设计时应充分发挥永磁材料的作用，用尽可能少的永磁体获得所需要的特性，磁路设计的关键在于永磁材料的选择和工作点的设计。

一、永磁体的选择

常用永磁材料的特性已在第二章中进行了论述。永磁体及其性能多种多样，如何选择合适的永磁材料直接关系到电机的性能和经济性。永磁体的选择应满足以下要求：

（1）在保证经济性的前提下，永磁体应能在指定的工作空间内产生所需要的磁场。

（2）永磁体所建立的磁场应具有一定的稳定性，磁性能随工作温度和环境的变化应在允许的范围内。

（3）具有好的耐腐蚀性能。

（4）具有较好的机械特性，如韧性、抗压强度、可加工等。

（5）价格合理，经济性好。

具体到永磁电机中，各类永磁体的使用范围如下：

（1）铁氧体永磁适合于对电机体积、重量和性能要求不高，而对电机的经济性要求高的场合。近年来，随着钕铁硼永磁价格的降低和导磁、导电材料价格的提高，对于同一台电机，采用钕铁硼可以减小电机体积和铜铁材料的用量，有时在经济性上是划算的。在许多场合，铁氧体永磁有逐渐被钕铁硼永磁代替的趋势。

（2）铝镍钴永磁适合于对电机体积、重量和性能要求不高，但工作温度超过300℃或温度稳定性好且要求电机的成本不高的场合，铝镍钴永磁在电机中的应用已经很少。

（3）钕铁硼永磁适合于对电机体积、重量和性能要求很高，工作环境温度不高，对永磁体温度稳定性要求不高的场合。

（4）稀土钴永磁适合于对电机体积、重量要求和性能要求高，环境温度高，要求温度稳定性好，制造成本不是主要考虑因素的场合。

（5）粘结永磁适于批量大、磁极形状复杂、电机性能要求不高的场合。

二、永磁体的设计

1. 永磁体的形状

永磁体的形状与所选择的磁极结构有关，对于表面式磁极结构，多采用瓦片形磁极；对于内置式磁极结构，多采用矩形永磁体。

2. 磁极的结构

在永磁电机中，经常会出现永磁体的串联和并联。将两块或多块永磁体的磁动势沿充磁方向串联，共同提供磁动势，此时磁路的磁动势为它们磁动势的和，而提供磁通的面积为一块永磁体的面积；将两块或多块永磁体沿充磁方向并联，共同提供磁通，磁通为它们磁通的和，而磁动势等于每块永磁体的磁动势。具体的磁路结构见后续各章。

三、永磁体尺寸的确定

对于永磁电机，假设其外磁路中每极总磁位降为F，每极气隙磁位降为F_δ，则：

$$F = k_s F_\delta = k_s k_\delta \delta H_\delta \tag{3-80}$$

式中：k_s为主磁路的饱和系数；H_δ为气隙内的磁场强度。根据磁路的欧姆定律，由永磁体和外磁路组成的闭合磁路满足：

$$\begin{cases} F = Hh_m \\ \sigma \Phi_\delta = \Phi_m \end{cases} \tag{3-81}$$

即：

$$\begin{cases} k_s k_\delta \delta H_\delta = Hh_m \\ \sigma B_\delta A_\delta = \sigma \mu_0 H_\delta A_\delta = BA_m \end{cases} \tag{3-82}$$

式中：B、H分别为永磁体产生的磁通密度和磁场强度；B_δ为气隙磁通密度；A_δ为每极气隙的面积；A_m为永磁体的面积。将上式中两方程相乘得：

$$\sigma \mu_0 k_s k_\delta \delta A_\delta H_\delta^2 = BHh_m A_m \tag{3-83}$$

因：

$$\begin{cases} V_\delta = \delta A_\delta \\ V_m = A_m h_m \end{cases} \tag{3-84}$$

有：

$$V_m = \frac{\sigma\mu_0 k_s k_\delta V_\delta H_\delta^2}{BH} \tag{3-85}$$

因此永磁体的体积取决于 B 和 H 的乘积，当工作点设计在最大磁能积点时，永磁体的体积最小。根据式（3-11），磁能积为：

$$BH = H(B_r' - \mu_0\mu_r H) \tag{3-86}$$

在（$B_r'/2$，$H_c'/2$）有最大值，为 $B_r'H_c'/4$，因此永磁体的体积为

$$V_m = \frac{4\sigma\mu_0 k_s k_\delta V_\delta H_\delta^2}{B_r'H_c'} \tag{3-87}$$

将式（3-82）中两式的两端相除得：

$$\frac{k_s k_\delta}{\sigma\mu_0} \times \frac{\delta}{A_\delta} = \frac{H}{B} \times \frac{h_m}{A_m} \tag{3-88}$$

因设计在最大磁能积点，有：

$$\frac{h_m}{A_m} = \frac{k_s k_\delta}{\sigma\mu_0} \times \frac{B}{H} \times \frac{\delta}{A_\delta} = \frac{k_s k_\delta}{\sigma\mu_0} \times \frac{B_r'}{H_c'} \times \frac{\delta}{A_\delta} \tag{3-89}$$

将式（3-87）和式（3-89）联立求解，就可以确定永磁体的面积和厚度。

$$h_m = \frac{2k_s k_\delta B_\delta \delta}{\mu_0 H_c'} \tag{3-90}$$

则永磁体的面积为：

$$A_m = \frac{2\sigma A_\delta B_\delta}{B_r'} \tag{3-91}$$

利用上面两式可粗略估算永磁体的尺寸。但必须指出，在实际应用中，受其他因素的影响，工作点并不一定设计在最大磁能积点，而是往往设计在（0.65～0.85）B_r，这是因为：① 必须保证出现最大去磁磁动势时永磁体的工作点在退磁曲线的拐点以上，并有一定的裕度；② 永磁体体积最小的设计不一定是电机的最佳设计，在进行永磁电机设计时，必须综合考虑电机整体的性能和经济性，使设计最佳。

四、表面式永磁电机气隙磁通密度的估算

根据式（3-82），有：

$$k_s k_\delta \delta H_\delta = H h_m \tag{3-92}$$

对于退磁曲线为直线或上部为直线的永磁体，有：

$$H = \frac{B_r - B}{\mu_0\mu_r} \tag{3-93}$$

对于表面式永磁电机，考虑到漏磁，有 $B = \sigma B_\delta$，将此式和式（3-93）一起代入式（3-92）并整理得：

$$B_\delta = B_r \frac{h_m}{\sigma h_m + \mu_r k_s k_\delta \delta} \tag{3-94}$$

在估算时，可粗略选取 k_s、k_δ、σ。例如一台永磁电机，永磁体相对回复磁导率为μ_r=1.05，取 k_s=1.2、k_δ=1.2、σ=1.15，则 B_δ/B_r 与 h_m/δ的关系曲线如图 3-33 所示。可以看出，当永磁体充磁方向长度增大到一定程度后，气隙磁通密度随充磁方向长度增加很少。

若忽略饱和、漏磁、齿槽效应的影响，并假设永磁体的磁导率与空气相同，则：

$$B_\delta = B_r \frac{h_m}{h_m + \delta} \tag{3-95}$$

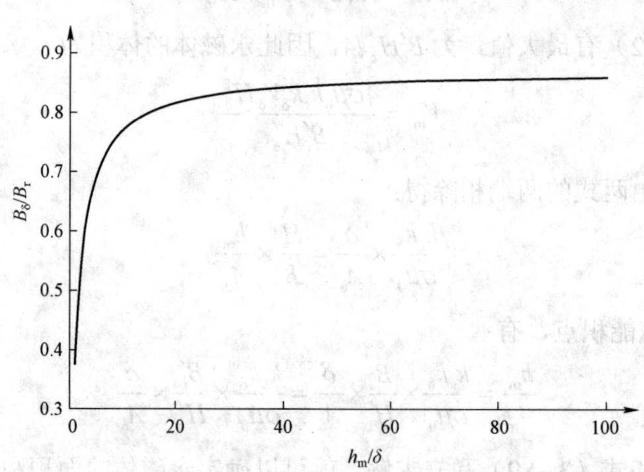

图 3-33　B_δ/B_r 随 h_m/δ 的关系曲线

参 考 文 献

[1]　王秀和. 永磁起动机电机设计研究及电机设计专家系统［D］. 沈阳：沈阳工业大学，1996.

[2]　唐任远. 现代永磁电机设计与计算［M］. 北京：机械工业出版社，1997.

[3]　林其壬，赵佑民. 磁路设计原理［M］. 北京：机械工业出版社，1987.

[4]　张世远，路权，薛荣华，等. 磁性材料基础［M］. 北京：科学出版社，1988.

[5]　王会宗. 磁性材料及其应用［M］. 北京：国防工业出版社，1989.

[6]　李钟明，刘卫国. 稀土永磁电机［M］. 北京：国防工业出版社，1999.

[7]　孙昌志，主编. 钕铁硼永磁电机［M］. 沈阳：辽宁科技出版社，1997.

第四章　永磁电机的磁场分析

常规电机的设计通常采用磁路的计算方法，引进一些修正系数，如气隙系数等，将电机中复杂的磁场问题进行简化和近似，转化为一些集中参数，如电抗、磁动势、磁通等，再利用等效电路计算电机的性能。该方法方便、高效且基本满足工程设计的精度要求。

然而，随着电机技术的不断发展，以及新结构、新原理的电机不断出现，尤其是在永磁电机中，磁路结构灵活多样、磁场分布复杂，给磁路计算带来了较大的困难，难以得到准确的磁路计算方法，要保证设计计算的准确性，需要进行磁场的数值计算与分析。

电机磁场数值方法包括有限元法、有限差分法和边界单元法等，目前应用最广泛的是有限元法。有限元方法在 20 世纪 40 年代被提出，50 年代用于飞机设计，六七十年代应用到电磁工程领域。其突出的优点是：① 适用于具有复杂边界形状或边界条件、含有复杂媒质的定解问题；② 分析过程易于实现标准化，得到通用的计算程序，且有较高的计算精度；③ 能求解非线性问题。因此有限元法特别适合于求解电机这类边界形状复杂、存在材料非线性的磁场问题。

本章首先阐述了有限元法的基本原理，然后介绍了永磁体的等效方法、场路耦合涡流场的计算方法、基于有限元分析的电机参数计算方法等。相对于本书第二版，此处去掉了最后一句话。

第一节　磁场的偏微分方程边值问题

一、位函数满足的偏微分方程

在分析磁场问题时，为了求出场量（如磁感应强度 B）与场源（如电流、永磁体）之间的关系，通常引进位函数作为辅助变量，以减少变量数或使物理概念更加清晰。在磁场问题中，若求解区域内无电流，则可以用标量磁位 φ_m 作为位函数。但通常情况下，求解区域内存在电流，不能使用标量磁位，因此引进了矢量磁位 $\boldsymbol{A}$，它是空间坐标的函数，包含三个分量，其单位为 Wb/m。磁感应强度与矢量磁位之间满足：

$$\boldsymbol{B} = \nabla \times \boldsymbol{A} \tag{4-1}$$

无论求解区域中是否存在电流，矢量磁位都适用。在稳定磁场中，有：

$$\nabla \times \boldsymbol{H} = \boldsymbol{J}_0 \tag{4-2}$$

式中，$\boldsymbol{J}_0$ 为电流密度。因此有：

$$\nabla \times \boldsymbol{H} = \nabla \times \left(\frac{\boldsymbol{B}}{\mu}\right) = \frac{1}{\mu}\nabla \times (\nabla \times \boldsymbol{A}) = \boldsymbol{J}_0 \tag{4-3}$$

即：

$$\nabla \times (\nabla \times \boldsymbol{A}) = \mu \boldsymbol{J}_0 \tag{4-4}$$

利用恒等式：

$$\nabla\times(\nabla\times\boldsymbol{A})=\nabla(\nabla\cdot\boldsymbol{A})-\nabla^2\boldsymbol{A}=-\nabla^2\boldsymbol{A} \tag{4-5}$$

得：

$$\nabla^2\boldsymbol{A}=-\mu\boldsymbol{J}_0 \tag{4-6}$$

在直角坐标系中，有 $\boldsymbol{A}=A_x\boldsymbol{i}+A_y\boldsymbol{j}+A_z\boldsymbol{k}$，$\boldsymbol{J}_0=J_x\boldsymbol{i}+J_y\boldsymbol{j}+J_z\boldsymbol{k}$，上式可分解为以下三个标量方程：

$$\begin{cases}\nabla^2 A_x=-\mu J_x\\ \nabla^2 A_y=-\mu J_y\\ \nabla^2 A_z=-\mu J_z\end{cases} \tag{4-7}$$

求得矢量磁位的各个分量后，便可得到磁感应强度的各个分量：

$$\begin{cases}B_x=\dfrac{\partial A_z}{\partial y}-\dfrac{\partial A_y}{\partial z}\\ B_y=\dfrac{\partial A_x}{\partial z}-\dfrac{\partial A_z}{\partial x}\\ B_z=\dfrac{\partial A_y}{\partial x}-\dfrac{\partial A_x}{\partial y}\end{cases} \tag{4-8}$$

对于平行平面场，电流密度和矢量磁位只有 Z 方向分量，$\boldsymbol{A}=A_z\boldsymbol{k}$，$\boldsymbol{J}_0=J_z\boldsymbol{k}$，可采用二维场求解，磁场只有 x 和 y 方向两个分量，则式（4−7）简化为：

$$\nabla^2 A_z=\frac{\partial^2 A_z}{\partial x^2}+\frac{\partial^2 A_z}{\partial y^2}=-\mu J_z \tag{4-9}$$

这是关于 A_z 的泊松方程，磁感应强度各分量为：

$$\begin{cases}B_x=\dfrac{\partial A_z}{\partial y}\\ B_y=-\dfrac{\partial A_z}{\partial x}\end{cases} \tag{4-10}$$

可以看出，磁场的分析可归结为以位函数为变量的偏微分方程的求解，但式（4−7）只是一个描述普遍规律的方程，有无穷多个解，不能唯一地确定具体的物理过程，必须有确定的边界条件才能使其解唯一。

二、边界条件的确定

所谓边界条件，就是表达场的边界所在位置物理状况的已知条件。在绝大多数应用场合中，磁场延伸到无穷远处，不存在边界，但为了简化问题的求解，引进了边界条件。电机中常用的边界条件有以下几类：

1. 第一类边界条件

边界上的物理条件规定了 A_z 在边界上的值，称为第一类边界条件，即：

$$A_z|_s=f_1(s) \tag{4-11}$$

若边界上满足 $A_z=0$，称为第一类齐次边界条件。在求解电机的磁场问题时，由于绝大部分磁通都在电机内，通常取电机的外壳作为边界，满足第一类齐次边界条件。

2. 第二类边界条件

边界上的物理条件规定了A_z在边界上的法向导数值，称为第二类边界条件，即：

$$\frac{\partial A_z}{\partial n}\bigg|_s = f_2(s) \tag{4-12}$$

若边界上满足 $\partial A_z / \partial n = 0$，称为第二类齐次边界条件。第二类齐次边界条件主要出现在磁力线垂直通过边界的磁场问题中。在大多数电机中，第二类齐次边界条件主要出现在空载磁场中，图 4-1 所示为取一个极的范围进行永磁直流电机空载磁场的求解，其边界 AB、CD 满足第二类齐次边界条件。

3. 周期性条件

电机中存在一对极或多对极，磁场分布以一个极距为周期变化，可以利用磁场的周期性条件缩小求解区域。如图 4-2 所示，做一条通过电机中心的相邻两磁极间的中心线 AB，再做一条与其相距两个磁极（磁场的一个周期）的直线 CD，取这两条线段之间的区域 ABDCA 为求解区域，则在这两条线段上的对应点 X 和 Y 满足磁场的切向分量和径向分量分别大小相等、符号相同，称为整周期边界条件；如在上述两条线段之间的中心位置再做一条线段 EF，则可取线段 AB 和 EF 之间的区域 ABFEA 为求解区域，在 AB 和 EF 上的对应点 X 和 Z 满足磁场的切向分量和径向分量分别大小相等、符号相反，称为半周期边界条件。

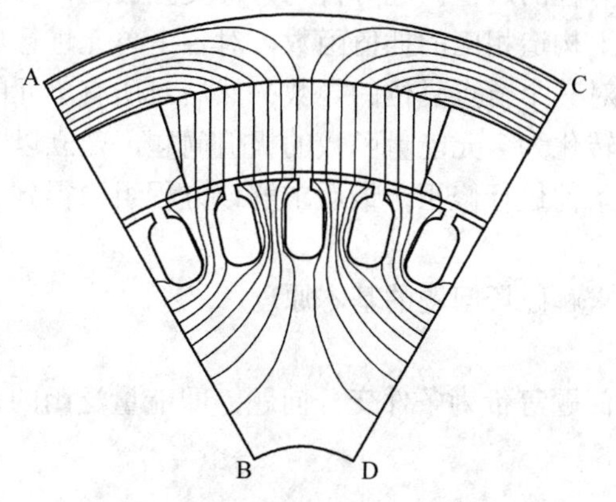

图 4-1　电机中第二类边界条件

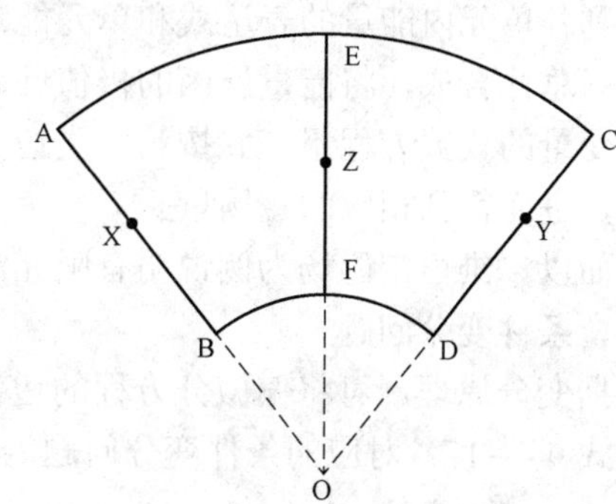

图 4-2　电机中的周期性边界条件

对于整周期边界条件，线段 AB 和 CD 上的对应点的 B_n 相等，有：

$$\int_X^A B_n \mathrm{d}t = \int_Y^C B_n \mathrm{d}t \tag{4-13}$$

因此：

$$A_{zA} - A_{zX} = A_{zC} - A_{zY} \tag{4-14}$$

$\overset{\frown}{AC}$ 为电机的外壳，满足 $A_{zA} = A_{zC} = 0$，则 $A_{zX} = A_{zY}$，即对应点的磁位相等。

对于半周期边界条件，线段 AB 和 EF 对应点的 B_n 大小相等、符号相反，有：

$$\int_X^A B_\mathrm{n}\mathrm{d}t = -\int_Z^E B_\mathrm{n}\mathrm{d}t \tag{4-15}$$

因此有：

$$A_{zA} - A_{zX} = A_{zZ} - A_{zE} \tag{4-16}$$

$\widehat{AE}$ 为电机的外壳，满足 $A_{zA} = A_{zE} = 0$，则 $A_{zX} = -A_{zZ}$，即对应点的磁位大小相等、符号相反。

三、偏微分方程的边值问题

将磁场所满足的偏微分方程与边界条件结合起来，就可以唯一地确定磁场的分布，称为偏微分方程的边值问题。二维恒定磁场的偏微分方程边值问题为：

$$\begin{cases} \dfrac{\partial^2 A_z}{\partial x^2} + \dfrac{\partial^2 A_z}{\partial y^2} = -\mu J_z \\ s_1 : A_z = A_{z0} \\ s_2 : \dfrac{1}{\mu}\dfrac{\partial A_z}{\partial n} = -H_\mathrm{t} \end{cases} \tag{4-17}$$

式中：s_1、s_2 分别为第一、二类边界；A_{z0} 为第一类边界上已知的 A_z 值；H_t 为第二类边界上的已知磁场强度切向分量。

第二节　有限元法的基本原理

有限元法的基本思想是：首先将偏微分方程的边值问题等价为条件变分问题；再利用合适的单元类型对求解区域进行剖分，在单元上构造相应的插值函数，对各个单元进行单元分析，得到各单元内能量的表达式和单元能量对三个节点磁位的导数；然后对所有单元的分析结果进行总体合成，将能量泛函的极值问题转化为多元能量函数的极值问题，建立以各节点磁位为变量的代数方程组，并按第一类边界条件进行修正；最后求解该方程组，得到各节点的磁位，进而得到相应的磁场量。

下面以二维恒定磁场为例说明有限元法求解磁场问题的基本原理。

一、条件变分问题

根据变分原理，可将偏微分方程的边值问题等价为条件变分问题，即能量泛函的极值问题。与式（4-17）对应的条件变分问题为：

$$\begin{cases} W(A_z) = \iint_\Omega \left\{ \dfrac{1}{2\mu}\left[\left(\dfrac{\partial A_z}{\partial x}\right)^2 + \left(\dfrac{\partial A_z}{\partial y}\right)^2 \right] - J_z A_z \right\} \mathrm{d}x\mathrm{d}y + \int_{s_2} H_t A_z \mathrm{d}s = \min \\ s_1 : A_z = A_{z0} \end{cases} \tag{4-18}$$

由于 $W(A_z)$ 具有能量的量纲，被称为能量泛函。

偏微分方程的边值问题等价为条件变分问题后，边界条件发生了变化，第一类边界条件仍作为附加条件列出，称为强加边界条件；第二类边界条件体现为一项线积分，自动满足，称为自然边界条件；求解区域内部媒质分界线上的边界条件，也由能量泛函求极值自动满足，也是自然边界条件。自然边界条件不再在条件变分中列出。

二、剖分插值

剖分就是利用合适的单元类型将求解区域剖分为有限个单元。在求解二维场时，普遍采用三节点三角形单元，将三角形的三个顶点作为节点，虽然精度稍差，但能满足一般工程问题的需要。有限元计算的精度取决于剖分的合理性和疏密程度，在进行剖分时，需注意以下问题：

（1）三角形单元不可重叠。

（2）对于边界上或内部交界面上的三角形，只能有一条边在边界上。

（3）当边界和内部交界面为曲线时，用相应的折线段近似代替曲线段。

（4）任意一个三角形的顶点必须同时是其相邻三角形的顶点。

（5）若边界上有不同的边界条件，它们的交界点应是三角形的顶点。

（6）一个三角形的三条边的长度不要悬殊太大，尽量为锐角三角形。

（7）在场梯度较大的地方，剖分得细密些，而在场梯度较小的地方，剖分得稀疏些。

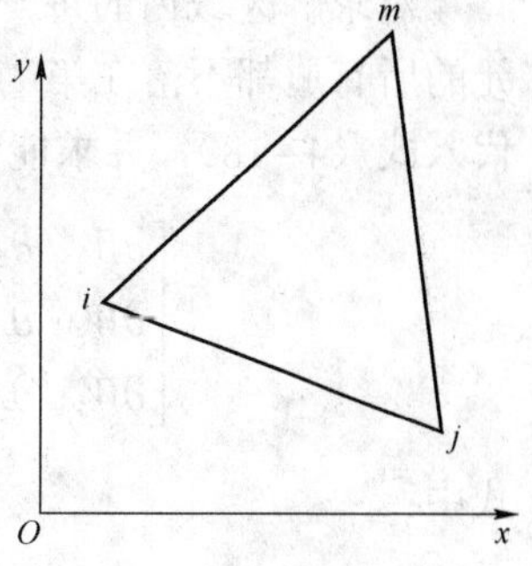

图 4-3　三角形单元

图 4-3 为一个三角形单元，三角形三个顶点（节点）按逆时针方向编号。在三角形单元内部，任一点的磁位 A_z 可以通过以下的线性插值函数得到：

$$A_z = \frac{1}{2\varDelta}[(a_i + b_i x + c_i y)A_{zi} + (a_j + b_j x + c_j y)A_{zj} + (a_m + b_m x + c_m y)A_{zm}] \tag{4-19}$$

式中

$$\begin{cases} a_i = x_j y_m - x_m y_j & b_i = y_j - y_m & c_i = x_m - x_j \\ a_j = x_m y_i - x_i y_m & b_j = y_m - y_i & c_j = x_i - x_m \\ a_m = x_i y_j - x_j y_i & b_m = y_i - y_j & c_m = x_j - x_i \end{cases} \tag{4-20}$$

$$\varDelta = \frac{1}{2}\begin{vmatrix} 1 & x_i & y_i \\ 1 & x_j & y_j \\ 1 & x_m & y_m \end{vmatrix} = \frac{1}{2}(b_i c_j - b_j c_i) \tag{4-21}$$

A_{zi}、A_{zj}、A_{zm} 分别为节点 i、j、m 上的矢量磁位值，(x_i，y_i)、(x_j，y_j)、(x_m，y_m）分别为节点 i、j、m 的坐标。定义：

$$\begin{cases} N_i(x,y) = \dfrac{a_i + b_i x + c_i y}{2\varDelta} \\ N_j(x,y) = \dfrac{a_j + b_j x + c_j y}{2\varDelta} \\ N_m(x,y) = \dfrac{a_m + b_m x + c_m y}{2\varDelta} \end{cases} \tag{4-22}$$

则：

$$A_z = N_i(x,y)A_{zi} + N_j(x,y)A_{zj} + N_m(x,y)A_{zm} \tag{4-23}$$

根据式（4-19），可得到磁感应强度的两个分量：

$$\begin{cases} B_x = \dfrac{\partial A_z}{\partial y} = \dfrac{1}{2\varDelta}(c_i A_{zi} + c_j A_{zj} + c_m A_{zm}) \\ B_y = -\dfrac{\partial A_z}{\partial x} = -\dfrac{1}{2\varDelta}(b_i A_{zi} + b_j A_{zj} + b_m A_{zm}) \end{cases} \tag{4-24}$$

三、单元分析

对求解区域内的每一个单元，分别计算其能量函数对三个节点磁位的一阶导数。当该单元的所有边都不落在第二类边界上时，其能量泛函只有重积分，没有线积分。将式（4-24）代入式（4-18），并求能量泛函对三个节点磁位的导数，得：

$$\begin{bmatrix} \partial W_{\mathrm{e}} / \partial A_{zi} \\ \partial W_{\mathrm{e}} / \partial A_{zj} \\ \partial W_{\mathrm{e}} / \partial A_{zm} \end{bmatrix} = \begin{bmatrix} k_{ii} & k_{ij} & k_{im} \\ k_{ji} & k_{jj} & k_{jm} \\ k_{mi} & k_{mj} & k_{mm} \end{bmatrix} \begin{bmatrix} A_{zi} \\ A_{zj} \\ A_{zm} \end{bmatrix} - \begin{bmatrix} p_i \\ p_j \\ P_m \end{bmatrix} = [k]^e \{A_z\}^e - \{p\}^e \tag{4-25}$$

式中：

$$\begin{cases} k_{ii} = \dfrac{1}{4\mu\varDelta}(b_i^2 + c_i^2) \\ k_{jj} = \dfrac{1}{4\mu\varDelta}(b_j^2 + c_j^2) \\ k_{mm} = \dfrac{1}{4\mu\varDelta}(b_m^2 + c_m^2) \\ k_{ij} = k_{ji} = \dfrac{1}{4\mu\varDelta}(b_i b_j + c_i c_j) \\ k_{jm} = k_{mj} = \dfrac{1}{4\mu\varDelta}(b_j b_m + c_j c_m) \\ k_{mi} = k_{im} = \dfrac{1}{4\mu\varDelta}(b_i b_m + c_i c_m) \end{cases} \tag{4-26}$$

$$\begin{cases} p_i = J_z \Delta / 3 \\ p_j = J_z \Delta / 3 \\ p_m = J_z \Delta / 3 \end{cases} \tag{4-27}$$

式中：$[k]^e$ 为单元的系数矩阵；$\{p\}^e$ 为单元的向量。

若该三角形单元的一条边 jm 落在第二类边界上，jm 边的长度为 s_i，则式（4-18）中线积分项对节点磁位的导数为：

$$\begin{bmatrix} \partial W_{\mathrm{e}}'' / \partial A_{zi} \\ \partial W_{\mathrm{e}}'' / \partial A_{zj} \\ \partial W_{\mathrm{e}}'' / \partial A_{zm} \end{bmatrix} = \begin{bmatrix} 0 \\ H_t s_i / 2 \\ H_t s_i / 2 \end{bmatrix} \tag{4-28}$$

叠加到式（4−25），则式（4−27）变成：

$$\begin{cases} p_i = \dfrac{J_z \varDelta}{3} \\ p_j = \dfrac{J_z \varDelta}{3} - \dfrac{H_t s_i}{2} \\ p_m = \dfrac{J_z \varDelta}{3} - \dfrac{H_t s_i}{2} \end{cases} \tag{4-29}$$

四、总体合成

建立一个 $n \times n$ 的系数矩阵［k］和一个 n 列的矩阵［p］，其中 n 为求解区域的总节点数，将其所有的元素清零，然后将各单元系数矩阵和向量的各元素分别按其下标的地址叠加到系数矩阵［k］和［p］，得到：

$$\begin{bmatrix} \partial W / \partial A_{z1} \\ \partial W / \partial A_{z2} \\ \vdots \\ \partial W / \partial A_{zn} \end{bmatrix} = [k][A_z] - [p] \tag{4-30}$$

当系统的能量最小时，满足：

$$[k][A_z] = [p] \tag{4-31}$$

上式是关于求解区域内所有节点磁位的方程组。

五、强加边界条件的处理

考虑到强加边界条件，需要对方程式（4−31）进行修改。设第 l' 个节点为第一类边界条件上的节点，其磁位已知为 $A_{zl'0}$，则（4−31）中第 l' 个方程变为 $A_{zl'} = A_{zl'0}$，同时其他方程变为：

$$\sum_{\substack{h=1 \\ h \neq l'}}^{n} k_{lh} A_{zh} = p_l - k_{ll'} A_{zl'0} \quad (l = 1, 2, \cdots, n;\quad l \neq l') \tag{4-32}$$

矩阵形式相应改为：

$$\begin{bmatrix} k_{11} & \cdots & 0 & \cdots & k_{1n} \\ \vdots & & \vdots & & \vdots \\ 0 & \cdots & 1 & \cdots & 0 \\ \vdots & & \vdots & & \vdots \\ k_{n1} & & 0 & & k_{nn} \end{bmatrix} \begin{bmatrix} A_{z1} \\ \vdots \\ A_{zl'} \\ \vdots \\ A_{zn} \end{bmatrix} = \begin{bmatrix} p_1 - k_{1l'} A_{zl'0} \\ \vdots \\ A_{zl'0} \\ \vdots \\ p_n - k_{nl'} A_{zl'0} \end{bmatrix} \tag{4-33}$$

六、方程组求解

求解方程组（4−33），即可得到求解区域内所有节点的磁位，进而根据式（4−24）得到相应的场量。

第三节 永磁体的等效

在进行永磁电机磁场分析时，通常有两种方法对永磁体进行等效，即磁化矢量法和等效电流层法。这两种方法的出发点不同，但得到的最终结果是相同的。

一、磁化矢量法[1]

永磁体的种类不同，退磁曲线的形状差别很大，但永磁体的工作曲线为回复线，因此可以用一条直线表示（见第三章）。在永磁体中，满足：

$$B = B_r - \mu H = \mu_0 M_0 - \mu H \tag{4-34}$$

式中：

$$\begin{cases} \mu = \mu_0 \mu_r \\ B_r = \mu_0 M_0 \end{cases} \tag{4-35}$$

在进行有限元分析时，应恢复在第二章中更改的 H 正方向，使回复线上 B 为正、H 为负，有：

$$B = \mu_0 M_0 + \mu H \tag{4-36}$$

则有：

$$H = \frac{1}{\mu}(B - \mu_0 M_0) \tag{4-37}$$

考虑到：

$$\nabla \times H = J \tag{4-38}$$

有：

$$\nabla \times \frac{1}{\mu} B = J + \nabla \times \left(\frac{1}{\mu} \mu_0 M_0 \right) \tag{4-39}$$

对于二维恒定磁场，矢量磁位满足的方程为：

$$\nabla \times (\nabla \times A_z) = \mu J_z + \nabla \times (\mu_0 M_0) \tag{4-40}$$

$$\nabla^2 A_z = \frac{\partial^2 A_z}{\partial x^2} + \frac{\partial^2 A_z}{\partial y^2} = -\mu J_z - \nabla \times (\mu_0 M_0) \tag{4-41}$$

右端的第二项可认为是永磁体的等效电流效应。考虑永磁体在内的偏微分方程的边值问题是：

$$\begin{cases} \dfrac{\partial^2 A_z}{\partial x^2} + \dfrac{\partial^2 A_z}{\partial y^2} = -\mu J_z - \nabla \times (\mu_0 M_0) \\ s_1 : A_z = A_{z0} \\ s_2 : \dfrac{1}{\mu} \dfrac{\partial A_z}{\partial n} = -H_t \end{cases} \tag{4-42}$$

与其等价的变分问题为：

$$\begin{cases} W(A_z)=\iint_{\Omega}\left\{\frac{1}{2\mu}\left[\left(\frac{\partial A_z}{\partial x}\right)^2+\left(\frac{\partial A_z}{\partial y}\right)^2\right]-\left(J_z+\frac{\nabla\times(\mu_0 M_0)}{\mu}\right)A_z\right\}\mathrm{d}x\mathrm{d}y+\int_{s_2}H_{\mathrm{t}}A_z\mathrm{d}s=\min \\ s_1: A_z=A_{z0} \end{cases} \tag{4-43}$$

经单元分析得：

$$\begin{cases} p_i=\frac{\Delta}{3}J_z+\frac{\mu_0}{2\mu}(M_x c_i-M_y b_i) \\ p_j=\frac{\Delta}{3}J_z+\frac{\mu_0}{2\mu}(M_x c_j-M_y b_j) \\ p_m=\frac{\Delta}{3}J_z+\frac{\mu_0}{2\mu}(M_x c_m-M_y b_m) \end{cases} \tag{4-44}$$

二、等效面电流法[2]

等效面电流法是最早用于表示永磁体磁场效应的方法。该方法在永磁体表面增加了一个电流层，最初这种方法只应用于形状简单的永磁体，后来 Demerdash 等将其推广应用于任何形状的永磁体。

由永磁体的等效磁路可知，永磁体相当于一个恒定磁动势和永磁体磁阻的串联，磁动势为 $H_{\mathrm{c}}'h_{\mathrm{m}}$，对于图 4–4 所示的矩形永磁体，磁动势的作用可等效为分布于永磁体侧面的电流层，电流层的电流密度为 H_{c}'。矩形永磁体的具体等效方法是：将永磁体用一种磁导率为$\mu_0\mu_{\mathrm{r}}$的材料代替，在永磁体平行于充磁方向的两边添加面电流，面电流密度为 H_{c}'，面电流的方向应保证其产生的磁场方向与原永磁体产生磁场的方向相同。

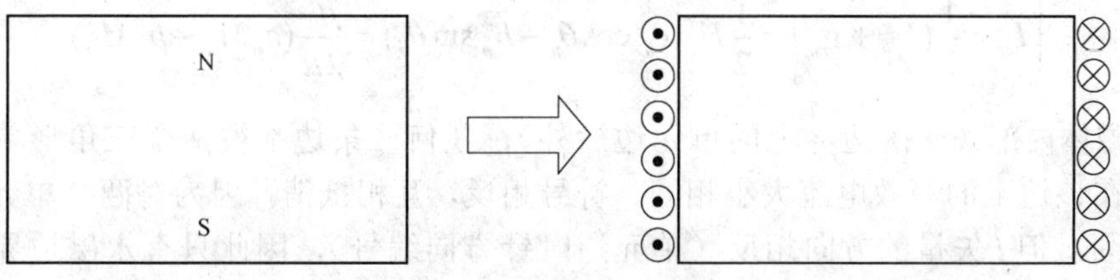

图 4–4　矩形永磁体的面电流等效

Demerdash 等将上述思想推广到任意形状永磁体的等效。对于如图 4–5 所示的一个永磁体单元，假设永磁体的磁化方向垂直于边 ij，则在边 ij 上无电流，在边 jm 上的电流为：

$$I_{jm}=-H_{\mathrm{c}}'\boldsymbol{l}_{jm}\cdot\boldsymbol{n} \tag{4-45}$$

式中：$\boldsymbol{l}_{jm}$ 为从节点 j 指向节点 m 的矢量，大小为 jm 边的长度；$\boldsymbol{n}$ 为永磁体磁化方向。同样，在 mi 边上有：

$$I_{im}=H_{\mathrm{c}}'\boldsymbol{l}_{im}\cdot\boldsymbol{n} \tag{4-46}$$

若永磁体的磁化方向是任意的，如图 4–6 所示，磁化方向与 x 轴的夹角为θ_{n}，则三条边上对应的等效电流分别为：

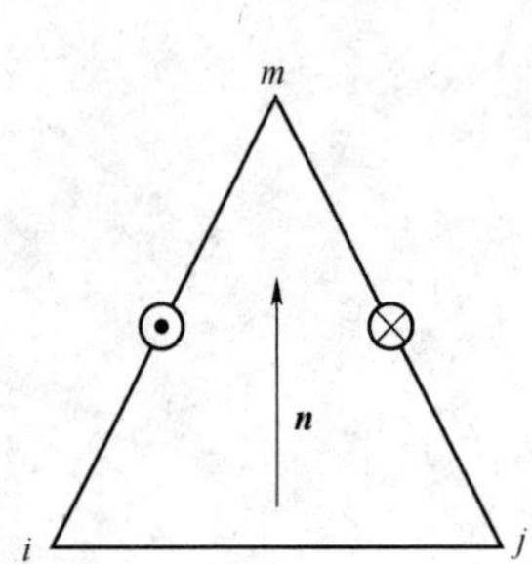

图4-5　永磁体单元（磁化方向与ij边垂直）

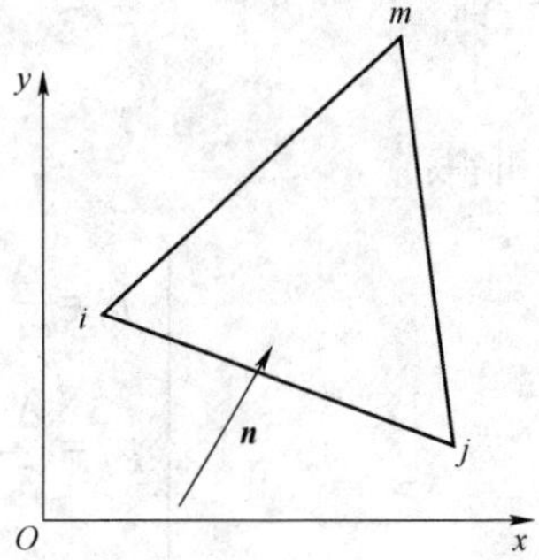

图4-6　永磁体单元（磁化方向任意）

$$\begin{cases} I_{ij} = -H_c'[(x_j - x_i)\cos\theta_n + (y_j - y_i)\sin\theta_n] \\ I_{jm} = -H_c'[(x_m - x_j)\cos\theta_n + (y_m - y_j)\sin\theta_n] \\ I_{mi} = -H_c'[(x_i - x_m)\cos\theta_n + (y_i - y_m)\sin\theta_n] \end{cases} \tag{4-47}$$

对每个节点，将与其相连两边上各自电流的一半放在该节点上，则该永磁体单元的磁场效应可等效为三个顶点上的电流，整理得：

$$\begin{cases} I_i = \dfrac{1}{2}(I_{ij} + I_{mi}) = \dfrac{1}{2}H_{\mathrm{c}}'(c_i\cos\theta_n - b_i\sin\theta_n) = \dfrac{\mu_0}{2\mu}(c_iM_x - b_iM_y) \\ I_j = \dfrac{1}{2}(I_{ij} + I_{jm}) = \dfrac{1}{2}H_{\mathrm{c}}'(c_j\cos\theta_n - b_j\sin\theta_n) = \dfrac{\mu_0}{2\mu}(c_jM_x - b_jM_y) \\ I_m = \dfrac{1}{2}(I_{jm} + I_{mi}) = \dfrac{1}{2}H_{\mathrm{c}}'(c_m\cos\theta_n - b_m\sin\theta_n) = \dfrac{\mu_0}{2\mu}(c_mM_x - b_mM_y) \end{cases} \tag{4-48}$$

在永磁体内部（永磁边界上的单元边除外），任何一条边都被两个三角形单元共有，两个单元在该边上的等效电流大小相同，符号相反，互相抵消，因为对两个单元来讲，磁化方向相同，但$\boldsymbol{l}$矢量的方向相反（单元逆时针方向编号），因此只有永磁边界上才存在等效电流。

三、瓦片形磁极的等效

从上述永磁体等效方法可以看出，无论是磁化矢量法，还是等效面电流法，针对的都是各单元充磁方向一致的永磁体。如前所述，在表面式永磁电机中，瓦片形磁极应用广泛，若瓦片形磁极采用径向充磁，则永磁体的等效就比较困难，下面讨论其等效方法。

1. 采用磁化矢量法等效

采用磁化矢量法求解时，对于平行充磁瓦片形磁极，可施加如图4-7（a）所示的磁化矢量；对于径向充磁瓦片形磁极，可将永磁体沿着圆周方向分成多个均匀的扇形，如图4-7（b）所示，每个扇形以平行充磁的等效方法近似处理，只要扇形足够窄，该方法可以得到较高精度。

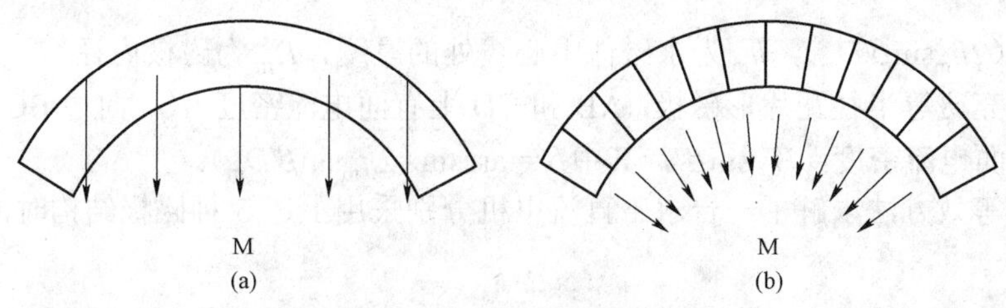

图 4-7　瓦片形永磁体的近似等效

（a）平行充磁；（b）径向充磁

2. 面电流等效方法

在永磁电机中，瓦片形永磁体的形状和充磁方式的组合主要有五种，如图 4-8 所示。其中，图(a)、(b)分别为径向充磁和平行充磁的同心瓦片形磁极，图(c)为平行充磁的两边平行的同心瓦片形磁极，图(d)、(e)分别为平行充磁和径向充磁的等半径瓦片形磁极，这些磁极都可采用加面电流的方法等效。

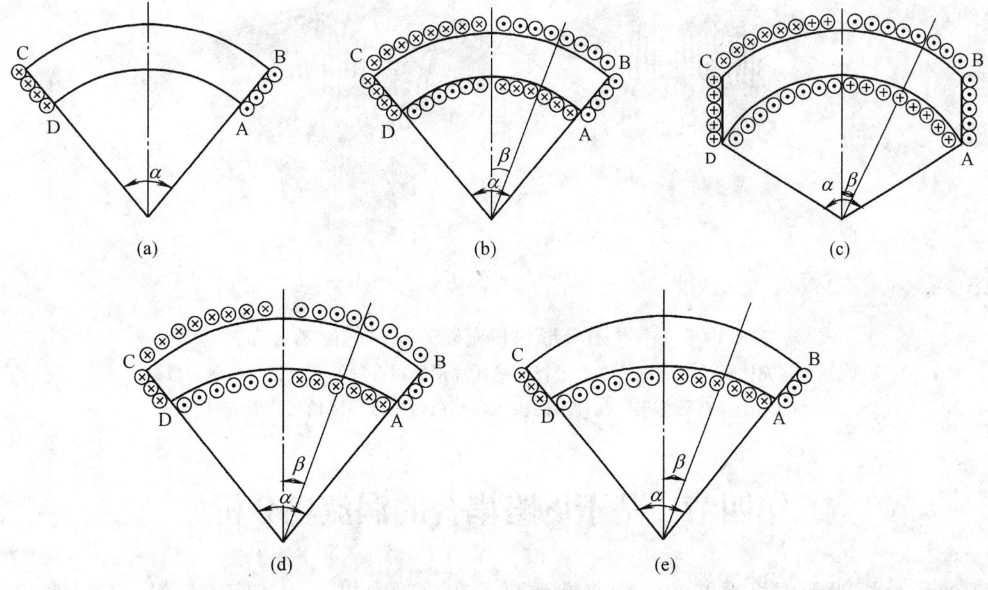

图 4-8　永磁体等效

（a）径向充磁瓦片形磁极；（b）平行充磁瓦片形磁极；（c）平行充磁两边平行瓦片形磁极；

（d）平行充磁等半径瓦片形磁极；（e）径向充磁等半径瓦片形磁极

对于径向充磁的瓦片形磁极，只有 AB 和 CD 上有面电流密度 H_c'，二者方向相反。

对于平行充磁同心瓦片形磁极，除 AB 和 CD 上有面电流密度 $H_c'\cos(\alpha/2)$ 外，在曲边 BC 上有面电流密度 $H_c'\sin\beta$，曲边 AD 上有面电流密度 $-H_c'\sin\beta$。

对于平行充磁两边平行瓦片形磁极，除 AB 和 CD 上有面电流密度 H_c' 外，在曲边 BC 上有面电流密度 $H_c'\sin\beta$，曲边 AD 上有面电流密度 $-H_c'\sin\beta$。

对于平行充磁等半径瓦片形磁极，除 AB 和 CD 上有面电流密度 $H_c'\cos(\alpha/2)$ 外，在曲边 BC 上有面电流密度 $H_c'\sin\beta$，曲边 AD 上有面电流密度 $-H_c'\sin\beta'$，其中

$\beta'=\beta-\arcsin(2h_m\sin\beta/D_m)$，$h_m$ 为永磁体中心线处的厚度，D_m 为磁极内径。

对于径向充磁等半径瓦片形磁极，AB 和 CD 上有面电流密度 H_c'，曲边 BC 上无面电流，曲边 AD 上有面电流密度 $-H_c'\sin\beta''$，其中 $\beta''=\arcsin(2h_m\sin\beta/D_m)$。

利用上述等效方法求解了一台永磁直流电机分别采用上述 5 种磁极结构时的磁场分布，如图 4-9 所示。

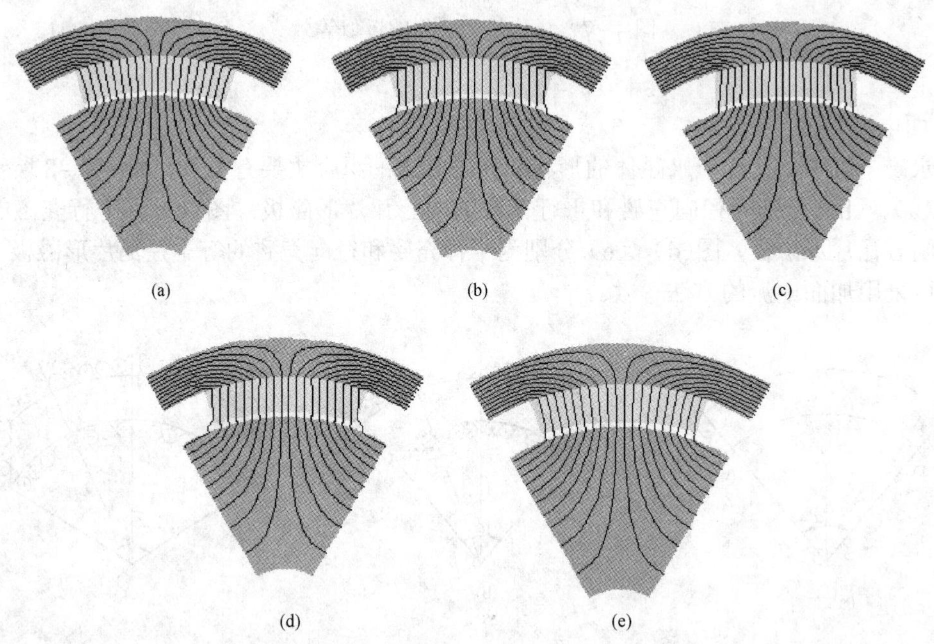

图 4-9　不同磁极形状和充磁方式时的磁场分布

（a）径向充磁瓦片形磁极；（b）平行充磁瓦片形磁极；（c）两边平行永磁磁极；（d）平行充磁等半径瓦片形磁极；（e）径向充磁等半径瓦片形磁极

第四节　基于场路耦合的涡流场分析

涡流场分析对于电机性能的分析非常重要。在一些电机，如感应电动机、异步起动永磁同步电动机中，涡流用于产生转矩，使电机起动乃至正常运行。此外，在电机起动和运行过程中，外加电压是已知条件，而电流往往不易确定。因此，本节将涡流场分析与外电路耦合在一起，讨论基于场路耦合的涡流场分析方法。

一、涡流场分析的有限元模型及其离散化处理

与二维涡流场对应的偏微分方程边值问题为：

$$
\begin{cases}
\dfrac{\partial^2 \dot{A}_z}{\partial x^2}+\dfrac{\partial^2 \dot{A}_z}{\partial y^2}=-\mu\dot{J}_z+\mathrm{j}\omega\mu\sigma\dot{A}_z \\
s_1:\dot{A}_z=\dot{A}_{z0} \\
s_2:\dfrac{1}{\mu}\dfrac{\partial\dot{A}_z}{\partial n}=-\dot{H}_t
\end{cases}
\tag{4-49}
$$

式中：σ为电导率；ω 为磁场交变的角频率。与其对应的条件变分问题为：

$$\begin{cases} \dot{W}(\dot{A}_z)=\iint\limits_{\Omega}\left\{\frac{1}{2\mu}\left[\left(\frac{\partial \dot{A}_z}{\partial x}\right)^2+\left(\frac{\partial \dot{A}_z}{\partial y}\right)^2\right]-\dot{J}_z\dot{A}_z+\frac{1}{2}\mathrm{j}\omega\sigma\dot{A}_z^2\right\}\mathrm{d}x\mathrm{d}y+\int_{s_2}\dot{H}_t\dot{A}_z\mathrm{d}s=\min \\ s_1:\dot{A}_z=\dot{A}_{z0} \end{cases} \tag{4-50}$$

与恒定磁场的条件变分问题的形式基本相同，仅多了一项重积分 $\dot{W}_\mathrm{e}''=\iint\limits_{\Omega}\frac{1}{2}\mathrm{j}\omega\sigma\dot{A}_z^2\mathrm{d}x\mathrm{d}y$，在进行单元分析时，只需再考虑这一项，单元分析的结果为：

$$\begin{bmatrix} \partial\dot{W}_\mathrm{e}''/\partial\dot{A}_{zi} \\ \partial\dot{W}_\mathrm{e}''/\partial\dot{A}_{zj} \\ \partial\dot{W}_\mathrm{e}''/\partial\dot{A}_{zm} \end{bmatrix}=\frac{\mathrm{j}\omega\sigma\Delta}{12}\begin{bmatrix} 2 & 1 & 1 \\ 1 & 2 & 1 \\ 1 & 1 & 2 \end{bmatrix}\begin{bmatrix} \dot{A}_{zi} \\ \dot{A}_{zj} \\ \dot{A}_{zm} \end{bmatrix}=[T]^e\begin{bmatrix} \dot{A}_{zi} \\ \dot{A}_{zj} \\ \dot{A}_{zm} \end{bmatrix} \tag{4-51}$$

式中

$$[T]^e=\frac{\mathrm{j}\omega\sigma\Delta}{12}\begin{bmatrix} 2 & 1 & 1 \\ 1 & 2 & 1 \\ 1 & 1 & 2 \end{bmatrix} \tag{4-52}$$

叠加到式（4–30），有：

$$\begin{bmatrix} \partial\dot{W}_\mathrm{e}/\partial\dot{A}_{zi} \\ \partial\dot{W}_\mathrm{e}/\partial\dot{A}_{zj} \\ \partial\dot{W}_\mathrm{e}/\partial\dot{A}_{zm} \end{bmatrix}=[k+T]^e\{\dot{A}_z\}^e-\{\dot{p}\}^e \tag{4-53}$$

二、涡流场分析的若干问题

1. 有效磁导率

在恒定磁场分析中，铁磁材料的非线性用磁化曲线表示。进行涡流场分析时，所有的变量（节点磁位）和磁场量（磁场强度、磁感应强度等）都必须是正弦交变量。对于求解区域中的铁磁材料，在磁感应强度变化一个周期内，饱和程度也处于变化之中，磁导率 μ 也是变化的，如图 4–10 所示。如何合理地确定磁导率，是涡流场求解中必须解决的问题。在电机涡流场分析中，我们通常对铁耗和等效电路参数感兴趣，因此可以采用 Demerdash 和 Gillott 等人提出的有效磁导率，其计算方法如下[3]：

在磁场变化的一个周期 T 内，单位体积铁磁材料内的平均磁场能量为：

$$W=\frac{1}{T}\int_0^T\frac{1}{2}B\bullet H\mathrm{d}t \tag{4-54}$$

对于线性材料，磁场能量为：

$$W=\frac{1}{T}\int_0^T\frac{\mu}{2}H^2\mathrm{d}t \tag{4-55}$$

定义有效磁导率为：

$$\mu_\mathrm{eff}=\frac{\int_0^T B\bullet H\mathrm{d}t}{\int_0^T H^2\mathrm{d}t} \tag{4-56}$$

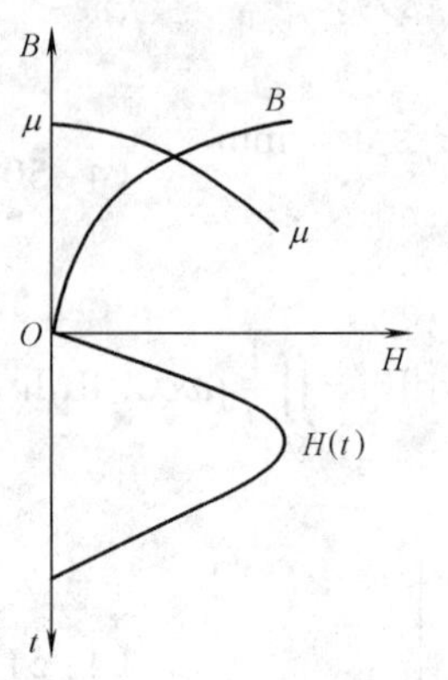

图4-10　有效磁导率的计算

根据上述方法，即可求得与每个磁场强度峰值对应的有效磁导率，用于涡流场的有限元分析。

2. 转差率的处理

在涡流场分析方法中，要求所有的变量（如磁位、磁通密度、磁场强度等）都以相同的频率变化。当分析永磁同步电动机起动过程中某一转速对应的磁场时，转子导条内电流的频率既不是零，也不是定子电流频率，无法直接用涡流场有限元法进行分析。

从涡流场的磁场方程可以看出，ω和电导率σ总是在一起，转子电流的频率为$s\omega$，因此在转子导条中角频率和导电率的乘积应为$s\omega\sigma$，如果认为转子电流的频率为ω（与定子电流频率相同），则转子导条的电导率可用$s\sigma$等效。在涡流场有限元分析中根据转差率调整转子导条的电导率，即可计算不同转差率下的磁场。

需要指出的是，虽然采用上述处理方法可以正确地考虑趋肤效应和深槽效应，但分析中认为转子是堵转的，气隙传递的电磁功率全部转变为电阻损耗$I_2^2R_2$，无法得到机械功率，实际的机械功率应为$\dfrac{1-s}{s}I_2^2R_2$。

三、与外部电路的耦合

在涡流场中，每个单元的方程可表示为：

$$[k+T]\{\dot{A}_z\}=\{\dot{p}\} \tag{4-57}$$

单元内的电流密度可表示为：

$$\dot{J}=\dot{J}_0-\mathrm{j}\omega\sigma\dot{A}_z \tag{4-58}$$

式中，$\dot{J}_0=\sigma\dot{E}_0$为外加电流密度，$-\mathrm{j}\omega\sigma\dot{A}_z$为涡流密度。导体截面上的总电流为：

$$\dot{I}=\int_A\dot{J}\mathrm{d}A=\int_A\dot{J}_0\mathrm{d}A-\mathrm{j}\omega\int_A\sigma\dot{A}_z\mathrm{d}A \tag{4-59}$$

式中：右边第一项为外加电流；第二项为涡流。第一项可表示为：

$$\int_A\dot{J}_0\mathrm{d}A=\sigma\dot{E}_0\sum_{e=1}^{M}\Delta e=\sigma\dot{E}_0\Omega_\mathrm{b} \tag{4-60}$$

式中，Ω_b为导体的截面积。第二项可转化为对导体截面上所有单元内涡流的积分：

$$-\mathrm{j}\omega\int_A\sigma\dot{A}_z\mathrm{d}A=-\mathrm{j}\omega\sigma\sum_{e=1}^{M}\int_{A_e}\dot{A}_{ze}\mathrm{d}A=-\mathrm{j}\omega\sigma\sum_{e=1}^{M}\sum_{i=1}^{3}\dot{A}_{zei}\int_{A_e}N_i\mathrm{d}x\mathrm{d}y \tag{4-61}$$

式中，M为导体上的单元数。代入电流方程，并经化简表示为矩阵形式，有：

$$-\mathrm{j}\omega\sigma[C]^\mathrm{T}\{\dot{A}_z\}+\sigma\Omega_\mathrm{b}\dot{E}_\mathrm{s}-\dot{I}_\mathrm{b}=0 \tag{4-62}$$

式中：$\dot{E}_\mathrm{s}$为电路进入有限元区域点的端电压；$\dot{I}_\mathrm{b}$为导体电流。上式没有考虑电流的方向，对于如图4-11所示的电路结构，有：

$$\pm\mathrm{j}\omega\sigma[C]^\mathrm{T}\{\dot{A}_z\}+(\pm1)^i\sigma\Omega_\mathrm{b}\dot{E}_\mathrm{s}-\dot{I}_\mathrm{b}=0 \tag{4-63}$$

外电路满足：

$$\dot{V}_s = \dot{E}_s + Z_{e1}\dot{I}_c \tag{4-64}$$

式中：$\dot{V}_s$为外加电压；Z_{e1}为外接阻抗；$\dot{E}_s$为

$$\dot{E}_s = l_t \sum_{i=1}^{N_c} \pm \dot{E}_i \tag{4-65}$$

式中：l_t为有限元区域的长度；N_c为匝数。

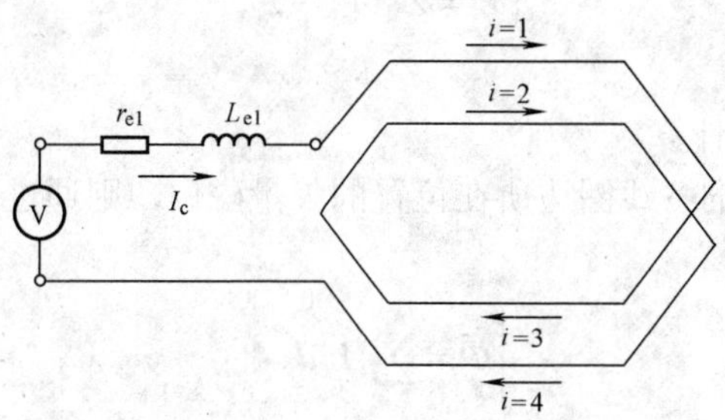

图 4－11　有限元求解区域的外电路

定义为：

$$\begin{cases} \dot{v}_s = \dfrac{\dot{V}_s}{l_t} \\ Z_e = \dfrac{Z_{e1}}{l_t} \end{cases} \tag{4-66}$$

电压方程：

$$\dot{v}_s = \sum_{i=1}^{N_c} (\pm \dot{E}_i) + Z_e \dot{I}_c \tag{4-67}$$

其矩阵形式为：

$$[\dot{v}_s] = [D]^T \{\dot{E}\} + [Z_e]\{\dot{I}_b\} \tag{4-68}$$

将外电路和有限元耦合起来，得：

$$\begin{bmatrix} [k] + j\omega\sigma[T] & -j\omega\sigma[C] & [0] \\ -j\omega\sigma[C]^T & j\omega\sigma[\Omega_b] & -j\omega[D] \\ [0] & -j\omega[D]^T & -j\omega[Z_{e1}] \end{bmatrix} \begin{bmatrix} \dot{A}_z \\ \dot{E}_s / j\omega \\ \dot{I} / j\omega \end{bmatrix} = \begin{bmatrix} 0 \\ 0 \\ -\dot{v}_s \end{bmatrix} \tag{4-69}$$

式中：$\{\dot{I}\}$为回路电流相量矩阵（维数：回路数×1）；$\{\dot{E}_s\}$为导体电压相量矩阵（维数：导体数×1）；［D］为导体连接矩阵（维数：导体数×回路数），［Ω_b］为各导线截面积矩阵的对角矩阵（维数：导体数×导体数）；［Z_{e1}］为外电路阻抗矩阵的对角矩阵（维数为回路数×回路数）；$\{\dot{v}_s\}$为回路电压相量矩阵（维数为回路数×1）。

第五节　基于有限元分析的参数计算

有限元求解的结果是求解区域内各节点的磁位，这对电机性能分析用处不大。进行电机性能分析时，我们感兴趣的是力、转矩、损耗、电感、电动势等。本节将讨论如何根据有限元分析结果求得这些物理量。

一、磁通和磁链的计算

1. 单个线圈的磁通和磁链的计算

在二维场分析中，若已知单个线圈两元件边所在位置的矢量磁位分别为 A_{z1} 和 A_{z2}，则通过该线圈单位轴向长度内的磁通$\boldsymbol{\Phi}$和磁链$\boldsymbol{\Psi}$分别为：

$$\begin{cases}\boldsymbol{\Phi}=|A_{z2}-A_{z1}| \\ \boldsymbol{\Psi}=Z|A_{z2}-A_{z1}|\end{cases} \tag{4-70}$$

式中，Z 为线圈匝数。

2. 绕组磁通和磁链的计算

若已知组成该相绕组的各线圈边所在位置的矢量磁位，则通过该绕组单位轴向长度内的磁通$\boldsymbol{\Phi}$和磁链$\boldsymbol{\Psi}$分别为：

$$\begin{cases}\boldsymbol{\Phi}=\sum\limits_{k=1}^{n_z}A_{zk}d_k \\ \boldsymbol{\Psi}=\sum\limits_{k=1}^{n_z}Z_kA_{zk}d_k\end{cases} \tag{4-71}$$

式中：n_z 为线圈边数；Z_k 为第 k 个线圈边的导体数；A_{zk} 为第 k 个线圈边所在区域的平均矢量磁位；$d_k=+1$ 或-1，表示第 k 个线圈边电流的方向。

3. 永磁磁极每极磁通的计算

若已知永磁磁极两极尖处的矢量磁位分别为 A_{z1} 和 A_{z2}，则永磁磁极在单位轴向长度内产生的磁通$\boldsymbol{\Phi}$为：

$$\boldsymbol{\Phi}=|A_{z2}-A_{z1}| \tag{4-72}$$

二、气隙磁通密度径向分量的分布

在电机气隙中心取一圆形路径，该路径上各节点磁位已知。若气隙剖分足够细，则相邻两节点 i 和 j 之间的磁通密度径向分量 B_{n} 可以表示为：

$$B_{\mathrm{n}}=\frac{|A_{zj}-A_{zi}|}{l_{ij}} \tag{4-73}$$

式中：A_{zi}、A_{zj} 分别为上述两点的矢量磁位；l_{ij} 为两点之间的距离。根据上式即可求得该圆形路径上的磁通密度径向分量的分布。图 4-12 为一台 4 极电机空载时的气隙磁通密度径向分量的分布。

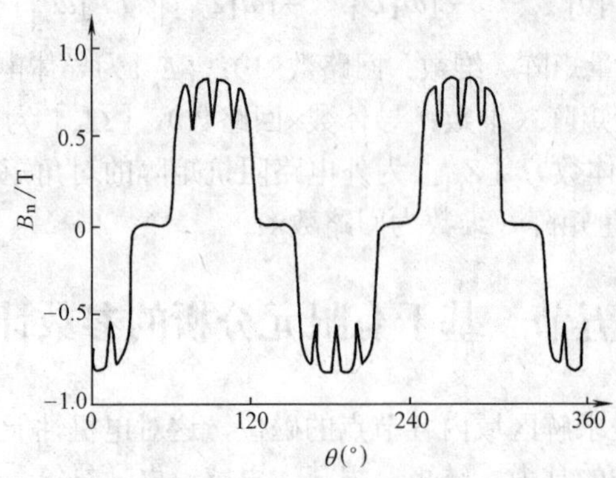

图 4-12　一台 4 极电机空载时的气隙磁通密度径向分量的分布

三、电感的计算

根据上述方法求得一相绕组的磁链，则每相绕组自感为：

$$L=\frac{\Psi}{I} \tag{4-74}$$

式中，I 为与磁链 Ψ 对应的绕组电流。

四、损耗的计算

1. 涡流损耗

计算涡流损耗的关键在于求解一个单元内的涡流损耗。得到单元内的涡流损耗后，将有涡流的所有单元的涡流损耗相加，即可得到整个求解区域内的涡流损耗。

单元内的涡流损耗为：

$$p_{\mathrm{e}}=\mathrm{Re}\left\{\frac{1}{2\sigma}\iint_{\Delta}\dot{J}J^{*}\mathrm{d}x\mathrm{d}y\right\} \tag{4-75}$$

式中，J^{*} 为 $\dot{J}$ 的共轭相量，因为：

$$\dot{J}=\mathrm{j}\omega\sigma\dot{A}_{z} \tag{4-76}$$

在一个单元内，$\dot{J}$ 的分布是不均匀的，可以用类似于式（4−19）的关系利用三个节点处的电流密度表示单元内任一点的电流密度，有：

$$\dot{J}=\frac{1}{2\varDelta}[(a_i+b_ix+c_iy)\dot{J}_i+(a_j+b_jx+c_jy)\dot{J}_j+(a_m+b_mx+c_my)\dot{J}_m] \tag{4-77}$$

将其代入式（4−75）并整理得：

$$p_{\mathrm{e}}=\frac{\varDelta}{12\sigma}[|J_i|^2+|J_j|^2+|J_m|^2+\mathrm{Re}(\dot{J}_iJ_j^{*}+\dot{J}_iJ_m^{*}+\dot{J}_mJ_j^{*})] \tag{4-78}$$

式中，$\dot{J}_i$、$\dot{J}_j$、$\dot{J}_m$ 分别为三个节点 i、j、m 处的涡流密度。

2. 铁心损耗

铁心内的损耗包括涡流损耗和磁滞损耗。要计算磁滞损耗，需要采用复数磁导率，无法利用现有的涡流场计算结果。在实际中通常不区分涡流损耗和磁滞损耗，具体方法是：根据涡流场计算结果，得到每个单元在一个周期内的磁通密度，再对其进行傅里叶展开，得到磁通密度的各次谐波分量及其对应的频率，用常规的铁心损耗计算公式计算各次谐波产生的铁心损耗，叠加起来得到单元内的铁心损耗，所有单元的铁心损耗总和，就是铁心的全部损耗。

五、电磁转矩的计算

利用麦克斯韦张量法可以方便地计算电磁转矩，首先在气隙内取一包围转子的闭合路径，根据磁场有限元计算的结果得到路径上磁通密度的切向分量 B_{θ} 和法向分量 B_{r}，则切向力密度 f_{θ} 和径向力密度 f_{r} 分别为：

$$\begin{cases} f_{\theta}=\dfrac{1}{\mu_0}B_{\mathrm{r}}B_{\theta} \\ f_{\mathrm{r}}=\dfrac{B_{\mathrm{r}}^2-B_{\theta}^2}{2\mu_0} \end{cases} \tag{4-79}$$

根据该闭合路径上的切向力密度，就可得到所产生的转矩：

$$T=\frac{D}{2}\oint\frac{B_\theta B_r}{\mu_0}\mathrm{d}l \tag{4-80}$$

式中，D 为闭合路径的直径。

第六节　电机有限元分析中若干问题的处理

一、叠片铁心的处理[1]

电机中普遍采用叠片铁心，叠片铁心由铁心和铁心之间的间隙组成，其等效磁导率不等于铁心的磁导率。根据磁通与叠片平面之间的位置关系，分为以下几种等效方式：

1. 磁通平行于叠片平面

铁心和铁心之间的间隙如图 4-13 所示。相对于磁通，铁心和间隙组成并联磁路，如图 4-14 所示，R_{Fe} 和 R_g 分别为铁心部分和空气部分的磁阻。

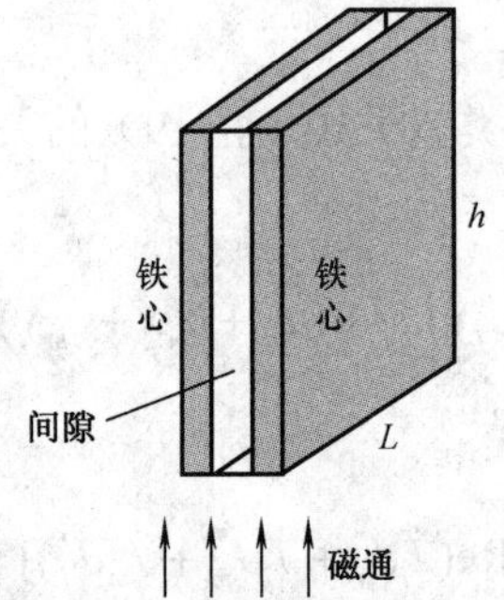

图 4-13　磁通平行于叠片平面

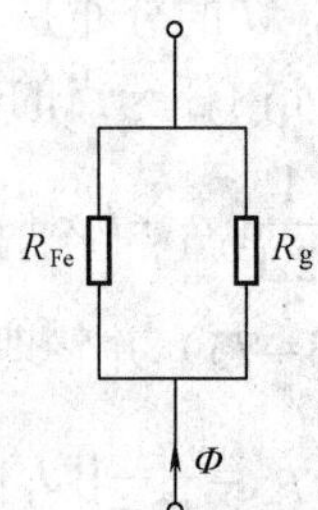

图 4-14　磁通平行于叠片平面时的等效磁路

铁心的磁阻为：

$$R_{Fe}=\frac{h}{\mu_{Fe}w_{Fe}L} \tag{4-81}$$

间隙部分的磁阻为：

$$R_g=\frac{h}{\mu_0 w_g L} \tag{4-82}$$

式中：w_g、w_{Fe} 分别为间隙和铁心的厚度；L 为铁心长度；h 为铁心的高度；μ_{Fe} 为铁心的磁导率。

铁心和间隙的总磁阻为：

$$R_{eq}=\frac{h}{\mu_0 w_g+\mu_{Fe}w_{Fe}}\frac{1}{L} \tag{4-83}$$

将二者所在的空间用一种均匀的材料填充，则该种材料的磁导率为：

$$\mu_{eq1}=\frac{\mu_0 w_g+\mu_{Fe}w_{Fe}}{w_g+w_{Fe}} \tag{4-84}$$

当铁心不太饱和时，$\mu_{\mathrm{Fe}} \gg \mu_0$，且 $w_{\mathrm{Fe}} \gg w_{\mathrm{g}}$，往往忽略间隙的影响，认为叠片的磁导率为铁心的磁导率，叠片的长度为铁心的有效长度，即：

$$\mu_{\mathrm{eq1}} = \mu_{\mathrm{Fe}} \tag{4-85}$$

该近似在空气间隙很小且铁心不很饱和时可以获得足够的精度。但当铁心很饱和时，忽略空气间隙的影响将带来一定误差。

2. 磁通垂直于叠片平面

当磁通垂直穿过铁心和间隙时（图 4-15），磁通所遇到的磁阻为铁心磁阻和间隙磁阻的串联，如图 4-16 所示。总磁阻为：

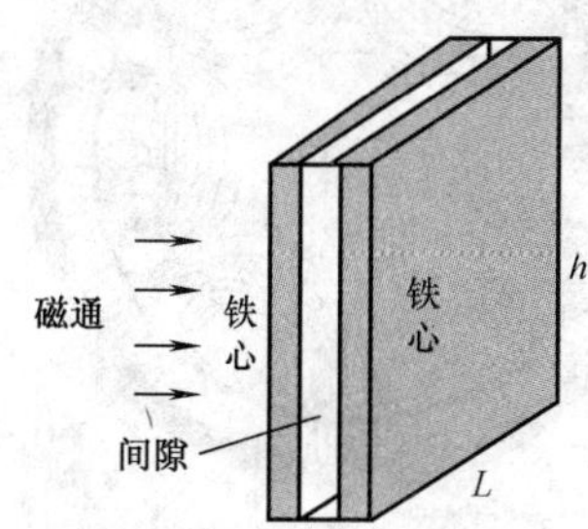

图 4-15　磁通垂直于叠片平面

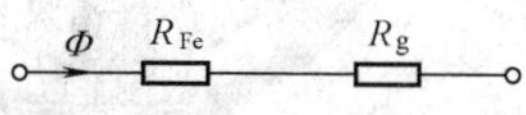

图 4-16　磁通垂直于叠片平面时的等效磁路

$$R_{\mathrm{eq}} = \frac{w_{\mathrm{Fe}}}{\mu_{\mathrm{Fe}} hL} + \frac{w_{\mathrm{g}}}{\mu_0 hL} = \frac{w_{\mathrm{Fe}} + w_{\mathrm{g}}}{hL}\left(\frac{k_{\mathrm{Fe}}}{\mu_{\mathrm{Fe}}} + \frac{1-k_{\mathrm{Fe}}}{\mu_0}\right) = \frac{w_{\mathrm{Fe}} + w_{\mathrm{g}}}{hL}\frac{1}{\mu_{\mathrm{eq2}}} \tag{4-86}$$

则等效磁导率为：

$$\mu_{\mathrm{eq2}} = \frac{1}{\left(\dfrac{k_{\mathrm{Fe}}}{\mu_{\mathrm{Fe}}} + \dfrac{1-k_{\mathrm{Fe}}}{\mu_0}\right)} \tag{4-87}$$

式中，k_{Fe} 为铁心叠压系数。假设 $k_{\mathrm{Fe}}=0.95$，当 $\mu_{\mathrm{Fe}}=200\,\mu_0$ 时，$\mu_{\mathrm{eq2}} \approx 18.3\mu_0$；当 $\mu_{\mathrm{Fe}}=2000\,\mu_0$ 时，$\mu_{\mathrm{eq2}} \approx 19.8\mu_0$。假设 $\mu_{\mathrm{Fe}}=2000\,\mu_0$，当 $k_{\mathrm{Fe}}=0.93$ 时，$\mu_{\mathrm{eq2}} \approx 14.2\mu_0$；当 $k_{\mathrm{Fe}}=0.98$ 时，$\mu_{\mathrm{eq2}} \approx 48.8\mu_0$。可见 μ_{eq2} 受铁心的饱和程度影响较小，受铁心叠压系数影响较大。等效磁导率随铁心内磁通密度的变化曲线可以通过式（4-87）和铁心的磁化曲线获得，具体做法是：根据磁通密度查磁化曲线得到铁心的磁导率，再利用式（4-87）计算得到等效磁导率 μ_{eq2}。

3. 磁通垂直进入叠片平面，但在叠片内部改变方向

磁通垂直进入叠片平面，但在叠片内部改变方向时，既有平行于叠片平面的磁通，也有垂直于叠片平面的磁通分量，如图 4-17 所示。此时的叠片铁心可定义为一种各向异性材料，与叠片平面平行的方向上的相对磁导率为 μ_{eq1}，与叠片平面垂直的方向上的相对磁导率为 μ_{eq2}。

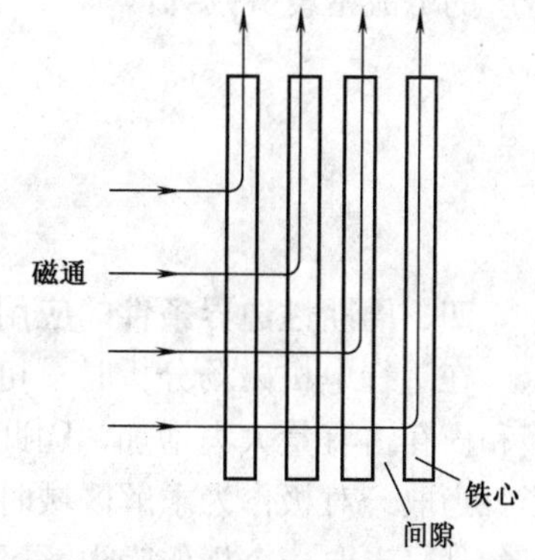

图 4-17　磁通垂直进入叠片平面，但在叠片内部改变方向

二、第一类边界条件的确定

在二维磁场中，磁力线就是等A_z线。电机中的绝大部分磁通都在电机内部，但仍有少部分到机壳外部，在进行磁场分析时，通常有两种处理方法：一是将边界扩展到机壳外部的空气中，在新边界上满足$A_z=0$，如图4－18（a）所示；二是认为磁通全在电机内部，以机壳外表面作为边界，边界上满足$A_z=0$，如图4－18（b）所示。后一种方法适合于定子轭部饱和程度不太高的情况，若定子轭部饱和程度很高，则应采用前一种方法。

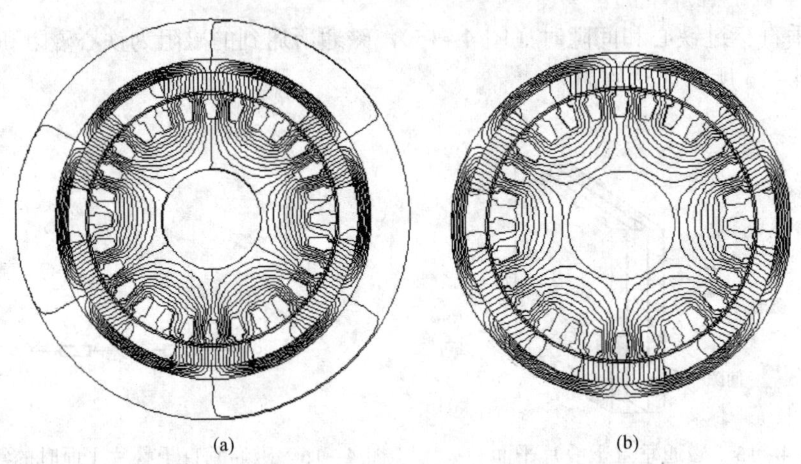

图4－18　电机中第一类边界条件的确定

三、槽内电流的处理

有限元的优点在于可以处理复杂的几何形状和边界，但并不意味着有限元模型要像实际情况那样复杂。在进行恒定磁场分析时，有些用户将槽内导体的实际分布（包括导线和它们之间的绝缘、槽楔等）建立在分析模型中，如图 4－19（a）所示，使得槽部分的几何形状非常复杂，且大大增加了建模的工作量。实际上，在进行恒定磁场分析时，导体内不存在趋肤效应，可以将槽内电流的分布简化，将槽分成三部分，即空气部分（包括槽口部分和槽楔）、上层线圈边和下层线圈边，并忽略绝缘的存在，认为电流在各自层内均匀分布，如图4－19（b）所示。若槽上、下层的面积分别为S_1、S_2，匝数分别为N_1、N_2，电流分别为I_1、I_2，则上、下层的电流密度分别为：

$$\begin{cases} J_1 = \dfrac{N_1 I_1}{S_1} \\ J_2 = \dfrac{N_2 I_2}{S_2} \end{cases} \tag{4-88}$$

四、周期性边界条件的应用

在进行电机磁场分析时，可能存在多对极，如果把整个电机作为求解区域，将使计算时间和内存占有量大大增加，因此通常取一对极或一个极作为求解区域，该求解区域是一个扇形。当取一对极作为求解区域时，扇形的两段圆弧满足$A=0$，左右两条直线边满足整周期边界条件；当取一个极作为求解区域时，扇形的两段圆弧满足$A=0$，左右两条直线边满足半周期性边界条件。图4－20为取一台6极、30槽永磁直流电动机的一个极距作为求解区域时得到的负载磁场分布。

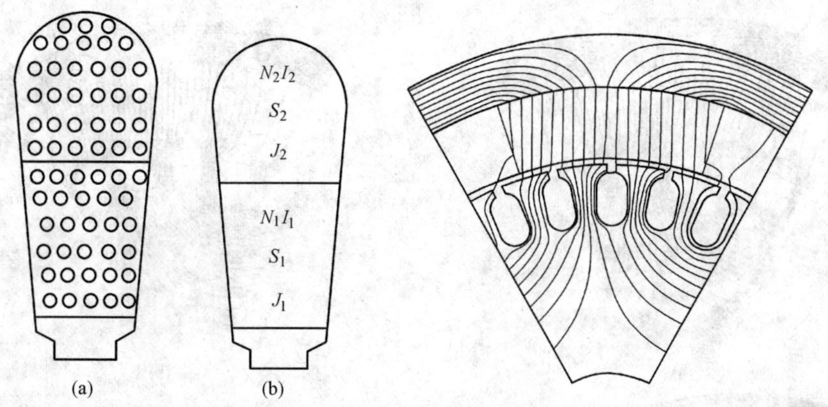

图 4-19　槽内电流的等效示意图　图 4-20　永磁直流电动机的负载磁场分布

五、运动边界的处理

在分析定子和转子之间存在相对运动的磁场问题时，若定子和转子之间的相对位置发生变化，求解区域需要重新剖分，增加了计算工作量。为解决这一问题，通常采用运动边界的处理方法，其基本原理如下：

剖分时，在空气隙中心圆上设置一运动边界，将求解区域分为定子和转子两部分，分别进行剖分，要求运动边界上的节点为等距点，且这些节点同时属于定、转子。当定、转子相对运动时，程序根据相对运动的角位移，自动增加或减少重合和半周期边界上的节点数。在运动边界上，定、转子重合的节点的磁位相等，不重合的节点满足半周期条件。

对图 4-21 所示的情形，定解问题的边界条件为：

$$\begin{cases} A|_{\Gamma_1} = A|_{\Gamma_{10}} = 0 \\ A|_{\Gamma_2} = -A|_{\Gamma_3} \\ A|_{\Gamma_8} = -A|_{\Gamma_9} \\ A|_{\Gamma_4} = A|_{\Gamma_6} \quad \text{运动边界} \\ A|_{\Gamma_5} = -A|_{\Gamma_7} \quad \text{运动边界} \end{cases} \tag{4-89}$$

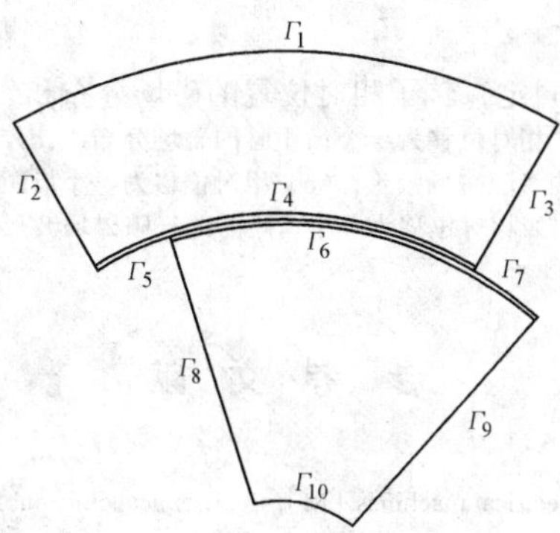

图 4-21　运动边界示意图

利用运动边界方法计算了一台永磁直流电机负载时对应不同定转子相对位置的磁场分布和气隙磁通密度径向分量的分布，如图 4-22 所示。

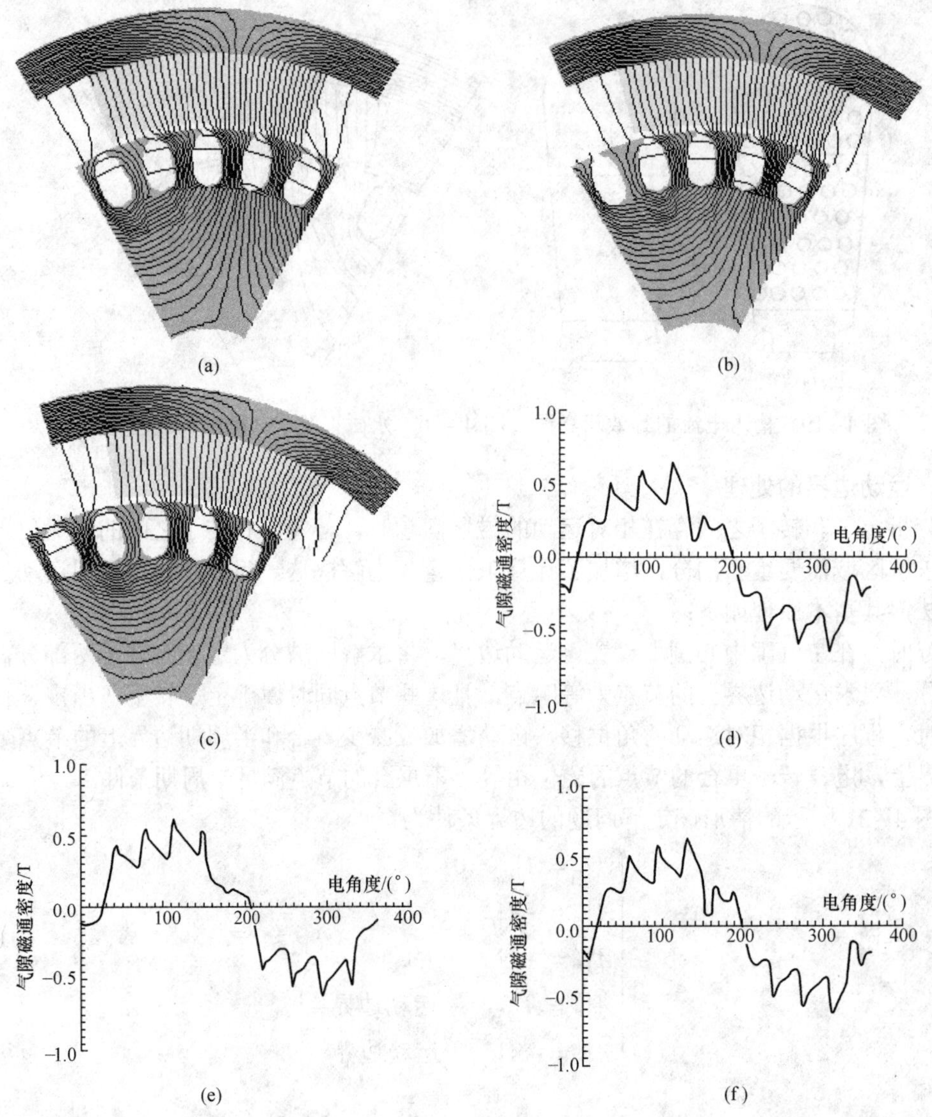

图4－22　不同定、转子相对位置的磁场分布和气隙磁场波形

（a）相对位移为零时的磁场分布；（b）相对位移为半个齿距时的磁场分布；（c）相对位移为一个齿距时的磁场分布；（d）相对位移为零时的气隙磁场波形；（e）相对位移为半个齿距时的气隙磁场波形；（f）相对位移为一个齿距时的气隙磁场波形

参 考 文 献

［1］ S.J.Salon，Finite element analysis of electrical machines［M］. Kluwer academic publishers，1995.

［2］ N.A.Demerdash.Permanent magnets and machines.Workshop on Finite Elements in Electromagnetics，Rensselaer Polytechnic Institute，1990.

［3］ N.A..Demerdash and D.H.Gillott.A new approach for drtermination of eddy currents and flux penetration in nonlinear ferromagnetic material［J］. IEEE Transactions on magnetics，1974，74：682－685，1974.

第五章 永磁电机的齿槽转矩

随着永磁材料性能的不断提高，永磁电机越来越广泛地应用于高性能速度和位置控制系统。然而，在永磁电机中，永磁体和有槽电枢铁心相互作用，不可避免地产生齿槽转矩，导致电磁转矩波动，引起振动和噪声，影响系统的控制精度。

齿槽转矩是永磁电机特有的问题，是高性能永磁电机设计和制造中必须考虑和解决的关键问题。本章首先阐述了基于能量法的齿槽转矩分析方法，介绍了削弱表面式永磁电机齿槽转矩的措施，给出了相应的参数确定方法；最后讨论了内置式调速永磁电机的齿槽转矩削弱方法。

需要指出的是：

（1）本章采用了解析分析方法，目的在于得到相应的参数确定方法，而不是齿槽转矩的准确计算。

（2）解析分析方法没有考虑饱和、漏磁等因素的影响，所确定的参数不一定是最优值。

第一节 表面式永磁电机齿槽转矩的解析分析方法

一、齿槽转矩的产生机理

齿槽转矩是永磁电机绕组不通电时永磁体和铁心之间相互作用产生的转矩，是由永磁体与电枢齿之间相互作用力的切向分量引起的。当定转子存在相对运动时，处于永磁体极弧部分的电枢齿与永磁体间的磁导基本不变，因此这些电枢齿周围的磁场也基本不变，而与永磁体的两侧面对应的由一个或两个电枢齿所构成的一小段区域内，磁导变化大，引起磁场储能的变化，从而产生齿槽转矩。齿槽转矩定义为电机不通电时的磁场能量 W 对定转子相对位置角 α 的负导数，即：

$$T_{cog} = -\frac{\partial W}{\partial \alpha} \tag{5-1}$$

二、齿槽转矩的解析分析方法

图 5-1 为表面式永磁电机的结构示意图。为便于分析，做以下假设：

（1）电枢铁心的磁导率为无穷大。

（2）除特别说明外，同一电机中的永磁体形状尺寸相同、性能相同、均匀分布。

（3）永磁材料的磁导率与空气相同。

（4）铁心叠压系数为 1。

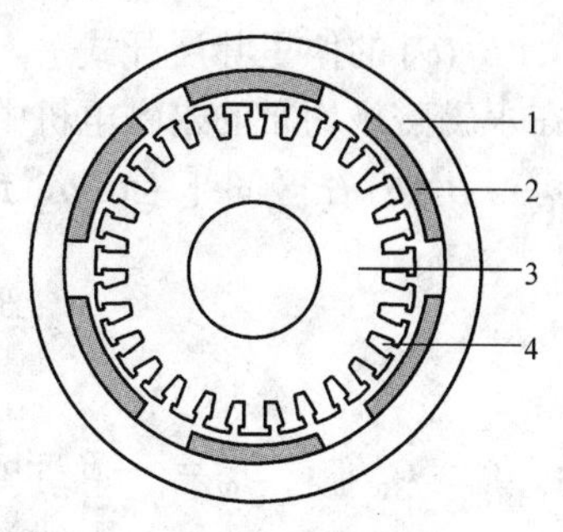

图 5-1 表面式永磁电机的结构示意图

1—定子轭；2—永磁体；3—电枢铁心；4—槽

规定 α 为某一指定的齿的中心线和某一指定的永磁磁极中心线之间的夹角，也就是定、转子之间的相对位置角，$\theta=0$ 位置设定在该磁极的中心线上，如图 5-2 所示。根据第一个假设，电机内储存的磁场能量近似为电机气隙和永磁体中的磁场能量之和，即：

$$W=\frac{1}{2\mu_0}\int_V B^2\mathrm{d}V \tag{5-2}$$

磁场能量 W 取决于电机的结构尺寸、永磁体的性能以及定转子之间的相对位置。根据式（3-95），气隙磁通密度沿电枢表面的分布可近似表示为：

$$B(\theta,\alpha)=B_{\mathrm{r}}(\theta)\frac{h_{\mathrm{m}}(\theta)}{h_{\mathrm{m}}(\theta)+\delta(\theta,\alpha)} \tag{5-3}$$

式中，$B_{\mathrm{r}}(\theta)$、$\delta(\theta,\alpha)$、$h_{\mathrm{m}}(\theta)$分别为永磁体剩磁、有效气隙长度、永磁体充磁方向长度沿圆周方向的分布，式（5-2）可表示为：

$$W=\frac{1}{2\mu_0}\int_V B_{\mathrm{r}}^2(\theta)\left[\frac{h_{\mathrm{m}}(\theta)}{h_{\mathrm{m}}(\theta)+\delta(\theta,\alpha)}\right]^2\mathrm{d}V \tag{5-4}$$

若能得到 $B_{\mathrm{r}}^2(\theta)$ 和 $\left[\frac{h_{\mathrm{m}}(\theta)}{h_{\mathrm{m}}(\theta)+\delta(\theta,\alpha)}\right]^2$ 的傅里叶展开式，就可得到电机内的磁场能量，进而得到齿槽转矩表达式。

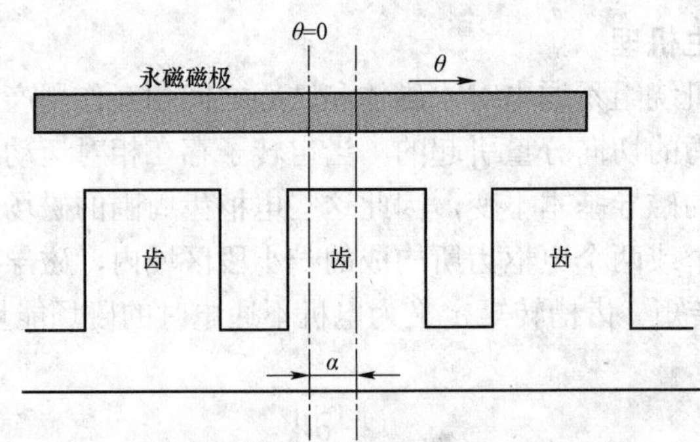

图 5-2　永磁体与电枢的相对位置

1. $B_{\mathrm{r}}^2(\theta)$ 的傅里叶展开式

在永磁磁极均布的永磁电机中，永磁体剩磁通密度 $B_{\mathrm{r}}(\theta)$沿圆周的分布如图 5-3 所示，据此可得 $B_{\mathrm{r}}^2(\theta)$ 在区间［$-\pi/2p$，$\pi/2p$］上的傅里叶展开式：

$$B_{\mathrm{r}}^2(\theta)=B_{\mathrm{r}0}+\sum_{n=1}^{\infty}B_{\mathrm{r}n}\cos 2np\theta \tag{5-5}$$

式中：$B_{\mathrm{r}0}=\alpha_{\mathrm{p}}B_{\mathrm{r}}^2$；$B_{\mathrm{r}n}=\frac{2}{n\pi}B_{\mathrm{r}}^2\sin n\alpha_{\mathrm{p}}\pi$，$p$ 为极对数；B_{r} 为永磁体剩磁；α_{p} 为永磁磁极的极弧系数。

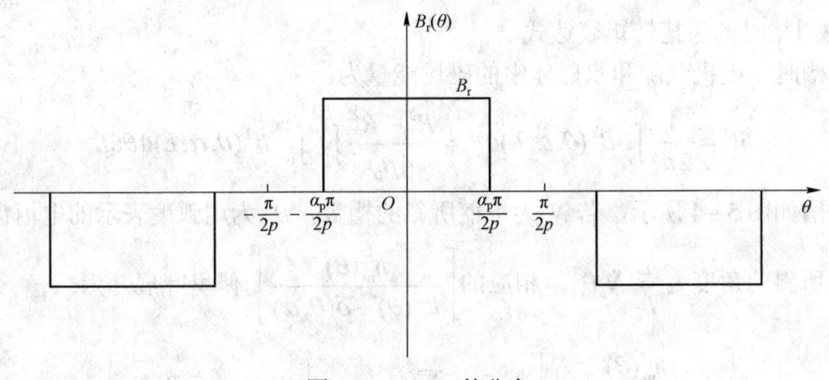

图 5-3　$B_r(\theta)$的分布

2. $\left[\frac{h_m(\theta)}{h_m(\theta)+\delta(\theta,\alpha)}\right]^2$的傅里叶展开式

在对$\left[\frac{h_m(\theta)}{h_m(\theta)+\delta(\theta,\alpha)}\right]^2$进行傅里叶展开时，暂不考虑定转子相对位置的影响，假设齿中心线位于$\theta=0$处，则$\left[\frac{h_m(\theta)}{h_m(\theta)+\delta(\theta)}\right]^2$在区间［$-\pi/z$，$\pi/z$］上的傅里叶展开式为：

$$\left[\frac{h_m(\theta)}{h_m(\theta)+\delta(\theta)}\right]^2=G_0+\sum_{n=1}^{\infty}G_n\cos nz\theta \tag{5-6}$$

式中，z 为电枢槽数。考虑永磁体和电枢齿之间的相对位置，$\left[\frac{h_m(\theta)}{h_m(\theta)+\delta(\theta,\alpha)}\right]^2$的傅里叶展开式为：

$$\left[\frac{h_m(\theta)}{h_m(\theta)+\delta(\theta,\alpha)}\right]^2=G_0+\sum_{n=1}^{\infty}G_n\cos nz(\theta+\alpha) \tag{5-7}$$

3. 不考虑斜槽时的齿槽转矩表达式

当 $m\neq n$ 时，三角函数在［0，2π］内的积分满足：

$$\begin{cases}\int_0^{2\pi}\cos m\beta\cos n\beta\mathrm{d}\beta=0\\ \int_0^{2\pi}\sin m\beta\cos n\beta\mathrm{d}\beta=0\\ \int_0^{2\pi}\sin m\beta\sin \beta\mathrm{d}\beta=0\end{cases} \tag{5-8}$$

将式（5-4）、式（5-5）、式（5-7）代入式（5-1），并利用三角函数在［0，2π］内积分的特点，得到齿槽转矩的表达式

$$T_{\mathrm{cog}}(\alpha)=\frac{\pi zL_a}{4\mu_0}(R_2^2-R_1^2)\sum_{n=1}^{\infty}nG_nB_{r\frac{nz}{2p}}\sin nz\alpha \tag{5-9}$$

式中：L_a 为电枢铁心的轴向长度；R_1 和 R_2 分别为电枢外半径和定子轭内半径；n为使 $nz/(2p)$ 为整数的整数。

4. 考虑斜槽时的齿槽转矩表达式

考虑斜槽时，电机气隙和永磁体中的磁场能量为：

$$W=\frac{1}{2\mu_0}\int_V B^2(\theta,\alpha,L)\mathrm{d}V=\frac{R_2^2-R_1^2}{4\mu_0}\int_0^{L_a}\int_0^{2\pi}B^2(\theta,\alpha,L)\mathrm{d}\theta\mathrm{d}L \tag{5-10}$$

电枢斜槽如图 5-4 所示，若 N_s 为电枢所斜的槽数，θ_{s1} 为用弧度表示的电枢齿距，则轴向长度 L 处所斜的角度为 $\frac{L}{L_a}N_s\theta_{s1}$，相应的 $\left[\frac{h_m(\theta)}{h_m(\theta)+\delta(\theta,\alpha)}\right]^2$ 傅里叶展开为：

$$\left[\frac{h_m(\theta)}{h_m(\theta)+\delta(\theta,\alpha)}\right]^2=G_0+\sum_{n=1}^{\infty}G_n\cos nz\left(\theta+\alpha+\frac{L}{L_a}N_s\theta_{s1}\right) \tag{5-11}$$

则齿槽转矩为：

$$T_{\mathrm{cog}}(\alpha,N_s)=\frac{\pi L_a}{2\mu_0 N_s\theta_{s1}}(R_2^2-R_1^2)\sum_{n=1}^{\infty}G_n B_{r\frac{nz}{2p}}\sin\frac{nzN_s\theta_{s1}}{2}\sin nz\left(\alpha+\frac{N_s\theta_{s1}}{2}\right) \tag{5-12}$$

当 $N_s\to 0$ 时，式（5-12）简化为式（5-9）。

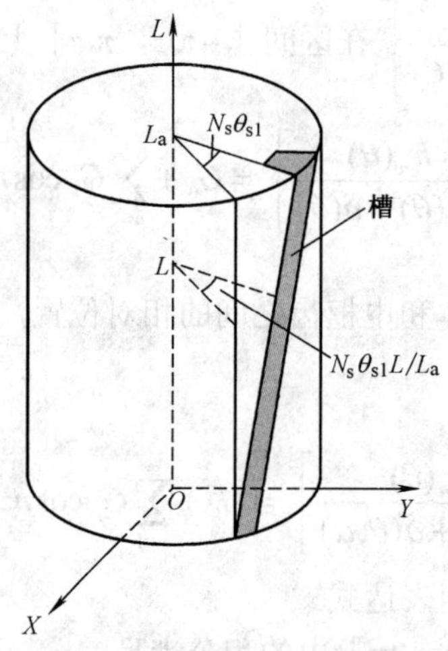

图 5-4　电枢斜槽示意图

三、表面式永磁电机的齿槽转矩削弱方法

从式（5-12）可以看出，削弱齿槽转矩的方法可归纳为三大类，即改变永磁磁极参数的方法、改变电枢参数的方法以及合理选择极槽配合。

1. 改变永磁磁极参数的方法

改变永磁磁极参数的方法是通过改变对齿槽转矩起主要作用的 B_{rn} 的幅值，达到削弱齿槽转矩的目的。这类方法主要包括改变磁极的极弧系数、采用不等厚永磁体、磁极偏移、斜极、分段斜极、不等极弧系数组合和采用不等极弧系数等。

2. 改变电枢参数的方法

改变电枢参数能改变对齿槽转矩起主要作用的 G_n 的幅值，进而削弱齿槽转矩。这类方法主要包括改变槽口宽度、改变齿的形状、不等槽口宽配合、斜槽和开辅助槽等。

3. 合理选择极槽配合

该方法的目的在于通过合理选择极槽配合，改变对齿槽转矩起主要作用的 B_{rn} 和 G_n 的次数和大小，从而削弱齿槽转矩。

在工程实际中，可根据实际情况采用合适的削弱方法，既可采用一种方法，也可采用几种方法的组合。本节将讨论斜槽、斜极、合适极槽配合的方法，而分段斜极、改变磁极的极弧系数、不等厚永磁体、磁极偏移、不等极弧系数组合、不等槽口宽配合、开辅助槽、不等极弧系数等，以及转子偏心对齿槽转矩的影响将在后续各节中讨论。

四、极槽配合、斜极和斜槽对齿槽转矩的影响

1. 极槽配合

在定、转子相对位置变化一个齿距的范围内，齿槽转矩是周期性变化的，变化的周期数取决于极槽配合。从齿槽转矩的表达式可以看出，周期数为使 $nz/(2p)$为整数的最小的整数 n。因此周期数 N_p 为极数、槽数与极数最大公约数的比值，即：

$$N_{\mathrm{p}}=\frac{2p}{GCD(z,2p)} \tag{5-13}$$

式中，$GCD(z, 2p)$ 表示槽数 z 与极数 $2p$ 的最大公约数。图 5-5 为相对位置变化一个齿距时不同极槽配合所对应的齿槽转矩波形，曲线与极槽配合的对应关系见表 5-1。可以看出：周期数越多，齿槽转矩幅值越小。原因是：齿槽转矩幅值主要取决于 $B_{r\frac{n_1 z}{2p}}$，其中 n_1 等于周期数 N_p。周期数越多，n_1 越大，对应的 $B_{r\frac{n_1 z}{2p}}$ 越小，因而齿槽转矩幅值越小。因此，合理选择极槽配合，使一个齿距内齿槽转矩的周期数较多，可以有效削弱齿槽转矩。需要指出的是：本章曲线中给出的齿槽转矩值都是对应单位铁心长度的值。

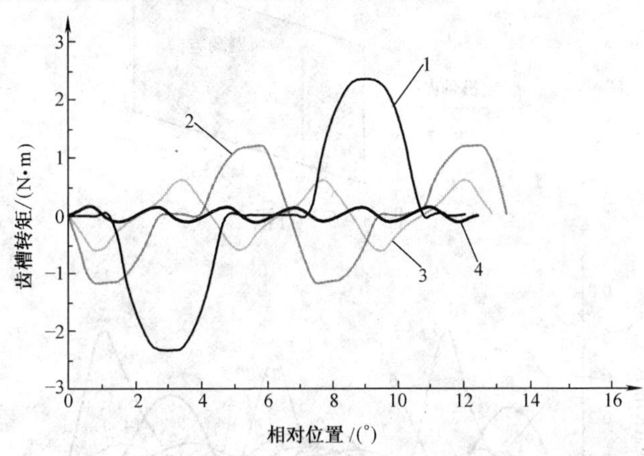

图 5-5　不同极槽配合时的齿槽转矩

表 5-1　　极　槽　配　合

曲线	极数	槽数	周期数
1	6	30	1
2	6	27	2
3	6	28	3
4	6	29	6

2. 槽口宽度

齿槽转矩是由电枢开槽引起的，槽口越大，齿槽转矩也越大。在工程实际中，槽口宽度取决于导线直径、嵌线工艺等因素。从削弱齿槽转矩的角度看，应尽可能减小槽口宽度，如果可能，可以采用闭口槽、磁性槽楔或无齿槽铁心。

3. 斜槽和斜极

斜极和斜槽的作用原理相同，是削弱齿槽转矩最有效的方法。由于斜极工艺复杂，通常采用斜槽。当受工艺等因素的限制无法采用斜槽时，可以采用斜极，如图 5-6 所示。从式（5-12）可以看出：要消除齿槽转矩中的第 n 次谐波，$\sin\frac{nzN_s\theta_{s1}}{2}$ 必须为 0，即 N_s 为 $1/n$ 的整数倍。在选择 N_s 时，首先要削弱次数为 N_p 的齿槽转矩谐波，即 $\sin\frac{N_p zN_s\theta_{s1}}{2}=0$，有 $N_s=\frac{360°}{\theta_{s1}N_p z}=\frac{1}{N_p}$。可以看出，若 $N_s=\frac{1}{N_p}$，各次齿槽转矩谐波均可消除，即不存在齿槽转矩。图 5-7 为某一电机对应于不同斜槽数的齿槽转矩波形，曲线 1～6 对应的斜槽数分别为 0.0、0.2、0.4、0.6、0.8、1.0。

但需要指出的是：在工程实际中，即使精确斜一个齿距，也不能完全消除齿槽转矩，这是因为：① 在实际生产中，同一台电机中的永磁体材料存在分散性，电机制造工艺可能造成转子偏心；② 斜槽和斜极并不能削弱永磁体端部和铁心端部之间产生的齿槽转矩。此外，当电机铁心较短或槽数很少时，斜槽和斜极实现起来都较为困难，往往需要采取其他措施削弱齿槽转矩。

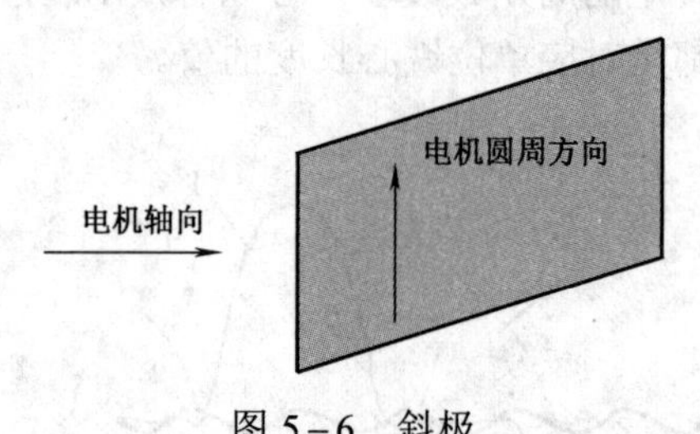

图 5-6　斜极

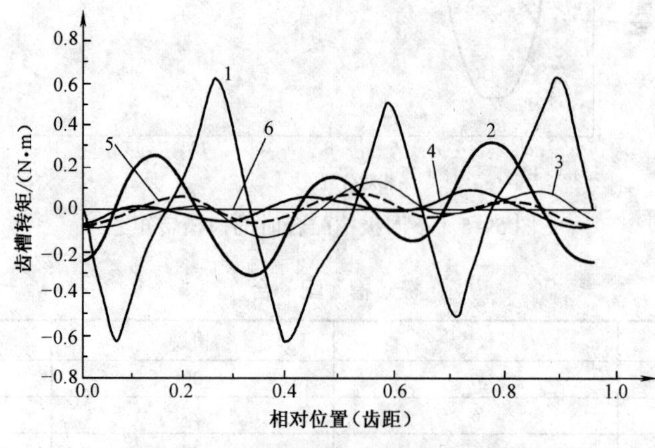

图 5-7　不同斜槽数时的齿槽转矩波形

第二节　基于分段斜极的齿槽转矩削弱方法

图 5-6 所示斜极方式的永磁体加工工艺复杂。为了简化工艺，可采用分段斜极的方法削弱齿槽转矩。图 5-8（a）为常规的磁极结构；图 5-8（b）为分段斜极结构，将每极永磁体沿轴向分成等长的多段永磁体，这多段永磁体沿圆周方向依次错开一定角度。

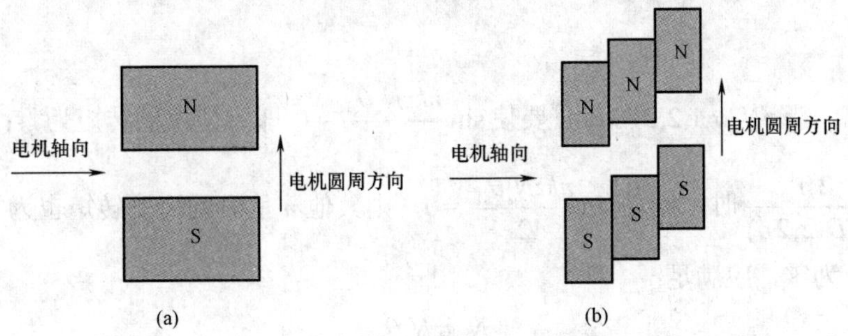

图 5-8　永磁磁极

（a）常规磁极；（b）分段斜极

错开角度直接决定了齿槽转矩的削弱效果，下面推导当磁极段数 k 确定时相邻两段之间沿圆周方向错开的角度 $N_s\theta_{s1}$。从对齿槽转矩的影响来看，分段斜极相当于将电机分成了 k 段，这 k 段电机的电枢铁心沿圆周方向的位置相同，而转子的位置则依次错开 $N_s\theta_{s1}$ 角度，根据式（5-9），这 k 段电机产生的齿槽转矩分别为：

$$
\begin{cases}
T_{\mathrm{cog1}}(\alpha)=\dfrac{\pi z L_{\mathrm{a}}}{4\mu_0 k}(R_2^2-R_1^2)\displaystyle\sum_{n=1}^{\infty} nG_n B_{r\frac{nz}{2p}}\sin nz\alpha \\
T_{\mathrm{cog2}}(\alpha)=\dfrac{\pi z L_{\mathrm{a}}}{4\mu_0 k}(R_2^2-R_1^2)\displaystyle\sum_{n=1}^{\infty} nG_n B_{r\frac{nz}{2p}}\sin nz(\alpha+N_s\theta_{s1}) \\
\quad\vdots \\
T_{\mathrm{cog}i}(\alpha)=\dfrac{\pi z L_{\mathrm{a}}}{4\mu_0 k}(R_2^2-R_1^2)\displaystyle\sum_{n=1}^{\infty} nG_n B_{r\frac{nz}{2p}}\sin nz[\alpha+(i-1)N_s\theta_{s1}] \\
\quad\vdots \\
T_{\mathrm{cog}k}(\alpha)=\dfrac{\pi z L_{\mathrm{a}}}{4\mu_0 k}(R_2^2-R_1^2)\displaystyle\sum_{n=1}^{\infty} nG_n B_{r\frac{nz}{2p}}\sin nz[\alpha+(k-1)N_s\theta_{s1}]
\end{cases}
\tag{5-14}
$$

则所产生的总齿槽转矩为上述齿槽转矩之和，即：

$$
\begin{aligned}
T_{\mathrm{cog}}(\alpha)&=\sum_{i=1}^{k}T_{\mathrm{cog}i} \\
&=\frac{\pi z L_{\mathrm{a}}}{4\mu_0 k}(R_2^2-R_1^2)\sum_{n=1}^{\infty} nG_n B_{r\frac{nz}{2p}}\left\{\sum_{i=1}^{k}\sin nz[\alpha+(i-1)N_s\theta_{s1}]\right\}
\end{aligned}
$$

$$
=\begin{cases}\dfrac{\pi z L_{\mathrm{a}}}{4\mu_0 k}(R_2^2-R_1^2)\displaystyle\sum_{n=1}^{\infty} nG_n B_{r\frac{nz}{2p}}\dfrac{\sin\dfrac{nkzN_{\mathrm{s}}\theta_{\mathrm{s1}}}{2}}{\sin\dfrac{nzN_{\mathrm{s}}\theta_{\mathrm{s1}}}{2}}\sin nz\left(\alpha+\dfrac{k-1}{2}N_{\mathrm{s}}\theta_{\mathrm{s1}}\right) \\ \qquad\qquad\qquad\qquad\qquad\qquad\qquad\qquad (\text{当} nN_{\mathrm{s}}\neq 1,2,3,\cdots\text{时}) \\ \dfrac{\pi z L_{\mathrm{a}}}{4\mu_0}(R_2^2-R_1^2)\displaystyle\sum_{n=1}^{\infty} nG_n B_{r\frac{nz}{2p}}\sin nz\alpha \quad (\text{当} nN_{\mathrm{s}}=1,2,3,\cdots\text{时})\end{cases} \tag{5-15}
$$

可以看出，当$nN_{\mathrm{s}}\neq 1,2,3$时，只要使$\sin\dfrac{nkzN_{\mathrm{s}}\theta_{\mathrm{s1}}}{2}=0$ 即可使齿槽转矩为零；只要 n 为最小值$N_{\mathrm{p}}=\dfrac{2p}{GCD(z,2p)}$时，满足$\sin\dfrac{nkzN_{\mathrm{s}}\theta_{\mathrm{s1}}}{2}=0$，则其他 n 值时的齿槽转矩也为零。因此，要使总齿槽转矩为零，应满足：

$$
\sin\frac{N_{\mathrm{p}}kzN_{\mathrm{s}}\theta_{\mathrm{s1}}}{2}=0 \tag{5-16}
$$

因此有：

$$
\frac{N_{\mathrm{p}}kzN_{\mathrm{s}}\theta_{\mathrm{s1}}}{2}=180° \tag{5-17}
$$

即：

$$
N_{\mathrm{s}}=\frac{360°}{\theta_{\mathrm{s1}}N_{\mathrm{p}}kz}=\frac{1}{N_{\mathrm{p}}k} \tag{5-18}
$$

然而，当满足$nN_{\mathrm{s}}=1,2,3,\cdots$（即 n 为 $N_{\mathrm{p}}k$ 的整数倍）时，齿槽转矩的表达式与式（5-9）完全相同，即分段斜极对这些次数的齿槽转矩谐波没有削弱作用。

以 6 极、9 槽无刷直流电机为例，$N_{\mathrm{p}}=2$，$\theta_{\mathrm{s1}}=40°$。本例中的齿槽转矩对应电机的实际铁心长度。图 5-9(a) 为该电机的截面图，图 5-9(b) 为不斜极时的齿槽转矩。分段斜极时的齿槽转矩波形是这样计算的：首先用有限元法计算不斜极时的齿槽转矩波形，然后除以段数，就是一段产生的齿槽转矩波形，对该齿槽转矩波形按偏移角度平移，可得到其他各段的齿槽转矩波形，将各段的齿槽转矩波形逐点相加，就得到分段斜极时的齿槽转矩波形。

若磁极轴向分为 2 段，则相邻两段错开 10°。图 5-9(c) 为轴向分 2 段时的齿槽转矩，其中曲线 A、B 分别为两段电机产生的齿槽转矩，曲线 C 为总齿槽转矩。可以看出，齿槽转矩大幅度下降，但没有削弱 4 以及 4 的倍数次谐波。若磁极轴向分为 3 段，则相邻两段错开 6.67°。图 5-9(d) 为轴向分 3 段时的齿槽转矩，其中曲线 A、B、C 分别为三段电机产生的齿槽转矩，曲线 D 为总齿槽转矩。可以看出，采用分段斜极后齿槽转矩大幅度下降，但没有削弱 6 以及 6 的倍数次谐波。

图 5-9(e) 为分 3 段时不同错开角度对应的齿槽转矩，其中曲线 A、B、C 分别为错开角度为 6.33°、6.67° 和 7° 时的齿槽转矩，可以看出，错开角度对齿槽转矩有较大影响，根据本节给出的确定方法得到的错开角度对齿槽转矩的削弱效果最好。

图 5-9(f) 给出了不同段数时的齿槽转矩幅值，可以看出，齿槽转矩幅值基本上随着分

段数的增大而减小。当分段数为 2 时，齿槽转矩幅值不能被大幅度削弱。当分段数大于或等于 3 时，齿槽转矩幅值变化不大，这意味着进一步增大分段数没有太大意义。

随着分段数的增加，不能被分段斜极方法削弱的齿槽转矩谐波的次数也增大。当分段数 k 为无穷大时，不能被分段斜极方法削弱的齿槽转矩谐波的次数也为无穷大，这意味着齿槽转矩被完全消除。但只要分段数不是无穷大，斜极和分段斜极在削弱齿槽转矩方面就存在差别，某些齿槽转矩谐波不能被分段斜极的方法削弱。

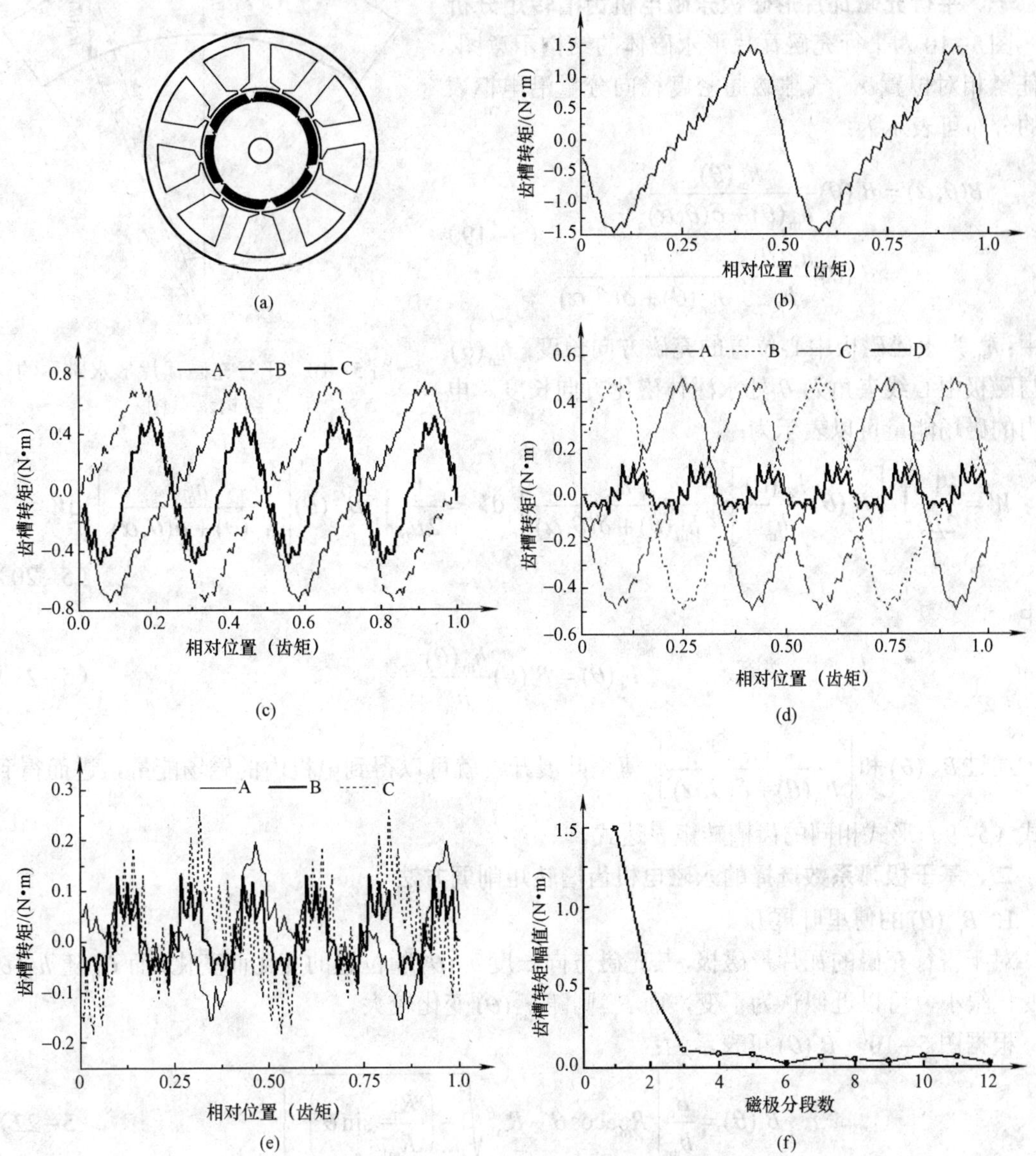

图 5-9　6 极、9 槽无刷直流电机的齿槽转矩

（a）截面图；（b）不斜极时的齿槽转矩；（c）轴向分 2 段时的齿槽转矩；（d）轴向分 3 段时的齿槽转矩；（e）不同错开角度时的齿槽转矩；（f）不同段数时的齿槽转矩幅值

第三节　基于极弧系数选择的齿槽转矩削弱方法

在永磁直流电机、表面式永磁同步电机和无刷直流电机中，平行充磁瓦片形磁极应用非常广泛。本节以永磁直流电机为例，讨论永磁磁极极弧系数对齿槽转矩的影响，以及最佳极弧系数的确定方法。

一、平行充磁瓦片形磁极永磁电机齿槽转矩分析

图5-10为平行充磁瓦片形永磁体的结构示意图。在任意相对位置α，气隙磁通密度径向分量沿电枢表面的分布可表示为：

$$\begin{aligned}B(\theta,\alpha)&=B_{\mathrm{r}}(\theta)\frac{h_{\mathrm{m}}(\theta)}{h_{\mathrm{m}}(\theta)+\delta(\theta,\alpha)}\\&=B_{\mathrm{r}}(\theta)\frac{h_{\mathrm{m}}(\theta)}{h_{\mathrm{m}}}\times\frac{h_{\mathrm{m}}}{h_{\mathrm{m}}(\theta)+\delta(\theta,\alpha)}\end{aligned}\tag{5-19}$$

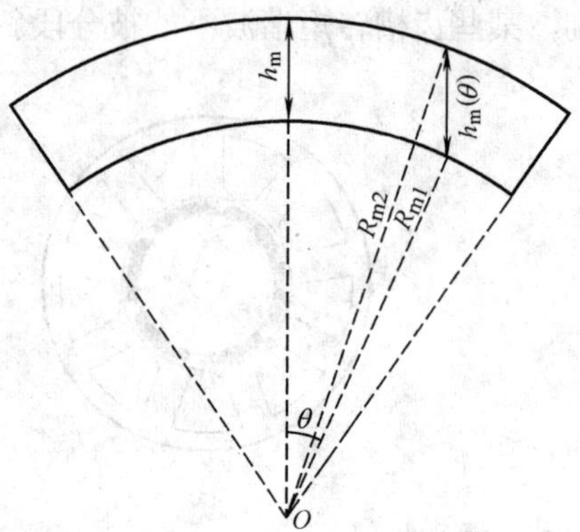

图5-10　平行充磁瓦片形永磁体的结构示意图

式中：h_{m}为永磁磁极中心位置的充磁方向长度；$h_{\mathrm{m}}(\theta)$为与磁极中心线夹角为θ处永磁体磁化方向长度。电机内的磁场能量可以表示为：

$$W=\frac{1}{2\mu_0}\int_V\left[B_{\mathrm{r}}(\theta)\frac{h_{\mathrm{m}}(\theta)}{h_{\mathrm{m}}}\right]^2\left[\frac{h_{\mathrm{m}}}{h_{\mathrm{m}}(\theta)+\delta(\theta,\alpha)}\right]^2\mathrm{d}V=\frac{1}{2\mu_0}\int_V B_{\mathrm{r}}'^2(\theta)\left[\frac{h_{\mathrm{m}}}{h_{\mathrm{m}}(\theta)+\delta(\theta,\alpha)}\right]^2\mathrm{d}V\tag{5-20}$$

式中

$$B_{\mathrm{r}}'(\theta)=B_{\mathrm{r}}(\theta)\frac{h_{\mathrm{m}}(\theta)}{h_{\mathrm{m}}}\tag{5-21}$$

通过$B_{\mathrm{r}}'^2(\theta)$和$\left[\frac{h_{\mathrm{m}}}{h_{\mathrm{m}}(\theta)+\delta(\theta,\alpha)}\right]^2$傅里叶展开，就可以得到电机内的磁场能量，进而得到与式（5-9）形式相同的齿槽转矩表达式。

二、基于极弧系数选择的永磁电机齿槽转矩削弱方法

1. $B_{\mathrm{r}}'^2(\theta)$的傅里叶展开

对于平行充磁的瓦片形磁极，其充磁方向长度$h_{\mathrm{m}}(\theta)$随位置的变化而变化，而G_{n}随$h_{\mathrm{m}}(\theta)$的变化很小，可以近似认为不变，而$B_{\mathrm{r}n}$则随$h_{\mathrm{m}}(\theta)$变化较大。

根据图5-10，$B_{\mathrm{r}}'(\theta)$可表示为：

$$B_{\mathrm{r}}'(\theta)=\frac{B_{\mathrm{r}}}{h_{\mathrm{m}}}\left[R_{\mathrm{m2}}\cos\theta-R_{\mathrm{m1}}\sqrt{1-\left(\frac{R_{\mathrm{m2}}}{R_{\mathrm{m1}}}\sin\theta\right)^2}\right]\tag{5-22}$$

式中，R_{m1}和R_{m2}分别为永磁体内半径和外半径。$B_{\mathrm{r}}'^2(\theta)$为：

$$B_{\mathrm{r}}'^2(\theta)=\frac{B_{\mathrm{r}}^2}{h_{\mathrm{m}}^2}\left[R_{\mathrm{m1}}^2+R_{\mathrm{m2}}^2\cos 2\theta-2R_{\mathrm{m1}}R_{\mathrm{m2}}\cos\theta\sqrt{1-\left(\frac{R_{\mathrm{m2}}}{R_{\mathrm{m1}}}\sin\theta\right)^2}\right]\tag{5-23}$$

对其求傅里叶变换的系数时，函数不可积，应予以简化，在保证精度的同时，用可积的函数代替。考虑到$x<1$时有：

$$\sqrt{1-x^2} \approx 1-ax^2-bx^4 \tag{5-24}$$

式中，a和b为常数，此处取$a=0.5$，$b=0.125$，可以保证较高精度。$B_r'^2(\theta)$的各次傅里叶分解系数为：

$$\begin{aligned}
B_{rn} &= \frac{4p}{\pi}\int_0^{\frac{\pi}{2p}\alpha_p} B_r'^2(\theta)\cos 2np\theta \mathrm{d}\theta \\
&= \frac{4p}{\pi}\frac{B_r^2}{h_m^2}\left\{\frac{R_{m1}^2}{2np}\sin(n\pi\alpha_p) + \left(-R_{m1}R_{m2} + \frac{aR_{m2}^3}{4R_{m1}} + \frac{bR_{m2}^5}{8R_{m1}^3}\right)\cdot\right. \\
&\left[\frac{1}{2np+1}\sin\left(n\pi\alpha_p + \frac{\pi\alpha_p}{2p}\right) + \frac{1}{2np-1}\sin\left(n\pi\alpha_p - \frac{\pi\alpha_p}{2p}\right)\right] + \\
&\frac{R_{m2}^2}{2}\left[\frac{1}{2np+2}\sin\left(n\pi\alpha_p + \frac{\pi\alpha_p}{p}\right) + \frac{1}{2np-2}\sin\left(n\pi\alpha_p - \frac{\pi\alpha_p}{p}\right)\right] + \\
&\left(-\frac{aR_{m2}^3}{4R_{m1}} - \frac{3bR_{m2}^5}{16R_{m1}^3}\right)\left[\frac{1}{2np+3}\sin\left(n\pi\alpha_p + \frac{3\pi\alpha_p}{2p}\right) + \frac{1}{2np-3}\sin\left(n\pi\alpha_p - \frac{3\pi\alpha_p}{2p}\right)\right] + \\
&\left.\frac{bR_{m2}^5}{16R_{m1}^3}\left[\frac{1}{2np+5}\sin\left(n\pi\alpha_p + \frac{5\pi\alpha_p}{2p}\right) + \frac{1}{2np-5}\sin\left(n\pi\alpha_p - \frac{5\pi\alpha_p}{2p}\right)\right]\right\}
\end{aligned} \tag{5-25}$$

下面以一台6极永磁直流电机为例说明极弧系数的影响，其主要参数见表5–2。极弧系数为0.667、0.7和0.8时的傅里叶展开系数如图5–11所示，为了清晰起见，只给出了5到25次傅里叶展开系数。可以看出，当极弧系数不同时，$B_r'^2(\theta)$的傅里叶展开系数有很大的不同，具有不同的规律。极弧系数为0.667时，若n为3的倍数，则B_{rn}的值很小。当极弧系数分别为0.7和0.8时，若n分别为10和5的倍数，则B_{rn}的值很小。因此，对应不同的极弧系数，有一些特定次数的傅里叶展开系数很小，且这些系数的分布有一定规律。

表5–2　计算模型的参数

参数	数值	参数	数值
定子轭外径/mm	80	永磁体厚度/mm	7
定子轭内径/mm	70.2	剩磁通密度度/T	0.42
转子外径/mm	55	矫顽力/（kA/m）	281
转子内径/mm	15	极对数	3
磁极外径/mm	70.2	气隙长度/mm	0.6
磁极内径/mm	56.2		

2. 齿槽转矩削弱方法

根据上面的分析，只有$nz/(2p)$次傅里叶展开系数对齿槽转矩有影响。若电机极数和槽数确定，则对齿槽转矩有影响的$B_r'^2(\theta)$的傅里叶展开次数也是确定的。通过合理选取极弧系数，使值很小的B_{rn}对齿槽转矩起作用，可以大幅度削弱齿槽转矩。

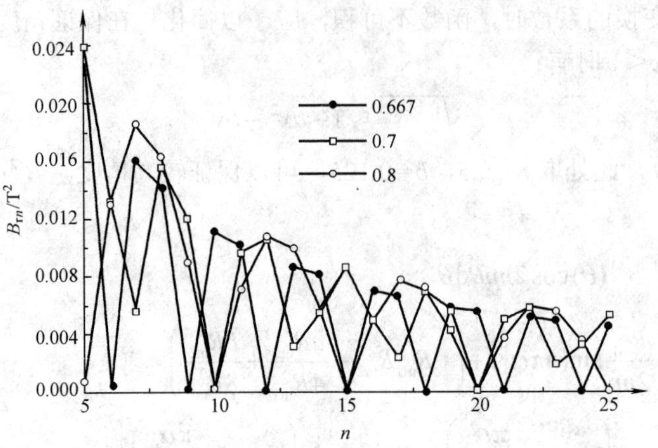

图 5-11　不同极弧系数时 $B_r'^2(\theta)$ 的傅里叶展开系数

对于 6 极 27 槽电机，齿槽转矩只与 $B_r'^2(\theta)$ 的 $9k$（k 为整数）次傅里叶展开系数有关，图 5-12 为 $B_r'^2(\theta)$ 的 9 次、18 次、27 次和 36 次傅里叶展开系数随极弧系数的变化曲线，随着极弧系数的变化，傅里叶展开系数变化较大，并且使 B_{r9} 较小的极弧系数也能够使 B_{r18}、B_{r27} 和 B_{r36} 较小，因此只要选取使 B_{r9} 较小的极弧系数就可以削弱齿槽转矩，取极弧系数为 0.667 和 0.777，则 B_{r9k} 很小，齿槽转矩也应较小。图 5-13 为 27 槽时，极弧系数分别为 0.777 和 0.7 时的齿槽转矩对比。可以看出，极弧系数为 0.777 时的齿槽转矩较极弧系数为 0.7 时有了大幅度减小。

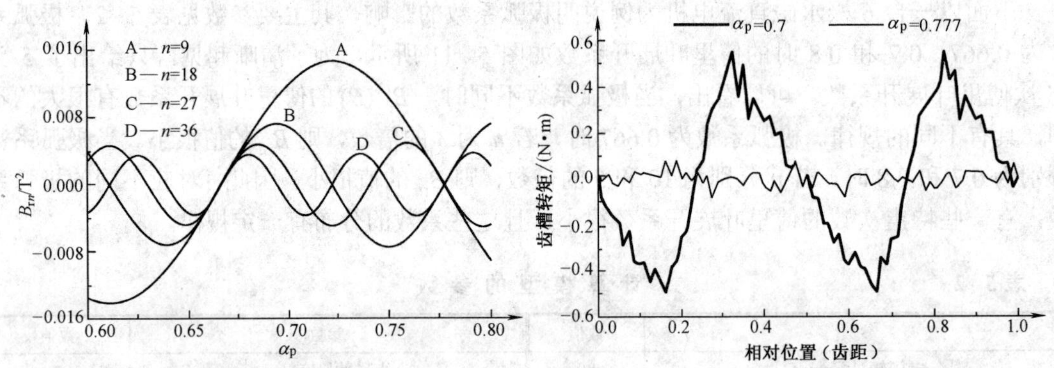

图 5-12　B_{rn} 随极弧系数的变化曲线（$z=27$）　图 5-13　不同极弧系数时的齿槽转矩对比（$z=27$）

当槽数分别改为 28 和 30 时，起作用的 B_{rn} 分别为 B_{r14k} 和 B_{r5k}。图 5-14 和图 5-15 分别为傅里叶展开系数 B_{r14k} 和 B_{r5k} 随极弧系数变化的曲线。对于 28 槽电机，当极弧系数为 0.785 时，傅里叶展开系数 B_{r14k} 较小；对于 30 槽电机，当极弧系数为 0.6 和 0.8 时，傅里叶展开系数 B_{r5k} 较小。图 5-16 和图 5-17 分别为 28 槽和 30 槽时，不同极弧系数对应的齿槽转矩。可以看出，选择合适的极弧系数，可以大幅度削弱齿槽转矩。

通过上面的分析，可以得到以下结论：

（1）齿槽转矩与 $B_r'^2(\theta)$ 的傅里叶展开有关，但并不是所有的傅里叶展开系数都会影响齿槽转矩，只有 $nz/(2p)$ 次傅里叶展开系数与齿槽转矩有关。对于不同的极数和槽数，与齿槽转

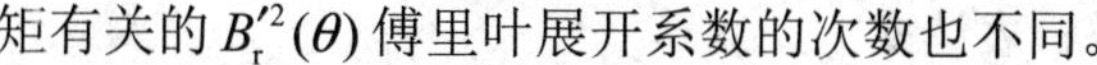

矩有关的 $B_r'^2(\theta)$ 傅里叶展开系数的次数也不同。

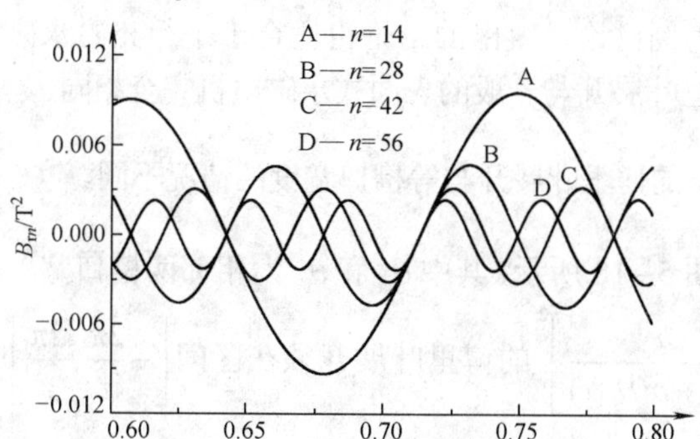

图 5-14　B_{rn} 随极弧系数的变化曲线（$z=28$）

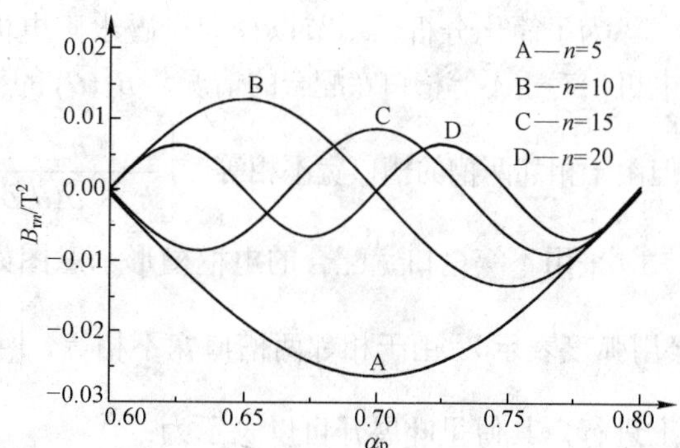

图 5-15　B_{rn} 随极弧系数的变化曲线（$z=30$）

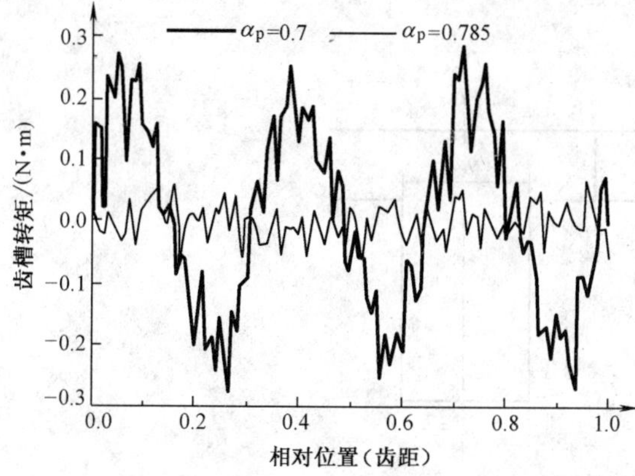

图 5-16　不同极弧系数的齿槽转矩对比（$z=28$）

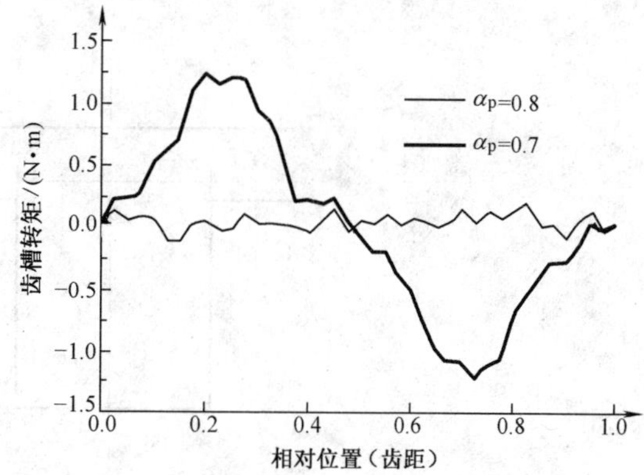

图 5-17　不同极弧系数的齿槽转矩对比（$z=30$）

（2）极弧系数的选择对 $B_r'^2(\theta)$ 的傅里叶展开系数有较大影响，对应不同的极弧系数，傅里叶分解系数具有不同的规律。

（3）通过合理选择极弧系数，可大幅度削弱齿槽转矩。

对于本节给出的方法，需做以下说明：

1）本节给出的极弧系数确定方法旨在削弱齿槽转矩。但实际应用中，极弧系数的选择受诸多因素的限制，应综合考虑永磁体的合理利用、齿槽转矩抑制以及电机性能等。

2）该方法不适于 2 极电机。计算表明，在 2 极电机中，难以找到使对齿槽转矩起作用的各次傅里叶系数都很小的极弧系数，极弧系数难以确定。

需要指出的是，当所选择的极弧系数已使齿槽转矩很小时，若再进一步采取其他齿槽转矩削弱方法，削弱效果往往不显著。

第四节　基于不等槽口宽配合的齿槽转矩削弱方法

通常情况下，电枢槽的槽口宽度都相同。本节讨论的不等槽口宽配合是指相邻两槽的槽口宽度不同，而相距两个齿距的两槽的槽口宽度相同。该方法通过改变对齿槽转矩起作用的 G_n 而达到削弱齿槽转矩的目的。

一、采用不等槽口宽配合时的齿槽转矩解析表达式

为了简化分析，本节以径向充磁永磁电机为例讨论，得出的结论也适合于平行充磁永磁电机。对于不等槽口宽配合的情况，$B_r^2(\theta)$ 的傅里叶展开与一般的表面式永磁电机完全相同，但由于相邻两槽的槽口宽不相等，$\left[\dfrac{h_m}{h_m+\delta(\theta,\alpha)}\right]^2$ 的傅里叶展开与等槽口宽度的情况不同。

采用不等槽口宽配合的电枢槽形示意图如图5–18所示，其中 θ_{sa} 和 θ_{sb} 为相邻两槽口宽度（用弧度表示）。由于相邻两槽口宽不相等，$\left[\dfrac{h_m}{h_m+\delta(\theta,\alpha)}\right]^2$ 的傅里叶展开须在区间 $\left[-\dfrac{2\pi}{z},\dfrac{2\pi}{z}\right]$ 上进行，其傅里叶展开可以表示为：

$$\left[\frac{h_m}{h_m+\delta(\theta,\alpha)}\right]^2 = G_0 + \sum_{n=1}^{\infty} G_n \cos\frac{nz(\theta+\alpha)}{2} \tag{5–26}$$

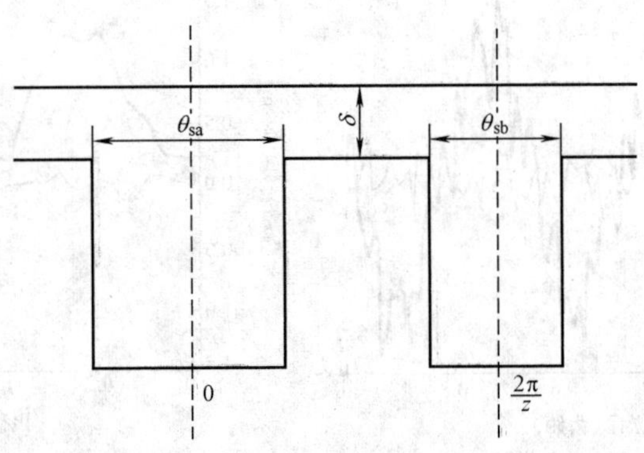

图5–18　电枢槽形示意图

为简明起见，近似认为磁力线只是通过齿，而不通过槽。因此，对应齿部的气隙满足 $\delta(\theta)=\delta$，对应槽部的气隙满足 $\delta(\theta)=\infty$。此时 $\left[\dfrac{h_m}{h_m+\delta(\theta,\alpha)}\right]^2$ 对应槽部时等于零，对应齿部时为 $\left(\dfrac{h_m}{h_m+\delta}\right)^2$。根据该简化模型，可得到 G_n 的表达式：

$$G_n = \frac{2}{n\pi}\left(\frac{h_m}{h_m+\delta}\right)^2\left[\sin\left(n\pi-\frac{nz\theta_{sb}}{4}\right)-\sin\frac{nz\theta_{sa}}{4}\right] \tag{5–27}$$

进而得到采用不等槽口宽配合时的齿槽转矩表达式：

$$T_{cog}(\alpha) = \frac{\pi z L_a}{8\mu_0}(R_2^2-R_1^2)\sum_{n=1}^{\infty} nG_n B_{r\frac{nz}{4p}} \sin\frac{nz\alpha}{2} \tag{5–28}$$

式中，n 为使 $nz/(4p)$ 为整数的整数。

从式（5–27）、式（5–28）可以看出，采用不等槽口宽配合时，$\left[\dfrac{h_m}{h_m+\delta(\theta,\alpha)}\right]^2$ 的傅里

叶展开系数对齿槽转矩有影响，但并不是所有傅里叶展开系数都对齿槽转矩有影响，只有使 $nz/(4p)$为整数的 n 次傅里叶系数对齿槽转矩有影响。

二、基于不等槽口宽配合的齿槽转矩削弱方法

根据上面的分析，可以对比不等槽口宽配合和等槽口宽两种情况下的 G_n 值。

（1）等槽口宽时，假设 $\theta_{sa}=\theta_{sb}=\theta_s$，整理式（5-27）得：

$$G_n=\frac{2}{n\pi}\left(\frac{h_m}{h_m+\delta}\right)^2\left[\sin\left(n\pi-\frac{nz\theta_s}{4}\right)-\sin\frac{nz\theta_s}{4}\right] \tag{5-29}$$

若 n 为奇数，则 $G_n=0$；若 n 为偶数，则 $G_n=-\frac{4}{n\pi}\left(\frac{h_m}{h_m+\delta}\right)^2\sin\frac{nz\theta_s}{4}$。

（2）不等槽口宽配合时，若 n 为奇数，则：

$$G_n=\frac{2}{n\pi}\left(\frac{h_m}{h_m+\delta}\right)^2\left(\sin\frac{nz\theta_{sb}}{4}-\sin\frac{nz\theta_{sa}}{4}\right) \tag{5-30}$$

若 n 为偶数，则：

$$G_n=-\frac{2}{n\pi}\left(\frac{h_m}{h_m+\delta}\right)^2\left(\sin\frac{nz\theta_{sb}}{4}+\sin\frac{nz\theta_{sa}}{4}\right) \tag{5-31}$$

可以看出，当对齿槽转矩起主要作用的 G_n 的次数 n 为奇数时，采用不等槽口宽配合时的 G_n 总会大于等槽口宽时的 G_n，此时采用不等槽口宽配合并不能减小齿槽转矩，反而可能增大齿槽转矩；当对齿槽转矩起主要作用的 G_n 的次数 n 为偶数时，可以通过改变槽口宽度 θ_{sa} 和 θ_{sb} 的方法使 G_n 的值接近于零，从而减小齿槽转矩。整理式（5-31）得：

$$\begin{aligned}G_n&=-\frac{4}{n\pi}\left(\frac{h_m}{h_m+\delta}\right)^2\sin\frac{4pz(\theta_{sa}+\theta_{sb})}{8\mathrm{GCD}(z,4p)}\cos\frac{4pz(\theta_{sa}-\theta_{sb})}{8\mathrm{GCD}(z,4p)}\\&=-\frac{4}{n\pi}\left(\frac{h_m}{h_m+\delta}\right)^2\sin\frac{(\theta_{sa}+\theta_{sb})\mathrm{LCM}(z,4p)}{8}\cos\frac{(\theta_{sa}-\theta_{sb})\mathrm{LCM}(z,4p)}{8}\end{aligned} \tag{5-32}$$

式中，LCM（z，$4p$）表示槽数 z 与 $4p$ 的最小公倍数。要使上式为零，必须满足：

$$\begin{cases}\dfrac{(\theta_{sa}+\theta_{sb})\mathrm{LCM}(z,4p)}{8}=\pi,2\pi,\cdots\\[2ex]\dfrac{(\theta_{sa}-\theta_{sb})\mathrm{LCM}(z,4p)}{8}=\dfrac{\pi}{2}\end{cases} \tag{5-33}$$

求解可得 θ_{sa} 和 θ_{sb}：

$$\begin{cases}\theta_{sa}=\dfrac{6\pi}{\mathrm{LCM}(z,4p)}\\[2ex]\theta_{sb}=\dfrac{2\pi}{\mathrm{LCM}(z,4p)}\end{cases}\text{或}\begin{cases}\theta_{sa}=\dfrac{10\pi}{\mathrm{LCM}(z,4p)}\\[2ex]\theta_{sb}=\dfrac{6\pi}{\mathrm{LCM}(z,4p)}\end{cases} \tag{5-34}$$

三、计算实例

分别以 6 极 22 槽、26 槽、28 槽和 32 槽电机为模型，采用有限元法分别计算了采用等槽口宽和不等槽口宽配合两种情况下的齿槽转矩。该永磁电机模型的主要参数见表 5−3。

表 5−3　　永磁电机模型的主要参数

参数	数据	参数	数据
定子外径/mm	160	永磁体厚度/mm	5
定子内径/mm	102	剩磁通密度/T	0.42
转子外径/mm	100	矫顽力/(kA/m)	281
转子内径/mm	40	极对数	3
磁极外径/mm	100	气隙长度/mm	1
磁极内径/mm	90		

对于 6 极 22 槽和 26 槽电机，对齿槽转矩起主要作用的 G_n 的次数 $n=4p/\mathrm{GCD}(z,\ 4p)$ 为偶数，可以通过调整槽口宽度 θ_{sa} 和 θ_{sb} 的大小减小齿槽转矩。根据式（5−34）得到 θ_{sa} 和 θ_{sb} 的值（简洁起见，将 θ_{sa} 和 θ_{sb} 表示为角度）。对于 6 极 22 槽电机，$\theta_{sa}=8.18°$，$\theta_{sb}=2.73°$；对于 26 槽电机，$\theta_{sa}=6.92°$，$\theta_{sb}=2.31°$。图 5−19 和图 5−20 分别为两种情况下的齿槽转矩对比。可以看出，采用不等槽口宽配合时，齿槽转矩的削弱效果非常明显。需要指出的是，由于采用了相对简单的气隙磁导模型，所得到的槽口宽度不一定是最佳值。

对于 6 极 28 槽和 32 槽电机，对齿槽转矩起主要作用的 G_n 的次数 $n=4p/\mathrm{GCD}(z,\ 4p)$ 为奇数，不等槽口宽配合的方法不适用，根据式（5−34）得到槽口宽度 θ_{sa} 和 θ_{sb}，图 5−21 和图 5−22 分别为不同槽数下的齿槽转矩。可以看出，不等槽口宽配合的方法不但没有减小齿槽转矩，反而使齿槽转矩增大，此时不宜采用不等槽口宽配合的方法。

需要指出的是，本节给出的不等槽口宽配合方法旨在削弱齿槽转矩，但实际上槽口宽度的确定受到很多因素的影响，例如导线线径、嵌线方式等。此外，对于许多电机，很难得到结构上合理的槽口宽度，因而就难以采用该方法削弱齿槽转矩。

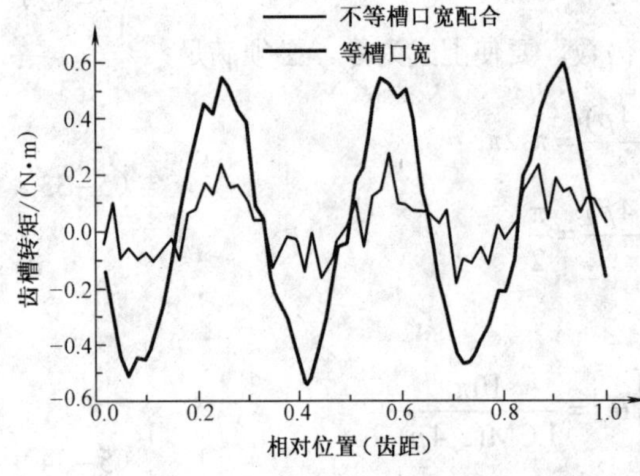

图 5−19　6 极 22 槽电机的齿槽转矩对比

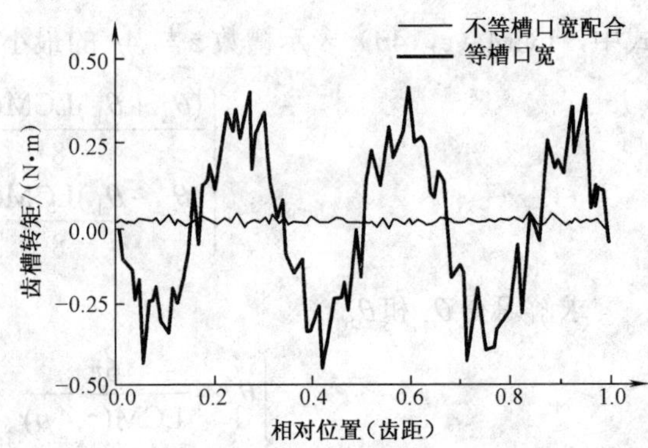

图 5−20　6 极 26 槽电机的齿槽转矩对比

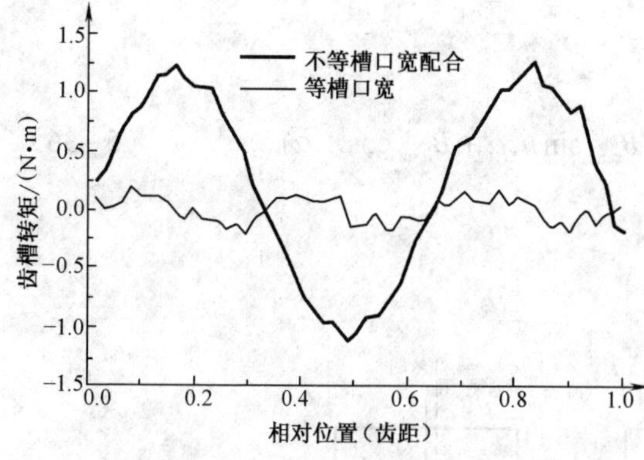

图 5-21　6 极 28 槽电机的齿槽转矩对比

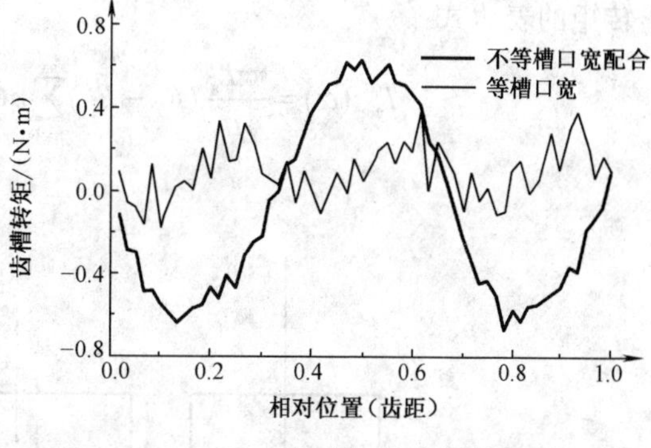

图 5-22　6 极 32 槽电机的齿槽转矩对比

第五节　基于磁极偏移的齿槽转矩削弱方法

通常情况下，永磁电机各磁极的形状相同，且在圆周上均匀分布，如图 5-23（a）所示；磁极偏移是指磁极形状相同但不均布，如图 5-23（b）所示。磁极偏移可以改变对齿槽转矩起作用的磁场谐波的幅值，进而削弱齿槽转矩。

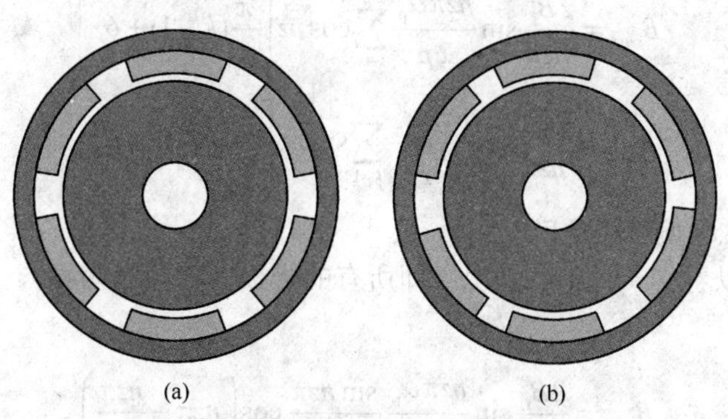

图 5-23　磁极偏移示意图

（a）磁极均匀分布；（b）磁极偏移

本节首先推导磁极偏移时的齿槽转矩表达式，进而分析永磁体均布和磁极偏移时齿槽转矩谐波的变化，指出：磁极偏移除了应削弱齿槽转矩原有的谐波之外，还应削弱因磁极偏移而新引进的齿槽转矩谐波。最后给出磁极偏移角度的确定方法。

一、磁极偏移时的齿槽转矩表达式

图 5-24 为永磁体偏移时 $B_r^2(\theta)$ 的分布，$\theta_1 \sim \theta_{2p}$ 为永磁体相对于均布位置偏移的角度，第一块永磁体不偏移，即 $\theta_1=0$。在区间［$-\pi$，π］上对 $B_r^2(\theta)$ 进行傅里叶展开，有：

$$B_r^2(\theta) = B_{r0} + \sum_{n=1}^{\infty}(B_{ran}\cos n\theta + B_{rbn}\sin n\theta) \tag{5-35}$$

$\left[\dfrac{h_{\mathrm{m}}}{h_{\mathrm{m}}+\delta(\theta,\alpha)}\right]^2$ 的傅里叶展开式与式（5-7）相同。用与前面类似的方法得到磁极偏移时齿槽转矩的表达式：

$$T_{\mathrm{cog}}(\alpha)=\frac{\pi z L_{\mathrm{a}}}{4\mu_0}(R_2^2-R_1^2)\sum_{n=1}^{\infty}nG_n(B_{\mathrm{ranz}}\sin nz\alpha+B_{\mathrm{rbnz}}\cos nz\alpha) \tag{5-36}$$

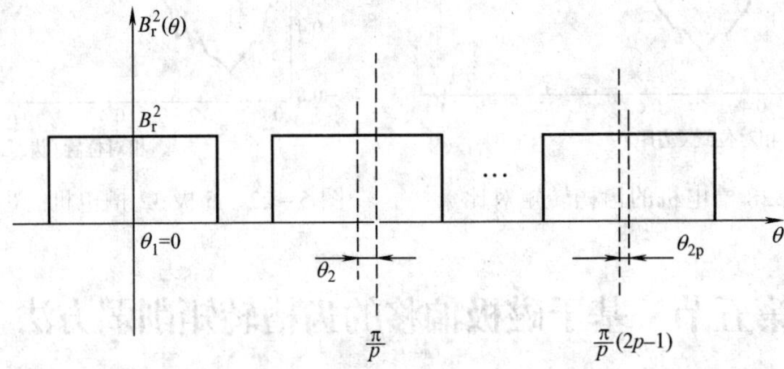

图5-24　永磁体偏移时的 $B_{\mathrm{r}}^2(\theta)$ 分布

其中：

$$B_{\mathrm{ranz}}=\frac{2B_{\mathrm{r}}^2}{nz\pi}\sin\frac{nz\pi\alpha_{\mathrm{p}}}{2p}\sum_{k=1}^{2p}\cos nz\left[\frac{\pi}{p}(k-1)+\theta_k\right] \tag{5-37}$$

$$B_{\mathrm{rbnz}}=\frac{2B_{\mathrm{r}}^2}{nz\pi}\sin\frac{nz\pi\alpha_{\mathrm{p}}}{2p}\sum_{k=1}^{2p}\sin nz\left[\frac{\pi}{p}(k-1)+\theta_k\right] \tag{5-38}$$

式中，θ_k 为第 k 个磁极偏移的角度。

永磁体均布可以看作一种特殊情况（即所有的磁极偏移角度为零），此时 B_{rbnz} 恒为零，而 B_{ranz} 为：

$$B_{\mathrm{ranz}}=\frac{2B_{\mathrm{r}}^2}{nz\pi}\sin\frac{nz\pi\alpha_{\mathrm{p}}}{2p}\frac{\sin nz\pi}{\sin\dfrac{nz\pi}{2p}}\cos\left(nz\pi-\frac{nz\pi}{2p}\right) \tag{5-39}$$

分析上式可知，只有当 n 为 N_{p} 的倍数时，B_{ranz} 才不为零，N_{p} 的意义见式（5-13）。也就是说，若永磁体均布，只有 n 为 N_{p} 的倍数时，该次齿槽转矩的谐波才不为零。现有文献中讨论磁极偏移削弱齿槽转矩的时候，削弱的是永磁体均布时存在的齿槽转矩谐波。因此，对于其中 $N_{\mathrm{p}}=1$ 的情况，已有的方法能很好地削弱齿槽转矩。但是当 $N_{\mathrm{p}}\neq 1$ 时，已有的方法就会引进新的齿槽转矩谐波，齿槽转矩削弱效果不好。

二、磁极偏移角度的确定

根据式（5-39）可知，若永磁体均布，则只有 n 为 N_{p} 的倍数时，该次谐波才不为零，以前的分析方法是通过磁极偏移将这些次数的谐波削弱，得到的第 k 块永磁体的磁极偏移角度为[12]：

$$\theta_k = \frac{2\pi}{2pN_{\mathrm{p}}z}(k-1) \tag{5-40}$$

将上式代入式（5-37）、式（5-38）可得：

$$B_{\mathrm{ranz}} = \frac{2B_{\mathrm{r}}^2}{nz\pi}\sin\frac{nz\pi\alpha_{\mathrm{p}}}{2p}\frac{\sin n\pi\left(z+\dfrac{1}{N_{\mathrm{p}}}\right)}{\sin\dfrac{n\pi}{2p}\left(z+\dfrac{1}{N_{\mathrm{p}}}\right)}\cos\left[\left(nz\pi\frac{(2p-1)}{2p}\right)\left(1+\frac{1}{N_{\mathrm{p}}z}\right)\right] \tag{5-41}$$

$$B_{\mathrm{rbnz}} = \frac{2B_{\mathrm{r}}^2}{nz\pi}\sin\frac{nz\pi\alpha_{\mathrm{p}}}{2p}\frac{\sin n\pi\left(z+\dfrac{1}{N_{\mathrm{p}}}\right)}{\sin\dfrac{n\pi}{2p}\left(z+\dfrac{1}{N_{\mathrm{p}}}\right)}\sin\left[\frac{nz\pi(2p-1)}{2p}\left(1+\frac{1}{N_{\mathrm{p}}z}\right)\right] \tag{5-42}$$

可见，在齿槽转矩原先的谐波次数（即 n 为 N_{p} 的倍数时）中，除 n 为 $2pN_{\mathrm{p}}$ 的倍数之外全被消除掉了，但同时使 n 为 N_{p} 倍数之外的各次谐波不为零，即新引进了谐波。

随着谐波次数的增加，谐波的幅值会减小，削弱齿槽转矩应该立足于减小齿槽转矩的低次谐波。因此，计算磁极偏移角度时，须考虑这部分新引进的低次谐波。根据式(5-37)、式(5-38)，要消去某次谐波，只要通过选择磁极偏移角度 θ_k，使 B_{ranz} 和 B_{rbnz} 为零即可。要消去齿槽转矩的低次谐波，需要联立求解 n 取不同值时的 B_{ranz} 和 B_{rbnz} 方程，得到磁极偏移角度。

对于 4 极 30 槽电机和 6 极 27 槽电机，$N_{\mathrm{p}}=2$，可以通过选择磁极偏移角度来消除齿槽转矩的前三次谐波，联立方程并求解得到了磁极的偏移角度，与文献［12］中方法得到的偏移角度进行对比，见表 5-4。

表 5-4　　永磁体偏移角度

极数	结果	θ_2/（°）	θ_3/（°）	θ_4/（°）	θ_5/（°）	θ_6/（°）
4 极 30 槽	计算结果	0	3	3	—	—
	参考文献［12］	1.5	3	4.5	—	—
6 极 27 槽	计算结果	2.22	4.44	0	2.22	4.44
	参考文献［12］	1.11	2.22	3.33	4.44	5.55

根据表 5-4 给出的偏移角度，分别计算了上述两电机的 B_{rnz}（$B_{\mathrm{rnz}}=\sqrt{B_{\mathrm{ranz}}^2+B_{\mathrm{rbnz}}^2}$）和齿槽转矩。图 5-25 和图 5-26 为不同偏移角度时的 B_{rnz}。可以看出，采用本节计算的偏移角度后，齿槽转矩的前三次谐波都能很好地得到削弱，而采用式（5-40）的偏移角度时，可以得到削弱二次谐波，但却引进了一次和三次谐波。图 5-27 和图 5-28 为上述两电机在不偏移和采用这两种偏移角度时的齿槽转矩对比，可以看出，根据上述方法得到的偏移角度可使齿槽转矩得到更好的削弱。

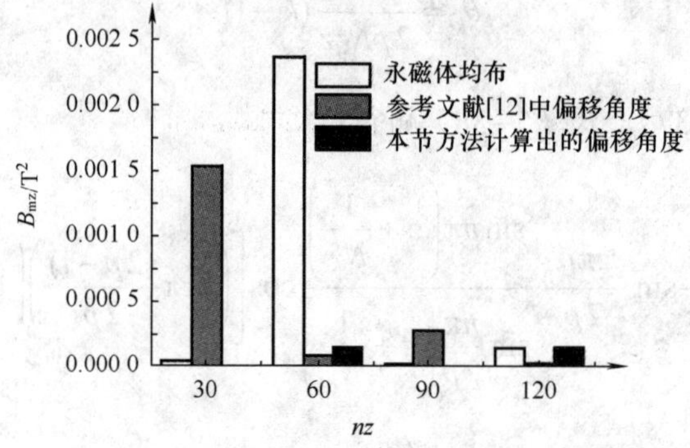

图5-25　永磁体均布和偏移时B_{rnz}的对比（4极30槽）

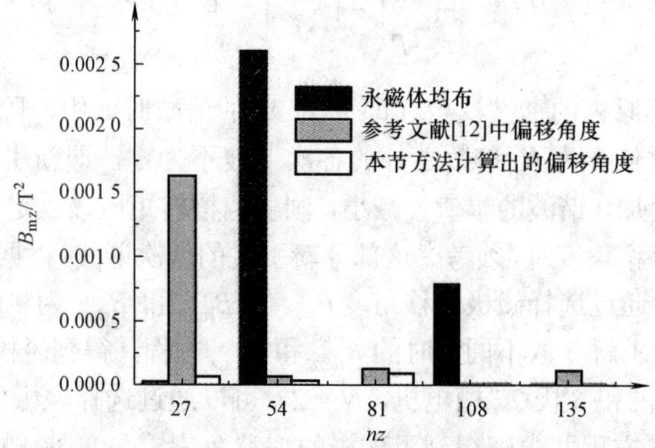

图5-26　永磁体均布和偏移时B_{rnz}的对比（6极27槽）

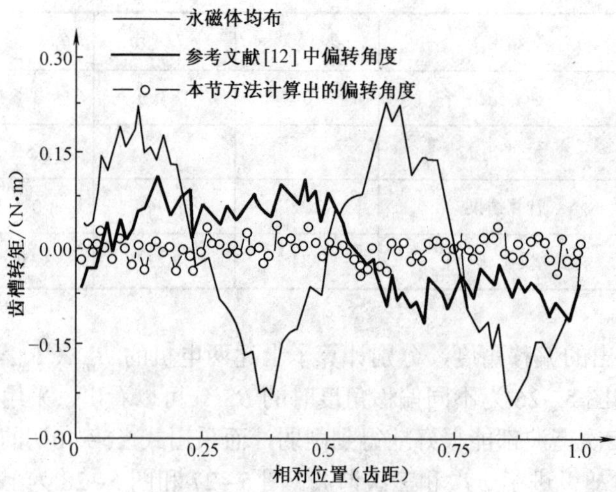

图5-27　永磁体均布和偏移时齿槽转矩的对比（4极30槽）

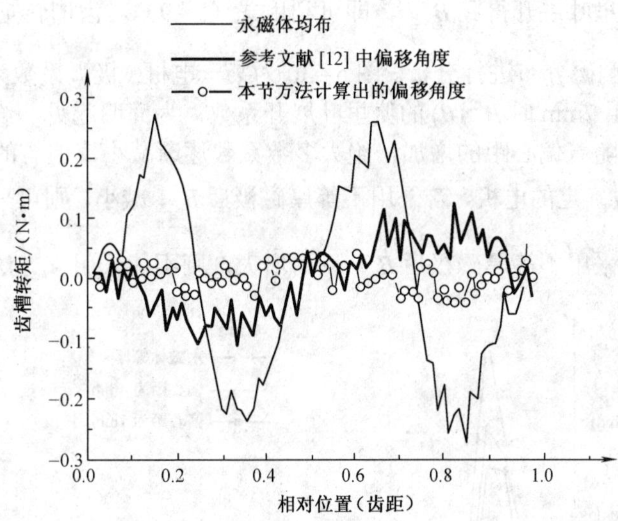

图 5－28　永磁体均布和偏移时齿槽转矩的对比（6 极 27 槽）

第六节　基于不等厚永磁磁极的齿槽转矩削弱方法

根据前面的分析，减小 $B_{r\frac{nz}{2p}}$ 可以削弱齿槽转矩。本节通过改变永磁磁极的形状，将瓦片形永磁体由原来的内外径同心改为内外径不同心，即永磁体不等厚，以减小 $B_{r\frac{nz}{2p}}$ 进而达到削弱齿槽转矩的目的。

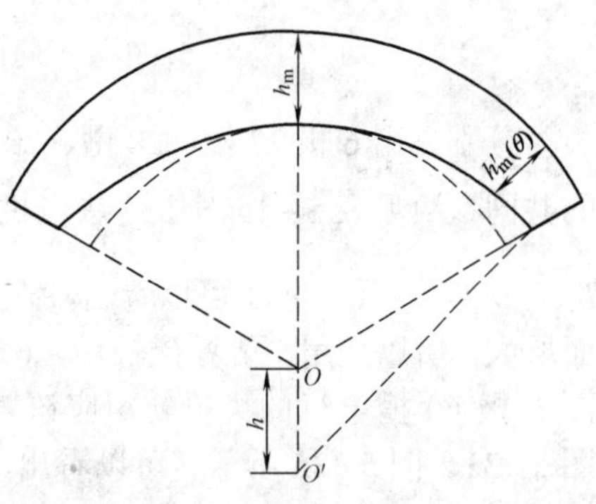

图 5－29　不等厚磁极结构示意图

一、不等厚磁极结构

不等厚磁极结构示意图如图 5-29 所示，普通磁极的内外径同心，圆心为 O，此时磁极厚度均匀为 h_m。当采用不等厚磁极结构时，磁极内外径不同心，外径对应的圆心为 O、内径对应的圆心为 O'，磁极厚度 $h'_m(\theta)$ 和气隙长度 $\delta'(\theta)$ 随位置角变化。偏心距 h 为 O 和 O'之间的距离，h 不同，则气隙磁通密度径向分量的分布也不同。为简化分析，本节以径向充磁永磁电机为例进行分析，得出的结论也适合于平行充磁永磁电机。磁极等厚时的气隙磁通密度径向分量分布为

$$B(\theta)=B_r(\theta)\frac{h_m}{h_m+\delta(\theta)} \tag{5-43}$$

磁极不等厚时，气隙磁通密度径向分量可表示为

$$B'(\theta)=B_r(\theta)\frac{h'_m(\theta)}{h'_m(\theta)+\delta'(\theta)}=B_r(\theta)\frac{h'_m(\theta)}{h_m+\delta(\theta)}=\frac{h'_m(\theta)}{h_m}B_r(\theta)\frac{h_m}{h_m+\delta(\theta)}=B'_r(\theta)\frac{h_m}{h_m+\delta(\theta)} \tag{5-44}$$

式中，$B'_r(\theta)=\dfrac{h'_m(\theta)}{h_m}B_r(\theta)$。

二、基于不等厚磁极的齿槽转矩削弱方法

对 $B_r'^2(\theta)$ 进行傅里叶展开得到 $B_{r\frac{nz}{2p}}$，即可利用式（5-9）对齿槽转矩进行分析。为研究方便，取一个极下的剩磁分布进行分析。图5-30为某一电机（极弧系数为0.7）在气隙均匀、偏心距4mm和偏心距7mm时 $B_r'^2(\theta)$ 的傅里叶展开系数，为简明起见，给出了1～30次的展开系数。可以看出，随着偏心距的增加，绝大多数系数逐渐减小，但有的系数却增大了，如 B_{r10}。对于槽数和极数确定的电机，若采用不等厚磁极后 $B_{r\frac{nz}{2p}}$ 减小，则可采用不等厚磁极削弱齿槽转矩；反之，若采用不等厚磁极后 $B_{r\frac{nz}{2p}}$ 反而增大，则不能采用该方法。

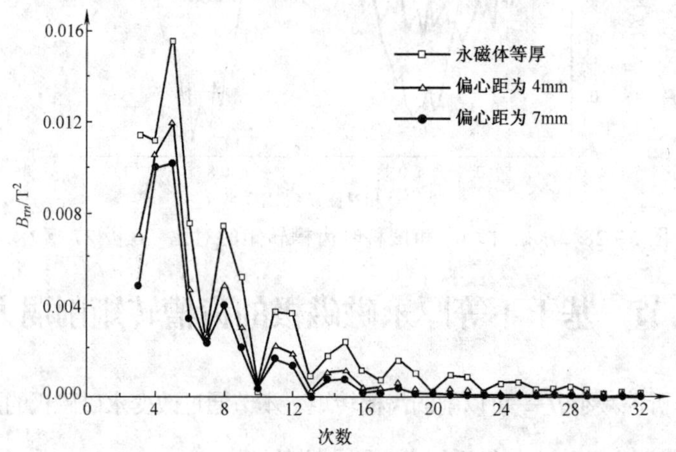

图5-30　不同偏心距时的 $B_r'^2(\theta)$ 傅里叶展开各项系数

分别采用6极27槽、28槽、29槽、30槽、60槽永磁直流电机模型进行分析研究，它们的共同参数见表5-2。对于这些电机，对齿槽转矩起作用的最低次 $B_{r\frac{nz}{2p}}$ 分别为 B_{r9}、B_{r14}、B_{r29}、B_{r5}、B_{r10}，从图5-30可以看出，在 B_{r9}、B_{r14}、B_{r29}、B_{r5}、B_{r10} 中，只有 B_{r10} 随偏心距的增大而增大，所以采用不等厚磁极后，6极27槽、28槽、29槽、30槽电机的齿槽转矩都应减小，而6极60槽电机的齿槽转矩应该增大。利用有限元法分析了上述电机的齿槽转矩，分别如图5-31～图5-35所示。可以看出，采用不等厚磁极后，6极27槽、28槽、30槽电机的齿槽转矩都有不同程度的减小，而6极60槽电机的齿槽转矩反而增大，证明上述分析是正确的。

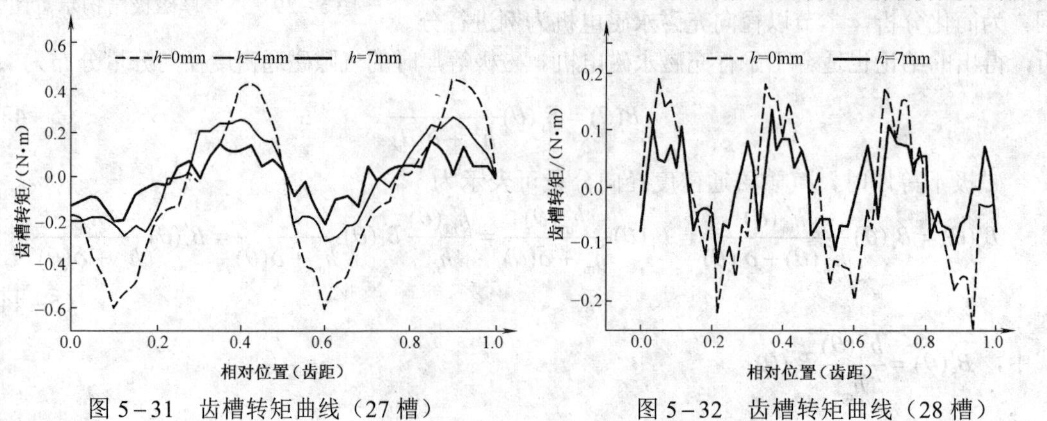

图5-31　齿槽转矩曲线（27槽）

图5-32　齿槽转矩曲线（28槽）

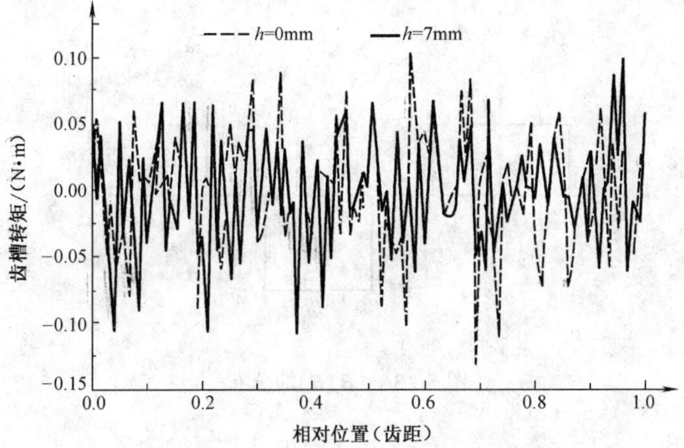

图 5－33　齿槽转矩曲线（29 槽）

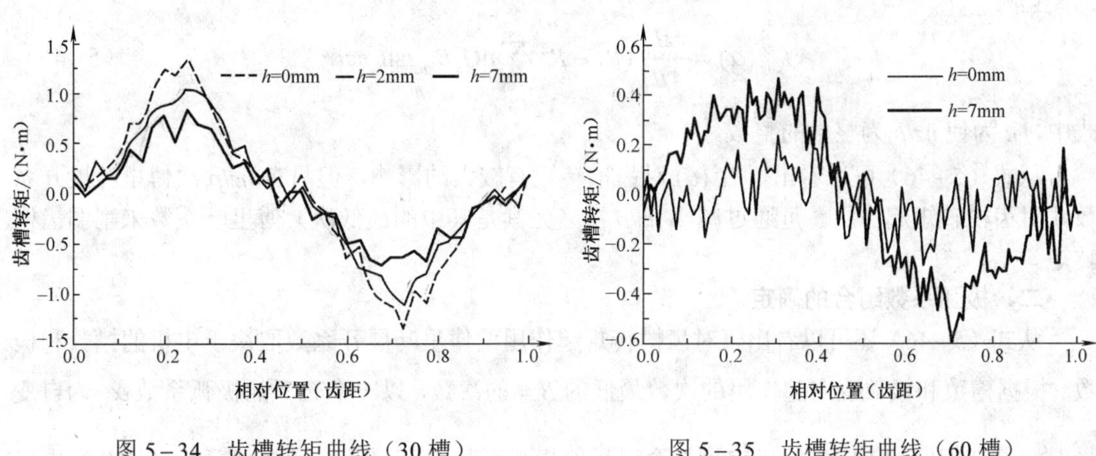

图 5－34　齿槽转矩曲线（30 槽）　　图 5－35　齿槽转矩曲线（60 槽）

第七节　基于不等极弧系数组合的齿槽转矩削弱方法

通常永磁电机各磁极的极弧系数都相等，本节讨论的不等极弧系数组合是指相邻两个磁极的极弧系数不相等，但相距两个极距的两个磁极的极弧系数相等。通过合理选择极弧系数组合可以有效削弱齿槽转矩。

一、不等极弧系数组合时的齿槽转矩表达式

采用不等极弧系数组合时，$B_{\mathrm{r}}(\theta)$沿圆周的分布如图 5-36 所示，据此得到 $B_{\mathrm{r}}^2(\theta)$ 的傅里叶展开式为

$$B_{\mathrm{r}}^2(\theta)=B_{\mathrm{r}0}+\sum_{n=1}^{\infty}B_{\mathrm{r}n}\cos np\theta \tag{5-45}$$

式中：$B_{\mathrm{r}n}=\dfrac{B_{\mathrm{r}}^2}{n\pi}\left[\sin\dfrac{\alpha_{\mathrm{p}1}}{2}n\pi+(-1)^n\dfrac{\alpha_{\mathrm{p}1}^2}{\alpha_{\mathrm{p}2}^2}\sin\dfrac{\alpha_{\mathrm{p}2}}{2}n\pi\right]$；$\alpha_{\mathrm{p}1}$、$\alpha_{\mathrm{p}2}$ 分别为相邻两磁极的极弧系数，因相邻两极下的磁通大小相等，可近似认为$B_{\mathrm{r}}\alpha_{\mathrm{p}1}=B_{\mathrm{r}}'\alpha_{\mathrm{p}2}$。

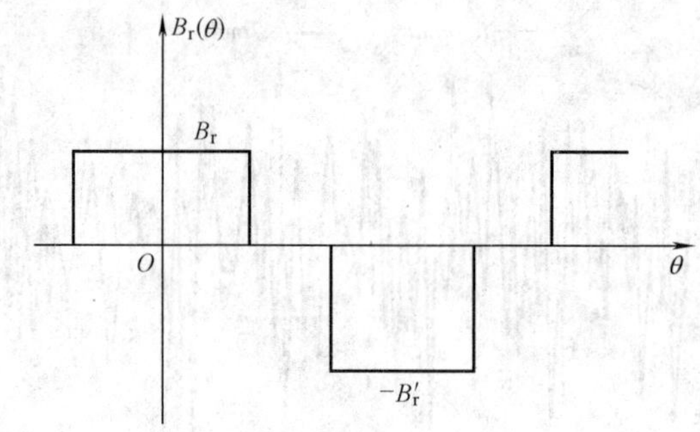

图 5-36 $B_r(\theta)$的分布

$\left[\dfrac{h_m}{h_m+\delta(\theta,\alpha)}\right]^2$的傅里叶展开式与式（5-7）相同。齿槽转矩表达式为

$$T_{cog}(\alpha)=\frac{\pi z L_a}{4\mu_0}(R_2^2-R_1^2)\sum_{n=1}^{\infty} nG_n B_{r\frac{nz}{p}}\sin nz\alpha \tag{5-46}$$

式中，n 为使 nz/p 为整数的整数。

从式（5-46）可以看出，$B_r^2(\theta)$ 对齿槽转矩有较大的影响，但只有 nz/p 次傅里叶展开系数才对齿槽转矩起作用。可通过减小 nz/p 次（尤其是其中的最低次）傅里叶系数来削弱齿槽转矩。

二、极弧系数组合的确定

从式（5-46）还可以看出，对齿槽转矩起作用的傅里叶展开系数取决于电机的槽数和极数。根据槽数和极数确定起作用的次数最低的 $B_{r\frac{nz}{p}}$ 的次数，以一个磁极的极弧系数 α_{p1} 为自变量，通过使相应的 $B_{r\frac{nz}{p}}$ 为零确定另一个磁极的极弧系数。下面以6极30槽和6极28槽电机为例进行说明。

对于6极30槽电机，只有 $B_r^2(\theta)$ 的 $10k$（k 为整数）次傅里叶系数对齿槽转矩有影响。为使齿槽转矩达到最小，B_{r10k} 必须趋于零；对6极28槽电机，只有 $28k$ 次傅里叶系数对齿槽转矩有影响，应使 B_{r28k} 为零，分别得

$$\frac{B_r^2}{10k\pi}\left(\sin\frac{\alpha_{p1}}{2}10k\pi+\frac{\alpha_{p1}^2}{\alpha_{p2}^2}\sin\frac{\alpha_{p2}}{2}10k\pi\right)=0 \tag{5-47}$$

$$\frac{B_r^2}{28k\pi}\left(\sin\frac{\alpha_{p1}}{2}28k\pi+\frac{\alpha_{p1}^2}{\alpha_{p2}^2}\sin\frac{\alpha_{p2}}{2}28k\pi\right)=0 \tag{5-48}$$

据此计算出极弧系数组合，如图5-37和图5-38所示。

对于6极30槽电机，原极弧系数为0.7，现采用（0.8，0.6）的极弧系数组合，其齿槽转矩的对比如图5-39所示。对于6极28槽电机，原极弧系数为0.7，现采用（0.77，0.66）的极弧系数组合，其齿槽转矩的对比如图5-40所示。可以看出，采用极弧系数组合可以较好地削弱齿槽转矩。

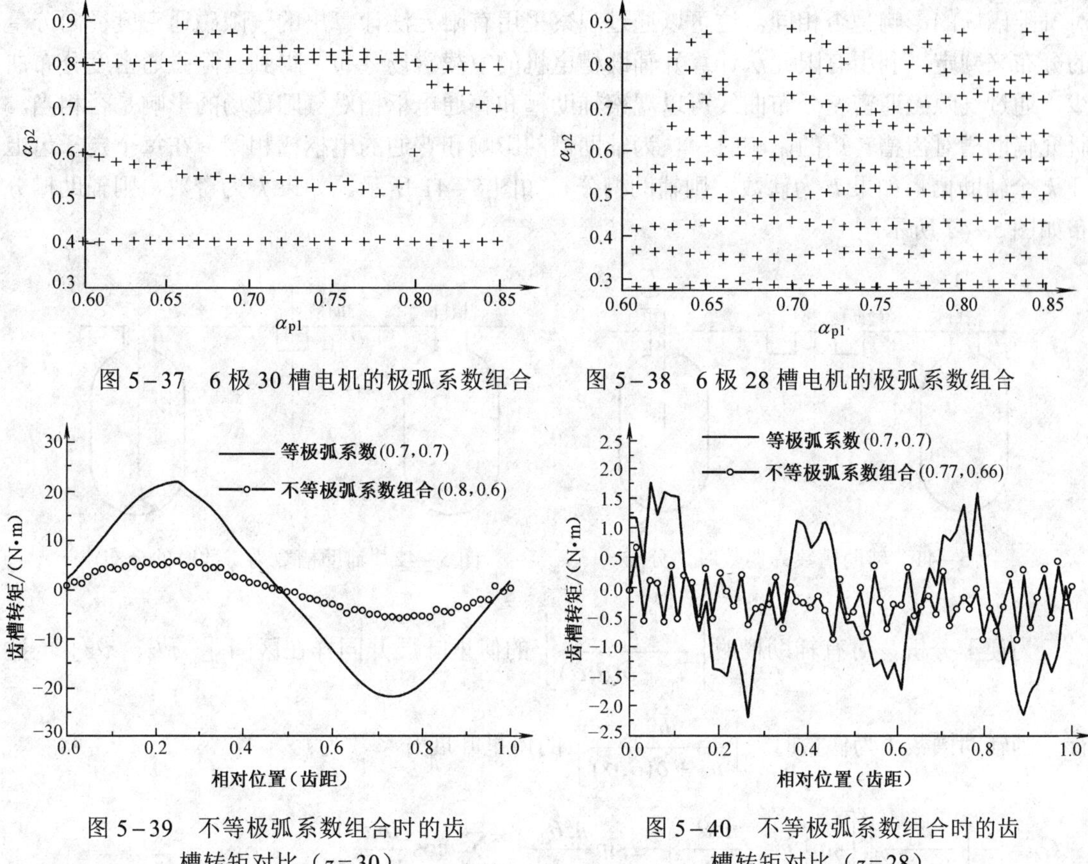

图 5-37　6 极 30 槽电机的极弧系数组合　　图 5-38　6 极 28 槽电机的极弧系数组合

图 5-39　不等极弧系数组合时的齿槽转矩对比（$z=30$）

图 5-40　不等极弧系数组合时的齿槽转矩对比（$z=28$）

第八节　基于开辅助槽的齿槽转矩削弱方法

在电枢上开辅助槽，对齿槽转矩的影响相当于增加了电枢槽数，即改变了极槽配合。选择合适的辅助槽数可有效削弱齿槽转矩。

一、有辅助槽时的齿槽转矩表达式

为简化分析，本节以径向充磁永磁电机为例进行分析，得出的结论也适合于平行充磁永磁电机。

无辅助槽时，作与第四节中同样的简化，得到 $\left[\dfrac{h_m}{h_m+\delta(\theta,\alpha)}\right]^2$ 在区间［$-\pi/z$，π/z］上的傅里叶展开系数：

$$G_n=\frac{2}{n\pi}\left(\frac{h_m}{h_m+\delta}\right)^2\sin\left(n\pi-\frac{nz\theta_{s0}}{2}\right) \tag{5-49}$$

式中，θ_{s0} 为用弧度表示的槽口宽度。

开辅助槽时，辅助槽均匀分布在电枢齿上，辅助槽的宽度与电枢的槽口宽度相同，辅助槽的深度要合适，过浅则效果不明显，过深则影响齿部磁路，关键在于辅助槽与普通电枢槽对气隙磁场的影响是否相同，这可以通过观察采用有限元法计算出的气隙磁通密度径向分量的分布来判定。利用有限元法计算开辅助槽电机的空载磁场分布，得到气隙磁通密度分布曲线，通过气隙磁通密度分布曲线可以观察辅助槽和普通电枢槽对气隙磁场的影响是否相当。研究辅助槽对齿槽转矩的影响时，认为辅助槽的影响和普通的电枢槽相同。在每个定子齿上开 k 个辅助槽，如果 k 为偶数，则辅助槽分布如图 5-41 所示。如果 k 为奇数，则辅助槽分布如图 5-42 所示。

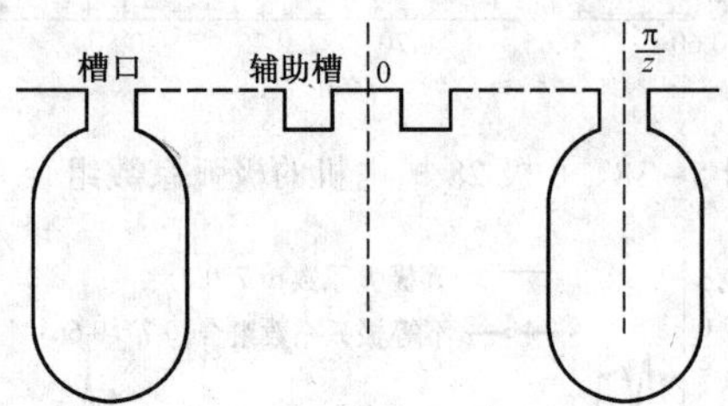

图 5-41　辅助槽数为偶数时的分布

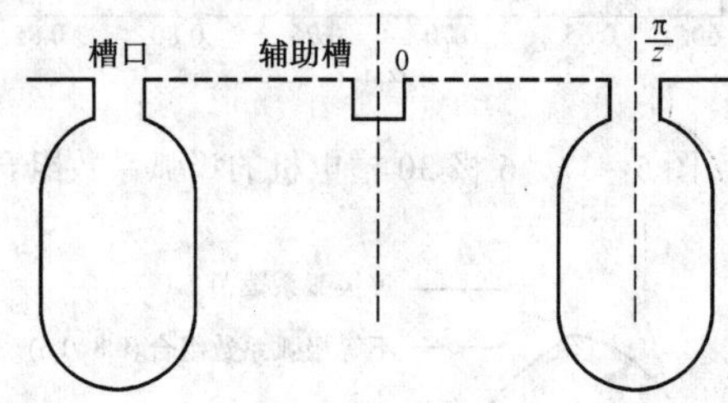

图 5-42　辅助槽数为奇数时的分布

为便于分析，对有辅助槽时 $\left[\frac{h_{\mathrm{m}}}{h_{\mathrm{m}}+\delta(\theta,\alpha)}\right]^2$ 的傅里叶展开同样在区间［$-\pi/z$，π/z］上进行。当辅助槽数 k 为偶数时，$\left[\frac{h_{\mathrm{m}}}{h_{\mathrm{m}}+\delta(\theta,\alpha)}\right]^2$ 的傅里叶展开系数为：

$$
\begin{aligned}
G_n &= \frac{2}{n\pi}\left(\frac{h_{\mathrm{m}}}{h_{\mathrm{m}}+\delta}\right)^2\left[\sin\left(n\pi-\frac{nz\theta_{\mathrm{s0}}}{2}\right)-2\sin\frac{nz\theta_{\mathrm{s0}}}{2}\cdot\sum_{i=1,3,5,\cdots}^{k-1}\cos\frac{in\pi}{k+1}\right] \\
&= \begin{cases}
\dfrac{2}{n\pi}\left(\dfrac{h_{\mathrm{m}}}{h_{\mathrm{m}}+\delta}\right)^2(k+1)\sin\left(n\pi-\dfrac{nz\theta_{\mathrm{s0}}}{2}\right) & n\text{是}(k+1)\text{的倍数} \\
\dfrac{2}{n\pi}\left(\dfrac{h_{\mathrm{m}}}{h_{\mathrm{m}}+\delta}\right)^2\left[\sin\left(n\pi-\dfrac{nz\theta_{\mathrm{s0}}}{2}\right)+\sin\dfrac{nz\theta_{\mathrm{s0}}}{2}\cdot\cos(n\pi)\right]=0 & n\text{不是}(k+1)\text{的倍数}
\end{cases}
\end{aligned}
\tag{5-50}
$$

当辅助槽数 k 为奇数时，$\left[\frac{h_{\mathrm{m}}}{h_{\mathrm{m}}+\delta(\theta,\alpha)}\right]^2$ 的傅里叶展开系数为：

$$
\begin{aligned}
G_n &= \frac{2}{n\pi}\left(\frac{h_{\mathrm{m}}}{h_{\mathrm{m}}+\delta}\right)^2\left[2\cos\frac{n\pi}{2}\sin\left(\frac{n\pi}{2}-\frac{nz\theta_{\mathrm{s0}}}{2}\right)-2\sin\frac{nz\theta_{\mathrm{s0}}}{2}\sum_{i=1}^{\frac{k-1}{2}}\cos\frac{2in\pi}{k+1}\right] \\
&= \begin{cases}
-\dfrac{2}{n\pi}\left(\dfrac{h_{\mathrm{m}}}{h_{\mathrm{m}}+\delta}\right)^2(k+1)\sin\dfrac{nz\theta_{\mathrm{s0}}}{2} & n\text{是}(k+1)\text{的倍数} \\
\dfrac{2}{n\pi}\left(\dfrac{h_{\mathrm{m}}}{h_{\mathrm{m}}+\delta}\right)^2\left[\sin\left(n\pi-\dfrac{nz\theta_{\mathrm{s0}}}{2}\right)+\cos(n\pi)\sin\left(\dfrac{nz\theta_{\mathrm{s0}}}{2}\right)\right]=0 & n\text{不是}(k+1)\text{的倍数}
\end{cases}
\end{aligned}
\tag{5-51}
$$

对比式（5-49）～式（5-51）可以看出，若每个齿上开 k 个辅助槽，只有当 n 为 $(k+1)$ 的倍数时 G_n 才不为零，并且这些不为零的 G_n 的值会变为不开辅助槽时 G_n 值的 $(k+1)$ 倍。图 5-43 为不同辅助槽数时的 G_n。

由于有辅助槽和无辅助槽时 $\left[\dfrac{h_{\mathrm{m}}}{h_{\mathrm{m}}+\delta(\theta,\alpha)}\right]^2$ 的展开区间相同，因此这两种情况下的齿槽转矩表达式相同，都为式（5-9）。

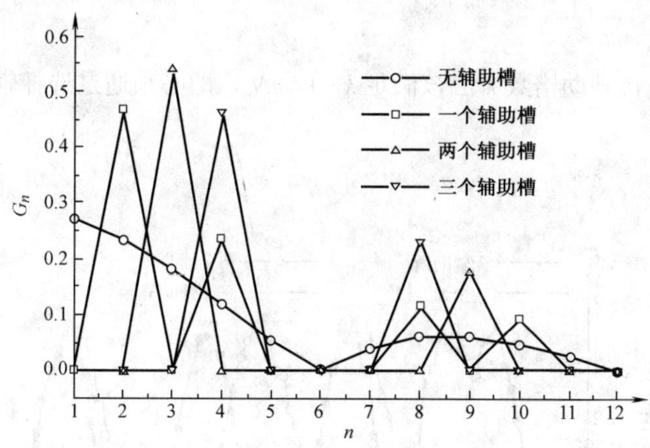

图 5-43　不同辅助槽数时的 G_n

二、辅助槽数的选择

根据上述分析，只有当 n 为（k+1）的倍数时，该 G_n 才不为零，并且变为不开辅助槽时的（k+1）倍。当 n 为 N_{p} 的倍数时，G_n 才对齿槽转矩有影响，因此选择辅助槽数时，必须避免这些被放大的 G_n 对齿槽转矩有影响。要削弱齿槽转矩，必须满足 $k+1\neq mN_{\mathrm{p}}$。

当 $N_{\mathrm{p}}=1$ 时，需满足 $k+1\neq mN_{\mathrm{p}}$，即 $k+1\neq m$，但显然无法满足，不论 k 取何值，这些被放大的 G_n 总是对齿槽转矩有影响，因此不宜采用开辅助槽的方法。以 6 极 18 槽电机为例，$N_{\mathrm{p}}=1$，不论辅助槽数 k 取何值，G_{k+1} 总是对齿槽转矩有影响，图 5-44 为 6 极 18 槽电机采用不同辅助槽数时的齿槽转矩对比，可见开辅助槽并没有削弱齿槽转矩。此时，辅助槽数的选择可结合前面所叙述的极弧系数选择方法进行，我们可以通过削弱与 G_{k+1} 对应的 $B_{r\frac{k+1}{2p}z}$ 来削弱齿槽转矩。图 5-45 为 6 极 18 槽电机的 $B_{\mathrm{r}3n}$ 随极弧系数的变化曲线，当只有一个辅助槽时，$B_{r\frac{k+1}{2p}z}$ 是 $B_{\mathrm{r}6}$，而当极弧系数为 0.833，$B_{\mathrm{r}6}$ 为零，因此可选择极弧系数为 0.833，且开一个辅助槽。极弧系数为 0.833 时不同辅助槽对应的齿槽转矩对比如图 5-46 所示。可以看出，极弧系数 0.833 对开一个辅助槽时的齿槽转矩削弱效果明显，但对开两个辅助槽时的齿槽转矩没有削弱效果。

当 $N_{\mathrm{p}}\neq 1$ 时，辅助槽数 k 需满足 $k+1\neq mN_{\mathrm{p}}$（其中 m 是整数）以保证被放大的 G_{k+1} 对齿槽转矩没有影响。以 6 极 27 槽永磁电机为例，$N_{\mathrm{p}}=2$，当 n 为 2 的倍数时，G_n 对齿槽转矩有影响，必须使 G_{k+1} 对齿槽转矩没有影响。当没有辅助槽以及有一个、两个和三个辅助槽时齿槽转矩的对比如图 5-47 所示。可见，当辅助槽数为 2 时，齿槽转矩显著下降，因为 G_3 被放大了，但是它对齿槽转矩没有影响，G_2 和 G_4 对齿槽转矩有影响，但是两者显著下降，齿槽转矩的低次谐波被削弱，齿槽转矩减小。而辅助槽数为 1 和 3 时，G_2 和 G_4 分别被放大了，两者对齿槽转矩有影响，所以齿槽转矩不仅没有减小，反而增大了。

综上所述，辅助槽数 k 的选择原则如下：

（1）当 $N_p=1$ 时，不论辅助槽数是多少，G_{k+1} 都对齿槽转矩有影响。这时辅助槽数的选择可结合前面所介绍的极弧系数选择方法进行，可以通过削弱 G_{k+1} 对应的 $B_{r\frac{(k+1)z}{2p}}$ 来削弱齿槽转矩。

（2）当 $N_p\neq1$ 时，辅助槽数 k 应该满足 $k+1\neq mN_p$，即必须通过选择辅助槽数 k 使 G_{k+1} 对齿槽转矩没有影响。

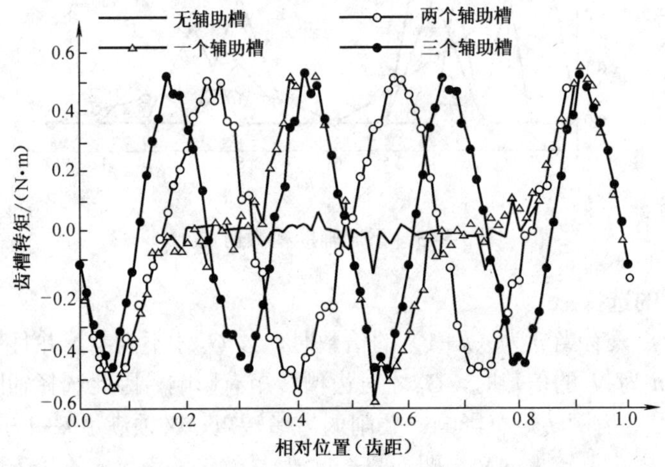

图 5-44　6 极 18 槽电机采用不同辅助槽数时齿槽转矩（极弧系数为 0.7）

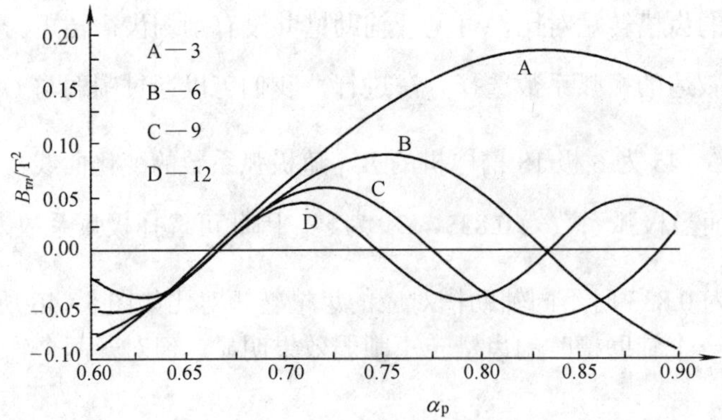

图 5-45　6 极 18 槽的 B_{rn} 随极弧系数的变化

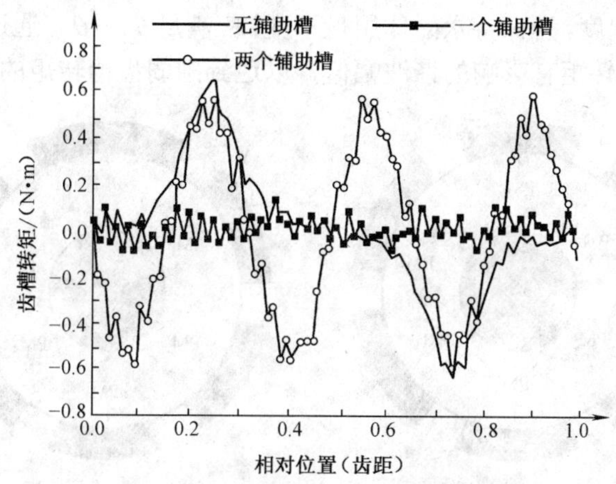

图 5-46　6 极 18 槽电机采用不同辅助槽数时的齿槽转矩（极弧系数为 0.833）

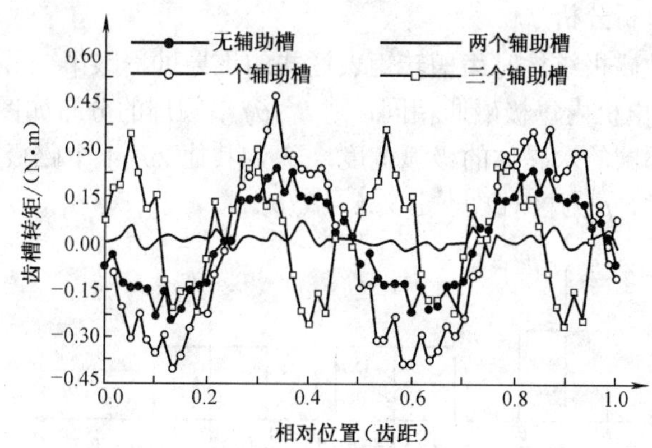

图 5-47　6 极 27 槽电机采用不同辅助槽数时的齿槽转矩

第九节　基于不等极弧系数的齿槽转矩削弱方法

本节讨论了一种通过改变极弧系数削弱整数槽三相永磁同步电动机齿槽转矩的方法——基于不等极弧系数的齿槽转矩削弱方法。该方法与前面介绍的改变永磁磁极极弧系数和采用不等极弧系数组合的方法明显不同。改变磁极极弧系数的方法是同时改变所有磁极的极弧系数，而基于极弧系数组合的削弱方法是同时改变一对极内两个磁极的极弧系数，使其不等。本节讨论的方法是在保持永磁体用量不变的前提下，改变电机的极弧系数，除一个永磁磁极外，其他永磁磁极的极弧系数都相等。

一、基于不等极弧系数的齿槽转矩削弱方法

图 5-48（a）为一台 6 极表面式永磁同步电动机的转子示意图，每极永磁体的极弧宽度都相等，用角度表示为 θ_{a1}，两个磁极的极间宽度用角度表示为 θ_{c1}。图 5-48（b）为采用不等极弧系数时的转子示意图，θ_a 为图中磁极 PM_6 的极弧宽度，θ_b 为其他 5 个磁极的极弧宽度，

θ_c 为两个磁极的极间宽度。为保持永磁体用量不变，应满足 $\theta_{c1}=\theta_c$ 。通过合理地选取 θ_a 和 θ_b ，可以减小 $B_r^2(\theta)$ 对齿槽转矩有影响的谐波幅值，以达到削弱齿槽转矩的目的。

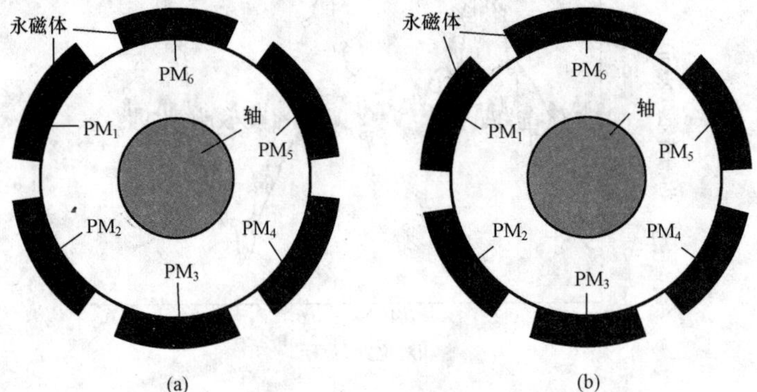

图 5－48　6 极表面式永磁同步电动机的转子示意图

（a）普通磁极结构；（b）不等极弧系数磁极结构

二、齿槽转矩的解析分析

采用不等极弧系数磁极结构时齿槽转矩表达式的推导过程跟第一节基本相同，不同之处是 $B_r^2(\theta)$ 的分布。假设电机内每极磁通相同，则 $B_r^2(\theta)$ 沿圆周的分布如图 5－49 所示。其中 θ_a 为宽度与其他永磁体不同的永磁体的极弧宽度， θ_b 为其他 $2p-1$ 个磁极的极弧宽度， θ_c 为相邻两个磁极之间的宽度，p 为极对数。定义 $k_t=\theta_b/\theta_a$。

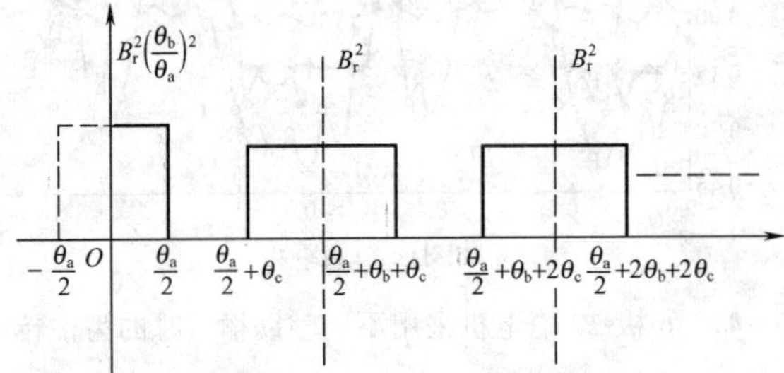

图 5－49　$B_r^2(\theta)$ 沿圆周的分布

$B_r^2(\theta)$ 的傅里叶展开式为

$$B_r^2(\theta)=B_{r0}+\sum_{n=1}^{\infty}B_{rn}\cos n\theta \tag{5-52}$$

式中

$$B_{rn}=\frac{2B_r^2}{m\pi}\left\{\begin{array}{l}k_t^2\sin\left(m\dfrac{\pi-p\theta_c}{1+(2p-1)k_t}\right)+2\sin\left(mk_t\dfrac{\pi-p\theta_c}{1+(2p-1)k_t}\right)\\ \displaystyle\sum_{i=1}^{p-1}\cos m\left\{\frac{2\pi-2p\theta_c}{1+(2p-1)k_t}\left[\frac{1}{2}+\left(i-\frac{1}{2}\right)k_t\right]+i\theta_c\right\}+\\ 2\sin\left[\dfrac{mk_t}{2}\times\dfrac{\pi-p\theta_c}{1+(2p-1)k_t}\right]\cos\left[m\pi-\dfrac{mk_t}{2}\times\dfrac{\pi-p\theta_c}{1+(2p-1)k_t}\right]\end{array}\right\} \tag{5-53}$$

根据与第一节中类似的推导过程，得到不等极弧系数时的齿槽转矩表达式为：

$$T_{cog}(\alpha)=\frac{\pi z L_a}{4\mu_0}(R_2^2-R_1^2)\sum_{n=1}^{\infty}nG_nB_{rnz}\sin nz\alpha \tag{5-54}$$

可以看出，$B_r^2(\theta)$ 的傅里叶展开系数中，只有 nz 次（n=1, 2, 3, …）系数对齿槽转矩有影响，可以通过减小 $B_r^2(\theta)$ 的 nz 次傅里叶展开系数来减小齿槽转矩。

下面以一台 24 极、72 槽电机为例进行分析，其参数见表 5-5，采用普通磁极结构时极弧系数为 0.75，在不改变永磁体用量的前提下将其改为不等极弧系数磁极结构，此时只有 $B_r^2(\theta)$ 中次数为 $72n$（n=1, 2, 3, …）的傅里叶展开系数才对齿槽转矩起作用。图 5-50 为 B_{rn} 随 k_t 变化的曲线，可以看出，当 k_t=0.667 时，B_{rn} 最小。

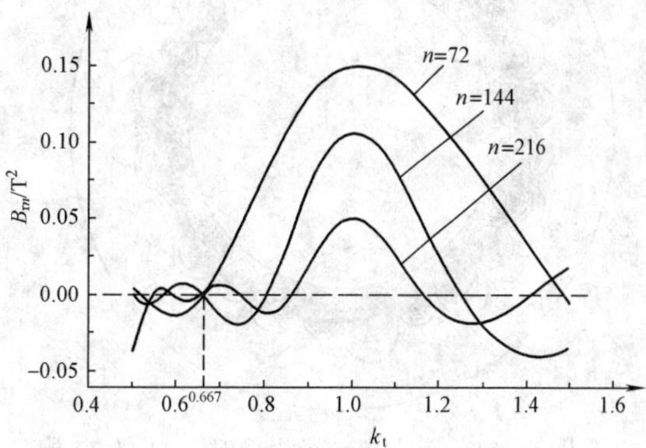

图 5-50　B_{rn} 随 k_t 变化的曲线

表 5-5　　24 极、72 槽电机的参数

参数	数值	参数	数值
定子外径/mm	360	极对数	12
转子外径/mm	230	永磁体厚度/mm	4.5
转子内径/mm	185	剩磁磁通密度/T	1.18
定子内径/mm	231.3	矫顽力/（kA/m）	898
槽数	72	铁心轴向长度/mm	205

三、有限元法确定 B_{rn} 最小时的 k_t 值

通过上述解析计算，可以看出，该方法中对齿槽转矩起作用的傅里叶展开系数仅取决于电机的槽数和极对数。根据电机的槽数和极对数，可确定起作用的 B_{rn}，通过改变 k_t 的值，使对应的 B_{rn} 为零以削弱齿槽转矩。

但是，解析分析过程没有考虑饱和、漏磁等因素的影响，通过解析计算所求得的 k_t 的值不能保证 B_{rn} 最小，因而不能保证齿槽转矩最小。为使 B_{rn} 和齿槽转矩最小，在不考虑定子齿槽影响的情况下，采用有限元法对上述 24 极、72 槽电机进行了分析，得到的气隙磁通密度分布可近似为 $B_r(\theta)$的分布（但二者的幅值不同）。计算出不同 k_t 时 $B_r(\theta)$沿气隙圆周的分布，然后进行傅里叶展开，即可求得 $B_r^2(\theta)$ 的各次谐波的幅值 B_{rn}。图 5-51 为 k_t=0.75 时的磁场分布。图 5-52 为不同 k_t 时 $B_r^2(\theta)$ 的 72、144、216 次谐波幅值的曲线。可以看出，当 k_t=0.693 时，这些次数的 B_{rn} 幅值最小。

四、有限元验证

本节分别以 24 极、72 槽和 6 极、36 槽三相表面式调速永磁同步电动机为例验证上述磁极宽度确定方法的准确性。两台电机的最优 k_t 值见表 5-6。

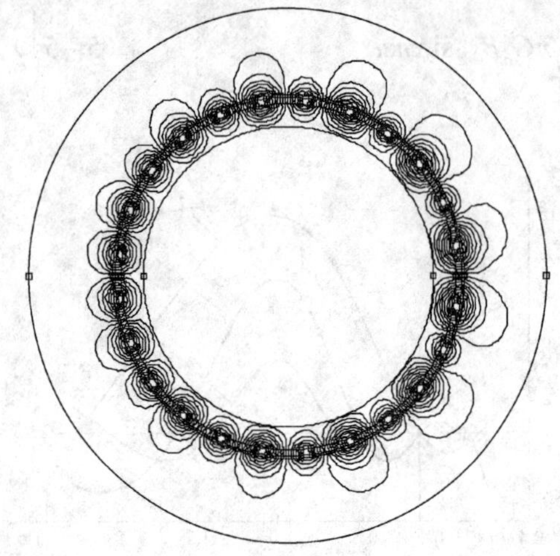

图 5-51　不考虑定子齿槽时，24 极 72 槽电机磁场分布图

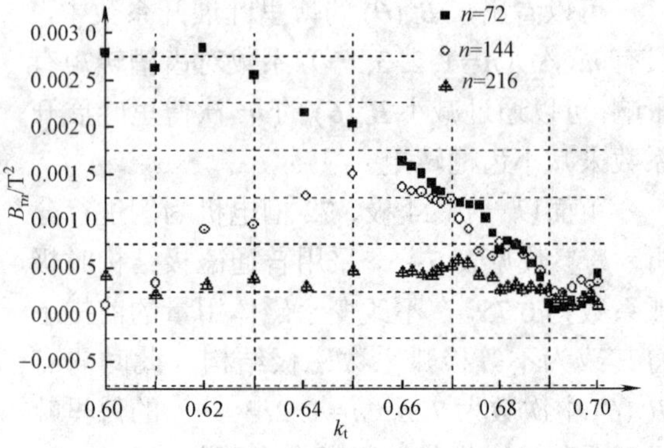

图 5-52　对应不同 k_t 时，有限元计算得到的 B_{rn}

表 5-6　　　　最　优　k_t 值

结果	24 极、72 槽	6 极、36 槽
解析计算	0.667	0.803
有限元计算	0.693	0.810

图 5-53、图 5-54 为对应上述 k_t 时两台电机的齿槽转矩。可以看出，采用解析分析得到的 k_t 的值能够显著削弱电机的齿槽转矩，而通过有限元法计算得到的 k_t 值能够使齿槽转矩进一步减小。

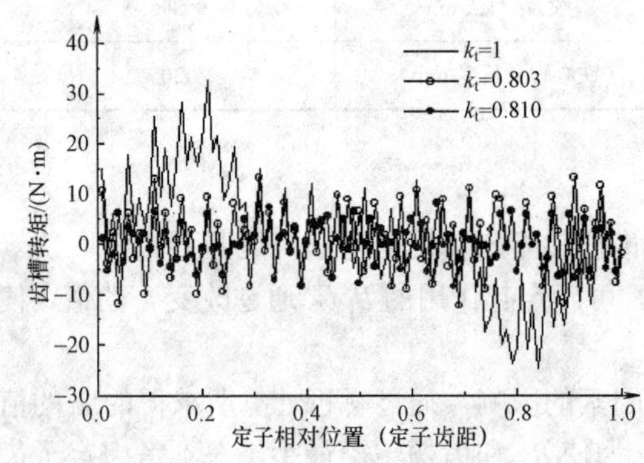

图 5-53　不同 k_t 时的齿槽转矩曲线（6 极、36 槽）

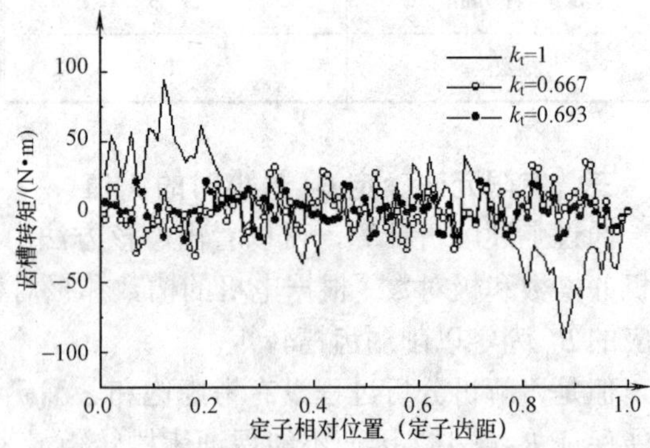

图 5-54　不同 k_t 时的齿槽转矩曲线（24 极、72 槽）

五、适用范围

上面的分析表明了该方法在削弱齿槽转矩方面的有效性，但是否适合于各种情况下的齿槽转矩削弱？下面从以下两方面进行分析：

对于每极整数槽的情况，槽数是极数的整数倍。在 $\left[\dfrac{h_m}{h_m+\delta(\theta,a)}\right]^2$ 中总是存在 iz（i=1, 2,

3, …）次谐波。当永磁体沿圆周均布时，在 $B_r^2(\theta)$ 存在 $2pj$（j=1, 2, 3, …）次谐波，当满足 $iz=2pj$ 时，二者将相互作用产生齿槽转矩谐波，$B_r^2(\theta)$ 中产生齿槽转矩的谐波次数为 iz；当采用不等宽永磁体时，在 $B_r^2(\theta)$ 存在 j（j=1, 2, 3, …）次谐波，当满足 $iz=j$ 时，二者将相互作用产生齿槽转矩谐波，$B_r^2(\theta)$ 中产生齿槽转矩的谐波次数也为 iz。这意味着，当槽数为极数的整数倍时，不管是否采用不等宽永磁体法，$B_r^2(\theta)$ 中产生齿槽转矩的谐波次数总是 iz。只要选择合适的 k_t 以削弱对齿槽转矩起作用的 iz 次谐波的幅值，即可大幅度削弱齿槽转矩。

对于每极槽数不是整数的情况，在 $\left[\dfrac{h_m}{h_m+\delta(\theta,a)}\right]^2$ 中也总是存在 iz（i=1, 2, 3, …）次谐波。当永磁体沿圆周均布时，在 $B_r^2(\theta)$ 存在 $2pj$（j=1, 2, 3, …）次谐波，当满足 $iz=2pj$ 时，二者将相互作用产生齿槽转矩谐波，$B_r^2(\theta)$ 中产生齿槽转矩的谐波次数为 iz；当采用不等宽永磁体时，在 $B_r^2(\theta)$ 存在 j（j=1, 2, 3, …）次谐波，当满足 $iz=j$ 时，二者将相互作用产生齿槽转矩谐波，$B_r^2(\theta)$ 中产生齿槽转矩的谐波次数也为 iz，但是 iz 可能不是极数的整数倍。以 6 极、33 槽电机为例，当永磁体均布时，$B_r^2(\theta)$ 中产生齿槽转矩的谐波次数同时是极数和槽数的整数倍，也就是 66 的整数倍，即 66，132，198，…次。当采用不等宽永磁体时，$B_r^2(\theta)$ 中产生齿槽转矩的谐波次数只是槽数的整数倍，即 33，66，99，132，165，198，…次，即增加了 33，99，165，198，…。通过合理选择 k_t 可以削弱 B_{r66n}（n=1, 2, 3, …），但引进了 B_{r33n}（n=1, 3, 5, …），如图 5-55 所示，可以看出，难以找到一个使 B_{r33n}（n=1, 2, 3, …）都很小的 k_t 值。

综上所述，不等宽永磁体法更适合于槽数为极数整数倍的永磁电机的齿槽转矩削弱。

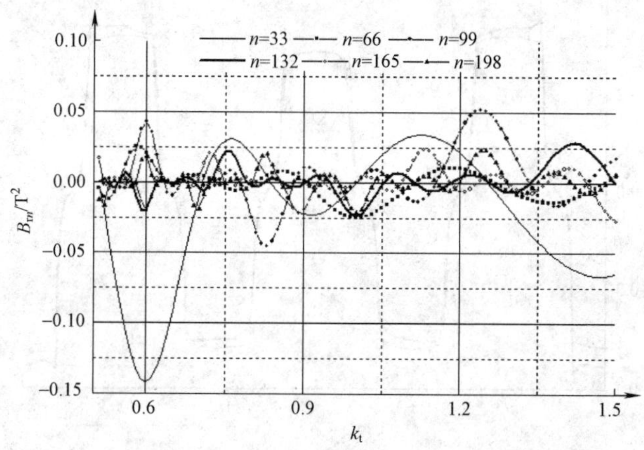

图 5-55　$B_r^2(\theta)$ 的傅里叶展开系数

第十节　转子静态偏心对表面式永磁电机齿槽转矩的影响

前面关于永磁电机齿槽转矩的讨论局限于定转子轴线重合，即气隙均匀的情况。但在工程实际中，由于加工工艺的限制，定转子轴线不可能完全重合，不同程度地存在转子偏心。电机中的转子偏心有两种情况，即静态偏心和动态偏心。静态偏心是由定子铁心椭圆、定子

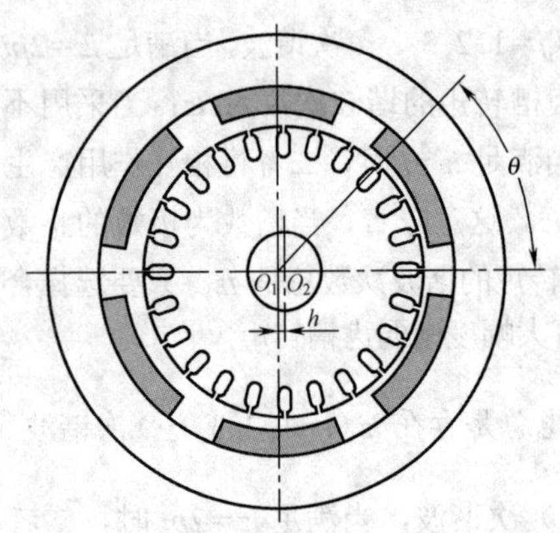

图 5-56　转子偏心时表面式永磁电机的结构示意图

或转子不正确的安装位置等因素引起的，其特点是最小气隙的位置不变。动态偏心的原因是转子轴弯曲、轴承磨损、极限转速下的机械共振等，其特点是：转子的中心不是旋转的中心，最小气隙的位置随转子的旋转而变化。本节讨论静态偏心的影响。

相对于气隙均匀的情况，转子静态偏心时的气隙磁通密度发生了变化，必然影响齿槽转矩的大小和分布，下面进行具体分析。

一、转子偏心对气隙磁通密度分布的影响

图 5-56 为转子偏心时表面式永磁电机的结构示意图。h 是定转子旋转中心之间的距离，气隙长度随定转子相对位置的变化而变化：

$$\delta(\theta)=\delta-\varepsilon\delta\cos\theta \tag{5-55}$$

式中：δ 为标称气隙长度，也就是转子不偏心时的气隙长度；$\varepsilon=h/\delta$ 为偏心度；θ 为定转子之间的相对位置角。$\theta=0°$ 设定在最小气隙处。

气隙长度的变化将导致气隙磁场的变化，用有限元法计算了某 6 极电机转子偏心和气隙均匀时的气隙磁通密度分布，如图 5-57 所示。其中，标称气隙长度为 0.6mm，最小气隙为 0.1mm。可以看出，气隙磁场发生很大变化，不但每极下气隙磁通密度幅值不同，气隙磁通密度分布的周期性也发生了变化。这些变化将导致齿槽转矩的变化。

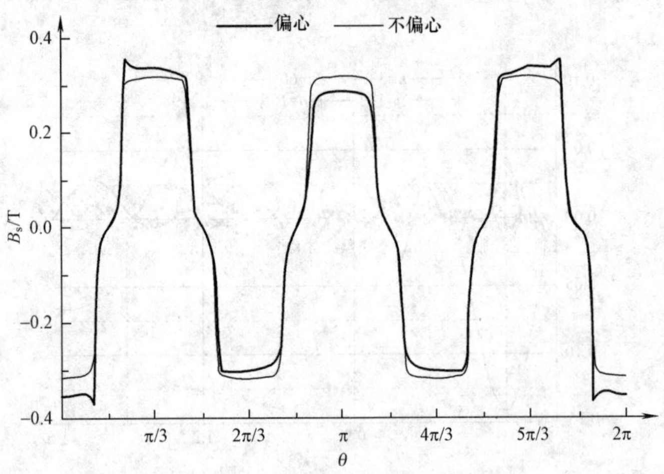

图 5-57　气隙磁通密度分布波形

二、转子偏心永磁电机的等效

由于转子偏心，难以确定气隙磁场的分布。为简单计，暂时忽略电枢槽的影响，认为电枢表面光滑。对于表面式永磁电机，气隙磁通密度可近似表示为：

$$B_\delta(\theta)=B_r(\theta)\frac{h_m}{h_m+\delta(\theta)} \tag{5-56}$$

式中：$B_r(\theta)$ 为永磁体剩磁通密度沿圆周的分布；h_m 为永磁体磁化方向的长度。

上式可如下整理：

$$
\begin{aligned}
B_{\delta}(\theta) &= B_{\mathrm{r}}(\theta)\frac{h_{\mathrm{m}}}{h_{\mathrm{m}}+\delta(\theta)} = B_{\mathrm{r}}(\theta)\frac{h_{\mathrm{m}}}{h_{\mathrm{m}}+\delta}\times\frac{h_{\mathrm{m}}+\delta}{h_{\mathrm{m}}+\delta(\theta)} \\
&= B_{\mathrm{r}}(\theta)\frac{h_{\mathrm{m}}+\delta}{h_{\mathrm{m}}+\delta-\varepsilon\delta\cos\theta}\times\frac{h_{\mathrm{m}}}{h_{\mathrm{m}}+\delta} \\
&= B_{\mathrm{r}}(\theta)\frac{1}{1-\dfrac{\varepsilon\delta}{h_{\mathrm{m}}+\delta}\cos\theta}\times\frac{h_{\mathrm{m}}}{h_{\mathrm{m}}+\delta} = B_{\mathrm{re}}(\theta)\frac{h_{\mathrm{m}}}{h_{\mathrm{m}}+\delta}
\end{aligned} \tag{5-57}
$$

式中，$B_{\mathrm{re}}(\theta)=B_{\mathrm{r}}(\theta)\dfrac{1}{1-\dfrac{\varepsilon\delta}{h_{\mathrm{m}}+\delta}\cos\theta}=B_{\mathrm{r}}(\theta)\dfrac{1}{1-k_{\mathrm{e}}\cos\theta}$为等效剩余磁通密度的分布；$k_{\mathrm{e}}=\varepsilon/(1+h_{\mathrm{m}}/\delta)$。

从上式可以看出，存在转子偏心的电机，可以用一个气隙均匀但剩余磁通密度分布不均匀的电机等效。

三、转子偏心电机的齿槽转矩分析

电机内储存的磁场能量可表示为：

$$
\begin{aligned}
W &\approx W_{\mathrm{gap}}+W_{\mathrm{PM}}=\frac{1}{2\mu_0}\int_V B^2\mathrm{d}V \\
&= \frac{1}{2\mu_0}\int_V B_{\mathrm{r}}^2(\theta)\left[\frac{h_{\mathrm{m}}}{h_{\mathrm{m}}+\delta(\theta)+\delta_{\mathrm{s}}(\theta,a)}\right]^2\mathrm{d}V \\
&= \frac{1}{2\mu_0}\int_V B_{\mathrm{re}}^2(\theta)\left[\frac{h_{\mathrm{m}}}{h_{\mathrm{m}}+\delta+\delta_{\mathrm{s}}(\theta,a)}\right]^2\mathrm{d}V
\end{aligned} \tag{5-58}
$$

式中，$\delta_{\mathrm{s}}(\theta)$是由槽引起的气隙长度的变化。

1. $\left[\dfrac{h_{\mathrm{m}}}{h_{\mathrm{m}}+\delta+\delta_{\mathrm{s}}(\theta,a)}\right]^2$的傅里叶展开

由于转子偏心的电机已经等效为气隙均匀的电机，因此$\left[\dfrac{h_{\mathrm{m}}}{h_{\mathrm{m}}+\delta+\delta_{\mathrm{s}}(\theta,a)}\right]^2$的傅里叶展开式为：

$$
\left[\frac{h_{\mathrm{m}}}{h_{\mathrm{m}}+\delta+\delta_{\mathrm{s}}(\theta,\alpha)}\right]^2 = G_0+\sum_{n=1}^{\infty}G_n\cos nz(\theta+\alpha) \tag{5-59}
$$

2. $B_{\mathrm{re}}^2(\theta)$的傅里叶展开

假设定子铁心的内表面和转子铁心的外表面为等标量磁位面，则$B_{\mathrm{r}}(\theta)$的分布如图 5-3 所示。$B_{\mathrm{re}}^2(\theta)$的傅里叶展开式为：

$$
B_{\mathrm{re}}^2(\theta)=B_{\mathrm{r0}}+\sum_{n=1}^{\infty}B_{\mathrm{r}n}\cos n\theta \tag{5-60}
$$

式中，$B_{\mathrm{r}n}=\dfrac{1}{\pi}\int_{-\pi}^{\pi}B_{\mathrm{re}}^2(\theta)\cos n\theta\mathrm{d}\theta=\dfrac{1}{\pi}\int_{-\pi}^{\pi}B_{\mathrm{r}}^2(\theta)\dfrac{\cos n\theta}{(1-k_{\mathrm{e}}\cos\theta)^2}\mathrm{d}\theta$。

由于$\dfrac{\cos n\theta}{(1-k_{\mathrm{e}}\cos\theta)^2}$不可积，难以得到$B_{\mathrm{r}n}$的表达式，必须进行简化，用一个可积函数代替。在永磁电机中，通常满足$h_{\mathrm{m}}>2\delta$，因此$k_{\mathrm{e}}\cos\theta<0.5$。当$x<0.5$时，以下近似可以满足较高的精度：

$$\frac{1}{(1-x)^2}\approx k_0+k_1x+k_2x^2+k_3x^3 \tag{5-61}$$

式中，$k_0=0.974\,77$，$k_1=2.925$，$k_2=-4.158\,77$，$k_3=20.5$。

利用上式，可得：

$$B_{\mathrm{r}n}=\sum_{j=1}^{7}B_{\mathrm{r}nj} \tag{5-62}$$

式中

$$B_{\mathrm{r}n1}=\sum_{i=1}^{2p}B_{\mathrm{r}}^2\left(k_0+\frac{k_2k_{\mathrm{e}}^2}{2}\right)\frac{2}{n}\cos\left[n(i-1)\frac{\pi}{p}\right]\sin\left(\frac{n}{2p}\alpha_{\mathrm{p}}\pi\right)$$

$$B_{\mathrm{r}n2}=\sum_{i=1}^{2p}B_{\mathrm{r}}^2\left(k_1k_{\mathrm{e}}+\frac{3}{4}k_3k_{\mathrm{e}}^3\right)\frac{1}{n+1}\cos\left[\frac{(i-1)(n+1)\pi}{p}\right]\sin\left(\frac{n+1}{2p}\alpha_{\mathrm{p}}\pi\right)$$

$$B_{\mathrm{r}n3}=\sum_{i=1}^{2p}B_{\mathrm{r}}^2\frac{k_2k_{\mathrm{e}}^2}{4}\times\frac{2}{n+2}\cos\left[\frac{(i-1)(n+2)\pi}{p}\right]\sin\left(\frac{n+2}{2p}\alpha_{\mathrm{p}}\pi\right)$$

$$B_{\mathrm{r}n4}=\sum_{i=1}^{2p}B_{\mathrm{r}}^2\frac{k_3k_{\mathrm{e}}^3}{8}\times\frac{2}{n+3}\cos\left[\frac{(i-1)(n+3)\pi}{p}\right]\sin\left(\frac{n+3}{2p}\alpha_{\mathrm{p}}\pi\right)$$

$$B_{\mathrm{r}n5}=\begin{cases}\displaystyle\sum_{i=1}^{2p}B_{\mathrm{r}}^2\left(\frac{k_1k_{\mathrm{e}}}{2}+\frac{3}{8}k_3k_{\mathrm{e}}^3\right)\frac{\alpha_{\mathrm{p}}\pi}{2p} & \text{当}\,n=1\text{时}\\ \displaystyle\sum_{i=1}^{2p}B_{\mathrm{r}}^2\left(\frac{k_1k_{\mathrm{e}}}{2}+\frac{3}{8}k_3k_{\mathrm{e}}^3\right)\frac{2}{n-1}\cos\left[\frac{(i-1)(n-1)\pi}{p}\right]\sin\left(\frac{n-1}{2p}\alpha_{\mathrm{p}}\pi\right) & \text{当}\,n\neq1\text{时}\end{cases}$$

$$B_{\mathrm{r}n6}=\begin{cases}\displaystyle\sum_{i=1}^{2p}B_{\mathrm{r}}^2\frac{k_2k_{\mathrm{e}}^2}{4}\times\frac{\alpha_{\mathrm{p}}\pi}{p} & \text{当}\,n=2\text{时}\\ \displaystyle\sum_{i=1}^{2p}B_{\mathrm{r}}^2\frac{k_2k_{\mathrm{e}}^2}{4}\times\frac{2}{n-2}\cos\left[\frac{(i-1)(n-2)\pi}{p}\right]\sin\left(\frac{n-2}{2p}\alpha_{\mathrm{p}}\pi\right) & \text{当}\,n\neq2\text{时}\end{cases}$$

$$B_{\mathrm{r}n7}=\begin{cases}\displaystyle\sum_{i=1}^{2p}B_{\mathrm{r}}^2\frac{k_3k_{\mathrm{e}}^3}{8}\times\frac{\alpha_{\mathrm{p}}\pi}{p} & \text{当}\,n=3\text{时}\\ \displaystyle\sum_{i=1}^{2p}B_{\mathrm{r}}^2\frac{k_3k_{\mathrm{e}}^3}{8}\times\frac{2}{n-3}\cos\left[\frac{(i-1)(n-3)\pi}{p}\right]\sin\left(\frac{n-3}{2p}\alpha_{\mathrm{p}}\pi\right) & \text{当}\,n\neq3\text{时}\end{cases}$$

图5-58给出了上述6极永磁电机在不同偏心度时的傅里叶展开系数。可以看出，当转子不偏心时，只有0次和$2kp$（k=1, 2, 3, …）次傅里叶展开系数不为零；当转子偏心时，$2kp$（k=1, 2, 3, …）次傅里叶展开系数比不偏心时略有减小，但有可能除$2kp$（k=1, 2, 3, …）次以外所有的n（n=1, 2, 3, …）次傅里叶展开系数都由偏心时的为零变为不为零，其中，尤以$2kp\pm1$（k=1, 2, 3, …）次幅值最大。也就是说，偏心引进了新的谐波。

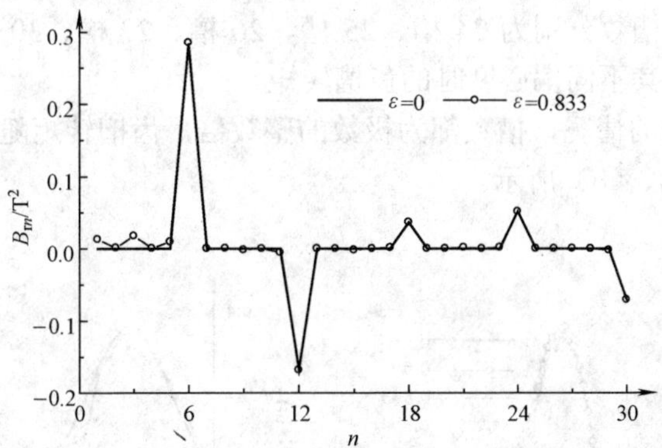

图 5–58　不同偏心度时的傅里叶展开系数

3. 齿槽转矩表达式

将式（5–58）～式（5–60）代入式（5–1）得到转子偏心时的齿槽转矩表达式

$$T_{cog}(\alpha)=\frac{\pi L_a}{2\mu_0}(R_2^2-R_1^2)\sum_{n=1}^{\infty}G_n B_{rn} n\sin n\alpha \tag{5-63}$$

偏心时齿槽转矩的表达式同样适用于不偏心的情况，两者的形式相同，只是其中的系数不同。

四、偏心对齿槽转矩的影响

可以看出，$B_{re}^2(\theta)$ 的傅里叶展开系数中，只有 $nz(n=1,2,3,\cdots)$次傅里叶展开系数对齿槽转矩有影响。不论转子是否偏心，$\left[\frac{h_m}{h_m+\delta(\theta,a)}\right]^2$ 中只存在 $mz(m=1,2,3,\cdots)$次傅里叶展开系数。

当不存在转子偏心时，$B_{re}^2(\theta)$ 中的 $2kp$ 次谐波不为零，当满足 $mz=2kp$ 时，它们与 $\left[\frac{h_m}{h_m+\delta(\theta,a)}\right]^2$ 中的 $mz(m=1,2,3,\cdots)$次谐波相互作用，产生齿槽转矩。当存在转子偏心时，$B_{re}^2(\theta)$ 中的 $n(n=1,2,3,\cdots)$次谐波可能都不为零，当满足 $mz=n$ 时，它们与 $\left[\frac{h_m}{h_m+\delta(\theta,a)}\right]^2$ 中的 $mz(m=1,2,3,\cdots)$次谐波相互作用，产生齿槽转矩。

当槽数和极数之间满足 $z=2kp$ 时，不论是否存在偏心，对齿槽转矩起作用的总是 $B_{re}^2(\theta)$ 的 $2kp$ 次谐波，这些谐波的幅值随偏心度的增大而略有减小，因而其齿槽转矩也随偏心度的增加而略有减小，变化很小。

当槽数和极数之间不满足 $z=2kp$ 时，若不存在转子偏心，则只有满足 $mz=2kp$ 的谐波对齿槽转矩有影响；若存在转子偏心，则除了满足 $mz=2kp$ 的谐波对齿槽转矩有影响外，满足 $mz=2kp\pm i(i=1, 2, 3, \cdots)$的谐波也对齿槽转矩有影响，$2kp$ 次谐波随偏心度变化很小，$2kp\pm i$（$i=1, 2, 3, \cdots$）次谐波由不偏心时的为零而随着偏心度的增大而增大。总体的效果是齿槽转矩随偏心度的增大而增大，增大的程度取决于 $mz=2kp$ 和 $mz=2kp\pm i$（$i=1, 2, 3, \cdots$）谐波在齿槽转矩产生中的作用，若前者作用大，则齿槽转矩增加较少，若后者作用大，则齿槽转矩增加幅度较大。

下面采用具体例子对上述结论进行验证。8 个计算实例，都为 6 极电机，除了槽数不同外，其他尺寸都相同，槽数分别为24槽、25槽、26槽、27槽、30槽、31槽、32槽和33槽，采用有限元法计算其不同偏心度时的齿槽转矩。

对于24槽和30槽的情况，槽数都为极数的整数倍，齿槽转矩随偏心度的增大而略有减小，分别如图5-59（a）、（b）所示。

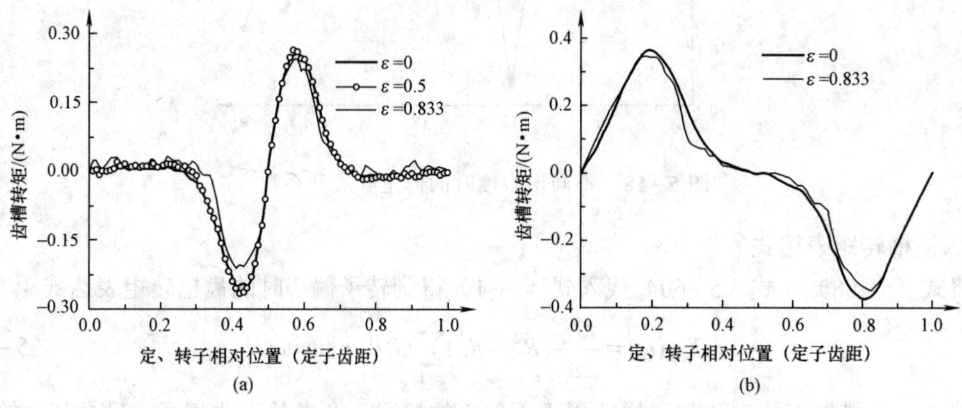

图5-59　不同偏心度时的齿槽转矩

（a）24槽；（b）30槽

对于25槽和31槽的情况，槽数和极数之间都满足$2kp+1$。对于25槽电机，对齿槽转矩有影响的$B_{re}^2(\theta)$谐波次数为25，50，75，100，125，150，…，其中150次谐波是$2kp$次，但150次谐波的次数较高，对齿槽转矩影响很小，因此对齿槽转矩起主要作用的是$2kp+1$次，而$2kp+1$次谐波的幅值对偏心度的变化最敏感，因而齿槽转矩随偏心度的增加而迅速增加。31槽电机与25槽电机类似。它们的齿槽转矩如图5-60（a）、（b）所示。

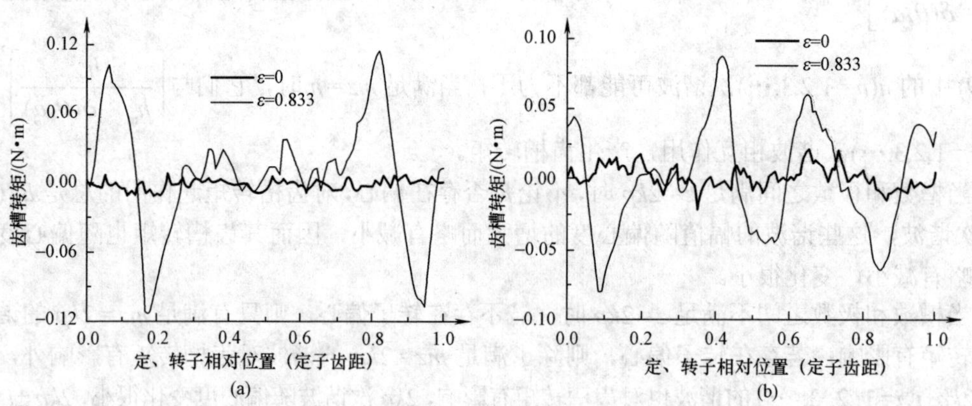

图5-60　不同偏心度时的齿槽转矩

（a）25槽；（b）31槽

对于26槽和32槽的情况，槽数和极数之间都满足$2kp+2$。对于26槽电机，对齿槽转矩有影响的$B_{re}^2(\theta)$谐波次数为26，52，78，104，…，其中78次谐波是$2kp$次，但78次谐波的次数相对较高，对齿槽转矩影响也不是很大，因此对齿槽转矩起主要作用的是

$2kp+2$ 次，而 $2kp+2$ 次谐波的幅值对偏心度的变化也比较敏感，因而齿槽转矩随偏心度的增加而有较大幅度的增加。32 槽电机与 26 槽电机类似，它们的齿槽转矩如图 5-61（a）、（b）所示。

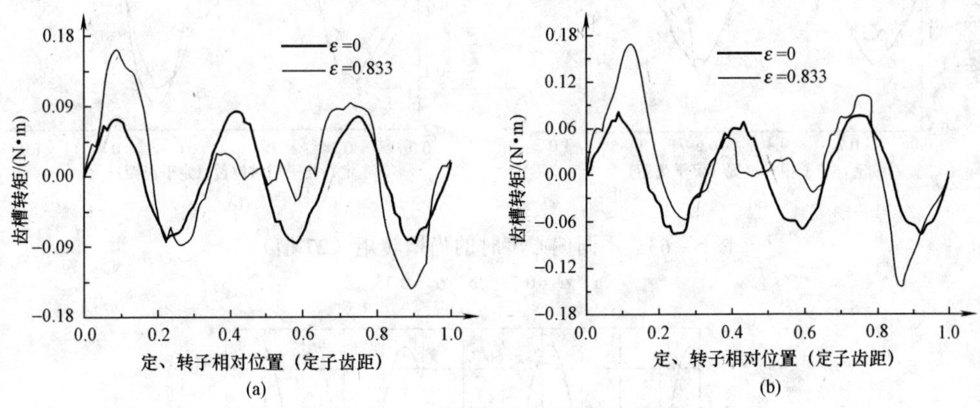

图 5-61　不同偏心度时的齿槽转矩

（a）26 槽；（b）32 槽

对于 27 槽和 33 槽的情况，槽数和极数之间都满足 $2kp+3$。对于 27 槽电机，对齿槽转矩有影响的 $B_{re}^2(\theta)$ 谐波次数为 27，54，81，…，其中 54 次谐波是 $2kp$ 次。不同极弧系数时的 B_{r27} 和 B_{r54} 如图 5-62 所示。可以看出，由于所采用的极弧系数为 0.7，B_{r27} 接近于零，B_{r54} 起主要作用，因此齿槽转矩随偏心度增大很少，如图 5-63（a）所示。若将其极弧系数改为 0.75，则 B_{r27} 接近于最大值，对齿槽转矩起很大作用，因此齿槽转矩随偏心增大得较多，如图 5-63（b）所示。对于 33 槽电机，则有所不同，对齿槽转矩有影响的 $B_{re}^2(\theta)$ 谐波次数为 33，66，99，…，其中 66 次谐波为 $2kp$ 次。不同极弧系数时的 B_{r33} 和 B_{r66} 如图 5-64 所示。可以看出，由于所采用的极弧系数为 0.7，B_{r33} 接近于最大值，起主要作用，因此齿槽转矩随偏心度增大较多，如图 5-65（a）所示。若将其极弧系数改为 0.75，则 B_{r33} 接近于零，对齿槽转矩起作用很小，因此齿槽转矩随偏心度增大得很少，如图 5-65（b）所示。

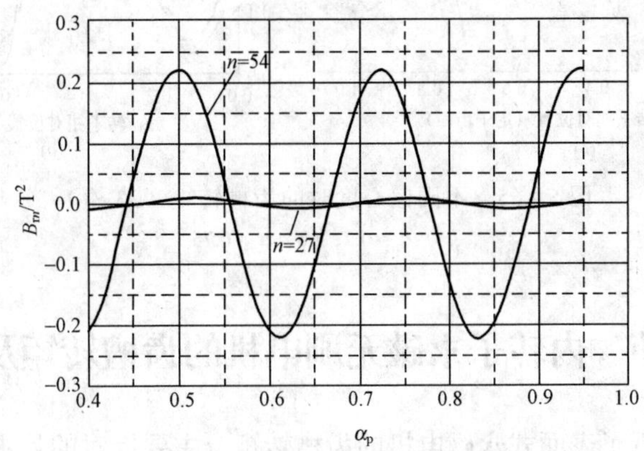

图 5-62　不同极弧系数时的 B_{r27} 和 B_{r54}

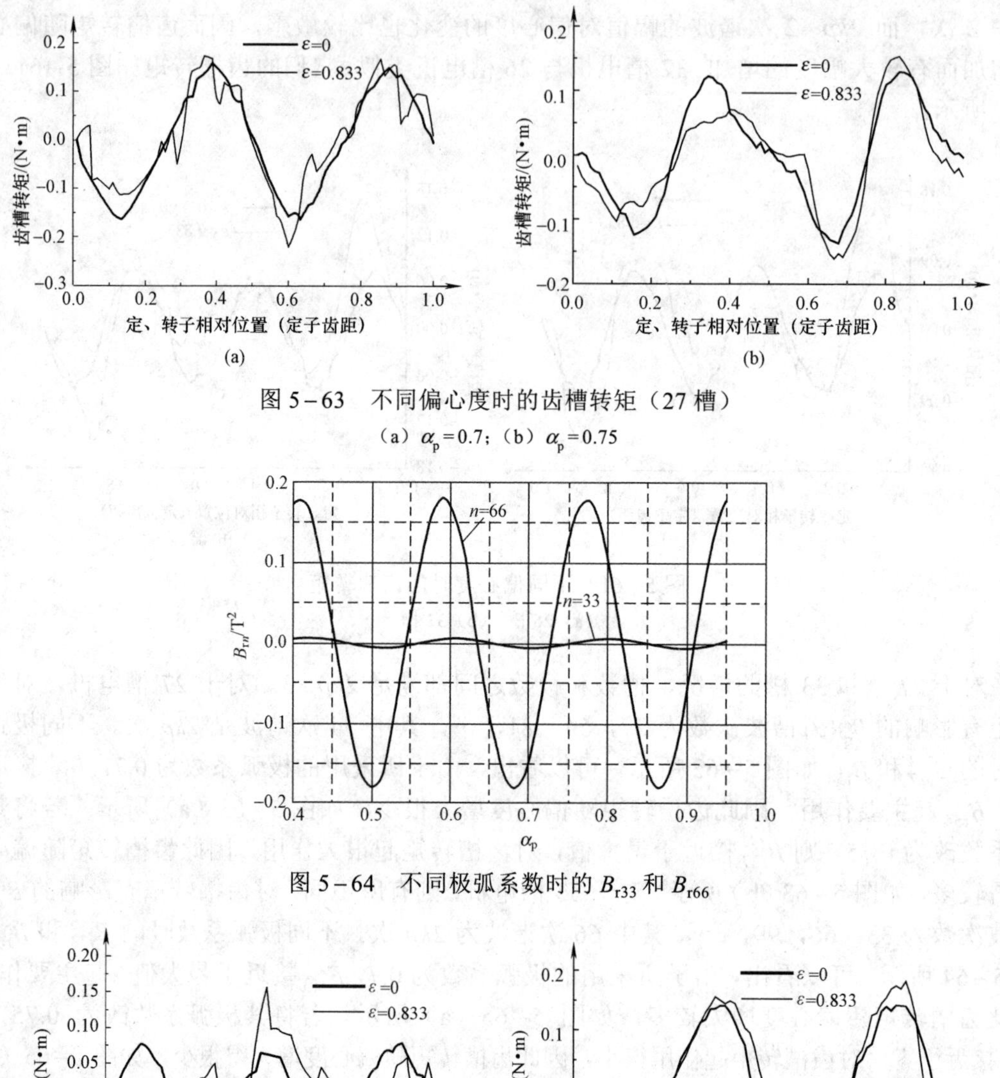

图5-63　不同偏心度时的齿槽转矩（27槽）

（a）$\alpha_p=0.7$；（b）$\alpha_p=0.75$

图5-64　不同极弧系数时的 B_{r33} 和 B_{r66}

图5-65　不同偏心度时的齿槽转矩（33槽）

（a）$\alpha_p=0.7$；（b）$\alpha_p=0.75$

第十一节　内转子永磁无刷电机的齿槽转矩及其削弱

本章前面几节分析了表面式永磁电机的齿槽转矩，主要针对的是永磁体在外、电枢在内的结构，适用于永磁直流电动机、外转子调速永磁同步电动机和外转子无刷直流电动机。本节将讨论内转子调速永磁同步电动机和内转子无刷直流电动机（二者统称为内转子永磁无刷电机）的齿槽转矩。

一、表面式内转子永磁无刷电机的齿槽转矩及其削弱

表面式内转子永磁无刷电机的典型磁极结构如图 5-66（a）、（b）所示，二者的区别仅在于磁极形状，图 5-66（a）中的永磁体为扇形，而图 5-66（b）中永磁体的两直线边平行，二者都采用平行充磁。从理论上讲，前面讨论的表面式永磁电机的齿槽转矩削弱措施对这两种磁极形状都适用，但极弧系数合理选取和不等极弧系数组合两种方法中极弧系数的确定方法适用于图 5-66（b），而不适用于图 5-66（a）。

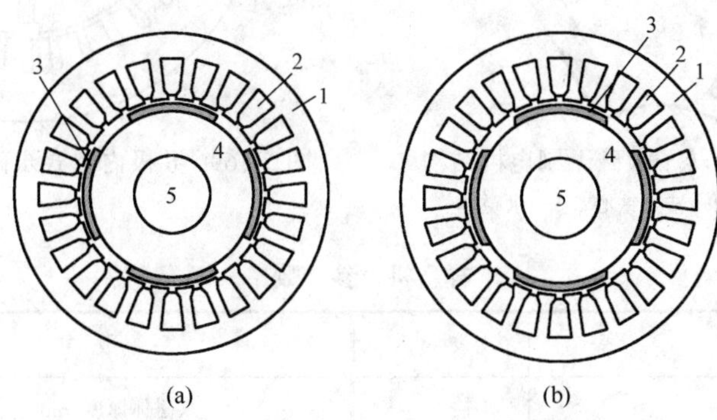

图 5-66　表面式内转子永磁无刷电机的典型磁极结构

1—电枢铁心；2—定子槽；3—永磁体；4—转子铁心；5—轴

对于图 5-67 所示的平行充磁瓦片形磁极结构中，阴影所示的永磁体在内转子永磁无刷电机和永磁直流电机中所起的作用不同。在永磁直流电机中，短弧面向气隙，阴影所示的永磁体对气隙磁场作用很小，甚至可以忽略不计；而在内转子永磁无刷电机中，长弧面向气隙，阴影所示的永磁体对气隙磁场影响较大。因此前面讨论的极弧系数的确定方法可能不适合于图 5-66（a）所示的结构，此时最佳极弧系数可通过极弧系数的优化或采用有限元法计算不同极弧系数时的齿槽转矩而得到。

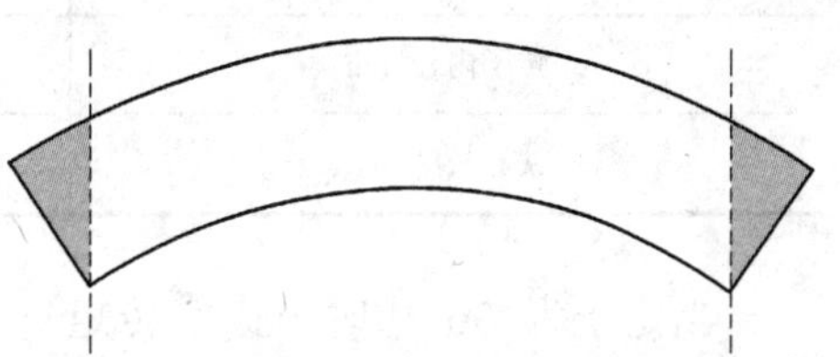

图 5-67　平行充磁的瓦片形磁极

二、内置式内转子永磁无刷电机的齿槽转矩及其削弱

内置式内转子永磁无刷电机的永磁体置于转子铁心内部，如图 5-68 所示。前面讨论的分段斜极、极槽配合、极弧系数的合理选取、不等槽口宽配合、磁极偏移、开辅助槽、不等极弧系数组合和不等极弧系数等方法对其都适用（永磁体不等厚的方法不再适用）。此外，内置式内转子永磁无刷电机还可以采用不均匀气隙削弱齿槽转矩。下面首先给出前述方法在内置式内转子永磁无刷电机中的应用实例，然后讨论采取不均匀气隙削弱齿槽转矩的方法。

1. 前述齿槽转矩削弱方法在内置式内转子永磁无刷电机中的应用

（1）基于极弧系数合理选取的齿槽转矩削弱方法。

下面以一台 6 极内置式永磁同步电机为例，其结构如图 5-69 所示，与齿槽转矩有关的主要设计参数见表 5-7。

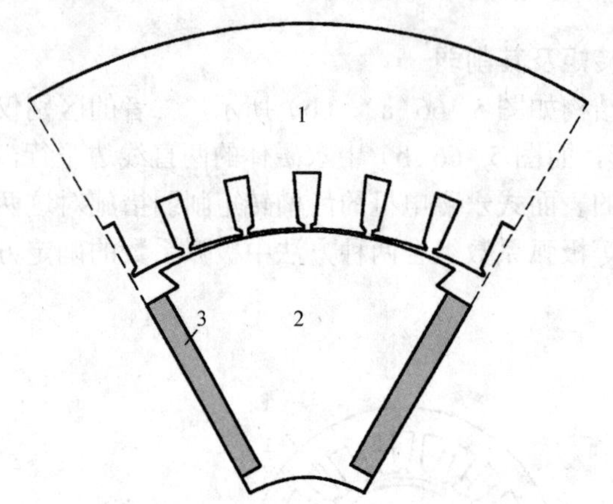

图 5-68 内置式内转子永磁无刷电机结构

1—电枢铁心；2—转子铁心；3—永磁体

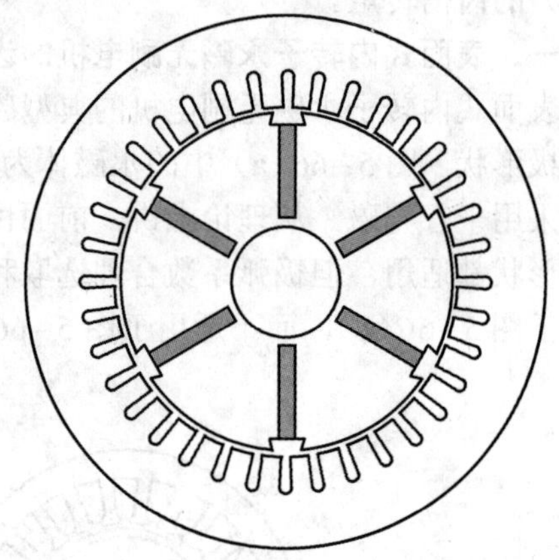

图 5-69 6 极内置式永磁同步电机的结构

表 5-7 **样 机 参 数**

参数	数值	参数	数值
定子外径/mm	327	永磁体厚度/mm	11
定子内径/mm	230	剩磁通密度/T	1.18
转子外径/mm	227	矫顽力/（kA/m）	898
转子内径/mm	90	极对数	3
铁心长度/mm	205	永磁体高度/mm	60

当定子为 36 槽时，齿槽转矩只与 $B_r^2(\theta)$ 的 $6k$（k 为整数）次傅里叶展开系数有关，图 5-70 为 $B_r^2(\theta)$ 的 6 次、12 次、18 次和 24 次傅里叶展开系数随极弧系数的变化曲线。可以看出，随着极弧系数的变化，傅里叶展开系数变化较大，并且使 B_{r6} 最小的极弧系数也能够使 B_{r12}、B_{r18} 和 B_{r24} 最小，因此只要选取极弧系数使 B_{r6} 较小就可以减小齿槽转矩。可以看出，对于 36 槽、6 极电机，当极弧系数为 0.833 时，B_{r6K} 为 0，此时的齿槽转矩也应较小。当极弧系数为 0.75 时，B_{r6} 很大，齿槽转矩也应该很大。图 5-71 为极弧系数分别取 0.833 和 0.75 时的齿槽转矩。可以看出，选取极弧系数为 0.833 时，齿槽转矩较极弧系数为 0.75 时有大幅度的减小。

当定子槽数为 48 时，齿槽转矩只与 $B_r^2(\theta)$ 的 $8k$（k 为整数）次傅里叶展开系数有关，图 5-72 为 $B_r^2(\theta)$ 的 8、16、24 和 32 次傅里叶展开系数随极弧系数的变化曲线。可以看出，随着极弧系数的变化，傅里叶展开系数变化较大，并且使 B_{r8} 较小的极弧系数也能够使 B_{r16}、B_{r24} 和 B_{r32} 较小，因此只要选取极弧系数使 B_{r8} 较小就可以减小齿槽转矩。当极弧系数为 0.875 时，B_{r8K} 为 0，此时的齿槽转矩应较小；当极弧系数为 0.812 时，B_{r8} 很大，齿槽转矩也应很大。图 5-73 为极弧系数分别取 0.875 和 0.812 时的齿槽转矩对比。可以看出，极弧系数为 0.875 时，齿槽转矩大幅度减小。

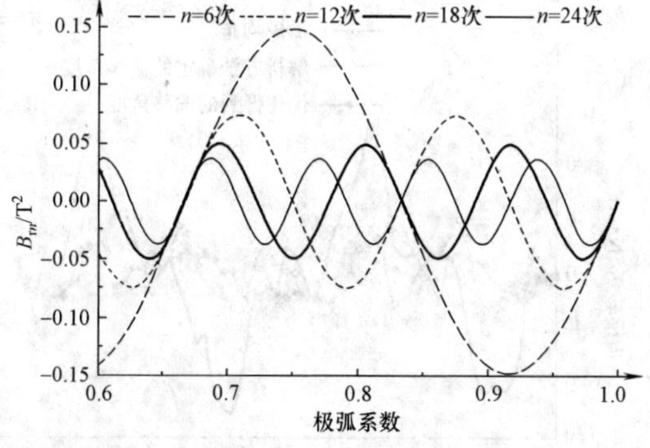

图 5-70　$z=36$ 时，B_{rn} 随极弧系数的变化曲线

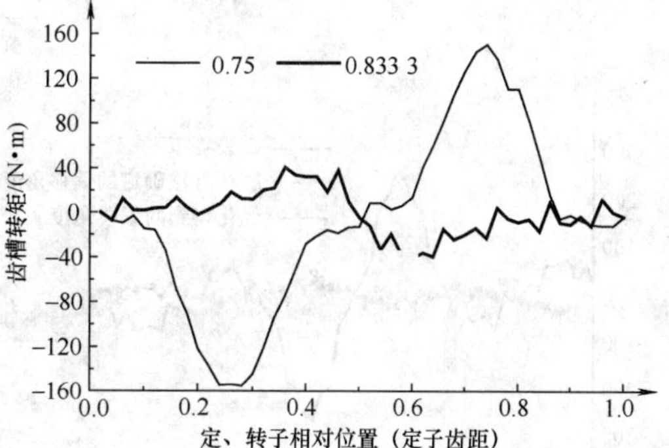

图 5-71　$z=36$ 时，不同极弧系数的齿槽转矩

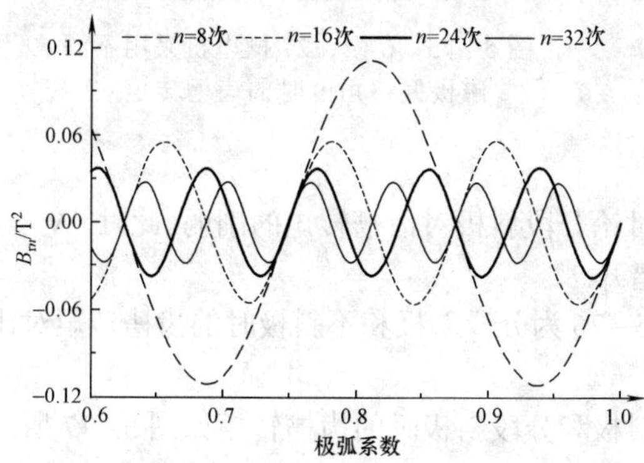

图 5-72　$z=48$ 时，B_{rn} 随极弧系数的变化曲线

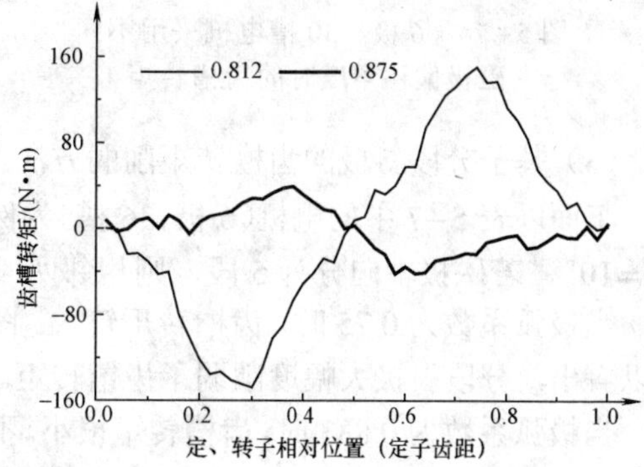

图 5-73　$z=48$ 时，不同极弧系数时的齿槽转矩

（2）基于磁极偏移的齿槽转矩削弱方法。

下面以一台 6 极内置式永磁同步电机为例进行说明，与齿槽转矩有关的主要参数见表 5-8。当定子槽数分别为 30 和 27 时，采用前述磁极偏移角度确定方法以及电磁场优化方法得到的磁极偏移角度见表 5-9，对应的齿槽转矩对比分别如图 5-74 和图 5-75 所示。可以看出，通过选取合适的磁极偏移角度，可以大幅度削弱齿槽转矩。

表 5-8　样机的主要参数

参数	数值	参数	数值
定子外径/mm	360	矫顽力/（kA/m）	898
转子外径/mm	228.7	剩磁通密度/T	1.18
定子内径/mm	230	极对数	3
转子内径/mm	75	极弧系数	0.833
永磁体厚度/mm	16	铁心长度/mm	205
永磁体高度/mm	62		

表 5-9　不同方法得到的磁极偏移角度

槽数	确定方法	θ_2/（°）	θ_3/（°）	θ_4/（°）	θ_5/（°）	θ_6/（°）
30 槽	前述磁极偏移角确定方法	2	4	6	−2	−4
	电磁场优化方法	2.13	4.02	5.77	−2.38	−4.04
27 槽	前述磁极偏移角确定方法	0	4.44	4.44	2.22	2.22
	电磁场优化方法	0.11	4.36	4.53	2.18	2.37

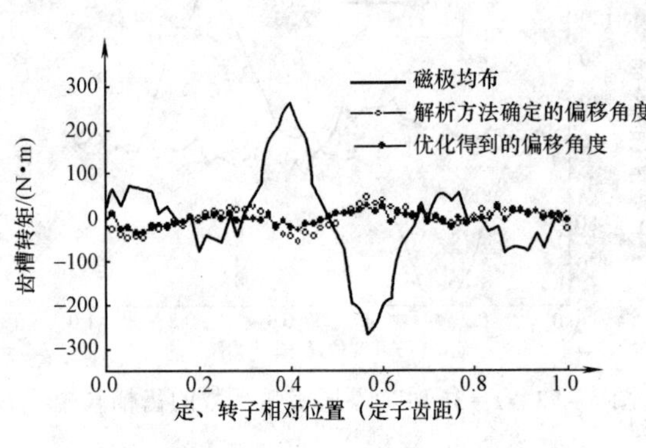

图 5−74　6 极、30 槽电机采用不同磁极偏移角度时的齿槽转矩

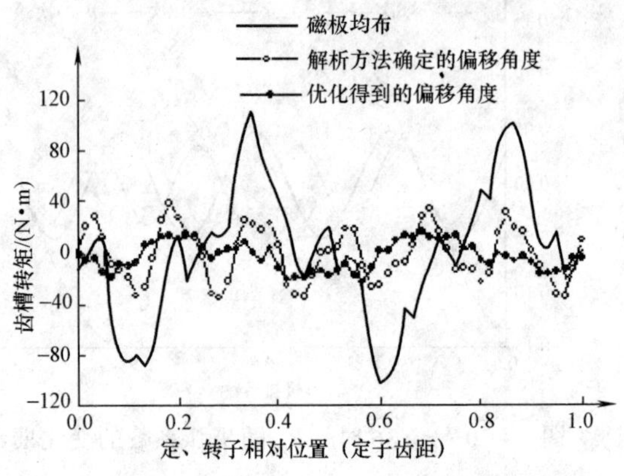

图 5−75　6 极、27 槽电机采用不同磁极偏移角度时的齿槽转矩

（3）基于分段斜极的齿槽转矩削弱方法。

下面以表 5−7 中的电机（6 极、36 槽）为例讨论分段斜极对齿槽转矩的削弱。此时，$N_p=1$，$\theta_{s1}=10°$。若磁极轴向分为 5 段，则相邻两段错开 2°。

当极弧系数为 0.75 时，齿槽转矩较大。图 5−76 为分段斜极和不斜极时的齿槽转矩对比，可以看出，分段斜极大幅度削弱了齿槽转矩。

当极弧系数为 0.833 时，齿槽转矩很小。不斜极和分段斜极时的齿槽转矩如图 5−77 所示，可以看出，其波形正负不对称，据此进行分段齿槽转矩将产生很大误差，导致计算出的齿槽转矩明显偏大。即便如此，计算出的齿槽转矩仍有大幅度削弱。

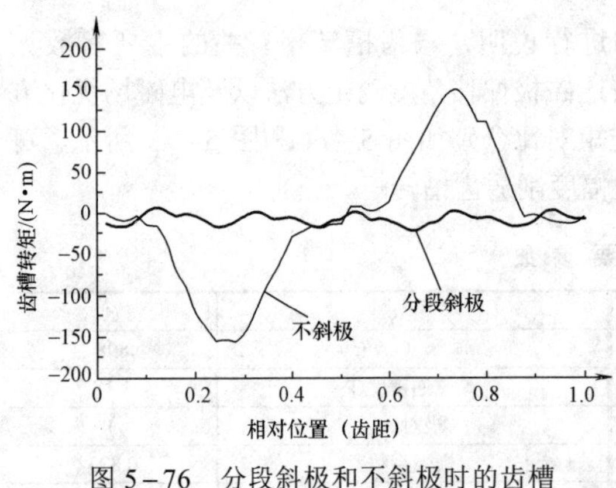

图 5−76　分段斜极和不斜极时的齿槽转矩对比（极弧系数为 0.75）

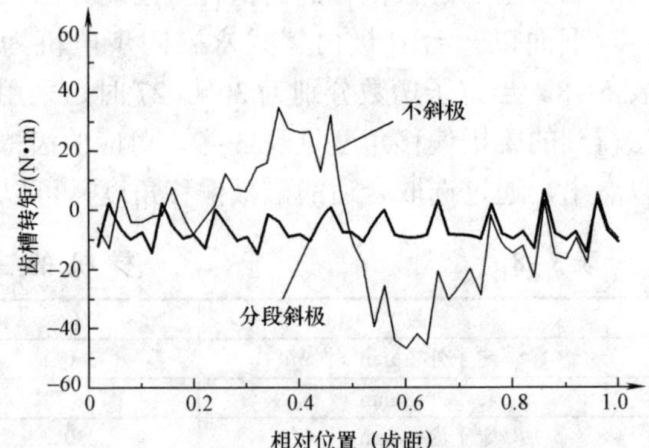

图 5−77　分段斜极和不斜极时的齿槽转矩对比（极弧系数为 0.833）

（4）基于不等极弧系数组合的齿槽转矩削弱方法。

下面以 6 极内置式永磁同步电机为例进行说明，与齿槽转矩有关的主要参数如表 5−7 所示。对于 6 极 30 槽电机，采用的极弧系数组合为（$\alpha_1=0.8$，$\alpha_2=0.6$），对于 6 极 28 槽电机，采用的极弧系数组合为（$\alpha_1=0.77$，$\alpha_2=0.66$），分别与极弧系数为 0.7 的齿槽转矩进行对比，如图 5−78 和图 5−79 所示。可以看出，通过选取合适的极弧系数的组合，可以较好地削弱齿槽转矩。

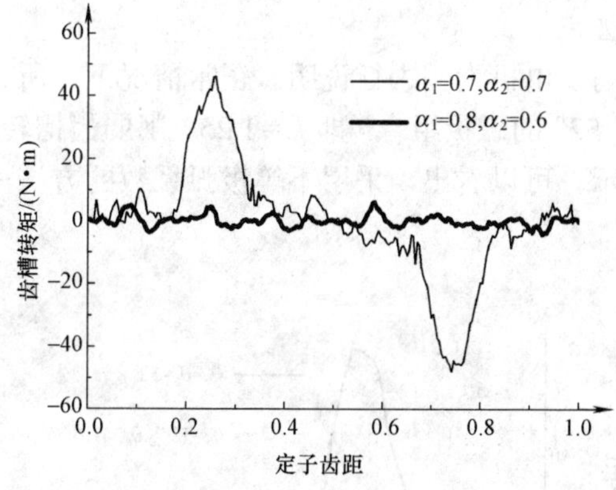

图 5-78　采用不等极弧系数组合时 6 极 30 槽电机的齿槽转矩

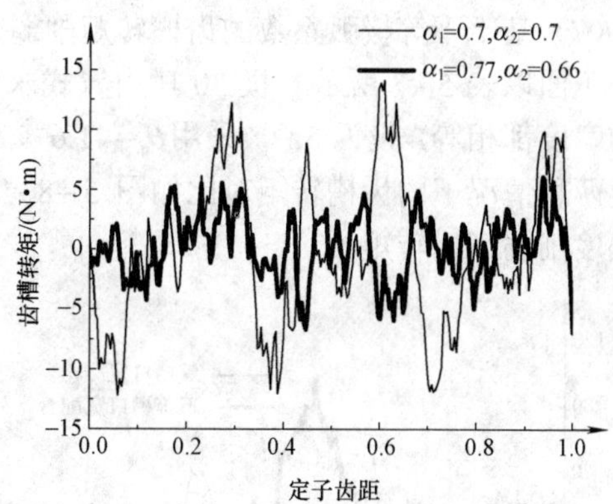

图 5-79　采用不等极弧系数组合时 6 极 28 槽电机的齿槽转矩

（5）基于极槽配合的齿槽转矩削弱方法。

如前所述，在定转子相对位置变化一个齿距的范围内，齿槽转矩是周期性变化的，变化的周期数取决于极槽配合，周期数越多，齿槽转矩幅值越小。该方法同样适合于内置式永磁无刷电机。以表 5-7 的 6 极内置式永磁无刷电机为例，极弧系数为 0.833，电枢槽数分别为 27、28、29、30，则对应的齿槽转矩周期数分别为 2、3、6、1，相对位置变化一个齿距时的齿槽转矩波形如图 5-80 所示。可以看出，按齿槽转矩幅值从大到小的顺序排列，极槽配合依次为 6 极/30 槽、6 极/27 槽、6 极/28 槽、6 极/29 槽，周期数越大，齿槽转矩幅值越小，合理选择极槽配合，可使一个齿距内齿槽转矩的周期数较多，进而有效地削弱齿槽转矩。

（6）基于不等槽口宽配合的齿槽转矩削弱方法。

下面以一台 6 极内置式永磁同步电机为例进行说明，与齿槽转矩有关的主要参数见表 5-7，极弧系数为 0.833。对于 6 极 26 槽电机，对齿槽转矩起主要作用的 G_n 的次数为偶数，可以通过调整槽口宽度 θ_{sa} 和 θ_{sb} 的大小减小齿槽转矩，采用的槽口宽度分别为 $\theta_{sa}=6.9°$，$\theta_{sb}=2.3°$，计算结果对比如图 5-81 所示，齿槽转矩得到了削弱。对于 6 极 28 槽电机，对齿槽转矩起主要作用的 G_n 的次数为奇数，不等槽口宽配合的方法不再适用，计算结果如图 5-82 所示，采用不等槽口宽配合反而增大了齿槽转矩。

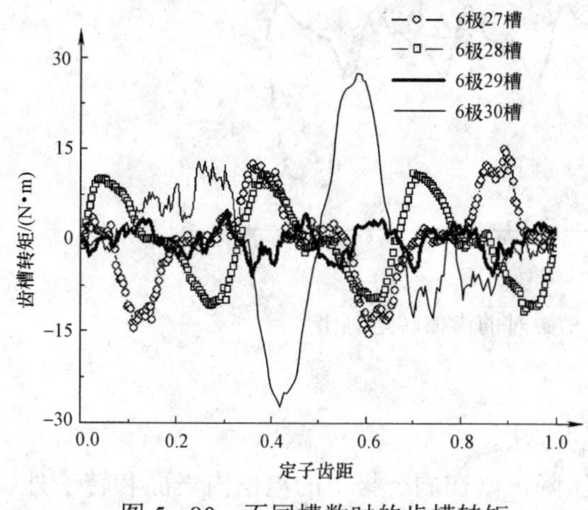

图 5-80　不同槽数时的齿槽转矩

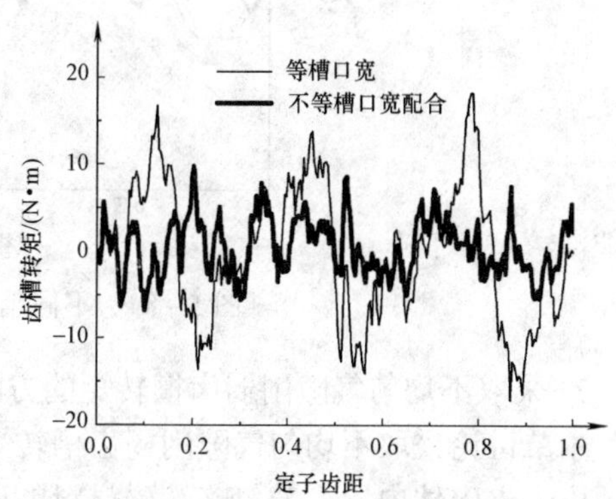

图 5-81　6 极 26 槽电机的齿槽转矩

（7）基于不等极弧系数的齿槽转矩削弱方法。

下面以表 5-7 所示 6 极 30 槽内置式永磁同步电机为例进行说明。正常情况下，所有磁极的宽度都相等，设为 52°。采用θ_a=41.6°，θ_b=52° 的磁极组合（即 k_t=1.25）削弱齿槽转矩。上述两种情况下的齿槽转矩对比如图 5-83 所示。可以看出，采用不等极弧系数的方法可以大幅度削弱齿槽转矩。

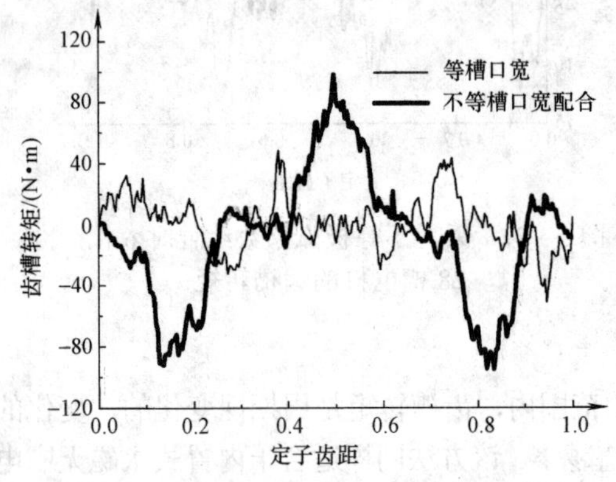

图 5-82 6 极 28 槽电机的齿槽转矩

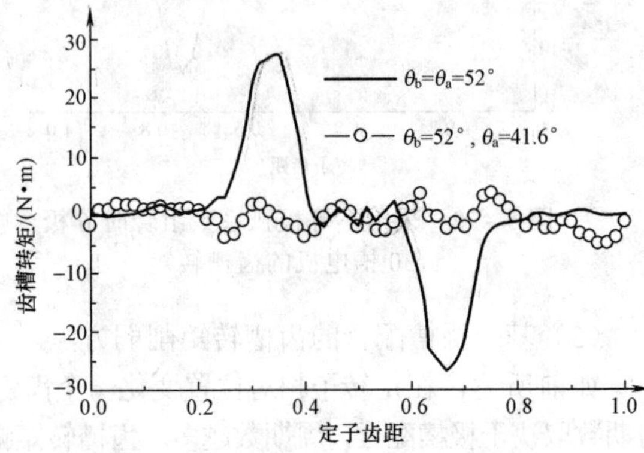

图 5-83 6 极 30 槽电机 θ_b=52° 时齿槽转矩的对比

（8）基于辅助槽的齿槽转矩削弱方法。

以 6 极 27 槽内置式永磁同步电机为例，N_p=2，当 n 为 2 的倍数时，G_n 对齿槽转矩有影响，可使 G_{k+1} 对齿槽转矩没有影响而削弱齿槽转矩。当没有辅助槽以及有一个、两个辅助槽时齿槽转矩的对此如图 5-84 所示。可见，当辅助槽数为 2 时，齿槽转矩被削弱；当辅助槽数为 1 时，齿槽转矩增大。然而，计算表明：虽然开辅助槽的方法对齿槽转矩削弱有效果，但削弱效果远不如表面式永磁电机中那样明显。

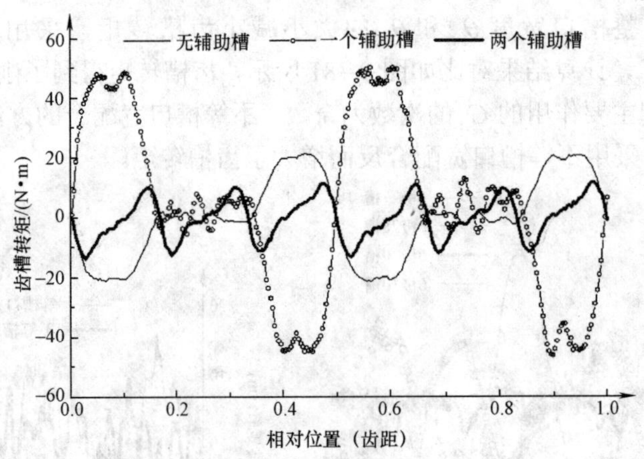

图 5-84 不同辅助槽数时的齿槽转矩对比

2. 采取不均匀气隙削弱齿槽转矩的方法

本节讨论采取不均匀气隙削弱齿槽转矩的方法。

由于永磁体内置，若忽略铁磁材料的磁压降，则在同一极下的电枢内表面和转子外表面分别为等磁位面，气隙磁动势 F 为矩形波。采用不均匀气隙时，一般力图使气隙磁通密度按正弦分布，即：

$$B(\theta)=\mu_0\frac{F}{\delta(\theta)}=B_{\delta 1}\cos p\theta \tag{5-64}$$

则：

$$\delta(\theta)=\mu_0\frac{F}{B_{\delta 1}\cos p\theta} \tag{5-65}$$

可认为：

$$B_{\delta 1}=\mu_0\frac{F}{\delta_{\min}} \tag{5-66}$$

式中，$\delta_{\min}$ 为最小气隙，则：

$$\delta(\theta)=\frac{\delta_{\min}}{\cos p\theta} \tag{5-67}$$

这样变化规律的空气隙在工艺上实现困难，可把磁极外表面做成与定子铁心不同心的圆弧形，如图 5-85 所示。最大气隙 $\delta_{\max}$ 为：

$$\delta_{\max}=\frac{\delta_{\min}}{\cos\frac{\alpha_{\mathrm{p}}\pi}{2}} \tag{5-68}$$

偏心距 h 为：

$$h=\frac{(\delta_{\max}-\delta_{\min})(2R_1-\delta_{\max}-\delta_{\min})}{2\left[(R_1-\delta_{\min})-(R_1-\delta_{\max})\cos\frac{\alpha_{\mathrm{p}}\pi}{2p}\right]} \tag{5-69}$$

极弧的半径为：

$$R_2=R_1-h-\delta_{\min} \tag{5-70}$$

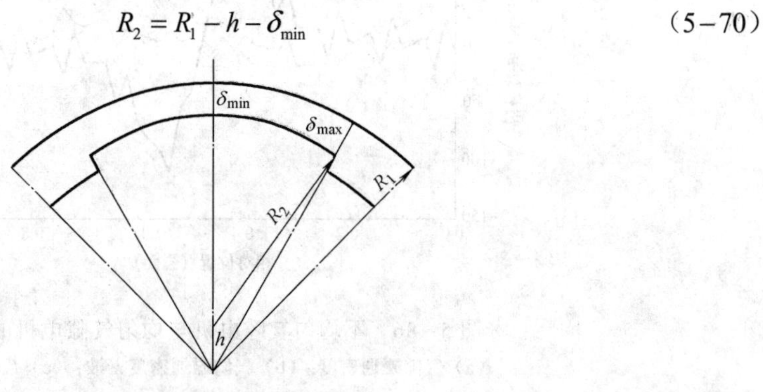

图 5-85　不均匀气隙

以 6 极、36 槽无刷永磁电机为例分析不均匀气隙对气隙磁场和齿槽转矩的影响。气隙均匀时，极弧系数为 0.833，气隙为 0.65mm；气隙不均匀时，极弧系数也为 0.833，最大气隙和最小气隙分别为 2.5mm 和 0.65mm。图 5-86（a）、（b）、（c）分别为空载气隙磁通密度、空载气隙磁通密度谐波含量和齿槽转矩的比较。可以看出，与气隙均匀的情况相比，气隙不均匀时的谐波含量和齿槽转矩都得到大幅度削弱，而基波磁通密度得以提高。

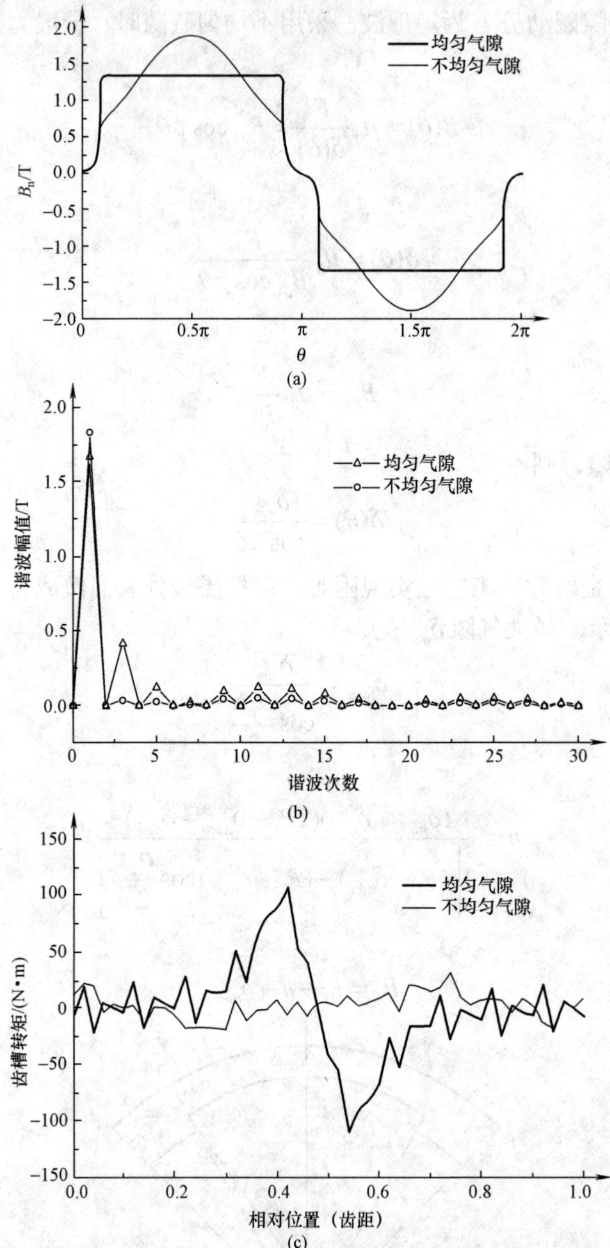

图5-86　不均匀气隙电机与均匀气隙电机的比较

（a）气隙磁通密度；（b）气隙磁通密度谐波；（c）齿槽转矩

参　考　文　献

[1]　Yubo Yang, Xiuhe Wang. The optimization of pole arc coefficient to reduce cogging torque in surface-mounted permanent magnet motor［J］. IEEE Transactions on Magnetics, 2006（4）.

[2]　冀溥，王秀和，王道涵．转子静态偏心的表面式永磁电机齿槽转矩研究［J］．中国电机工程学报，2004（9）.

[3] 王秀和，丁婷婷，杨玉波，等. 自起动永磁同步电动机齿槽转矩的研究 [J]. 中国电机工程学报，2005（18）.

[4] 杨玉波，王秀和，陈谢杰，等. 基于不等槽口宽配合的永磁电动机齿槽转矩削弱方法 [J]. 电工技术学报，2005（3）.

[5] 宋伟，王秀和，杨玉波. 削弱永磁电机齿槽转矩的一种新方法 [J]. 电机与控制学报，2004（9）.

[6] 王秀和，杨玉波. 基于极弧系数选择的实心转子永磁同步电动机齿槽转矩削弱方法 [J]. 中国电机工程学报，2005（8）.

[7] 杨玉波，王秀和. 磁极偏移削弱永磁电机齿槽转矩方法研究 [J]. 电工技术学报，2006（10）.

[8] 杨玉波，王秀和. 极弧系数组合优化的永磁电机齿槽转矩削弱方法 [J]. 中国电机工程学报，2007（2）.

[9] 王道涵，王秀和. 基于磁极不对称角度优化的内置式永磁无刷直流电动机齿槽转矩削弱方法 [J]. 中国电机工程学报，2008（3）.

[10] Xiuhe Wang，Yubo Yang，Dajin Fu，Study of Cogging Torque in Surface－Mounted Permanent Magnet Motors with Energy Method [J]. Journal of Magnetism and Magnetic Material，2003，267（1）.

[11] Sang－Moon Hwang；Jae－Boo Eom；Geun－Bae Hwang；Weui－Bong Jeong；Yoong－Ho Jung，Cogging torque and acoustic noise reduction in permanent magnet motors by teeth pairing [J]. IEEE Transactions on Magnetics，2000，36（5）：3144－3146.

[12] Nicola B，Silverio B Design techniques for reducing the cogging torque in surface－mounted PM motors [J]. IEEE Transactions on Industry Applications，2002，38（5）：1259－1265.

[13] C.C.Hwang，S.B.John and S.S.Wu，Reduction of cogging torque in spindle motors for CD－ROM drive [J]. IEEE Transactions on Magnetics，1998，34（2）：468－470.

[14] Z.Q.Zhu，D.Howe，Analytical prediction of the cogging torque in radial－field permanent magnet brushless motors [J]. IEEE Transactions on Magnetics，1992，28（2）：468－470.

第六章 永磁直流电动机

第一节 永磁直流电动机的结构

永磁直流电动机的特性与他励直流电动机类似，二者之间的区别在于主磁场产生的方式，他励直流电动机的气隙磁通由励磁绕组产生，是可控的；永磁直流电动机的气隙磁通由永磁体建立，调节困难。永磁直流电动机除了具有他励直流电动机所具有的良好特性外，还具有结构简单、运行可靠、体积小、重量轻、效率高等优点，广泛应用于家用电器、办公设备、电动工具、医疗器械、精密机床、电动车辆、汽车和IT产品等。

图 6-1 为永磁直流电动机的典型结构，由电枢、电刷、换向器和永磁磁极等部分组成[1]。

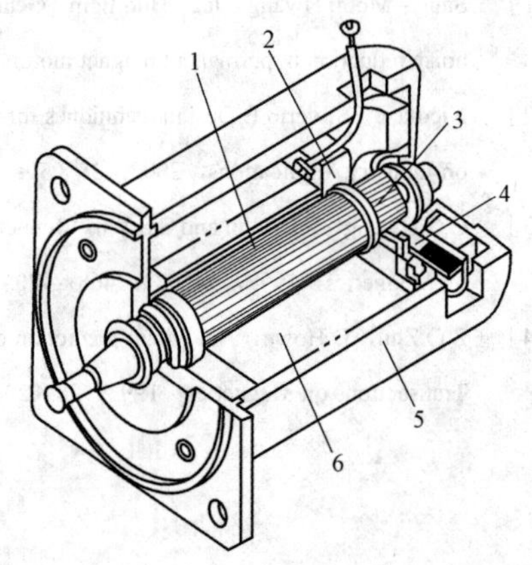

图 6-1 永磁直流电动机结构示意图
1—电枢；2、4—电刷；3—换向器；
5—机壳；6—永磁磁极

一、磁极结构

永磁直流电动机磁极结构种类很多，各有其特点，根据所用永磁材料的不同，将其分为以下 4 类。

1. 铝镍钴永磁直流电动机的磁极结构

如前所述，铝镍钴永磁的矫顽力低、剩磁通密度高，宜做成充磁方向长度大、截面积小的长棒形。主要磁极结构如图 6-2 所示，其中图 6-2（a）为两极结构，采用弧形永磁体，沿圆弧方向充磁，两块永磁体并联提供每极磁通，属于并联式磁路结构；图 6-2（b）与图 6-2（a）基本相同，不同之处是结构图 6-2（b）的几何中性线位置开了凹槽，以削弱该位置的电枢反应，改善换向；图 6-2（c）为多极结构，为便于永磁体的制造和充磁，采用矩形永磁体，圆周方向充磁；图 6-2（d）采用长棒形永磁体，沿半径方向充磁；图 6-2（e）采用圆筒形磁极，切向充磁。

2. 铁氧体永磁直流电动机的磁极结构

铁氧体永磁的特点是矫顽力高、剩磁通密度低，铁氧体永磁直流电动机的主要磁极结构如图 6-3 所示，其中图 6-3（a）为瓦片形磁极结构，永磁体直接面对空气隙，电枢反应直接作用在永磁体上，且气隙磁通密度低，适合于对气隙磁通密度和电机体积要求不高的场合，设计不当会出现不可逆退磁；图 6-3（b）在永磁体上安装软铁极靴，交轴电枢反应沿极靴闭合，对永磁体影响小，此外，极靴还有聚磁作用，可以产生较高的气隙磁通密度，有利于减小电机体积和重量；图 6-3（c）为整体圆筒形磁极，可以充为一对极或多对极，结构简单，加工和装配方便，便于大批量生产，但极间的部分永磁材料作用很小，材料利用率低，且圆筒形永磁体较难制成各向异性，磁性能较差；图 6-3（d）为方形结构，采用矩形永磁体和聚磁极靴，其特点与图6-3（b）基本相同。

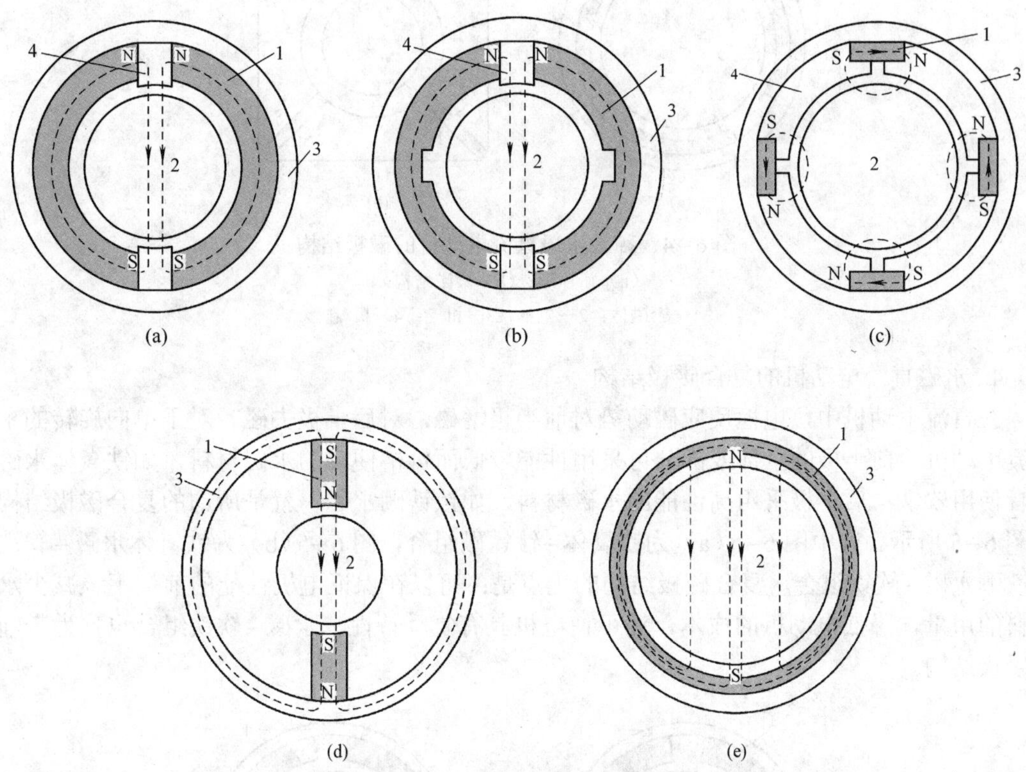

图6-2 铝镍钴永磁直流电动机的磁极结构

1—永磁体；2—电枢；3—机壳；4—极靴

（a）两极结构；（b）凹槽两极结构；（c）多极结构；（d）长棒型结构；（e）圆筒形结构

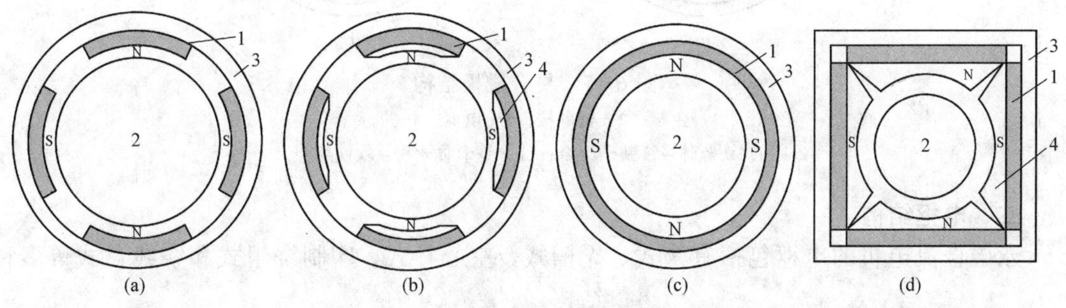

图6-3 铁氧体永磁直流电动机的磁极结构

1—永磁体；2—电枢；3—机壳；4—极靴

（a）瓦片形；（b）软铁极靴；（c）整体圆筒形；（d）方形

3. 稀土永磁直流电动机的磁极结构

稀土永磁的特点是矫顽力高、剩磁通密度高，通常做成瓦片形，如图6-4（a）所示，在对体积和重量要求很高的场合，可采用图6-4（b）所示聚磁结构。

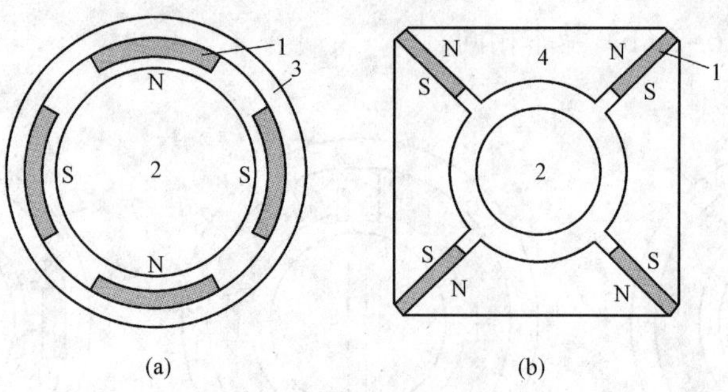

图 6-4　稀土永磁直流电动机的磁极结构

（a）瓦片形；（b）聚磁结构

1—永磁体；2—电枢；3—机壳；4—极靴

4. 永磁直流电动机的复合磁极结构

在直流电动机中，电枢反应磁动势对前半极增磁，对后半极去磁。对于单向旋转的永磁直流电动机，前半极的全部或部分可采用性能较低而价格便宜的永磁材料，如铁氧体永磁，或者使用软铁；后半极采用高性能的永磁材料，如钕铁硼永磁，就是所谓的复合磁极结构，如图 6-5 所示。其中图 6-5（a）为铁氧体-钕铁硼组合，图 6-5（b）为铁氧体永磁-软铁或钕铁硼永磁-软铁组合。复合磁极结构的优点是：可以在保证电机性能的前提下，减少永磁材料的用量，降低电动机的成本，还可使电机具有复励特性，永磁-软铁组合也称为带辅助极磁极结构。

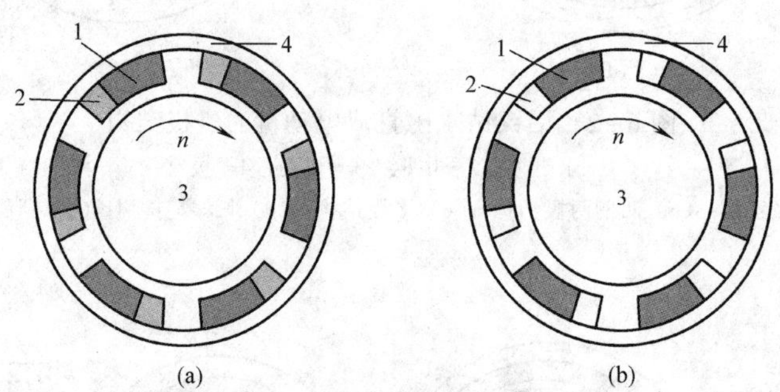

图 6-5　复合磁极结构

1—主极；2—辅助极；3—电枢；4—机壳

（a）铁氧体-钕铁硼组合；（b）铁氧体永磁-软铁组合

二、电枢结构

永磁直流电机的电枢包括有槽式、无槽式、空心杯式、印制绕组式和绕线盘式等多种结构。

图 6-6　有槽式电枢结构

普通有槽式电枢铁心由硅钢片叠成，电枢绕组放在转子槽内，如图 6-6 所示。电磁力作用在槽内的导体上，可靠性好，应用广泛。但由于齿槽的存在，会引起转矩的脉动。

无槽式电枢绕组均匀分布于转子铁心表面，如图 6-7 所示[1]。这种电枢的特点是转矩脉动小、低速

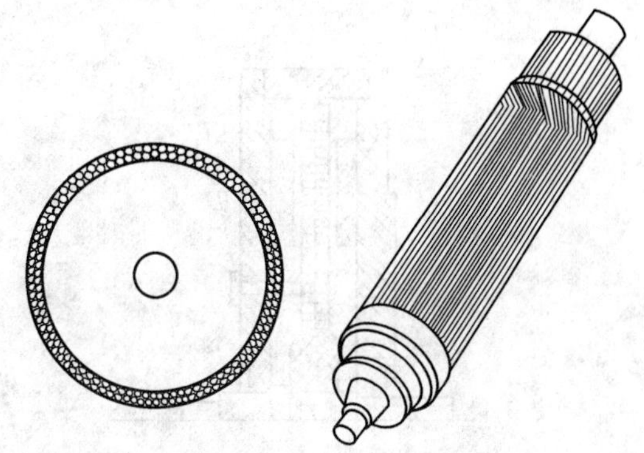
图 6–7　无槽式电枢结构

性能好。但有效气隙大、气隙磁通密度较低。为了得到较高的气隙磁通密度，须采用高性能的永磁材料。

空心杯式电枢的电枢绕组绕成杯形，有盘式绕组、直绕组、斜绕组、叠绕组等多种形式，电枢由专用的绕线机绕制并固化成型。根据永磁体与电枢杯相对径向位置的不同，又分为内定子永磁体和外定子永磁体两种结构，分别如图 6–8（a）、（b）所示。由于磁路系统与永磁体无相对运动，导磁体内无周期性变化的磁场，无铁耗，因此电机总损耗小，效率高。由于气隙大，且无电枢铁心，电枢线圈电感小，换向电动势小，换向良好，基本消除了换向火花，电刷与换向器的维护工作量也大为减小，提高了使用寿命。由于无齿槽，电机转矩脉动小，运行平稳。这类电机的缺点是输出功率小，漏磁较大，制造工艺复杂。

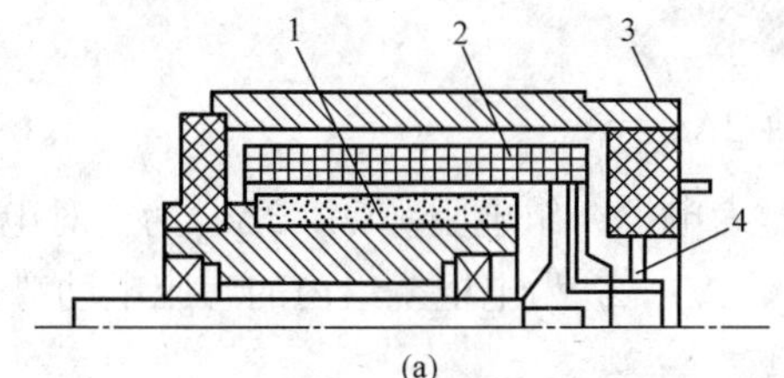

(a)

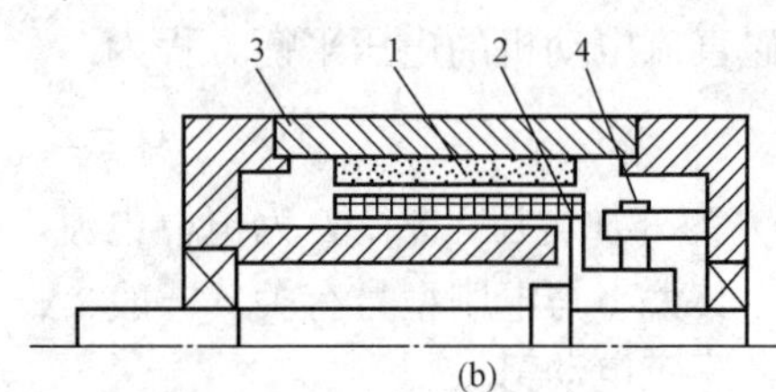

(b)

图 6–8　空心杯式电枢电机结构

（a）内定子永磁体结构；（b）外定子永磁体结构

1—永磁体；2—电枢杯；3—机壳；4—电刷

印制绕组式电枢的电枢绕组采用印刷电路板或冲制而成，呈圆盘状。定子由扇形永磁体及磁轭组成，可根据需要将永磁体设计为单面分布或双面分布，双面永磁体印制绕组式电机如图 6–9 所示。磁场方向为轴向，绕组有效部分兼作换向器，电枢盘可做成多层绕组。由于没有铁心，无铁耗，效率较高。电枢没有齿槽，转矩脉动小，运转平稳。具有惯量小、时间常数小、响应速度快且调节特性良好等特点，但由于电枢绕组与电刷间有相对摩擦运动，影响了使用寿命。

绕线盘式电枢是在印制绕组式电枢的基础之上发展起来的一种结构。其电枢的制造过程是：先绕制线圈，然后按照设计要求排列成波绕组或叠绕组，再用环氧树脂浇注成型或塑压成型，从而确保电枢绕组具有良好的机械强度。为了提高功率密度，电枢绕组可以制成多层。定子的制造过程为：首先将稀土永磁体制成所需形状，然后用高强度粘结剂将永磁体粘在定子轭上，其磁场为轴向。磁路结构可根据情况设计为单面永磁体或双面永磁体，小功率时通常采用前者，功率大时则采用后者。图 6–10 给出了单面永磁体绕线盘式电机结构示意图，它的电枢密度低、转动惯量和机电时间常数小。此外，由于无齿槽影响，电机运转平稳。

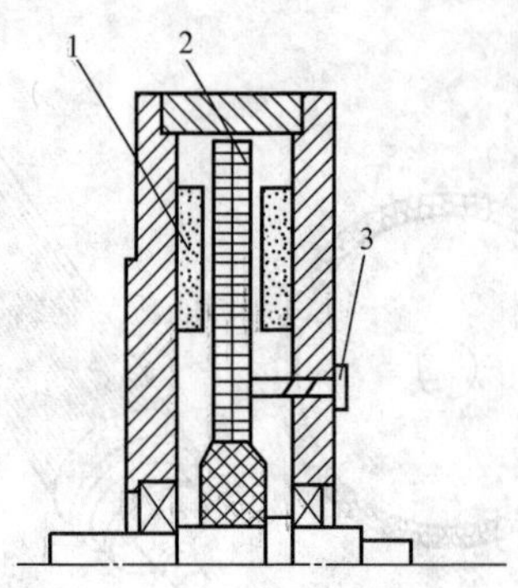

图6-9　双面永磁体印制绕组式电机结构示意图
1—永磁体；2—电枢；3—电刷

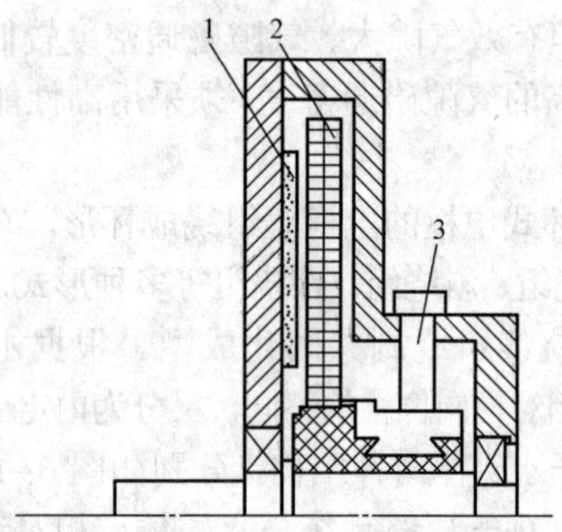

图6-10　单面永磁体绕线盘式电机结构示意图
1—永磁体；2—电枢；3—电刷

第二节　永磁直流电动机的基本方程

一、电压平衡方程

永磁直流电动机的电压平衡方程为：

$$U = E_a + I_a R_a + 2\Delta u_b \tag{6-1}$$

式中：U 为外加电压，V；I_a 为电枢电流，A；R_a 为电枢绕组电阻，Ω；$2\Delta u_b$ 为一对电刷接触压降，其大小与电刷型号有关，一般 $2\Delta u_b = 0.5 \sim 2$V；E_a 为电枢绕组内的感应电动势，V。

二、感应电动势

感应电动势是指电机正、负电刷之间的电动势。电枢绕组通常由几条并联支路组成，各支路的感应电动势都相同。在电枢旋转过程中，虽然组成各支路的元件不断变化，但正负电刷之间的元件数基本不变，感应电动势为基本恒定的直流电动势。当电刷位于几何中性线上、电枢线圈均匀分布且为整距时，感应电动势为：

$$E_a = \frac{pN}{60a}\Phi n = C_e \Phi n \tag{6-2}$$

式中：p 为电机极对数；N 为电枢绕组总导体数；Φ 为每极气隙磁通，Wb；a 为电枢绕组的并联支路对数；n 为转速，r/min；C_e 为电动势常数，$C_e = \frac{pN}{60a}$。

若绕组短距，则实际感应电动势比上式的计算值小，但直流电机的电枢绕组短距很小，对感应电动势影响也很小，可以忽略不计。若电刷从几何中性线移开，则支路中一部分导体的感应电动势将互相抵消，导致 E_a 减小。此外，若计算空载感应电动势，Φ 应为空载时的每极磁通；若计算负载感应电动势，Φ 应为负载时的每极磁通。

三、电磁转矩

当电枢绕组通电时，导体与永磁磁场相互作用，产生转矩，称为电磁转矩。当电刷放在几何中性线上、电枢线圈均匀分布且为整距时，电磁转矩为

$$T_{em} = \frac{pN}{2\pi a}\Phi I_a = C_T \Phi I_a \tag{6-3}$$

式中：T_{em} 为电磁转矩，N · m；C_T 为转矩常数，$C_T = \frac{pN}{2\pi a}$。

四、电磁功率

永磁直流电动机产生的电磁功率为：

$$P_{em} = T_{em}\Omega = \frac{pN}{2\pi a}\Phi I_a \frac{2\pi n}{60} = \frac{pN}{60a}\Phi n I_a = E_a I_a \tag{6-4}$$

式中：P_{em} 为电磁功率，W；Ω 为转子机械角速度，rad/s，$\Omega = \frac{2\pi n}{60}$。

五、功率平衡方程

将式（6–1）两边同乘以电枢电流 I_a，得：

$$UI_a = E_a I_a + R_a I_a^2 + 2\Delta u_b I_a \tag{6-5}$$

等式左边为电动机输入功率，用 P_1 表示；右边第一项为电磁功率；第二项为电枢绕组铜耗 p_{Cua}；第三项为电刷接触电阻损耗 p_b。因此有：

$$P_1 = P_{em} + p_{Cua} + p_b \tag{6-6}$$

从电磁功率中扣除铁耗 p_{Fe}、机械摩擦损耗 p_{fw} 后，得到电动机的输出功率 P_2，即：

$$P_{em} = P_2 + p_{Fe} + p_{fw} \tag{6-7}$$

六、转矩平衡方程

在式（6–7）两端同除以机械角速度，有：

$$T_{em} = T_2 + T_0 \tag{6-8}$$

式中：T_2 为电动机轴上的机械负载转矩，N•m，$T_2 = \frac{P_2}{\Omega}$；T_0 为因电动机铁心中涡流、磁滞损耗和机械损耗的存在而产生的空载阻转矩，N•m，$T_0 = \frac{p_{Fe} + p_{fw}}{\Omega}$。

七、电磁参数

1. 线负荷

永磁直流电动机的线负荷 A 定义为：

$$A = \frac{N}{\pi D_a}\frac{I_a}{2a} \tag{6-9}$$

式中：D_a 为电枢外径，cm。

2. 电枢绕组电阻

永磁直流电动机的电枢绕组电阻为：

$$R_a = \rho \frac{NL_{av}}{s_a}\frac{1}{(2a)^2} \tag{6-10}$$

式中：ρ 为绕组的电阻率，Ω•mm²/cm；s_a 为电枢导体的截面积，mm²；L_{av} 为电枢绕组的平均半匝长，cm。

3. 机械时间常数

机械时间常数 T_m 是衡量电动机动态响应性能的重要指标，定义为：

$$T_m = \frac{2\pi n_0 J}{T_{st}} = \frac{2\pi n_0 J}{C_T \Phi I_{st}} \qquad (6-11)$$

式中：n_0为空载转速，r/min；J为转子的转动惯量，kg•cm²；T_{st}为起动转矩，N•m；I_{st}为起动电流，A。

第三节　永磁直流电动机的工作特性

与电励磁直流电动机一样，永磁直流电动机的工作特性包括转速特性、转矩特性、机械特性和效率特性。

一、转速特性

转速特性为外加额定电压 U_N 时转速与电枢电流之间的关系，即$n = f(I_a)$。由电压平衡方程式（6–1）可得：

$$n = \frac{U_N - I_a R_a - 2\Delta u_b}{C_e \Phi} \qquad (6-12)$$

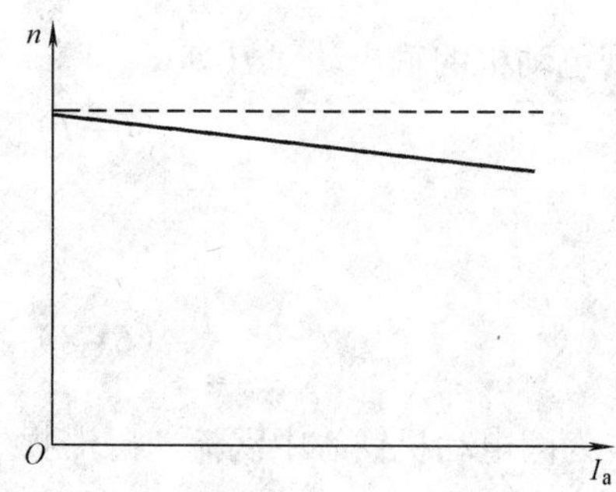

图 6–11　永磁直流电动机的转速特性

可以看出，负载电流增加时，$I_a R_a$增加，将使转速下降；同时每极磁通随电枢电流的增大而略有下降，有使转速升高的趋势，二者的影响相反，使电机转速变化很小。一般来讲，前者的影响比后者大，故转速特性是略微向下倾斜的，如图 6–11 所示。空载时，电枢电流很小，所引起的电压降和电枢反应去磁作用可以忽略，故空载转速为：

$$n_0 = \frac{U_N - 2\Delta u_b}{C_e \Phi_0} \qquad (6-13)$$

式中，Φ_0为空载时的每极磁通，Wb。

电机空载转速n_0和额定转速n_N之差与额定转速之比，称为电机的转速变化率，以Δn表示，为：

$$\Delta n = \frac{n_0 - n_N}{n_N} \times 100\% \qquad (6-14)$$

对于永磁直流电动机，Δn通常很小。

二、转矩特性

转矩特性是指外加额定电压U_N时，电动机的电磁转矩与电枢电流之间的关系，即$T_{em} = f(I_a)$。由式(6–3)可知，当电枢电流增加时，若每极磁通Φ不变，则电磁转矩为通过原点的直线。但每极磁通随电枢电流的增大而略有减小，故电磁转矩的增加比电流增加略慢，其转矩特性如图 6–12 所示。

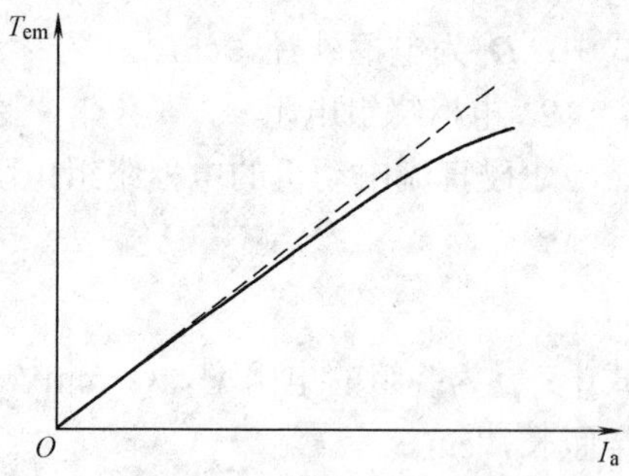

图 6–12　永磁直流电动机的转矩特性

三、机械特性

机械特性是指外加额定电压 U_N 时，电机转速与电磁转矩之间的关系，即 $n=f(T_{em})$。因 $I_a=\dfrac{T_{em}}{C_T\Phi}$，根据式（6–12）得：

$$n=\frac{U_N-2\Delta u_b-R_aI_a}{C_e\Phi}=\frac{U_N-2\Delta u_b}{C_e\Phi}-\frac{R_a}{C_eC_T\Phi^2}T_{em} \tag{6-15}$$

当每极磁通不变时，机械特性是一条下降的直线，如图 6–13 所示。由于电枢电阻较小，机械特性的斜率很小，特性硬。实际上，随着电磁转矩的增大，电枢反应的去磁作用略微增强，磁通不是常数，机械特性也不再是一条直线，而是在下端略有抬高。

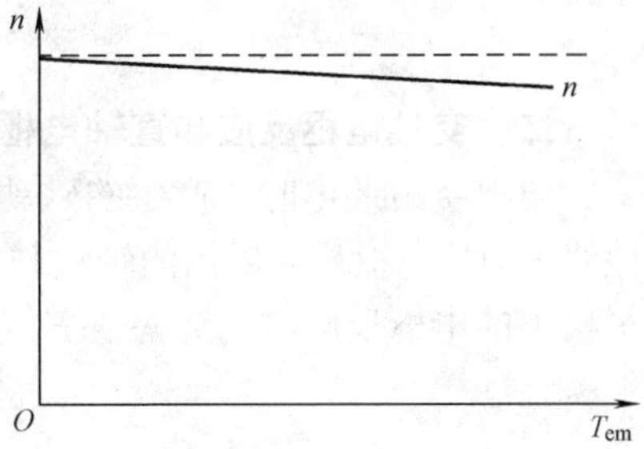

图 6–13　永磁直流电动机的机械特性

四、效率特性

效率特性是指外加额定电压 U_N 时，效率与输出功率的关系，即：

$$\eta=f(P_2)$$

$$\eta=\frac{P_2}{P_1}\times100\%=\frac{P_2}{P_2+\sum p}\times100\% \tag{6-16}$$

式中，$\sum p$ 为电机的总损耗，W。

第四节　永磁直流电动机的电枢反应

一、负载时气隙中的磁动势和磁场

永磁直流电动机负载时，有两个磁动势作用在气隙上，一个是永磁磁极产生的磁动势（在定子侧），一个是电枢绕组产生的磁动势（在转子侧）。永磁磁动势的轴线在直轴上，由于边缘磁通的影响，永磁磁动势产生的磁通密度分布 $B_0(x)$ 如图 6–14 所示。当电刷位于交轴时，电枢磁动势 $F_q(x)$ 近似为三角波，轴线在交轴上，所产生的磁通密度波形取决于磁极结构。当永磁磁极上有软铁极靴时，所产生的气隙磁通密度波形与普通直流电动机相同，为马鞍形；当永磁磁极直接面对空气隙时，由于永磁体的磁导率与空气接近，所产生的磁通密度 $B_q(x)$ 也近似为三角波。

当磁路不饱和时，负载合成磁场 $B_\delta(x)$ 为 $B_q(x)$ 和 $B_0(x)$ 之和。可以看出，电枢磁动势使一半极面下的磁通增强，而使另一半极面下的磁通削弱，每极磁通不变。当磁路饱和时，一半极面下所增加的磁通要比另一半极面下减少的磁通略少，每极磁通略有减小，最大去磁发生在后极尖。当无极靴时，若设计不当，容易使永磁体产生不可逆退磁，需要进行最大去磁工作点的校核。当磁极有软铁极靴且足够厚时，交轴电枢反应磁通经极靴闭合，对永磁体基本上无影响，只对气隙磁场有影响。

对无极靴的永磁直流电动机而言，电枢反应磁场要经过磁导率接近空气的永磁体，对气隙磁场的去磁效应并不大，而且准确计算很困难，通常不予考虑。

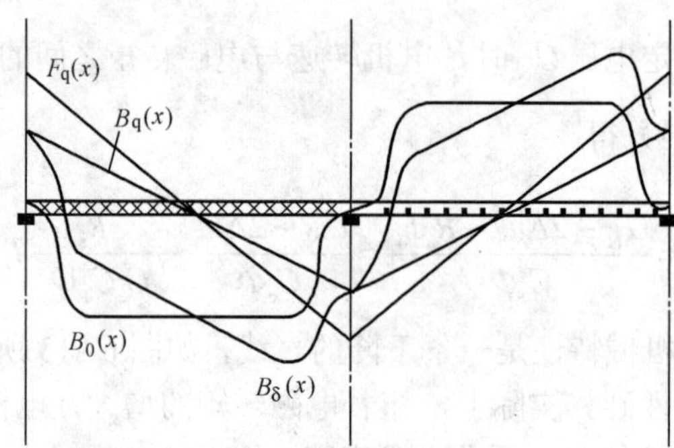

图 6-14　电枢磁动势和气隙磁场分布

二、交轴电枢反应和直轴电枢反应

电枢绕组通电时所产生的磁动势对永磁磁场的影响，称为电枢反应。当电刷位于几何中性线上时，电枢反应磁场的轴线与永磁磁场的轴线正交，这样的电枢反应称为交轴电枢反应。每极下的电枢反应磁动势幅值 F_a 为：

$$F_a = \frac{A\tau}{2} \tag{6-17}$$

式中，τ 为电机极距，cm。

有时为改善换向，电刷从几何中性线偏移一个角度β，电枢电流的分布随之改变，从而使电枢磁场的轴线也随电刷移动。此时的电枢反应可看作两个磁动势的叠加，如图 6-15 所示，一个是 2β 角度内的导体所产生的磁动势，轴线在直轴上，称为直轴电枢反应，其作用方向与永磁磁场相反，使主磁通减小，呈现去磁作用，其直轴磁动势最大值为

$$F_{ad} = F_a \frac{2\beta}{\pi} = A\tau \frac{\beta}{\pi} \tag{6-18}$$

2β 角度外的导体所产生的磁动势作用在交轴上，产生交轴电枢反应，磁动势最大值为

$$F_{aq} = F_a \frac{\pi - 2\beta}{\pi} = A\tau\left(\frac{1}{2} - \frac{\beta}{\pi}\right) \tag{6-19}$$

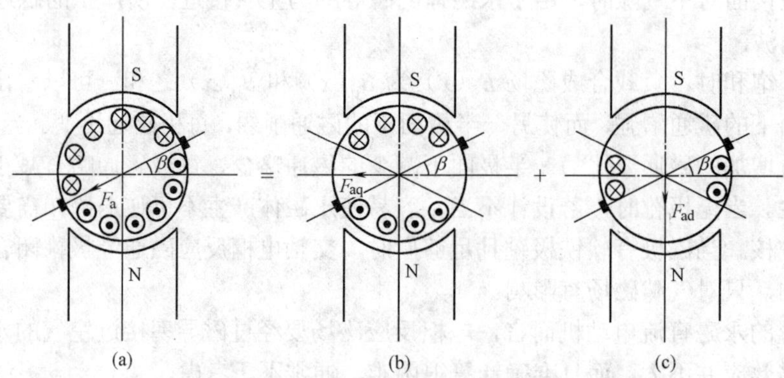

图 6-15　电刷不在几何中性线上时的电枢磁动势

（a）电枢磁动势；（b）交轴分量；（c）直轴分量

三、电枢反应对电机运行的影响

电枢反应对电机运行的影响如下：

（1）电枢反应的去磁作用使每极磁通略有减小。

（2）电枢反应使极面下的磁通密度分布不均匀，从而各换向片间的电动势分布也不均匀。当片间电动势过高时，可能会使换向片间的绝缘产生表面放电，称为电位差火花。在严重的情况下，电刷下由于换向引起的换向火花与电位差火花汇合在一起，在正负电刷之间形成环火，导致电枢烧毁。

（3）气隙磁场发生畸变，几何中性线处的磁通密度不为零，影响换向。

四、电枢反应最大去磁时永磁体工作点的校核

如前所述，若电枢电流很大，容易使永磁直流电动机后极尖的永磁体发生不可逆退磁，需要校核出现最大电流时后极尖永磁体的工作点，确保其在永磁体退磁曲线拐点以上。首先需要计算可能出现的最大电流。在永磁直流电动机中，最大电流与电机的运行状态有关。

当电动机满压起动时，在转速为零的瞬间，感应电动势也为零，此时的电流为起动电流，也称为堵转电流，为：

$$I_{max}=\frac{U-2\Delta u_b}{R_a} \tag{6-20}$$

突然短路是指电动机在正常运行时，电枢绕组两端突然短路。此时电枢电压为零，由于转子的惯性，电动机转速来不及变化，相应的电动势也不变，最大瞬时电流为：

$$I_{max}=\frac{E_a-2\Delta u_b}{R_a} \tag{6-21}$$

突然加反向电压是指在电机运行过程中，为改变电机转向，电枢电压突然由 $+U$ 突然变为 $-U$，此时转速和感应电动势都来不及变化，最大瞬时电流为：

$$I_{max}=\frac{U+E_a-2\Delta u_b}{R_a} \tag{6-22}$$

将最大瞬时电流代入电枢磁动势计算公式，求出作用于后极尖处的最大电枢去磁磁动势，通过磁路计算求出最大去磁时的工作点，若在退磁曲线拐点之下，则发生不可逆去磁。

第五节　永磁直流电动机的调速

由永磁直流电动机的机械特性方程：

$$n=\frac{U-2\Delta u_b-R_aI_a}{C_e\Phi}=\frac{U-2\Delta u_b}{C_e\Phi}-\frac{R_a}{C_eC_T\Phi^2}T_{em} \tag{6-23}$$

由式（6-23）可知，当负载一定时，电磁转矩 T_{em} 与负载转矩相平衡，改变直流电动机转速的方法有以下三种：电枢回路串电阻调速、改变主磁通调速和改变电压调速。

一、电枢回路串电阻调速

电枢回路串电阻调速的电路原理如图 6-16 所示，在电动机电枢回路中串联可调电阻 R_Ω，当外加电压及主磁通不变时，增大 R_Ω，电机电枢回路压降 $I_a(R_a+R_\Omega)$ 增大，电动机转速下降。电枢回路串不同电阻时的机械特性如图 6-17 所示。

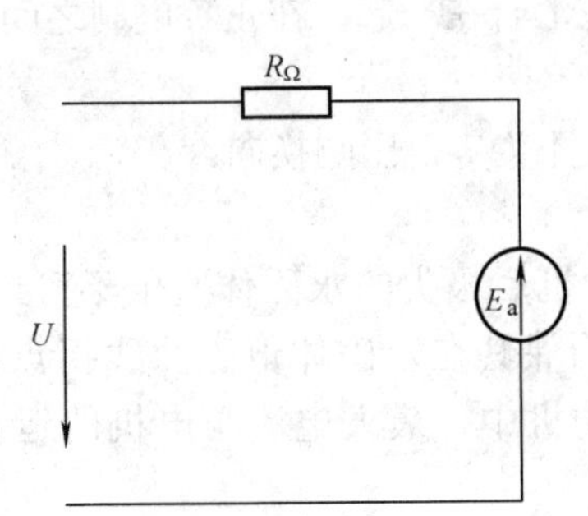

图 6-16 电枢回路串电阻调速电路原理图

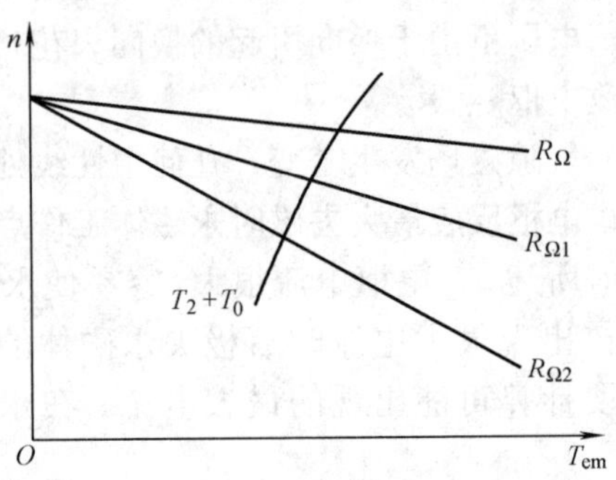

图 6-17 电枢回路串电阻时的机械特性

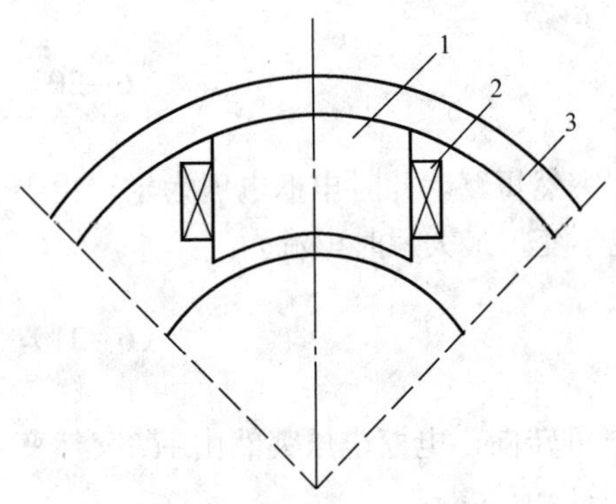

图 6-18 永磁直流电动机通过附加励磁绕组调速

1—永磁磁极；2—附加励磁绕组；3—定子磁轭

电枢回路串电阻调速，只能由额定转速向下调节，调速范围小。当负载变化时，转速变化大，特性软，效率较低。但这种调速方法所需的设备简单，操作方便，适用于功率不太大和对机械特性硬度要求不太高的场合，如起重机、电瓶车、无轨电车等。

二、改变主磁通调速

由于永磁直流电动机的磁通不易调节，这种调速方法较少采用。永磁直流电动机通过附加励磁绕组调速如图 6-18 所示，若在主磁极上装附加励磁绕组，也可以与电励磁直流电动机一样，通过调节励磁电流来调节电动机的转速。但由于永磁体的磁导率较小，磁通的调节范围受到限制。

三、改变电压调速

改变电压调速是永磁直流电动机最主要的调速方式。因为电枢电压不能超过额定电压，电枢电压只能由额定电压往下调。调节电枢电压时的机械特性如图 6-19 所示。这种调速方式平滑性好，可实现无级调速，调速范围广，稳定性好。通常采用晶闸管调压调速或斩波调压调速，如图 6-20 所示。图 6-20（a）是斩波调速的原理图，它是通过开关的导通与关断来改变加到电机电枢上的平均电压，从而改变电机的转速。保持脉冲频率不变，通过改变脉冲宽度调节输出电压平均值称为 PWM 模式，如图 6-20（b）所示；保持脉冲宽度不变，通过改变脉冲频率改变平均输出电压称为 PFM 模式，如图 6-20（c）所示。

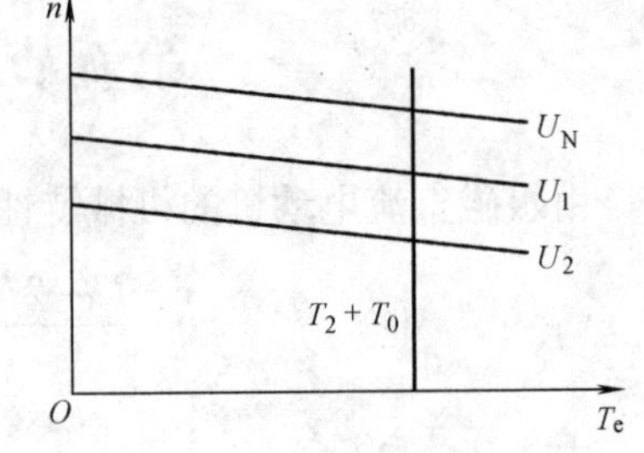

图 6-19 调节电枢电压时的机械特性

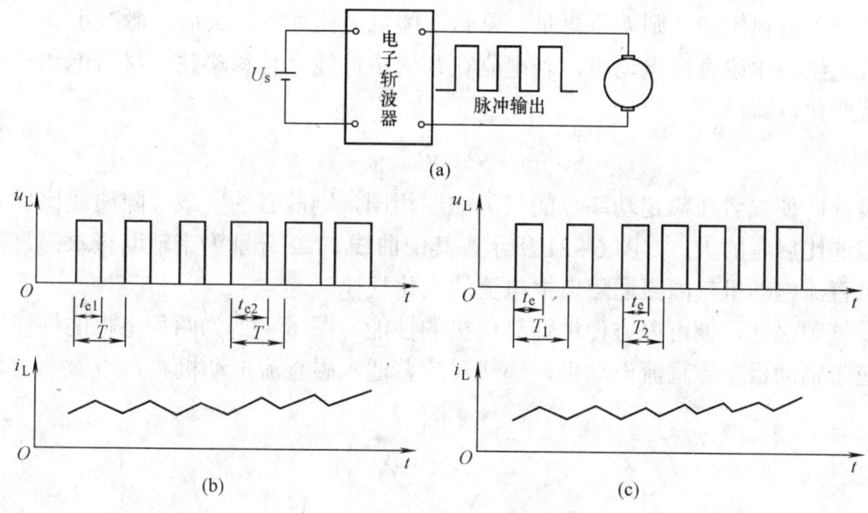

图 6-20　斩波调速原理图

（a）斩波电路框图；（b）脉冲宽度调制（PWM）；

（c）脉冲频率调制（PFM）

第六节　带辅助极永磁直流电动机

从性能上看，永磁直流电动机相当于一台他励直流电动机。由于永磁体的高矫顽力，电枢反应对磁通的影响很小。如前所述，永磁直流电动机具有许多优点，但在相同起动电流下，起动转矩比串励直流电动机小，为适应某些应用场合的大起动转矩要求，需适当增大其功率，使永磁体用量增加，电机重量也相应增加。本节介绍的带辅助极永磁直流电动机不仅保留了永磁直流电动机所具有的许多优点，而且还有一定的串励作用，每极磁通随电枢电流的增大而增大，具有复励直流电动机的特性。

一、带辅助极永磁直流电动机的结构和工作原理

带辅助极永磁直流电动机的磁极结构如图 6-5（b）所示。它与普通结构永磁直流电动机的区别在于：其每个磁极都由主极、辅助极两部分组成，辅助极由高导磁材料制成，主极由永磁材料制成，相对于电枢旋转方向，辅助极在前、主极在后，电枢只能单向旋转。

空载时，电枢反应很小，气隙磁通主要由主极提供，由于主极极弧系数较普通结构永磁直流电动机小，故空载气隙磁通小、空载转速高。

负载时，辅助极下的电枢反应磁动势产生较强的电枢反应磁场，方向与主极所产生的磁场方向相同，对气隙磁场起助磁作用，其作用相当于串励绕组。磁路不饱和时，这部分磁通与电枢电流成正比；主极下的电枢反应磁动势对气隙磁场影响较小，故负载气隙磁通随电枢电流增大而增大。

二、带辅助极永磁直流电动机的性能特点

由于永磁材料的高矫顽力，主极下磁通随负载电流的增大而略微减小。辅助极下气隙很小，电枢反应会产生较大的磁通，且随电流的增大而增大。因此每极气隙磁通可近似表示为：

$$\Phi = \Phi_0 + k_\phi I_a \tag{6-24}$$

若考虑铁磁材料饱和，则 k_ϕ 不再是一常数，随气隙磁通的增大而略微减小。

对于普通结构永磁直流电动机，若电刷在几何中性线上且忽略铁磁材料饱和，则气隙磁通不随电流变化，即：

$$\Phi = \Phi_0 \tag{6-25}$$

若在设计时使二者在额定功率点的气隙磁通相同，则前者的空载气隙磁通比后者小、起动时气隙磁通比后者的大，如图 6-21 所示，其中曲线 1、2 分别为带辅助极永磁直流电动机和普通永磁直流电动机气隙磁通随电枢电流的变化规律。

确定了气隙磁通，便可以方便地计算电机的性能。图 6-22 为两种电机的性能比较，其中实线对应带辅助极永磁直流电动机，虚线对应普通永磁直流电动机。

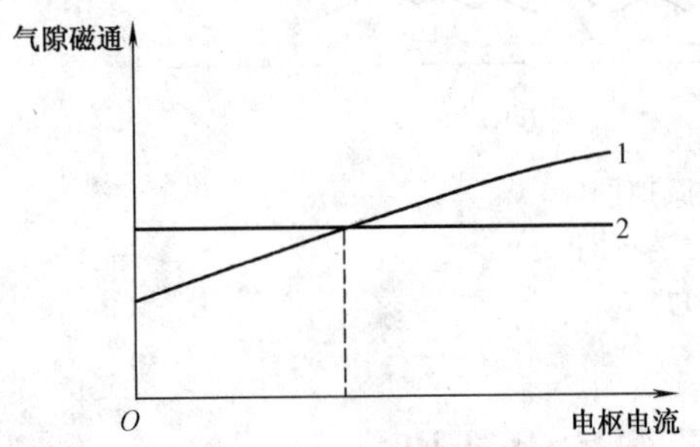

图 6-21　气隙磁通与电枢电流的关系

1—带辅助极磁极结构；2—普通磁极结构

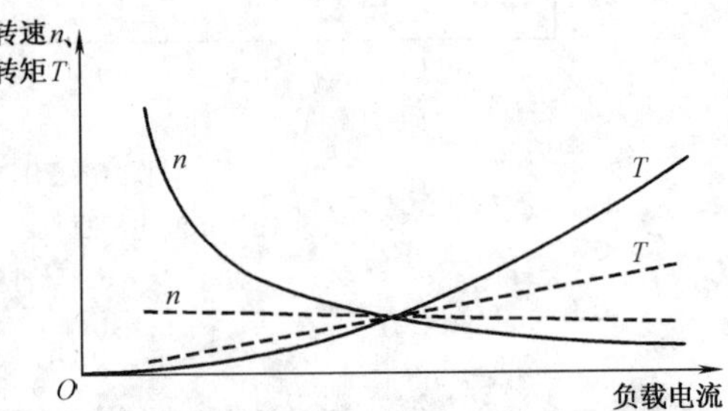

图 6-22　两种电机的性能比较

可以看出，带辅助极永磁直流电动机具有以下特点：

（1）具有与复励直流电动机相近的特性，起动转矩大，空载转速高。

（2）永磁材料用量少。

（3）与普通永磁直流电动机相比，工艺复杂性略微增加。

普通用途永磁直流电动机的电枢电流通常不大，电枢反应助磁作用不明显，不宜采用该结构。该结构适合于电枢反应强烈的电机，如起动机等。

三、实际应用

参考文献［2］开发了两台永磁起动机，分别采用普通结构和带辅助极结构，二者的区别在于磁极结构，其他结构尺寸都相同，二者在额定功率点的性能基本相同。表 6-1 和表 6-2 分别为带辅助极结构和普通结构的性能对比。可以看出：两种电动机的最大功率点性能基本不变，但带辅助极电动机的起动转矩提高了 44.5%，空载转速提高了 28.5%，永磁材料成本降低了 34.8%。

表 6-1　　　　普通结构永磁起动机的性能

性能	电流/A	转矩/（N·m）	转速/（r/min）	相应的电机端电压/V
空载性能	12	—	3467	11.75
额定功率点性能	40	0.81	2064	9.0
起动性能	97	2.75	—	7.1

表 6-2 带辅助极结构永磁起动机的性能

性能	电流/A	转矩/(N·m)	转速/(r/min)	相应的电机端电压/V
空载性能	14.2	—	4456	11.75
额定功率点性能	40	0.816	2052	9.0
起动性能	95	4.0	—	7.1

第七节 换 向

直流电机的电枢旋转时，由于换向器的作用，电枢元件从一条支路进入另一条支路，元件内电流的方向发生了改变，元件电流改变方向的过程，称为换向。换向前后的电流大小相等、方向相反。在直流电机中，任何瞬间都有元件在换向。若直流电机换向不好，将在电刷和换向器之间引起火花，火花超过一定程度，将烧坏电刷和换向器。火花严重时，还可能与电位差火花汇合在一起，形成环火，烧毁电机。此外，火花还会产生电磁波，产生无线电干扰。

换向是直流电机的共同问题，对直流电机可靠性有很大影响。对于永磁直流电动机，由于永磁磁极径向尺寸很小，不能像普通直流电机那样安装换向极，使换向问题更加突出。

一、换向过程

图 6-23 表示单叠绕组元件电流的换向过程。假设换向元件编号为 1，电刷宽度 b 等于换向片宽度 b_c，片间绝缘厚度忽略不计，电枢绕组以线速度 v 向左移动。

图 6-23(a) 中，元件 1 属于电刷右边的支路，其中的电流为 i_a，电刷仅与换向片 1 接触；运动到图 6-23(b) 所示位置时，电刷同时与换向片 1 和 2 接触，元件 1 被短路，其中的电流发生变化，从 i_a 开始衰减，直至电刷与换向片 2 完全接触；在图 6-23(c) 所示位置，元件 1 已属于电刷左边的支路，流过的电流是 $-i_a$。所以从图 6-23(a) 到图 6-23(c)，元件 1 经历了换向过程，称为换向元件。元件 1、换向片 1、换向片 2、电刷所构成的回路，称为换向回路。换向回路内的电流，也就是换向元件内的电流称为换向电流。换向过程经历的时间称为换向周期，用 T_c 表示。换向周期很短，一般约几个毫秒。

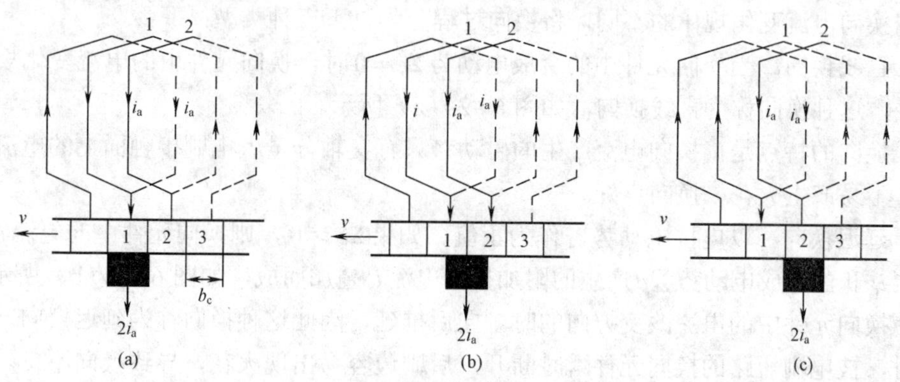

图 6-23 单叠绕组元件中电流的换向过程

(a) 换向开始；(b) 正在换向；(c) 换向结束

可以看出，换向实际上是换向元件在被电刷-换向片短路过程中发生的电磁现象，在此期间，由换向元件的电阻、电感、电刷接触电阻组成一个电路，这个电路中电流的变化规律对换向由很大影响。理想情况下，换向元件位于两极之间的中心线上，所在位置的气隙磁通密度为零，电刷接触电阻为常数，此时换向电流线性变化，是理想的换向过程。在实际换向过程中，换向元件所在位置的气隙磁通密度不为零，换向回路中存在多种感应电动势，电刷接触电阻也是非线性的，这些因素对换向电流产生很大影响，导致实际换向过程与理想换向过程差别很大。

1. 换向元件中的感应电动势

在换向过程中，换向元件内将产生两种感应电动势，下面分别讨论。

（1）电抗电动势。换向元件本身有自感，还有与其他元件之间的互感。换向电流的变化将在换向元件内产生自感电动势和互感电动势，二者的合成电动势称为电抗电动势。由于所有元件（包括换向元件在内）所产生的合成气隙磁通为交轴电枢反应磁通，不在换向元件内产生感应电动势，故电抗电动势仅由换向元件的漏磁通所感应产生；在换向周期内，电抗电动势的平均值为e_r。根据电磁感应定律，电抗电动势总是阻碍电流的变化，由于换向元件内电流不断减小，故e_r的方向与换向前的电流方向相同。

（2）旋转电动势。理想情况下，换向元件的两个边位于几何中性线位置上。由于电枢反应磁场的影响，几何中性线位置的气隙磁通密度不为零，换向元件切割磁场，产生感应电动势e_c，称为旋转电动势或运动电动势。无论是电动机还是发电机，旋转电动势的方向总与换向前的电流方向一致，即e_c与e_r的方向相同。

在大多数直流电机中，为改善换向，在几何中性线位置安装换向极，换向极产生的磁场比电枢反应磁场略强而方向相反，此时几何中性线位置的磁场方向与无换向极时的方向相反，因而e_c和e_r的方向相反。

换向元件中总的电动势应是旋转电动势和电抗电动势的代数和，即：

$$\Sigma e = e_c + e_r \tag{6-26}$$

$\Sigma e = 0$为理想情况。通常情况下，$\Sigma e \neq 0$。若Σe较大，将导致换向不良，在电刷下产生火花。

2. 换向类型

根据换向电流变化规律的不同，将换向过程分为以下三种类型：

（1）直线换向。当换向元件中的合成电动势$\Sigma e = 0$时，换向元件中的电流变化规律大体为一直线，这种换向称为直线换向，如图6-24（a）所示。

直线换向的特点是，换向电流产生的磁动势只有交轴分量、电刷接触面上的电流密度分布均匀、不易产生火花、换向良好。

（2）延迟换向。以电抗电动势e_r作为正值，如果$\Sigma e > 0$，则换向元件中的电流i由直线换向电流i_L和由合成电动势$\sum e$产生的附加换向电流i_c叠加而成，如图6-24（b）所示。i_c的出现，使换向元件中的电流改变方向的时刻向后推延，因此这种换向称为延迟换向。延迟换向结束时，被电刷短路的换向元件瞬时断开，后刷边容易出现火花，导致换向不良。后刷边的电流密度大于前刷边的电流密度。换向元件产生的磁动势除了交轴分量外，还有直轴分量，直轴磁动势使发电机去磁、电动机助磁。

（3）超越换向。若换向极磁场较强，则换向元件中与电抗电动势反向的旋转电动势可能大于电抗电动势，此时 $\Sigma e<0$，附加换向电流 i_c 将反向，因而换向元件中电流改变方向的时刻将比直线换向时提前，如图 6–24（c）所示，这种换向称为超越换向，轻微的超越换向有一定好处，但过度地超越换向也是不利的。前刷边的电流密度大于后刷边的电流密度。换向元件产生的磁动势除了交轴分量外，还有直轴分量，直轴磁动势使发电机助磁、电动机去磁。

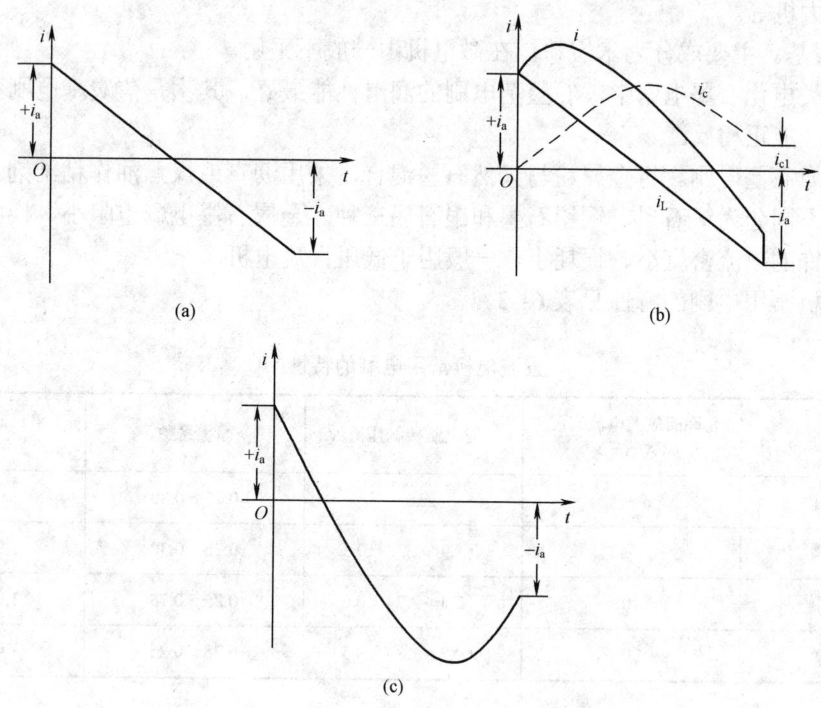

图 6–24　换向元件中电流的变化

（a）直线换向；（b）延迟换向；（c）超越换向

二、电刷及其选择

电刷的正确选择对直流电机的换向非常重要，下面介绍电刷的种类和选用原则。

1. 电刷的分类

根据所采用材料的不同，电刷可分为碳石墨电刷、石墨电刷、电化石墨电刷、金属石墨电刷四类。

（1）碳石墨电刷。在焦炭和炭黑中加入少量的石墨，所制成的电刷称为碳石墨电刷。该电刷的硬度和抗弯强度大，摩擦系数大，接触电阻中等，允许的电流密度较小，整体性能较差，目前已基本不使用。

（2）石墨电刷。原材料为天然石墨或人造石墨，粘结剂一般为沥青，其有润滑性好、电阻系数小（接触压降小）、允许电流密度大的优点，可用于低压小型电机。若改用酚醛树脂做粘结剂时，其电阻系数大（接触压降大）、润滑性能更好，适合于换向比较困难的电机。

(3) 电化石墨电刷。将炭在高温（2000～2700℃）下进行石墨化，粘结剂采用沥青或煤焦油。按主要材料的不同分为以下四种：

1）石墨基。主要成分为天然石墨。该电刷质软、电阻小、润滑性能好，可用于低压直流电机和轻载直流电机。

2）焦炭基。主要成分为石油焦或沥青焦。该电刷质软、电阻小、机械强度高、换向性能差，可用于小型直流电机、低压直流电机等。

3）炭黑基。主要成分为炭黑。该电刷质硬、电阻大、换向性能好，可用于直流伺服电动机、功率扩大机等。

4）木炭基。主要成分为木炭粉。在微电机中一般不采用。

上述四类电化石墨电刷中，石墨基电刷的润滑性能最好，其次是焦炭基电刷和炭黑基电刷，而换向性能正相反。

(4) 金属石墨电刷。将金属粉与天然石墨混合，采用沥青或煤焦油作粘结剂。按使用的金属材料的不同分为铜石墨、铜铅石墨和银石墨三种。金属石墨电刷电阻小、换向性能差、不耐磨、允许的电流密度小、损耗小，一般用于低压直流电机。

直流电机常用电刷的特性见表6-3。

表6-3　直流电机常用电刷的特性

特性材料	允许的最大电流密度/（A/cm²）	一对电刷接触压降/V	摩擦系数	单位面积的压力/（N/cm²）
碳石墨电刷	6～8	2±0.5	0.25～0.30	1.96～2.35
石墨电刷	7～11	（1.9～2.2）±0.5	0.25～0.30	1.96～2.35
电化石墨	10	（2.4～2.7）±0.6	0.25～0.75	1.96～3.92
金属石墨	20	（0.2～1.8）±0.5	0.25～0.25	1.47～2.35

2. 电刷的选用原则

不同种类的电刷具有不同的特性，差别较大，在选择和使用电刷时应考虑以下因素：

(1) 电刷接触压降。电刷接触压降越小，电刷接触损耗越小，换向性能越差。

(2) 额定转速。转速越高，换向越困难，电刷磨损越大。对高速电机，电刷的润滑性能很重要。因为摩擦系数过大将导致电刷接触不稳定，从而加大火花并加速电刷磨损，应首先采用石墨电刷。

(3) 单位面积的压力。单位面积的压力过小将使电刷和换向器接触不好，产生较大火花，过大则将使机械摩擦损耗增加。为保证可靠接触，高速电机的单位面积压力应比低速电机的大。

(4) 额定电压。额定电压为110V或220V以上的电机应首先采用前3类电刷，其次是电刷接触压降较大而金属含量不超过30%～50%的金属石墨电刷。额定电压为28V及以下的电机应首先采用金属含量不超过25%～40%的金属石墨电刷，但有时为保证电机寿命，也有采用前3类电刷的。额定电压为12V及以下的电机应采用金属含量70%以上的金属石墨电刷。

三、火花等级

虽然直流电机在运行时电刷下往往产生火花，但只要火花被限制在一定程度，就不会危及电机的运行。火花严重时，会影响电机运行甚至损坏电机。根据国家标准，电刷下的火花可以分为五个等级，即 1 级、1¼ 级、1½ 级、2 级和 3 级。火花等级与所对应的物理现象见表 6–4。1 级、1¼ 级和1½ 级火花均为持续运行中无害的火花。在 2 级火花作用下，换向器表面会出现炭渣和黑色痕迹，如运行时间过长，黑色痕迹也将扩展，同时电刷和换向器的磨损也显著增加，所以 2 级火花只允许在短时过载时出现，3 级火花是危险的，仅允许在直接起动或反转的瞬间出现，正常运行时是不允许的。

表 6–4　火花等级与所对应的物理现象

火花等级	1 级	1¼ 级	1½ 级	2 级	3 级
物理现象	无火花	电刷边缘及小部分有微弱的火花点或者非放电性红色小火花，换向器上没有黑痕，电刷上没有灼痕	电刷边缘大部分或全部有轻微的火花，换向器上有黑痕，但用汽油可擦除，同时在电刷上有轻微的灼痕	电刷边缘全部或大部分有强烈的火花，换向器上有黑痕，用汽油不能擦除，同时电刷上有灼痕	在电刷的整个边缘上都有强烈的火花，同时有大火花飞出。换向器严重发黑，用汽油不能擦掉，而且电刷有烧焦和损坏

四、改善换向的方法

换向不良将使电刷下出现火花，使换向器表面受到损伤，电刷磨损加快。改善换向的目的在于消除电刷下的火花，虽然产生火花的原因比较复杂，但若能设法减少或消除附加换向电流 i_c，就可以改善换向。下面介绍常见的改善换向方法。

（1）移动电刷。由于电枢反应的存在，几何中性线位置的磁通密度不再为零，换向元件内产生旋转电动势，使换向恶化。可以采用移动电刷的方法，使几何中性线位置的磁通密度为零，可以改善换向。对于直流发电机，应顺电机旋转方向移动电刷；对于直流电动机，应逆电动机旋转方向移动电刷。电刷的移动是在电动机生产过程中实现的，电动机制成之后，电刷无法移动。

该方法缺点比较明显，当负载变动时，电枢反应发生变化，电刷位置不一定合适，可能使换向恶化。此外，若电机允许正反转，则该方法也不适合。这种方法只在运行情况固定而负载变化又不大的单向旋转的直流电机中采用。

（2）选用接触压降大的电刷。

（3）尽可能降低线圈匝数。

（4）电刷压力要适当。

第八节　永磁直流电动机的设计

永磁直流电动机的电磁设计是根据额定数据和性能指标确定主要尺寸、永磁体尺寸、冲片尺寸、电枢绕组数据、投向器尺寸等，然后进行性能计算，若性能不满足要求，则调整结构数据，重新进行性能计算，直至得到合格的设计方案。

一、永磁直流电机的额定数据和性能指标

永磁直流电动机的额定数据有额定功率 P_N、额定电压 U_N 和额定转速 n_N 等。

性能指标主要有效率、温升和火花等级等，有时也可能给出起动转矩、转速变化率等指标。

二、主要尺寸

永磁直流电动机的主要尺寸是指电枢直径 D_a 和电枢计算长度 L_{ef}，它们和电机的电磁负荷有关。

1. 主要尺寸与功率、转速、电磁负荷的关系

与普通直流电动机相似，永磁直流电动机的主要尺寸与计算功率 P'、转速、电磁负荷之间的关系为：

$$\frac{D_a^2 L_{ef} n_N}{P'} = \frac{6.1\times10^4}{\alpha_i A B_\delta} \tag{6-27}$$

式中：P' 为计算功率，W，$P' = E_a I_a$，实际电机设计中，可由 $P' = \dfrac{1+2\eta_N}{3\eta_N} P_N$ 近似计算；η_N 为额定效率。

电机长径比 $\lambda = L_{ef}/D_a$ 的选择对电机的性能和经济性有很大影响。λ越大，则电枢越长，换向器片间电压和换向元件的电抗电动势越大，换向变差。通常小型永磁直流电机换向问题不大，λ可以大些，但为了保证电枢有足够槽数，λ取较小的值，一般取为 0.7～1.5。对于永磁直流伺服电动机，为减小机械时间常数和转子的转动惯量，λ 可取较大值，有的可达 2.5。

将 $L_{ef} = \lambda D_a$ 代入式（6-26），可得：

$$D_a = \sqrt[3]{\frac{6.1 P'\times10^4}{\alpha_i A B_\delta \lambda n_N}} \tag{6-28}$$

2. 电磁负荷的选择

电磁负荷的选择直接影响到电机的体积、重量、损耗和效率，关系到电机的经济性和性能。在永磁直流电动机中，磁负荷基本上由永磁材料的性能和磁路尺寸决定，当永磁材料、磁极尺寸和外磁路尺寸确定后，B_δ 就基本上被确定，变化范围很小。初选时可根据永磁材料和磁极结构选取，对于铝镍钴永磁体，一般取 $B_\delta =$（0.5～0.7）B_r；对于铁氧体和稀土永磁材料，一般取 $B_\delta =$（0.7～0.85）B_r。

当线负荷 A 较高时，电机体积较小，节约钢铁材料，铁耗减小，但绕组用铜量增加，铜耗增加，绕组温升增大。对于连续运行的小功率永磁直流电动机，一般取 $A = 30$～100A/cm，电枢绕组电流密度 J 取为 7～9A/mm^2。

3. 气隙长度选取

从建立气隙磁场的角度考虑，气隙长度 δ 应取较小的值，但由于受制造和装配的限制，δ 不能取得太小。此外，在永磁电机中，气隙磁场随气隙长度的变化没有电励磁电机那样敏感，当永磁体充磁方向长度较大时，略微调整气隙长度对气隙磁场影响不大。对于小功率永磁直

流电动机，气隙长度通常取为 0.15～0.6mm。

三、永磁体尺寸的确定

1. 永磁体充磁方向长度

永磁体充磁方向长度 h_m 与气隙 δ 大小有关。通常先根据电机的磁动势平衡关系预估一 h_m 初值，再根据具体的电磁性能计算进行调整；h_m 的大小决定了电机的抗去磁能力。在永磁直流电动机中，后极尖去磁最严重，因此应该校核最大电枢电流时后极尖永磁体的工作点，在保证不产生不可逆退磁的前提下，h_m 应尽可能小。

2. 永磁体轴向长度

对于稀土永磁材料，一般取永磁体轴向长度 L_m 与电枢铁心长度 L_a 相同，有时为节约永磁材料，L_m 比电枢铁心长度略短。对于铁氧体永磁材料，由于价格便宜且 B_r 较低，为减少用铜量，往往取 $L_m=(1.1\sim1.2)L_a$。

四、极数的选择

永磁直流电机的极数虽然与转速无关，但对电机性能有较大影响。极数增多，每极磁通减少，电枢轭部和定子机壳厚度小；绕组端部缩短，用铜量减少；片间电压平均值增加，换向器出现环火的可能性增大；电枢铁心中磁场交变频率随极数增大而增高，轭部铁耗因轭部磁通密度的降低而增加不多或不增加，齿部铁耗随极数的增加而迅速增加。一般来讲，极数增加时，低速电机的效率略有增加，高速电机的效率有所降低。小型永磁直流电动机的极数一般为 2～6 极。

五、电枢冲片的设计

1. 槽数的确定

在永磁直流电动机中，采用较多槽数时，可以减少线圈匝数，降低换向元件中的感应电动势，有利于换向，但槽绝缘增加，槽利用率降低，还可能造成齿根部过窄。此外，槽数 Q 的选择还应保证绕组满足对称条件：

$$\begin{cases} Q/a=\text{整数} \\ K/a=\text{整数} \\ p/a=\text{整数} \end{cases} \tag{6-29}$$

式中，K 为换向片数。槽数通常按以下经验公式确定：

$$Q=(2\sim4)D_a \tag{6-30}$$

2. 电枢槽形

一般小功率永磁直流电动机多选用梨形槽或半梨形槽；尺寸特别小的电动机，常采用圆形槽；汽车、摩托车用起动电机中，因电压低、电流大，常采用矩形导体和半闭口矩形槽。图 6－25 为永磁直流电动机常用槽形，下面说明各部分尺寸的选择原则和设计计算方法。

（1）梨形槽。槽口宽 b_{02} 应保证线圈能方便地嵌入或绕入槽中，其尺寸约为带绝缘漆包线直径的 2～3 倍，一般为 2～3mm；槽口高 h_{02} 一般为 0.8～2mm；在确定齿宽时，通常取齿部磁通密度 $B_{t2}=1.2\sim1.8\,\text{T}$，且齿宽要满足机械强度要求；确定轭高 h_{j2} 时，通常取转子轭部磁通密度 $B_{j2}=1.2\sim1.6\,\text{T}$；电枢冲片内径 D_{i2} 应与转轴外径相匹配。

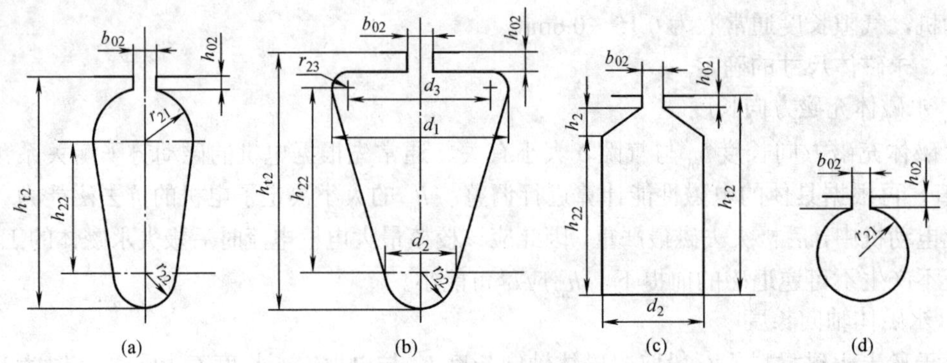

图 6-25 永磁直流电动机常用槽形

（a）梨形槽；（b）半梨形槽；（c）半闭口矩形槽；（d）圆形槽

（2）矩形槽。矩形槽的槽口宽度及高度可与梨形槽一样。由于采用矩形导线，导体从铁心端部穿入，槽口只起到限制漏磁的作用。槽口斜肩高 $h_2=(1\sim1.5)h_{02}$，在确定最小齿宽 $b_{t2\min}$ 时，该处的磁通密度不超过 1.8T。

六、换向器和电刷

1. 换向器尺寸的确定

（1）换向器直径。在直流电机中，换向器直径 D_k 通常如下选取：

$$D_k=(0.35\sim0.9)D_a \tag{6-31}$$

为了获得足够的换向片数而不致换向片太薄，换向器直径接近于电枢直径。

（2）换向器长度。小功率电动机一般每极只有一只电刷，换向器长度 L_k 比电刷长度大 10～25mm。

（3）换向器片距。换向器片距 t_k 为：

$$t_k=\frac{\pi D_k}{K}=\beta_i+\beta_k \tag{6-32}$$

式中：换向片数 K 应满足式（6-28）的绕组对称条件；β_i 为云母片的厚度，一般为 0.4～1.0mm；β_k 为换向片的厚度，应使铣槽后的最薄处不小于 0.5mm。

在晶闸管整流供电的直流电动机中，为减小电流脉动，通常采用较多换向片数。

2. 电刷

合适的电刷对抑制换向火花有重要作用。电压等级较高的永磁直流电动机通常采用电化石墨电刷，因其接触电压较高且耐磨，对换向有利。低压永磁直流电动机通常采用接触电压小的金属石墨电刷。

（1）电刷宽度。为避免因电刷振动产生的火花，电刷所覆盖的换向片数不得少于 1.5 片，但若电刷宽度 b_b 过大，会使换向区宽度过大，不利于换向。在换向区宽度允许的前提下，用较宽电刷以降低电抗电动势，减小换向器长度。在小型永磁直流电动机中，通常取：

$$b_b=(1.5\sim4)t_k \tag{6-33}$$

一般为 10～15mm。

（2）电刷长度。在电刷宽度确定后，电刷长度 L_b 为：

$$L_b = \frac{2I_N}{p_b b_b J_b} \tag{6-34}$$

式中：J_b 为电刷电流密度，一般可取 10～15A/cm^2；p_b 为电刷对数。

电刷长度过大时，电刷与换向器接触不可靠，应增加刷杆上的电刷并联数，使每只电刷的长度不致太大，接触更为可靠。电刷长度和宽度应选择标准尺寸。

七、换向条件的校核

在小功率永磁直流电动机中，换向问题不严重，为使结构简单，通常不设换向极。在设计中，通过限制换向区宽度和换向元件内的感应电动势来保证换向性能。在单方向旋转的永磁直流电动机中，常移动电刷以改善换向。

1. 换向区域宽度

在直流电机中，每个槽内有多个元件边，从槽内第一个元件边开始换向到最后一个元件边换向结束这段时间，称为换向周期。在一个换向周期内，电枢所移过的弧长称为换向区宽度，采用下式计算：

$$b_{kr} = \left[b_b + \left(u - \frac{a}{p} + \varepsilon_k \right) t_k \right] \frac{D_a}{D_k} \tag{6-35}$$

式中：ε_k 为线圈节距的缩短，$\varepsilon_k = \dfrac{K}{2p} - y_1$，$y_1$ 为线圈节距；u 为虚槽数。

设计中应使 b_{kr} 满足：

$$\frac{b_{kr}}{\tau(1-\alpha_p)} < 0.8 \tag{6-36}$$

2. 电枢反应电动势与电抗电动势

在换向元件中，存在电抗电动势 e_r 和电枢反应电动势 e_a，它们在换向元件中产生附加电流，使电刷的后刷边产生火花，火花的强烈程度取决于 $\Sigma e = e_r + e_a$ 的大小。

（1）电抗电动势。电抗电动势是由于槽、齿顶和端部漏磁通随换向元件中电流变化而在换向元件中感应的电动势。

对于常用的梨形槽，电抗电动势可按下式算出：

$$e_r = 2W_s V_a A L_a \Sigma\lambda \times 10^{-6} \tag{6-37}$$

式中：V_a 为电枢圆周速度，单位 m/s；W_s 为元件匝数，$\Sigma\lambda = \lambda_s + \lambda_e + \lambda_t$；$\lambda_s$ 为槽部比漏磁导，不同的槽形有不同的计算公式，对于梨形槽有：

$$\lambda_s = 0.6\frac{h_{t2}}{r_{21} + r_{22}} \tag{6-38}$$

对于半梨形槽，有：

$$\lambda_s = \frac{h_{t2}}{d_1} + \frac{2h_{22}}{3(d_1 + d_2)} + \frac{h_{02}}{b_{02}} \tag{6-39}$$

λ_e 为绕组端部比漏磁导：

$$\lambda_e = (0.5 \sim 1.0)\frac{L_{av}}{2L_a} \tag{6-40}$$

λ_t 为齿顶比漏磁导：

$$\lambda_t = 0.92\lg\frac{\pi t_2}{b_{02}} \tag{6-41}$$

（2）电枢反应电动势。电枢反应电动势 e_a 是换向元件切割交轴电枢反应磁通所产生的电动势：

$$e_a = 2W_s V_a L_a B_{aq} \times 10^{-2} \tag{6-42}$$

式中，B_{aq} 为交轴电枢反应磁通密度，T。

对于稀土永磁直流电动机，有：

$$B_{aq} = \frac{\mu_0 A\tau}{2(\delta + h_m)} \tag{6-43}$$

对于瓦片形的铁氧体永磁直流电动机，有：

$$B_{aq} = \frac{\pi D_a A}{4p}\left(1 - \frac{2p}{K}\frac{b_b}{t_K}\right)\frac{\mu_0}{\delta_{aq}} \times 10^2 \tag{6-44}$$

其中

$$\delta_{aq} = \delta + \mu_r h'_m \tag{6-45}$$

$$h'_m = \frac{h_m(D_{mi} - \delta)}{\mu_r(D_{mi} + h_m)} \tag{6-46}$$

式中，D_{mi} 为永磁体内径。

（3）换向元件的合成电动势。换向元件的合成电动势为：

$$\Sigma e = e_r + e_a \tag{6-47}$$

对于低压大电流永磁电动机，要求 $\Sigma e < 0.5$V；对于 110V 以上的小功率永磁直流电动机，要求 $\Sigma e < 1.5$V。

第九节　永磁直流电动机的电磁设计程序和算例[3]

一、额定数据

（1）额定功率：$P_N = 55$W

（2）额定电压：$U_N = 24$V

（3）额定转速：$n_N = 3000$r/min

（4）额定效率：$\eta_N = 63\%$

（5）起动转矩倍数：$T^*_{stN} = 4.5$

二、主要尺寸及永磁体尺寸的选择

（6）额定电流：$I_N = \dfrac{P_N}{\eta_N U_N} = \dfrac{55}{0.63\times24}\text{A} = 3.64\text{ A}$

（7）计算功率：$P' = \left(\dfrac{1+2\eta_N/100}{3\eta_N/100}\right)P_N = \dfrac{1+2\times0.63/100}{3\times0.63/100}\times55\text{W} = 65.77\text{ W}$

（8）感应电动势初值计算：$E_a = \dfrac{P'}{I_N} = \dfrac{65.77}{3.64}\text{V} = 18.06\text{V}$

（9）极对数：$p=1$

（10）永磁材料类型：粘结钕铁硼

（11）预计工作温度：$t=75$℃

（12）永磁体剩磁通密度：$B_{r20}=0.65\text{T}$

工作温度时的剩磁通密度：

$$B_r = \left[1+(t-20)\frac{a_{Br}}{100}\right]\times\left(1-\frac{IL}{100}\right)B_{r20}$$

$$=\left[1+(75-20)\times\frac{(-0.07)}{100}\right]\times\left(1-\frac{0}{100}\right)\times0.65\text{T} = 0.625\text{T}$$

$\alpha_{Br}=-0.07$ 为 B_r 的温度系数；$IL=0$ 为 B_r 的不可逆损失率。

（13）永磁体计算矫顽力：$H_{c20}=440\text{kA/m}$

工作温度时的矫顽力为：

$$H_c = \left[1+(t-20)\frac{\alpha_{Br}}{100}\right]\times\left(1-\frac{IL}{100}\right)H_{c20}$$

$$=\left[1+(75-20)\frac{(-0.07)}{100}\right]\times\left(1-\frac{0}{100}\right)\times440\text{kA/m} = 423.1\text{kA/m}$$

（14）永磁体相对回复磁导率：$\mu_r = \dfrac{B_r}{\mu_0 H_c}\times10^{-3} = \dfrac{0.65}{4\pi\times10^{-7}\times440}\times10^{-3} = 1.17$

式中，$\mu_0 = 4\pi\times10^{-7}\text{ H/m}$。

（15）在最高工作温度（铁氧体为最低温度）时退磁曲线拐点：$b_k=0.2$

（16）电枢铁心材料：DR510－50

（17）电负荷预估值：$A'=95\text{A/cm}$

（18）气隙磁通密度预估值：$B'_\delta = (0.60\sim0.85)B_r = 0.696\times0.625\text{T} = 0.435\text{T}$

（19）计算极弧系数：$\alpha_i = 0.6\sim0.75$（取 0.74）

（20）长径比预估值：$\lambda=0.6\sim1.5$（取 0.80）

（21）电枢直径：$D_a = \sqrt[3]{\dfrac{6.1P'\times10^4}{\alpha_i A' B'_\delta n_N \lambda}} = \sqrt[3]{\dfrac{6.1\times65.77\times10^4}{0.74\times95\times0.435\times3000\times0.8}}\text{cm} = 3.8\text{cm}$（取 $D_a=$ 3.8cm）

（22）电枢长度：$L_a = \lambda D_a = 0.8\times3.8\text{cm} = 3.04\text{cm}$（取 $L_a = 3.0\text{ cm}$）

（23）极距：$\tau=\dfrac{\pi D_a}{2p}=\dfrac{3.14\times3.8}{2\times1}\text{cm}=5.97\text{cm}$

（24）气隙长度：$\delta=0.05\text{cm}$

（25）永磁磁极结构：瓦片形

（26）极弧系数：$\alpha_p=0.70$（查图3-18）

（27）磁瓦圆心角θ_p：对于瓦片形结构，$\theta_p=\alpha_p\times180^\circ=0.7\times180^\circ=126^\circ$

（28）永磁体磁厚度：$h_M=0.4\text{cm}$

（29）永磁体轴向长度：$L_M=L_a=3.0\text{cm}$

对于钕铁硼永磁：$L_M=L_a$

对于铁氧体永磁：$L_M=(1.1\sim1.2)L_a$

（30）电枢计算长度：对于钕铁硼永磁：$L_{ef}=L_a+2\delta=(3.0+2\times0.05)\text{cm}=3.1\text{cm}$

对于铁氧体永磁：$L_{ef}=L_a+\Delta L_a^*(h_M+\delta)$

其中ΔL_a^*可由电磁场计算求得或根据ΔL_m^*和h_m/δ（查图3-23）。

$$\Delta L_m^*=\frac{L_M-L_a}{h_M+\delta}$$

（31）永磁体内径：$D_{mi}=D_a+2\delta+2h_p=(3.8+2\times0.05+2\times0)\text{cm}=3.9\text{cm}$（本例$h_p=0$）

（32）永磁体外径：$D_{m0}=D_{mi}+2h_M=(3.9+2\times0.4)\text{cm}=4.7\text{cm}$

（33）电枢圆周速度：$V_a=\dfrac{\pi D_a n_N}{6000}=\dfrac{3.14\times3.8\times3000}{6000}\text{m/s}=5.97\text{m/s}$

（34）机座材料：铸钢

（35）机座长度：$L_j=(2.0\sim3.0)L_a=2.5\times3.0\text{cm}=7.5\text{cm}$

（36）机座厚度：$h_j=\dfrac{\sigma a_i\tau L_{ef}B'_\delta}{2L_jB'_j}=\dfrac{1.21\times0.74\times5.97\times3.1\times0.435}{2\times7.5\times1.5}\text{cm}=0.321\text{cm}$（取$h_j=0.30\text{cm}$）

式中：B'_j为初选机座轭磁通密度，一般$B'_j=(1.5\sim1.8)\text{T}$；$\sigma$为漏磁系数。对于小电机，一般可取$\sigma=\sigma_0$，$\sigma_0=k(\sigma_1+\sigma_2-1)=0.92\times(1.016+1.3-1)=1.21$；$\sigma_1$为端部漏磁系数，$\sigma_1=\dfrac{\sigma'_1}{L_{ef}}+1=\dfrac{0.05}{3.1}+1=1.016$；$\sigma'_1$为端部漏磁计算，由电磁场计算求得或查图3-29得0.05；σ_2为极间漏磁系数，由电磁场计算求得或查图3-25得1.3；k为经验修正系数。

（37）机座外径：$D_j=D_{m0}+2h_j=(4.7+2\times0.3)\text{cm}=5.3\text{cm}$

三、电枢冲片及电枢绕组的计算

（38）绕组型式：单叠。

在小功率直流电动机中，两极的采用单叠绕组，多极的采用单波绕组。

（39）绕组并联支路对数：$a=1$。

单叠绕组$a=p$；单波绕组$a=1$。

（40）槽数：取$Q=13$。

（41）槽距：$t_2=\dfrac{\pi D_a}{Q}=\dfrac{3.14\times3.8}{13}\text{cm}=0.918\text{ cm}$

（42）预计满载气隙磁通：$\phi'_\delta=a_i\tau L_{ef}B'_\delta\times10^{-4}=0.74\times5.97\times3.1\times0.435\times10^{-4}\text{Wb}=5.96\times10^{-4}\text{Wb}$

（43）预计导体总数：$N'=\dfrac{60aE_a}{p\phi'_\delta n_N}=\dfrac{60\times1\times18.06}{1\times5.96\times10^{-4}\times3000}=606$

（44）每槽导体数：$N'_s=\dfrac{N'}{Q}=\dfrac{606}{13}=46.6$

（45）每槽元件数：$u=2$

（46）每元件匝数：$W'_s=\dfrac{N'_s}{2u}=\dfrac{46.6}{2\times2}=11.65$（将$W'_s$归整为整数$W_s$，取 $W_s=12$）

（47）实际每槽导体数：$N_s=2uW_s=2\times2\times12=48$

（48）实际导体总数：$N=QN_s=13\times48=624$

（49）换向片数：$K=uQ=2\times13=26$

（50）实际电负荷：$A=\dfrac{NI_N}{2\pi aD_a}=\dfrac{624\times3.64}{2\times1\times3.14\times3.8}\text{A/cm}=95.13\text{ A/cm}$

（51）支路电流：$I_a=\dfrac{I_N}{2a}=\dfrac{3.64}{2\times1}\text{A}=1.82\text{A}$

（52）预计电枢电流密度：$J'_2=6.5\text{A/mm}^2$，一般选取$J'_2=5\sim13\text{A/mm}^2$。

（53）预计导体面积：$A'_{Cun}=\dfrac{I_a}{J'_2}=\dfrac{1.82}{6.5}\text{mm}^2=0.28\text{mm}^2$，根据此截面积选用截面积相近的铜线，查附录 A。

（54）并绕根数：$N_t=1$

（55）导线裸线线径：$d_i=0.6\text{mm}$

（56）导线绝缘后线径：$d=0.65\text{mm}$

（57）实际导线截面积：$A_{Cua}=\dfrac{\pi}{4}N_td_i^2=\dfrac{\pi}{4}\times1\times0.6^2\text{mm}^2=0.283\text{mm}^2$

（58）实际电枢电流密度：$J_2=\dfrac{I_a}{A_{Cua}}=\dfrac{1.82}{0.283}\text{A/mm}^2=6.44\text{A/mm}^2$

（59）实际热负荷：$AJ_2=95.13\times6.44=612\text{A}^2/(\text{cm}\cdot\text{mm}^2)$

（60）槽形选择：半梨形槽

（61）槽口宽度：$b_{02}=0.16\text{cm}$

（62）槽口高度：$h_{02}=0.08\text{cm}$

（63）槽上部半径：$r_{21}=0\text{cm}$

（64）槽下部半径：$r_{22}=0.13\text{cm}$

（65）槽上部倒角半径：$r_{23}=0.1\text{cm}$

（66）槽上部高度：$h_2=0.1\text{cm}$（注：对于梨形槽，可取 $h_2=r_{21}$；对于半梨形槽，可取 $h_2=r_{23}$）

（67）槽上部宽度：$d_1=0.57\text{cm}$

（68）槽中部高度：h_{22}=0.64cm

（69）槽下部宽度：d_2=0.26cm

（70）槽上部倒角圆心距：d_3=0.37cm

（71）槽高：h_{t2}=0.95cm

（72）齿宽：b_{t2}=0.261cm

齿上部宽度：$b_{t21}=\dfrac{\pi(D_a-2h_{02}-2h_2)}{Q}-d_1=\dfrac{3.14\times(3.8-2\times0.08-2\times0.1)}{13}\text{cm}-0.57\text{cm}=$ 0.261cm

齿下部宽度：

$$b_{t22}=\frac{\pi(D_a-2h_{t2}+2r_{22})}{Q}-2r_{22}=\frac{3.14\times(3.8-2\times0.95+2\times0.13)}{13}\text{cm}-2\times0.13\text{cm}=0.262\text{cm}$$

若 $b_{t21}>b_{t22}$，则 $b_{t2}=\dfrac{b_{t21}+2b_{t22}}{3}$；

若 $b_{t22}>b_{t21}$，则 $b_{t2}=\dfrac{b_{t22}+2b_{t21}}{3}=\dfrac{0.262+2\times0.261}{3}\text{cm}=0.261\text{cm}$

（73）槽净面积

1）梨形槽：$A_s=\dfrac{\pi}{2}(r_{21}^2+r_{22}^2)+h_{22}(r_{21}+r_{22})-C_i[\pi(r_{21}+r_{22})+2h_{22}]$

2）半梨形槽：
$$\begin{aligned}A_s&=\frac{\pi}{2}(r_{22}^2+r_{23}^2)+\frac{1}{2}h_{22}(d_1+2r_{22})+r_{23}d_3-C_i(\pi r_{22}+2h_{22}+d_1)\\&=\frac{3.14}{2}\times(0.13^2+0.1^2)\text{ cm}^2+\frac{1}{2}\times0.64\times(0.57+2\times0.13)\text{ cm}^2+0.13\times0.37\text{cm}^2\\&\quad-0.03\times(3.14\times0.13+2\times0.64+0.57)\text{ cm}^2=0.288\text{cm}^2\end{aligned}$$

3）圆形槽：$A_s=\pi r_{21}^2-2C_i\pi r_{21}$

4）矩形槽：$A_s=\dfrac{1}{2}(b_{02}+d_2)h_2+h_{22}d_2-C_i\left[d_2+2h_{22}+\sqrt{(d_2-b_{02})^2+4h_{22}^2}\right]$

5）斜肩圆底槽：

$$A_s=\frac{\pi}{2}r_{22}^2+\frac{1}{2}h_{22}(d_1+2r_{22})+\frac{1}{2}(b_{02}+d_1)h_2-C_i\left[\pi r_{22}+2h_{22}+\sqrt{(d_1-b_{02})^2+4h_{22}^2}\right]$$

式中，C_i 为槽绝缘厚度。

（74）槽满率：$S_f=\dfrac{N_tN_sd^2}{A_s}=\dfrac{1\times48\times0.65^2}{0.288}\times10^{-2}=70.4\%$

（75）绕组平均半匝长度：$L_{av}=L_a+K_eD_a=(3.0+1.35\times3.8)\text{cm}=8.13\text{cm}$

$$K_e=\begin{cases}1.35 & p=1\\1.10 & p=2\\0.80 & \text{其他}\end{cases}$$

（76）电枢绕组电阻：$R_{a20}=\dfrac{\rho_{20}NL_{av}}{4A_{Cua}a^2}=\dfrac{0.178\,5\times10^{-3}\times624\times8.13}{4\times0.283\times1^2}\Omega=0.8\Omega$

$$R_{a75}=\frac{\rho_{75}NL_{av}}{4A_{Cua}a^2}=\frac{0.217\times10^{-3}\times624\times8.13}{4\times0.283\times1^2}\Omega=0.972\Omega$$

$$\rho_{20}=0.1785\times10^{-3}\Omega\cdot\text{mm}^2/\text{cm}\ ,\quad \rho_{75}=0.217\times10^{-3}\Omega\cdot\text{mm}^2/\text{cm}$$

（77）转子冲片内径：D_{i2}=0.7cm

（78）电枢轭高：$h_{j2}=\dfrac{1}{2}(D_a-2h_{t2}-D_{i2})=\dfrac{1}{2}\times(3.8-2\times0.95-0.7)\text{cm}=0.6\text{cm}$

（79）电枢轭有效高：$h_{j21}=h_{j2}+\dfrac{D_{i2}}{8}=\left(0.6+\dfrac{0.7}{8}\right)\text{cm}=0.688\text{cm}$

转子冲片直接压装在转轴上时，可认为转轴表面是轭高的一部分，一般取 $D_{i2}/8$。

四、磁路计算

（80）气隙系数：$K_\delta=K_{\delta m}+(K_{\delta m}-1)\dfrac{h_M}{\delta}=1.01+(1.01-1)\times\dfrac{0.4}{0.05}=1.089$

$$K_{\delta m}=\frac{t_2}{t_2-\sigma_s b_{02}}=\frac{0.918}{0.918-0.0563\times0.16}=1.01$$

式中

$$\sigma_s=\frac{2}{\pi}\left\{\arctan\frac{1}{2}\left(\frac{b_{02}}{h_M+\delta}\right)-\left(\frac{h_M+\delta}{b_{02}}\right)\ln\left[1+\frac{1}{4}\left(\frac{b_{02}}{h_M+\delta}\right)^2\right]\right\}$$
$$=\frac{2}{\pi}\left\{\arctan\frac{1}{2}\left(\frac{0.16}{0.4+0.05}\right)-\left(\frac{0.4+0.05}{0.16}\right)\ln\left[1+\frac{1}{4}\left(\frac{0.16}{0.4+0.05}\right)^2\right]\right\}$$
$$=0.0563$$

（81）气隙磁通密度：$B_\delta=\dfrac{\phi'_\delta\times10^4}{a_i\tau L_{ef}}=\dfrac{5.80}{0.74\times5.9\times3.1}\text{T}=0.429\text{ T}$

（82）每对极气隙磁位差：$F_\delta=1.6K_\delta\delta B_\delta\times10^4=1.6\times1.089\times0.05\times0.429\times10^4\text{ A}=373.7\text{ A}$

（83）电枢齿磁通密度：$B_{t2}=\dfrac{t_2L_{ef}B_\delta}{b_{t2}L_aK_{Fe}}=\dfrac{0.918\times3.1\times0.429}{0.261\times3.0\times0.95}\text{T}=1.64\text{ T}$

（84）电枢齿磁场强度：H_{t2}=50.0A/cm［查附表 B－1（2）］

（85）电枢齿磁位差：$F_{t2}=2h_{t2}H_{t2}=2\times0.95\times50.0\text{A}=95.0\text{ A}$

（86）电枢轭磁通密度：$B_{j2}=\dfrac{\phi'_\delta\times10^4}{2K_{Fe}h_{j21}L_a}=\dfrac{5.80}{2\times0.95\times0.688\times3}\text{T}=1.48\text{ T}$

（87）电枢轭磁场强度：H_{j2}=18.1A/cm［查附表 B－1（2）］

（88）电枢轭磁位差：$F_{j2}=L_{j2}H_{j2}=2.04\times18.1\text{A}=36.9\text{ A}$

式中电枢轭部磁路平均计算长度：$L_{j2}=\dfrac{\pi(D_{j2}+h_{j2})}{2p}=\dfrac{\pi(0.7+0.6)}{2}\text{cm}=2.04\text{ cm}$

（89）定子轭磁通密度：$B_{j1}=\dfrac{\sigma\phi'_{\delta}\times10^{4}}{2h_{j}L_{j}}=\dfrac{1.21\times5.80}{2\times0.3\times7.5}\text{T}=1.56\text{T}$

（90）定子轭磁场强度：$H_{j1}=28.5\text{A/cm}$

（91）定子轭磁位差：$F_{j1}=L_{j1}H_{j1}=7.85\times28.5\text{A}=223.7\text{A}$

式中定子轭部磁路平均计算长度：$L_{j1}=\dfrac{\pi(D_{j}-h_{j})}{2p}=\dfrac{\pi(5.3-0.3)}{2}\text{cm}=7.85\text{cm}$

（92）外磁路总磁位差：$\Sigma F=F_{\delta}+F_{t2}+F_{j2}+F_{j1}=(373.7+95+36.9+223.7)\text{A}=729.3\text{A}$

（93）空载特性计算表：

ϕ_{δ} （Wb×10^{-4}）	4.0	4.5	5.0	5.5	6.0	6.5
$B_{\delta}=\dfrac{\phi_{\delta}\times10^{4}}{a_{i}\tau L_{ef}}$ （T）	0.296	0.332	0.369	0.406	0.443	0.480
$F_{\delta}=1.6K_{\delta}\delta B_{\delta}\times10^{4}$ （A）	259.7	289.2	321.4	353.7	385.9	418.2
$B_{t2}=\dfrac{t_{2}L_{ef}B_{\delta}}{b_{t2}L_{a}K_{Fe}}$ （T）	1.12	1.27	1.41	1.55	1.69	1.83
H_{t2} （A/cm）	5.21	8.10	13.1	26.7	67.8	140
$F_{t2}=2h_{t2}H_{t2}$ （A）	9.9	15.4	24.9	50.7	128.8	266
$B_{j2}=\dfrac{\phi_{\delta}\times10^{4}}{2K_{Fe}h_{j2}L_{a}}$ （T）	1.02	1.15	1.28	1.40	1.53	1.66
H_{j2} （A/cm）	4.01	5.68	8.36	12.6	23.7	56.8
$F_{j2}=L_{j1}H_{j2}$ （A）	8.18	11.6	17.0	25.7	48.3	115.8
$B_{j1}=\dfrac{\sigma_{0}\phi_{\delta}\times10^{4}}{2h_{j}L_{j}}$ （T）	1.08	1.21	1.34	1.48	1.61	1.75
H_{j1} （A/cm）	4.67	6.72	10.1	18.1	40.7	95.0
$F_{j1}=L_{j1}H_{j1}$ （A）	36.7	52.7	79.2	142.1	319.5	745.7
$\Sigma F=F_{\delta}+F_{t2}+F_{j2}+F_{j1}$ （A）	314.5	368.9	442.5	572.2	882.5	1545.7
$\phi_{m}=\sigma_{0}\phi_{\delta}$ （×10^{-4}Wb）	4.84	5.45	6.05	6.66	7.26	7.87

五、负载工作点计算

（94）气隙主磁导：$\Lambda_{\delta}=\dfrac{\phi'_{\delta}}{\Sigma F}=\dfrac{5.80\times10^{-4}}{729.3}\text{H}=7.95\times10^{-7}\text{H}$

（95）磁导基值：$\Lambda_{b}=\dfrac{B_{r}A_{m}}{H_{c}(2h_{M})\times10^{-5}}=\dfrac{0.625\times14.18}{423.1\times(2\times0.4)\times10^{-5}}\text{H}=2.62\times10^{-7}\text{H}$

式中，$A_{m}=\dfrac{\pi}{2p}a_{p}L_{M}(D_{mi}+h_{M})=\dfrac{\pi}{2}\times0.7\times3.0\times(3.9+0.4)\text{cm}^{2}=14.18\text{cm}^{2}$。

（96）主磁导标幺值：$\lambda_\delta = \dfrac{\Lambda_\delta}{\Lambda_b} = \dfrac{7.95\times10^{-7}}{2.62\times10^{-7}} = 3.03$

（97）外磁路总磁导：$\lambda_n = \sigma_0\lambda_\delta = 1.21\times3.03 = 3.67$

（98）电枢去磁磁动势：$F_a = F_{adN} + F_{asN} = 0A + 1.9A = 1.9A$

$$F_{adN} = b_\beta A = 0\times95.13A = 0A$$

$$F_{asN} = b_s A = 0.02\times95.13A = 1.9A$$

式中：b_β 为电刷相对几何中性线逆旋转方向的偏移距离；装配偏差 b_s 为一般取 0.02～0.03cm。

（99）永磁体负载工作点：$b_{mN} = \dfrac{\lambda_n(1-f'_a)}{1+\lambda_n} = \dfrac{3.67(1-0.000\,928)}{1+3.67} = 0.785$

$$h_{mN} = \frac{\lambda_n f'_a + 1}{1+\lambda_n} = \frac{3.67\times0.000\,928+1}{1+3.67} = 0.219$$

式中，电枢反应去磁磁动势标幺值：

$$f'_a = \frac{2F_a\times10^{-1}}{\sigma_0 H_c(2h_M)} = \frac{2\times1.9\times10^{-1}}{1.21\times423.1\times(2\times0.4)} = 0.000\,928$$

（100）实际气隙磁通：$\phi_\delta = \dfrac{b_{mN}B_r A_m}{\sigma}\times10^{-4} = \dfrac{0.785\times0.625\times14.18}{1.21}\times10^{-4}\,\text{Wb} = 5.75\times10^{-4}\,\text{Wb}$

$$\frac{\phi'_\delta - \phi_\delta}{\phi'_\delta}\times100\% = \frac{5.80-5.75}{5.80}\times100\% = 0.87\%$$

注：ϕ_δ与ϕ'_δ应接近，若相差较大，应重新假设ϕ'_δ，重算第 81～100 项。

六、换向计算

（101）电刷尺寸：

电刷长：L_b=1.2cm

电刷宽：b_b=0.55cm

电刷对数：p_b=1

（102）电刷面积：$A_b = L_b b_b = 1.2\text{cm}\times0.55\text{cm} = 0.66\text{cm}^2$

（103）每杆电刷数：N_b=1

（104）电刷电流密度：$J_b = \dfrac{I_N}{N_b p_b L_b b_b} = \dfrac{3.64}{1\times1\times1.2\times0.66}\text{A/cm}^2 = 4.6\text{A/cm}^2$

（105）换向器长度：L_K=1.8cm

（106）一对电刷接触压降：ΔU_b=2V

（107）换向器直径：D_K=2.4cm

（108）换向器圆周速度：$V_K = \dfrac{\pi D_K n_N}{6000} = \dfrac{\pi\times2.4\times3000}{6000}\text{m/s} = 3.77\text{m/s}$

（109）换向器片距：$t_K = \dfrac{\pi D_K}{K} = \dfrac{\pi\times2.4}{26}\text{cm} = 0.29\text{cm}$

（110）换向元件电抗电动势：

$$e_r = 2W_s V_a A L_a \Sigma\lambda\times10^{-6} = 2\times12\times5.97\times95.13\times3\times3.71\times10^{-6}\,\text{V} = 0.15\text{V}$$

式中：$\Sigma\lambda=\lambda_s+\lambda_e+\lambda_t=1.19+1.36+1.16=3.71$；$\lambda_s$ 为槽部比漏磁导，不同的槽形 λ_s 有不同的计算公式，可参阅有关资料。对于本例槽形，$\lambda_s=\dfrac{h_2}{d_1}+\dfrac{2h_{22}}{3(d_1+d_2)}+\dfrac{h_{02}}{b_{02}}=\dfrac{0.1}{0.57}+\dfrac{2\times0.64}{3\times(0.57+0.26)}+\dfrac{0.08}{0.16}=1.19$；$\lambda_e$ 为绕组端部比漏磁导，$\lambda_e=(0.5\sim1.0)\dfrac{L_{av}}{2L_a}=1.0\times\dfrac{8.13}{2\times3.0}=1.36$；$\lambda_t$ 为齿顶比漏磁导，$\lambda_t=0.92\lg\dfrac{\pi t_2}{b_{02}}=0.92\times\lg\dfrac{3.14\times0.918}{0.16}=1.16$。

（111）换向元件交轴电枢反应电动势：

$$e_a=2W_sV_aL_aB_{aq}\times10^{-2}=2\times12\times5.97\times3.0\times0.00794\times10^{-2}\text{V}=0.34\text{V}$$

式中，对无换向极的稀土永磁电机：

$$B_{aq}=\frac{\mu_0A\tau}{2(\delta+h_M)}\times10^2=\frac{4\pi\times10^{-7}\times95.13\times5.97}{2(0.05+0.4)}\times10^2\text{T}=0.0794\text{T}$$

对于瓦片形铁氧体永磁电机：

$$B_{aq}=\frac{\pi D_aA}{4p}\left(1-\frac{2p}{K}\frac{b_b}{t_k}\right)\frac{\mu_0}{\delta_{aq}}\times10^2,\quad \delta_{aq}=\delta+\mu_rh'_M,\quad h'_M=\frac{h_M(D_{mi}-\delta)}{\mu_r(D_{mi}+h_M)}$$

（112）换向元件中合成电动势：$\Sigma e=e_r+e_a=0.15\text{V}+0.34\text{V}=0.49\text{V}$

一般要求 $\Sigma e<1.5\text{V}(U_N\geqslant110\text{V})$，$\Sigma e<0.5\text{V}$(低压电机)

（113）换向区宽度：$b_{kr}=b'_b+\left[\dfrac{K}{Q}+\left(\dfrac{K}{2p}-y_1\right)-\dfrac{a}{p}\right]t'_k$

$$=0.87+\left[\frac{26}{13}+\left(\frac{26}{2}-13\right)-\frac{1}{1}\right]\times0.46\text{cm}=1.33\text{cm}$$

式中：$b'_b=\dfrac{D_a}{D_k}b_b=\dfrac{3.8}{2.4}\times0.55\text{cm}=0.87\text{cm}$；$t'_k=\dfrac{D_a}{D_k}t_k=\dfrac{3.8}{2.4}\times0.29\text{cm}=0.46\text{cm}$；$y_1$ 为以换向片数计的绕组后节距。

（114）换向区宽度检查：$\dfrac{b_{kr}}{\tau(1-a_p)}=\dfrac{1.33}{5.97\times(1-0.7)}=0.74<0.8$

七、最大去磁校核

（115）不同工况时的最大瞬时电流 I_{max}：

突然起动时：$I_{max}=\dfrac{U_N-\Delta U_b}{R_{a20}}=\dfrac{24-2}{0.8}\text{A}=27.5\text{A}$

瞬时堵转时：$I_{max}=\dfrac{U_N-\Delta U_b}{R_{a75}}=\dfrac{24-2}{0.972}\text{A}=22.6\text{A}$

突然停转时：$I_{max}=\dfrac{E_a-\Delta U_b}{R_{a75}}=\dfrac{18.06-2}{0.972}\text{A}=16.5\text{A}$

突然反转时：$I_{max}=\dfrac{U_N+E_a-\Delta U_b}{R_{a75}}=\dfrac{24+18.06-2}{0.972}A=41.2A$

（116）直轴电枢磁动势：$F_{ad}=b_\beta A_{max}=0$

$$F_{as}=b_s A_{max}=0.02\times718.7A=14.37A$$

式中 $$A_{max}=\frac{NI_{max}}{2\pi aD_a}=\frac{624\times27.5}{2\times\pi\times1\times3.8}A=718.7A$$

（117）交轴电枢磁动势：$F_{aq}=\dfrac{1}{2}a_p\tau A_{max}=\dfrac{1}{2}\times0.7\times5.97\times718.7A=1502A$

注：F_{aq}为极尖处最大磁动势。

（118）换向元件电枢磁动势：$F_K=\dfrac{b_{kr}N^2W_sL_an_NI_{max}}{120a\pi D_a\Sigma R}\Sigma\lambda\times10^{-8}$

式中，ΣR为换向回路总电阻。

注：如果电机不运行，在突然堵转、反转状态时，此项去磁磁动势等于零。

（119）最大去磁时永磁体工作点：

$$\Sigma F_{am}=2(F_{ad}+F_{as}+F_{aq}+F_K)=2\times(0+14.37+1502+0+0)A=3033A$$

（120）最大去磁时永磁体工作点：$b_{mh}=\dfrac{\lambda_n(1-f_a')}{1+\lambda_n}=\dfrac{3.67\times(1-0.74)}{1+3.67}=0.204$

$$h_{mh}=\frac{\lambda_nf_a'+1}{1+\lambda_n}=\frac{3.67\times0.74+1}{1+3.67}=0.796$$

式中，电枢去磁磁动势标幺值：

$$f_a'=\frac{\Sigma F_{am}\times10^{-1}}{\sigma_0H_c(2h_M)}=\frac{3033\times10^{-1}}{1.21\times423.1\times(2\times0.4)}=0.74$$

（121）可逆退磁校核：$b_{mh}=0.204>b_h=0.2$

八、工作特性

（122）电枢绕组铜耗：$p_{Cua}=I_N^2R_{a75}=3.64^2\times0.972W=12.88W$

（123）电刷接触电阻损耗：$p_b=I_N\Delta U_b=3.64\times2W=7.28W$

（124）电枢铁损耗：

$$\begin{aligned}P_{Fe}&=kp_{10/50}\left(\frac{f}{50}\right)^{1.3}\times\left(m_{t2}B_{t2}^2+m_{j2}B_{j2}^2\right)\\&=3.0\times2.1\times\left(\frac{50}{50}\right)^{1.3}\times(0.106\times1.64^2+0.0544\times1.48^2)W=2.55W\end{aligned}$$

式中：k=2～3；$p_{10/50}$为铁耗系数，查附表B-2(2)可得。

$$f=\frac{pn_N}{60}=\frac{1\times3000}{60}Hz=50Hz$$

电枢齿质量：$m_{t2}=7.8K_{Fe}L_a\left\{\dfrac{\pi}{4}\times[D_a^2-(D_a-2h_{t2})^2]-QA_s\right\}\times10^{-3}$

$$=7.8\times0.95\times3.0\times\left\{\frac{\pi}{4}\times[3.8^2-(3.8-2\times0.95)^2]-13\times0.288\right\}\times10^{-3}\text{kg}=0.106\text{kg}$$

电枢轭质量：$m_{j2}=7.8K_{Fe}L_a\times\ \dfrac{\pi}{4}\times[(D_a-2h_{t2})^2-D_{i2}^2]\times10^{-3}$

$$=7.8\times0.95\times3.0\times\frac{\pi}{4}\times[(3.8-2\times0.95)^2-0.7^2]\times10^{-3}\text{kg}=0.0544\text{kg}$$

（125）电刷对换向器的摩擦损耗：

$$p_{Kbm}=2\mu\ p_bA_bp_sV_k=2\times0.25\times1\times0.66\times3.5\times3.77\text{W}=4.35\text{W}$$

式中：p_s 为电刷单位面积压力，一般取 p_s=2～6N/cm^2；μ 为摩擦系数，一般取 μ=0.2～0.3。

（126）轴承摩擦和电枢对空气摩擦损耗：$p_{Bf}+p_{Wf}\approx0.04P_N=0.04\times55\text{W}=2.2\text{W}$

（127）总机械损耗：$p_{fw}=p_{Kbm}+p_{Bf}+p_{Wf}=4.35\text{W}+2.2\text{W}=6.55\text{W}$

（128）总损耗：$\Sigma p=p_{Cua}+p_b+p_{Fe}+p_{fw}=12.88\text{W}+7.28\text{W}+2.55\text{W}+6.55\text{W}=29.26\text{W}$

（129）输入功率：$P_1=P_N+\Sigma p=55\text{W}+29.26\text{W}=84.26\text{W}$

（130）效率：$\eta=\dfrac{p_N}{P_1}\times100\%=\dfrac{55}{84.26}\times100\%=65.3\%$

（131）电流校核：$I_N'=\dfrac{P_1}{U_N}=\dfrac{84.26}{24}\text{A}=3.51\text{A}$

$$\frac{I_N-I_N'}{I_N}\times100\%=\frac{3.64-3.51}{3.64}\times100\%=3.57\%<5\%$$

否则需重新计算。

（132）实际感应电动势：$E_a=U_N-\Delta U_b-IR_{a75}=(24-2-3.51\times0.972)\text{V}=18.59\text{V}$

（133）满载实际转速：$n=\dfrac{60aE_a}{p\phi_\delta N}=\dfrac{60\times1\times18.59}{1\times5.75\times624\times10^{-4}}\text{r/min}=3109\text{r/min}$

（134）起动电流：$I_{st}=\dfrac{U_N-\Delta U_b}{R_{a20}}=\dfrac{24-2}{0.8}\text{A}=27.5\text{A}$

（135）起动电流倍数：$\dfrac{I_{st}}{I_N}=\dfrac{27.5}{3.51}=7.83$

（136）起动转矩：$T_{st}=\dfrac{pN\phi_\delta}{2\pi a}I_{st}=\dfrac{1\times624\times5.75\times10^{-4}}{2\pi\times1}\times27.5\text{N}\cdot\text{m}=1.57\text{N}\cdot\text{m}$

（137）起动转矩倍数：$\dfrac{T_{st}}{T_N}=\dfrac{1.57}{0.175}=8.87$

式中，$T_N=9.549\dfrac{P_N}{n_N}=9.549\times\dfrac{55}{3000}\text{N}\cdot\text{m}=0.175\text{N}\cdot\text{m}$。

（138）工作特性曲线计算

I/I_N	0.2	0.5	0.8	1.0	1.2	1.3
I（A）	0.702	1.76	2.81	3.51	4.21	4.56
IR_{a75}（V）	0.682	1.71	2.73	3.41	4.09	4.43
$E_a=U_N-\Delta U_b-IR_{a75}$（V）	21.32	20.29	19.27	18.59	17.91	17.57
$\phi_\delta(\times10^{-4}\text{Wb})$	5.75	5.75	5.75	5.75	5.75	5.75
$n=\dfrac{60aE_a}{p\phi_\delta N}$（r/min）	3566	3393	3223	3109	2995	2938
$p_{Cna}=I^2R_{a75}$（W）	0.48	3.01	7.68	11.98	17.23	20.21
$p_b=I\Delta U_b$（W）	1.40	3.52	5.62	7.02	8.42	9.12
p_{Fe}（W）	2.55	2.55	2.55	2.55	2.55	2.55
$p'_{fw}=p_{fw}\left(\dfrac{n}{n_N}\right)$（W）	7.51	7.15	6.79	6.55	6.31	6.19
$\sum p$（W）	11.94	16.23	22.64	28.10	34.51	38.77
$P_1=U_NI$（W）	16.85	42.24	67.44	84.24	101.04	109.44
$P_2=P_1-\sum p$（W）	4.91	26.01	44.80	56.14	66.53	70.67
$\eta=\dfrac{P_2}{P_1}\times100$（%）	29.1	61.6	66.4	66.6	65.8	64.6
$T=9.549\dfrac{P_2}{n}$（N·m）	0.0131	0.0732	0.133	0.172	0.212	0.23

永磁直流电动机工作特性如图 6−26 所示。

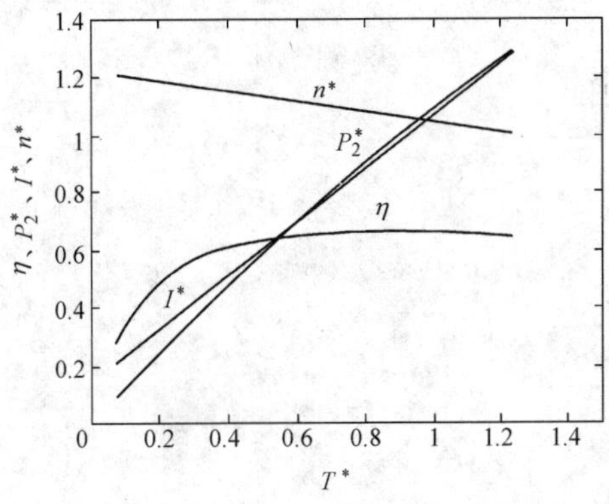

图 6−26　永磁直流电动机工作特性

参 考 文 献

［1］ 李仲明，刘卫国．稀土永磁电机［M］．北京：机械工业出版社，1999.

［2］ 王秀和，唐任远．带辅助极永磁起动机的设计计算方法［J］．山东工业大学学报，1998（6）.

［3］ 唐任远．现代永磁电机的理论与计算［M］．北京：机械工业出版社，1997.

［4］ Jacek F. Gierras，Mitchell Wing. Permanent magnet motor technology［M］．New York：Marcel Dekker. Inc. 1997.

［5］ 陈永校，汤宗武．小功率电动机［M］．北京：机械工业出版社，1992.

［6］ 陈俊峰．永磁电机［M］．北京：机械工业出版社，1982.

第七章　永磁无刷直流电动机

永磁无刷直流电动机（permanent magnet brushless DC motor）用电子换向装置替代直流电动机的换向器，解决了直流电动机的换向问题，同时保留了直流电动机的优良特性，既具有交流电动机结构简单、运行可靠、维护方便的优点，又具有直流电动机起动转矩大、调速性能好的优点。近十几年来，随着电力电子技术、永磁材料和微机控制技术的发展，永磁无刷直流电动机得到了迅速发展，出现了多种多样、结构各异的永磁无刷直流电动机，显示出广阔的应用前景和强大的生命力。

1983 年问世的高性能永磁材料——钕铁硼为永磁无刷直流电动机的应用奠定了坚实的基础。钕铁硼永磁材料具有高剩磁、高矫顽力和高磁能积，大大提高了永磁无刷直流电动机的功率密度和性能，而较低的磁导率减小了电枢反应的影响，使绕组电感小，有利于永磁无刷直流电动机的运行，提高了电磁转矩的稳定性。但是，钕铁硼永磁材料在提高电机功率密度的同时，也增大了齿槽转矩，人们提出了许多抑制齿槽转矩的方法，取得了较好的效果。

永磁无刷直流电动机具有高效、高功率密度、高可靠性的特点，在国民经济的各个领域，如医疗器械、仪器仪表、航空航天、电动车、精密电子仪器与设备、工业自动化等领域的应用日益广泛。

第一节　永磁无刷直流电动机的工作原理与结构

永磁无刷直流电动机的控制器和电动机本体紧密结合，是典型的机电一体化产品，由电动机本体、控制器和位置传感器三部分组成，如图 7–1 所示。

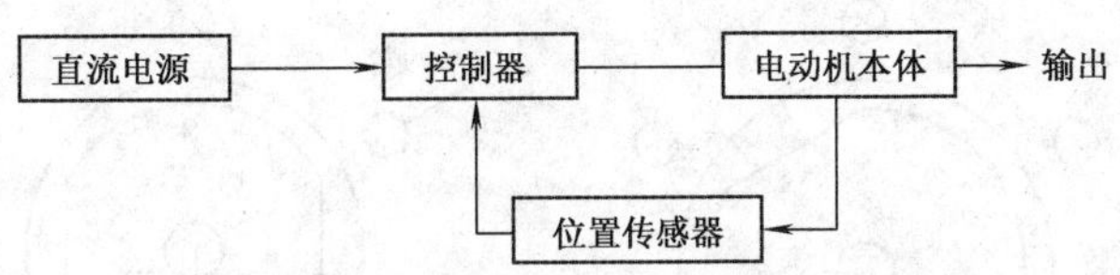

图 7–1　永磁无刷直流电动机的构成

一、永磁无刷直流电动机的工作原理

在永磁无刷直流电动机中，电枢绕组安放于定子铁心中，永磁体固定在转子上，利用转子位置传感器检测永磁磁极的位置，据此确定定子绕组的导通状态，使电动机产生稳定持续的电磁转矩。下面以两相导通星形三相六状态永磁无刷直流电动机为例说明其工作原理，图 7–2 为其工作原理图。

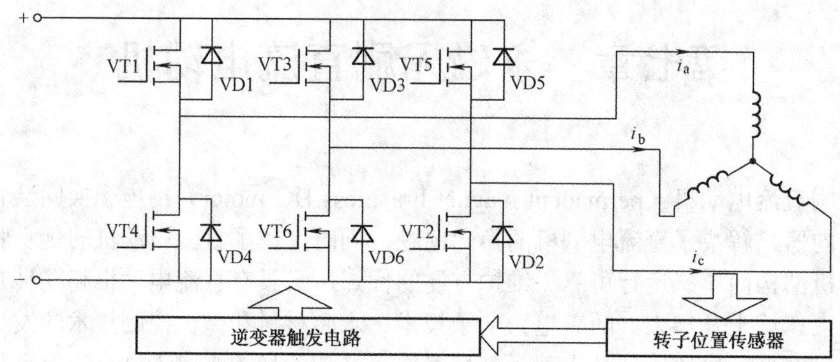

图 7-2　永磁无刷直流电动机的工作原理

当转子位置位于图 7-3（a）所示位置时，电机处于第一个导通状态，此时控制电路根据转子位置传感器信号进行逻辑译码，产生驱动信号，使逆变电路中 VT1、VT6 导通，a 相绕组正向导通、b 相绕组反向导通，永磁磁动势 F_m 和定子合成磁动势 F_a 的空间位置如图 7-3（a）所示，永磁转子产生顺时针方向的电磁转矩，转子沿顺时针方向转动，电流路径为：电源正极→VT1 管→a 相绕组→b 相绕组→VT6 管→电源负极。

当转子转过 60° 电角度后，转子位置如图 7-3（b）所示，电机处于第二个导通状态，此时转子位置传感器信号发生变化，经过转子位置译码电路产生新的驱动信号，使 VT1、VT2 导通，a 相绕组正向导通、c 相绕组反向导通，电动机定子合成磁动势的空间位置如图 7-3（b）所示，电机产生顺时针方向的电磁转矩，转子继续沿顺时针方向转动，电流路径为：电源正极→VT1 管→a 相绕组→c 相绕组→VT2 管→电源负极。依此类推，电机转子每转过 60° 电角度，绕组改变一次导通状态，其导通顺序为：ab→ac→bc→ba→ca→cb→ab……可见，转子位置变化后，控制电路总能够根据转子位置信息改变定子绕组的导通状态，使转子连续转动。表 7-1 给出了两相导通星形联结三相六状态导通工作方式下的绕组导通顺序表。

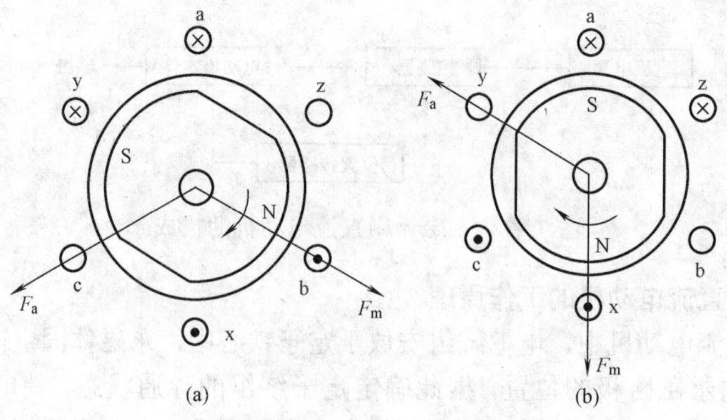

图 7-3　定转子磁场旋转示意图

（a）a、b 两相导通；（b）a、c 两相导通

表 7-1　　两相导通星形联结三相六状态导通工作方式下的绕组导通顺序表

<table>
<tr><td>电角度</td><td>0°</td><td>60°</td><td>120°</td><td>180°</td><td>240°</td><td>300°</td><td>360°</td></tr>
<tr><td rowspan="2">导通顺序</td><td colspan="2">a</td><td colspan="2">b</td><td colspan="3">c</td></tr>
<tr><td>b</td><td colspan="2">c</td><td colspan="2">a</td><td colspan="2">b</td></tr>
<tr><td>VT1</td><td>1</td><td>1</td><td>0</td><td>0</td><td>0</td><td colspan="2">0</td></tr>
<tr><td>VT2</td><td>0</td><td>1</td><td>1</td><td>0</td><td>0</td><td colspan="2">0</td></tr>
<tr><td>VT3</td><td>0</td><td>0</td><td>1</td><td>1</td><td>0</td><td colspan="2">0</td></tr>
<tr><td>VT4</td><td>0</td><td>0</td><td>0</td><td>1</td><td>1</td><td colspan="2">0</td></tr>
<tr><td>VT5</td><td>0</td><td>0</td><td>0</td><td>0</td><td>1</td><td colspan="2">1</td></tr>
<tr><td>VT6</td><td>1</td><td>0</td><td>0</td><td>0</td><td>0</td><td colspan="2">1</td></tr>
</table>

注：1—功率开关管导通；0—功率开关管截止。

从运行过程看，定子绕组每隔 60° 电角度换向一次，定子合成磁动势位置就改变一次，每相绕组每次导通 120° 电角度，且始终保持两相绕组导通，此工作方式称为两相导通的三相六状态运行方式。该方式中，每一状态持续 60° 电角度，在此期间定子绕组合成磁动势空间位置固定不动，而永磁磁极连续旋转 60° 电角度，定子磁动势为跳跃式旋转磁动势，而转子永磁磁场连续旋转，使定转子磁动势之间的空间夹角周期性变化，导致电磁转矩的波动，这将在后面详细讨论。

二、永磁无刷直流电动机的结构

1. 永磁无刷直流电动机本体结构

（1）定子结构。永磁无刷直流电动机的结构与调速永磁同步电动机相似，定子铁心中放置绕组，转子上有永磁磁极。由于永磁无刷直流电动机应用场合多种多样，其定、转子结构形式比永磁同步电动机更加多样化，图 7-4 为其常用的定子结构形式。

分数槽定子结构应用较多，特别是图 7-4（a）所示定子极数与槽数之比为 2/3 的结构，相绕组线圈绕在一个定子齿上，每对磁极下有三个定子齿。此结构的优点是：绕组端部尺寸小，绕组利用率高，一个线圈可以形成一个独立的磁极，相绕组之间互感小。缺点是：相绕组不能与全部转子磁场耦合，永磁体利用率低。

图 7-4（b）为无齿槽结构，定子绕组均匀分布于定子铁心内表面的气隙中。由于无定子齿，不产生齿槽转矩，非常适于对转速稳定性和振动、噪声要求较高的场合。但此结构也会带来一些不利影响：① 绕组的分布区域大，由于绕组导热能力远远低于铁心，绕组内部散热能力差，温升高；② 电机内的有效气隙为转子表面到定子铁心内圆的距离，远大于普通电机的有效气隙，气隙磁通密度低，为获得较高的气隙磁通密度，需要增大永磁体厚度，使电机的成本增加。

图 7-4（c）为整数槽结构，每极每相槽数 q 为整数，定子绕组多为双层叠绕组或单层同心式绕组。该定子结构形式在永磁无刷直流电动机中应用广泛。

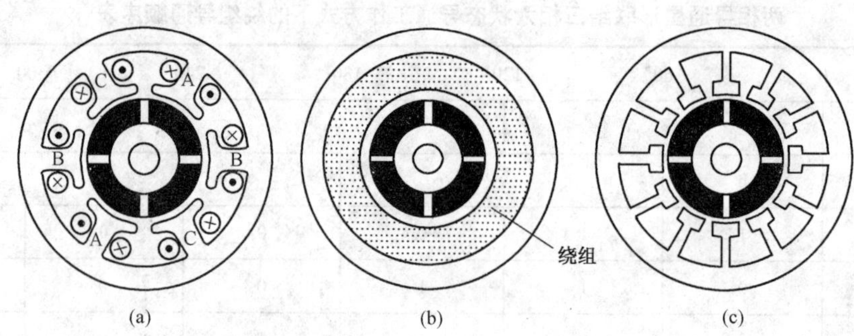

图 7-4　定子结构形式

（a）定子极数与槽数之比；（b）无齿槽结构；（c）整数槽

（2）转子结构。永磁无刷直流电动机中，主磁场由转子上的永磁体产生，常见的转子结构如图 7-5 所示。

图 7-5（a）中，两片永磁体形成转子 N 极，通过转子铁心的凸极形成两个 S 极。该结构可使永磁转子所需的永磁体片数降低一半，但凸极结构会使定子绕组电感随转子位置而变化，产生附加的磁阻转矩。

图 7-5（b）中的永磁体切向充磁，可获得较大的气隙磁通密度，使用铁氧体永磁时多采用此结构，既能降低成本，又能获得较高的气隙磁通密度。但此结构的电枢反应磁场较强，会引起气隙磁场畸变。

图 7-5（c）中，转子永磁磁极之间为铁心，运行时产生一附加磁阻转矩，通过合理的设计可以使该磁阻转矩变为有用的驱动转矩，提高电机的功率密度。

对于多极永磁无刷直流电动机，转子多采用图 7-5（d）所示的结构，虽然其磁性能较低，但结构简单、工艺性好、成本低，故应用较多。

图 7-5（e）、（f）、（g）所示转子结构中的永磁体均为表面安装，且一般为平行充磁，永磁体直接面对气隙，气隙磁场较强。由于永磁材料磁导率低，所以定子绕组电感较小，电枢反应磁场较弱，对永磁无刷直流电动机的运行有利。对永磁体的外圆、厚度和极弧宽度进行优化，可以有效抑制齿槽转矩。

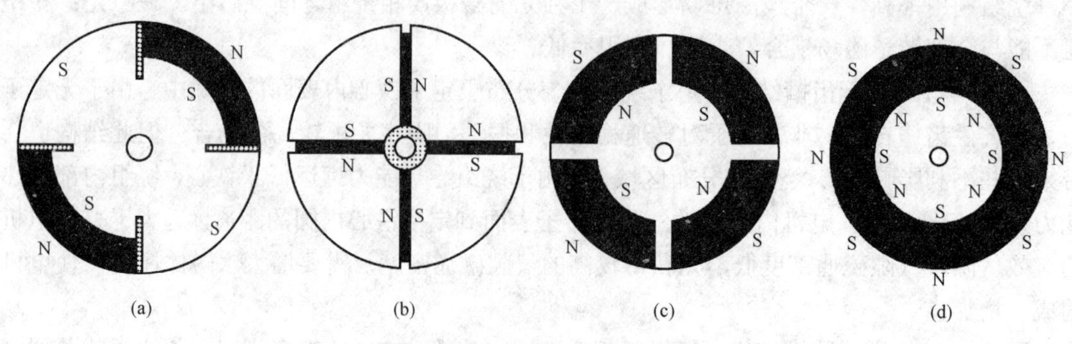

图 7-5　转子结构形式（一）

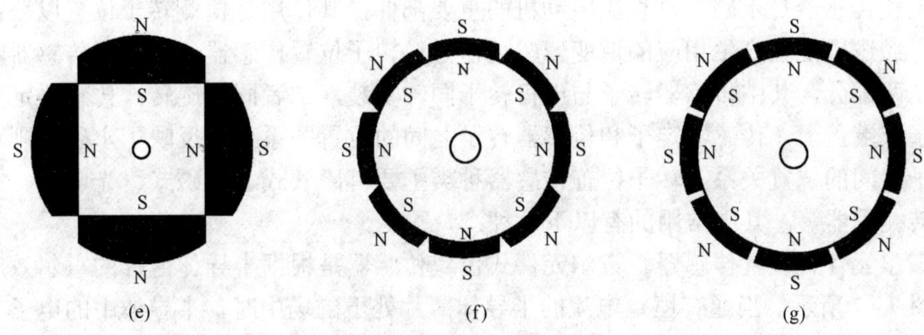

图 7-5 转子结构形式（二）

2. 逆变器

逆变器的主要作用是根据转子位置信号适时给定子绕组通电，其拓扑结构主要分为桥式逆变和半桥式逆变电路两种，如图 7-6 所示。其中图 7-6（a）为半桥式逆变电路，电机工作于单相导通的三相三状态工作方式；图 7-6（b）、（c）为桥式逆变电路，电机工作于两相导通的三相六状态工作方式，其中应用最广泛的是图 7-6（b）所示的拓扑结构。由于电机相绕组感应电动势为非正弦，其中含有大量的三次谐波，因此图 7-6（c）所示的绕组连接方式很少采用。

此外，还有四相、五相桥式逆变电路，其绕组导通时间较三相桥式逆变电路长，提高了绕组利用率和功率密度，但逆变电路复杂，成本较高。

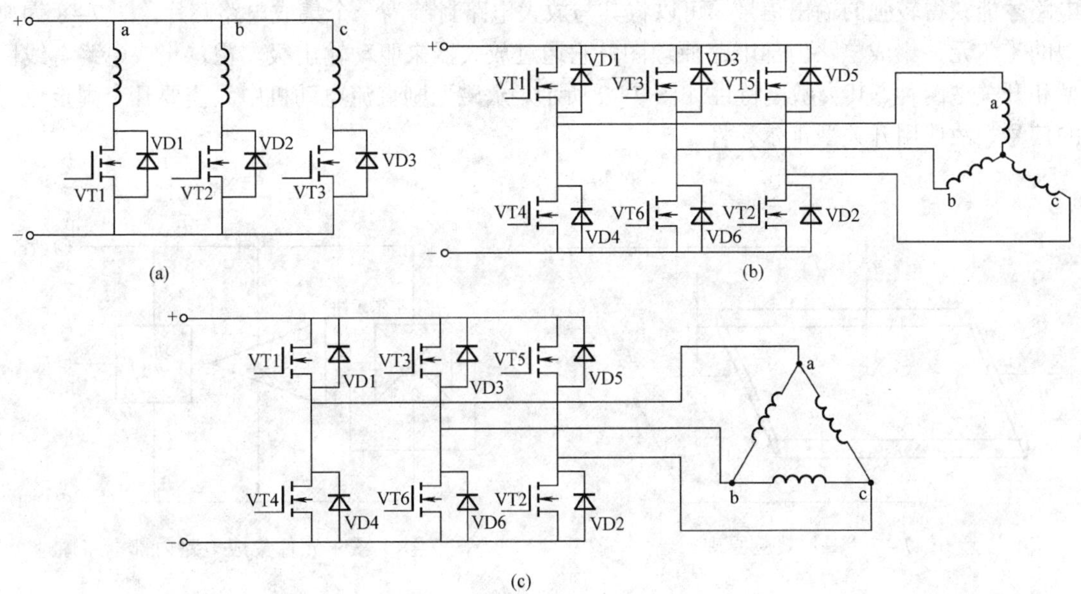

图 7-6 逆变电路拓扑结构

（a）半桥电路；（b）绕组星形联结的桥式电路；（c）绕组三角形联结的桥式电路

3. 转子位置传感器

转子位置传感器是永磁无刷直流电动机的重要部件，其作用是检测转子位置以获得转子位置信息，经逻辑处理产生相应的逆变器驱动信号。转子位置传感器一般包括传感器转子和传感器定子两部分，其中传感器转子与电机转子同轴安装，二者同步旋转；传感器定子固定在电机定子或端盖上，传感器定子和传感器转子之间的位置关系直接反映了永磁无刷直流电动机定转子之间的位置关系。转子位置传感器种类主要有磁敏式、电磁式、光电式、接近开关式、旋转编码器等，其中常用的有以下几种：

（1）霍尔元件式位置传感器。霍尔元件式位置传感器是根据半导体薄片的霍尔效应来工作的，如图 7-7 所示。当通有恒定电流的半导体薄片处于磁场中时，半导体中的电子受到洛伦兹力作用，在半导体两侧面间产生电压，称为霍尔电压，这一现象称为霍尔效应。霍尔电压可表示为：

$$E = R_{\mathrm{H}} \frac{I_{\mathrm{H}} B}{d} \tag{7-1}$$

式中：R_{H}为霍尔系数，$\mathrm{m^3/C}$，$R_{\mathrm{H}} = \frac{3\pi}{8}\rho\lambda$，$\rho$为材料电阻率，$\Omega\cdot\mathrm{m}$，$\lambda$为材料迁移率，$\mathrm{m^3/(V\cdot s)}$；$I_{\mathrm{H}}$为控制电流，A；$B$为磁感应强度，T；$d$为薄片的厚度，m。上式中的常数项用$K_{\mathrm{H}}$表示，则有：

$$E = K_{\mathrm{H}} I_{\mathrm{H}} B \tag{7-2}$$

式中，K_{H}为霍尔元件的灵敏度，mV/（mA•T），$K_{\mathrm{H}}=R_{\mathrm{H}}/d$。

霍尔元件就是利用霍尔效应产生输出电压的元件，但所产生的电压很低，需要外接放大电路才能获得较强的输出信号，可以将其与放大电路封装为一个集成电路芯片，图 7-8 为典型的霍尔元件集成电路内部电路原理图，它通过放大器来驱动输出级。霍尔集成电路有线性型和开关型两种，其灵敏度特性如图 7-9 所示。永磁无刷直流电动机中只需要几个固定位置的信号，故选用开关型霍尔元件。

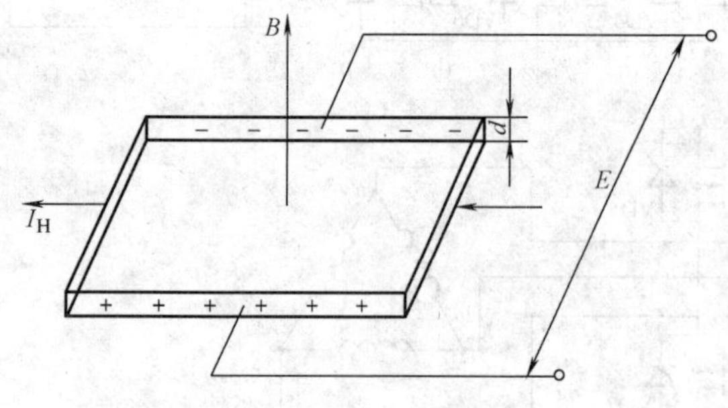

图 7-7　霍尔效应原理

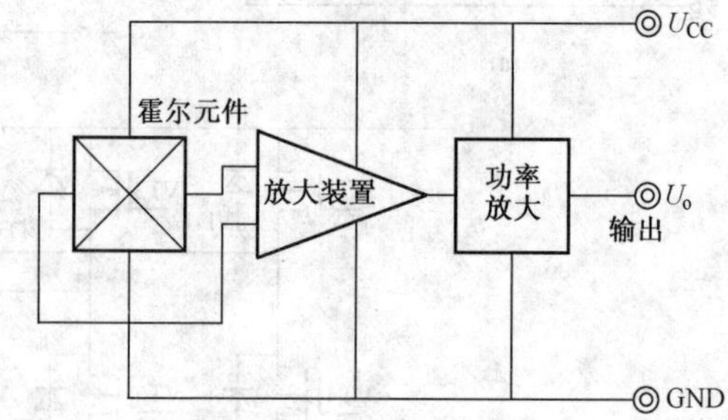

图 7-8　霍尔元件集成电路内部电路原理

对于两相导通星形三相六状态工作的无刷直流电动机，需要三个霍尔元件，它们在空间相隔 120° 或 60° 电角度（角度不同，位置信号的逻辑关系不同），并且传感器转子永磁体的极弧宽度为 180° 电角度。电机旋转时，三个位置传感器分别产生宽度为 180° 电角度的方波信号。霍尔元件可以直接安放在电机定子铁心内表面或绕组端部靠近铁心处，直接检测转子磁极的位置，简化了电机结构。由于霍尔元件体积小、价格低廉，可以满足大部分永磁无刷直流电动机的要求，被广泛使用。

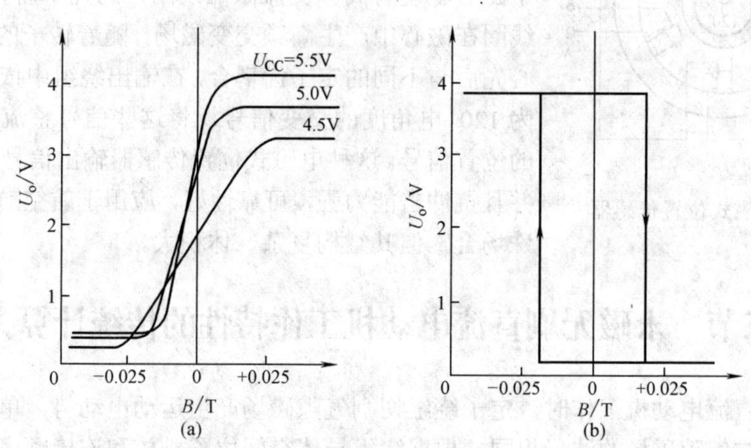

图 7－9 霍尔集成电路的特性

（a）线性型霍尔元件的特性；（b）开关型霍尔元件的特性

（2）光电式位置传感器。光电式位置传感器是根据光敏器件对光的感应来实现位置检测的，如图 7－10 所示。红外发光二极管 VD1 通电后发出红外光，若遮光板 P 没有遮住 VD1 发出的红外光，与之相对的光敏三极管 VT1 感受红外光后导通，则输出信号 U_0 由高电平变为低电平，实现对遮光板 P 运动位置的检测。在永磁无刷直流电动机中，将发光二极管和光敏三极管构成的光电耦合器均匀分布在定子端部，遮光板与电机转子同轴连接，当电机旋转时，光电耦合器可检测到遮光板的位置，即转子磁极的位置。

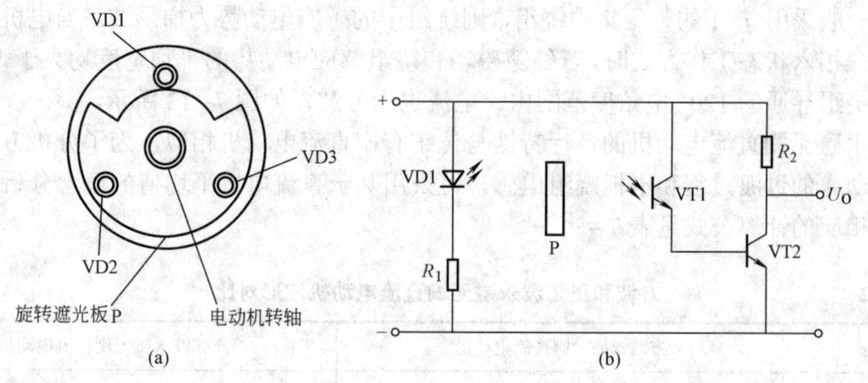

图 7－10 光电式位置传感器原理图

（a）光电式位置传感器；（b）光电耦合器原理

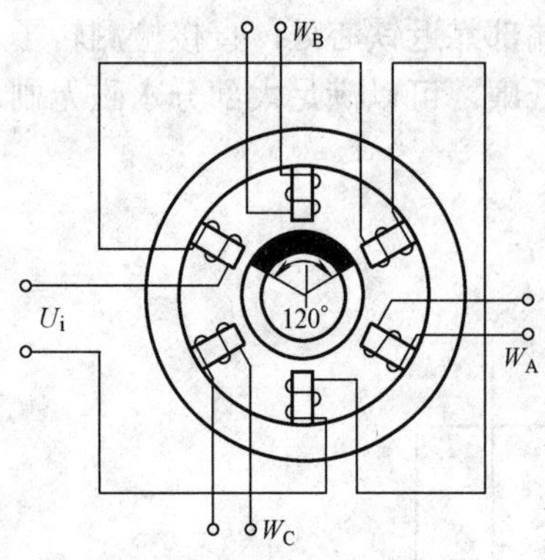

图 7-11　电磁式位置传感器

（3）电磁式位置传感器。电磁式位置传感器是根据电磁感应作用实现位置检测的。图 7-11 为由开口变压器构成的电磁式位置传感器，定子磁心固定在电机定子上，转子磁心与电机转子同轴连接，它们均由高频软磁材料构成，定子磁心上绕有高频交流激磁线圈（约几千赫），通电的激磁线圈在磁心中产生高频交变磁场，随着转子的旋转，转子磁心先后与不同的定子齿耦合，在输出绕组中依次感应出宽度为 120° 电角度的交变信号，将这些信号整流即得转子磁极的位置信号。这种电磁式位置传感器输出信号强，无需放大，并且抗冲击能力强，可靠性好，应用于航空航天、军工等特殊场合，但其结构复杂、体积大。

第二节　永磁无刷直流电动机工作特性的传统计算方法

永磁无刷直流电动机工作时，定子绕组切割气隙磁场产生运动电动势，单根导体中的感应电动势波形与气隙磁场的波形相同，根据绕组导体空间位置排放和连接顺序可计算获得相绕组感应电动势。转子结构和永磁体充磁方式不同，则气隙磁场波形也不同，定子相绕组的感应电动势大小、波形也不同，电磁转矩、转速便会有一定差别。因此，永磁无刷直流电动机电磁参数和电机特性的分析必须考虑电机内的气隙磁场分布。

永磁无刷直流电动机的气隙磁场分布可为近似方波，也可以为近似正弦波或梯形波，主要取决于定转子结构、永磁体形状及其充磁方式。在工程实际中，为简化分析，一般假设气隙磁场为方波或近似正弦波两种理想情况进行讨论，其气隙磁场、电动势和电流波形见表 7-2。

一、基于方波的永磁无刷直流电动机特性计算

当图 7-5（g）所示转子结构的永磁体采用径向充磁时，由于永磁体表面直接面向气隙，并且气隙较小，气隙磁场分布接近方波，其理想波形如图 7-12 所示。对于方波气隙磁场，定子绕组一般采用 $q=1$ 的整距集中绕组，则绕组中的感应电动势为梯形波。当电机采用两相导通星形三相六状态工作方式时，若气隙磁场和绕组感应电动势的平顶宽度均大于 120° 电角度，则在绕组导通的 120° 电角度范围内，电流也为方波，如图 7-13 所示。

方波永磁无刷直流电动机的运行特性与传统有刷直流电动机相似，为了分析方便，不考虑开关管动作的过渡过程和电枢绕组电感，可采用基于直流电机平均值的概念分析和计算电磁参数，相应的计算公式见表 7-3[1]。

表 7-2　　方波和正弦波永磁无刷直流电动机波形对比

性能	方波永磁无刷直流电动机	正弦波永磁无刷直流电动机
气隙磁通密度分布	B_δ　O　π　2π　α	B_δ　O　π　2π　α

续表

性能	方波永磁无刷直流电动机	正弦波永磁无刷直流电动机
相电动势波形	e, O, π, 2π, ωt	e, O, π, 2π, ωt
相电流波形	i, O, π, 2π, ωt	i, O, π, 2π, ωt

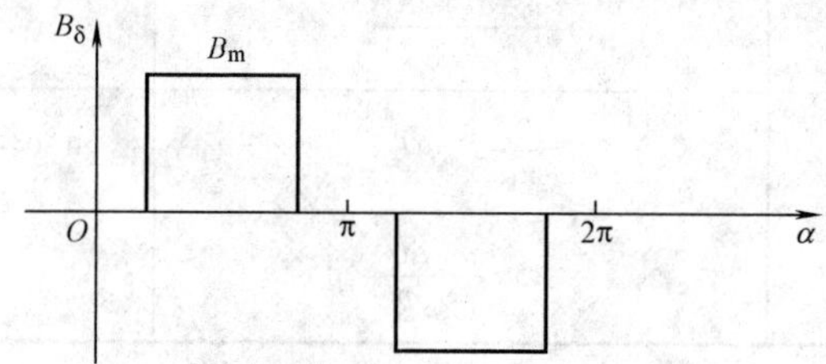

图 7-12 方波永磁无刷直流电动机理想气隙波形

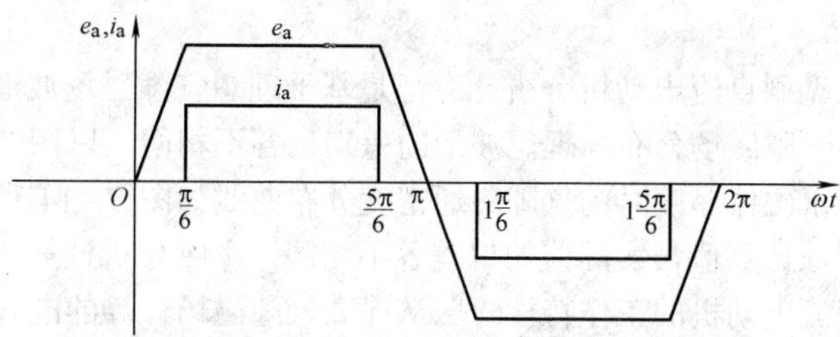

图 7-13 方波永磁无刷电动机相电动势与相电流

二、基于正弦波的永磁无刷直流电动机特性计算

在永磁无刷直流电动机中，有些转子结构产生的气隙磁场分布接近正弦，功率较大的永磁无刷直流电动机多采用分布式绕组，这都使相绕组感应电动势波形接近正弦。为便于分析计算，对于气隙磁场平顶宽度较小的永磁无刷直流电动机，可假设其气隙磁场和相绕组感应电动势为正弦分布，则相应的计算公式见表 7-3[1]。这种等效大大简化了永磁无刷直流电动机的分析计算，在工程实际中具有一定的实用价值，因而得到了广泛应用。在表 7-3 中，N_{Φ}、K_{dp1}、α_i、ΔU、r_a 分别为绕组每相串联匝数、绕组系数、计算极弧系数、开关器件的导通压降和每相绕组电阻。

以上两种特性计算方法都是基于平均值的计算方法，其磁场计算的基础是等效磁路法，永磁体工作点的确定完全依赖于漏磁系数、计算极弧系数的准确度，电机的电路和特性计算忽略了电动势波形、电流波形和绕组电感的影响，计算精度不高。

表 7-3　　方波与正弦波永磁无刷直流电动机的计算公式对比

状态	性能	方波永磁无刷直流电动机	正弦波永磁无刷直流电动机
星形三相六状态	相电动势幅值 E_m	$\frac{p}{15\alpha_i}N_\Phi\Phi_\delta n$	$0.1045pN_\Phi K_{dp1}\Phi_\delta n$
	平均电枢电流 I_{av}	$\frac{u-2\Delta U-2E_m}{2r_a}$	$\frac{u-2\Delta U}{2r_a}-0.827\frac{E_m}{r_a}$
	平均电磁转矩 T_{av}	$\frac{4p}{\pi\alpha_i}N_\Phi\Phi_\delta I_{av}$	$0.607\frac{N_\Phi p\Phi_\delta}{\alpha_i r_a}[(u-2\Delta U)-1.655E_m]$
	空载转速 n_0	$7.5\alpha_i\frac{u-2\Delta U}{pN_\Phi\Phi_{\delta0}}$	$5.785\frac{u-2\Delta U}{pN_\Phi K_{dp1}\Phi_{\delta0}}$
星形三相三状态	相电动势幅值 E_m	$\frac{p}{15\alpha_i}N_\Phi\Phi_\delta n$	$0.1045pN_\Phi K_{dp1}\Phi_\delta n$
	平均电枢电流 I_{av}	$\frac{u-\Delta U-E_m}{r_a}$	$\frac{u-\Delta U}{r_a}-0.827\frac{E_m}{r_a}$
	平均电磁转矩 T_{av}	$\frac{2p}{\pi\alpha_i}N_\Phi\Phi_\delta I_{av}$	$0.304\frac{N_\Phi p\Phi_\delta}{\alpha_i r_a}[\sqrt{3}(u-\Delta U)-1.48E_m]$
	空载转速 n_0	$15\alpha_i\frac{u-\Delta U}{pN_\Phi\Phi_{\delta0}}$	$11.55\frac{u-\Delta U}{pN_\Phi K_{dp1}\Phi_{\delta0}}$

第三节　永磁无刷直流电动机气隙磁场的解析计算

上节所述的永磁无刷直流电动机分析计算都是基于理想气隙磁场波形进行的。转子结构和充磁方式不同，其气隙磁场分布与理想波形的差别也各不相同。以图 7-5（g）结构为例，不同充磁方式、不同永磁体厚度时的气隙磁通密度分布曲线如图 7-14 所示，气隙磁场分布的差异将导致电机特性计算值与实际值的偏差各不相同，影响分析计算的准确性。因此，要准确计算永磁无刷直流电动机的工作特性，应从提高气隙磁场计算的准确性入手。

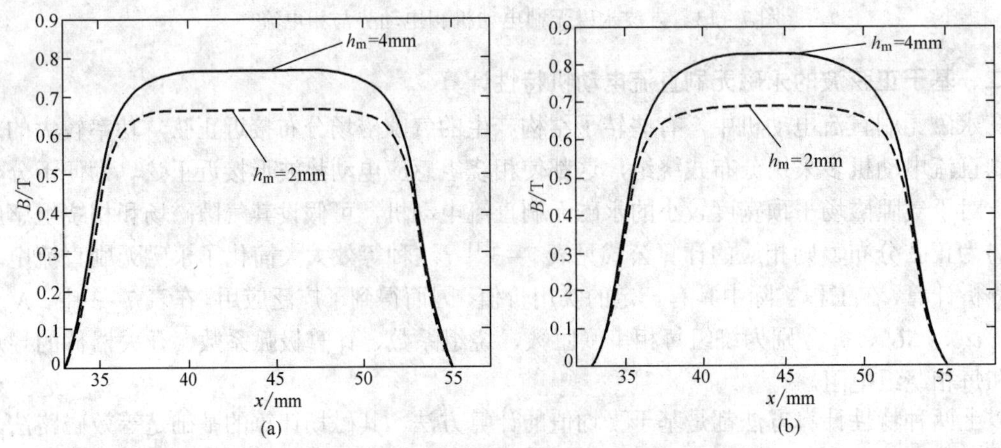

图 7-14　不同参数时的气隙磁通密度分布曲线

（a）永磁体径向充磁（厚度 h_m 不同）；（b）永磁体平行充磁（厚度 h_m 不同）

众所周知，有限元法是准确计算电机内磁场分布的有效工具，但有限元法前处理复杂、计算时间较长，在工程实际中的应用受到限制；而解析法具有简洁、快速的特点，其关键在于建立正确的数学模型，以便于气隙磁场分布的求解。在图 7-5 所示的转子结构中，表面式永磁结构的工艺简单，气隙磁通密度分布波形易于控制，适于大批量生产，在计算机、办公设备、家用电器等领域中广泛应用。下面介绍表面式永磁无刷直流电动机气隙磁场的解析计算方法。

一、表面式永磁无刷直流电动机气隙磁场的解析计算模型[2]

对于表面式永磁无刷直流电动机，永磁体的磁导率与空气的相当，可看作气隙的一部分，电机的有效气隙为：

$$\delta' = k_\delta \delta + \frac{h_m}{\mu_r} \tag{7-3}$$

式中：δ 为气隙长度，mm；h_m 为永磁体厚度，mm；k_δ 为气隙系数。

忽略定子铁心齿槽影响，可认为电机的气隙均匀为 δ'，如图 7-15 所示。

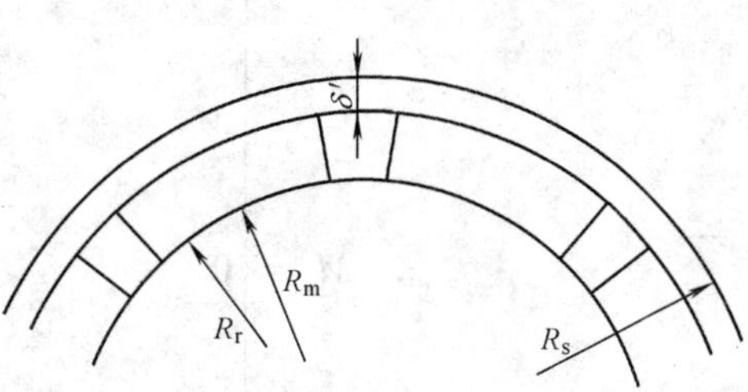

图 7-15　永磁体和气隙结构

假设铁心磁导率为无穷大，取永磁体和空气隙为求解区域。在求解区域内，有：

$$\begin{cases} \boldsymbol{B}_1 = \mu_0 \boldsymbol{H}_1 & \text{（空气）} \\ \boldsymbol{B}_2 = \mu_0 \mu_r \boldsymbol{H}_2 + \mu_0 \boldsymbol{M} & \text{（永磁体）} \end{cases} \tag{7-4}$$

式中，$\boldsymbol{M}$ 为磁化强度，为：

$$\boldsymbol{M} = M_r \boldsymbol{r} + M_\theta \boldsymbol{\theta} \tag{7-5}$$

式中：M_r 为 $\boldsymbol{M}$ 的径向分量；M_θ 为 $\boldsymbol{M}$ 的切向分量。

用标量磁位 φ 求解，则气隙和永磁体中分别满足：

$$\begin{cases} \nabla^2 \varphi = 0 & \text{（气隙）} \\ \nabla^2 \varphi = \dfrac{\text{div}\boldsymbol{M}}{\mu_r} & \text{（永磁体）} \end{cases} \tag{7-6}$$

式中，$\text{div}\boldsymbol{M} = \dfrac{M_r}{r} + \dfrac{\partial M_r}{\partial r} + \dfrac{1}{r} \cdot \dfrac{\partial M_\theta}{\partial \theta}$。

1. 径向充磁永磁无刷直流电动机的气隙磁场求解

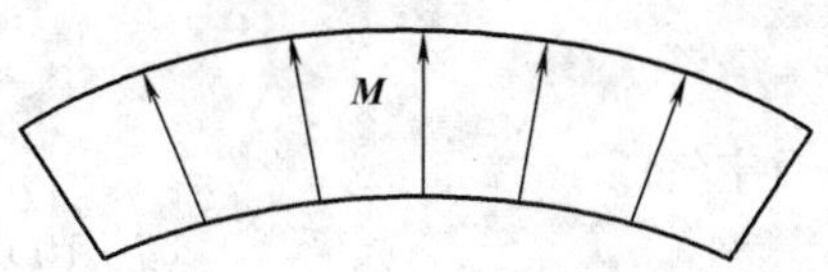

图 7-16　径向充磁永磁体的磁化模型

对于径向充磁表面式永磁无刷直流电动机，瓦片形永磁体的磁化模型如图 7-16 所示，其磁化强度径向分量为恒定值，切向分量为零，$\boldsymbol{M} = M_r \boldsymbol{r}$，且 $M = \dfrac{B_r}{\mu_0}$。磁化强度径向分量的分布如图 7-17 所示，可表示为：

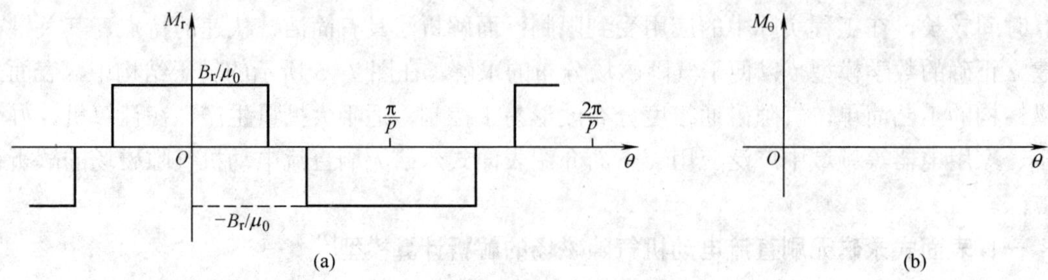

图 7-17　磁化强度径向、切向分量的分布

（a）径向分量；（b）切向分量

$$M_r=\begin{cases}0 & -\dfrac{\pi}{2p}<\theta<-\dfrac{\alpha_p}{2p}\pi\\ M & -\dfrac{\alpha_p}{2p}\pi\leqslant\theta\leqslant\dfrac{\alpha_p}{2p}\pi\\ 0 & \dfrac{\alpha_p}{2p}\pi<\theta<\dfrac{2\pi-\alpha_p\pi}{2p}\\ -M & \dfrac{2\pi-\alpha_p\pi}{2p}\leqslant\theta\leqslant\dfrac{2\pi+\alpha_p\pi}{2p}\\ 0 & \dfrac{2\pi+\alpha_p\pi}{2p}<\theta<\dfrac{3\pi}{2p}\end{cases} \tag{7-7}$$

式中，α_p 为永磁体极弧系数。

将磁化强度径向分量 M_r 用傅里叶级数展开得：

$$M_r=\sum_{n=1,3,5,\cdots}^{\infty}2M_n\cos np\theta \tag{7-8}$$

式中：

$$M_n=\frac{B_r}{\mu_0}\alpha_p\frac{\sin\dfrac{n\alpha_p\pi}{2}}{\dfrac{n\alpha_p\pi}{2}} \tag{7-9}$$

在极坐标系下，标量磁位 φ 满足：

$$\begin{cases}\dfrac{\partial^2\varphi}{\partial r^2}+\dfrac{1}{r}\cdot\dfrac{\partial\varphi_1}{\partial r}+\dfrac{1}{r^2}\cdot\dfrac{\partial^2\varphi_1}{\partial\theta^2}=0 & (空气)\\ \dfrac{\partial^2\varphi_2}{\partial r^2}+\dfrac{1}{r}\cdot\dfrac{\partial\varphi_2}{\partial r}+\dfrac{1}{r^2}\cdot\dfrac{\partial^2\varphi_2}{\partial\theta^2}=\dfrac{M_r}{r\mu_r} & (永磁体)\end{cases} \tag{7-10}$$

定解条件为：

$$\begin{cases} H_{\theta1}(r,\theta)\Big|_{r=R_s}=0 \\ H_{\theta2}(r,\theta)\Big|_{r=R_r}=0 \\ B_{r1}(r,\theta)\Big|_{r=R_m}=B_{r2}(r,\theta)\Big|_{r=R_m} \\ H_{\theta1}(r,\theta)\Big|_{r=R_m}=H_{\theta2}(r,\theta)\Big|_{r=R_m} \end{cases} \tag{7-11}$$

可得到求解区域内的磁场分布表达式。在气隙中，当 $np\neq1$ 时，磁通密度的径向分量和切向分量分别为：

$$B_{r1}(r,\theta)=\sum_{n=1,3,5,\cdots}^{\infty}2\frac{\mu_0M_n}{\mu_r}\cdot\frac{np}{(np)^2-1}\left[\left(\frac{r}{R_m}\right)^{np-1}+\left(\frac{R_s}{r}\right)^{np+1}\left(\frac{R_s}{R_m}\right)^{np-1}\right]\times \left\{\frac{(np-1)+2\left(\frac{R_r}{R_m}\right)^{np+1}-(np+1)\left(\frac{R_r}{R_m}\right)^{2np}}{\frac{\mu_r+1}{\mu_r}\left[\left(\frac{R_s}{R_m}\right)^{2np}-\left(\frac{R_r}{R_m}\right)^{2np}\right]-\frac{\mu_r-1}{\mu_r}\left[1-\frac{(R_sR_r)^{2np}}{R_m^{4np}}\right]}\right\}\cos np\theta \tag{7-12}$$

$$B_{\theta1}(r,\theta)=\sum_{n=1,3,5,\cdots}^{\infty}-2\frac{\mu_0M_n}{\mu_r}\cdot\frac{np}{(np)^2-1}\left[\left(\frac{r}{R_m}\right)^{np-1}-\left(\frac{R_s}{r}\right)^{np+1}\left(\frac{R_s}{R_m}\right)^{np-1}\right]\times \left\{\frac{(np-1)+2\left(\frac{R_r}{R_m}\right)^{np+1}-(np+1)\left(\frac{R_r}{R_m}\right)^{2np}}{\frac{\mu_r+1}{\mu_r}\left[\left(\frac{R_s}{R_m}\right)^{2np}-\left(\frac{R_r}{R_m}\right)^{2np}\right]-\frac{\mu_r-1}{\mu_r}\left[1-\frac{(R_sR_r)^{2np}}{R_m^{4np}}\right]}\right\}\sin np\theta \tag{7-13}$$

当 $np=1$ 时，气隙磁通密度径向分量和切向分量分别为：

$$B_{r1}(r,\theta)=\frac{\mu_0M_1}{\mu_r}\left[1+\left(\frac{R_s}{r}\right)^2\right]\left\{\frac{1-\left(\frac{R_r}{R_m}\right)^2+\left(\frac{R_r}{R_m}\right)^2\ln\left(\frac{R_m}{R_r}\right)^2}{\frac{\mu_r+1}{\mu_r}\left[\left(\frac{R_s}{R_m}\right)^2-\left(\frac{R_r}{R_m}\right)^2\right]-\frac{\mu_r-1}{\mu_r}\left[1-\frac{(R_sR_r)^2}{R_m{}^4}\right]}\right\}\cos\theta \tag{7-14}$$

$$B_{\theta1}(r,\theta)=-\frac{\mu_0M_1}{\mu_r}\left[1-\left(\frac{R_s}{r}\right)^2\right]\left\{\frac{1-\left(\frac{R_r}{R_m}\right)^2+\left(\frac{R_r}{R_m}\right)^2\ln\left(\frac{R_m}{R_r}\right)^2}{\frac{\mu_r+1}{\mu_r}\left[\left(\frac{R_s}{R_m}\right)^2-\left(\frac{R_r}{R_m}\right)^2\right]-\frac{\mu_r-1}{\mu_r}\left[1-\frac{(R_sR_r)^2}{R_m{}^4}\right]}\right\}\sin\theta \tag{7-15}$$

在永磁体内，当 $np\neq1$ 时，磁通密度径向分量和切向分量分别为：

$$B_{r2}(r,\theta)=\sum_{n=1,3,5,\cdots}^{\infty}2\mu_0M_n\frac{np}{(np)^2-1}\left[\left(\frac{R_r}{r}\right)^{np+1}+\left(\frac{r}{R_r}\right)^{np-1}\right]\cos np\theta\times$$

$$\left\{\frac{\left(np-\frac{1}{\mu_r}\right)\left(\frac{R_r}{R_m}\right)^{np-1}+\left(1+\frac{1}{\mu_r}\right)\left(\frac{R_r}{R_m}\right)^{2np}-\left(np+\frac{1}{\mu_r}\right)\left(\frac{R_s}{R_m}\right)^{2np}\left(\frac{R_r}{R_m}\right)^{np-1}-\left(1-\frac{1}{\mu_r}\right)\left(\frac{R_sR_r}{R_m^2}\right)^{2np}}{\frac{\mu_r+1}{\mu_r}\left[\left(\frac{R_s}{R_m}\right)^{2np}-\left(\frac{R_r}{R_m}\right)^{2np}\right]-\frac{\mu_r-1}{\mu_r}\left[1-\frac{(R_sR_r)^{2np}}{R_m^{4np}}\right]}\right\}+$$

$$\sum_{n=1,3,5,\cdots}^{\infty}2\mu_0M_n\frac{np}{(np)^2-1}\left[np+\left(\frac{R_r}{r}\right)^{np+1}\right]\cos np\theta \tag{7-16}$$

$$B_{\theta2}(r,\theta)=\sum_{n=1,3,5,\cdots}^{\infty}2\mu_0M_n\frac{np}{(np)^2-1}\left[\left(\frac{R_r}{r}\right)^{np+1}-\left(\frac{r}{R_r}\right)^{np-1}\right]\sin np\theta\times$$

$$\left\{\frac{\left(np-\frac{1}{\mu_r}\right)\left(\frac{R_r}{R_m}\right)^{np-1}+\left(1+\frac{1}{\mu_r}\right)\left(\frac{R_r}{R_m}\right)^{2np}-\left(np+\frac{1}{\mu_r}\right)\left(\frac{R_s}{R_m}\right)^{2np}\left(\frac{R_r}{R_m}\right)^{np-1}-\left(1-\frac{1}{\mu_r}\right)\left(\frac{R_sR_r}{R_m^2}\right)^{2np}}{\frac{\mu_r+1}{\mu_r}\left[\left(\frac{R_s}{R_m}\right)^{2np}-\left(\frac{R_r}{R_m}\right)^{2np}\right]-\frac{\mu_r-1}{\mu_r}\left[1-\frac{(R_sR_r)^{2np}}{R_m^{4np}}\right]}\right\}+$$

$$\sum_{n=1,3,5,\cdots}^{\infty}2\mu_0M_n\frac{np}{(np)^2-1}\left[\left(\frac{R_r}{r}\right)^{np+1}-1\right]\sin np\theta \tag{7-17}$$

当 $np=1$ 时，磁通密度径向分量和切向分量分别为：

$$B_{r2}(r,\theta)=\mu_0M_1\left\{\frac{1-\left(\frac{R_s}{R_m}\right)^2+\left[\frac{\mu_r+1}{\mu_r}\left(\frac{R_r}{R_m}\right)^2-\frac{\mu_r-1}{\mu_r}\left(\frac{R_rR_s}{R_m^2}\right)^2\right]\ln\left(\frac{R_m}{R_r}\right)}{\frac{\mu_r+1}{\mu_r}\left[\left(\frac{R_s}{R_m}\right)^2-\left(\frac{R_r}{R_m}\right)^2\right]-\frac{\mu_r-1}{\mu_r}\left[1-\left(\frac{R_sR_r}{R_m^2}\right)^2\right]}\right\}\left[1+\left(\frac{R_r}{r}\right)^2\right]\cos\theta+$$

$$\mu_0M_1\left[1-\ln\left(\frac{r}{R_m}\right)+\left(\frac{R_r}{r}\right)^2\ln\left(\frac{R_m}{R_r}\right)\right]\cos\theta \tag{7-18}$$

$$B_{\theta 2}(r,\theta)=-\mu_0 M_1\left\{\frac{1-\left(\frac{R_s}{R_m}\right)^2+\left[\frac{\mu_r+1}{\mu_r}\left(\frac{R_r}{R_m}\right)^2-\frac{\mu_r-1}{\mu_r}\left(\frac{R_r R_s}{R_m^2}\right)^2\right]\ln\left(\frac{R_m}{R_r}\right)}{\frac{\mu_r+1}{\mu_r}\left[\left(\frac{R_s}{R_m}\right)^2-\left(\frac{R_r}{R_m}\right)^2\right]-\frac{\mu_r-1}{\mu_r}\left[1-\left(\frac{R_s R_r}{R_m^2}\right)^2\right]}\right\}\left[1-\left(\frac{R_r}{r}\right)^2\right]\sin\theta+$$

$$\mu_0 M_1\left[\ln\left(\frac{r}{R_m}\right)+\left(\frac{R_r}{r}\right)^2\ln\left(\frac{R_m}{R_r}\right)\right]\sin\theta \tag{7-19}$$

对于内转子电机，有 $R_r<R_m<R_s$；对于外转子电机，有 $R_s<R_m<R_r$。

2. 平行充磁无刷直流电动机的气隙磁场求解[3]

对于平行充磁表面式永磁无刷直流电动机，其瓦片形永磁体模型如图 7-18 所示。平行充磁永磁体的磁化强度为：

$$\boldsymbol{M}=M_r\boldsymbol{r}+M_\theta\boldsymbol{\theta} \tag{7-20}$$

式中，$M_r=M\cos\theta$，$M_\theta=M\sin\theta$。平行充磁永磁体磁化强度分布如图 7-19 所示，可分别表示为：

$$M_r=\begin{cases}0 & -\frac{\pi}{2p}<\theta<-\frac{\alpha_p}{2p}\pi \\ M\cos\theta & -\frac{\alpha_p}{2p}\pi\leqslant\theta\leqslant\frac{\alpha_p}{2p}\pi \\ 0 & \frac{\alpha_p}{2p}\pi<\theta<\frac{2\pi-\alpha_p\pi}{2p} \\ -M\cos\left(\theta-\frac{\pi}{p}\right) & \frac{2\pi-\alpha_p\pi}{2p}\leqslant\theta\leqslant\frac{2\pi+\alpha_p\pi}{2p} \\ 0 & \frac{2\pi+\alpha_p\pi}{2p}<\theta<\frac{3\pi}{2p}\end{cases} \tag{7-21}$$

$$M_\theta=\begin{cases}0 & -\frac{\pi}{2p}<\theta<-\frac{\alpha_p}{2p}\pi \\ -M\sin\theta & -\frac{\alpha_p}{2p}\pi\leqslant\theta\leqslant\frac{\alpha_p}{2p}\pi \\ 0 & \frac{\alpha_p}{2p}\pi<\theta<\frac{2\pi-\alpha_p\pi}{2p} \\ M\sin\left(\theta-\frac{\pi}{p}\right) & \frac{2\pi-\alpha_p\pi}{2p}\leqslant\theta\leqslant\frac{2\pi+\alpha_p\pi}{2p} \\ 0 & \frac{2\pi+\alpha_p\pi}{2p}<\theta<\frac{3\pi}{2p}\end{cases} \tag{7-22}$$

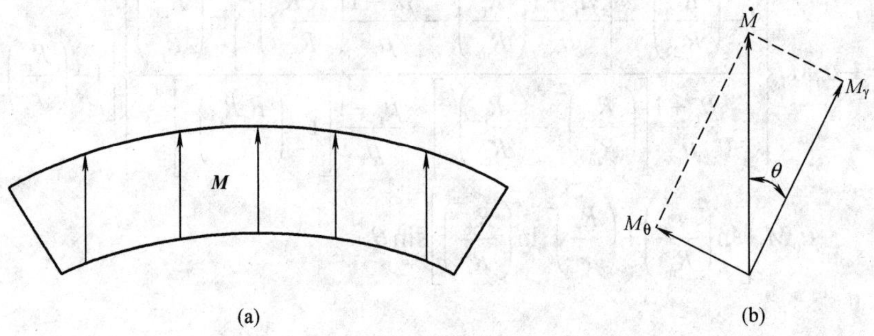

图 7-18 平行充磁永磁体的磁化模型

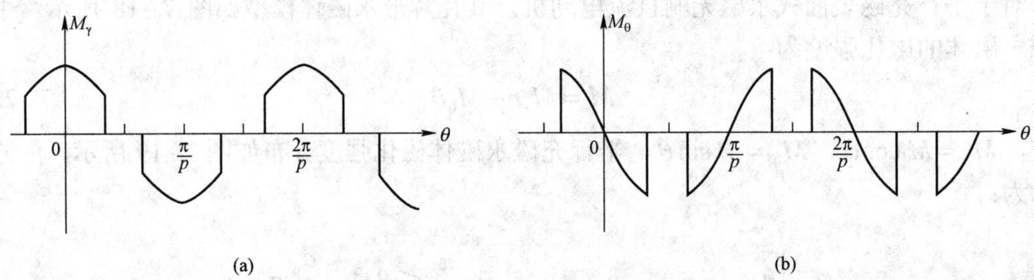

图 7-19 平行充磁永磁体磁化强度的分布

（a）磁化强度径向分量；（b）磁化强度切向分量

将磁化强度的径向和切向分量分别用傅里叶级数展开得：

$$M_{\mathrm{r}} = \sum_{n=1,3,5,\cdots}^{\infty} M_{\mathrm{r}n} \cos np\theta \tag{7-23}$$

$$M_{\theta} = \sum_{n=1,3,5,\cdots}^{\infty} M_{\theta n} \sin np\theta \tag{7-24}$$

当 $np\neq 1$ 时，有：

$$\begin{cases} M_{\mathrm{r}n} = \dfrac{B_{\mathrm{r}}}{\mu_0}\alpha_{\mathrm{p}}\left\{\dfrac{\sin\left[(np+1)\dfrac{\alpha_{\mathrm{p}}\pi}{p}\right]}{(np+1)\dfrac{\alpha_{\mathrm{p}}\pi}{p}}+\dfrac{\sin\left[(np-1)\dfrac{\alpha_{\mathrm{p}}\pi}{p}\right]}{(np-1)\dfrac{\alpha_{\mathrm{p}}\pi}{p}}\right\} \\ M_{\theta n} = \dfrac{B_{\mathrm{r}}}{\mu_0}\alpha_{\mathrm{p}}\left\{\dfrac{\sin\left[(np+1)\dfrac{\alpha_{\mathrm{p}}\pi}{p}\right]}{(np+1)\dfrac{\alpha_{\mathrm{p}}\pi}{p}}-\dfrac{\sin\left[(np-1)\dfrac{\alpha_{\mathrm{p}}\pi}{p}\right]}{(np-1)\dfrac{\alpha_{\mathrm{p}}\pi}{p}}\right\} \end{cases} \tag{7-25}$$

当 $np=1$ 时，有：

$$\begin{cases} M_{\mathrm{r}1}=\dfrac{B_{\mathrm{r}}}{\mu_0}\alpha_{\mathrm{p}}\left[\dfrac{\sin\left(\dfrac{\alpha_{\mathrm{p}}\pi}{p}\right)}{\dfrac{\alpha_{\mathrm{p}}\pi}{p}}+1\right] \\ M_{\theta1}=\dfrac{B_{\mathrm{r}}}{\mu_0}\alpha_{\mathrm{p}}\left[\dfrac{\sin\left(\dfrac{\alpha_{\mathrm{p}}\pi}{p}\right)}{\dfrac{\alpha_{\mathrm{p}}\pi}{p}}-1\right] \end{cases} \tag{7-26}$$

在求解区域内，标量磁位满足：

$$\begin{cases} \dfrac{\partial^2\varphi_1}{\partial r^2}+\dfrac{1}{r}\cdot\dfrac{\partial\varphi_1}{\partial r}+\dfrac{1}{r^2}\cdot\dfrac{\partial^2\varphi_1}{\partial\theta^2}=0 & (\text{空气}) \\ \dfrac{\partial^2\varphi_2}{\partial r^2}+\dfrac{1}{r}\cdot\dfrac{\partial\varphi_2}{\partial r}+\dfrac{1}{r^2}\cdot\dfrac{\partial^2\varphi_2}{\partial\theta^2}=\dfrac{\mathrm{div}\boldsymbol{M}}{\mu_{\mathrm{r}}} & (\text{永磁体}) \end{cases} \tag{7-27}$$

式中

$$\mathrm{div}\boldsymbol{M}=\frac{M_{\mathrm{r}}}{r}+\frac{\partial M_{\mathrm{r}}}{\partial r}+\frac{1}{r}\cdot\frac{\partial M_{\theta}}{\partial\theta}=\frac{1}{r}\sum_{n=1,3,5,\cdots}^{\infty}(M_{\mathrm{r}n}+npM_{\theta n})\cos np\theta=\frac{1}{r}\sum_{n=1,3,5,\cdots}^{\infty}M_n\cos np\theta \tag{7-28}$$

定解条件为：

$$\begin{cases} H_{\theta1}(r,\theta)\big|_{r=R_{\mathrm{s}}}=0 \\ H_{\theta2}(r,\theta)\big|_{r=R_{\mathrm{r}}}=0 \\ B_{\mathrm{r}1}(r,\theta)\big|_{r=R_{\mathrm{m}}}=B_{\mathrm{r}2}(r,\theta)\big|_{r=R_{\mathrm{m}}} \\ H_{\theta1}(r,\theta)\big|_{r=R_{\mathrm{m}}}=H_{\theta2}(r,\theta)\big|_{r=R_{\mathrm{m}}} \end{cases} \tag{7-29}$$

可得到求解区域内的磁场分布表达式。当 $np\neq1$ 时，空气中的磁通密度分布为：

$$B_{\mathrm{r}1}(r,\theta)=\sum_{n=1,3,5,\cdots}^{\infty}\frac{\mu_0 M_{\mathrm{n}}}{\mu_{\mathrm{r}}}\frac{np}{(np)^2-1}\left[\left(\frac{r}{R_{\mathrm{m}}}\right)^{np-1}+\left(\frac{R_{\mathrm{s}}}{r}\right)^{np+1}\left(\frac{R_{\mathrm{s}}}{R_{\mathrm{m}}}\right)^{np-1}\right]\times$$

$$\left\{\frac{\left[\left(np-\dfrac{1}{np}\right)\dfrac{M_{\mathrm{rn}}}{M_{\mathrm{n}}}+\dfrac{1}{np}-1\right]+2\left(\dfrac{R_{\mathrm{r}}}{R_{\mathrm{m}}}\right)^{np+1}-\left[\left(np-\dfrac{1}{np}\right)\dfrac{M_{\mathrm{rn}}}{M_{\mathrm{n}}}+\dfrac{1}{np}+1\right]\left(\dfrac{R_{\mathrm{r}}}{R_{\mathrm{m}}}\right)^{2np}}{\dfrac{\mu_{\mathrm{r}}+1}{\mu_{\mathrm{r}}}\left[\left(\dfrac{R_{\mathrm{s}}}{R_{\mathrm{m}}}\right)^{2np}-\left(\dfrac{R_{\mathrm{r}}}{R_{\mathrm{m}}}\right)^{2np}\right]-\dfrac{\mu_{\mathrm{r}}-1}{\mu_{\mathrm{r}}}\left[1-\dfrac{(R_{\mathrm{s}}R_{\mathrm{r}})^{2np}}{R_{\mathrm{m}}^{\ 4np}}\right]}\right\}\cos np\theta \tag{7-30}$$

$$B_{\theta 1}(r,\theta)=\sum_{n=1,3,5,\cdots}^{\infty}\frac{\mu_0 M_n}{\mu_{\mathrm{r}}}\frac{np}{(np)^2-1}\left[\left(\frac{r}{R_{\mathrm{m}}}\right)^{np-1}-\left(\frac{R_{\mathrm{s}}}{r}\right)^{np+1}\left(\frac{R_{\mathrm{s}}}{R_{\mathrm{m}}}\right)^{np-1}\right]\times$$

$$\left\{\frac{\left[\left(np-\frac{1}{np}\right)\frac{M_{\mathrm{r}n}}{M_n}+\frac{1}{np}-1\right]+2\left(\frac{R_{\mathrm{r}}}{R_{\mathrm{m}}}\right)^{np+1}-\left[\left(np-\frac{1}{np}\right)\frac{M_{\mathrm{r}n}}{M_n}+\frac{1}{np}+1\right]\left(\frac{R_{\mathrm{r}}}{R_{\mathrm{m}}}\right)^{2np}}{\frac{\mu_{\mathrm{r}}+1}{\mu_{\mathrm{r}}}\left[\left(\frac{R_{\mathrm{s}}}{R_{\mathrm{m}}}\right)^{2np}-\left(\frac{R_{\mathrm{r}}}{R_{\mathrm{m}}}\right)^{2np}\right]-\frac{\mu_{\mathrm{r}}-1}{\mu_{\mathrm{r}}}\left[1-\frac{(R_{\mathrm{s}}R_{\mathrm{r}})^{2np}}{R_{\mathrm{m}}^{4np}}\right]}\right\}\sin np\theta \tag{7-31}$$

永磁体中的磁通密度分布为：

$$B_{\mathrm{r}2}(r,\theta)=\sum_{n=1,3,5,\cdots}^{\infty}\mu_0 M_n\frac{np}{(np)^2-1}\left[\left(\frac{R_{\mathrm{r}}}{r}\right)^{np+1}+\left(\frac{r}{R_{\mathrm{r}}}\right)^{np-1}\right]\cos np\theta\times$$

$$\left\{\frac{\left[\left(np-\frac{1}{np}\right)\frac{M_{\mathrm{r}n}}{M_n}+\frac{1}{np}-\frac{1}{\mu_{\mathrm{r}}}\right]\left(\frac{R_{\mathrm{r}}}{R_{\mathrm{m}}}\right)^{np-1}+\left(1+\frac{1}{\mu_{\mathrm{r}}}\right)\left(\frac{R_{\mathrm{r}}}{R_{\mathrm{m}}}\right)^{2np}-\left[\left(np-\frac{1}{np}\right)\frac{M_{\mathrm{r}n}}{M_n}+\frac{1}{np}-\frac{1}{\mu_{\mathrm{r}}}\right]\left(\frac{R_{\mathrm{s}}}{R_{\mathrm{m}}}\right)^{2np}\left(\frac{R_{\mathrm{r}}}{R_{\mathrm{m}}}\right)^{np-1}-\left(1-\frac{1}{\mu_{\mathrm{r}}}\right)\left(\frac{R_{\mathrm{s}}R_{\mathrm{r}}}{R_{\mathrm{m}}^2}\right)^{2np}}{\frac{\mu_{\mathrm{r}}+1}{\mu_{\mathrm{r}}}\left[\left(\frac{R_{\mathrm{s}}}{R_{\mathrm{m}}}\right)^{2np}-\left(\frac{R_{\mathrm{r}}}{R_{\mathrm{m}}}\right)^{2np}\right]-\frac{\mu_{\mathrm{r}}-1}{\mu_{\mathrm{r}}}\left[1-\left(\frac{R_{\mathrm{s}}R_{\mathrm{r}}}{R_{\mathrm{m}}^2}\right)^{2np}\right]}\right\}+$$

$$\sum_{n=1,3,5,\cdots}^{\infty}\mu_0 M_n\frac{np}{(np)^2-1}\left[\left(np-\frac{1}{np}\right)\frac{M_{\mathrm{r}n}}{M_n}+\frac{1}{np}+\left(\frac{R_{\mathrm{r}}}{r}\right)^{np+1}\right]\cos np\theta \tag{7-32}$$

$$B_{\theta 2}(r,\theta)=\sum_{n=1,3,5,\cdots}^{\infty}\mu_0 M_n\frac{np}{(np)^2-1}\left[\left(\frac{R_{\mathrm{r}}}{r}\right)^{np+1}-\left(\frac{r}{R_{\mathrm{r}}}\right)^{np-1}\right]\sin np\theta\times$$

$$\left\{\frac{\left[\left(np-\frac{1}{np}\right)\frac{M_{\mathrm{r}n}}{M_n}+\frac{1}{np}-\frac{1}{\mu_{\mathrm{r}}}\right]\left(\frac{R_{\mathrm{r}}}{R_{\mathrm{m}}}\right)^{np-1}+\left(1+\frac{1}{\mu_{\mathrm{r}}}\right)\left(\frac{R_{\mathrm{r}}}{R_{\mathrm{m}}}\right)^{2np}-\left[\left(np-\frac{1}{np}\right)\frac{M_{\mathrm{r}n}}{M_n}+\frac{1}{np}-\frac{1}{\mu_{\mathrm{r}}}\right]\left(\frac{R_{\mathrm{s}}}{R_{\mathrm{m}}}\right)^{2np}\left(\frac{R_{\mathrm{r}}}{R_{\mathrm{m}}}\right)^{np-1}-\left(1-\frac{1}{\mu_{\mathrm{r}}}\right)\left(\frac{R_{\mathrm{s}}R_{\mathrm{r}}}{R_{\mathrm{m}}^2}\right)^{2np}}{\frac{\mu_{\mathrm{r}}+1}{\mu_{\mathrm{r}}}\left[\left(\frac{R_{\mathrm{s}}}{R_{\mathrm{m}}}\right)^{2np}-\left(\frac{R_{\mathrm{r}}}{R_{\mathrm{m}}}\right)^{2np}\right]-\frac{\mu_{\mathrm{r}}-1}{\mu_{\mathrm{r}}}\left[1-\left(\frac{R_{\mathrm{s}}R_{\mathrm{r}}}{R_{\mathrm{m}}^2}\right)^{2np}\right]}\right\}-$$

$$\sum_{n=1,3,5,\cdots}^{\infty}\mu_0 M_n\frac{1}{(np)^2-1}\left[\left(np-\frac{1}{np}\right)\frac{M_{\mathrm{r}n}}{M_n}+\frac{1}{np}-np\left(\frac{R_{\mathrm{r}}}{r}\right)^{np+1}\right]\sin np\theta \tag{7-33}$$

当 $np=1$ 时，空气中的磁通密度分布为：

$$B_{\mathrm{r}1}(r,\theta)=\frac{\mu_0 M_1}{2\mu_{\mathrm{r}}}\left[1+\left(\frac{R_{\mathrm{s}}}{r}\right)^2\right]\left\{\frac{\left(2\frac{M_{\mathrm{r}1}}{M_1}-1\right)\left[1-\left(\frac{R_{\mathrm{r}}}{R_{\mathrm{m}}}\right)^2\right]+\left(\frac{R_{\mathrm{r}}}{R_{\mathrm{m}}}\right)^2\ln\left(\frac{R_{\mathrm{m}}}{R_{\mathrm{r}}}\right)^2}{\frac{\mu_{\mathrm{r}}+1}{\mu_{\mathrm{r}}}\left[\left(\frac{R_{\mathrm{s}}}{R_{\mathrm{m}}}\right)^2-\left(\frac{R_{\mathrm{r}}}{R_{\mathrm{m}}}\right)^2\right]-\frac{\mu_{\mathrm{r}}-1}{\mu_{\mathrm{r}}}\left[1-\frac{(R_{\mathrm{s}}R_{\mathrm{r}})^2}{R_{\mathrm{m}}^4}\right]}\right\}\cos\theta \tag{7-34}$$

$$B_{\theta 1}(r,\theta)=\frac{\mu_0 M_1}{2\mu_r}\left[\left(\frac{R_s}{r}\right)^2-1\right]\left\{\frac{\left(2\frac{M_{r1}}{M_1}-1\right)\left[1-\left(\frac{R_r}{R_m}\right)^2\right]+\left(\frac{R_r}{R_m}\right)^2\ln\left(\frac{R_m}{R_r}\right)^2}{\frac{\mu_r+1}{\mu_r}\left[\left(\frac{R_s}{R_m}\right)^2-\left(\frac{R_r}{R_m}\right)^2\right]-\frac{\mu_r-1}{\mu_r}\left[1-\frac{(R_s R_r)^2}{{R_m}^4}\right]}\right\}\sin\theta \tag{7-35}$$

永磁体中的磁通密度分布为：

$$B_{r2}(r,\theta)=\frac{\mu_0 M_1}{2}\left[1+\left(\frac{R_r}{r}\right)^2\right]\cos\theta\times$$

$$\left\{\frac{\left(2\frac{M_{r1}}{M_1}-1\right)\left[1-\left(\frac{R_s}{R_m}\right)^2\right]+\ln\frac{R_m}{R_r}\left[\frac{\mu_r+1}{\mu_r}\left(\frac{R_r}{R_m}\right)^2-\frac{\mu_r-1}{\mu_r}\left(\frac{R_r R_s}{R_m^2}\right)^2\right]}{\frac{\mu_r+1}{\mu_r}\left[\left(\frac{R_s}{R_m}\right)^2-\left(\frac{R_r}{R_m}\right)^2\right]-\frac{\mu_r-1}{\mu_r}\left[1-\frac{(R_s R_r)^2}{{R_m}^4}\right]}\right\}+ \tag{7-36}$$

$$\frac{\mu_0 M_1}{2}\left[2\frac{M_{r1}}{M_1}-1-\ln\left(\frac{r}{R_m}\right)+\left(\frac{R_r}{r}\right)^2\ln\left(\frac{R_m}{R_r}\right)\right]\cos\theta$$

$$B_{\theta 2}(r,\theta)=\frac{\mu_0 M_1}{2}\left[\left(\frac{R_r}{r}\right)^2-1\right]\sin\theta\times$$

$$\left\{\frac{\left(2\frac{M_{r1}}{M_1}-1\right)\left[1-\left(\frac{R_s}{R_m}\right)^2\right]+\ln\left(\frac{R_m}{R_r}\right)\left[\frac{\mu_r+1}{\mu_r}\left(\frac{R_r}{R_m}\right)^2-\frac{\mu_r-1}{\mu_r}\left(\frac{R_s R_r}{R_m^2}\right)^2\right]}{\frac{\mu_r+1}{\mu_r}\left[\left(\frac{R_s}{R_m}\right)^2-\left(\frac{R_r}{R_m}\right)^2\right]-\frac{\mu_r-1}{\mu_r}\left[1-\frac{\left(R_s R_r\right)^2}{{R_m}^4}\right]}\right\}- \tag{7-37}$$

$$\frac{\mu_0 M_1}{2}\left[2\frac{M_{r1}}{M_1}-2-\ln\left(\frac{r}{R_m}\right)-\left(\frac{R_r}{r}\right)^2\ln\left(\frac{R_m}{R_r}\right)\right]\sin\theta$$

对于内转子电机，有 $R_r<R_m<R_s$；对于外转子电机，有 $R_s<R_m<R_r$。

二、永磁磁场解析计算算例

对一台 4 极永磁无刷直流电动机，忽略齿槽和铁心饱和的影响，取其气隙为有效气隙长度，分别对径向充磁和平行充磁两种方式下的气隙磁场分布进行解析计算，同时利用二维有限元法进行数值计算，结果如图 7-20 所示。可以看出，解析计算与有限元计算的结果相吻合，说明上述解析模型可以较准确地计算永磁无刷直流电动机气隙磁场的分布和大小。

三、空载电动势的计算

当电机转子旋转时，永磁磁极产生的磁场是旋转的，而定子绕组是静止不动的，因此定子绕组和气隙磁场所交链的磁链随时间变化，在相绕组中感应出旋转电动势：

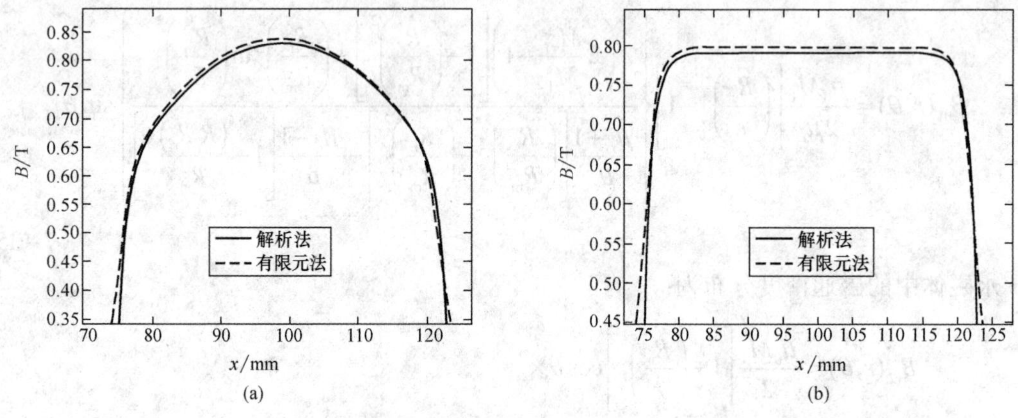

图 7-20　气隙磁场波形计算值的比较

（a）平行充磁，$r=R_s$ 处径向磁通密度分布；（b）径向充磁，$r=R_s$ 处径向磁通密度分布

$$e=-\frac{d\psi}{dt} \tag{7-38}$$

式中，ψ 为相绕组交链的磁链。此外，电枢反应磁场也在相绕组中产生感应电动势，尤其是绕组换向时电枢反应磁场的瞬变过程会产生较大的感应电动势脉冲。这里只讨论空载时绕组的感应电动势，负载时绕组感应电动势将在后面讨论。

以集中式绕组为例，设每个线圈节距为 α_y 机械角度，每相绕组串联线圈数为 N，当转子 N 极轴线与 a 相绕组轴线重合时为相绕组感应电动势的计时起点，即 $t=0$ 时刻，由式（7-12）、式（7-30）、式（7-38）可计算出 a 相绕组的感应电动势：

$$\begin{aligned} e&=-\sum_{k=1}^{N}\frac{d\psi_k}{dt}=-\sum_{k=1}^{N}\frac{N_s d\phi_k}{d\gamma}\cdot\frac{d\gamma}{dt}=-\Omega\sum_{k=1}^{N}\frac{N_s d\phi_k}{d\gamma}\\ &=-\Omega\sum_{k=1}^{N}\frac{N_s R_s L_{ef} d\left[\int_{\alpha_k}^{\alpha_k+\alpha_y}B(R_s,\alpha-\gamma)d\alpha\right]}{d\gamma}\\ &=-\Omega N_s R_s L_{ef}\sum_{k=1}^{N}\int_{\alpha_k}^{\alpha_k+\alpha_y}B_\gamma(R_s,\alpha-\gamma)d\alpha \end{aligned} \tag{7-39}$$

式中：L_{ef} 为铁心有效长度；α_k 为第 k 个线圈首边相对于相绕组轴线的空间位置角；Ω 为转子机械角速度；N_s 为单个线圈的匝数；$\gamma=\Omega t$。

$$B_\gamma(R_s,\alpha-\gamma)=\frac{dB(R_s,\alpha-\gamma)}{d\gamma} \tag{7-40}$$

同理，根据绕组的具体排列方式可以计算分布绕组、短距绕组、分数槽绕组等各种绕组形式的相绕组感应电动势瞬时值。

以一台 22 极、21 槽外转子式永磁无刷直流电动机为例计算相绕组的空载感应电动势。电动机的主要参数见表 7-4。定子绕组采用分数槽集中绕组，并联支路数 $a=1$。当电机转速为 184r/min 时，可计算出电机相绕组感应电动势，并利用二维有限元法进行计算，计算结果如图 7-21 所示。对计算结果进行比较可以看出，基于气隙磁场解析计算的相绕组感应电动势计算方法具有较好的计算精度，可作为永磁无刷直流电动机特性分析计算的基础。

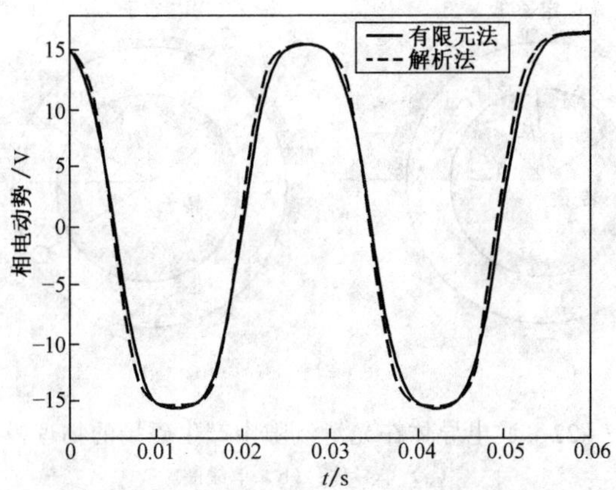

图 7-21　相绕组旋转电动势波形

表 7-4　样机主要参数

参数	数值
极对数	11
定子槽数	21
转子铁心内径/mm	140
定子铁心外径/mm	132
铁心长度/mm	43
永磁体厚度/mm	3
相绕组电阻/Ω	0.35
线圈匝数	24

第四节　电枢反应磁场及相绕组电感参数的计算

负载运行时，电枢绕组产生的磁场为跳跃式旋转磁场，由于电枢相绕组有一定的电感，当电枢反应磁场跳跃，即相绕组电流换向时，电枢反应磁场会在相绕组中产生电动势，从而影响电枢绕组的电流波形和电机的转矩特性。准确地计算电枢反应磁场和相绕组电感参数，对于永磁无刷直流电动机的特性计算非常重要。

一、电枢反应磁场的解析计算

在表面式永磁无刷直流电动机中，由于永磁体的磁导率与空气的磁导率相当，故电机定转子铁心之间的等效气隙很大，忽略饱和的影响对计算精度影响不大。

以内转子式电机为例，分析图 7-22（a）所示位于光滑电枢表面上的通以电流 i 的单根导体在气隙内产生的电枢反应磁场。

为分析方便，做如下假设：

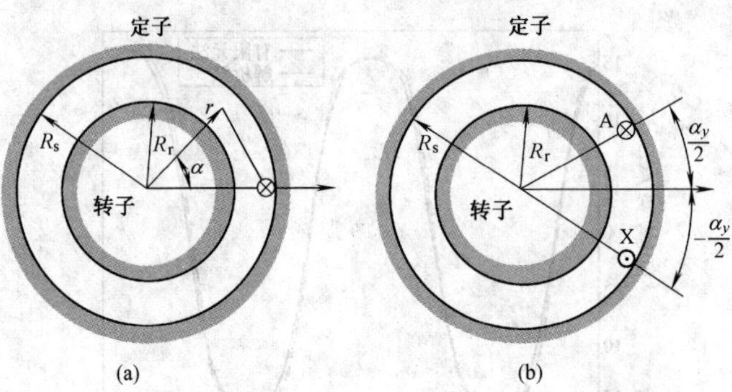

图 7-22　通电导体在光滑气隙中产生磁场的物理模型

（a）单导体；（b）单线圈

1）铁心的磁导率为无穷大。

2）忽略电机端部的影响。

3）永磁材料磁导率与空气的相等。

在二维极坐标下，气隙内矢量磁位 A 满足拉普拉斯方程：

$$\frac{\partial^2 A}{\partial r^2}+\frac{1}{r}\frac{\partial A}{\partial r}+\frac{1}{r^2}\frac{\partial^2 A}{\partial \alpha^2}=0 \tag{7-41}$$

其边界条件为：

$$\begin{cases} H_{\alpha}\Big|_{r=R_r}=0 \\ H_{\alpha}\Big|_{r=R_s}=\dfrac{i}{2\pi R_s} \end{cases} \tag{7-42}$$

可求得气隙磁通密度径向分量和切向分量分别为[4]：

$$\begin{cases} B_{r1}(r,\alpha)=-\dfrac{\mu_0 i}{\pi r}\displaystyle\sum_{m=1}^{\infty}\left(\frac{R_s}{r}\right)^m\left(\frac{r^{2m}+R_r^{2m}}{R_s^{2m}-R_r^{2m}}\right)\sin m\alpha \\ B_{\alpha1}(r,\alpha)=-\dfrac{\mu_0 i}{\pi r}\displaystyle\sum_{m=1}^{\infty}\left(\frac{R_s}{r}\right)^m\left(\frac{r^{2m}-R_r^{2m}}{R_s^{2m}-R_r^{2m}}\right)\cos m\alpha \end{cases} \tag{7-43}$$

同理，图 7-21（b）所示的单匝线圈 AX（其跨距角为 α_y）产生的气隙磁通密度的径向分量和切向分量分别为：

$$\begin{cases} B_r(r,\alpha)=2\dfrac{\mu_0 i}{\pi r}\displaystyle\sum_{m=1}^{\infty}\left(\frac{R_s}{r}\right)^m\left(\frac{r^{2m}+R_r^{2m}}{R_s^{2m}-R_r^{2m}}\right)\sin\left(m\frac{\alpha_y}{2}\right)\cos m\alpha \\ B_{\alpha}(r,\alpha)=-2\dfrac{\mu_0 i}{\pi r}\displaystyle\sum_{m=1}^{\infty}\left(\frac{R_s}{r}\right)^m\left(\frac{r^{2m}-R_r^{2m}}{R_s^{2m}-R_r^{2m}}\right)\sin\left(m\frac{\alpha_y}{2}\right)\sin m\alpha \end{cases} \tag{7-44}$$

忽略铁心饱和时，一个 N_s 匝的线圈通有电流时，位于电枢槽内的导体电流可等效为位于光滑电枢表面上的电流片，电流片宽度等于槽口宽度 b_0，电流片分布为：

$$J(t)=\begin{cases}\dfrac{N_{\mathrm{S}}i(t)}{ab_0} & \dfrac{\alpha_y}{2}-\dfrac{\alpha_0}{2}\leqslant\alpha\leqslant\dfrac{\alpha_y}{2}+\dfrac{\alpha_0}{2}\\ -\dfrac{N_{\mathrm{S}}i(t)}{ab_0} & -\dfrac{\alpha_y}{2}-\dfrac{\alpha_0}{2}\leqslant\alpha\leqslant-\dfrac{\alpha_y}{2}+\dfrac{\alpha_0}{2}\\ 0 & \text{其他}\end{cases}\tag{7-45}$$

式中：$i(t)$ 为相绕组电流瞬时值；α_0 为槽口宽度角。

由式（7-45）可推导出该电流片 $J(t)$ 在光滑气隙内产生的电枢反应磁场的径向分量为：

$$\begin{aligned}B_{\mathrm{r}}(r,\alpha,t)&=\int_{-\frac{\alpha_0}{2}}^{+\frac{\alpha_0}{2}}2\frac{\mu_0R_{\mathrm{s}}J(t)}{\pi r}\sum_{m=1}^{\infty}\left(\frac{R_{\mathrm{s}}}{r}\right)^m\left(\frac{r^{2m}+R_{\mathrm{r}}^{2m}}{R_{\mathrm{s}}^{2m}-R_{\mathrm{r}}^{2m}}\right)\sin\left(m\frac{\alpha_y}{2}\right)\cos[m(\alpha+\beta_{\mathrm{c}}+\theta)]\mathrm{d}\theta\\&=4\frac{\mu_0R_{\mathrm{s}}J(t)}{\pi r}\sum_{m=1}^{\infty}\frac{1}{m}\left(\frac{R_{\mathrm{s}}}{r}\right)^m\left(\frac{r^{2m}+R_{\mathrm{r}}^{2m}}{R_{\mathrm{s}}^{2m}-R_{\mathrm{r}}^{2m}}\right)\sin\left(m\frac{\alpha_y}{2}\right)\sin\left(m\frac{\alpha_0}{2}\right)\cos[m(\alpha+\beta_{\mathrm{c}})]\end{aligned}\tag{7-46}$$

式中，β_{c} 为线圈轴线与相绕组轴线的空间夹角。

以双层整距叠绕组为例分析计算电机相绕组产生的电枢反应磁场。假设相绕组有 $2p$ 个线圈组，每个线圈组有 q 个线圈。以 a 相绕组轴线为极坐标轴，由上式可推出由 q 个线圈组成的线圈组在光滑气隙中产生的气隙磁场径向分量：

$$\begin{aligned}B_{\mathrm{rq}}(r,\alpha,t)=&\sum_{n=1}^{q}4\frac{\mu_0R_{\mathrm{s}}J(t)}{\pi r}\sum_{m=1}^{\infty}\frac{1}{m}\left(\frac{R_{\mathrm{s}}}{r}\right)^m\left(\frac{r^{2m}+R_{\mathrm{r}}^{2m}}{R_{\mathrm{s}}^{2m}-R_{\mathrm{r}}^{2m}}\right)\\&\sin\left(mp\frac{\alpha_y}{2}\right)\sin\left(\frac{mp\alpha_0}{2}\right)\cos\left[mp\left(\alpha-\frac{2n-q-1}{2}\alpha_{\mathrm{t}}\right)\right]\end{aligned}\tag{7-47}$$

式中，α_{t} 为槽距角。

由于电机电枢绕组的空间对称性，a 相绕组 $2p$ 个线圈组在电机内对称分布，彼此间隔 π/p 空间角，由上式利用叠加原理可求出 a 相绕组通电流 $i(t)$ 时产生的电枢反应磁场径向分量：

$$\begin{aligned}B_{\mathrm{ra}}(r,\alpha,t)=&\sum_{k=0}^{2p-1}\sum_{n=1}^{q}4\frac{\mu_0R_{\mathrm{s}}J(t)}{\pi r}\sum_{m=1}^{\infty}\frac{1}{m}\left(\frac{R_{\mathrm{s}}}{r}\right)^m\left(\frac{r^{2m}+R_{\mathrm{r}}^{2m}}{R_{\mathrm{s}}^{2m}-R_{\mathrm{r}}^{2m}}\right)\\&\sin\left(mp\frac{\alpha_y}{2}\right)\sin\left(\frac{mp\alpha_0}{2}\right)\cos\left[mp\left(\alpha-\frac{2n-q-1}{2}\alpha_{\mathrm{t}}+k\frac{\pi}{p}\right)\right]\end{aligned}\tag{7-48}$$

采用同样方法可求得 b 相、c 相绕组电枢反应磁场 $B_{\mathrm{rb}}(r,\alpha,t)$、$B_{\mathrm{rc}}(r,\alpha,t)$。

对于表 7-4 中的样机，当 a 相绕组电流为 1A 时，采用以上计算方法和二维有限元法分别计算电机 a 相绕组电枢反应磁场的分布波形，如图 7-23 所示。

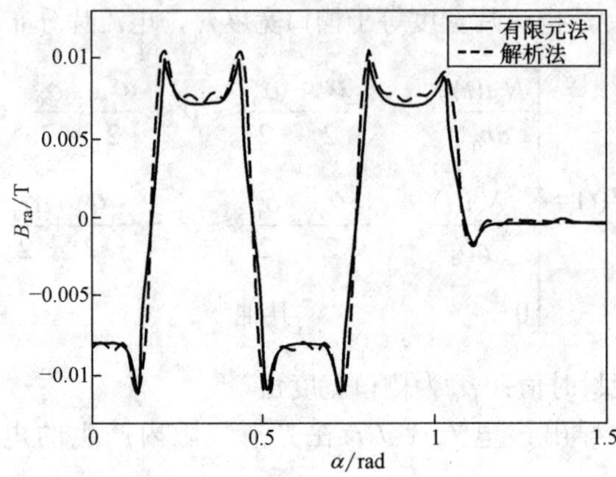

图 7-23　a 相绕组电枢反应磁场分布

二、绕组电感参数的计算

在表面式永磁无刷直流电动机中，假设永磁体的磁导率近似为 μ_0，铁心的磁导率 $\mu_{Fe}=\infty$。当转子旋转时，电枢绕组产生的电枢反应磁场并不变化，所以相绕组的自感及互感为常数，即 $L_a=L_b=L_c=L$，$M_{ab}=M_{ba}=M_{ac}=M_{ca}=M_{bc}=M_{cb}=M$。

当 a 相绕组通以电流 $i_a(t)$ 时，产生的电枢反应磁场与 a 相绕组交链的磁链为：

$$\psi_a(t)=2p\sum_{k=1}^{q}\int_{-\frac{(q-2k+1)\alpha_t+\alpha_y}{2}}^{\frac{(q-2k+1)\alpha_t-\alpha_y}{2}} N_s L_{ef} R_s B_{ra}(R_s,\alpha,t)\mathrm{d}\alpha \tag{7-49}$$

相绕组自感 L 为：

$$L=\frac{\psi_a(t)}{i_a(t)} \tag{7-50}$$

同理可求得 a 相绕组产生的电枢反应磁场 $B_{ra}(r,\alpha,t)$ 与 b 相绕组交链的磁链：

$$\psi_{ba}(t)=2p\sum_{k=1}^{q}\int_{-\frac{(q-2k+1)\alpha_t+\alpha_y}{2}+\frac{2\pi}{3p}}^{\frac{(q-2k+1)\alpha_t-\alpha_y}{2}+\frac{2\pi}{3p}} N_s L_{ef} R_s B_{ra}(R_s,\alpha,t)\mathrm{d}\alpha \tag{7-51}$$

则 a 相绕组对 b 相绕组的互感为：

$$M_{ba}=M=\frac{\psi_{ba}(t)}{i_a(t)} \tag{7-52}$$

第五节　永磁无刷直流电动机的场路耦合模型

一、永磁无刷直流电动机的场路耦合模型

以两相导通星形三相六状态方式工作的永磁无刷直流电动机为例，电机相绕组根据转子位置依次导通，使每一状态有两相导通，每相导通 120° 电角度，每隔 60° 电角度有一次换向，电路拓扑结构如图 7-24 所示。

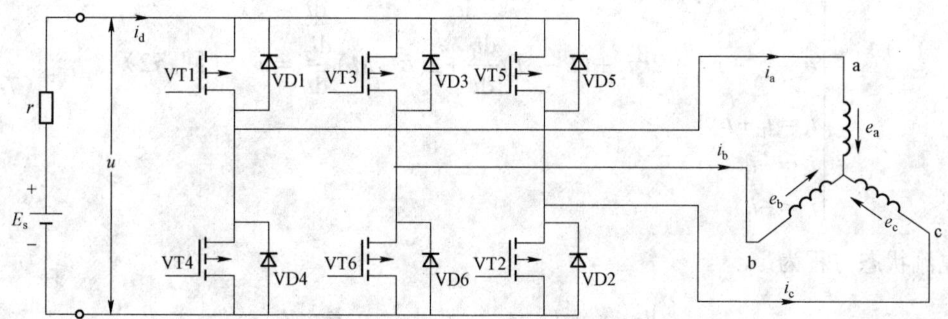

图 7－24　永磁无刷直流电动机的电路拓扑结构

电机运行时，逆变器主电路、电枢绕组、转子永磁磁场、绕组电枢反应磁场互相耦合，构成一个场路耦合系统。忽略铁心饱和时，电机的气隙磁场可等效为转子永磁磁场和相绕组电枢反应磁场的叠加。永磁磁场在绕组中感应旋转电动势 $e_a(t)$、$e_b(t)$、$e_c(t)$，电枢反应磁场在绕组中产生的感应电动势可等效为绕组组的阻抗压降，电机的场路耦合模型可等效如图 7－25 所示。其中电动势和电感参数通过磁场解析计算求得。

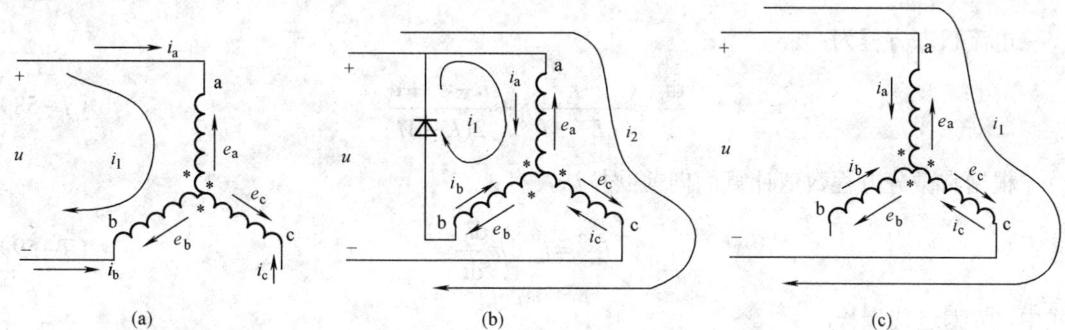

图 7－25　绕组的场路耦合模型

（a）a、b 两相导通；（b）b、c 相换向过程；（c）a、c 两相导通

当 a、b 两相导通时，电路拓扑结构如图 7－25（a）所示，回路 1 的回路电流方程为：

$$\begin{cases} e_a - e_b + 2r_a i_1 + 2L\dfrac{di_1}{dt} - 2M\dfrac{di_1}{dt} = u \\ i_1 = i_a = -i_b \end{cases} \tag{7-53}$$

电流状态方程为：

$$\frac{di_1}{dt} = -\frac{r_a}{L-M}i_1 + \frac{u - e_a + e_b}{2(L-M)} \tag{7-54}$$

当由 a、b 两相导通转变为 a、c 两相导通时，即由 b 相向 c 相换向时，由于续流二极管的作用，电路的拓扑结构如图 7－25（b）所示，回路电流方程为：

$$\begin{cases} e_a - e_b + 2r_a i_1 + r_a i_2 + 2(L-M)\dfrac{di_1}{dt} + (L-M)\dfrac{di_2}{dt} = 0 & （回路1） \\ e_a - e_c + r_a i_1 + 2r_a i_2 + (L-M)\dfrac{di_1}{dt} + 2(L-M)\dfrac{di_2}{dt} = u & （回路2） \\ i_a = i_1 + i_2 \\ i_b = -i_1 \\ i_c = -i_2 \end{cases} \tag{7-55}$$

电流状态方程为：

$$\begin{cases} \dfrac{di_1}{dt} = -\dfrac{r_a}{L-M}i_1 + \dfrac{-e_a + 2e_b - e_c - u}{3(L-M)} \\ \dfrac{di_2}{dt} = -\dfrac{r_a}{L-M}i_2 + \dfrac{2u - e_a - e_b + 2e_c}{3(L-M)} \end{cases} \tag{7-56}$$

当 b 相电流衰减为零时，电路的拓扑结构变为图 7–25（c），回路 1 的回路电流方程为：

$$\begin{cases} e_a - e_c + 2r_a i_1 + 2(L-M)\dfrac{di_1}{dt} = u \\ i_1 = i_a = -i_c \end{cases} \tag{7-57}$$

电流状态方程为：

$$\frac{di_1}{dt} = -\frac{r_a}{L-M}i_1 + \frac{u - e_a + e_c}{2(L-M)} \tag{7-58}$$

根据常微分方程数值计算的向前欧拉法，有：

$$i_{n+1} = i_n + h\frac{di_n}{dt} \tag{7-59}$$

式中，h 为迭代步长。

式（7–54）、式（7–56）、式（7–58）、式（7–59）和电机绕组的导通顺序构成永磁无刷直流电动机的场路耦合模型。利用此场路耦合模型可求得各相绕组的电流波形、电磁转矩波形等。

忽略绕组槽漏感、端部漏感时，根据图 7–25 电路的拓扑结构可求得 a、b、c 相绕组的负载感应电动势 e_{a1}、e_{b1}、e_{c1}，分别为：

$$\begin{cases} e_{a1} = e_a + L\dfrac{di_a}{dt} + M\left(\dfrac{di_b}{dt} + \dfrac{di_c}{dt}\right) \\ e_{b1} = e_b + L\dfrac{di_b}{dt} + M\left(\dfrac{di_a}{dt} + \dfrac{di_c}{dt}\right) \\ e_{c1} = e_c + L\dfrac{di_c}{dt} + M\left(\dfrac{di_b}{dt} + \dfrac{di_a}{dt}\right) \end{cases} \tag{7-60}$$

负载运行时，相绕组的电压为：

$$\begin{cases} u_a = e_{a1} + i_a r_a \\ u_b = e_{b1} + i_b r_a \\ u_c = e_{c1} + i_c r_a \end{cases} \tag{7-61}$$

则线电压为:

$$\begin{cases} u_{ab} = e_{a1} - e_{b1} + r_a(i_a - i_b) \\ u_{bc} = e_{b1} - e_{c1} + r_a(i_b - i_c) \\ u_{ca} = e_{c1} - e_{a1} + r_a(i_c - i_a) \end{cases} \tag{7-62}$$

当忽略铁心饱和时，永磁电机的负载气隙磁场可等效为转子永磁磁场与电枢反应磁场的叠加。以 a 相绕组轴线为极坐标轴，且当永磁 N 极轴线与 a 相绕组轴线重合时为 $t=0$ 时刻。当电机的转子位于 γ 位置时，气隙中的负载磁场为:

$$B_{load}(r,\alpha,\gamma) = B_{rm}(r,\alpha-\gamma) + B_{ra}(r,\alpha,t) + B_{rb}(r,\alpha,t) + B_{rc}(r,\alpha,t) \tag{7-63}$$

式中，$B_{rm}(r,\alpha-\gamma)$ 为转子永磁磁极位于 γ 位置时，在光滑气隙内产生的磁场。

电机的电磁转矩为:

$$T = \frac{1}{\Omega}(e_a i_a + e_b i_b + e_c i_c) \tag{7-64}$$

二、算例

对表 7-4 所示的电机，当加直流电压 u=36V，电机转速为 184r/min 时，分别用上述场路耦合计算模型和时步有限元法进行了计算，相电流和电磁转矩的计算结果如图 7-26 所示。图 7-27 为 a 相绕组电流实验波形。图 7-28 为考虑电源内阻和开关导通电阻影响时的线电压计算波形，图 7-29 为线电压实验波形。

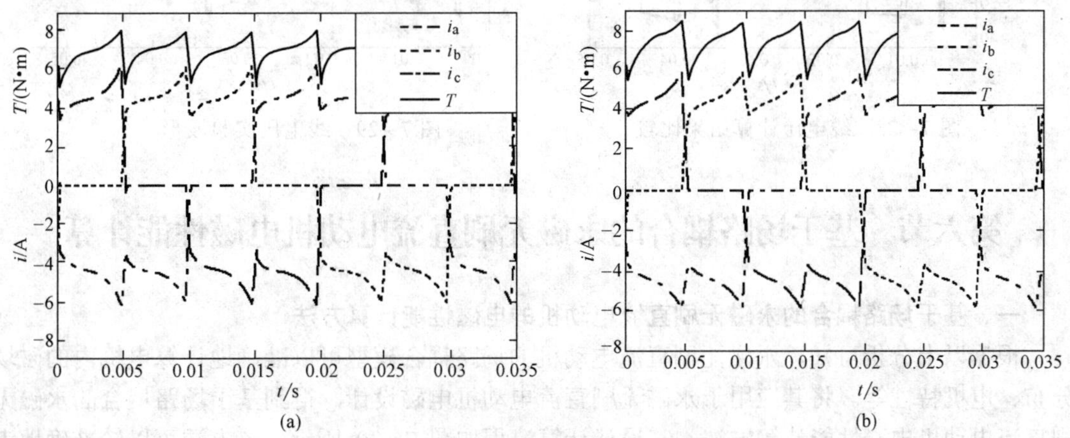

图 7-26　相电流和电磁转矩的计算结果比较

（a）解析计算结果；（b）有限元计算结果

从计算结果和实验结果可以看出，上述场路耦合模型的解析计算结果与二维时步有限元计算结果一致，并且与实验结果相吻合，说明利用上述场路耦合模型可以较准确地计算电机特性参数。另外，工作状态的切换直接影响了相电流的波形和电磁转矩的平稳性，这正反映了永磁无刷直流电动机本身固有的局限性。图 7-28、图 7-29 中线电压平顶部分出现向下倾斜，其原因是：在平顶部分时间段内电枢绕组的电流逐渐增大，电源内阻和开关导通电阻上的电压降也逐渐增大，从而导致加在绕组上的实际线电压降低。图中线电压波形上的尖峰脉冲是由于绕组换向时相电流瞬时变化引起的较大的感应电动势所致。

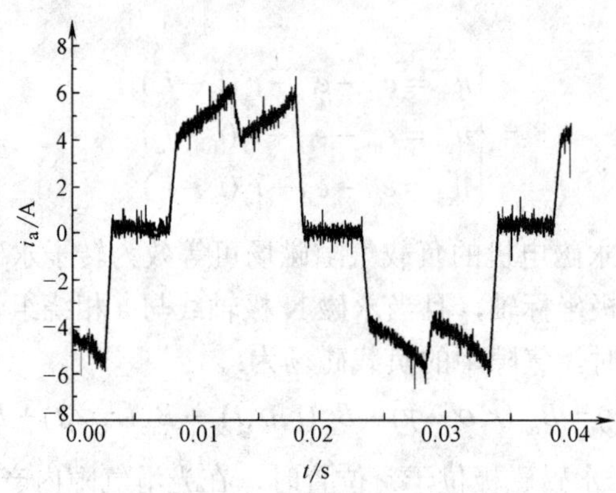

图 7−27　a 相绕组电流实验波形

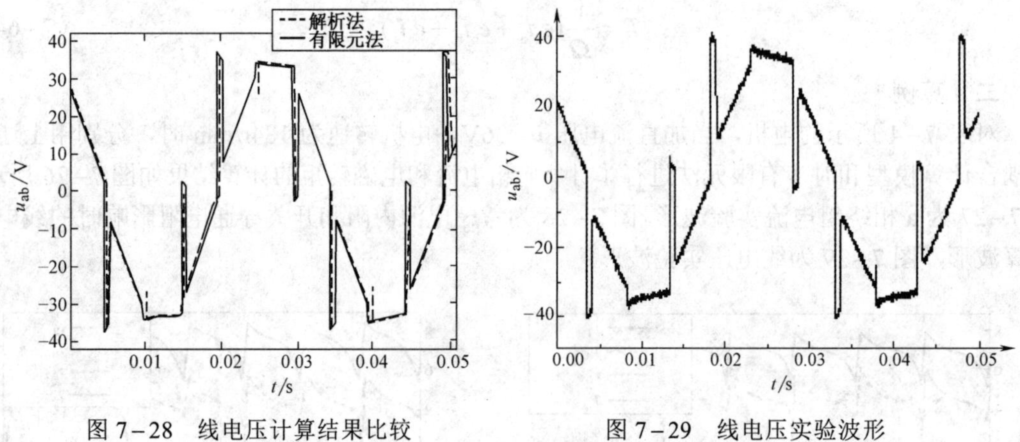

图 7−28　线电压计算结果比较　　　　图 7−29　线电压实验波形

第六节　基于场路耦合的永磁无刷直流电动机电磁性能计算

一、基于场路耦合的永磁无刷直流电动机的电磁性能计算方法

根据以上分析可知，永磁无刷直流电动机的场路耦合模型可以准确地计算电机内的磁场分布、电机特性等。将其应用于永磁无刷直流电动机电磁设计，得到基于场路耦合的永磁无刷直流电动机电磁性能计算方法，其设计计算流程如图 7−30 所示。该方法可以较准确地考虑气隙磁场分布、绕组电动势波形和相绕组电流波形对电机特性参数的影响，使表面式永磁无刷直流电动机设计计算的准确性得到提高。该方法的主要特点是：

（1）磁场计算准确。采用气隙磁场的解析算法求解每极下的气隙磁场分布及大小，准确地计及气隙磁场分布波形对电机特性的影响；避免了传统设计中漏磁系数、计算极弧系数的确定给每极磁通量和永磁体工作点计算带来的偏差。

（2）绕组电动势计算准确。在对气隙磁场分布解析计算的基础上，结合相绕组分布和具体连接方式进行绕组感应电动势的计算，可以较准确地计算各种整数槽和分数槽绕组的旋转电动势。

（3）准确考虑了绕组电感的影响。结合电枢反应磁场解析计算和电机设计中槽漏感、端部漏感的计算方法准确求解绕组的电感参数。

（4）考虑了主电路拓扑结构、开关参数、电机相电动势瞬时值和绕组换向位置角的影响，较准确地计算绕组电流和电磁转矩。

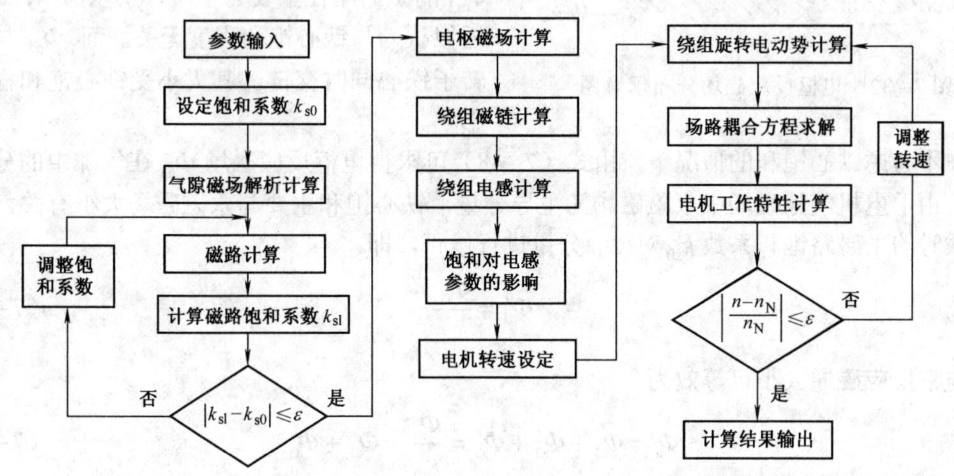

图 7-30　永磁无刷电动机电磁设计计算流程

二、特性分析计算

1. 考虑铁心饱和时的磁通计算

采用前述解析法可计算出忽略齿槽影响和铁心磁压降时的气隙磁场，进而可求出转子在某一位置角 γ 处时的每极磁通为：

$$\Phi_\delta' = R_s L_{ef}\int_{\gamma-\frac{\pi}{2p}}^{\gamma+\frac{\pi}{2p}} B_r(R_s,\alpha,\gamma)\mathrm{d}\alpha \tag{7-65}$$

但实际上铁心的磁导率并非无穷大，在铁心中有一定的磁压降。计及饱和时，主磁路饱和系数为：

$$k_{s0} = \frac{F_\delta + F_{t1} + F_{c1} + F_{c2}}{F_\delta} \tag{7-66}$$

式中：F_δ 为实际气隙磁压降；F_{t1} 为定子齿部磁压降；F_{c1} 为定子轭部磁压降；F_{c2} 为转子轭部磁压降。

用主磁路饱和系数 k_{s0} 对解析法得到的磁通 Φ_δ' 进行修正，得：

$$\Phi_\delta = \frac{\Phi_\delta'}{k_{s0}} \tag{7-67}$$

为了得到较高的计算精度，需对饱和系数 k_{s0} 进行迭代计算，其流程图如图 7-31 所示。

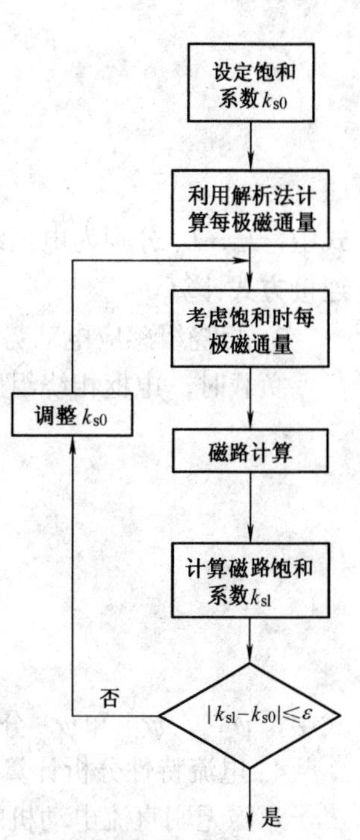

图 7-31　考虑饱和时气隙磁通的计算

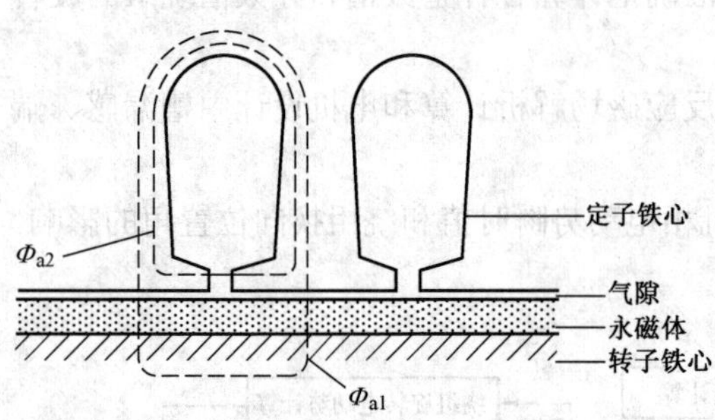

图 7-32　电枢反应磁场分布示意图

2. 饱和电感计算

当电枢绕组通电时，电枢绕组会在电机中产生如图 7-32 所示的电枢反应磁场，根据电枢反应磁场的磁通路径，可将其分为三部分：① 与定、转子铁心都交链的电枢反应磁通 Φ_{a1}；② 槽漏磁通 Φ_{a2}；③ 端部漏磁通 Φ_{a3}。其中 Φ_{a2}、Φ_{a3} 的磁通路径主要为空气，所以 Φ_{a2}、Φ_{a3} 可近似认为与铁心饱和程度无关。而 Φ_{a1} 与定、转子铁心同时交链，其大小受铁心饱和程度的影响。

在不考虑铁心饱和的情况下，由式（7-48）可求得电枢反应磁场 Φ_{a1} 在气隙中的分布及大小。由于电机气隙磁场中永磁磁场为主导分量，铁心饱和主要与永磁磁场大小有关，可以用空载时的主磁路饱和系数 k_{s0} 对 Φ_{a1} 分量进行修正，即：

$$\Phi'_{a1}=\frac{\Phi_{a1}}{k_{s0}} \tag{7-68}$$

电枢反应磁通大小可等效为：

$$\Phi_a=\Phi'_{a1}+\Phi'_{a2}+\Phi'_{a3}=\frac{\Phi_{a1}}{k_{s0}}+\Phi_{a2}+\Phi_{a3} \tag{7-69}$$

则电枢绕组电感为：

$$\begin{cases} L_a=L'+L_s+L_e\approx\dfrac{L}{k_{s0}}+L_s+L_e \\ M_a=M'=\dfrac{M}{k_{s0}} \end{cases} \tag{7-70}$$

式中，L_s、L_e 分别为电枢绕组槽漏感、端部漏感，可参照电机设计中的方法根据绕组的具体连接方式计算。

3. 相绕组感应电动势的计算

负载时，电枢相绕组感应电动势为：

$$\begin{cases} e_a=\dfrac{d\psi_{ma}}{dt}+L_a\dfrac{di_a}{dt}-M_a\dfrac{di_b}{dt}-M_a\dfrac{di_c}{dt} \\ e_b=\dfrac{d\psi_{mb}}{dt}-M_a\dfrac{di_a}{dt}+L_a\dfrac{di_b}{dt}-M_a\dfrac{di_c}{dt} \\ e_c=\dfrac{d\psi_{mc}}{dt}-M_a\dfrac{di_a}{dt}-M_a\dfrac{di_b}{dt}+L_a\dfrac{di_c}{dt} \end{cases} \tag{7-71}$$

式中，ψ_{ma}、ψ_{mb} 和 ψ_{mc} 分别为永磁体与 a、b、c 三相绕组交链的磁链。

4. 电流特性分析计算

永磁无刷直流电动机的电路拓扑结构如图 7-24 所示。为便于分析，假定直流母线电压 u 是常数，电机工作于两相导通星形三相六状态工作方式。由于各导通状态下电路拓扑结构相同，所以只分析一个导通状态过程中的电流特性就可以得到整个电机的电流特性。

以 a、b 两相导通时为例，开关 VT1、VT6 开通，VD1、VD6 阻断，直流母线电流与绕组电流有以下关系：

$$\begin{cases} i_d = i_{VT1} = i_a = -i_b = i_{VT6} \\ i_{VD1} = i_{VD6} = 0 \end{cases} \tag{7-72}$$

直流母线电流等于导通相绕组电流值。

在 a 相导通、b 相向 c 相换向过程中，开关 VT1、VT2 开通，VD1、VD2 阻断，VD3 正向导通，u_+→VT1→a 相绕组→c 相绕组→VT2→u_-形成回路 1，回路电流为 i_1；VD3→VT1→a 相绕组→b 相绕组→VD3 形成回路 2，回路电流为 i_2。直流母线电流与绕组电流有以下关系：

$$\begin{cases} i_d = i_1 = -i_c = i_{VT2} \\ i_a = i_1 + i_2 = -i_b - i_c = i_{VT1} \\ i_{VD3} = i_2 = -i_b \end{cases} \tag{7-73}$$

直流母线电流 i_d 不等于导通相绕组的电流值 i_a。

从以上分析可知，在换向过程中，直流母线电流并不能简单地以导通相的电流值来代替，尤其是当电机工作于 PWM 斩波方式时，直流母线电流与导通相电流差别会更大。这一点在永磁无刷直流电动机设计和计算时应引起足够重视。

以表 7-4 中的样机为例，电机在 u=36V、转速为 176r/min 时，电机 a 相电流与直流母线电流的计算波形如图 7-33 所示。t_1～t_4 为 a 相绕组正向导通时段。在 t_1～t_2 时段内，a、b 两相绕组导通，a 相电流 i_a 等于母线电流 i_d；在 t_2～t_3 时段，电流由 b 相向 c 相换向，a 相电流 i_a 不等于母线电流 i_d；在 t_3～t_4 时段，a、c 两相绕组导通，a 相电流 i_a 等于母线电流 i_d。可见，在一个状态周期内，导通相电流与母线电流并不相等，它们的平均值分别为 I_d=7.133A、I_a=7.7194A。所以，以相电流值代替母线电流 i_d 来计算电机的特性会产生一定的偏差，应以实际母线电流值进行计算。

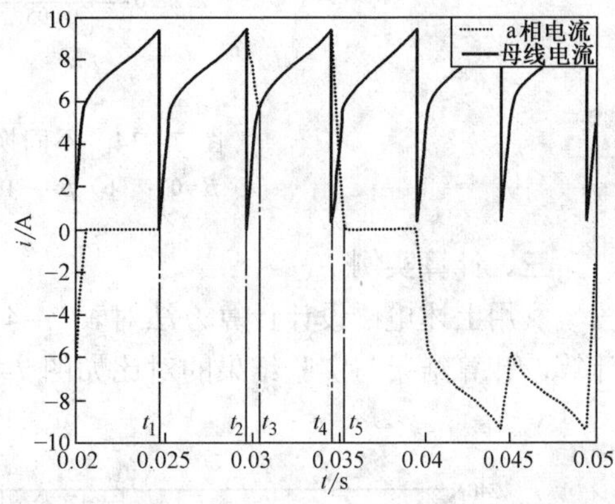

图 7-33　a 相电流与母线电流的计算波形

5. 换向位置角对绕组电流的影响

电机相绕组电流是由电源电压与绕组感应电动势的差值产生的，若相绕组换向位置角 β 不同，则绕组导通期间对应的感应电动势波形不同，相电流的大小和波形也不同，转速、电磁转矩都会有明显变化。因此可以通过调整电枢绕组的换向位置角，来实现电机的弱磁控制或改善电机的转矩特性。

在本节介绍的设计计算方法中，通过调整场路耦合模型中式（5-54）、式（5-56）、式（5-58）的状态切换时刻考虑换向位置角的影响，可以分析计算任意换向位置角下的电流特性。对于表 7-4 中的样机，取换向位置角分别为 0°、+10°（超前）和 -10°（滞后），对电机的电流特性进行计算，结果如图 7-34 所示。可以看出，换向位置角对绕组电流的影响较大。

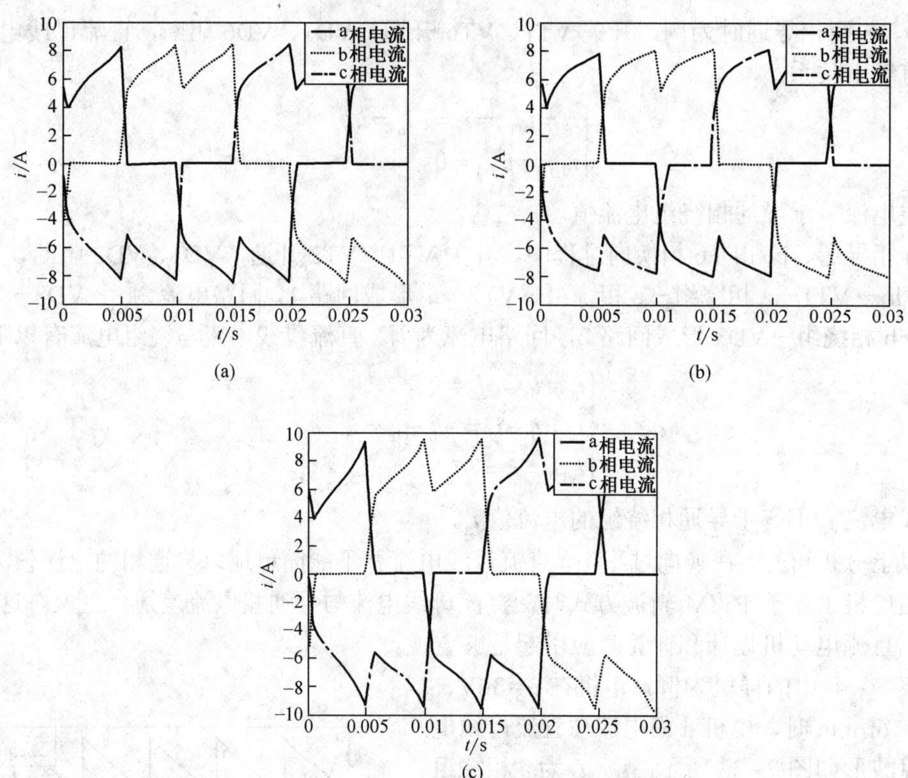

图 7-34　不同换向位置角 β 时的电流波形

(a) $\beta=0°$；(b) $\beta=+10°$（超前）；(c) $\beta=-10°$（滞后）

三、计算实例

利用上述电磁设计计算方法对表 7-4 所示的 22 极、21 槽永磁无刷直流电动机进行校核计算，计算结果与实验结果的对比如图 7-35 所示。

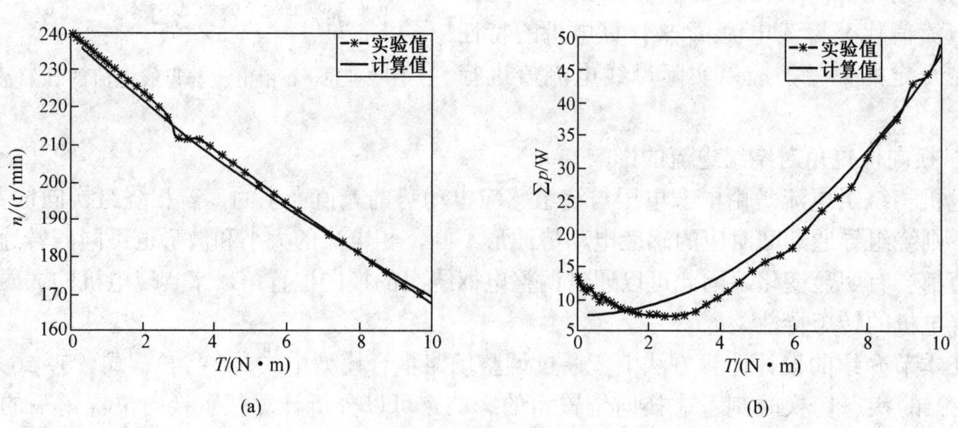

图 7-35　样机电磁计算与实验结果对比（一）

(a) 转速-转矩曲线；(b) 总损耗-转矩曲线

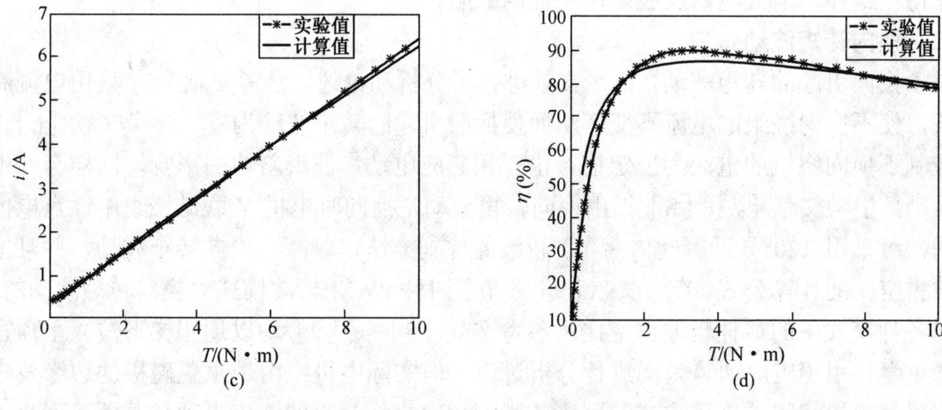

图 7-35　样机电磁计算与实验结果对比（二）

（c）电流—转矩曲线；（d）效率—转矩曲线

第七节　永磁无刷直流电动机的转矩波动

一、永磁无刷直流电动机的转矩波动概述

忽略工艺影响，永磁无刷直流电动机的转矩波动主要包括齿槽引起的齿槽转矩、电流换向引起的转矩波动、电磁因素引起的转矩波动、电枢反应引起的转矩波动。齿槽转矩已在第五章讨论，不再赘述。下面讨论后三项转矩波动。

1. 电流换向引起的转矩波动

无刷直流电动机每经过一个导通状态，定子绕组中的电流就要进行一次换向，对电磁转矩产生一定的影响，这种相电流换向引起的电磁转矩波动称为换向转矩波动，后面将详细讨论。

2. 电磁因素引起的转矩波动

电磁因素引起的转矩波动是由于定子电流和转子磁场相互作用而产生的转矩波动。由于磁极间漏磁的影响，永磁磁场的极弧宽度通常小于实际极弧宽度，因此在相绕组的一个导通状态内，导通相绕组的所有导体不总处于均匀磁场下，导致电磁转矩波动的产生。

一般情况下，永磁无刷直流电动机的极弧宽度较大，电磁因素引起的电磁转矩波动较小，有些情况下可以忽略。在电机设计时，一般使电机磁极的极弧系数尽量接近 1，增加气隙磁场的平顶宽度，以减小电磁转矩波动。

3. 电枢反应引起的转矩波动

电枢反应对转矩波动的影响主要体现在以下两个方面：① 电枢反应使气隙磁场发生畸变，畸变的磁场与定子相绕组电流相互作用，使电机的电磁转矩随定、转子的相对位置的变化而波动；② 相绕组刚刚导通时，电枢反应磁场助磁，每极磁通量增大；当相绕组即将关断时，电枢反应磁场去磁，每极磁通量变小，每极磁通量的这种快速变化也会引起电机转矩的波动。

为减小因电枢反应引起的转矩波动，永磁体应设计为瓦片形或环形结构，也可将转子磁路设计得较饱和，增大电枢反应磁场路径的磁阻。

二、换向转矩波动

对于换向引起的转矩波动，诸多文献进行了分析和论述。参考文献［5］采用电流滞环控制方式，使不换向绕组的电流不变，从而使换向引起的转矩波动为零。参考文献［6］指出，即使控制不换向绕组的电流为恒定值，由于相感应电动势波形斜边的影响，同样会产生换向转矩波动。参考文献［7］、［8］指出换向转矩波动是换向时电机Y联结绕组中性点电位突变造成的，可采用120°导通区间内后60°斩波的控制方法，以减小换向转矩波动，并且推导出了斩波占空比的计算公式。参考文献［9］研究了四种PWM斩波模式对换向转矩波动的影响，并给出各种模式下的最佳斩波占空比。参考文献［5］～［9］均以理想梯形波（平顶宽度为120°电角度）相感应电动势为例进行分析讨论，但实际电机中由于永磁磁极的边缘效应、齿槽结构以及电机绕组的连接方式等因素的影响，电机相绕组的感应电动势并不是理想的梯形波，若以理想梯形波感应电动势为基础讨论换向转矩会带来一定误差。

目前，方波气隙磁场的永磁无刷直流电动机应用十分广泛，换向转矩波动对电机的性能影响较大，因此本节以两相导通星形三相六状态工作方式下的方波永磁无刷直流电动机为例分析换向转矩波动。

1. 永磁无刷直流电动机的换向转矩分析

电机运行时，每个状态有两个运行区域：导通运行区域和换向运行区域。在导通运行区域中，定子绕组有两相导通；在换向运行区域内，三相定子绕组（电流上升相、电流衰减相、不换向相）中都有电流，但时间很短。导通运行区域和换向运行区域出现的周期为60°电角度。

（1）导通运行区域的电磁转矩。当绕组a、b两相导通时，其拓扑结构如图7-25（a）所示，其回路电流方程见式（7-53），利用式（7-54）可求出i_a，因为：

$$\begin{cases} i_1 = i_a = -i_b \\ i_c = 0 \end{cases} \tag{7-74}$$

假设电机转速为常数，则电磁转矩为：

$$T_e = \frac{1}{\Omega}(e_a i_a + e_b i_b + e_c i_c) = \frac{1}{\Omega}(e_a i_a + e_b i_b) = \frac{1}{\Omega} i_a (e_a - e_b) \tag{7-75}$$

（2）换向运行区域的电磁转矩。当电流从一相向另一相换向时，即进入换向运行区域，电路拓扑结构如图7-25（b）所示，回路电流方程见式（7-55），利用式（7-56）可求出i_1、i_2，因：

$$\begin{cases} i_a = i_1 + i_2 \\ i_b = -i_1 \\ i_c = -i_2 \end{cases} \tag{7-76}$$

可求出三相电流，此时的电磁转矩为三相电流共同作用的结果：

$$T_e = \frac{1}{\Omega}(e_a i_a + e_b i_b + e_c i_c) \tag{7-77}$$

以图 7–36 所示一台 6 极、9 槽（每个齿上开两个辅助槽）的永磁无刷直流电动机为例，其参数见表 7–5。采用以上解析方法可计算出该电机运行于 1500r/min 时的相绕组旋转电动势、相绕组电流和电磁转矩变化波形，如图 7–37 和图 7–38 所示。相绕组旋转电动势波形与齿槽结构、永磁体极弧宽度有关，其中曲线下凹是由辅助凹槽引起的。在导通区域，电磁转矩大小仅与相绕组旋转电动势及导通相的电流瞬时值有关，由图 7–38 可以看出，电磁转矩在导通区域内波动较小。

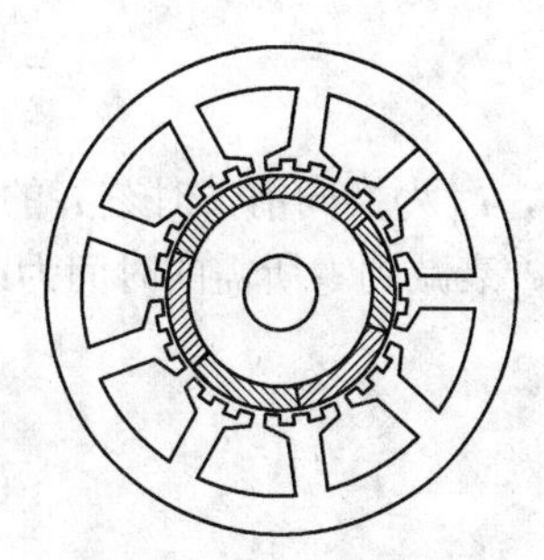

图 7–36　永磁无刷直流电动机结构

表 7–5　永磁无刷直流电动机参数

相数	3
极数	6
定子槽数	9
定子铁心内径	61mm
定子铁径长	44.6mm
永磁体厚	3mm
永磁体剩磁	1.05T

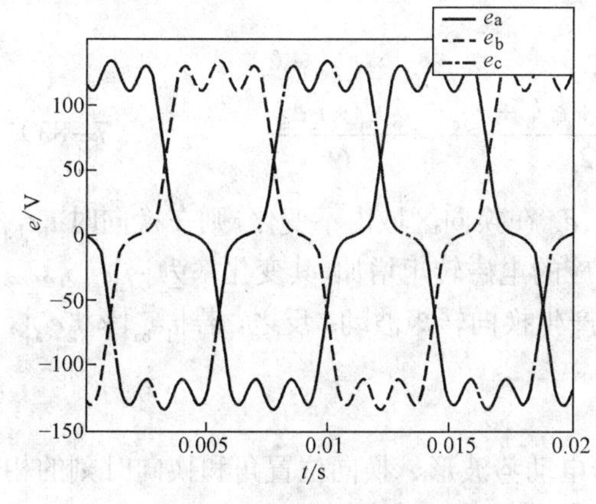

图 7–37　相绕组旋转电动势

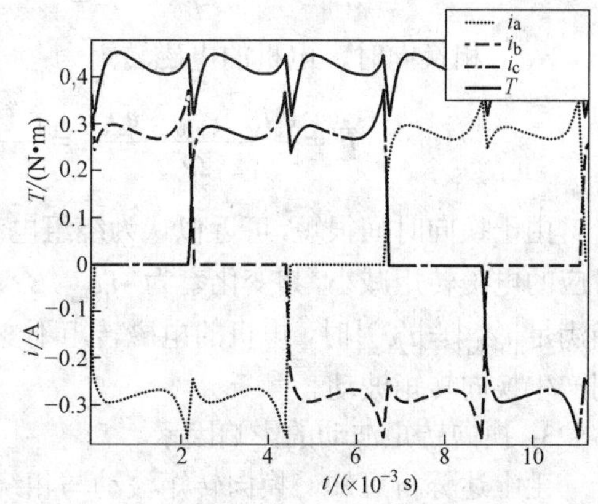

图 7–38　相绕组电流、电磁转矩变化波形

2. 换向转矩波动产生的原因

在图 7–25（b）所示的换向过程中，a、b 两相构成续流回路，回路电流与 b 相绕组的续流电流相等。由于续流时间很短，可近似认为续流时间内相绕组感应电动势 e_a、e_b、e_c 不变。则由式（7–55）可求得续流回路的电流表达式为：

$$i_1=\frac{e_{bc}-e_{ab}-u}{3r_a}+\left(i_{01}-\frac{e_{bc}-e_{ab}-u}{3r_a}\right)e^{-\frac{r_a}{L-M}t} \tag{7-78}$$

式中，i_{01} 为换向前一时刻 i_1 的值；$e_{ab}=e_a-e_b$，$e_{bc}=e_b-e_c$。

i_1 衰减到零所需的时间为：

$$t_{dec}=-\frac{L-M}{r_a}\ln\left(\frac{\frac{u-e_{bc}+e_{ab}}{3r_a}}{i_{01}-\frac{e_{bc}-e_{ab}-u}{3r_a}}\right) \tag{7-79}$$

开始导通相绕组（c 相）与 a 相绕组构成回路 2，由式（7-55）可求得回路 2 的电流表达式：

$$i_2=\frac{2u+e_{ca}-e_{bc}}{3r_a}-\frac{2u+e_{ca}-e_{bc}}{3r_a}e^{-\frac{r_a}{L-M}t} \tag{7-80}$$

式中，$e_{ca}=e_c-e_a$。

由式（7-78）和式（7-80）可看出，换向区域内，关断相电流呈指数规律衰减，衰减速率为：

$$i_1'=\frac{di_1}{dt}=-\frac{r_a}{L-M}\left(i_{01}-\frac{e_{bc}-e_{ab}-u}{3r_a}\right)e^{-\frac{r_a}{L-M}t} \tag{7-81}$$

开始导通相电流呈指数规律上升，上升速率为：

$$i_2'=\frac{di_2}{dt}=\frac{2u+e_{ca}-e_{bc}}{3(L-M)}e^{-\frac{r_a}{L-M}t} \tag{7-82}$$

b、c 相换向时，电机的电磁转矩为：

$$T_e=\frac{e_ai_a+e_bi_b+e_ci_c}{\Omega}=\frac{e_a(-i_b-i_c)+e_bi_b+e_ci_c}{\Omega}=\frac{i_be_{ba}+i_ce_{ca}}{\Omega} \tag{7-83}$$

由于换向时间很短，可近似认为绕组电动势 e_{ba}、e_{ca} 在换向区域内不变化，则在换向时 i_be_{ba} 对应的电磁转矩减小，其变化率为 $-i_1'e_{ba}/\Omega$；i_ce_{ca} 对应的电磁转矩增加，其变化率为 $-i_2'e_{ca}/\Omega$。当满足 $|i_1'e_{ba}|=|i_2'e_{ca}|$ 时，电机的电磁转矩不变，即不产生换向转矩波动；反之，若 $|i_1'e_{ba}|\neq|i_2'e_{ca}|$，则产生换向转矩波动。

3. 换向转矩波动的影响因素

由上述分析可知，换向转矩波动与相绕组旋转电动势波形、换向位置角和换向时刻的相电流初值有关，下面分别讨论。

（1）换向转矩波动与相绕组旋转电动势波形的关系。由式（7-81）、式（7-82）可知，对于不同的空载相绕组感应电动势波形，在换向时刻的相感应电动势大小不同，则电流上升相、电流衰减相的电流变化率不同，产生的换向转矩波动也不同。图 7-39 所示为不同极弧系数 α_p、槽口宽度 b_0 时的换向转矩波动比较。表 7-6 为其对应的电流变化率和绕组电动势平均值。可以看出，极弧系数和槽口宽度可影响换向转矩波动。

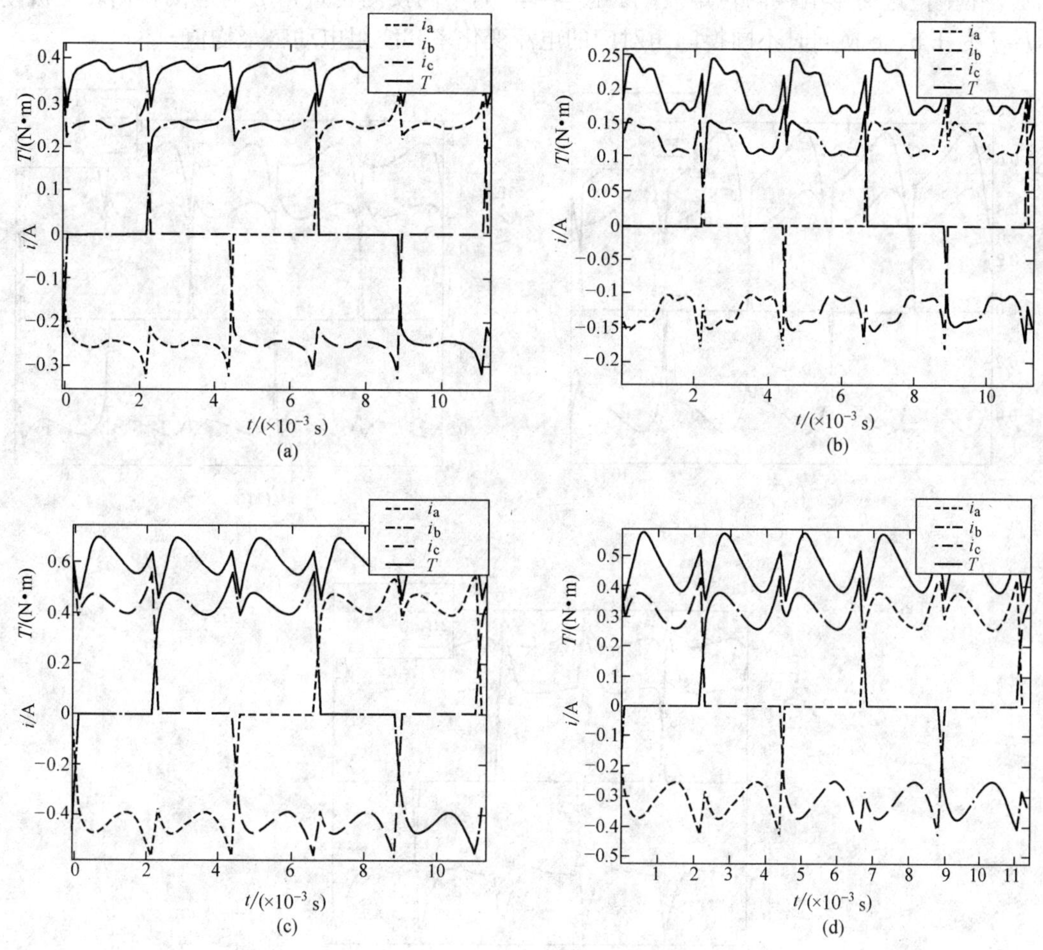

图 7－39　不同极弧系数、不同槽宽时的电流和电磁转矩波形

（a）$\alpha_p=1$，$b_0=3.54$ mm；（b）$\alpha_p=1$，$b_0=2.54$mm；

（c）$\alpha_p=0.84$，$b_0=3.54$mm；（d）$\alpha_p=0.84$，$b_0=2.54$ mm

表 7－6　　b、c 换向时，不同 α_p 和 b_0 值对应的电流变化率和电动势平均值

α_p	b_0/mm	b 相电流下降速度/（A/s）	C 相电流上升速度/（A/s）	电动势 e_{ba} 平均值/V	电动势 e_{ca} 平均值/V
1	3.54	−2623	1882	−176.9	−204.0
1	2.54	−2810	1965	−187.9	−205.9
0.84	3.54	−2644	2068	−175.0	−184.2
0.84	2.54	−2793	2073	−187.4	−193.1

（2）换向转矩波动与换向位置角的关系。当绕组换向时，电流上升相的感应电动势值和电流衰减相的感应电动势值都与换向位置角有关，对于不同的换向位置角，它们对应的感应电动势值不相同，由式（7－81）、式（7－82）可知，不同的相感应电动势值会引起不同的

电流变化率，进而影响换向转矩波动。图 7-40 为不同换向位置角 β 对应的换向转矩波动。表 7-7 为在 b、c 换向时不同换向角对应的电流变化率和绕组电动势平均值。

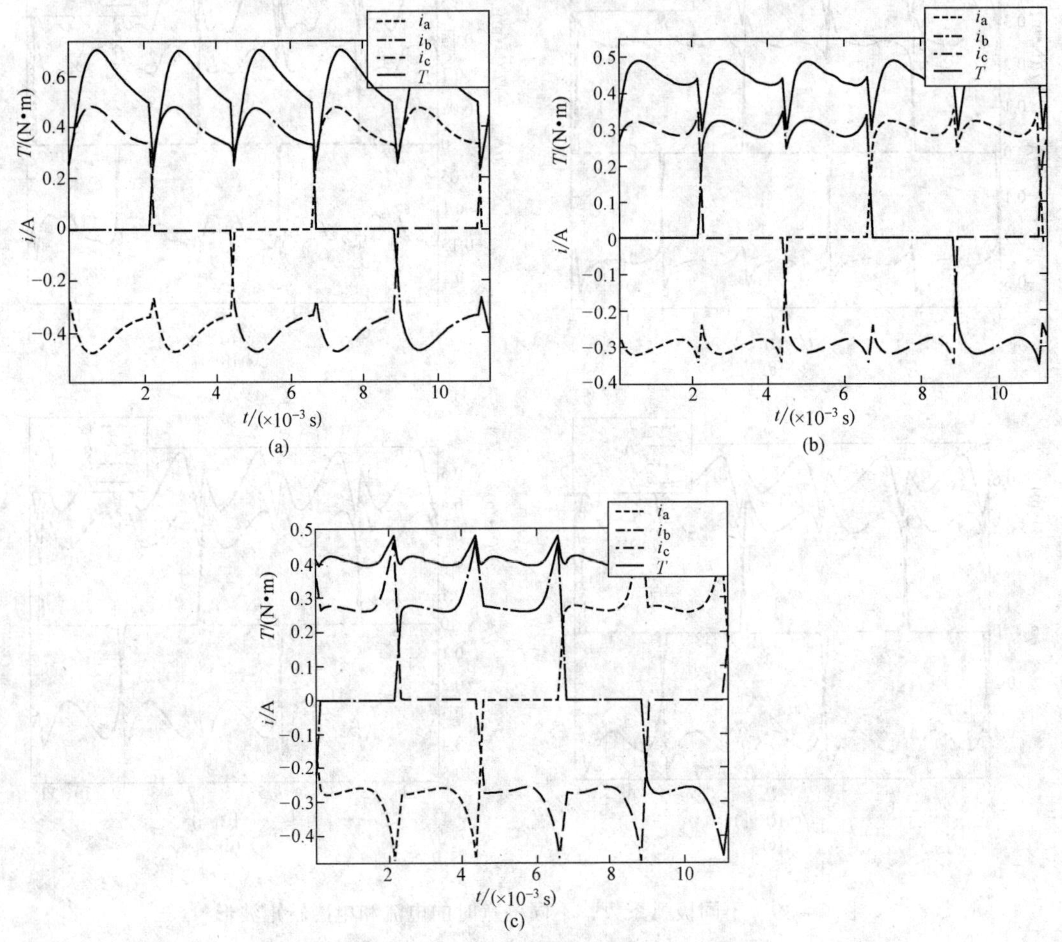

图 7-40 换向位置角对换向转矩波动的影响

（a）β=10°（超前）；（b）β=0°；（c）β=−5°（滞后）

表 7-7 b、c 换向时，不同 β 对应的电流变化率和电动势平均值

β/(°)	b 相电流下降速度/(A/s)	c 相电流上升速度/(A/s)	电动势 e_{ba} 平均值/V	电动势 e_{ca} 平均值/V
10	−3677	3016	−226.8	−144.2
0	−2680	1953	−180.4	−199.6
−5	−2034	1380	−146.5	−224.2

（3）换向时相绕组电流初值与换向转矩波动的关系。从式（7-81）可以看出，电流初值直接影响续流相的电流衰减速率，并且不同的电流初值会引起换向转矩波动的不同，图 7-41 为不同电流初值时的换向转矩波动比较。表 7-8 为其对应的电流变化率和绕组电动势平均值。

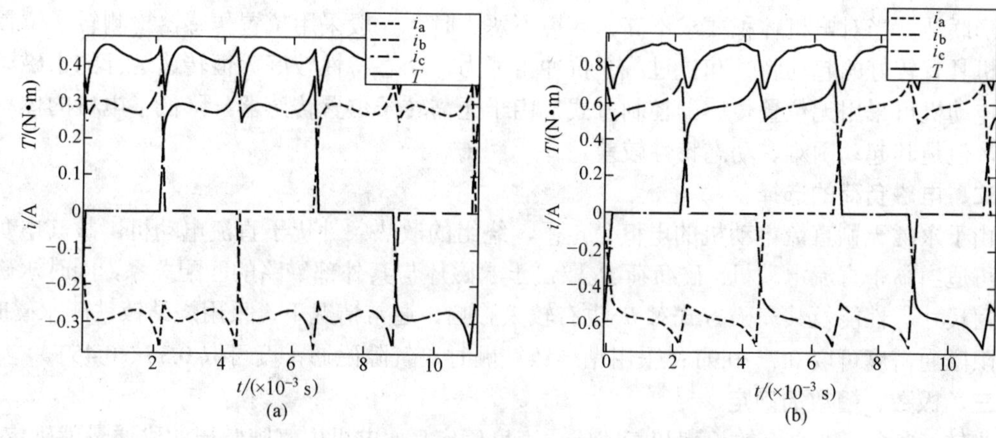

图 7-41　不同电流初值对换向转矩波动的影响

（a）$i_{01}=0.3A$；（b）$i_{01}=0.6A$

表 7-8　　b、c 换向时，不同电流初值对应的电流变化率和电动势平均值

电流初值/A	b 相电流下降速度/（A/s）	c 相电流上升速度/（A/s）	电动势 e_{ba} 平均值/V	电动势 e_{ca} 平均值/V
0.3	−2680	1954	−180.4	−199.6
0.6	−2607	2134	−172.4	−205.6

4. 转速对换向转矩波动的影响

换向时间很短，与相绕组感应电动势周期相比可以忽略，可近似认为换向区域内相绕组感应电动势的值不变化。但是当电机转速较高时，换向区域与相绕组感应电动势周期相当，此时就不能认为换向区域内相电动势不变，应将感应电动势作为变量来进一步分析转矩变化情况。

5. 绕组电感对换向转矩波动的影响

从式（7-81）、式（7-82）可以看出，绕组电感 $L-M$ 对电机换向电流的变化率有较大影响，电感越小，电流变化率越大，换向时间越短，换向转矩波动对电机转速的影响也越小。因此从减小电机转速波动的角度考虑，电机绕组的电感越小越好。

第八节　永磁无刷直流电动机的设计特点

一、电机工作方式的确定

永磁无刷直流电动机是集电机本体、控制器和转子位置传感器于一身的机电一体化器件，电机的工作特性是各组成部分共同作用的结果。要满足一定的技术指标要求，需从系统的角度出发确定永磁无刷电动机的具体工作方式，主要包括电机相数、绕组连接方式、逆变器拓扑结构、绕组通电方式、转子位置检测方式等。

目前三相永磁无刷直流电动机应用最为广泛。逆变器采用半桥结构的三相三状态工作方式时，多用于小功率高转速电动机；逆变器采用三相桥式结构的三相六状态工作方式时，多用于多种驱动系统中。由于绕组电动势非正弦，其中含有大量高次谐波，所以三相绕组多采用星形联结。当对电机体积要求不高、环境不恶劣时，一般采用位置传感器检测转子位置，使电机具有较好的起动特性和抗过载、抗冲击能力，动态特性较好。恒转速运行的永磁无刷直流电动机可采用无位置传感器控制方式，由于无需转子位置传感器，降低了电机的体积和成本，但是其起动困难、动态特性较差。

二、电磁负荷的选择

由于永磁无刷直流电动机的电枢是定子，绕组的散热条件优于直流电动机，故其电负荷选取可适当高于直流电动机。磁负荷 B_δ 取决于永磁体与其外部磁路的匹配关系，同时永磁体的几何尺寸、性能及其充磁方式对 B_δ 也有较大影响。通常情况下，采用烧结钕铁硼永磁时，其气隙磁通密度可取 0.7～0.9T；采用粘结钕铁硼时，气隙磁通密度可取 0.35～0.45T。

三、极数、槽数的确定

当转子外径、铁心有效长度和气隙磁通密度确定后，电机内气隙圆周的磁通量就确定了，如果选用较多的极数，每极磁通量就减小，电机轭部截面积也可以减小；同时绕组端部缩短，用铜量减少；绕组电感减小，有利于电流的换向。但极数选得过多会使转子永磁磁极的极间漏磁通增大，降低永磁体的利用率；在相同转速下，极数越多，电机铁心内磁场的交变频率越高，导致电机的铁耗增大，效率下降。随电流交变频率的增大，逆变器开关的开关频率升高，开关损耗增大。所以极数增大后电机的综合效率降低。极数的确定应综合考虑电机的工作性能和经济性。电机设计时，可选择几种极数，对电机特性进行计算，性能综合比较后，确定合适的极数。

电机极数确定后，可参考电机设计的原则选定定子槽数。一般有两种方案供选择，即整数槽结构和分数槽结构。分数槽结构可有效减小齿槽转矩，其极槽数配合种类多种多样，其中图 7-4（a）所示的结构应用较广泛，分数槽电机工艺性好，适合大批量生产的小功率电机，但其永磁体利用率较低。整数槽结构电机多在功率较高的电动机中采用，其永磁材料利用率较高，但需要采取适当措施削弱齿槽转矩。

确定了电机的主要参数后，可以根据本章所述的场路耦合电磁设计方法计算电机的工作特性，将计算结果与设计指标要求相对比，调整相应的设计参数重新计算，直至满足设计要求。

第九节　永磁无刷电机位置传感器的位置确定

永磁无刷电机采用有位置传感器控制方式工作时，需要在永磁无刷电机内部放置转子位置传感器，为控制器提供电子换相所需的换相信号。本节以三相六状态工作方式的永磁无刷电机为例，介绍霍尔传感器位置的确定方法。根据永磁无刷电机的工作原理，在每对极下电机内可有六个霍尔传感器位置，其与定子三相绕组的空间位置存在确定关系，即与三相绕组的轴线位置具有对应关系[23]。

永磁无刷电机转子永磁多采用表贴式安装，当永磁磁极极弧系数接近 1 时，可利用转子永磁磁极代替传感器转子，即将霍尔位置传感器直接安装于永磁无刷电机定子内圆中，利用霍尔传感器直接监测转子永磁磁极的位置，简化了电机的结构，故应用十分广泛。本节将以此结构为例阐述位置传感器位置的确定方法。

一、霍尔传感器安装位置与三相绕组磁动势轴线的关系

通常将霍尔传感器元件安装于定子气隙处（例如定子铁心槽口、齿顶开槽或线圈骨架靠近铁心处），以便直接监测转子磁场的实时位置。

假设：霍尔元件标志面向外，朝向磁极。

霍尔元件处于 S 极下时其输出为 0，处于 N 极下时输出为 1。

忽略霍尔元件输出滞回特性的影响。

下面以 $q=1$ 整数槽电机为例，讨论其在三相六状态工作方式下霍尔传感器安装位置的确定方法。

根据无刷电机三相六状态的运行原理可知，在一个工作周期内，电机定子绕组有 6 个导通状态：AB、AC、BC、BA、CA、CB。其中每一状态导通 60° 电角度，每相绕组正向导通 120°、关断 60°、反向导通 120°，其绕组感生电动势、相电流、霍尔位置信号的时序关系如图 7–42 所示。三个霍尔位置传感器安放位置均布，互差 120° 电角度，其每个传霍尔感器输出为周期 360° 的方波。电机工作时，由三个霍尔方波信号的上、下跳变沿决定定子绕组的 6 个换相点。

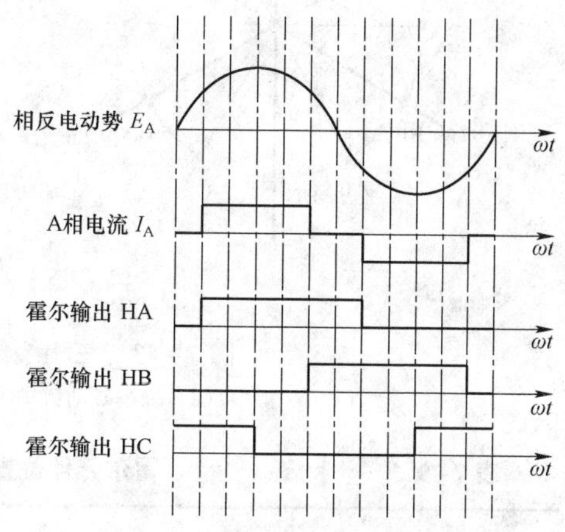

图 7–42 A 相感应电动势、电流、霍尔电路输出相位关系

从图 7–42 中可以看出：A 相绕组正向导通时刻位于 E_A 的 30° 电角度位置，且由霍尔输出 HA 上跳沿触发，导通时间为 120°，并由霍尔输出 HB 上跳沿关断。A 相绕组反向导通时刻位于 E_A 的 210° 电角度位置，且由霍尔输出 HA 下跳沿触发，导通时间为 120°，并由霍尔输出 HB 下跳沿关闭。对于 B、C 相绕组的导通、关断顺序同理。可见各相绕组的导通、关断时刻与该相绕组感生电动势波形相位对应。

由于相绕组感应电动势的波形相位与相绕组轴线（或磁动势轴线）和转子磁极轴线的相对位置对应，所以可以根据上述绕组导通规律，分析并确定相绕组导通（关断）时绕组磁动势轴线与转子磁极轴线的对应关系，进而可以确定霍尔传感器元件的安装位置。

为方便分析，以 $q=1$ 的整数槽电机为例，一对极下有 6 个槽，其绕组磁动势轴线如图 7–43 所示，图 7–43（a）表示了 6 个槽三相电流的正方向及其产生的磁动势 F_A、F_B、F_C 的轴线位置，转子磁极顺时针方向转动，如 n 箭头所示。由图 7–42 所示原理可知，当 E_A 在 0° 相位时，A 相绕组磁链最大，即转子 N 极轴线与 A 相绕组轴线重合。当 E_A 相位为 30° 时，A 相绕组正向导通，换相由霍尔输出 HA 输出的上跳沿触发，此时转子 N 极轴线超前 A 相绕组轴线 30°，N 磁极的前沿超前 A 相绕组轴线 120° 电角度，即处于 B 相绕组轴线位置如图 7–44（b）所示，若将霍尔元件 HA 安装于此位置，HA 即可输出上跳沿变化，触发 A 相绕组正向导通，该信号同时关断 C 相绕组的正向导通状态，从而实现 C 相绕组向 A 相绕组的正向导通换相。同理可以分析 B、C 两相绕组对应的霍尔元件 HB、HC 的安放位置。可取已知的 HA、HB、HC 的位置镜像，可得第二组霍尔传感器的安放位置 HA′、HB′、HC′，不过第二组霍尔安放位置的输出信号与第一组的输出相位差 180°，其对应绕组导通的逻辑关系有所区别。对于三相六状态工作的无刷电机，其霍尔元件安放位置与三相绕组（磁动势）轴线的对应关系见表 7–9。

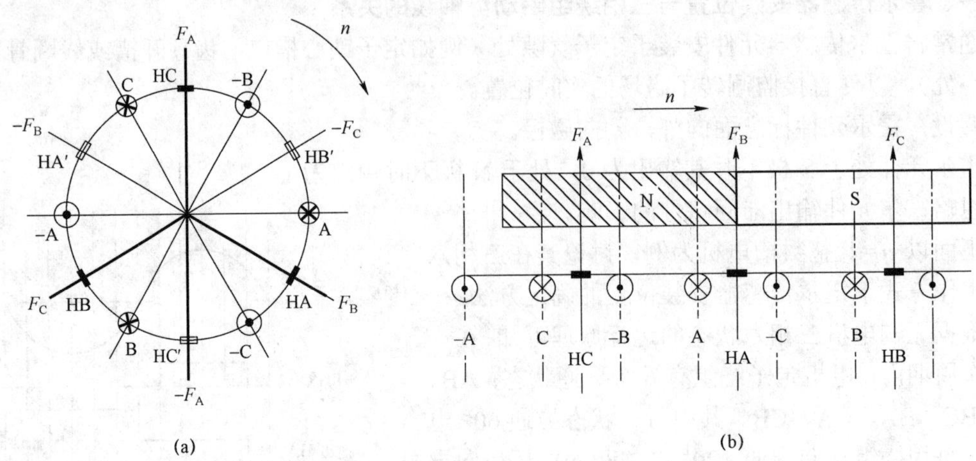

图 7-43 三相绕组磁动势轴线与霍尔电路位置关系

（a）绕组磁动势轴线位置；（b）磁极轴线与绕组轴线位置

表 7-9　霍尔元件位置和三相磁动势轴线对应关系

霍尔元件位置	第一组			第二组		
	HC	HA	HB	HC′	HA′	HB′
三相磁动势轴线	F_A	F_B	F_C	$-F_A$	$-F_B$	$-F_C$

综上所述，对于三相无刷直流电机，不论其绕组结构如何，在一对极下，都有两组共 6 个霍尔电路位置可供选择，它们是对称均布的，这些霍尔电路位置和三相绕组磁动势轴线重合，即霍尔电路位置的确定过程就是绕组磁动势轴线的确定过程。

二、分数槽集中绕组无刷电机霍尔元件位置的确定方法

位置传感器的安放位置对于整数槽电机较为直观，而对于分数槽无刷电机，尤其是极数较多的情况，位置传感器位置的正确摆放有一定难度，为更加直观地说明位置传感器的安放规律，这里以分数槽多极集中绕组为例进行阐述。

从理论上讲，分数槽集中绕组每个单元电机内都可以找到 6 个霍尔传感器的特异点位置即定子铁心的槽中线或齿中线，以方便工程实施。它们的分布规律与单元电机槽数或极数是奇数还是偶数有关。

1. 单元电机槽数 Z_0 为偶数

由电机学理论可知，如果分数槽绕组的定子槽数 Z 和转子极对数 p 有最大公约数 t，即 $Z=Z_0t$ 和 $p=p_0t$，则 Z_0 和 p_0 组成的电机为单元电机。对于 Z/p=36/5 的电机，其单元电机为 Z_0/p_0=12/5，将该单元电机可看作为一对极的虚拟电机，这样可以按照前面一对极电机霍尔传感器安放位置的确定方法，进行分析。

绘制单元电机的磁动势相量如图 7-44（a）所示，将它看作一对极的虚拟电机相量图，图中的号是齿号，即线圈号。双层绕组表示为 A，a，b，B，C，c，a，A，B，b，c，C。线圈绕向约定：大写字母表示反时针绕，磁动势为正向；小写字母表示顺时针绕，磁动势为负向。其绕组排列见表 7-10。这样，A 相绕组为 1，−2，−7，8 四个线圈组成，它们的磁动势

相量的合成磁动势为 F_A。同样 B 相和 C 相绕组各自拥有 4 个磁动势相量，其合成磁动势分别为 F_B、F_C。由表 7-9 可知，由 F_A、F_B、F_C 轴线位置可确定 6 个霍尔传感器安放位置。本例中，这 6 个位置都对正铁心槽中线见表 7-11。此 6 个传感器位置分为两组，第二组霍尔传感器位置与第一组 3 个霍尔传感器位置相位相反。

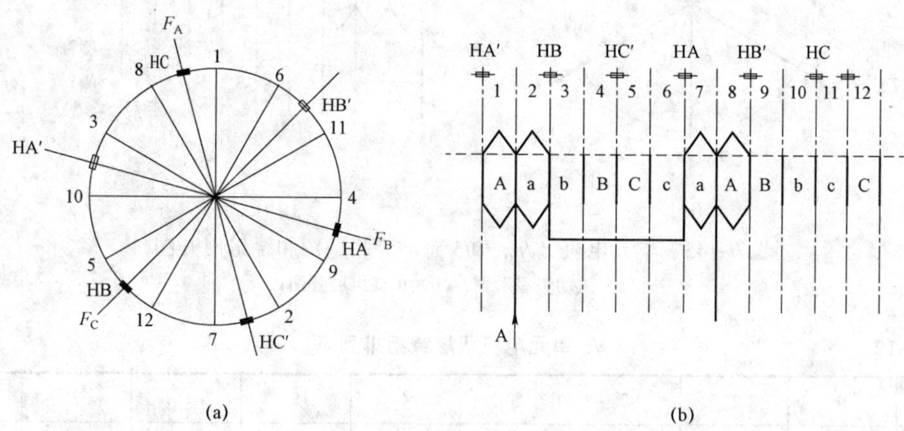

图 7-44　单元电机 $Z_0/p_0=12/5$ 磁动势相量星形图和绕组展开图

（a）磁动势星形图；（b）相绕组展开图

表 7-10　　12/5 单元电机双层绕组排列图

齿号	1	2	3	4	5	6	7	8	9	10	11	12
相线圈	A	a	b	B	C	c	a	A	B	b	c	C

表 7-11　　12/5 单元电机霍尔传感器位置和三相磁动势轴线对应关系

霍尔传感器位置	第一组			第二组		
	HC	HA	HB	HC′	HA′	HB′
三相磁动势轴线	F_A	F_B	F_C	$-F_A$	$-F_B$	$-F_C$
铁心槽中线	10-11	6-7	2-3	4-5	12-1	8-9

2. 单元电机槽数 Z_0 为奇数

对于单元电机 $Z_0/p_0=9/5$ 磁动势相量星形图如图 7-45（a）所示，将其看作一对极的虚拟电机磁动势相量图，图中的号为齿号，即线圈号。双层绕组排列表示为 a，A，a，c，C，c，b，B，b，绕组排列见表 7-12，相绕组展开图如图 7-45（b）所示。A 相绕组由-9，1，-2，共 3 个线圈组成，其合成磁动势相量为 F_A。同理，B 相、C 相绕组各自 3 个磁动势相量的合成磁动势为 F_B、F_C。由磁动势相量 F_A、F_B、F_C 轴线位置可进一步确定 6 个特异霍尔传感器的安放位置，见表 7-13，其中第一组三个霍尔传感器位置都对正铁心齿中线，第二组 3 个霍尔传感器位置对正槽中线。

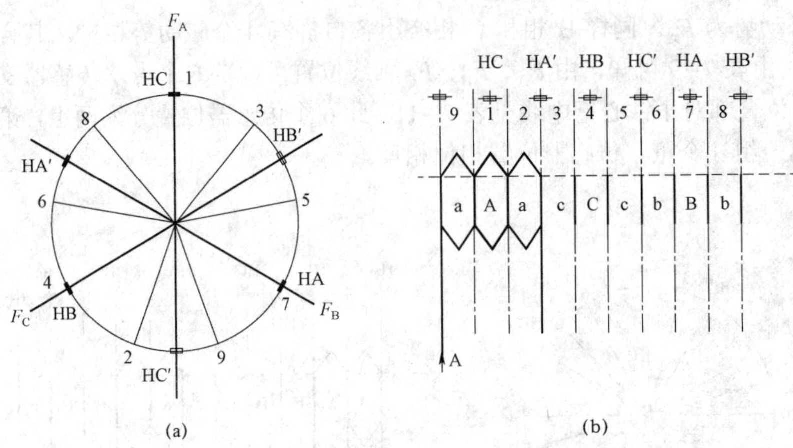

图 7-45　单元电机 $Z_0/p_0=9/5$ 磁动势相量图和绕组展开图

（a）磁动势星形图；（b）相绕组展开图

表 7-12　　9/5 单元电机双层绕组排列表

齿号	9	1	2	3	4	5	6	7	8
相线圈	a	A	a	c	C	c	b	B	b

表 7-13　　9/5 单元电机霍尔元件位置和三相磁动势轴线对应关系

霍尔元件位置	第一组			第二组		
	HC	HA	HB	HC′	HA′	HB′
三相磁动势轴线	F_A	F_B	F_C	$-F_A$	$-F_B$	$-F_C$
铁心齿中线	1	7	4			
铁心槽中线				5-6	2-3	8-9

综上所述，每个分数槽集中绕组单元电机内部都可以找到两组共 6 个霍尔位置传感器的特异点位置，它们正对定子铁心的槽中线或齿中线。

第十节　永磁无刷直流电动机的控制器

控制器是永磁无刷直流电动机的重要组成部分，其主要作用是实现无刷直流电动机的电子换向、调速和起动等功能，主要包括逆变开关电路、开关信号驱动放大电路和控制电路，其系统组成如图 7-46 所示。

一、逆变开关电路

对于不同相数、不同工作方式的永磁无刷直流电动机其逆变开关电路的拓扑结构不同，其中图 7-46 所示三相桥式逆变电路应用最为广泛。它主要包括整流电路 IR_1、滤波电路、缓冲吸收电路和逆变桥。

整流桥 IR_1 和滤波电容 C_1 将交流输入电压转换为直流电压，形成低内阻直流电压源，电容 C_1 与绕组这一感性负载交换无功功率，保证电机输入端具有较高的功率因数。缓冲吸收电

路由无感电容 C_2、快速恢复二极管 VD7 和电阻 R_2 构成，主要作用是吸收逆变开关动作时在绕组电感上产生的尖峰电压，保护逆变开关。对于小功率逆变电路，可以只在电源母线上连接一个吸收电路。对于大功率的逆变电路，需要在每一开关旁边连接一个吸收电路，并且吸收电路要尽可能靠近开关。

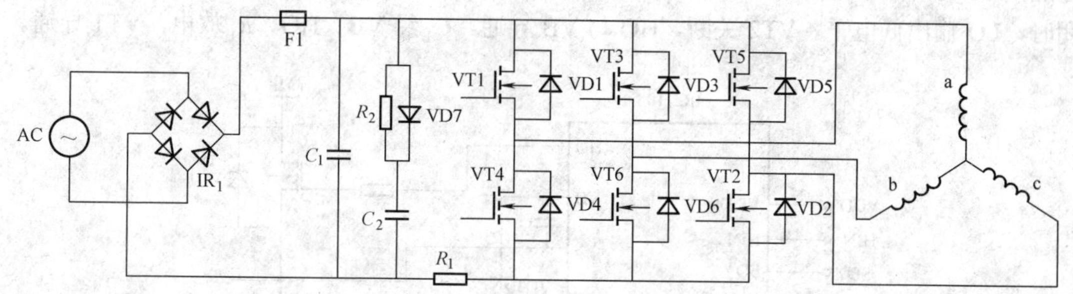

图 7-46　永磁无刷直流电动机的系统组成

逆变电路由功率开关 VT1～VT6 和续流二极管 VD1～VD6 构成，它是逆变电路的核心部分。常用的功率开关为：功率场效应晶体管 MOSFET、绝缘栅晶体管 IGBT 和智能功率模块（IPM）。功率效应晶体管 MOSFET 具有驱动功率小、开关频率高、导通电阻具有负温度系数的优点，非常适合于低电压、大电流的驱动场合。绝缘栅晶体管 IGBT 的优点在于输入阻抗高、开关损耗小、饱和压降低、通断速度快、热稳定性能好、耐高压且承受大电流、驱动电路简单，其对应的 IGBT 功率模块品种多样，应用日益广泛。由 IGBT 单元构成的功率模块在智能化方面也得到了迅速发展，智能功率模块不仅包括基本组合单元和驱动电路，还具有保护和报警功能，简化了电路结构，缩短了开发周期。IGBT、IPM 适用于变频器、直流调速系统、DC-DC 变换器以及有源电力滤波器等，目前，富士、三菱、西门子公司均有多种规格的 IPM 智能功率模块。

二、驱动电路

驱动电路的作用是将控制电路输出的信号脉冲进行功率放大，以驱动 MOSFET 或 IGBT，对驱动电路的基本要求如下：

（1）提供适当的正向和反向输出电压，使功率开关管可靠地开通和关断。

（2）提供足够大的瞬态功率或瞬时电流，使功率开关管能迅速导通。

（3）尽可能小的输入输出延迟时间，以提高工作效率。

（4）足够高的输入输出电气隔离性能，使信号电路与驱动电路绝缘。

（5）具有灵敏的过电流保护能力。

驱动电路有多种形式，按照驱动电路的组成可分为分离元件组成的驱动电路和集成驱动电路；按照驱动方式可分为直接驱动和隔离驱动。

图 7-47 为美国 IR 公司提供的桥式驱动集成电路芯片 IR2110，它兼有光耦隔离和电磁隔离的优点，体积小，速度快，是中小功率变换装置中驱动器件的首选。IR2110 是一种双通道、栅极驱动、高压高速功率器件的单片式集成驱动模块，在芯片中采用了高度集成的电平转换技术，大大简化了逻辑电路对功率器件的控制要求，同时提高了驱动电路的可靠性，上桥采用外部自举电容上电，使得驱动电源数目较其他 IC 驱动电路大大减少。对于三相桥式逆变器，

采用 3 片 IR2110 驱动 3 个桥臂，仅需一路 10～20V 电源，大大减少了变压器体积和电源数目，降低了成本，提高了系统可靠性。

IR2110 由低压侧驱动电路、高压侧驱动电路、电平转换电路以及输入逻辑电路等部分组成，输入逻辑电路与 TTL/CMOS 电平兼容。当下桥导通、上桥关闭时，LO 输出高电平，VT2 导通，HO 与 VS 导通，VT1 关断，VCC 经 VD3、C_1、VT2 给 C_1 充电；当上桥导通、下桥关闭时，LO 输出低电平，VT2 关断，HO 与 VB 导通，C_1 经 VB、HO、R_1 放电，VT1 导通。

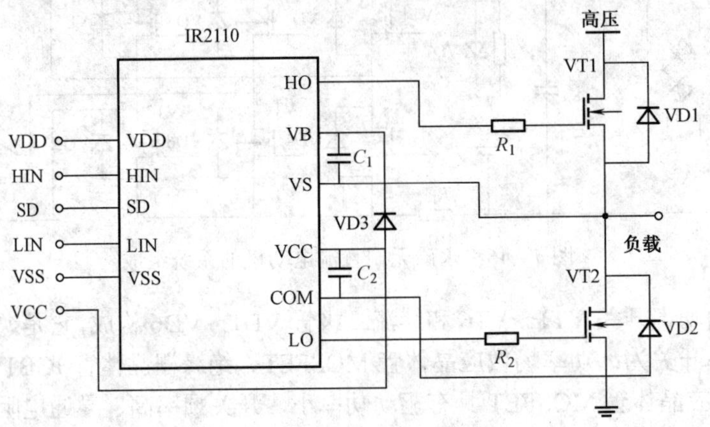

图 7－47　IR2110 的应用电路

三、控制电路

永磁无刷直流电动机的控制电路主要完成位置信号的译码、驱动信号生成、PWM 斩波信号控制、转速检测和控制，同时还具有过电流保护、软起动、正反转控制等功能，它是电机控制器的核心。

1. 转子位置信号译码

转子位置传感器发出的位置信号经过光耦隔离得到宽为 180°电角度的方波信号，根据电机正反转的设置情况对位置方波信号采用不同的逻辑处理，使控制电路产生正转或反转所需要的驱动信号。

2. PWM 斩波信号控制

永磁无刷直流电动机的转速与直流电压成正比，通过控制 PWM 斩波信号占空比可以方便地控制电机的转速。一般采用 *RC* 振荡电路或晶振电路产生锯齿波，与转速设定信号相比较产生 PWM 斩波信号。

3. 转速检测电路

电机的转速检测一般采用测速发电机或光电编码器。但永磁无刷直流电动机一般功率较小，不宜在轴上安装转速传感器。通常利用转子位置传感器的方波信号检测转速，电机每转对应 *P* 个方波脉冲，因此方波信号的频率与电机的速度成正比。可以利用图 7－48 所示的单稳态触发器测速电路检测电机转速。电机位置传感器的脉冲输入触发器输入端 TR，其上升沿使触发器输出 Q 端产生等宽等高的脉冲，再经过 *RC* 低通滤波器后输出一个直流电压，该电压幅值正比于电机的转速，即为电机的转速信号。这种测速方法只适用于电机转速较高的场合，且转速检测精度较低。此外，还可根据位置传感器信号的特点和单片机的运算功能实现测速，提高电机转速的检测精度，方便电机的速度控制。常用的测速方法有三种，分别为T法、M法和M/T法。

T法是通过霍尔信号两个相邻脉冲的时间间隔来确定转速的，该方法适合速度比较低的场合，当转速较高时，其准确性较差。假设计数器时钟频率为f，无刷直流电动机极对数为p，霍尔信号相邻两个脉冲内计数器计数值为N，则对应的实际转速为$n=\dfrac{60f}{Np}$。

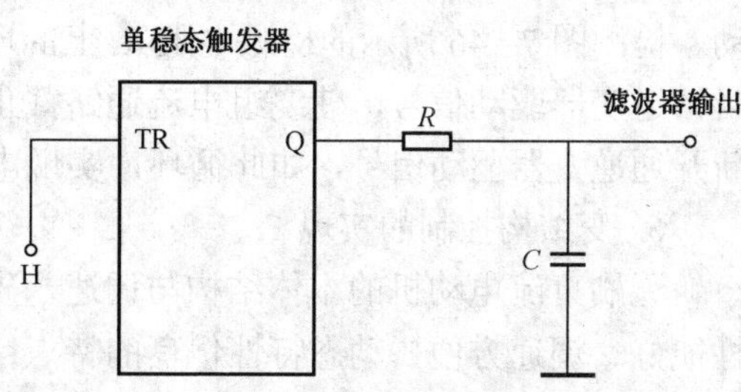

图7-48　单稳态触发器测速电路

M法是利用一段固定的时间间隔内的霍尔信号脉冲数来确定转速，其性能特点正好与T法相反，比较适于高速场合。假设定时时间为T，该时间段霍尔信号计数为N，则对应的实际转速为$n=\dfrac{60N}{Np}$。

M/T法则集中了T法和M法的优点，低速阶段采用T法测速，高速阶段采用M法测速，从而在整个速度范围内都有较好的准确性。

4. 电机的正反转控制

直流电动机可以通过改变磁场的方向和电枢电压的极性改变电机的转向，但这在永磁无刷直流电动机中不适用。在永磁无刷直流电动机中，可以通过改变电枢绕组的导通顺序来改变电机转向，表7-14为图7-46对应的电机正反转开关导通顺序。

表7-14　　电机正反转开关导通顺序

位置传感器信号 60° S_A S_B S_C	位置传感器信号 120° S_A S_B S_C	正向/反向 F/R	上侧驱动 T1 T3 T5	下侧驱动 T4 T6 T2
1 0 0	1 0 0	1	1 0 0	0 0 1
1 1 0	1 1 0	1	0 1 0	0 0 1
1 1 1	0 1 0	1	0 1 0	1 0 0
0 1 1	0 1 1	1	0 0 1	1 0 0
0 0 1	0 0 1	1	0 0 1	0 1 0
0 0 0	1 0 1	1	1 0 0	0 1 0
1 0 0	1 0 0	0	0 0 1	1 0 0
1 1 0	1 1 0	0	0 0 1	0 1 0
1 1 1	0 1 0	0	1 0 0	0 1 0
0 1 1	0 1 1	0	1 0 0	0 0 1
0 0 1	0 0 1	0	0 1 0	0 0 1
0 0 0	1 0 1	0	0 1 0	1 0 0

注：正向/反向：1代表正向，0代表反向；上下侧驱动：1代表导通，0代表关断。

5. 电机的起动

永磁无刷直流电动机起动时，电机转速为零，即绕组感生电动势为零，直流母线电压全部加在绕组阻抗上，导致起动电流很大，危及电机和控制器的可靠运行，故一般采用限流起动，检测图 7－46 所示的检测电阻 R_1 上的电压（与母线电流成正比），当电流超过限定值时，封锁逆变器驱动信号，使绕组电流通路截止，迫使绕组电流下降，当电流低于某一值时，重新开通逆变器驱动信号，如此循环，实现电机的限流起动。

6. 变结构控制的实现

无刷直流电动机的本体结构与调速永磁同步电动机相同。永磁无刷直流电动机具有起动性能好、调速方便、动态特性优良的特点；调速永磁同步电动机具有转速精确、运行稳定的特点。因此可以采用变结构的控制方法使电机具有这两种方式的优点，即电机低速起动或调速过程中，采用无刷直流电动机运行方式，提高系统的动态性能，在电机进入转速稳定区域，则电机采用同步电动机运行方式，转子转速与供电频率同步，使其具有高的转速稳定度。用转子位置传感器信号检测电机转速，一旦电机转速跌出同步，马上切入无刷电动机运行方式，重新将转子拉入同步。

四、控制器实例

无刷直流电动机控制器类型主要有：① 分离器件组成的控制器，其结构复杂，抗干扰性、可靠性较差，不利于大批量生产；② 基于专用集成电路的控制器，其结构简单，外围器件少，功能齐全，可靠性高，成本低廉；③ 基于微处理器的控制器，随着微处理技术的发展，可以开发出各种功能完善、控制灵活的控制器，其适用范围大大加强。

基于专用集成电路的控制器具有较高的性价比，其应用日益广泛，已出现了多种无刷直流电动机控制集成电路，其中 MC33035 是美国 Motorota 公司生产的高性能第二代无刷直流电动机控制器专用集成电路。它具备控制一个全特性开环三相无刷直流电动机所需要的全部功能，可实现电动机的 PWM 开环速度控制、使能控制（起动或停止）、正反转控制和能耗制动控制。此外，MC33035 还可以用作有刷直流电动机的控制器芯片。

1. MC33035 功能介绍

MC33035 采用 24 脚 DIP 塑料封装。其管脚功能说明见表 7－15，其管脚排列和内部结构如图 7－49 所示。从功能上讲，该芯片主要包括：① 转子位置传感器译码电路；② 带温度补偿的内部基准电源；③ 频率可设定的锯齿波振荡器；④ 全通误差放大器；⑤ 脉宽调制（PWM）比较器；⑥ 输出驱动电路；⑦ 限流保护电路。

表 7－15　　MC33035 引脚功能介绍

管脚号	符号与功能	功能说明
1，2，24	B_T，A_T，C_T	集电极开路输出，用来驱动三相逆变桥上桥三个功率开关
3	正向/反向	用来改变电动机转动方向
4，5，6	S_A，S_B，S_C	转子位置传感器信号输入端
7	使能控制	逻辑高电平使电机起动，逻辑低电平使电机停车
8	基准电压输出	典型值 6.25V。可为振荡器定时电容 C_T 提供充电电流并为误差放大器提供一个基准电压，还可为位置传感器提供电源
9	电流检测输入	电流检测比较器的同相输入端
10	振荡器	通过外接定时元件 R_T 和 C_T 决定其振荡频率

续表

管脚号	符号与功能	功能说明
11	误差放大器同相输入端	这个输入端通常是与速度装置电位计相连的
12	误差放大器反相输入端	这个输入端通常是与开环应用中的误差放大器输出端相连的
13	误差放大器输出端	在闭环控制时连接校正阻容元件。此引脚亦连接到内部 PWM 比较器反相输入端
14	故障信号输出	集电极开路输出，故障时输出低电平
15	电流检测反相输入端	通常连接在电流传感电阻器的底边一侧
16	接地点	用于向控制集成电路提供接地点并且应当返回到电源接地点
17	V_{CC}	用于向控制集成电路提供正电源，10～30V
18	V_C	为下桥驱动输出提供正电源，10～30V
19，20，21	C_B，B_B，A_B	推挽式输出，用来直接驱动三相桥下桥三个功率开关
22	60°/120° 选择	高电平对应传感器相差 60°，低电平对应传感器相差 120°
23	制动输入	逻辑低电平使电动机运转，逻辑高电平使电动机迅速制动

（1）转子位置传感器译码电路。图 7-49 中的译码电路将根据电机正反转信号、60°/120° 信号的状态确定三路位置传感器信号的逻辑处理方式，最后将逻辑处理结果转换为逆变桥开关的六路驱动信号。另外，位置传感信号输入端 4、5、6 脚内含上拉电阻，输入电路与 TTL 电

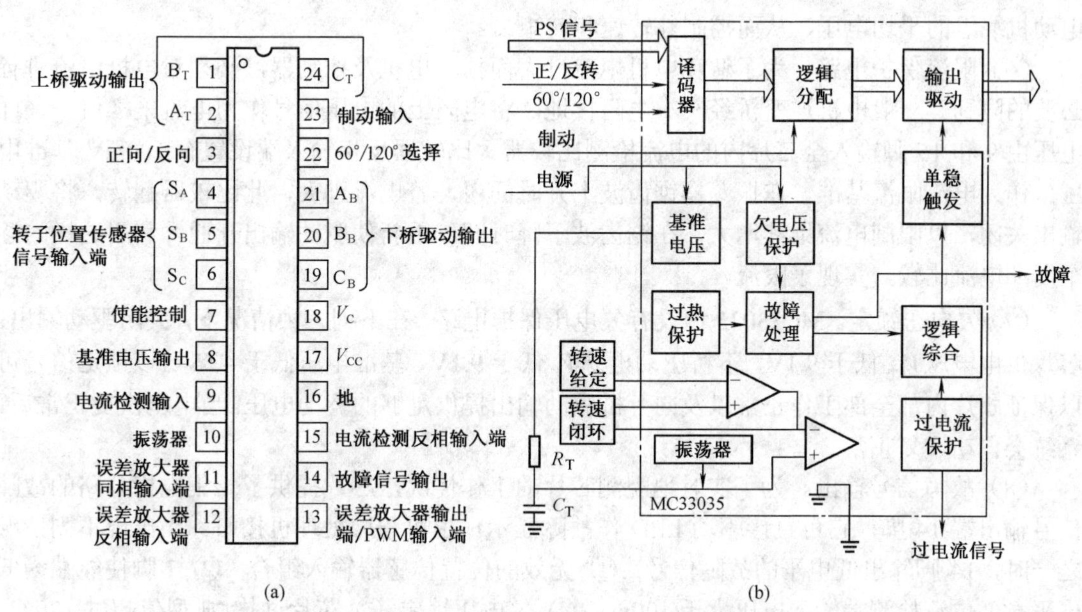

图 7-49　MC33035 的管脚排列和内部结构

（a）管脚排列；（b）内部结构

平兼容，门限典型值为2.2V，它适用于集电极开路型霍尔效应开关或者光电耦合器等位置传感器类型。并且该译码电路适用于传感器相位差为60°、120°、240°、300°四种空间位置的三相无刷直流电动机。表7-14中三个传感器输入端原则上可有八种输入方式组合，其中六种是有效的转子位置信息，其余两种则是无效的，通常是由传感器引线开路或短路造成的。当输入为无效组合时，14脚将输出故障信号，同时封锁驱动输出，以保证电机系统的安全。

（2）正/反转控制。电机正/反转控制是由3脚的逻辑电平决定的。当3脚逻辑状态改变时，位置译码器首先将传感器信号在内部逻辑取反，再经译码后，得到反相序的换向输出，改变电机相绕组的导通顺序，实现电动机的反转。

（3）起/停和制动控制。电机的起/停控制通过芯片7脚使能端来实现。当7脚悬空时，内部40μA电流源的电流使驱动输出电路正常工作。若7脚接地，三个上桥驱动输出开路（1状态），三个下桥驱动输出强制为低，使电动机绕组没有激励而停车，电机停转的同时14脚输出低电平。

当制动输入端23脚为高电平时，电动机进入制动状态。此时，上桥三个驱动输出开路，下桥三个驱动输出为高电平，外接逆变桥下桥三个功率开关导通，使电动机三相绕组对地短接，实现能耗制动。

（4）锯齿波振荡器。图7-49中内部振荡器振荡频率由外接定时元件C_T和R_T决定。8脚输出的基准电压通过电阻R_T向电容C_T充电，然后C_T又通过内部放电晶体管迅速放电而形成锯齿波振荡信号。其波峰和波谷分别为4.1V和1.5V。建议使用振荡器频率为20kHz到30kHz范围内，以兼顾过低则可闻噪声和过高则影响功率开关效率的矛盾。

（5）脉宽调制器。电机正常运行时，误差放大器输出与振荡器输出锯齿波信号比较后，产生脉宽调制（PWM）信号，控制下桥三个驱动输出。改变输出脉冲宽度，相当于改变供给电动机绕组的平均电压，从而控制其转速和转矩。

（6）限流保护电路。为了避免电机电流过大而损坏电机及控制器，必须对电机电流进行必要的限制。一般电机逆变桥经一小电阻接地，将电阻上的电压信号作为电流采样值。采样电压由9和15脚输入至芯片内的电流检测比较器。比较器反相输入端设置有100mV基准电压，作为电流限流基准。在振荡器锯齿波上升时间内，若电流过大，此比较器翻转，将驱动输出关闭，以限制电流继续增大。在锯齿波下降时间，重新使驱动输出开通。利用这样的逐个周期电流比较，实现了限流。

（7）欠电压锁定。MC33035内设有欠电压保护电路，在下列三种情况下，关闭驱动输出：芯片供电电压V_{CC}低于9.1V、下桥驱动电源V_C低于9.1V、基准电压低于4.5V。该锁定信号可以保证芯片内部全部工作正常以及向下桥驱动输出提供足够的驱动电压。当电压恢复正常后，系统会自动恢复正常。

（8）故障信号输出。为了实时地观测芯片的工作情况，芯片提供了一集电极开路的故障信号输出端14脚，它可直接驱动LED作故障显示，也可与微处理机接口。当出现下列情况之一时，14脚输出低电平的故障信号：① 无效的位置传感器输入组合；② 7脚使能端为低电平；③ 电流检测端输入电压大于100mV；④ 欠电压锁定；⑤ 芯片过热，典型值超过170℃。通过此故障信号输出端可以方便地检测控制电路的工作状态是否正常。

（9）驱动输出。MC33035 内部嵌入了逆变桥驱动电路，其中上桥三个驱动输出是集电极开路 NPN 晶体管，其吸入电流能力为 50mA，耐压为 40V，可用来驱动外接逆变桥上桥臂的 PNP 功率晶体管和 P 沟道 MOSFET 功率管。下桥三个驱动输出是推挽输出，驱动能力为 100mA，可直接驱动 NPN 晶体管和 N 沟道功率 MOSFET。下桥驱动输出的电源 V_C 可由 18 脚单独引入。为了防止 MOSFET 栅极击穿，应当在 18 脚上接入一个 18V 稳压二极管进行钳位。

2. 基于 MC33035 的无刷直流电动机控制器

MC33035 内部集成了无刷直流电动机控制电路的所有功能，利用它开发的控制器外围电路简单，运行可靠。当电机驱动电压低于 24V 时，可以用芯片直接驱动逆变桥中的 MOSFET 功率管，实现无刷直流电动机的各项控制功能。图 7-50 为基于 MC33035 的三相全波无刷直流电动机开环速度控制电路。该电路简捷、成本低廉，非常适用于低压小功率的永磁无刷直流电动机的控制。

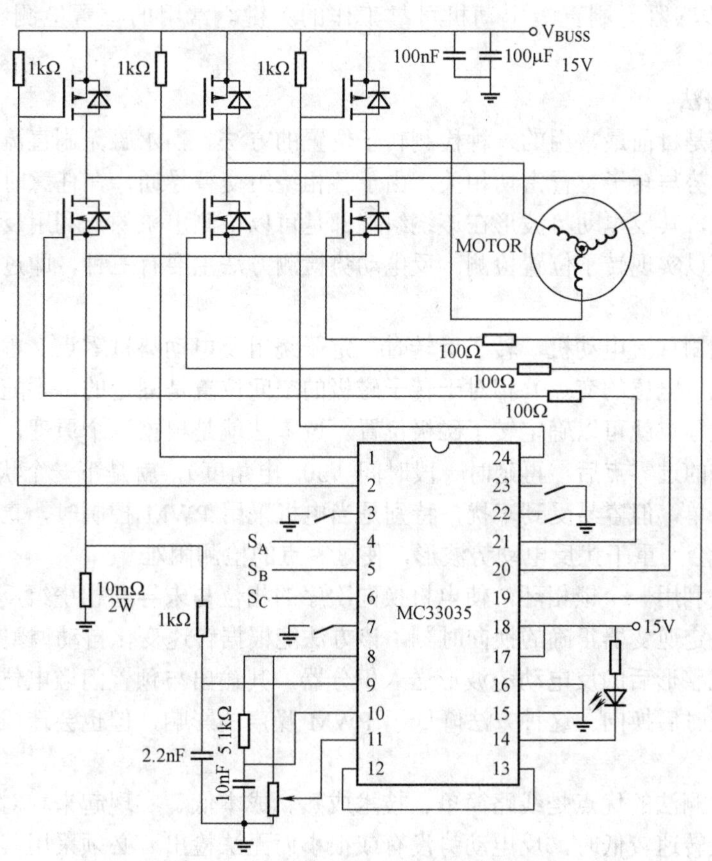

图 7-50　无刷直流电动机开环速度控制电路

第十一节　永磁无刷直流电动机的无位置传感器控制

在永磁无刷直流电动机中，转子位置传感器的存在会增大电机体积，难以实现电机的小型化；传感器输出信号一般为弱电信号，容易受到干扰；温度、湿度、振动等外界因素的变化会降低传感器工作的可靠性，不能应用于恶劣场合；传感器对安装位置精度的要求及电机引线的增多也是不利的因素。因此，永磁无刷直流电动机的无位置传感器控制技术越来越受到国内外广泛的关注。

由于无需安装转子位置传感器，电机结构简单、体积小、可靠性高，特别适合于因电机体积较小而难以安装位置传感器或者是电机工作环境恶劣而难以保证位置传感器可靠工作的场合。目前无位置传感器永磁无刷直流电动机已广泛应用于收录机、录像机等小型电器以及作为电脑硬盘、光驱的主轴驱动电机。

一、无位置传感器控制技术的位置检测方法

无位置传感器无刷直流电动机虽然省去了转子位置传感器，但其工作原理并未改变，在运行过程中仍然需要转子位置信息以控制绕组正确换向，因此如何获得转子位置信息是无位置传感器无刷直流电动机可靠工作的关键。常用的位置检测方法主要有以下几种：

1. 反电动势法

反电动势法是目前最常用的一种检测转子位置的方法。当永磁无刷直流电动机运转时，各相绕组反电动势与转子位置密切相关。由于各相绕组交替导通，在任意时刻总有一相绕组处于不导通状态，其反电动势波形在该绕组端部是可以检测出来的，利用反电动势波形的某些特殊点，就可以实现转子位置检测。反电动势检测方法主要有三种，即过零法、锁相环法和积分法。

对于三相无刷直流电动机，转子旋转时，定子绕组反电动势过零点（零点即相绕组反电动势与三相中性点电位的交点）相对于转子磁极的空间位置是固定的，不随电机的转速而改变，通过检测过零点就可以确定转子磁极位置。过零法就是根据这个原理，当检测到未导通相绕组反电动势的过零点后，再延时一段时间（30° 电角度），就是下一个状态的换向时刻。这种方法实现简单，但容易受到干扰，特别是当电机采用 PWM 控制时，直接加在电机绕组上的 PWM 电压会严重干扰反电动势波形，使过零点的检测困难。

锁相环法是利用一个锁相环，使电机换向次序的相位与未导通相绕组反电动势相位始终保持锁定，以决定逆变器正确的换向时刻，该方法能根据转速变化自动调整换向频率。

积分法是把整形后的反电动势波形送入积分器，其输出与预置门槛电位比较后触发定时器，经过一段延时后换向。这种方法降低了 PWM 噪声的影响，但也会造成误差的积累，影响检测精度。

反电动势检测法的优点是线路简单、技术成熟、成本低、实现起来相对容易。不足之处是当电机停止或转速较低时，反电动势没有或很小而无法检出，必须采用其他起动方式，目前最常用的方法是使电机按他控式同步电动机的运行方式从静止开始加速，直至转速能够保证可靠检测到反电动势时，再切换至自同步运行状态，完成电机的起动过程。这种起动方式产生的起动转矩比较低，一般只适用于空载或轻载工况下起动。

2. 转子位置计算法

这种方法是利用电机各相瞬态电压和电流方程，实时计算电机由静止到正常运转任一时刻转子的位置，以此控制电机的运行。这种方法不需要其他的起动方式，可实现转子位置信息的全程检测，但对电机本体的数学模型依赖大，当电机参数因温度变化发生漂移时，会使控制精度受到影响。另外，由于利用在线实时计算，计算过程复杂，当电机转速较高时，必须采用数字信号处理器 DSP 以及高速 A/D 转换器，增加了系统的成本。其具体实现方法主要有电流注入法、卡尔曼滤波法、状态观测法等。

3. 续流二极管法

这种方法是通过检测逆变器不导通相功率管上反并联的续流二极管的导通状态，间接检测反电动势过零点，以获得转子位置信息。

在以上几种转子位置检测方法中，反电动势过零法使用最为广泛，技术最为成熟。

二、基于专用芯片的无位置传感器无刷直流电动机控制

目前已有多种专门用于无位置传感器无刷直流电动机的集成电路，下面介绍 Micro Linear 公司生产的三相无位置传感器无刷直流电动机专用控制芯片 ML4425。

1. ML4425 芯片介绍

ML4425 适用于三角形或星形联结的三相永磁无刷直流电动机，采用 28 脚双列直插或表面封装，管脚排列如图 7－51 所示。ML4425 可独立实现无刷直流电动机的起动和换向，并能实现电流和速度的双闭环控制。可以直接驱动额定电压在 12V 以下的无刷直流电动机或与 IR2130 配合驱动额定电压在 12V 以上的永磁无刷直流电动机。ML4425 通过检测反电动势获得转子位置信息，并利用锁相环（PLL）技术确定合适的换向时刻，这一技术保证了电机在较宽的速度范围内正确换向，且不受 PWM 噪声和电机缓冲电路的干扰。同时芯片还提供了完善的保护功能，在过电流或欠电压时能自动切断驱动信号实现对电机的保护。完善的电机控制功能使无位置传感器无刷直流电动机控制系统只需少量的外部元器件就能实现预期的控制性能。图 7－52 为 ML4425 芯片的内部原理图，表 7－16 为 ML4425 芯片引脚功能介绍。

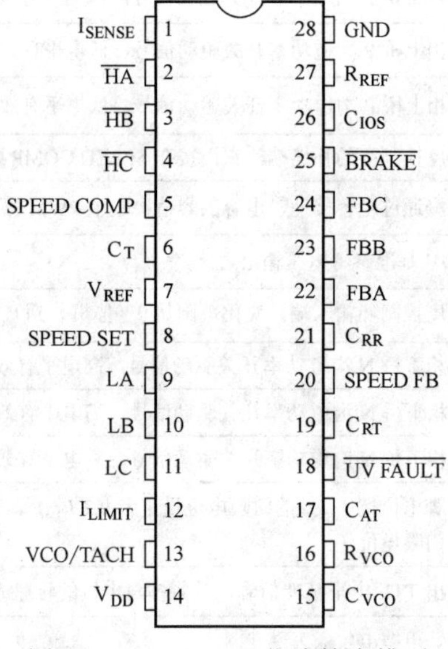

图 7－51　ML4425 芯片管脚排列

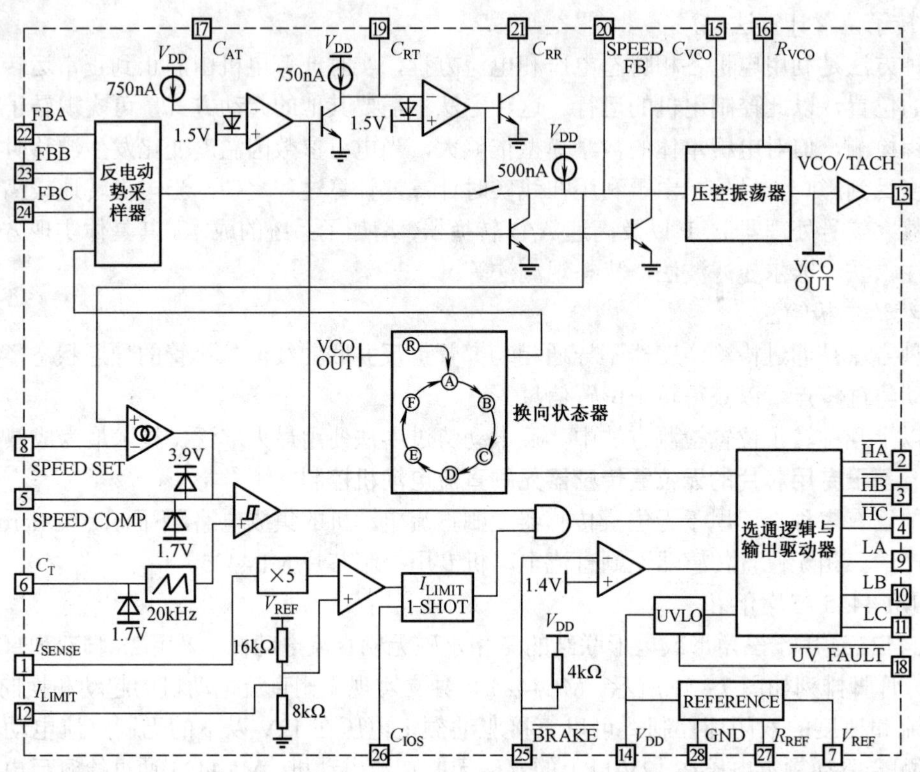

图 7-52　ML4425 芯片内部原理图

表 7-16　　ML4425 芯片引脚功能介绍

引脚号	符号	功能说明
1	I_{SENSE}	电动机电流检测输入端
2	$\overline{HA}$	A 相上桥 P 沟道功率开关驱动信号，低电平有效
3	$\overline{HB}$	B 相上桥 P 沟道功率开关驱动信号，低电平有效
4	$\overline{HC}$	C 相上桥 P 沟道功率开关驱动信号，低电平有效
5	SPEED COMP	速度控制环的补偿端，它由接在 SPEED COMP 脚与地端之间串联的电阻和电容来设置
6	C_T	该脚通过电容接地，电容的容值决定了 PWM 振荡器的频率
7	V_{REF}	6.9V 基准参考电压输出
8	SPEED SET	速度控制环输入端，变化范围从 0（停机）到 V_{REF} （最大速度）
9	LA	A 相下桥 N 沟道功率开关驱动信号，高电平有效
10	LB	B 相下桥 N 沟道功率开关驱动信号，高电平有效
11	LC	C 相下桥 N 沟道功率开关驱动信号，高电平有效
12	I_{LIMIT}	该脚电位把 I_{SENSE} 的门限电位设定为 0.2 I_{LIMIT}，若该脚悬空不接，则自动选择 IC 内部预置的门限电位
13	VCO/TACH	输出 TTL 电平脉冲信号，其频率与电机的转速成正比
14	V_{DD}	12V 电源电压输入端

续表

引脚号	符号	功能说明
15	C_{VCO}	该脚通过电容接地，电容的容值决定压控振荡器（VCO）的压频比率
16	R_{VCO}	该脚通过电阻接地，用来设置与 VCO 输入电压成比例的电流
17	C_{AT}	该脚通过电容接地，用来设定控制器保持在校准状态的时间
18	$\overline{\text{UVFAULT}}$	当 V_{DD} 降低到欠压保护门限电平时，该脚输出低电平，表示所有的输出驱动信号均已封锁
19	C_{RT}	该脚通过电容接地，用来设定控制器保持在斜升状态的时间
20	SPEED FB	反电动势取样电路的输出端和 VCO 的输入端，外接 RC 网络，可设置对锁相环路（PLL）的补偿
21	C_{RR}	当控制器处于斜升状态时，在 C_{RR} 与 SPEED FB 两端之间接一只电容，可设定电机的斜升速率（即加速度）
22	FBA	通过在该管脚上接一个电阻对反电动势分压来检测 A 相的反馈电压
23	FBB	通过在该管脚上接一个电阻对反电动势分压来检测 B 相的反馈电压
24	FBC	通过在该管脚上接一个电阻对反电动势分压来检测 C 相的反馈电压
25	$\overline{\text{BRAKE}}$	一个逻辑低电平输入使电机制动，它是通过关断上桥输出驱动和接通下桥输出驱动来实现的
26	C_{IOS}	该脚对地接一个电容，设置当 I_{SENSE} 超过门限值后，下桥输出驱动保持关断的时间
27	R_{REF}	对地接一个 137kΩ的电阻，设置除 VCO 以外的内部的偏置电流
28	GND	信号地与电源地

2. 工作原理

（1）起动过程。ML4425 通过检测电动机三相绕组的反电动势来确定换向时刻。在电机起动过程中，由于反电动势很小而不足以检测，电机无法实现自起动。因此，ML4425 采用了“三段式”起动法，使电机按照他控式同步电动机的运行方式从静止开始加速，直至转速升至能够产生足够大的反电动势后，再切换至闭环自同步运行状态，实现电机的起动。

ML4425 设定的起动过程由三个阶段组成：转子校准定位阶段、外同步加速阶段和运行状态切换阶段。

无位置传感器无刷直流电动机的外同步开环起动之前，必须要确定转子的初始位置。在电机起动过程中，ML4425 首先进入校准定位状态，输出驱动信号，即 LB、$\overline{\text{HA}}$、$\overline{\text{HC}}$ 信号有效，使电机 B 相正向导通，A 相、C 相反向导通。永磁转子在电磁力作用下被强制拉到一个预定的位置，实现了电动机转子的初始定位。定位状态必须持续足够长的时间以确保转子可靠定位。定位时间过短会导致转子不能及时被拉到预定位置造成起动失败。电机所需的定位时间与电机转动惯量、外加负载以及电机最大起动电流等因素有关。对于一个确定的电机，外加负载越重，则所需定位时间就越长。ML4425 通过 17 脚的接地电容 C_{AT} 来设定定位时间，C_{AT} 的值越大，定位时间越长。

当转子可靠定位后，进入到外同步加速状态，在这一状态下，ML4425 输出的换向频率逐步升高，驱动电机以外同步的方式起动并加速运行，此时电机运行在开环状态。外同步加速状态持续时间及加速度设定值同样与电机转动惯量、外加负载及电机最大起动电流有关，外加负载越重，加速度应越小，加速时间应越长。电机外同步加速的时间由外接电容 C_{RT} 决定，加速度由电容 C_{RR} 决定，二者的值应根据外加负载的大小进行调整，以确保电机可靠加速而不失步。

当电机加速到足够高的速度时，ML4425 能够检测到三相反电动势信号，就将电机由外同步开环运行状态切换到自同步闭环运行状态。电机将利用反电动势信号检测转子位置，以自同步方式加速到指定转速，此时，电机便完成了整个“三段式”起动过程，进入到稳定运行状态。

（2）反电动势换向原理。ML4425 芯片的反电动势检测换向控制单元由反电动势采样器、压控振荡器、低通滤波电路及换向状态器组成一个锁相环电路，如图 7-53 所示。反电动势采样器由中性点模拟器、多路切换开关、符号变换器及跨导误差放大器组成。中性点模拟器将三相绕组的端电压合成得到一个模拟的中性点电位，无须从电机三相绕组中引出中线。多路切换开关在压控振荡器（VCO）输出脉冲信号的控制下依次选择未导通相绕组以检测反电动势，反电动势波形与模拟中性点电位的相交点为反电动势过零点，进而确定转子当前的相位。利用锁相环电路将压控振荡器（VCO）输出脉冲信号频率锁定在反电动势过零点频率上，实现二者的相位同步。三相无刷直流电动机六个换向状态按换向次序预存在换向状态器中，在压控振荡器脉冲信号的触发下依次输出六个换向状态，控制逆变器开关的导通顺序，在电机内产生一个跳跃式的旋转磁场，与转子永磁磁场相互作用产生电磁转矩。由于压控振荡器输出脉冲与反电动势过零点同步，其频率和相位反映了电机转速及转子位置，换向状态器输出的换向状态便随着转子位置的变化不断切换，实现了电机的自同步闭环运行。

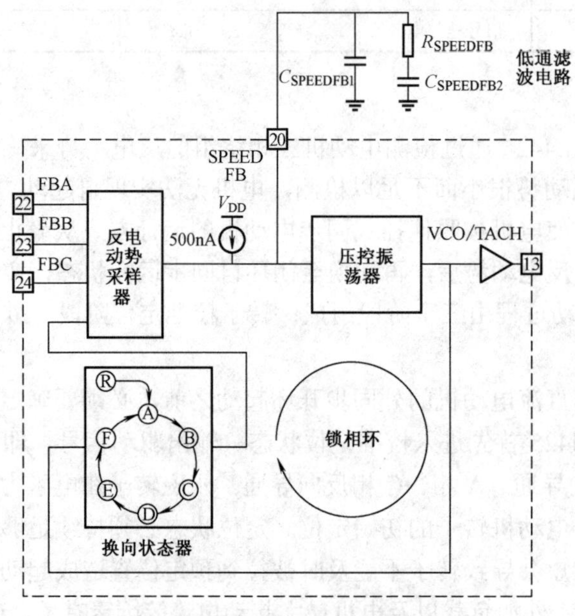

图 7-53　反电动势检测电路

（3）速度控制。ML4425 利用 PWM 脉宽调制方式进行转速的闭环控制。加在 SPEED SET 端脚的电位即为速度指令信号，这一电位既可以用电位器提供，也可来自微处理器。将设定的速度指令电位与速度反馈电位进行比较，其误差经放大器放大，再由外接阻容电路补偿后，与高频三角形载波进行比较后形成 PWM 信号，控制逆变器下桥开关元件的导通，其中三角形载波由 C_T 脚接地电容充放电形成，其频率即为 PWM 波的载波频率。电机在运行过程中，转速闭环电路可根据转速的变化自动调节 PWM 信号占空比，使转速稳定在设定转速上，实现了电机的闭环调速。

（4）保护功能。ML4425 提供了欠电压保护功能及限流功能。欠电压保护功能可使芯片在外接电源小于 9.5V 时封锁全部驱动信号，使电机停止工作，同时 $\overline{\text{UVFAULT}}$ 脚输出低电平进行指示。过电流保护是通过电流 PWM 控制实现的。ML4425 通过采样电阻进行电流采样，采样值送入 I_{SENSE} 引脚与电流门限电压比较，若电流过大，超出门限值，则关断逆变器下桥开关，经过一段固定时间后，再重新开通，并继续进行电流采样。

（5）制动功能。当 ML4425 的 $\overline{\text{BRAKE}}$ 脚电位被拉低到小于 1.4V 时，下桥功率开关均导通，上桥功率开关均关断，电机三相绕组短接实现能耗制动，由于在制动过程中流过下桥功率管的电流很大且无法通过采样电阻进行限流，因此 ML4425 的制动功能应谨慎使用。

三、无位置传感器永磁无刷直流电动机的控制原理图

图 7-54 为 12V 供电无位置传感器三相永磁无刷直流电动机的控制原理图，逆变电路采用功率 MOSFET 实现，该电路简单、外围元件少，适用于体积要求小、运行可靠的场合。

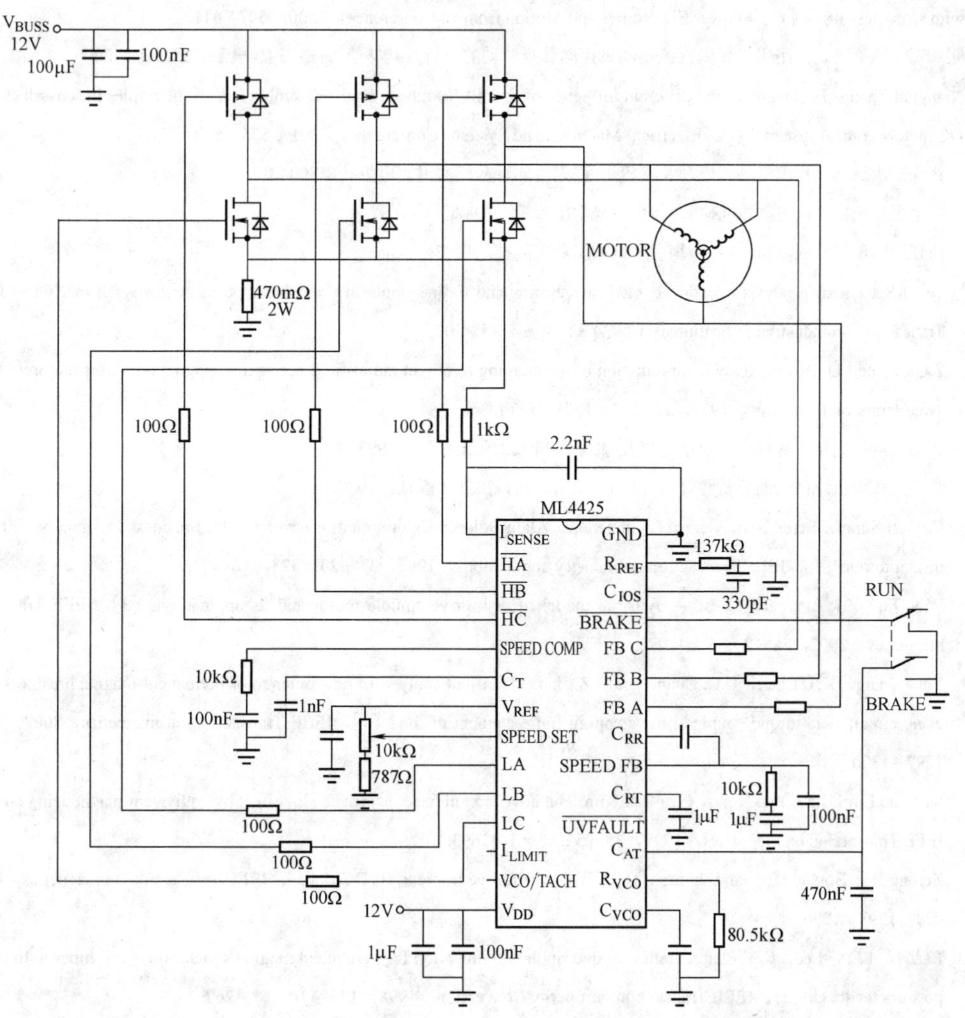

图 7-54　基于 ML4425 的无位置传感器永磁无刷直流电动机控制原理图

参 考 文 献

[1] 李钟明，刘卫国. 永磁电机 [M]. 北京：国防工业出版社，1999.

[2] Z.Q.Zhu，David Howe，Ekkehard Bolte，and Bernd Ackermann. Instantaneous magnetic field distribution in brushless permanent-magnet dc motor，Part I：open-circuit field [J]. IEEE Transaction on magnetics，1993，29（1）：124－135.

[3] Z.Q.Zhu，David Howe，C.C. Chan. Improved analytical model for predicting the magnetic field distribution in brushless permanent-magnet machines [J]. IEEE Transaction on magnetics，2002，38（1）：229－238.

[4] 唐蕴璆. 电机内的电磁场 [M]. 北京：科学出版社，1998.

[5] Renato Carlson，Michel Lajoie-Mazenc，and Joao C. dos S. Fagundes. Analysis of torque ripple due to phase commutation in brushless dc machines [J]. IEEE Transaction on industry applications，1992，28（3）：632－638.

[6] Byoyng-Hee Kang，Choel-Ju Kim，Hyung-Su Mok，Gyu-Ha Choe. Analysis of torque ripple in BLDC motor with commutation time [J]. Proceedings of ISIE，2001：1044－1048.

[7] Xiangjun Zhang，Boshi Chen，Pingping Zhu. A new method to minimize the commutation torque ripple in trapezoidal BLDC motor with sensorless drive [C]. Power Electronics and Motion Control Conference，2000：607－611.

[8] 张相军，陈伯时，朱平平. 无刷直流电动机换向转矩脉动的分析及其补偿方法 [J]. 电工技术杂志，2000（8）：13－15.

[9] Xiangjun Zhang，Boshi Chen，The different influence of four PWM modes on the commutation torque ripples in sensorless brushless DC motors control system [C]. Electrical Machines and Systems Conference，2001：575－578.

[10] 张琛. 永磁无刷直流电动机原理及其应用 [M]. 北京：机械工业出版社，2004.

[11] 叶金虎. 无刷直流电动机 [M]. 北京：科学出版社，1982.

[12] 唐任远. 现代永磁电机 [M]. 北京：机械工业出版社，1997.

[13] Tomy Sebastian. Analysis of induced EMF waveforms and torque ripple in a brushless permanent magnet machine [J]. IEEE Transaction on industry applications，1996，32（1）：195－200.

[14] Z.Q.Zhu and D. Howe. Analytical prediction of the cogging torque in radial-field permanent magnet brushless motors [J]. IEEE Transaction on magnetics，1992，28（2）：1371－1374.

[15] 程福秀，林金铭. 现代电机设计 [M]. 北京：机械工业出版社，1993.

[16] 胡之光. 电机电磁场的分析与计算 [M]. 北京：机械工业出版社，1989.

[17] Carsten-Sünnke Berendsen，Gérard Champenois，Alain Bolopion. Commutation strategies for brushless DC motors：influence on instant torque [J]. IEEE Transaction on industry applications，1995，31（2）：373－378.

[18] W.N. Fu，Z.J. Lin，and C. Bi. A dynamic model of disk drive spindle motor and its applications [J]. IEEE Transaction on magnetics，2002，38（2）：973－976.

[19] Yong Wang，K.T. Chau，C.C. Chan，and J.Z. Jiang. Transient analysis of new outer-rotor permanent-magnet brushless DC drive using circuit-field-torque coupled time-stepping finite-element method [J]. IEEE Transaction on magnetics，2002，38（2）：1297－1300.

[20] Ki-Chae Lim，Jung-Pyo Hong，Gyu-Tak Kim. The novel technique considering slot effect by equivalent magnetizing current [J]. IEEE Transaction on magnetics，1999，35（5）：3691－3693.

[21] Zeroug H.，Boukais B.，and sahraoui H.. Analysis of torque ripple in BLDCM [J]. IEEE Transaction on magnetics，2002，38（2）：1293－1296.

[22] Batzel，T.D.，Lee，K.Y. Commutation torque ripple minimization for permanent magnet synchronous machines with Hall effect position feedback [J]. IEEE Transaction on Energy Conversion，1998，13（3）：257－262.

[23] 谭建成. 永磁无刷直流电机技术 [M]. 北京：机械工业出版社，2011.

第八章　异步起动永磁同步电动机

第一节　异步起动永磁同步电动机的结构与特点

异步起动永磁同步电动机是具有异步起动能力的永磁同步电动机，兼有感应电动机和电励磁同步电动机的特点。它依靠定子旋转磁场与笼型转子相互作用产生的异步转矩实现起动。正常运行时，转子运行在同步速，笼型转子不再起作用，其工作原理与电励磁同步电动机基本相同，不同之处在于永磁同步电动机由永磁体提供机电能量转换所需要的磁场，取消了电励磁同步电动机中的集电环、电刷以及励磁电源，结构简单紧凑、功率密度和转矩密度显著提高。随着永磁材料性能的不断提高和对高效节能电机的迫切需求，异步起动永磁同步电动机在纺织、油田等行业得到了较大范围的应用。

一、异步起动永磁同步电动机的结构

与其他旋转电机相同，异步起动永磁同步电动机由定子和转子两部分组成，定子和转子之间存在空气隙。图 8－1 为异步起动永磁同步电动机的典型结构示意图。

1. 定子结构

永磁同步电动机的定子结构与感应电动机相同。为减小磁场引起的涡流损耗和磁滞损耗，定子铁心通常由 0.5mm 厚的硅钢片叠压而成，上面冲有均匀分布的槽，槽内嵌三相对称绕组。定子槽形通常采用半闭口槽，如图 8－2 所示，其中梨形槽的槽面积利用率高，冲模寿命长，且槽绝缘的弯曲程度较小，不易损伤，应用广泛。定子绕组通常由圆铜线绕制而成，为减小杂散损耗，采用星形接法，180 及以上机座号的电机采用双层短距，160 及以下机座号的电机采用单层绕组。

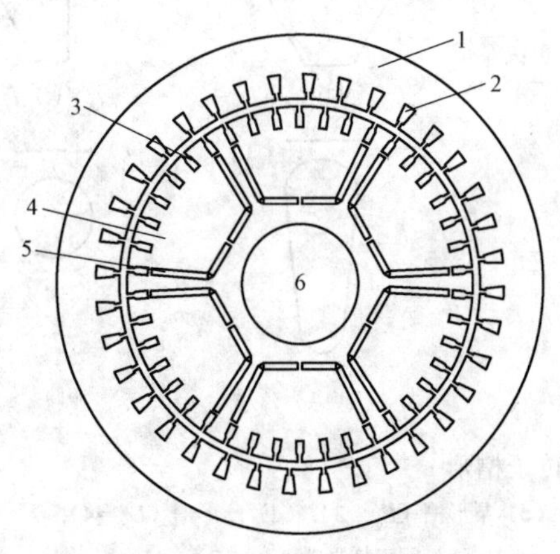

图 8－1　异步起动永磁同步电动机的典型结构示意图

1—定子铁心；2—定子槽；3—转子槽；4—转子铁心；5—永磁体；6—轴

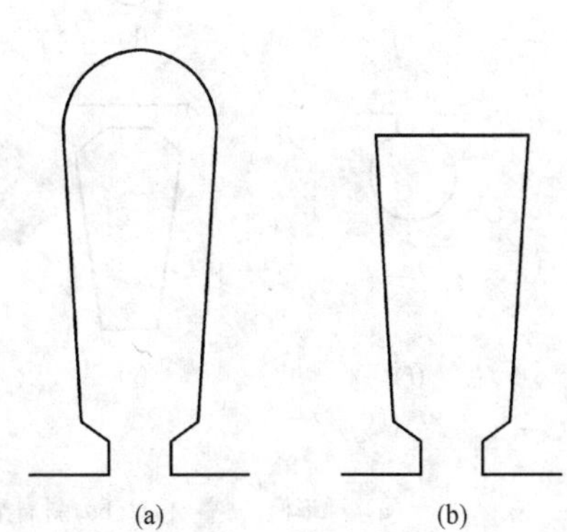

图 8－2　定子槽形

（a）梨形槽；（b）梯形槽

为提高零部件的通用性、缩短开发周期、降低开发成本，在进行异步起动永磁同步电动机设计时，常常选用感应电动机的定子冲片、机壳、端盖和轴等。

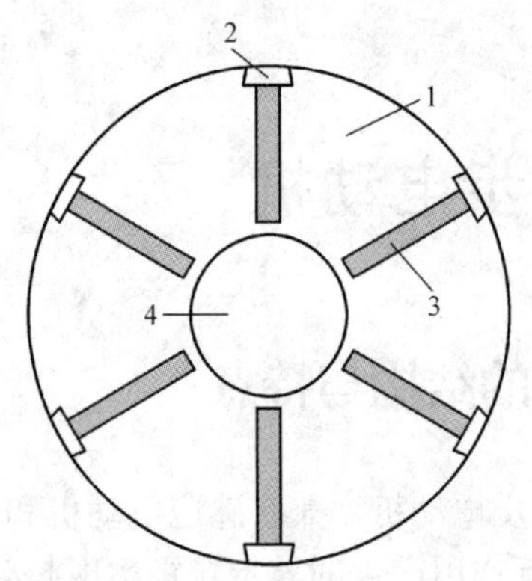

图8－3　实心永磁转子结构

1—铁心；2—槽楔；3—永磁体；4—轴

2. 转子结构

按照转子是否有起动笼，可将转子结构分为实心永磁转子和笼型永磁转子两种。实心永磁转子结构如图 8－3 所示，铁心由整块钢加工而成，上面铣出槽以放置永磁体。这种结构靠旋转磁场在转子铁心感应的涡流产生起动转矩，无须起动绕组。实心转子永磁同步电机的牵入性能偏差，有时为了提高牵入同步能力，在每极设 1～3 根鼠笼导条。

笼型永磁转子是最常见的结构，转子铁心由 0.5mm 厚的硅钢片叠压而成，上面冲有均匀分布的槽，通常采用半闭口槽，如图 8－4 所示。图 8－4(g)、(h)、(i) 和 (j) 所示的闭口槽可以简化冲模、减小杂散损耗，但转子槽漏抗较大，对起动性能有较大影响，故应用很少；图 8－4(b)、(c)、(f) 所示的槽形，槽底为圆形，不利于隔磁，加工相对复杂，性能相对于平底槽并无优势，故应用也很少；图 8－4(d) 所示的凸形槽和图 8－4(e) 所示的刀形槽，模具加工复杂，但可以增强趋肤效应、提高起动转矩，但由于转子上要放置永磁体，转子槽一般不深，电流的趋肤效应没有同规格感应电动机那样明显。图 8－4(a) 具有结构简单、模具制造方便的优点，可以采用减小转子槽面积的方法提高起动转矩，因而在小型异步起动永磁同步电动机中应用广泛。图中，L_{vv} 为各槽形的代号，将在后面的电磁计算程序中用到。

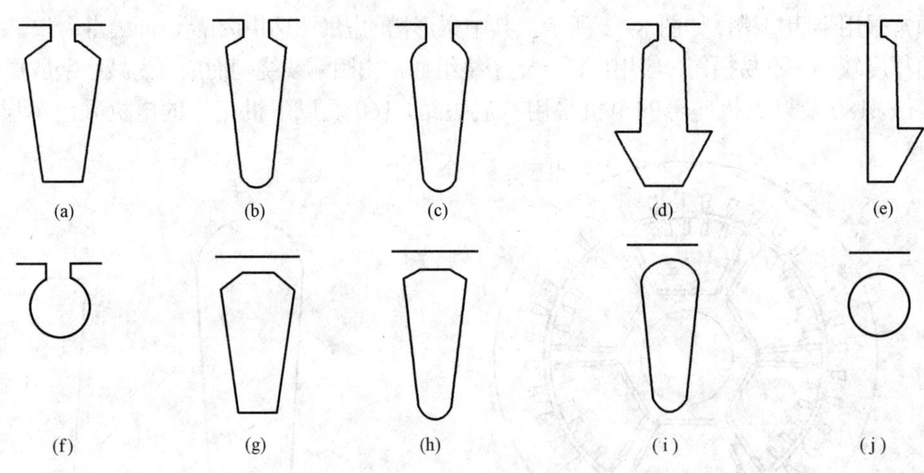

图 8－4　转子槽形

(a) 梯形槽 ($L_{vv}=1$)；(b) 斜肩梨形槽 ($L_{vv}=2$)；(c) 梨形槽 ($L_{vv}=3$)；(d) 凸形槽 ($L_{vv}=4$)；(e) 刀形槽 ($L_{vv}=5$)；(f) 圆形槽 ($L_{vv}=6$)；(g) 闭口梯形槽 ($L_{vv}=7$)；(h) 闭口斜肩梨形槽 ($L_{vv}=8$)；(i) 闭口梨形槽 ($L_{vv}=9$)；(j) 闭口圆形槽 ($L_{vv}=10$)

需要指出的是，感应电动机中常采用转子斜槽，但在永磁同步电动机中，由于受永磁体放置的限制，通常采用定子斜槽。

转子笼型绕组有铜导条焊接式和铸铝式两种。前者在转子槽内插入铜导条，在转子铁心两端各放置一个铜端环，将铜端环和导条焊接在一起；后者采用离心铸铝或压力铸铝工艺，将导条和端环一次铸出。与焊接法相比，铸铝式具有工艺简单、成本低的优点，因此永磁同步电动机通常采用铸铝转子。铸铝转子的加工过程如下：铁心冲剪→铁心叠压→套假轴→转子铸铝→套轴→转子加工→将永磁体从铁心端部放入。永磁体的固定方式有两种，一是在永磁体上涂树脂，然后插入转子铁心，树脂凝固后将永磁体和转子铁心固定在一起，二是先将永磁体插入转子铁心，然后在铁心两端加非磁性端环，端环固定在转子铁心上。图 8-5 为永磁铸铝转子外形图。

图 8-5　永磁铸铝转子外形图

二、异步起动永磁同步电动机的转子磁极结构

异步起动永磁同步电动机普遍采用内置式结构，永磁体位于导条和铁心轴孔之间的铁心中，交轴磁阻小于直轴磁阻，转子磁路不对称，所产生的磁阻转矩有助于提高过载能力和功率密度，鼠笼直接面向空气隙，起动性能好，并对永磁体有一定的保护作用。内置式转子结构的缺点是漏磁大，需要采取一定的隔磁措施，转子机械强度较差。

根据一对极下永磁体的磁路关系，内置式转子结构可分为并联式、串联式和串并联混合式三种。

1. 并联式磁路结构

在并联式磁路结构中，相邻两磁极的永磁体并联提供每极磁通，如图 8-6 所示。图 8-6(a)采用非磁性轴隔磁，而图 8-6(b) 采用空气槽隔磁，可使用磁性轴。图 8-6(c) 是西门子公司采用的并联式磁路结构，主要适用于磁性能低的永磁材料，如铁氧体，其缺点是电机正反转时电枢反应程度不同，造成运行性能的不同，目前该结构已很少应用。

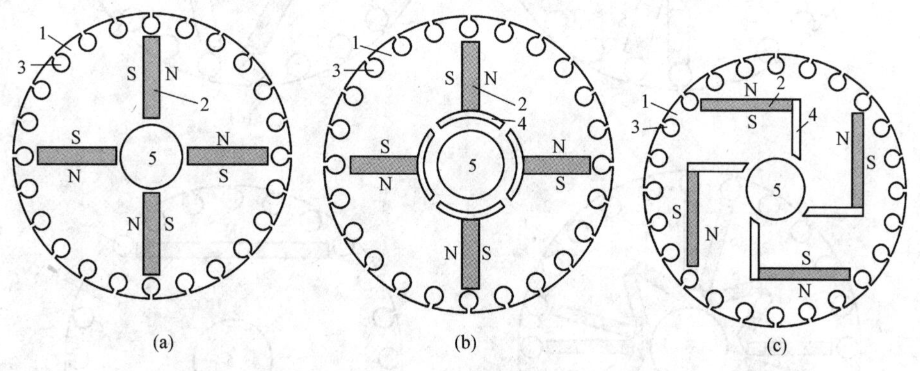

图 8-6　并联式磁路结构

1—铁心；2—永磁体；3—导条；4—空气槽；5—轴

2. 串联式磁路结构

串联式磁路结构如图 8-7 所示，两个磁极的永磁体串联提供一对极的磁动势，每极磁通由一个磁极的永磁体面积提供，其优点是转子轴不需要采用非导磁材料。图 8-7(a) 为早期结构，目前已不采用；图 8-7(b) 的永磁体放置空间较小，不利于提高转矩密度；图 8-7

(c)、(d)、(e) 的每极永磁体分别组成字母 “U”“V”“W” 的形状，分别称为 “U”“V”“W” 结构，它们的优点是可以放置较多的永磁体，每极磁通大，电机体积小，转矩密度高，缺点是加工工艺复杂。当极数较多时，在图 8-7(c)、(d)、(e) 中，径向磁化的永磁体放置空间很小，且影响切向磁化永磁体的放置空间，此时往往采用图 8-6(a)、(b) 所示的并联式磁路结构。图 8-7(f)、(g) 也是相邻两极磁路串联，可以归入这一类，其优点是结构简单。

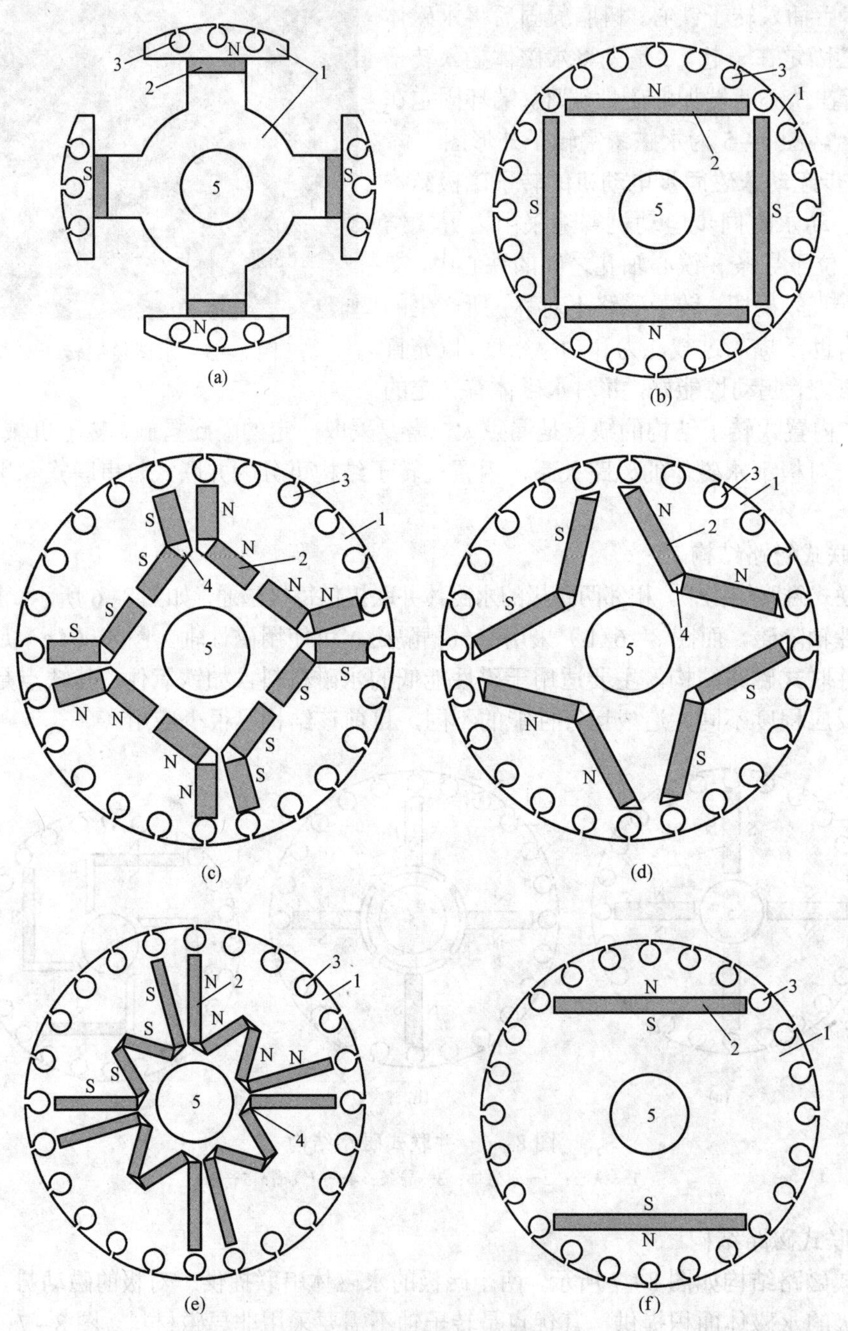

图 8-7　串联式磁路结构（一）

1—铁心；2—永磁体；3—导条；4—空气槽；5—轴

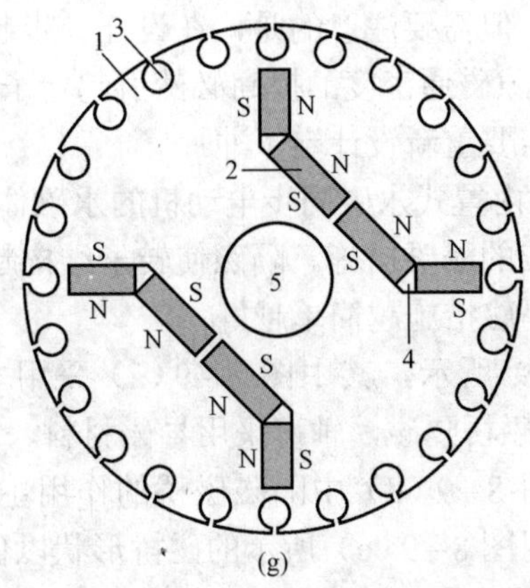

图 8-7　串联式磁路结构（二）

1—铁心；2—永磁体；3—导条；4—空气槽；5—轴

3. 混合式磁路结构

混合式磁路结构是从串联式磁路结构演化而成的，将图 8-7（c）、（e）中相邻磁极中切向磁化的两块永磁体并在一起，就变成图 8-8（a）、（b）所示的混合式磁路结构。与图 8-7（c）、（e）相比，混合式磁路结构简单，加工更方便，切向磁化永磁体的厚度为径向磁化永磁体厚度的 2 倍。其特点与上述的“U”“V”“W”结构基本相同，也不适合于极数多的场合。

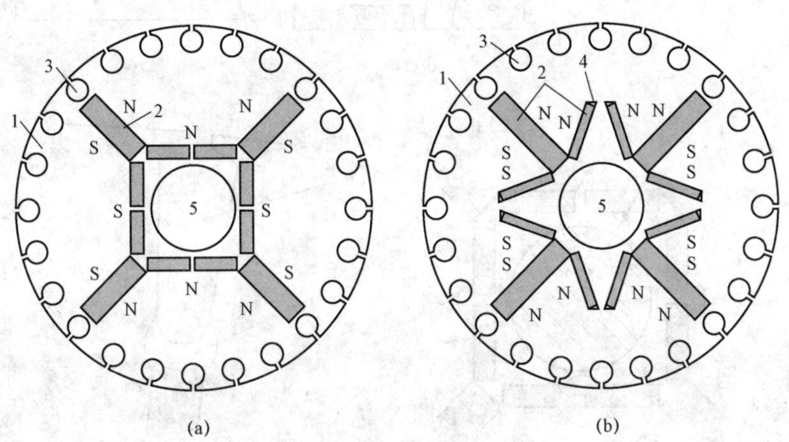

图 8-8　混合式磁路结构

1—铁心；2—永磁体；3—导条；4—空气槽；5—轴

在进行性能分析时，混合式磁路结构可归并到串联式磁路结构，只是每极所跨槽数与串联式磁路结构不同。本书在进行磁路分析计算时，只针对串联式和并联式两种结构。

三、转子磁路结构的选择原则

从上述分析可以看出，内置式永磁电机的磁路结构多种多样，各有其特点，永磁同步电动机设计的第一步就是选择合适的转子磁路结构，转子磁路结构的选择原则如下：

（1）能放置足够多的永磁体以保证电机的性能。要保证电机性能，必须保证一定的气隙磁通密度，气隙磁通密度与每极永磁体的宽度直接相关，每极永磁体的宽度越大，聚磁效果就越明显，气隙磁通密度越高。但需要注意的是，在设计异步起动永磁同步电动机时，往往采用感应电动机的定子冲片，气隙磁通密度的提高必然引起定子齿部和轭部磁通密度的提高，从而导致铁耗的增加，必要时需要重新设计定子冲片。

（2）隔磁措施要可行。由于内置式永磁同步电动机的永磁体在转子铁心内部，漏磁较大，永磁体利用率低，必须采取相应的隔磁措施。隔磁使转子结构趋于复杂、机械强度变差，因此在保证隔磁效果的前提下，隔磁措施越简单越好。

常用的隔磁方式如图 8-9 所示，其中图 8-9（a）采用非导磁轴和隔磁磁桥隔磁，图 8-9（b）采用空气槽和隔磁磁桥隔磁，轴可采用导磁材料，图 8-9（c）采用转子槽和永磁体槽之间的隔磁磁桥隔磁，图 8-9（d）中隔磁磁桥的作用主要是机械连接以提高机械强度。若转子槽底为圆形，可采用图 8-9（e）所示的磁桥形状以保证隔磁效果。

图 8-9 中虚线圈起的铁心部分为隔磁磁桥，隔磁磁桥的长度越大，其中的磁场强度越小，磁通密度越小，漏磁就越小。隔磁磁桥宽度越小，通过的磁通越小，隔磁效果越明显，但机械强度越差。通常隔磁磁桥的宽度为 1～1.5mm。

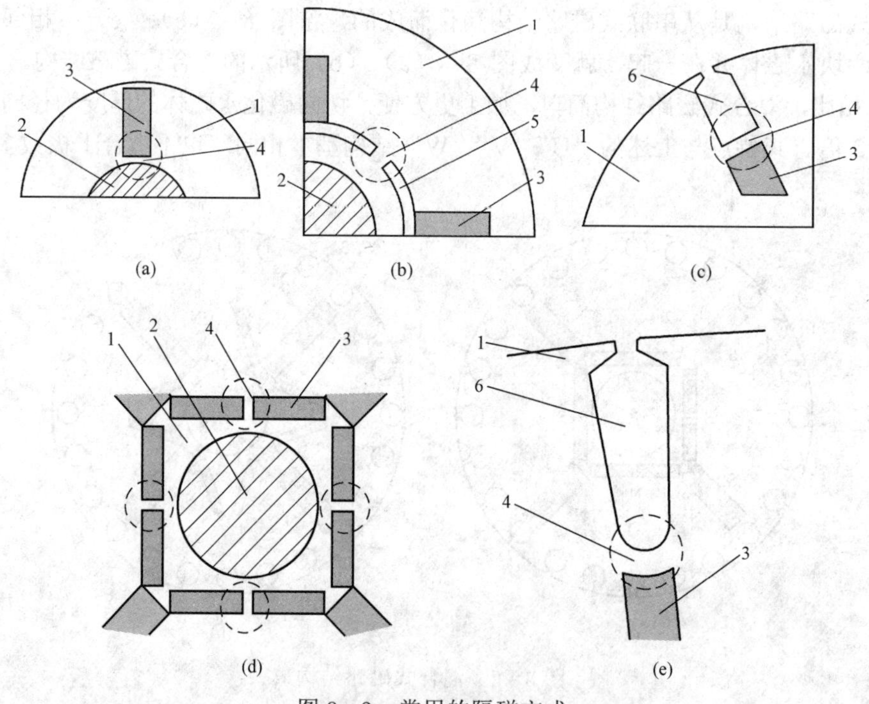

图 8-9 常用的隔磁方式

1—转子铁心；2—轴；3—永磁体；4—隔磁磁桥；5—空气槽；6—转子导条

（3）要有足够的机械强度。

（4）交、直轴同步电抗及其比例 X_q/X_d 要适当。较大的 X_q/X_d 比可以提高电机的牵入同步能力、过载能力和转矩密度。但如果比例过大，额定运行时的功角过大，稳定性差，振动和噪声大。

四、异步起动永磁同步电动机的特点

与感应电动机相比，异步起动永磁同步电动机具有以下特点：

（1）转速恒定，为同步速。

（2）功率因数高。通过合理设计，可以使其工作在滞后功率因数、单位功率因数，甚至超前功率因数。

（3）性能受气隙长度的影响较感应电动机小，因而气隙可比同容量感应电动机大。

（4）体积小、重量轻。采取合适的磁路结构，可以提高气隙磁通密度、减小电机体积。

（5）效率高。正常运行时转子无绕组损耗，高功率因数使得定子电流较小，定子绕组损耗较小，因而永磁同步电动机的效率比感应电动机高，这在小功率电机中体现得尤为明显。

（6）具有宽的经济运行范围。感应电动机的经济运行范围一般为额定负载的 60%～100%。永磁同步电动机的经济运行范围远比感应电动机宽，不仅额定负载时效率较高，而且在 25%～120%额定负载的范围内都有较高的效率，而感应电动机在 35%额定负载附近效率迅速下降。永磁同步电动机在 25%额定负载时功率因数仍可达到 0.9 以上，而感应电动机从额定负载时的 0.85 左右迅速下降到 0.5 以下。

（7）成本高。采用低性能永磁材料的永磁同步电动机，由于气隙磁通密度低，往往体积较大。目前小型永磁同步电动机通常采用高性能的钕铁硼永磁材料，制造成本较高。

（8）存在不可逆退磁的风险。钕铁硼永磁材料在高温环境下的退磁曲线弯曲，当电机设计或使用不当时，可能出现不可逆退磁，使电机工作可靠性变差。随着耐高温钕铁硼永磁材料的出现，这种状况已有很大改善。

（9）加工工艺复杂，机械强度差。永磁体放置在转子铁心内部，工艺复杂，且需要隔磁，导致转子机械强度较感应电动机差。

（10）电机性能受环境温度、供电电压等因素影响很大。

第二节　异步起动永磁同步电动机的基本电磁关系

一、转速

稳态运行时，异步起动永磁同步电动机的转速 n 与定子旋转磁场的转速相同，取决于电源的频率 f 和电机的极对数 p，即：

$$n=\frac{60f}{p} \tag{8-1}$$

二、气隙磁场的有关系数

1. 计算极弧系数

基波磁场是实现机电能量转换的基础。在永磁同步电动机中，可以认为空载气隙磁场是带有谐波的平顶波，计算极弧系数 α_i 直接影响到基波幅值的大小。

对于图 8-7（b）～（e）所示的磁极结构，极弧系数可以通过每极永磁体所跨的转子槽数 q_m 调整，极弧系数为：

$$\alpha_p=\frac{q_m}{Q_2/2p} \tag{8-2}$$

式中，Q_2 为转子槽数。

对于图 8-3、图 8-6、图 8-8 及图 8-7（a）、（f）、（g）所示的磁极结构，极弧系数为

每极极弧长度 $\widehat{b}_p$ 与转子极距 τ_2 的比值，即：

$$\alpha_p = \frac{\widehat{b}_p}{\tau_2} \tag{8-3}$$

转子极距 τ_2 为：

$$\tau_2 = \frac{\pi D_2}{2p} \tag{8-4}$$

式中，D_2 为转子外径。

与 α_p 对应的计算极弧系数为：

$$\alpha_i \approx \alpha_p \tag{8-5}$$

2. 空载气隙磁通密度波形系数

在永磁同步电动机中，忽略齿槽影响，空载气隙磁通密度波形可以近似为矩形波，如图 8-10 所示，对其进行傅里叶展开，得到如图中虚线所示的基波磁通密度，其幅值为：

$$B_{\delta 1} = \frac{4}{\pi} B_\delta \sin\frac{\alpha_i \pi}{2} \tag{8-6}$$

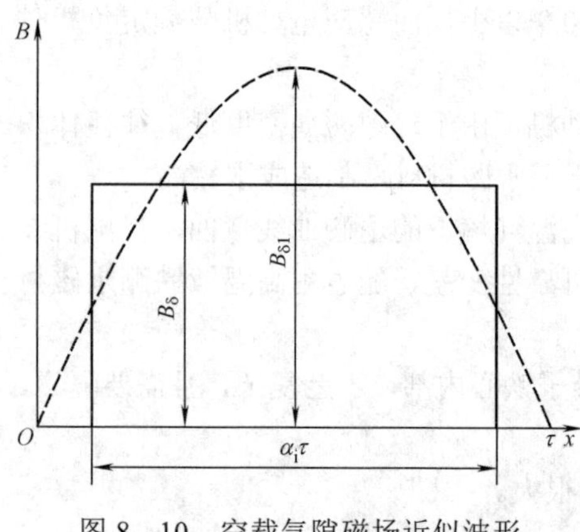

图 8-10　空载气隙磁场近似波形

气隙磁通密度波形系数定义为空载气隙磁场中基波磁通密度幅值与气隙磁通密度最大值的比值，即：

$$K_f = \frac{B_{\delta 1}}{B_\delta} = \frac{4}{\pi}\sin\frac{\alpha_i \pi}{2} \tag{8-7}$$

3. 电枢反应磁通密度波形系数

在直轴上施加直轴电枢反应基波磁动势 F_{ad}，所产生的气隙磁通密度最大值和磁通密度基波幅值分别为 B_{ad} 和 B_{ad1}，则直轴电枢反应磁通密度波形系数 K_d 定义为：

$$K_d = \frac{B_{ad1}}{B_{ad}} \tag{8-8}$$

在交轴上施加交轴电枢反应基波磁动势 F_{aq}，所产生的气隙磁通密度基波幅值为 B_{aq1}。假设交轴位置与直轴位置的磁阻情况相同，则 F_{aq} 产生一假想的气隙磁通密度正弦波，其幅值为 B_{aq}，交轴电枢反应磁通密度波形系数 K_q 定义为：

$$K_q = \frac{B_{aq1}}{B_{aq}} \tag{8-9}$$

异步起动永磁同步电动机的极弧系数很大且气隙均匀，可以近似认为 $K_d = 1$。交轴附近磁路结构复杂，且永磁体的厚度对 K_q 有很大影响，K_q 的确定非常困难，为交轴电枢反应电抗的计算带来了很大难度。

4. 电枢反应系数

电枢反应磁动势为正弦波，励磁磁动势为方波，二者的波形不同，求合成磁场时，通常将电枢反应磁动势折算到相应的励磁磁动势。折算的原则是：折算前后产生的基波磁通密度相同。

直轴电枢反应磁动势 F_{ad} 折算到励磁磁动势时应乘以直轴电枢反应系数 K_{ad}，交轴电枢反应磁动势折算到励磁磁动势时应乘以交轴电枢反应系数 K_{aq}。直轴电枢反应系数 K_{ad} 和交轴电枢反应系数 K_{aq} 分别定义为：

$$\begin{cases} K_{ad}=\dfrac{K_d}{K_f} \\ K_{aq}=\dfrac{K_q}{K_f} \end{cases} \tag{8-10}$$

K_{ad} 和 K_{aq} 的物理意义是产生同样大小的基波气隙磁场时，一安匝的直轴或交轴电枢反应磁动势所相当的励磁磁动势。

5. 空载漏磁系数的计算

异步起动永磁同步电动机的空载漏磁系数 σ_0 定义为：

$$\sigma_0=1+\frac{\Phi_\sigma}{\Phi_{\delta 0}} \tag{8-11}$$

式中：$\Phi_{\delta 0}$ 为永磁体产生的穿过空气隙进入定子的那部分磁通；Φ_σ是由永磁体产生的在转子内部闭合的那部分磁通。由于永磁体位于转子内部，漏磁场分布非常复杂，漏磁系数受结构尺寸、饱和程度的影响很大。有限元法虽可以准确计算漏磁系数，但计算量大，使用不便。可采用如下的磁路方法进行计算，将漏磁通分为转子内部漏磁通和端部漏磁通两部分，分别引进转子内部漏磁系数σ_1 和转子端部漏磁系数σ_2 予以考虑。在磁路计算时，先假定一空载漏磁系数，确定每极磁通，计算每极磁压降，进而采用下面要介绍的方法得到转子内部漏磁系数σ_1 和转子端部漏磁系数σ_2，则空载漏磁系数为：

$$\sigma_0=\sigma_1+\sigma_2-1 \tag{8-12}$$

下面讨论转子内部漏磁系数和转子端部漏磁系数的确定方法。

（1）转子内部漏磁系数。在转子上，每极范围内存在两条等磁位线，如图 8-11 中虚线所示，这两条等磁位线之间的磁压降等于每极磁压降 F_0（不包括残隙磁压降，残隙是充磁方向上永磁体和永磁体槽之间的间隙）。磁路计算时，根据每极气隙磁通 $\Phi_{\delta 0}$ 得到每极磁压降 F_0，认为 F_0 施加在转子槽壁和隔磁磁桥上，可以求出通过隔磁转子槽的磁通和隔磁磁桥的磁通之和 Φ_σ，即可利用式（8-11）求出转子内部漏磁系数。下面以梯形槽为例进行说明。梯形槽和隔磁磁桥的尺寸如图 8-12 所示。

1）通过转子槽的漏磁通 Φ_r。通过槽口的漏磁通 Φ_{02}、通过转子槽斜肩的漏磁通 Φ_{r1} 和通过转子槽槽身的漏磁通 Φ_{r2} 分别为：

$$\begin{cases} \Phi_{02}=2\mu_0\dfrac{F_0}{b_{02}}h_{02}L_{ef}\times 10^{-2} \\ \Phi_{r1}=2\mu_0\dfrac{F_0}{(b_{02}+b_{r1})/2}h_{r1}L_{ef}\times 10^{-2} \\ \Phi_{r2}=2\mu_0\dfrac{F_0}{(b_{r2}+b_{r1})/2}h_{r2}L_{ef}\times 10^{-2} \end{cases} \tag{8-13}$$

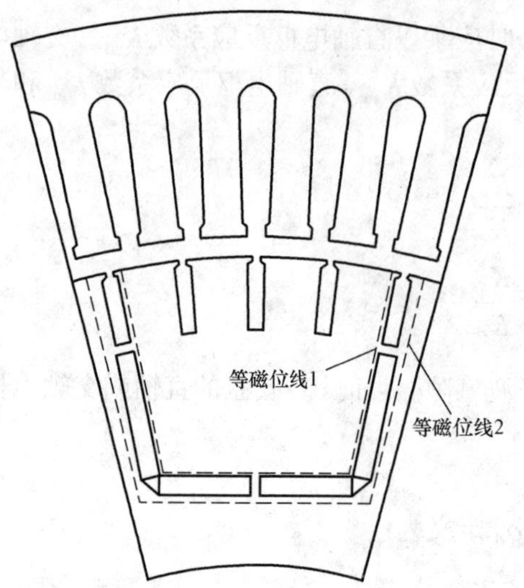

图 8-11　转子内部漏磁系数的计算

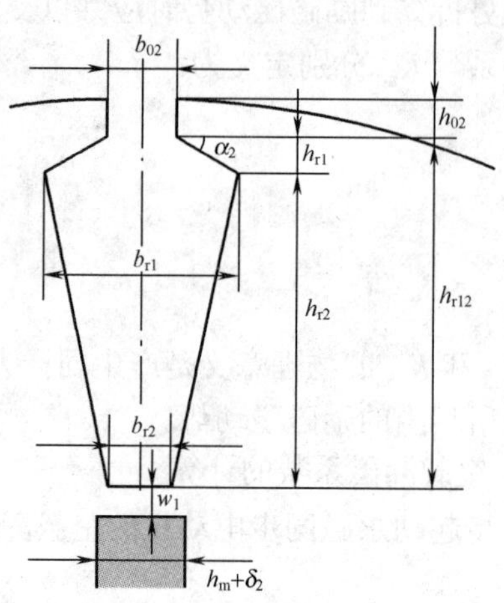

图 8-12　梯形槽和隔磁磁桥的尺寸

则通过槽的每极漏磁通为：

$$\Phi_r = \Phi_{02} + \Phi_{r1} + \Phi_{r2} \tag{8-14}$$

2）通过隔磁磁桥的磁通 Φ_x。隔磁磁桥包括两部分：转子槽和永磁体槽之间的隔磁磁桥（简称为磁桥 1）和两永磁体槽之间的隔磁磁桥（简称为磁桥 2）。通过隔磁磁桥的磁通 Φ_x 为通过这两部分磁桥的磁通之和，即：

$$\Phi_x = \Phi_{x1} + \Phi_{x2} \tag{8-15}$$

隔磁磁桥 1 的宽度为 w_1，长度为 $l_{b1} = \min(b_{r2}, h_m + \delta_2)$。隔磁磁桥 2 的宽度为 w_2，磁桥的长度为 $l_{b2} = h_m + \delta_2$。F_0 在磁桥 1 和磁桥 2 中产生的磁场强度分别为：

$$\begin{cases} H_{b1} = \dfrac{F_0}{l_{b1}} \\ H_{b2} = \dfrac{F_0}{l_{b2}} \end{cases} \tag{8-16}$$

根据磁化曲线即可得到对应的磁通密度，但 H_{b1}、H_{b2} 远远超出了硅钢片正常的磁通密度范围，无法利用正常的硅钢片磁化曲线。参考文献［1］中给出了“齿部磁通密度大于或等于 1.8T 时的校正磁化曲线”，如图 8-13 所示，可利用 $k_s=0.2$ 对应的磁化曲线近似求取高饱和下硅钢片的磁通密度。当磁场强度在 750～3000A/cm 时，磁化曲线为直线，可表示为：

$$B = 2.24 + \frac{0.3}{2000}(H - 1500) \tag{8-17}$$

H_{b1} 和 H_{b2} 对应的磁通密度分别为：

$$\begin{cases} B_{b1} = 2.24 + \dfrac{0.3}{2000}(H_{b1} - 1500) \\ B_{b2} = 2.24 + \dfrac{0.3}{2000}(H_{b2} - 1500) \end{cases} \tag{8-18}$$

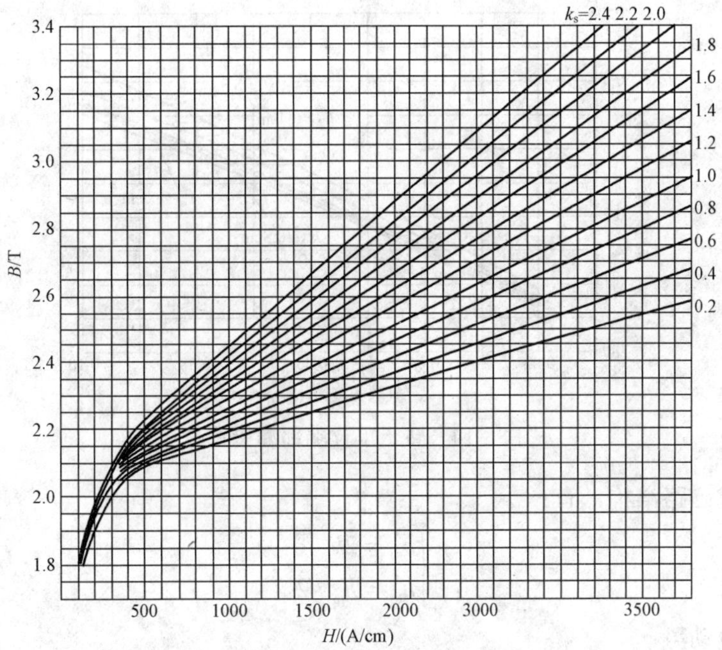

图 8－13　齿部磁通密度大于或等于 1.8T 时的校正磁化曲线

通过磁桥 1 和磁桥 2 的磁通分别为：

$$\begin{cases}\Phi_{x1}=2B_{b1}w_1L_{ef}\times10^{-4}\\ \Phi_{x2}=B_{b2}w_2L_{ef}\times10^{-4}\end{cases} \tag{8-19}$$

3）转子内部漏磁系数。转子内部漏磁系数为：

$$\sigma_1=\frac{\Phi_{\delta0}+\Phi_r+\Phi_x}{\Phi_{\delta0}} \tag{8-20}$$

（2）转子端部漏磁系数。转子端部漏磁是指永磁体产生的磁通在转子端部闭合、没有进入定子的那部分磁通。在电机气隙不大的情况下，这部分磁通受电机铁心的轴向长度影响很小，可以忽略不计。但端部漏磁系数σ_2随铁心的轴向长度改变而变化。为得到通用的确定方法，引进了转子单位端部漏磁系数σ_2'的概念，定义为端部漏磁通与转子单位计算长度内主磁通Φ_1/L_2之比，则σ_2'与端部漏磁系数σ_2的关系为：

$$\sigma_2=1+\frac{\sigma_2'}{L_2}\frac{b_M'}{\tau_2} \tag{8-21}$$

式中：b_M'为提供每极磁通的永磁体宽度；L_2为转子铁心长度，单位都为 cm。

转子单位端部漏磁系数σ_2'与气隙长度和提供每极磁动势的永磁体充磁方向长度h_M'有关。采用有限元法计算了不同气隙长度和永磁体充磁方向长度时的σ_2'，如图 8－14 所示。

对于串联式磁路结构，有：

$$\begin{cases}b_M'=b_m\\ h_M'=h_m\end{cases} \tag{8-22}$$

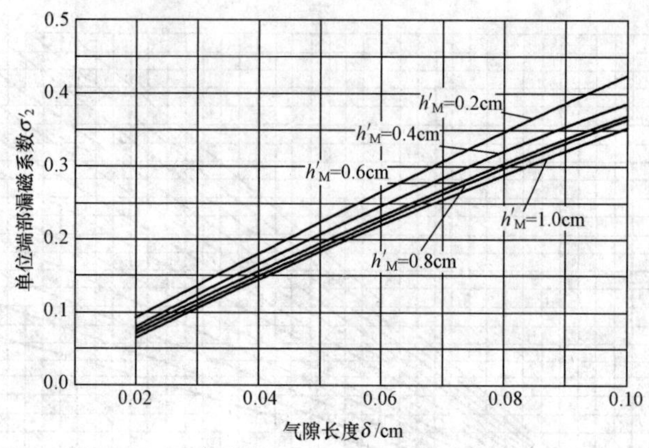

图 8-14　转子单位端部漏磁系数

对于并联式磁路结构，有：

$$\begin{cases} b'_{\mathrm{M}} = 2b_{\mathrm{m}} \\ h'_{\mathrm{M}} = h_{\mathrm{m}} / 2 \end{cases} \tag{8-23}$$

三、感应电动势

定子绕组每相空载感应电动势的有效值为：

$$E_0 = 4.44 fNK_{\mathrm{dp}}\,\Phi_0 \tag{8-24}$$

式中，$\Phi_0 = \dfrac{2}{\pi}B_{\delta1}\tau_1 L_{\mathrm{ef}}$ 为永磁体产生的每极基波磁通，τ_1 为定子极距。永磁体产生的每极气隙磁通 $\Phi_{\delta0}$ 为 $\Phi_{\delta0} = B_\delta \alpha_i \tau_1 L_{\mathrm{ef}}$，将二者之比定义为气隙磁通波形系数 K_Φ 为：

$$K_\Phi = \frac{\Phi_0}{\Phi_{\delta0}} = \frac{8}{\alpha_i \pi^2}\sin\frac{\alpha_i \pi}{2} \tag{8-25}$$

因此空载电动势 E_0 又可表示为：

$$E_0 = 4.44 fNK_{\mathrm{dp}}K_\Phi \Phi_{\delta0} \tag{8-26}$$

直轴电枢反应磁通 Φ_{ad} 在定子每相绕组中感应的直轴电枢反应电动势 E_{ad} 为：

$$E_{\mathrm{ad}} = 4.44 fNK_{\mathrm{dp}}\Phi_{\mathrm{ad}} \tag{8-27}$$

$\dot{E}_{\mathrm{ad}}$ 与直轴电枢反应电抗之间满足：

$$\dot{E}_{\mathrm{ad}} = -\mathrm{j}\dot{I}_{\mathrm{d}} X_{\mathrm{ad}} \tag{8-28}$$

交轴电枢反应磁通 Φ_{aq} 在定子每相绕组中感应的交轴电枢反应电动势 E_{aq} 为：

$$E_{\mathrm{aq}} = 4.44 fNK_{\mathrm{dp}}\Phi_{\mathrm{aq}} \tag{8-29}$$

$\dot{E}_{\mathrm{aq}}$ 与交轴电枢反应电抗之间满足：

$$\dot{E}_{\mathrm{aq}} = -\mathrm{j}\dot{I}_{\mathrm{q}} X_{\mathrm{aq}} \tag{8-30}$$

气隙合成磁场在定子每相绕组中感应的电动势 E_δ 为：

$$E_\delta = 4.44 fNK_{\mathrm{dp}}\Phi_\delta \tag{8-31}$$

式中，Φ_δ 为永磁体和电枢反应磁动势共同产生的每极基波磁通。

四、永磁同步电动机的相量图

在永磁同步电动机中，定子绕组满足的电压平衡方程式为：

$$\dot{E}_0 - \dot{E}_{ad} - \dot{E}_{aq} = \dot{U} - \dot{I}_1(R_1 + jX_1) \tag{8-32}$$

故：

$$\dot{U} = \dot{I}_1(R_1 + jX_1) + \dot{E}_0 + j\dot{I}_d X_{ad} + j\dot{I}_q X_{aq} = \dot{I}_1 R_1 + \dot{E}_0 + j\dot{I}_d X_d + j\dot{I}_q X_q \tag{8-33}$$

根据上式可画出永磁同步电动机在不同工作状态下的相量图，如图 8-15 所示。可以看出，永磁同步电动机有三种工作状态：过激去磁状态、欠激增磁状态和临界状态。图 8-15（a）、（b）、（c）为过激去磁状态，在该状态下，电枢反应直轴分量产生去磁作用，必须有较大的 E_0 才能获得与外加电压相应的气隙合成磁场。图 8-15（a）、（b）、（c）分别对应超前功率因数、单位功率因数和滞后功率因数。E_0 越大，气隙基波磁通越大，铁心饱和程度越高，铁耗越大。要获得接近于 1 的功率因数，图 8-15（c）比图 8-15（a）所用永磁体少，因此永磁同步电动机通常设计在这一状态，以获得高效率和高功率因数。图 8-15（d）为欠激增磁状态，在该状态下，电枢反应直轴分量为增磁作用，较小的 E_0 就能获得与外加电压对应的气隙合成磁场，但功率因数滞后，且难以获得高的功率因数。图 8-15（e）为增去磁临界状态。

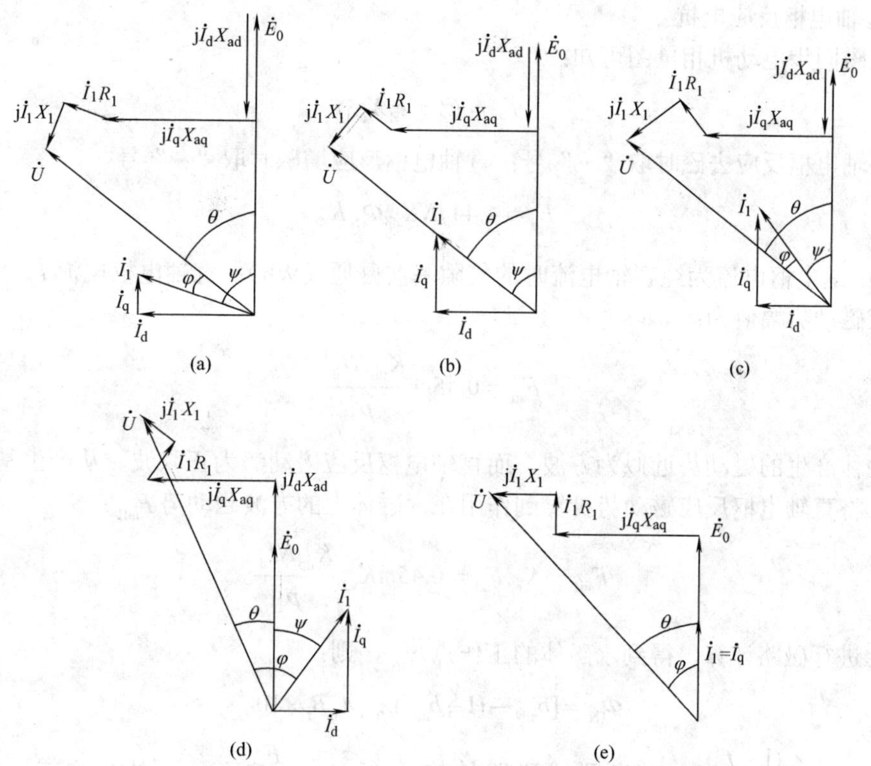

图 8-15　永磁同步电动机的相量图

（a）过激去磁（超前功率因数）；（b）过激去磁（单位功率因数）；（c）过激去磁（滞后功率因数）；（d）欠激增磁；（e）增去磁临界状态

从相量图可以看出，永磁同步电动机满足以下关系：

$$\begin{cases}\psi=\arctan(I_d/I_q)\\U\sin\theta=R_1I_d+X_qI_q\\U\cos\theta=E_0+R_1I_q-X_dI_d\\I_d=I_1\sin\psi\\I_q=I_1\cos\psi\end{cases}\tag{8-34}$$

定子电流的直轴和交轴分量分别为：

$$\begin{cases}I_d=\dfrac{R_1U\sin\theta+X_q(E_0-U\cos\theta)}{R_1^2+X_dX_q}\\I_q=\dfrac{X_dU\sin\theta-R_1(E_0-U\cos\theta)}{R_1^2+X_dX_q}\end{cases}\tag{8-35}$$

五、交直轴电枢反应电抗

由于永磁体的存在，异步起动永磁同步电动机的直轴磁导小，交轴磁导大，分别引进了直轴电枢反应电抗X_{ad}和交轴电枢反应电抗X_{aq}。由于直轴的等效气隙长度较大，可以认为X_{ad}不随铁心饱和程度变化，而X_{aq}则受磁路饱和程度影响较大，应考虑饱和的影响。

1. 直轴电枢反应电抗

由永磁同步电动机相量图可知：

$$E_0=E_d\pm I_dX_{ad}\tag{8-36}$$

式中：直轴电枢反应去磁时取“+”号；直轴电枢反应增磁时取“-”号。

$$E_d=4.44fNK_{dp}\Phi_{1N}K_\Phi\tag{8-37}$$

式中：Φ_{1N}是电枢电流为纯直轴电流时的气隙基波磁通（Wb）；直轴电枢电流I_d产生的直轴电枢反应磁动势幅值为：

$$F_{ad}=0.45m\frac{K_{dp}NI_d}{p}\tag{8-38}$$

永磁体产生的磁动势近似为方波，而直轴电枢反应磁动势为正弦波，从产生基波磁动势的角度，将直轴电枢反应磁动势折算到作用在永磁体上的方波磁动势F_{ad1}：

$$F_{ad1}=K_{ad}F_{ad}=0.45mK_{ad}\frac{K_{dp}NI_d}{p}\tag{8-39}$$

据此进行磁路计算，得到永磁体的工作点b_{mN}，则：

$$\Phi_{1N}=[b_{mN}-(1-b_{mN})\lambda_\sigma]A_mB_r\times10^{-4}\tag{8-40}$$

式中，$b_{mN}=\dfrac{\lambda_n(1-f_a')}{\lambda_n+1}$。对串联式磁路结构，$f_a'=\dfrac{F_{ad1}}{\sigma_0h_mH_c\times10}$；对并联式磁路结构，$f_a'=\dfrac{2F_{ad1}}{\sigma_0h_mH_c\times10}$。

因此直轴电枢反应电抗为：

$$X_{ad}=\frac{|E_0-E_d|}{I_d}=\frac{4.44fNK_{dp}|\Phi_0-\Phi_{1N}|}{I_d} \tag{8-41}$$

该方法具有较高的计算精度，能满足工程需要。

2. 交轴电枢反应电抗

交轴位置的结构复杂多样，交轴磁路受负载电流的影响很大，此外直轴磁路对交轴磁路的影响也很大。相对于 X_{ad} 的计算，交轴电枢反应电抗 X_{aq} 的计算难度大。有限元计算结果表明，永磁磁场和负载电流都对 X_{aq} 有较大影响，有限元法可以计算具体电机在简单工况下的 X_{aq}，但也很难求出实际复杂工况下的 X_{aq}。现有的 X_{aq} 解析计算方法的精度取决于 K_q 的计算准确度，而 K_q 难以给出通用的确定方法，因此目前尚无较准确的 X_{aq} 解析计算方法。

表 8-1 是保持一台 30kW、8 极永磁同步电动机其他参数不变，只改变 X_{aq} 时电机运行性能的计算值。可以看出，X_{aq} 的计算准确度对效率影响较小，对功率因数、额定电流有一定影响，但影响不大，而对额定负载时的功角、失步转矩倍数有较大影响。

为了避免现有方法中的 K_q 选取问题，可以利用空载磁路计算的结果得到主磁导Λ_δ和漏磁导Λ_σ，并认为交轴磁路的磁导等于Λ_δ，利用交轴和直轴磁导之间的关系，根据直轴电枢反应电抗得到交轴电枢反应电抗：

$$X_{aq}=X_{ad}\left(1+\frac{\Lambda_\delta}{\Lambda_m+\Lambda_\sigma}\right)=X_{ad}\left(1+\frac{\lambda_\delta}{1+\lambda_\sigma}\right) \tag{8-42}$$

表 8-1　　不同 X_{aq} 时电机的性能

性能	X_{aq}/Ω							
	1.74	2.32	2.90	3.47	4.05	4.62	5.20	5.77
额定效率（%）	94.55	94.56	94.59	94.62	94.63	94.61	94.59	94.57
额定功率因数	0.973	0.979	0.988	0.996	0.999	1.0	0.998	0.994
额定电流/A	49.57	49.25	48.75	48.38	48.19	48.185	48.295	48.478
额定功角/（°）	25.7	32.4	37.6	41.5	44.3	46.4	48.0	49.3
失步转矩倍数	2.40	2.48	2.57	2.64	2.70	2.74	2.78	2.80

六、永磁同步电动机的电磁转矩

永磁同步电动机的输入功率为：

$$P_1=mUI_1\cos\varphi=mUI_1\cos(\psi-\theta)=m(UI_d\sin\theta+UI_q\cos\theta) \tag{8-43}$$

将式（8-34）代入上式得：

$$P_1=m[I_1^2R_1+I_qI_d(X_q-X_d)+E_0I_q] \tag{8-44}$$

将上式扣除定子绕组损耗 $mI_1^2R_1$ 就是包括铁耗和杂散损耗在内的电磁功率，即：

$$\begin{aligned}P_{em}&=P_1-mI_1^2R_1=m[I_qI_d(X_q-X_d)+E_0I_q]=\frac{m}{(R_1^2+X_dX_q)^2}[X_dU\sin\theta-R_1(E_0-U\cos\theta)]\times\\&[R_1U\sin\theta(X_q-X_d)+X_q(E_0-U\cos\theta)(X_q-X_d)+E_0(R_1^2+X_dX_q)]\end{aligned} \tag{8-45}$$

通常定子绕组电阻较小，忽略其影响，则：

$$\begin{aligned} P_{em} &\approx \frac{m}{X_d X_q} U \sin\theta [(E_0 - U\cos\theta)(X_q - X_d) + E_0 X_d] \\ &= \frac{mUE_0}{X_d}\sin\theta + \frac{mU^2}{2}\left(\frac{1}{X_q} - \frac{1}{X_d}\right)\sin 2\theta \end{aligned} \tag{8-46}$$

则永磁同步电动机的电磁转矩为：

$$T_{em} = \frac{P_{em}}{\Omega} = \frac{P_{em} p}{\omega} \approx \frac{mpUE_0}{\omega X_d}\sin\theta + \frac{mpU^2}{2\omega}\left(\frac{1}{X_q} - \frac{1}{X_d}\right)\sin 2\theta \tag{8-47}$$

式中，Ω、ω为电动机的机械角速度和电角速度。

从上式可以看出，电磁转矩由两部分组成：一是由永磁磁场和电枢反应磁场相互作用产生的基本电磁转矩，称为永磁转矩；二是由于交、直轴磁阻不相等产生的磁阻转矩，当交直轴磁阻相等时，该项转矩为零。由于通常情况下永磁同步电动机的直轴电抗小于交轴电抗，与普通同步电动机中直轴电抗大于交轴电抗的情况相反，磁阻转矩的作用也不同。因此，在普通同步电动机中，合成转矩最大值对应的功角小于 90°，而永磁同步电动机中，合成转矩最大值对应的功角大于 90°。图 8-16 为某永磁同步电动机的永磁转矩、磁阻转矩和电磁转矩。

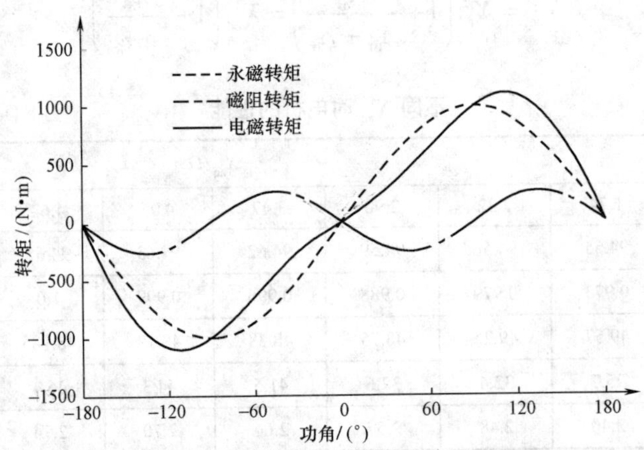

图 8-16　某永磁同步电动机的永磁转矩、磁阻转矩和合成电磁转矩

在 0°～90°功角范围内，永磁转矩为正值，磁阻转矩为负值，电磁转矩有为负的可能。下面讨论出现这种可能的条件。电磁转矩为负时满足：

$$\frac{mpUE_0}{\omega X_d}\sin\theta_0 < \frac{mpU^2}{2\omega}\left(\frac{1}{X_d} - \frac{1}{X_q}\right)\sin 2\theta_0 \tag{8-48}$$

整理得：

$$\cos\theta_0 > \frac{E_0}{U}\frac{X_q}{X_q - X_d} \tag{8-49}$$

电机运行时，在 90°～180° 功角范围内，电磁转矩恒为正，负值只能出现在 0°～90°，故：

$$\theta_0 < \arccos\frac{E_0}{U}\frac{X_q}{X_q - X_d} \tag{8-50}$$

将图 8-16 所对应的永磁同步电动机的感应电动势 E_0 降为 30V，其他数据不变，则其各转矩如图 8-17 所示，合成转矩出现了负值。正常设计的永磁同步电动机，通常有较高的功率因数，E_0 接近于 U，不会出现为负的电磁转矩。

磁阻转矩的产生可解释如下。图 8-18 为永磁同步电机产生磁阻转矩的物理模型，定子旋转磁场用一对磁极表示，假设转子永磁体不显示磁性。根据磁场理论，磁力线产生的力总是力图使磁力线最短，在图 8-18（a）、（b）所示的位置，磁力线没有扭曲，为最短，因此转矩为零；在图 8-18（c）所示的位置，磁力线因为扭曲而被拉长，拉长后的磁力线力图收缩，因而产生转矩，称为磁阻转矩。从图 8-18 还可以看出，磁阻转矩随着功角的变化而变化。

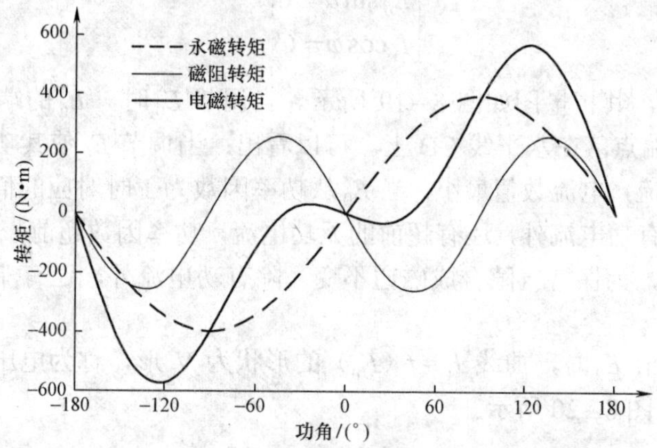

图 8-17　出现电磁转矩负值时的电磁转矩曲线

电磁转矩曲线上的最大电磁转矩 T_m 称为永磁同步电动机的失步转矩，若负载转矩超过该转矩，电机将失去同步。该转矩与额定转矩的比值，称为失步转矩倍数，它是永磁同步电动机的一个重要参数，表征其过载能力。因电磁功率中包含铁耗和杂散损耗在内，且没有考虑铁耗，达到最大电磁转矩时输出的机械转矩应为 $T_m\eta$（η为效率），实际过载能力比计算值低。

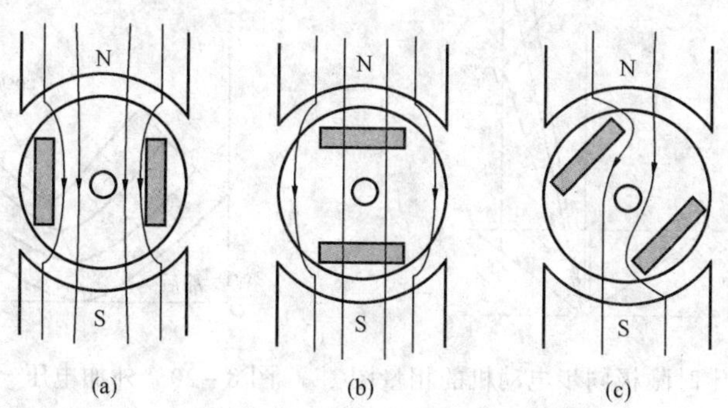

图 8-18　磁阻转矩的产生原理

七、永磁同步电动机的 V 形曲线

永磁同步电动机在制成之后，励磁无法调节。但在设计阶段，可以通过调整 E_0 来调整功率因数，也就是调节无功功率。在电机制成之后，也可以通过调节供电电压来调节无功功率和功率因数。

为便于分析，假定永磁同步电动机交直轴磁阻相等，忽略定子电阻，用隐极同步电动机的相量图进行分析。当电动机负载转矩不变即输出功率不变时，不计 U 和 E_0 的变化引起的定子铁耗和附加损耗的变化，则电磁功率也不变，有：

$$P_{em}=\frac{mUE_0}{X_s}\sin\theta=mUI_1\cos\varphi=C \tag{8-51}$$

式中，X_s 为同步电抗。

1. 供电电压一定时的V形曲线

由上式可知，当供电电压 U 一定时，要保持电磁功率不变，必须满足：

$$\begin{cases}E_0\sin\theta=C_1\\ I_1\cos\varphi=C_2\end{cases} \tag{8-52}$$

式中，C_1、C_2 为常数，其相量图如图8-19所示。当调节 E_0 时，$\dot{E}_0$ 的端点总是在与 $\dot{U}$ 平行的垂线AB上，$\dot{I}$ 的端点落在水平线CD上。可以看出：当调节 E_0 使其功率因数为1时，电枢电流全部为有功电流，电流数值最小；当 E_0 从功率因数为1时对应的值增大时，为保持气隙合成磁通不变，除有功电流外，还有超前的无功电流，功率因数超前；当 E_0 从功率因数为1时对应的值减小时，为保持气隙合成磁通不变，除有功电流外，还有滞后的无功电流，功率因数滞后。

可以看出，当调节 E_0 时，曲线 $I_1=f(E_0)$ 的形状为V形，称为电压恒定时永磁同步电动机的V形曲线，如图8-20所示。

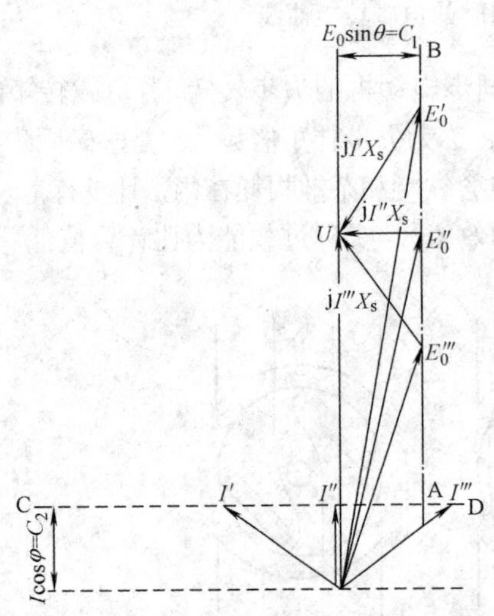

图8-19　外加电压一定时隐极同步电动机的相量图

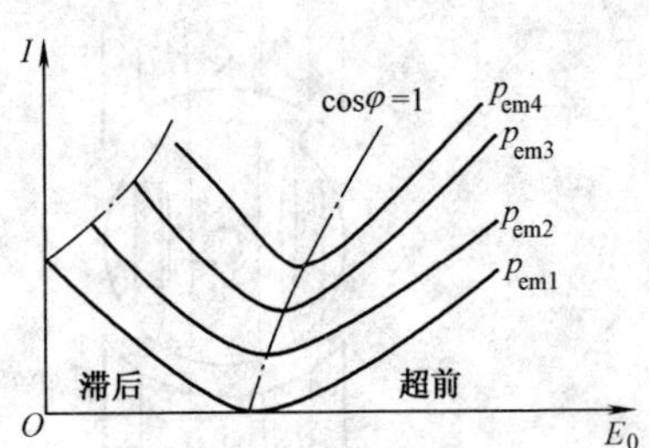

图8-20　外加电压一定时的V形曲线

2. 感应电动势 E_0 一定时的V形曲线

当永磁同步电动机制成之后，感应电动势 E_0 一定，但调节外加电压，同样有类似的V形曲线。根据式（8-51）可知，当输出功率一定时，满足：

$$\begin{cases} U\sin\theta = C_1 \\ I_1\cos\varphi = C_2 / U \end{cases} \tag{8-53}$$

其相量图如图 8-21 所示。当调节外加电压时，$\dot{U}$ 的端点总是在与 E_0 平行的垂线 AB 上，$\dot{I}$ 的端点落在曲线 CD 上。可以看出：当外加电压变化时，电流从超前变为滞后，存在一个电流最小值。曲线 $I=f(U)$ 形状为 V 字，称为感应电动势恒定时永磁同步电动机的 V 形曲线，如图 8-22 所示。

综上所述，在设计阶段，可以通过调节 E_0（调整永磁体用量和每相串联匝数）对永磁同步电动机的功率因数进行调节，使其工作在超前功率因数、单位功率因数和滞后功率因数。在电机运行过程中，可以通过调节供电电压来调节永磁同步电动机的功率因数。

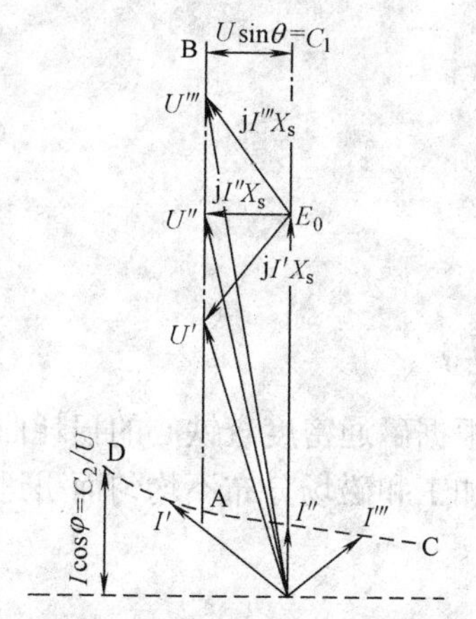

图 8-21　E_0 一定时隐极同步电动机的相量图

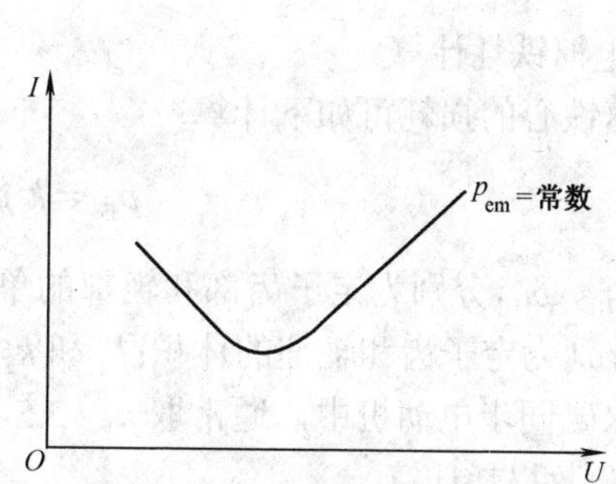

图 8-22　E_0 一定时的 V 形曲线

第三节　异步起动永磁同步电动机的工作特性计算

在感应电动机中，已知等效电路参数，就可以求出不同转差率下的输出功率、输出转矩、电枢电流、效率和功率因数。同样，在永磁同步电动机中，若已知电枢绕组电阻 R_1、漏电抗 X_1、直轴电枢反应电抗 X_{ad}、交轴电枢反应电抗 X_{aq} 和感应电动势 E_0，就可以计算不同功角下的性能。

一、损耗计算

1. 电枢绕组铜耗计算

电枢绕组每相的直流电阻为：

$$R_1 = \rho\frac{2NL_{av}}{a_1A_a} \tag{8-54}$$

式中：L_{av} 为平均半匝长度；A_a 为导体截面积；ρ 为导线在给定温度下的电阻率；a_1 为并联支路数。

电阻率与温度有关，15℃时铜的电阻率为 $\rho_{15} = 0.0175\times10^{-6}\Omega\cdot\mathrm{m}$，在正常的温度范围内，其电阻率为：

$$\rho_t = \rho_{15}[1+\alpha(t-15)] \tag{8-55}$$

式中，α 为导体电阻的温度系数，对于铜，$\alpha \approx 0.004/℃$。计算性能时，各绕组的损耗要折算到相应的基准工作温度，A、E、B 级绝缘的基准工作温度为 75℃，F、H 级绝缘的基准工作温度为 115℃。

当流过交流电流时，由于存在趋肤效应，电枢绕组每相交流电阻应为：

$$R_{1\sim} = k_{1r}R_1 \tag{8-56}$$

式中，k_{1r} 为电枢绕组电阻的趋肤效应系数。对于用圆导线绕制的电枢绕组，在通以工频电流时，可认为：

$$R_{1\sim} \approx R_1 \tag{8-57}$$

电枢绕组铜耗为：

$$p_{Cu} = mI_1^2R_1 \tag{8-58}$$

2. 电枢铁耗计算

电枢铁心的损耗可如下计算：

$$p_{Fe} = k_1 p_{t1d}V_{t1} + k_2 p_{j1d}V_{j1} \tag{8-59}$$

式中：p_{t1d}、p_{j1d} 分别为定子齿部和轭部的单位铁耗，可根据磁通密度查铁心的损耗曲线得到；V_{t1}、V_{j1} 分别为定子齿和轭部的体积；k_1 和 k_2 为考虑由于加工和磁场分布不均匀而引进的系数，在小型永磁同步电动机中，通常取 $k_1=2.5$，$k_2=2.0$。

3. 杂散损耗计算

杂散损耗是由于磁场高次谐波和开槽引起的高次谐波在铁心中产生的损耗，其计算非常困难且难以得到准确的结果。在工程实际中，通常用以下经验公式计算：

$$p_s = \left(\frac{I_1}{I_N}\right)^2 p_{sN}^* P_N \tag{8-60}$$

式中：I_N 为额定电流；p_{sN}^* 为额定功率时的杂散损耗与额定功率的比值，通常按经验选取。

4. 机械损耗的计算

电机中的机械损耗 p_{fw} 包括轴承摩擦损耗和风摩耗，计算机械损耗的经验公式很多。对于小型永磁同步电动机，通常参考感应电动机中机械损耗的计算方法。

二、工作特性的计算

工作特性的计算按以下步骤进行：

（1）给定功角 θ。

（2）已知 U、E_0、R_1、X_1、X_d、X_q，根据式（8-35）计算交轴电流 I_q 和直轴电流 I_d。

（3）计算功率因数为：

$$\cos\varphi = \cos\left(\theta - \arctan\frac{I_d}{I_q}\right) \tag{8-61}$$

（4）确定气隙磁通，计算铁耗、铜耗、杂散损耗和机械损耗：

$$\Phi_{\delta}=\frac{E_{\delta}}{4.44fNK_{dp}} \tag{8-62}$$

式中：

$$E_{\delta}=\sqrt{(E_0-I_dX_{ad})^2+(I_qX_{aq})^2} \tag{8-63}$$

根据磁通确定定子齿部和轭部磁通密度，进而计算铁耗。其他几种损耗的计算如上文所述。

（5）输出功率和效率的计算：

$$P_2=P_1-(p_{Cu}+p_{Fe}+p_s+p_{fw}) \tag{8-64}$$

$$\eta=\frac{P_2}{P_1}\times 100\% \tag{8-65}$$

计算出不同功角时的输入功率 P_1、输出功率 P_2、效率 η、电枢电流 I_1 和功率因数 $\cos\varphi$，即可得到永磁同步电动机的工作特性。图 8-23 为一台 380V、22kW 永磁同步电动机的工作特性曲线。

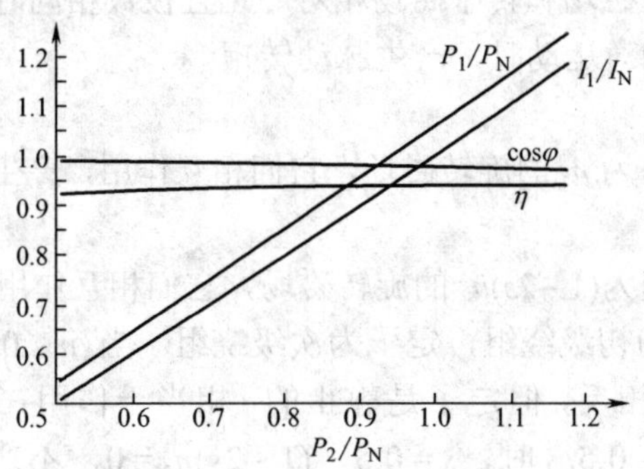

图 8-23　380V、22kW 永磁同步电动机的工作特性曲线

第四节　永磁同步电动机的起动过程与起动性能计算

所谓起动就是电机的转子从静止到牵入同步的整个过程。异步起动永磁同步电动机是靠定子旋转磁场与转子导条相互作用产生的异步转矩起动的，由于转子上存在永磁体，以及转子交直轴磁路的不对称，使其起动性能计算方法远比三相感应电动机复杂。

一、起动过程中的磁场

在起动过程中，定子三相绕组通以频率为 f 的对称三相交流电流，产生以同步速 n_1 旋转的旋转磁场，在起动过程中的任一转差率 s 下，转子的转速为 $(1-s)n_1$，定子旋转磁场与转子导条存在相对运动，在转子导条内产生频率为 sf 的电流，由于转子磁路不对称，转子电流产生的磁场可分解为两个旋转磁场，它们相对于转子的转向相反，转速相同，都是 sn_1，相对于定子的转速分别为 n_1 和 $(1-2s)n_1$，分别在定子绕组中产生频率为 f 和 $(1-2s)f$ 的电流，定子绕组中 $(1-2s)f$ 频率的电流产生的磁场在转子中产生频率为 sf 的电流。

除了定子旋转磁场外，转子上还有永磁体产生的磁场，永磁体相对于定子绕组的转速为$(1-s)n_1$，在定子绕组中产生频率为$(1-s)f$的电流，该电流产生以速度$(1-s)n_1$旋转的正向旋转磁场，与转子的转速相同，不在转子中感生电流。

可以看出，起动过程中定转子磁场都包括三种不同转速的磁场，分别为n_1、$(1-s)n_1$和$(1-2s)n_1$，见表8-2。

表8-2 定转子产生的旋转磁场的转速及其相互作用产生的转矩

转子	定子		
	n_1	$(1-s)n_1$	$(1-2s)n_1$
n_1	恒定转矩	脉动转矩（频率sf）	脉动转矩（频率$2sf$）
$(1-s)n_1$	脉动转矩（频率sf）	恒定转矩	脉动转矩（频率sf）
$(1-2s)n_1$	脉动转矩（频率$2sf$）	脉动转矩（频率sf）	恒定转矩

二、起动过程中的转矩分析

根据电机理论，当定子磁场和转子磁场相对静止且极数相同时，它们相互作用产生恒定转矩；当两个磁场之间有相对运动时，产生脉动转矩。

1. 平均转矩

定子和转子中都有转速为n_1的旋转磁场，它们相互作用，产生恒定转矩，就是所谓的异步转矩T_a。

定子和转子中都有转速为$(1-2s)n_1$的旋转磁场，它们相互作用，产生恒定转矩T_b，相当于一台感应电动机，转子为初级绕组，定子为次级绕组。当$n<0.5n_1$时，$s>0.5$，$(1-2s)n_1<0$，T_b方向与转子的转向相反，但定子是静止的，相当于作用在转子上一个正向的转矩，起驱动作用；当转速为$n=0.5n_1$时，$s=0.5$，$(1-2s)n_1=0$，不产生转矩；当$n>0.5n_1$时，$s<0.5$，$(1-2s)n_1>0$，T_b方向与转子的转向相同，相当于作用在转子上一个反向的转矩，起制动作用。

定子和转子中都有转速为$(1-s)n_1$的旋转磁场，它们相互作用，产生恒定转矩，这个转矩称为发电制动转矩T_g，是永磁体相对于定子绕组运动产生的，这时电机相当于一台同步发电机，所产生的转矩作用在定子上，与转子的转向相同，但定子静止，故作用在转子上一个反向转矩，起制动作用。

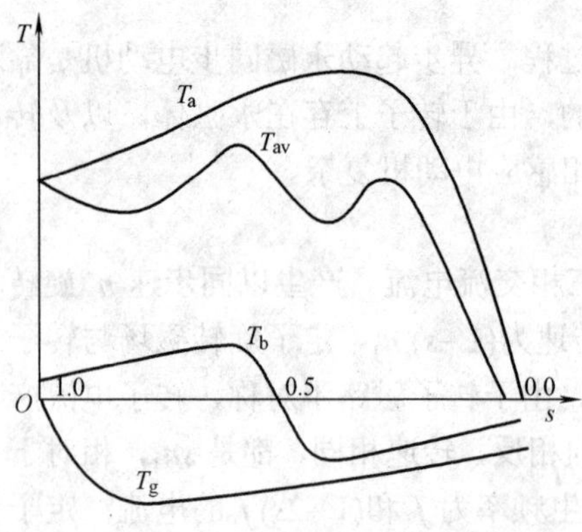

图8-24 永磁同步电动机的平均转矩

永磁同步电动机起动过程中的总平均转矩T_{av}为上述三项转矩之和。图8-24为永磁同步电动机的平均转矩与转差率的关系曲线。可以看出，永磁同步电动机在起动过程中出现两次转矩曲线的下凹，一次在低速处，一次在稍高于半同步速处。

2. 脉动转矩

永磁同步电动机起动过程中，除了平均转矩外，还有脉动转矩。定（转）子中转速为n_1的磁场与转（定）

子中转速为$(1-s)\,n_1$的磁场相互作用，定（转）子中转速为$(1-2s)\,n_1$的磁场与转（定）子中转速为$(1-s)\,n_1$的磁场相互作用，都产生频率sf的脉动转矩；定（转）子中转速为n_1的磁场与转（定）子中转速为$(1-2s)\,n_1$的磁场相互作用，产生频率$2sf$的脉动转矩。

三、起动过程中平均转矩的计算

计算起动性能时，将T_a和T_b合并为一项，用T_c表示，采用三相感应电动机的转矩计算公式，即：

$$T_c = \frac{mpU^2 R_2'/s}{2\pi f[(R_1 + c_1 R_2'/s)^2 + (X_1 + c_1 X_2')^2]} \tag{8-66}$$

式中，R_2'和X_2'分别为转子电阻、漏电抗的折算值；$c_1 = 1 + X_1/X_m$。励磁电抗X_m近似为：

$$X_m = \frac{2X_{ad}X_{aq}}{X_{ad} + X_{aq}} \tag{8-67}$$

发电制动转矩T_g为：

$$T_g = -\frac{mp}{2\pi f(1-s)} \times \frac{R_1 E_0^2 (1-s)^2}{R_1^2 + X_d X_q (1-s)^2} \times \frac{R_1^2 + X_q^2 (1-s)^2}{R_1^2 + X_d X_q (1-s)^2} \tag{8-68}$$

四、起动过程仿真

采用dq0坐标系，设转子逆时针方向旋转，取永磁体基波磁场轴线方向为d轴，而q轴顺着旋转方向超前d轴90°，转子参考坐标系的旋转速度即为转子速度，则电压方程为：

$$\begin{cases} u_d = R_1 i_d + \dfrac{d\psi_d}{dt} - \omega_r \psi_q \\ u_q = R_1 i_q + \dfrac{d\psi_q}{dt} + \omega_r \psi_d \\ u_{2d} = 0 = R_{2d} i_{2d} + \dfrac{d\psi_{2d}}{dt} \\ u_{2q} = 0 = R_{2q} i_{2q} + \dfrac{d\psi_{2q}}{dt} \end{cases} \tag{8-69}$$

磁链方程为：

$$\begin{cases} \psi_d = L_d i_d + L_{ad} i_{2d} + \psi_f \\ \psi_q = L_q i_q + L_{aq} i_{2q} \\ \psi_{2d} = L_{2d} i_{2d} + L_{ad} i_d + \psi_f \\ \psi_{2q} = L_{2q} i_{2q} + L_{aq} i_q \end{cases} \tag{8-70}$$

式中：ω_r为转子的电角速度；R_{2d}、R_{2q}分别为转子直、交轴绕组的电阻；u_d、u_q分别为定子直、交轴电压；L_d、L_q分别为定子直、交轴电感；i_d、i_q分别为定子直、交轴绕组电流；i_{2d}、i_{2q}分别为转子直、交轴绕组电流；L_{2d}、L_{2q}分别为转子直、交轴自感；L_{ad}、L_{aq}分别为定转子之间直轴和交轴互感；ψ_f为永磁体产生的磁链，可以根据$\psi_f = \sqrt{3}\dfrac{E_0}{\omega}$求得，$E_0$可以由空载试验测得。定子直、交轴量与定子三相绕组中的实际物理量的转换关系（以电压为例）为：

$$\begin{bmatrix} u_\mathrm{d} \\ u_\mathrm{q} \\ u_0 \end{bmatrix} = \begin{bmatrix} \frac{2}{3}\cos\gamma & \frac{2}{3}\cos\left(\gamma-\frac{2}{3}\pi\right) & \frac{2}{3}\cos\left(\gamma+\frac{2}{3}\pi\right) \\ -\frac{2}{3}\sin\gamma & -\frac{2}{3}\sin\left(\gamma-\frac{2}{3}\pi\right) & -\frac{2}{3}\sin\left(\gamma+\frac{2}{3}\pi\right) \\ \frac{1}{3} & \frac{1}{3} & \frac{1}{3} \end{bmatrix} \begin{bmatrix} u_\mathrm{a} \\ u_\mathrm{b} \\ u_\mathrm{c} \end{bmatrix} \tag{8-71}$$

所产生的电磁转矩为：

$$T_\mathrm{em} = p(\psi_\mathrm{d} i_\mathrm{q} - \psi_\mathrm{q} i_\mathrm{d}) \tag{8-72}$$

在不计铁耗和附加损耗的情况下，转子机械运动方程为：

$$J\frac{\mathrm{d}\omega_\mathrm{r}}{\mathrm{d}t} = p(T_\mathrm{em} - T_\mathrm{L}) \tag{8-73}$$

式中：T_L 为负载转矩；J 为转子和所带负载总的转动惯量。

利用上述模型，可得到电机起动过程的动态曲线，图 8-25 为一永磁同步电动机起动过程的仿真曲线。

五、起动转矩的定义与测定

在感应电动机中，起动转矩定义为转速为零时电机产生的转矩，此时的转矩为异步转矩。在异步起动永磁同步电动机堵转时，定子绕组产生的旋转磁场与转子绕组产生的旋转磁场转速相同、转向一致，产生恒定的转矩。此外，转子永磁体产生的静止磁场与定子绕组产生的旋转磁场相互作用，产生脉动转矩。二者叠加在一起，使得堵转时的转矩波动很大，图 8-26 为某一永磁同步电动机堵转时的转矩采样曲线。在讨论永磁同步电动机的起动转矩时，往往将其定义为转速为零时的异步转矩，也就是前一项，脉动转矩则被忽略。实际上脉动转矩对起动影响很大，当外加电压低到某一值，虽然异步转矩较大，电机也无法起动。因此，如何定义永磁同步电动机的起动转矩是一个值得研究的问题。

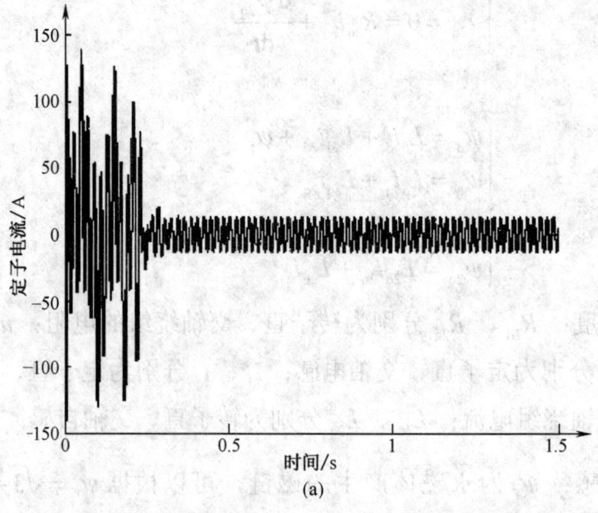

图 8-25　永磁同步电动机起动过程的仿真曲线（一）

（a）定子电流曲线

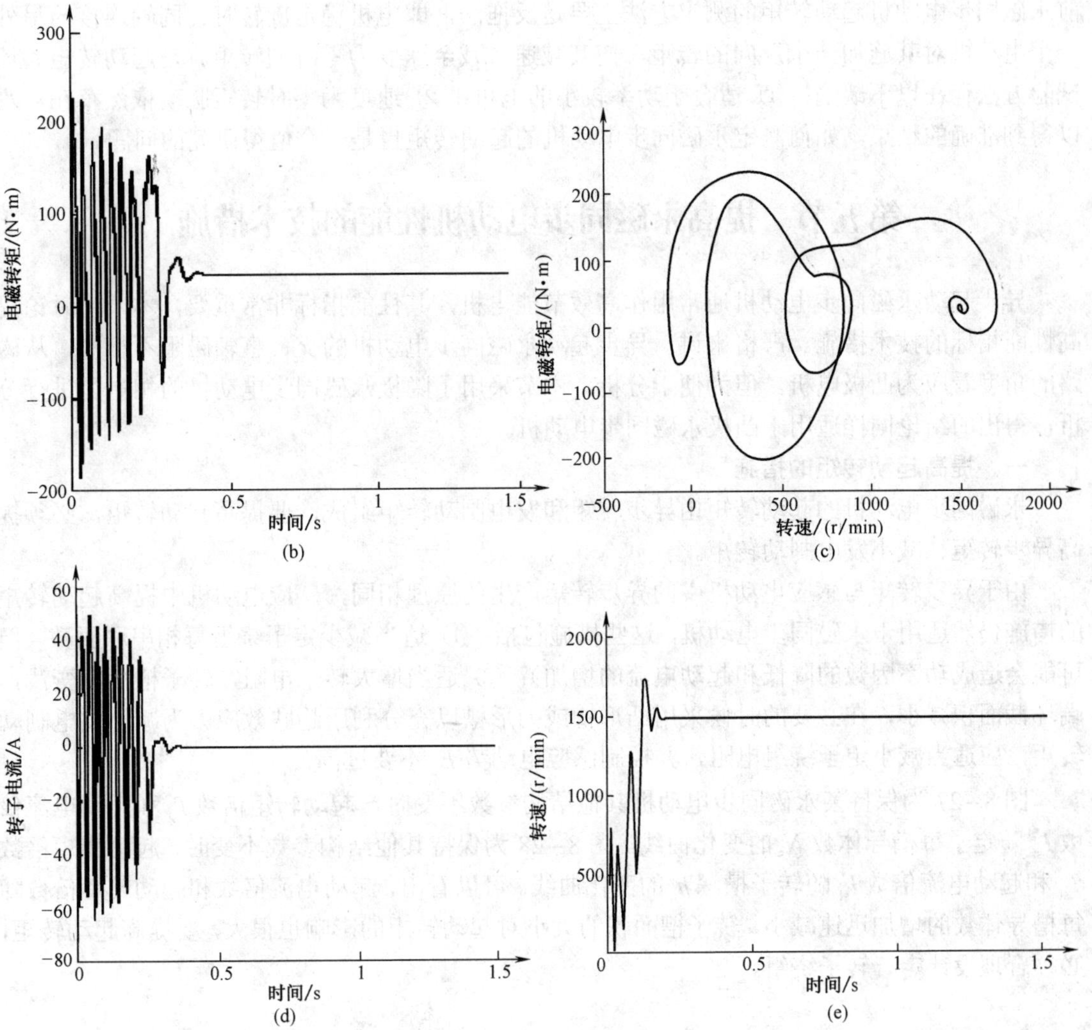

图 8－25　永磁同步电动机起动过程的仿真曲线（二）

（b）电磁转矩的曲线；（c）电磁转矩－转速曲线；（d）转子电流曲线；（e）转速曲线

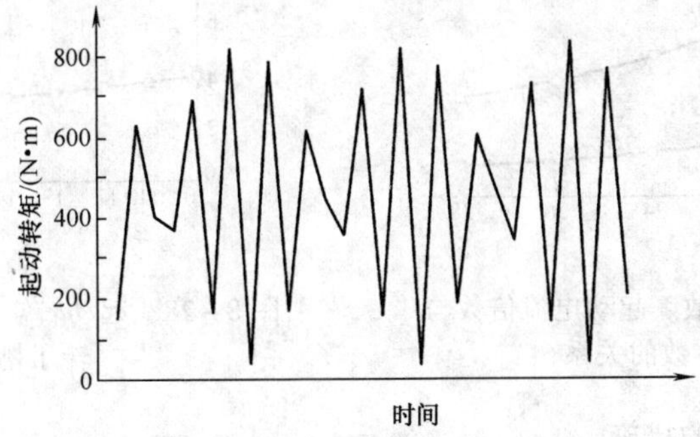

图 8－26　某永磁同步电动机堵转时的转矩采样曲线

在感应电动机中，起动转矩的测定通常采用堵转法，因为感应电动机堵转时转矩波动很小，可以得到准确的结果。但永磁同步电动机堵转时转矩波动很大，难以得到准确结果。目前永磁同步电动机起动转矩的测定方法主要是反拖法，即电机稳定旋转时，同轴连接的另外一个电动机对其施加一个反向的转矩，使其减速，减至速度为零时的转矩就是起动转矩。该试验方法存在以下缺陷：① 适合于功率较小的电机；② 速度为零时转矩脉动依然存在，难以得到准确的结果。如何测定永磁同步电动机的起动转矩也是一个值得研究的问题。

第五节　提高永磁同步电动机性能的技术措施

异步起动永磁同步电动机通常用作高效节能电机，其性能指标非常重要，本节将讨论提高性能指标的技术措施。严格来讲，异步起动永磁同步电动机的交、直轴磁阻不相等，从磁路的角度看应为凸极电机。但为便于分析，本节采用了隐极永磁同步电动机的相量图进行分析，得出的结论同样适用于凸极永磁同步电动机。

一、提高起动转矩的措施

永磁同步电动机的起动转矩由异步转矩和发电制动转矩组成，要提高起动转矩，必须提高异步转矩、减小发电制动转矩。

由于异步转矩与感应电动机中的异步转矩产生的原理相同，感应电动机中提高起动转矩的措施仍然适用于永磁同步电动机，这些措施包括：① 适当减少定子绕组每相串联匝数（但可能会造成功率因数的降低和起动电流的增加）；② 适当增大转子电阻，转子槽变窄变浅，端环截面积减小，在必要的时候采用凸形槽或刀形槽以充分利用趋肤效应。为减小发电制动转矩，应适当减小定子绕组电阻，并控制感应电动势 E_0 不要过高。

图 8－27 为保持某永磁同步电动机其他结构参数不变时，起动转矩倍数 T_{st}^* 和起动电流倍数 I_{st}^* 随定子每槽导体数 N_s 的变化曲线。图 8－28 为保持其他结构参数不变时，起动转矩倍数 T_{st}^* 和起动电流倍数 I_{st}^* 随转子槽深 h_s 的变化曲线。可以看出，起动电流倍数和起动转矩倍数随每槽导体数的增加迅速减小，转子槽面积的大小对起动转矩的影响也很大，要提高起动转矩，必须合理设计定、转子绕组。

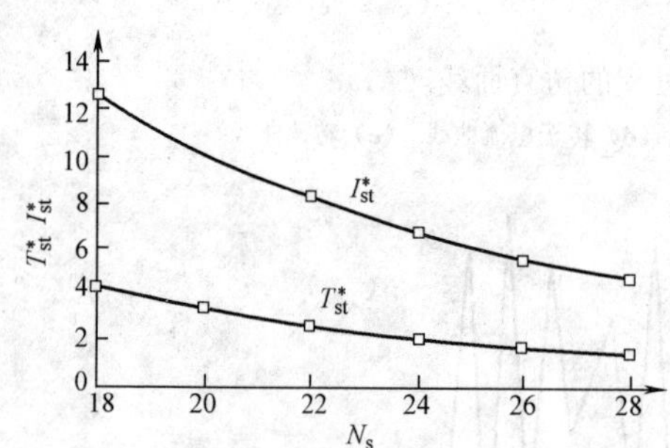

图 8－27　起动转矩倍数、起动电流倍数与定子每槽导体数的关系

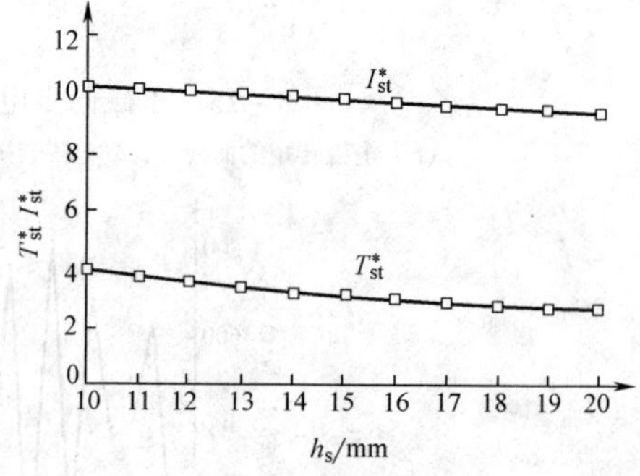

图 8－28　起动转矩倍数、起动电流倍数与转子槽深的关系

二、提高功率因数的措施

隐极永磁同步电动机的相量图(忽略定子绕组电阻)如图 8－29 所示。可以看出，相量 $\mathrm{j}\dot{I}_1X_s$ 总是垂直于定子电流相量 $\dot{I}_1$，要使 $\cos\varphi=1$，$\mathrm{j}\dot{I}_1X_s$ 必须垂直于 $\dot{U}$，因此有：

$$I_1^2X_s^2+U_N^2=E_0^2 \tag{8-74}$$

式中，U_N为额定相电压。与 E_0、U_N相比，I_1X_s较小，因此要得到接近于 1 的功率因数，E_0应接近于外加电压 U_N。对于相电压 220V（线电压为 380V，Y联结）的永磁同步电动机，额定负载时的 I_1X_s 通常为 86V 左右，因此要使功率因数为 1，则 E_0为 236V 左右，E_0值高，造成永磁体浪费。在实际中，通常保持 E_0小于并接近于 U_N以获得接近于 1 的功率因数。后面的分析还表明，E_0满足这一要求还可使永磁同步电动机在不同负载下效率最高，获得较宽的经济运行范围。

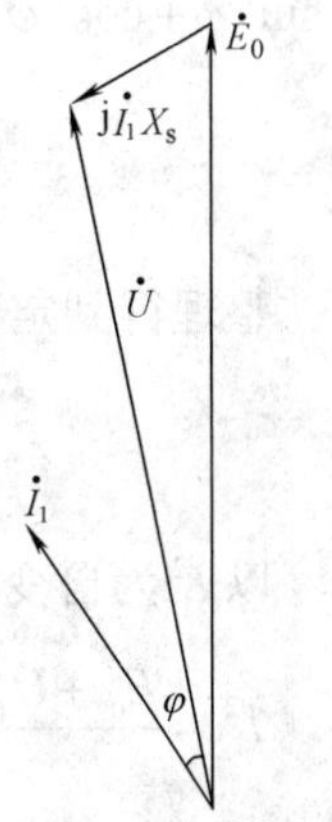

图 8－29　隐极永磁同步电动机的相量图

三、提高效率、扩大经济运行范围的措施

要提高效率、获得宽广的经济运行范围，应从两方面入手：一是降低不变损耗；二是降低可变损耗。

1. 降低不变损耗

永磁同步电动机的不变损耗主要包括铁耗和机械损耗，减小铁耗的主要措施是：采用损耗低的铁心材料、降低气隙磁通密度和优化气隙磁场波形。气隙磁场波形优化的目的在于减少气隙磁场中的谐波含量，减小附加损耗，降低气隙磁通密度会引起铜铁材料用量的增加和电机体积的增大。减小机械损耗的主要措施是提高电机制造工艺水平和装配质量，采用合适的轴承和风扇。

2. 降低可变损耗

永磁同步电动机的可变损耗包括铜耗和杂散损耗。由于气隙磁场波形中谐波含量高，永磁同步电动机的杂散损耗比同容量的感应电动机大。减小杂散损耗的措施有：合理设计极弧系数、选取合适的槽配合、采用合适的绕组型式（如Y联结双层短距绕组或正弦绕组）、减小槽口宽度或采用闭口槽、适当增大气隙长度、定子斜槽等。

减小可变损耗的另一个途径是降低定子绕组铜耗。若能使每一输出功率对应的定子电流最小，则可获得尽可能高的功率因数和效率。永磁同步电动机的杂散损耗 P_s和输出功率成正比，可以表示为：

$$P_s = kP_2 \tag{8-75}$$

下面以一相为基础进行分析，每相的输入功率 P_1可表示为：

$$P_1 = P_2 + p_{Cu} + p_s + P_0 = P_2 + p_{Cua} + kP_2 + P_0 = (1+k)P_2 + I_1^2R_1 + P_0 \tag{8-76}$$

式中，P_2、p_{Cu}、P_0 分别为电机每相的输出功率、铜耗和不变损耗。考虑到每相输入功率 $P_1 = U_NI_1\cos\varphi$，有：

$$P_1 = U_NI_1\cos\varphi = (1+k)P_2 + I_1^2R_1 + P_0 \tag{8-77}$$

整理得：

$$\cos\varphi = \frac{(1+k)P_2 + I_1^2R_1 + P_0}{U_NI_1} \tag{8-78}$$

根据相量图，有：

$$(U_N\sin\varphi + I_1X_s)^2 + (U_N\cos\varphi)^2 = E_0^2 \tag{8-79}$$

整理得：

$$\sin\varphi = \frac{E_0^2 - U_N^2 - I_1^2X_s^2}{2U_NI_1X_s} \tag{8-80}$$

因$\sin^2\varphi+\cos^2\varphi=1$，根据式（8-78）和式（8-80）得：

$$\left[\frac{(1+k)P_2+I_1^2R_1+P_0}{U_NI_1}\right]^2+\left[\frac{E_0^2-U_N^2-I_1^2X_s^2}{2U_NI_1X_s}\right]^2=1 \tag{8-81}$$

整理得到定子电流满足的方程为：

$$\begin{aligned}&X_s^2(X_s^2+4R_1^2)I_1^4-2X_s^2[U_N^2+E_0^2-4(1+k)R_1P_2-4P_0R_1]I_1^2+\\&(E_0^2-U_N^2)^2+4X_s^2[(1+k)P_2+P_0]^2=0\end{aligned} \tag{8-82}$$

以I_1^2为自变量，求解该方程，得：

$$I_1^2=\frac{E_0^2+U_N^2-4R_1[(1+k)P_2+P_0]}{X_s^2+4R_1^2}\pm\frac{\sqrt{X_s^2\{E_0^2+U_N^2-4R_1[(1+k)P_2+P_0]\}^2-(X_s^2+4R_1^2)\{(E_0^2-U_N^2)^2+4X_s^2[(1+k)P_2+P_0]^2\}}}{X_s(X_s^2+4R_1^2)} \tag{8-83}$$

可求解得到两个I_1^2，其中较大的解不合理，不予考虑，则I_1^2为：

$$I_1^2=\frac{E_0^2+U_N^2-4R_1[(1+k)P_2+P_0]}{X_s^2+4R_1^2}-\frac{\sqrt{X_s^2\{E_0^2+U_N^2-4R_1[(1+k)P_2+P_0]\}^2-(X_s^2+4R_1^2)\{(E_0^2-U_N^2)^2+4X_s^2[(1+k)P_2+P_0]^2\}}}{X_s(X_s^2+4R_1^2)} \tag{8-84}$$

令$(1+k)P_2+P_0=x$，从表达式可以看出，如果负载不变，x为一定值。以空载反电动势E_0为自变量，对上式求导，得：

$$\frac{\mathrm{d}I_1^2}{\mathrm{d}E_0}=\left\{2X_sE_0-\frac{2X_s^2E_0(E_0^2+U_N^2-4R_1x)-2E_0(X_s^2+4R_1^2)(E_0^2-U_N^2)}{\sqrt{X_s^2(E_0^2+U_N^2-4R_1x)^2-(X_s^2+4R_1^2)[(E_0^2-U_N^2)^2+4X_s^2x^2]}}\right\}\frac{1}{X_s(X_s^2+4R_1^2)} \tag{8-85}$$

令上式等于零，整理得：

$$R_1^2E_0^4-(X_s^2U_N^2+2R_1^2U_N^2-2xR_1X_s^2)E_0^2+(X_s^2+R_1^2)U_N^4-2xR_1X_s^2U_N^2+x^2X_s^4=0 \tag{8-86}$$

以E_0^2为自变量，求解上式得：

$$E_0^2=\frac{2R_1^2U_N^2+X_s^2U_N^2-2xR_1X_s^2\pm\sqrt{X_s^4U_N^4-4xR_1X_s^4U_N^2}}{2R_1^2} \tag{8-87}$$

可以看出，其中较大的解远大于U_N^2，在实际中是不可行的，因此取较小的解，得：

$$E_0^2=\frac{2R_1^2U_N^2+X_s^2U_N^2-2xR_1X_s^2-\sqrt{X_s^4U_N^4-4xI_1^2X_s^4U_N^2}}{2R_1^2} \tag{8-88}$$

永磁同步电动机中定子电阻R_1的值很小，因此在上式的根号下增加一项$4x^2R_1^2X_s^4$之后，对计算结果的影响不大：

$$E_0^2\approx\frac{2R_1^2U_N^2+X_s^2U_N^2-2xR_1X_s^2-\sqrt{(X_s^2U_N^2-2xR_1X_s^2)^2}}{2R_1^2} \tag{8-89}$$

整理上式，得：

$$E_0 \approx U_N \tag{8-90}$$

因此，可以得到以下结论：在输出功率 P_2 一定的情况下，要使定子电流最小，必须满足条件：

$$E_0/U_N \approx 1.0 \tag{8-91}$$

图 8-30 为一台 22kW、6 极永磁同步电动机在不同 E_0/U_N 时的效率和功率因数随负载变化的曲线。由图 8-29 还可得：

$$\cos\varphi = \sqrt{1-\left(\frac{E_0^2 - U_N^2 - I_1^2 X_s^2}{2 I_1 X_s U_N}\right)^2} \tag{8-92}$$

以额定相电压 U_N 和额定相电流 I_N 为基值，将式中感应电动势、电压和电流表示为标幺值，则：

$$\cos\varphi = \sqrt{1-\left(\frac{E_0^{*2} - 1 - I_1^{*2} U_s^{*2}}{2 I_1^* U_s^*}\right)^2} \tag{8-93}$$

式中，$U_s^* = \dfrac{I_N X_s}{U_N}$。图 8-31 为 $U_s^* = 0.25$、不同 E_0/U_N 时功率因数随负载电流变化的曲线，其中图 8-30（b）方框中为该图右上部分的局部放大图。

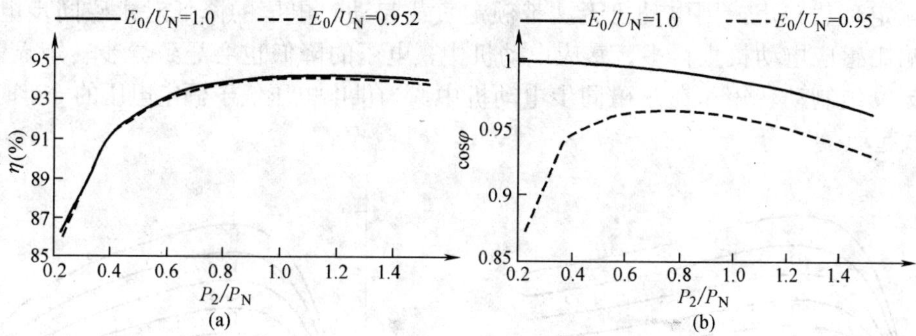

图 8-30　不同 E_0/U_N 时效率、功率因数与输出功率的关系

（a）效率；（b）功率因数

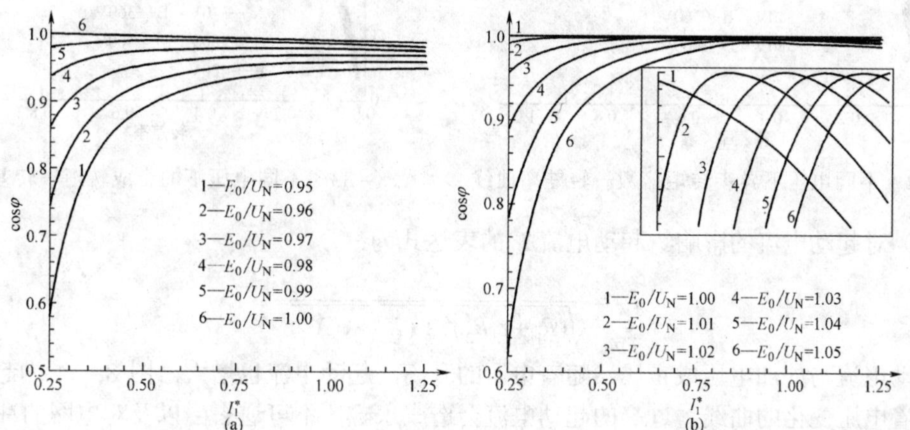

图 8-31　$U_s^* = 0.25$ 时，功率因数与负载电流的关系

（a）$E_0/U_N \leqslant 1$；（b）$E_0/U_N > 1$

第六节　永磁同步电动机性能的敏感性分析

永磁同步电动机性能受环境温度、外加电压和永磁体性能的影响较大，研究这些因素的影响，对于永磁同步电动机设计和使用具有较高的参考价值。本节以380V、22kW、6极永磁同步电动机为例介绍这些因素对起动性能和稳态性能的影响，所给出的曲线都是从该电机得到的。

一、外加电压的影响

1. 电压变化对起动性能的影响

（1）对平均转矩的影响。永磁同步电动机起动过程中的平均转矩由异步转矩和发电制动转矩组成，其中发电制动转矩是由永磁体产生的，电压的变化对其没有影响；异步转矩是由定转子绕组相互作用产生的，电压变化对其影响很大。异步转矩 T_c 与外加电压的二次方成正比。图8-32是电压为340V、360V、380V、400V、420V时异步转矩随着转差率变化的曲线，随着电压的降低，永磁同步电动机的异步转矩显著减小。图8-33为不同电压下合成转矩随转差率的变化曲线，随着电压的降低，起动转矩和最小转矩都减小，并且减小的幅度较大；由于发电制动转矩的存在，合成转矩曲线在转差率接近1时有明显下凹，若该点对应的转矩小于额定负载转矩，则电动机无法带额定负载起动。电压的降低对永磁同步电动机起动的影响比感应电动机大得多，感应电动机中，电压的降低也会导致异步转矩显著减小，但其中无发电制动转矩。在永磁同步电动机中，当供电电压低于额定电压的一半时，往往无法空载起动。

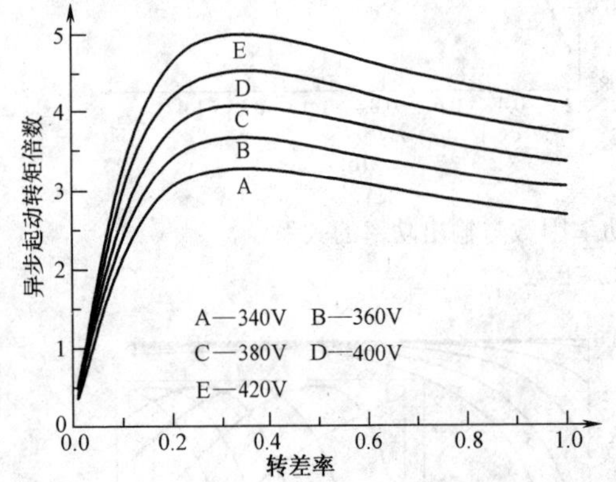

图8-32　不同电压下异步转矩倍数—转差率曲线

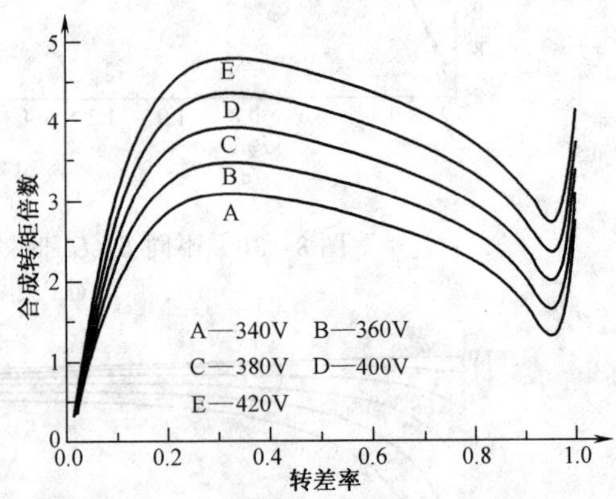

图8-33　不同电压下的合成转矩—转差率曲线

（2）对起动电流的影响。起动电流 I_{st} 的表达式为：

$$I_{st}=\frac{U}{\sqrt{(R_1+c_1R_2')^2+(X_1+c_1X_2')^2}} \tag{8-94}$$

起动电流与外加电压成正比，随着电压的升高，起动电流也增大。图8-34为起动电流倍数随着电压变化的曲线。过高的起动电流会造成永磁体不可逆去磁以及对电网的冲击。

（3）对最大去磁工作点的影响。起动过程中，当转子转速接近同步速、电枢磁场和转子磁场轴线重合且方向相反时，电枢磁动势对永磁体的去磁作用最为严重。不计定子绕组电阻时，定子电流 I_h 为：

$$I_h=\frac{E_0+U}{X_d} \tag{8-95}$$

随着电压的升高，最大去磁电流增大。图 8-35 为最大去磁电流随外加电压的变化曲线。根据去磁电流可计算最大去磁工作点对应的磁通密度，图 8-36 为最大去磁工作点对应的磁通密度标幺值（以剩磁为基值）随外加电压的变化曲线，可以看出，随着电压增大，最大去磁工作点迅速下降，当永磁体工作点在其退磁曲线拐点以下时，将出现不可逆退磁。

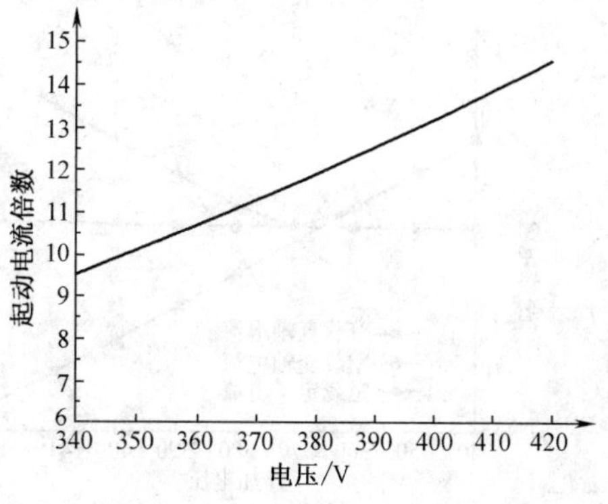

图 8-34　起动电流倍数随电压变化的曲线

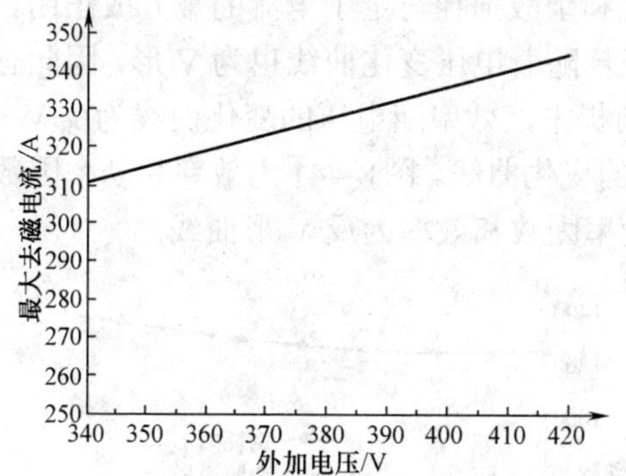

图 8-35　最大去磁电流随外加电压的变化曲线

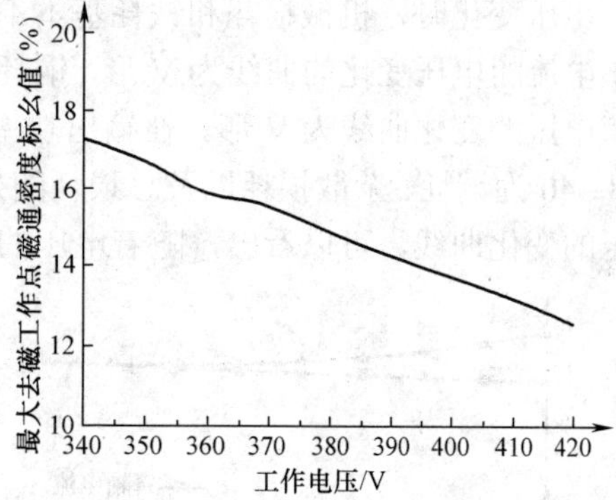

图 8-36　最大去磁工作点磁通密度随外加电压的变化曲线

2. 电压变化对稳态性能的影响

（1）对空载性能的影响。忽略定子绕组电阻时，根据式（8-35）得到永磁同步电动机的交、直轴电流表达式为：

$$\begin{cases} I_d=\dfrac{E_0-U\cos\theta}{X_d} \\ I_q=\dfrac{U\sin\theta}{X_q} \end{cases} \tag{8-96}$$

空载时功角 θ 很小，功角随电压的变化也很小，可以认为 $\cos\theta$ 为一个接近 1 的常数，而 $\sin\theta$ 为一个很小的常数，空载直轴电流随电压的增大而减小，并且可能由正变为负，而空载交轴电流随电压增大而增大，但由于功率角很小，交轴电流值很小，定子电流的变化趋势与直轴电流的绝对值的变化趋势是一致的，是一条 V 形曲线，空载功率因数曲线是一条反 V 形曲线。图 8-37、图 8-38 分别为空载电流和空载功率因数随电压变化的曲线。可以看出，永磁同步电动机的空载电流和空载功率因数对电压的变化非常敏感。

（2）对负载性能的影响。根据式（8-47）可知，永磁同步电动机的电磁转矩随电压的升高而增大。对应同样的负载转矩，电压越高，功角越小。随着电压增大，直轴电流减小，可能会由正变负，交轴电流增大，定子电流为一条 V 形曲线，功率因数变化曲线为反 V 形。图 8-39 为额定负载时电流随外加电压变化的曲线。

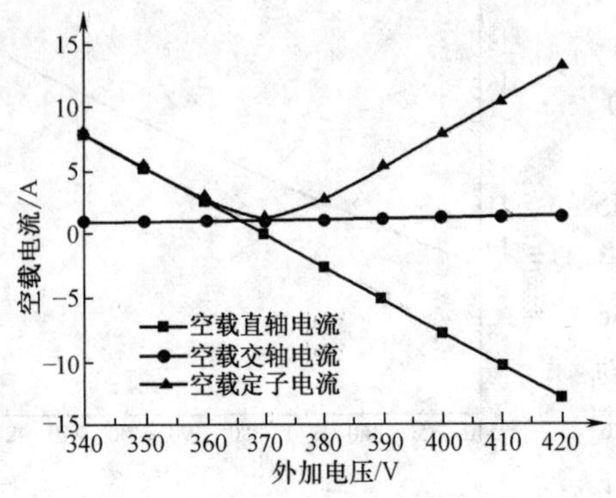

图8-37　空载电流随电压变化的曲线

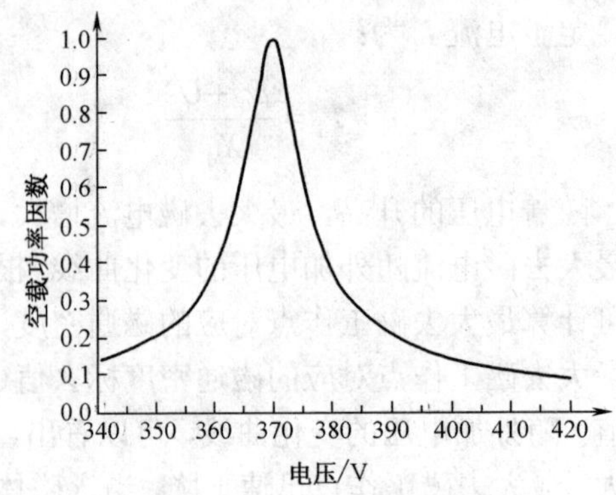

图8-38　空载功率因数随着电压变化的曲线

电压变化时，机械损耗和铁耗基本不变，铜耗和杂散损耗与定子电流的平方成正比。因定子电流随电压变化的曲线为V形，铜耗和杂散损耗随着电压变化曲线也为V形，因此总损耗随电压的变化曲线为V形。在输出功率不变的前提下，效率随电压的变化曲线为反V形。图8-40为铜耗、杂散损耗以及总损耗随外加电压的变化曲线。图8-41为效率和功率因数随电压的变化曲线，可以看出，随着电压的增大，功率因数和效率为反V形曲线。

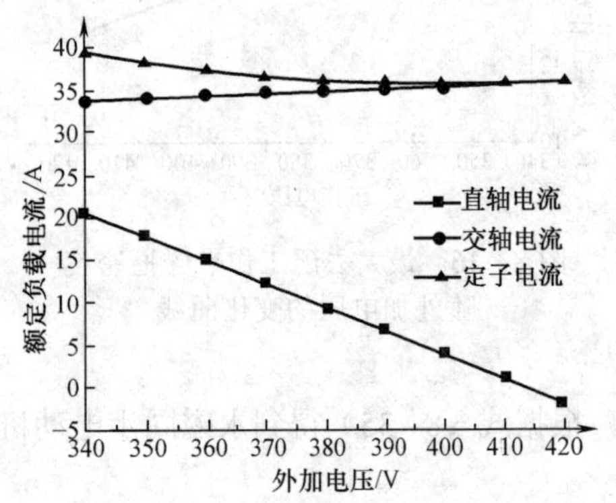

图8-39　负载电流随外加电压的变化曲线

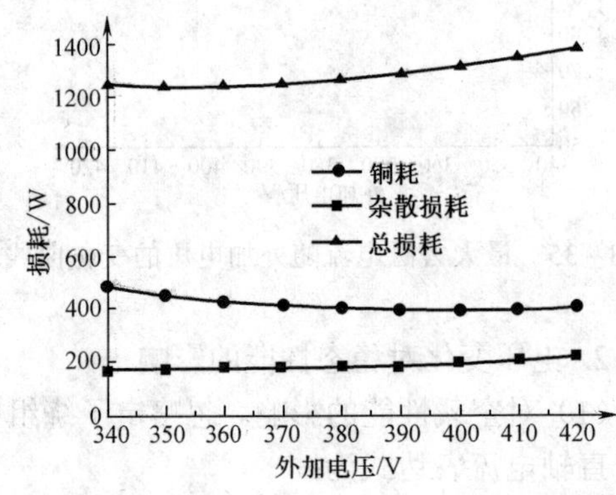

图8-40　额定负载时损耗随外加电压的变化曲线

（3）对失步转矩的影响。永磁同步电动机失步转矩随着电压的升高而增大。图8-42为失步转矩倍数随着外加电压的变化曲线。

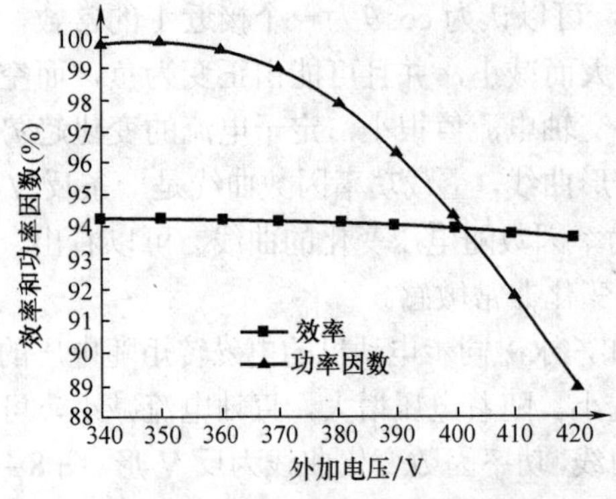

图8-41　效率、功率因数随电压变化的曲线

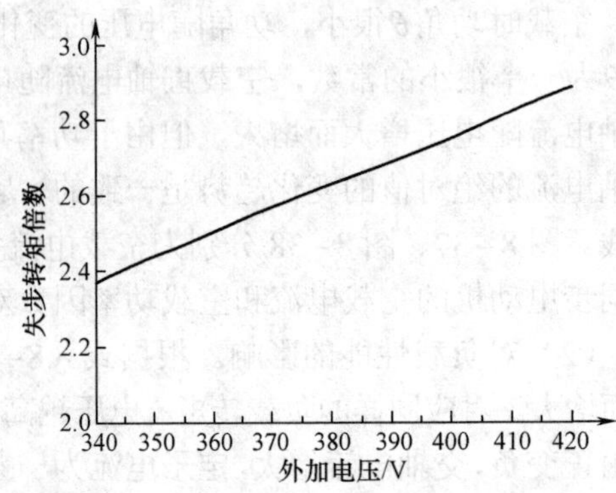

图8-42　失步转矩倍数随电压变化的曲线

3. 结论

（1）随外加电压的增大，永磁同步电动机的起动转矩、最小转矩和起动电流都增大，但过高的起动电流会对电网造成冲击和永磁体不可逆去磁，因此起动时电压不宜过高。而电压过低，起动过程中的最小转矩过小，可能导致电动机无法带额定负载起动。

（2）随外加电压增大，最大去磁工作点对应的去磁电流增大，工作点降低，严重时会导致不可逆去磁。

（3）空载电流和空载功率因数随电压的变化非常敏感。

（4）外加电压变化时，负载性能变化较大，尤其是功率因数。

二、永磁材料分散性的影响

剩磁通密度 B_r 是表征永磁材料性能的重要指标，永磁材料性能的分散性在剩磁通密度上的表现最为明显，可以等效成剩磁通密度在一个范围内变化。

永磁材料对电机性能的影响主要通过反电动势反映出来。反电动势和基波磁通的关系为：

$$E_0 = 4.44 fNK_{dp}\Phi_{\delta 0} \tag{8-97}$$

可以看出，反电动势 E_0 和每极基波磁通成正比，也就与剩磁通密度 B_r 成正比，永磁材料性能的分散性将导致反电动势 E_0 的变化，从而影响永磁同步电动机性能。

同样以上述 380V、22kW、6 极永磁同步电动机为例研究永磁材料分散性对性能的影响，所采用的永磁材料的剩磁通密度标称值为 1.22T，假设其在 1.18～1.26T 范围内变化。

1. 永磁体性能的分散性对起动性能的影响

对于已经制成的永磁同步电动机，可认为由起动笼产生的异步转矩与永磁体剩磁没有关系，而永磁体性能的分散性直接影响发电制动转矩。由发电制动转矩的表达式可知，发电制动转矩与空载反电动势的二次方成正比，随着空载反电动势增大，发电制动转矩增大，总平均转矩将减小。图 8－43 和图 8－44 为剩磁通密度分别为 1.18T、1.20T、1.22T、1.24T 和 1.26T 时，永磁同步电动机的发电制动转矩和合成转矩倍数随转差率的变化曲线，图中五条曲线从上到下依次是 ABCDE。可以看出，随着剩磁通密度的增大，发电制动转矩增大，合成转矩减小。

由于起动瞬间（$s=1$）发电制动转矩等于零，剩磁通密度的变化对起动转矩和起动电流没有影响。但永磁体的分散性造成起动过程中最小转矩的变化，影响电机的起动。

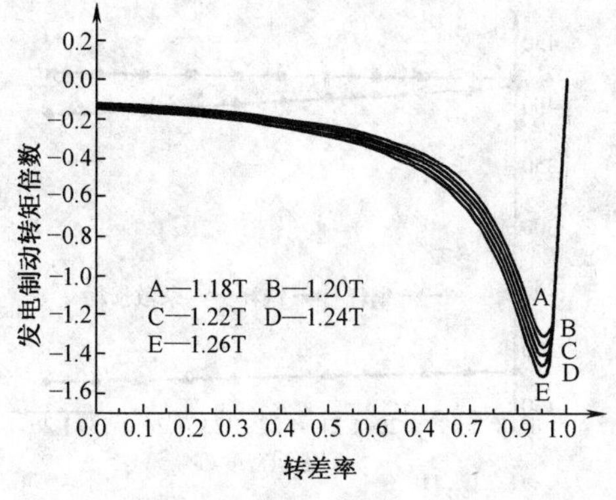

图 8－43　不同 B_r 时，发电制动转矩倍数随转差率变化的曲线

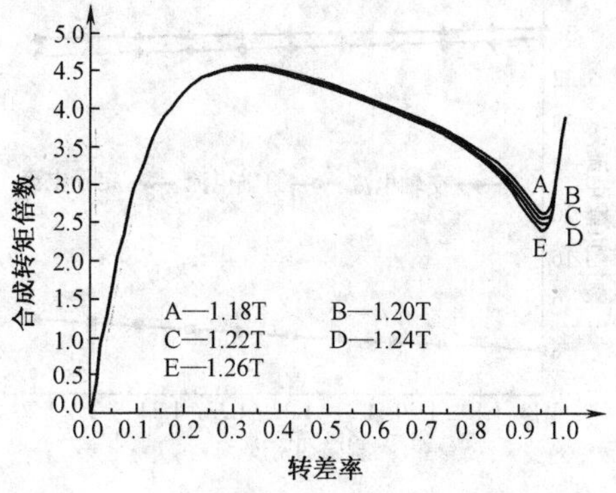

图 8－44　不同 B_r 时，合成转矩倍数随转差率变化的曲线

2. 永磁体性能的分散性对稳态性能的影响

（1）对空载性能的影响。E_0随剩磁的增大而增大，由式（8-96）可知，空载直轴电流增大，并且可由负值变为正值，空载交轴电流近似不变，可认为是一个很小的常数，因此定子电流的变化趋势和直轴电流是一致的，是一条V形曲线，并且随着剩磁通密度的增大，功率因数曲线为一条反V形曲线。图8-45、图8-46分别为空载电流、空载功率因数随剩磁通密度变化的曲线。由于所给出的剩磁通密度变化范围不大，得到的空载功率因数只是反V形曲线的一部分。

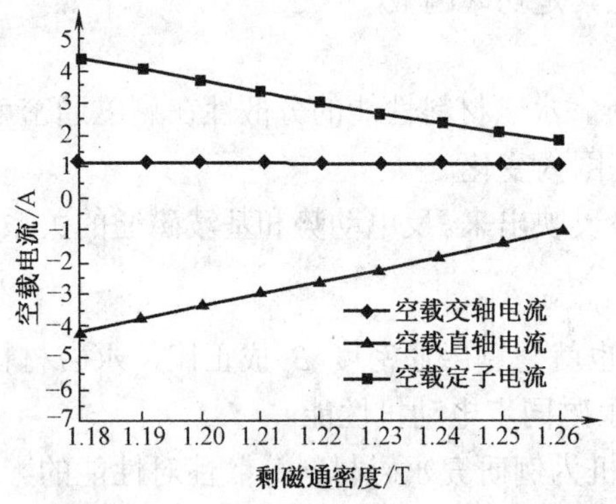

图8-45　空载电流随剩磁通密度的变化曲线

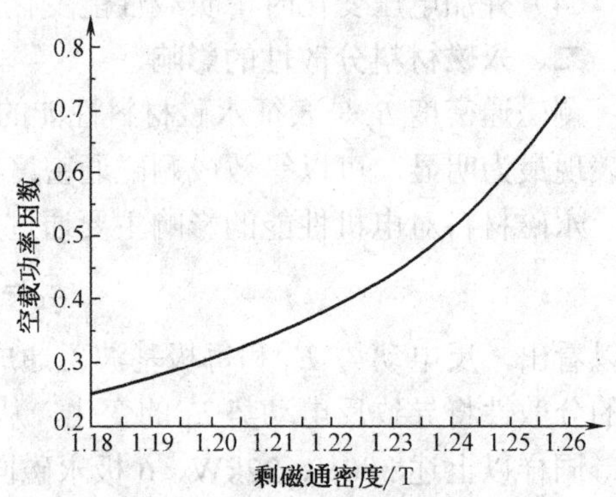

图8-46　空载功率因数随剩磁通密度的变化曲线

（2）对负载性能的影响。在额定负载时，随着反电动势的增大，功率角减小，直轴电流增大，而交轴电流减小，由于交轴电流幅值远大于直轴电流，故定子电流减小。图8-47为额定负载时电流随剩磁通密度变化的曲线。

随着剩磁通密度增大，定子电流减小，因而铜耗和杂散损耗也减小，但铁耗增大，效率相应发生变化。由于永磁同步电动机的功率因数一般设计在感性且低于1，反电动势增大引起功率因数增大，甚至得到超前功率因数。图8-48、图8-49分别为额定负载时损耗、效率和功率因数随剩磁通密度变化的曲线。

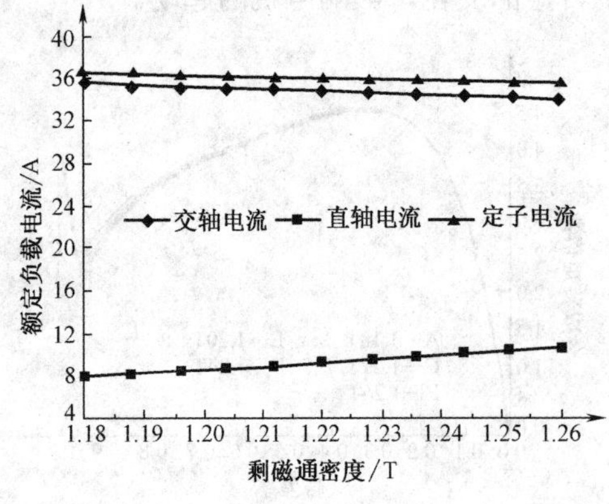

图8-47　额定负载电流随剩磁通密度的变化曲线

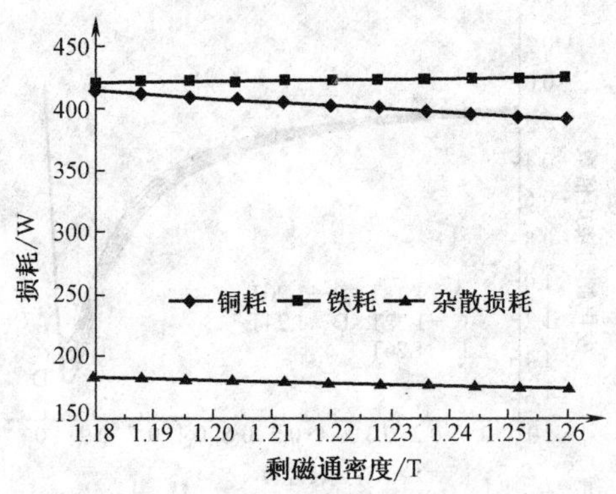

图8-48　损耗随剩磁通密度的变化曲线

（3）对失步转矩的影响。从永磁同步电动机的电磁转矩表达式可以看出，剩磁通密度越大，失步转矩倍数越大，过载能力越强，图 8-50 为失步转矩倍数随剩磁通密度的变化曲线。

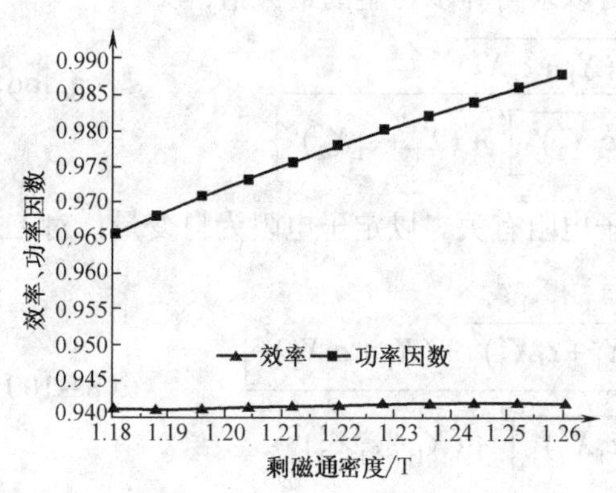

图 8-49 效率、功率因数随剩磁通密度的变化曲线

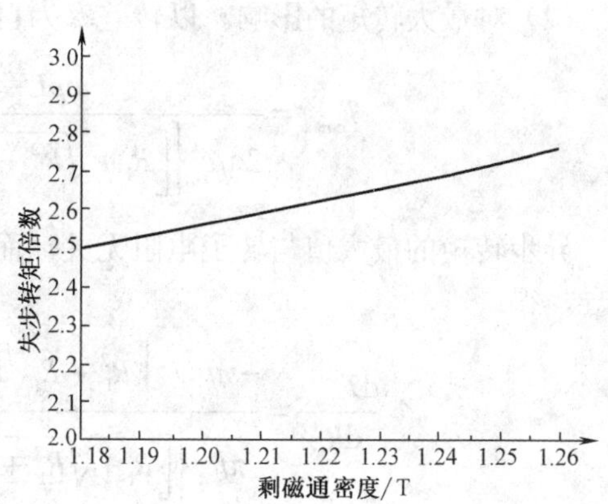

图 8-50 失步转矩倍数随剩磁通密度的变化曲线

3. 结论

（1）永磁体性能的分散性影响发电制动转矩的大小，进而影响起动过程中的最小转矩，对电机的起动有影响。

（2）永磁体性能的分散性对永磁同步电动机的空载电流、空载功率因数、负载功率因数和失步转矩倍数影响较大，而对永磁同步电动机额定运行时的效率、电流等影响不大。

三、环境温度的影响

对 6 台上述的永磁同步电动机进行了温升试验，稳态后的温升范围为 35.1～42.5K。本节在考虑环境温度的影响时，假设平均温升为 40K。分析起动性能时，计算用温度为环境温度，分析稳态性能时，计算用温度为环境温度加平均温升，据此分析了环境温度变化对起动性能和稳态性能的影响。

1. 温度变化对永磁同步电动机参数的影响

环境温度变化主要影响永磁体性能和绕组电阻。永磁体剩磁通密度与环境温度的关系为：

$$B_r = B_{r20}[1+\alpha_{Br}(t-20)] \tag{8-98}$$

式中：B_{r20} 为 20℃时的剩磁通密度；α_{Br} 为 B_r 的温度系数；t 为永磁体工作温度。剩磁通密度随温度的升高而减小。

绕组电阻随温度的变化规律见式（8-55），随着温度的升高，定、转子电阻都增大。

2. 温度变化对起动性能的影响

如前所述，起动过程中的平均转矩包括异步转矩和发电制动转矩。温度变化时，异步转矩的变化是由于定转子电阻的变化引起的，而发电制动转矩的变化是由定子电阻和反电动势的变化引起的。

（1）对起动转矩的影响。从式（8-66）可知，异步转矩随温度的变化趋势取决于定转子电阻的变化。当转差率较小时，R_2'/s 很大，在分母中起主导作用，所以总的效果是：随着环境温度的升高，R_2'/s 增大，异步转矩减小；当转差率较大时，R_2'/s 很小，电抗在分母中起主导作用，而电抗不随环境温度变化，分母基本不变，所以异步转矩随环境温度的升高而增大。

（2）对最大转矩的影响。以转差率为自变量可以求得异步转矩的最大值：

$$T_{\text{cmax}} = \frac{mpU^2\sqrt{R_1^2+(X_1+c_1X_2')^2}}{2\pi fc_1\left\{\left[R_1+\sqrt{R_1^2+(X_1+c_1X_2')^2}\right]^2+(X_1+c_1X_2')^2\right\}} \tag{8-99}$$

异步转矩的最大值与转子电阻无关，而与定子电阻有关。以定子电阻为自变量，对上式求导，得：

$$\frac{\mathrm{d}T_{\text{cmax}}}{\mathrm{d}R_1} = \frac{-mpU^2\left[R_1^2+R_1\sqrt{R_1^2+(X_1+c_1X_2')^2}+(X_1+c_1X_2')^2\right]}{\pi fc_1\left\{\left[R_1+\sqrt{R_1^2+(X_1+c_1X_2')^2}\right]^2+(X_1+c_1X_2')^2\right\}^2} \tag{8-100}$$

该导数小于零，因此异步转矩的最大值随温度的升高而减小。

（3）对发电制动转矩的影响。温度变化会通过定子电阻和空载反电动势的变化影响发电制动转矩。对于发电制动转矩，主要关心温度变化对其最小值的影响，以转差率为自变量，对式（8-68）求导，得到发电制动转矩的最小值 T_{gm} 和对应的转差率 s_{gm}：

$$T_{\text{gm}} = -\frac{mp\,k^2E_0^2\left[1+\frac{3}{2}(k-1)+\sqrt{\frac{9}{4}(k-1)^2+k}\right]\sqrt{\frac{3}{2}(k-1)+\sqrt{\frac{9}{4}(k-1)^2+k}}}{2\pi fX_{\text{q}}\left[k+\frac{3}{2}(k-1)+\sqrt{\frac{9}{4}(k-1)^2+k}\right]^2} \tag{8-101}$$

$$s_{\text{gm}} = 1-\frac{R_1}{X_{\text{q}}}\sqrt{\frac{3}{2}(k-1)+\sqrt{\left[\frac{3}{2}(k-1)\right]^2+k}} \tag{8-102}$$

式中，$k=\dfrac{X_{\text{q}}}{X_{\text{d}}}$。可以看出，定子电阻增大，发电制动转矩最小值对应的转差率减小，而发电制动转矩的最小值与定子电阻无关，定子电阻的变化只会影响发电制动转矩最小值出现的位置。发电制动转矩和 E_0^2 成正比，因此，随着温度的降低，发电制动转矩增大。

（4）对起动电流的影响。随着温度的升高，绕组电阻增大，起动电流减小。

图 8-51（a）～（c）分别为不同环境温度下，永磁同步电动机起动过程中异步转矩、发电制动转矩和合成转矩随转差率的变化曲线，图 8-51（d）为起动电流随温度的变化曲线。计算时环境温度从 -20℃到 50℃共取八个值，间隔为 10℃。可以看出，起动转矩随着温度的升高而增大（八条曲线从下向上依次是 ABCDEFGH），但异步转矩的最大值却随着温度的升高而减小（曲线从下向上依次为 HGFEDCBA），发电制动转矩随温度的升高而减小，温度的变化对发电制动转矩的影响在最小值处表现最为明显（曲线从下向上依次是 ABCDEFGH），起动电流随温度的升高而减小。随着温度的降低，在发电制动转矩的最小值点，异步转矩减小，发电制动转矩增大，因此永磁同步电动机的最小转矩减小较多。如果设计不合理，将导致低温时电机的最小转矩过小而无法带额定负载起动。

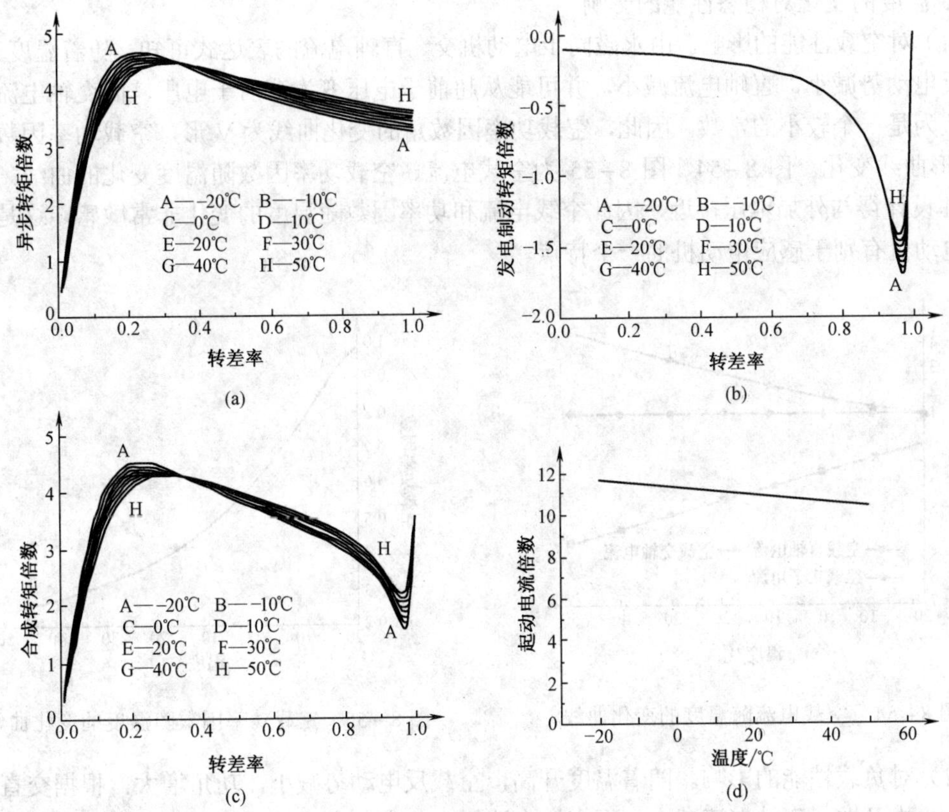

图 8-51 起动性能与环境温度的关系

(a) 异步起动转矩；(b) 发电制动转矩；(c) 合成转矩；(d) 起动电流

(5) 对最大去磁工作点的影响。随着温度的升高，E_0 减小。由式（8-95）可知，最大去磁电流 I_h 也减小，图 8-52 为 I_h 随着温度的变化曲线。根据最大去磁工作点电流，得到最大去磁工作点磁通密度，如图 8-53 所示，可以看出，随着温度升高，最大去磁工作点下降，有可能在拐点以下，将导致不可逆去磁，必须通过合理设计保证永磁同步电动机在最高工作温度下永磁体不退磁。

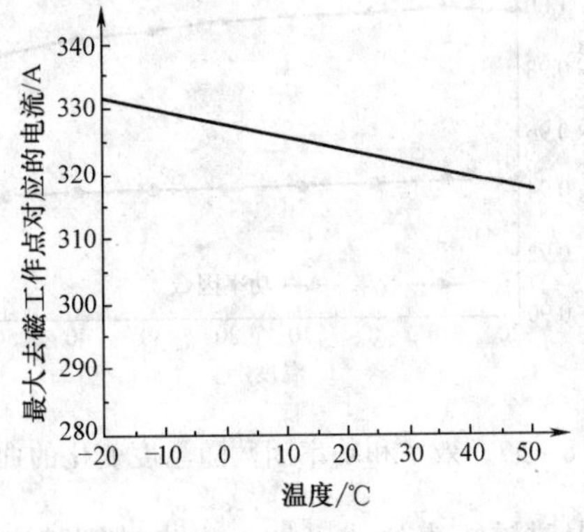

图 8-52 最大去磁电流随温度变化的曲线

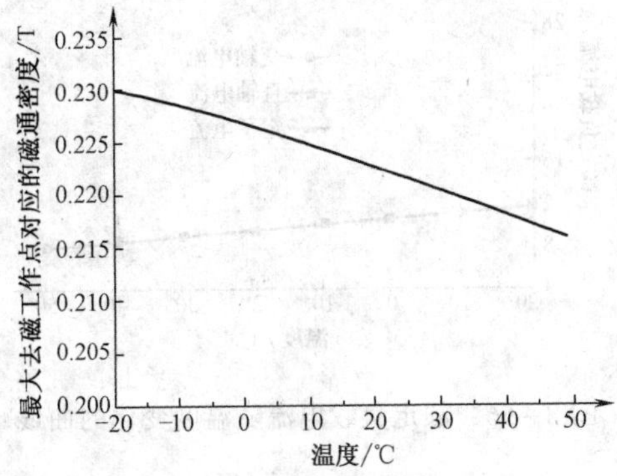

图 8-53 最大去磁工作点磁通密度随温度变化的曲线

3. 温度的变化对稳态性能的影响

（1）对空载性能的影响。由永磁同步电动机交、直轴电流的表达式可知，随着温度升高，空载反电动势减小，直轴电流减小，并可能从超前于电压变为滞后于电压，而交轴电流则可近似认为是一个较小的常数。因此，空载功率因数角的变化曲线为V形，空载功率因数就以反V形曲线变化。图8-54、图8-55为空载电流、空载功率因数随温度变化的曲线。由于E_0往往设计得与外加电压接近，因此空载电流和功率因数随温度的变化非常敏感，这是永磁同步电动机有别于感应电动机的一个特点。

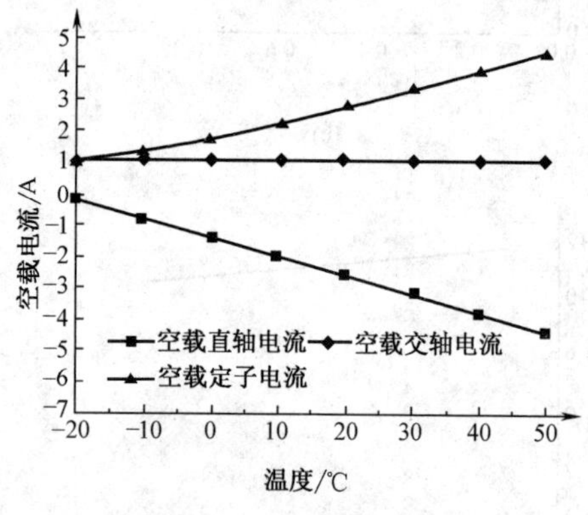

图8-54 空载电流随温度的变化曲线

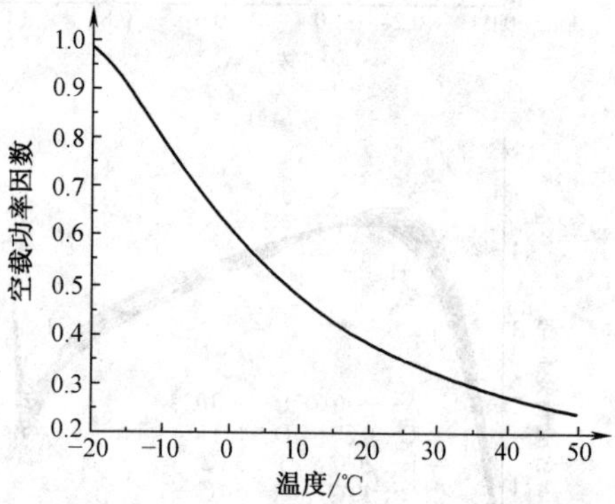

图8-55 空载功率因数随温度的变化曲线

（2）对负载性能的影响。随着温度升高，空载反电动势减小，功角增大，根据交直轴电流的表达式可知，直轴电流减小，而交轴电流增大，交轴电流的幅值大于直轴电流，因此定子电流的变化趋势与交轴电流一致，即随着温度升高而增大。铜耗和杂散损耗增加，而铁耗随着温度的升高而降低，总损耗和效率都要发生变化。同时，永磁体剩磁随环境温度的升高而减小，使得E_0减小，功率因数降低。图8-56为额定负载电流随温度变化的曲线，图8-57为效率和功率因数随着温度变化的曲线。

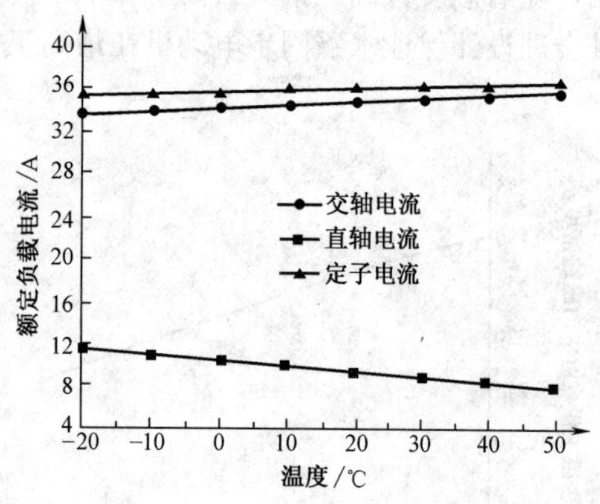

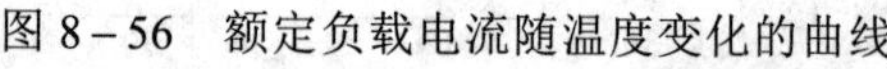

图8-56 额定负载电流随温度变化的曲线

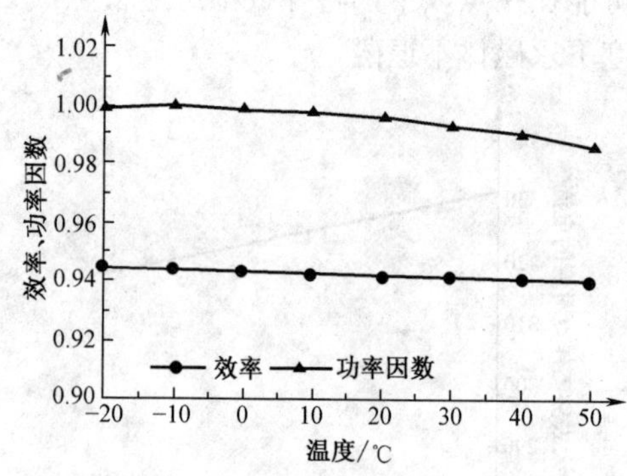

图8-57 效率和功率因数随温度变化的曲线

（3）对失步转矩的影响。从永磁同步电动机的电磁转矩表达式可知，失步转矩随空载反电动势增大而增大，即温度升高，失步转矩减小，过载能力下降。图8-58为失步转矩倍数随温度的变化曲线。

4. 结论

（1）随着温度升高，起动转矩和最小转矩都增大，起动电流减小，对起动有利，但在低温时可能会因最小转矩过小而导致无法带载起动。

（2）随着温度升高，最大去磁工作点对应的电流和磁通密度都减小，若设计不当，可能会造成不可逆去磁。

（3）空载电流和空载功率因数对温度变化非常敏感，而额定效率和功率因数受温度影响较小，但失步转矩随温度的升高下降较快，过载能力下降。

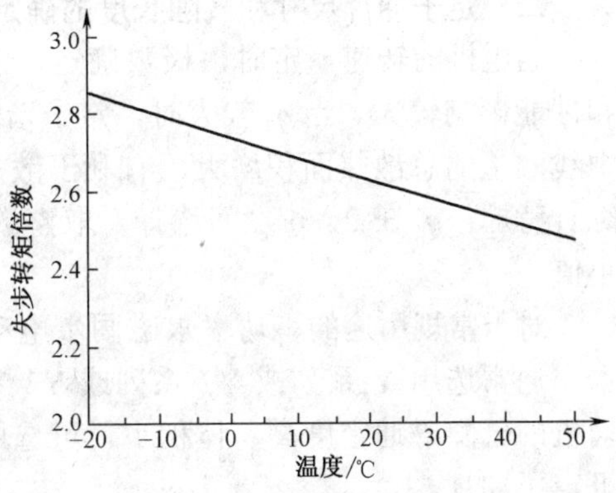

图 8－58　失步转矩倍数随温度的变化曲线

第七节　异步起动永磁同步电动机的电磁设计

与感应电动机相比，异步起动永磁同步电动机虽有诸多性能方面的优点，但在产品种类、使用场合和设计技术的成熟度方面都存在一定差距。异步起动永磁同步电动机主要在要求高效节能的场合替代感应电动机，因此其设计的目标是高功率因数、高效率、起动性能好、经济性好、工作可靠。异步起动永磁同步电动机设计就是根据产品规格、性能要求和外形尺寸要求等，结合国家标准和生产实际，运用有关设计理论与计算方法，设计出性能符合要求、可靠性高、经济性好的合格产品。其中电磁设计的主要任务是确定转子磁极结构、定转子冲片尺寸、定转子绕组数据等设计参数以满足设计要求。

一、异步起动永磁同步电动机的额定数据和主要性能指标

1. 额定数据

异步起动永磁同步电动机的额定数据主要有：

（1）额定功率 P_N：额定运行时转轴上输出的机械功率。

（2）额定电压 U_N：额定运行时的供电电压。

（3）额定频率 f：额定运行时的电源频率。

（4）额定转速 n_N：额定运行时的转速。

2. 主要性能指标

异步起动永磁同步电动机的主要性能指标有：

（1）额定效率 η_N。

（2）额定功率因数 $\cos\varphi_N$。

（3）最大转矩倍数（失步转矩倍数）T_m / T_N：最大电磁转矩与额定转矩的比值，也称为过载能力。

（4）起动转矩倍数 T_{st} / T_N：起动转矩与额定转矩的比值。

（5）起动电流倍数 I_{st} / I_N：起动电流与额定电流的比值。

（6）最小转矩倍数 T_{min} / T_N：起动过程中的最小转矩与额定转矩的比值。

（7）牵入转矩倍数 T_{pi} / T_N：牵入转矩与额定转矩的比值。

二、定子冲片尺寸和气隙长度的确定

当电机的转速一定时，极数确定，则定子槽数取决于每极每相槽数 q_1，q_1 对电机参数和性能影响较大。当 q_1 较大时，定子谐波磁场减小，附加损耗降低；定子槽漏抗减小；槽中线圈边的总散热面积增大，有利于散热；绝缘材料用量和加工工时增加，槽利用率低。综合考虑，q_1 在 2～6 之间选择，取整数，极数少、功率大的，q_1 取大值；极数多的，q_1 取小值。

对于常规用途的小功率永磁同步电动机，为提高零部件的通用性，缩短开发周期和成本，通常选用 Y 系列或 Y2 系列或 Y3 系列小型三相感应电动机的定子冲片。永磁同步电动机的气隙磁通密度高、体积小，可选用比相同规格感应电动机小一个机座号的感应电动机定子冲片。

在感应电动机中，为减小励磁电流，提高功率因数，通常使气隙长度尽可能小，而在永磁同步电动机中，功率因数可以通过调整绕组匝数和永磁体进行调整，气隙长度对杂散损耗影响较大，因此通常比同容量的感应电动机气隙长度大 0.1～0.2mm。在永磁体尺寸一定的前提下，适当增大气隙，对每极基波磁通影响较小。

三、定子绕组的设计

永磁同步电动机转子永磁体产生的磁场含有大量的谐波，感应电动势中谐波含量也较高，为避免三次谐波在绕组各相之间产生环流，三相绕组的连接通常采用 Y 联结。

1. 定子绕组型式和节距选择

与感应电动机一样，永磁同步电动机使用的绕组形式有单层绕组、双层绕组和正弦绕组等。其中单层绕组又分为同心式、链式和交叉式，区别在于端接形状、线圈节距和线圈之间的连接顺序。这些绕组型式各有其特点和适用场合。

（1）单层绕组。单层绕组的优点是：① 槽内无层间绝缘，槽利用率高；② 同一槽内导体属于同一相，不会发生层间击穿；③ 线圈数比双层少一倍，线圈制造和嵌线方便。但也存在缺点，如不能做成短距以改善气隙磁场波形，主要用于 160 及以下机座。其中同心式绕组的端部用铜多，线圈尺寸不同，制造复杂，适用于 $q_1=4$、6、8 的二极电机；链式绕组适合于 $q_1=2$ 的 4、6、8 极电机；交叉式绕组适合于 q_1 为奇数的电机。

（2）双层绕组。双层绕组的优点是：① 可通过合理选择节距改善磁场波形；② 端部排列整齐，线圈尺寸相同，便于制造；缺点是绝缘材料用量多，嵌线麻烦。主要用于 180 及以上机座号的电机。为削弱磁动势及感应电动势中的 5 次、7 次谐波，通常选择节距 $y=5/6\tau$。对于两极电机，为便于嵌线和缩短端部长度，除铁心很长的以外，一般取 $y=2/3\tau$。

（3）正弦绕组。正弦绕组的优点是谐波含量少、磁场波形好，但各线圈的尺寸和匝数不同，制作较复杂，主要用于对感应电动势波形要求较高的场合。

2. 每相串联匝数的确定

永磁同步电动机的起动性能和功率因数都与每相串联匝数直接相关。在确定每相串联匝数时，通常先满足起动要求，再通过调整永磁体来满足功率因数的要求。永磁同步电动机的起动能力比感应电动机差，故每相串联匝数少，起动电流倍数高。

3. 电流密度选择、线规、并绕根数和并联支路数的确定

一般来讲，在永磁同步电动机中，为达到高效节能的目的，电流密度通常比同容量的感应电动机低，同时每相串联匝数较小也为低电流密度的采用提供了保证。导线截面积为：

$$A_{C1} = \frac{I_1}{a_1 N_{t1} J_1} \tag{8-103}$$

式中，N_{t1}为并绕根数。对于小电机，每槽导体数较多，非常容易选择合适的每槽导体数以满足起动性能的要求，为避免极间连线过多，a_1通常取小值；对于容量较大的电机，每槽导体数较少，a_1通常取大值以增加每槽导体数，增大其选择余地，满足起动性能的要求。小型永磁同步电动机通常采用圆铜线，为便于嵌线，线径不超过1.68mm，线径应为标准值。线规确定后，要核算槽满率，槽满率一般控制在75%～80%，机械化下线控制在75%以下。

四、转子铁心的设计

1. 定转子槽配合

同感应电动机类似，当永磁同步电动机定转子槽配合不当时，会出现附加转矩，产生振动和噪声，效率下降。在选择槽配合时，通常遵循以下原则：

（1）考虑到转子磁路的对称性，转子槽数Q_2为极数的整数倍，且采用多槽远槽配合。

（2）为避免起动过程中产生较强的异步附加转矩，应使$Q_2 \leqslant 1.25(Q_1 + p)$。

（3）为避免产生同步附加转矩，应使$Q_2 \neq Q_1$、$Q_2 \neq Q_1 \pm p$、$Q_2 \neq Q_1 \pm 2p$。

（4）为避免单向振动力，应使$Q_2 \neq Q_1 \pm 1$、$Q_2 \neq Q_1 \pm p \pm 1$。

2. 转子槽形及其尺寸

永磁同步电动机可用的转子槽形如图8-4所示。为了有效隔磁，通常采用平底槽。在小型内置式永磁同步电动机中，为提供足够空间放置永磁体，槽高度较小，趋肤效应远不如感应电动机的明显，且凸形槽和刀形槽形状复杂、冲模制造困难，故通常采用梯形槽。

转子导条的主要作用是用于起动，同步运行时，气隙基波磁场不在转子导条中感应电流，因此在设计转子槽和导条时，主要考虑起动性能、牵入同步性能和转子齿、轭部磁通密度，由于槽通常窄且浅，转子齿、轭部磁通密度裕度较大。通常情况下，增大转子电阻，可以提高起动转矩，但牵入同步能力下降，因此在设计转子槽和端环时，要兼顾起动转矩和牵入转矩的需要。

由于永磁体是从转子端部放入转子铁心的，从工艺方面考虑，通常永磁体槽和永磁体之间有一定的间隙，其大小取决于冲片的加工和叠压工艺水平，通常为0.1～0.2mm。

3. 转子磁极结构的选择

无论何种磁极结构，都需要能放置足够的永磁体。在保证永磁体放置空间的前提下，尽量选用结构简单、机械性能好、隔磁效果好的磁极结构。在小型永磁同步电动机中，图8-6（a）、（b），图8-7（c）～（e）和图8-8（a）、（b）所示的磁极结构应用较多。通常后5种磁极结构能放置较多的永磁体，但当极数较多时，其优势不明显，且结构复杂，故适合于极数较少的场合。当极数较多时，宜选用图8-6（a）、（b）所示的磁极结构。

4. 永磁体设计

在异步起动永磁同步电动机设计中，永磁体形状通常为矩形，主要尺寸为每极永磁体的总宽度、永磁体充磁方向长度和永磁体轴向长度，其中永磁体轴向长度跟电机转子铁心长度相同，因此只需确定每极永磁体的总宽度和永磁体充磁方向长度。

确定永磁体充磁方向长度的原则是：在永磁材料用量尽可能少的前提下，保证永磁体在电机最大去磁工作状态下不会发生不可逆去磁，保证永磁体在稳态运行下有合理的工作点。此外永磁体充磁方向长度还与直轴电抗有关，但在设计时这方面的考虑较少。

每极永磁体的总宽度关系到每极永磁体产生的磁通量，进而关系到每相绕组感应电动势，乃至电机的整体性能和经济性，通常保证永磁同步电动机每相绕组感应电动势小于并接近于外加电压，同时保证各部分磁通密度不超过限值。

第八节 异步起动永磁同步电动机的电磁计算程序和算例

本节给出的电磁计算程序是以参考文献［2］中程序为基础改进得到的。以下算例用于说明计算过程，不是最佳设计。

一、额定数据和技术要求

（1）额定功率：$P_N = 30\text{kW}$

（2）相数：$m = 3$

（3）额定线电压：$U_{Nl} = 380\text{V}$

（4）额定频率：$f = 50\text{Hz}$

（5）极对数：$p = 3$

（6）额定效率：$\eta_N = 94\%$

（7）额定功率因数：$\cos\varphi_N = 0.95$

（8）失步转矩倍数：$T_{poN}^* = 1.8$

（9）起动转矩倍数：$T_{stN}^* = 3.0$

（10）起动电流倍数：$I_{stN}^* = 9.7$

（11）绕组型式：双层、Y 联结

（12）额定相电压：$U_N = U_{Nl} / \sqrt{3} = 380\text{V} / \sqrt{3} = 219.39\text{V}$

（13）额定相电流：$I_N = \dfrac{P_N \times 10^3}{mU_N \eta_N \cos\varphi_N} = \dfrac{30 \times 10^3}{3 \times 219.39 \times 0.94 \times 0.95}\text{A} = 51.04\text{A}$

（14）额定转速：$n_N = \dfrac{60f}{p} = \dfrac{60 \times 50}{3}\text{r/min} = 1000\text{r/min}$

（15）额定转矩：$T_N = \dfrac{9.549 P_N \times 10^3}{n_N} = \dfrac{9.549 \times 30 \times 10^3}{1000}\text{N} \cdot \text{m} = 286.47\text{N} \cdot \text{m}$

（16）绝缘等级：B 级。

二、主要尺寸

（17）转子磁路结构：串联式结构。

（18）气隙长度：$\delta = 0.07\text{cm}$

（19）定子外径：$D_1 = 40\text{cm}$

（20）定子内径：$D_{i1} = 28.5\text{cm}$

（21）转子外径：$D_2 = D_{i1} - 2\delta = 28.5\text{cm} - 2 \times 0.07\text{cm} = 28.36\text{cm}$

（22）转子内径：$D_{i2} = 10\text{cm}$

（23）定/转子铁心长度：$L_1 / L_2 = 21/21\text{cm}$

（24）电枢计算长度：$L_{ef} = L_a + 2\delta = (21 + 0.14)\text{ cm} = 21.14\text{cm}$

式中，L_a 为 L_1 和 L_2 中较小者。

（25）定/转子槽数：$Q_1 / Q_2 = 72 / 54$

（26）定子每极每相槽数：对于 60º 相带，$q = Q_1 / (2mp) = 72 / (2\times3\times3) = 4$；对于 120° 相带，$q = Q_1 / (mp)$

（27）极距：$\tau_1 = \dfrac{\pi D_{i1}}{2p} = \dfrac{28.5\pi}{6}\text{cm} = 14.923\text{cm}$

（28）硅钢片重量：$G_{Fe} = \rho_{Fe} L_b K_{Fe} (D_1 + \varDelta)^2 \times 10^{-3} = 7.8\times21\times0.93\times(40+0.5)^2\times10^{-3}\text{kg} = 249.87\text{kg}$

式中：冲剪余量 $\varDelta = 0.5\text{cm}$；L_b 为 L_1 和 L_2 中较大者；铁的密度 $\rho_{Fe} = 7.8\text{g}/\text{cm}^3$；铁心叠压系数 $K_{Fe} = 0.93$。

三、永磁体计算

（29）永磁材料：烧结钕铁硼永磁。20℃时，剩磁通密度 $B_{r20} = 1.18\text{T}$，矫顽力 $H_{c20} = 898\text{kA}/\text{m}$。

（30）计算剩磁通密度：

$$B_r = [1+(t-20)\alpha_{Br}]\left(1-\frac{IL}{100}\right)B_{r20} = \left[1+(60-20)\times\frac{-0.12}{100}\right]\times1.18\text{T} = 1.123\text{T}$$

式中：B_r 的可逆温度系数：$\alpha_{Br} = -0.12\,\%\text{K}^{-1}$；$B_r$ 的不可逆损失率：$IL = 0\,\%\text{K}^{-1}$。

预计永磁体工作温度：$t = 60℃$

（31）计算矫顽力：

$$H_c = [1+(t-20)\alpha_{Br}]\left(1-\frac{IL}{100}\right)H_{c20} = \left[1+(60-20)\times\frac{-0.12}{100}\right]\times898\text{kA}/\text{m} = 854.9\text{kA}/\text{m}$$

（32）相对回复磁导率：

$$\mu_r = \frac{B_{r20}}{\mu_0 H_{c20}\times10^3} = \frac{1.18}{4\pi\times10^{-7}\times898\times10^3} = 1.05$$

式中，真空磁导率 $\mu_0 = 4\pi\times10^{-7}\text{H}/\text{m}$。

（33）磁化方向长度：$h_m = 0.42\text{cm}$

（34）每极永磁体宽度：$b_m = 12.4\text{cm}$

（35）永磁体轴向长度：$L_m = 21\text{cm}$

（36）提供每极磁通的截面积：

串联式结构：$A_m = b_m L_m = 12.4\text{cm}\times21\text{cm} = 260.4\text{cm}^2$

并联式结构：$A_m = 2b_m L_m$

（37）永磁体重量：

$$G_m = 2pb_m h_m L_m \rho_m \times10^{-3}$$
$$= 6\times12.4\times0.42\times21\times7.45\times10^{-3}\text{kg} = 4.889\text{kg}$$

式中，永磁体密度 $\rho_m = 7.45\text{g}/\text{cm}^3$。

四、定、转子冲片

（38）定子槽形：定子槽形尺寸如图 8－59 所示。$h_{01} = 0.1\text{cm}$，$b_{01} = 0.38\text{cm}$，$b_1 = 0.68\text{cm}$，$r_1 = 0.45\text{cm}$，$h_{12} = 2.1\text{cm}$，$\alpha_1 = 35°$。

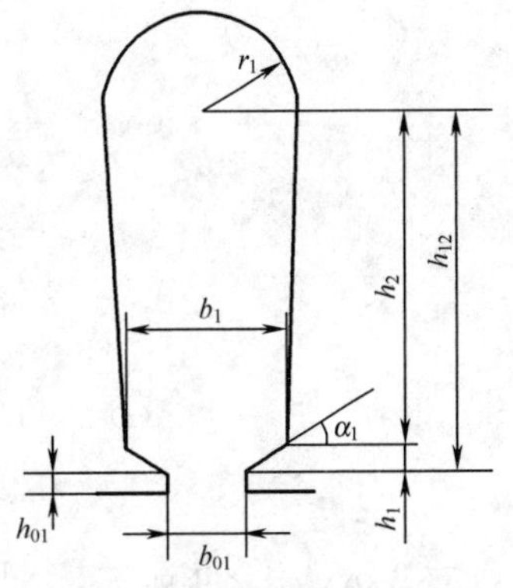

图 8－59　定子槽形尺寸

（39）转子槽形：本计算程序考虑了图 8－60 所示的转子槽

形，槽形的编号为 1～10。$L_{vv}=1$，$h_{02}=0.08\text{cm}$，$b_{02}=0.15\text{cm}$，$b_{r1}=0.32\text{cm}$，$b_{r2}=0.3\text{cm}$，$h_{r12}=1.8\text{cm}$，$\alpha_2=30°$。

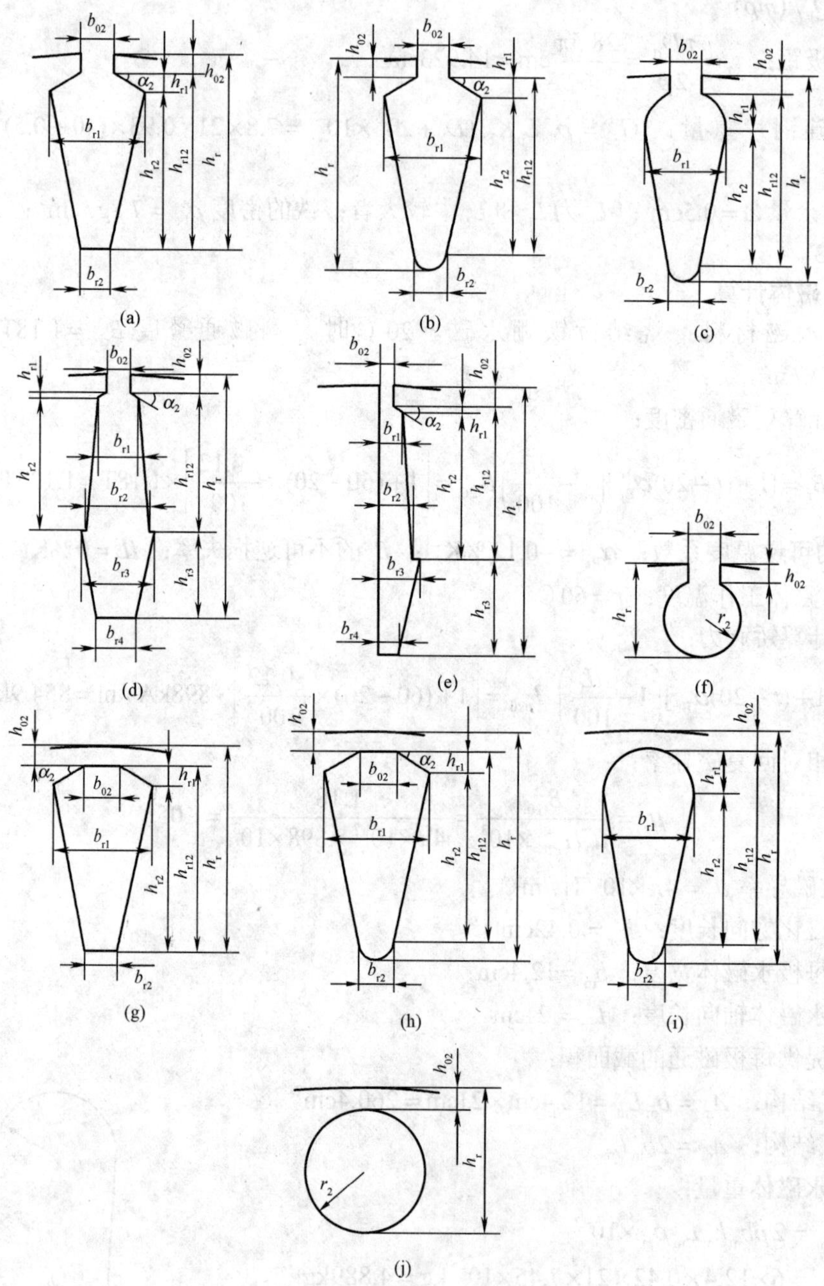

图 8－60　转子槽形尺寸

（a）$L_{vv}=1$；（b）$L_{vv}=2$；（c）$L_{vv}=3$；（d）$L_{vv}=4$；（e）$L_{vv}=5$；（f）$L_{vv}=6$；（g）$L_{vv}=7$；（h）$L_{vv}=8$；（i）$L_{vv}=9$；（j）$L_{vv}=10$

（40）定子齿距：$t_1=\dfrac{\pi D_{i1}}{Q_1}=\dfrac{28.5\pi}{72}\text{cm}=1.244\text{cm}$

（41）定子斜槽距离：取 $t_{sk}=t_1=1.244\text{cm}$

（42）定子计算齿宽：

$$b_{t11}=\frac{\pi[D_{i1}+2(h_{01}+h_{12})]}{Q_1}-2r_1=\frac{\pi[28.5+2\times(0.1+2.1)]}{72}-2\times0.45\text{cm}=0.5355\text{cm}$$

$$b_{t12}=\frac{\pi[D_{i1}+2(h_{01}+h_1)]}{Q_1}-b_1=\frac{\pi[28.5+2\times(0.1+0.105)]}{72}-0.68\text{cm}=0.5814\text{cm}$$

式中，$h_1=\dfrac{b_1-b_{01}}{2}\tan\alpha_1=\dfrac{0.68-0.38}{2}\tan\dfrac{35\pi}{180}\text{cm}=0.105\text{cm}$

定子计算齿宽 b_{t1} 取为距齿最窄处 1/3 处的齿宽：

若 $b_{t12}\leqslant b_{t11}$，$b_{t1}=b_{t12}+\dfrac{b_{t11}-b_{t12}}{3}$；

否则 $b_{t1}=b_{t11}+\dfrac{b_{t12}-b_{t11}}{3}=\left(0.535\,5+\dfrac{0.581\,4-0.535\,5}{3}\right)\text{cm}=0.550\,8\text{cm}$。

（43）定子轭计算高度：$h_{j1}=\dfrac{D_1-D_{i1}}{2}-\left(h_{01}+h_{12}+\dfrac{2}{3}r_1\right)=\left[\dfrac{40-28.5}{2}-\left(0.1+2.1+\dfrac{2}{3}\times0.45\right)\right]\text{cm}=3.25\text{cm}$

（44）定子齿磁路计算长度：$h_{t1}=h_{12}+\dfrac{r_1}{3}=\left(2.1+\dfrac{1}{3}\times0.45\right)\text{cm}=2.25\text{cm}$

（45）定子轭磁路计算长度：

$$L_{j1}=\frac{\pi}{4p}(D_1-h_{j1})=\frac{\pi}{12}(40-3.25)\text{cm}=9.621\text{cm}$$

（46）定子齿体积：

$$V_{t1}=Q_1L_1K_{Fe}h_{t1}b_{t1}=72\times21\times0.93\times2.25\times0.550\,8\text{cm}^3=1742.65\text{cm}^3$$

（47）定子轭体积：

$$V_{j1}=\pi L_1K_{Fe}h_{j1}(D_1-h_{j1})=\pi\times21\times0.93\times3.25\times(40-3.25)\text{cm}^3=7328.12\text{cm}^3$$

（48）转子齿距：

$$t_2=\frac{\pi D_2}{Q_2}=\frac{28.36\pi}{54}\text{cm}=1.65\text{cm}$$

（49）转子齿磁路计算长度：

若 L_{vv}=1，7，则 $h_{t2}=h_{r12}=1.8\text{cm}$。

若 L_{vv}=2，8，则 $h_{t2}=h_{r12}+b_{r2}/6$。

若 L_{vv}=3，9，则 $h_{t2}=h_{r12}+b_{r1}/2+b_{r2}/6$。

若 L_{vv}=4，5，则齿部按三段磁路计算：

槽上部段磁路计算长度：$h_{t2t}=h_{r1}$

槽中部段磁路计算长度：$h_{t2m}=h_{r2}$

槽下部段磁路的计算长度：$h_{t2b}=h_{r3}$

若 L_{vv}=6，10，则 $h_{t2}=2r_2$。

（50）转子轭计算高度：若采用串联式磁极结构，则：

平底槽：$h_{j2}=\dfrac{D_2-D_{i2}}{2}-h_r-h_m=\left(\dfrac{28.36-10}{2}-1.88-0.42\right)\text{cm}=6.88\text{cm}$

圆底槽：$h_{j2}=\dfrac{D_2-D_{i2}}{2}-h_r+\dfrac{b_{r2}}{6}-h_m$

圆形槽：$h_{j2}=\dfrac{D_2-D_{i2}}{2}-h_r+\dfrac{b_{r1}}{6}-h_m$

式中，h_r 为转子槽的总高度。

若为两极电机，则轭部磁路计算高度再加上 $D_{i2}/3$。

若采用并联式磁极结构，则 $h_{j2}=b_m$。

（51）转子轭磁路计算长度：

$$L_{j2}=\frac{\pi}{4p}(D_{i2}+h_{j2})=\frac{\pi}{12}\times(10+6.88)\text{cm}=4.42\text{cm}$$

五、绕组计算

（52）每槽导体数：$N_s=32$

（53）并联支路数：$a_1=6$

（54）并绕根数－线径：

$$N_{t1}-d_{11}=2-1.3$$

$$N_{t2}-d_{12}=0-0.0$$

式中：N_{t1}、N_{t2} 为并绕根数；d_{11}、d_{12} 为导线裸线直径，mm。

（55）每相绕组串联匝数：$N=\dfrac{N_sQ_1}{2ma_1}=\dfrac{32\times72}{2\times3\times6}=64$

（56）槽满率计算：

槽面积：$A_s=\dfrac{2r_1+b_1}{2}(h_{12}-h)+\dfrac{\pi r_1^2}{2}=\left[\dfrac{2\times0.45+0.68}{2}\times(2.1-0.2)+\dfrac{0.45^2\pi}{2}\right]\text{cm}^2=1.819\text{cm}^2$

式中，槽楔厚度 $h=0.2\text{cm}$。

槽绝缘面积：

双层绕组：$A_i=C_i(2h_{12}+\pi r_1+2r_1+b_1)=0.035\times(2\times2.1+0.45\pi+2\times0.45+0.68)\text{cm}^2=0.2518\text{cm}^2$

单层绕组：$A_i=C_i(2h_{12}+\pi r_1)$

槽绝缘厚度：$C_i=0.035\text{cm}$

槽有效面积：$A_{ef}=A_s-A_i=(1.819-0.2518)\text{cm}^2=1.567\text{cm}^2$

槽满率：

$$S_f=\frac{N_s[N_{t1}(d_{11}+h_{d1})^2+N_{t2}(d_{12}+h_{d2})^2]}{A_{ef}}=\frac{32\times2\times(1.3+0.08)^2}{1.567\times100}=77.78\%$$

对应于 d_{11}、d_{12} 导线的双边绝缘厚度 $h_{d1}=0.08\text{mm}$，$h_{d2}=0.0\text{mm}$。

（57）节距：$y = 11$槽。

（58）绕组节距因数：

$$K_{\mathrm{p1}} = \sin\left(\frac{\pi}{2}\beta\right) = \sin\left(\frac{11\pi}{24}\right) = 0.9914$$

式中，$\beta = \frac{y}{mq} = \frac{11}{3\times4} = \frac{11}{12}$。

（59）绕组分布因数：

$$K_{\mathrm{d1}} = \frac{\sin\left(q\frac{\alpha_3}{2}\right)}{q\sin\left(\frac{\alpha_3}{2}\right)} = \frac{\sin\left(4\times\frac{\pi}{12}\times\frac{1}{2}\right)}{4\times\sin\left(\frac{\pi}{12}\times\frac{1}{2}\right)} = 0.9577$$

式中，$\alpha_3 = \frac{2p\pi}{Q_1} = \frac{6\pi}{72} = \frac{\pi}{12}$。

（60）斜槽因数：

$$K_{\mathrm{sk1}} = \frac{2\sin\left(\frac{\alpha_{\mathrm{s}}}{2}\right)}{\alpha_{\mathrm{s}}} = \frac{2\times\sin\left(\frac{0.262}{2}\right)}{0.262} = 0.9971$$

式中，$\alpha_{\mathrm{s}} = \frac{t_{\mathrm{sk}}}{\tau_1}\pi = \frac{1.244\pi}{14.923} = 0.262$。

（61）绕组因数：

$$K_{\mathrm{dp}} = K_{\mathrm{d1}}K_{\mathrm{p1}}K_{\mathrm{sk1}} = 0.9577\times0.9914\times0.9971 = 0.947$$

（62）线圈平均半匝长：定子线圈如图 8-61 所示。

$$L_{\mathrm{av}} = L_1 + 2(d + L'_{\mathrm{E}}) = [21 + 2\times(1.5 + 9.313)]\mathrm{cm} = 42.626\mathrm{cm}$$

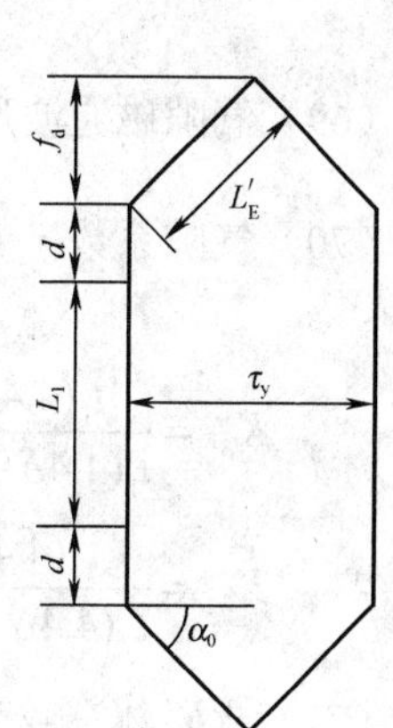

图 8-61　定子线圈示意图

式中，d为绕组直线部分伸出长，一般取 1～3cm，这里取$d = 1.5\mathrm{cm}$。

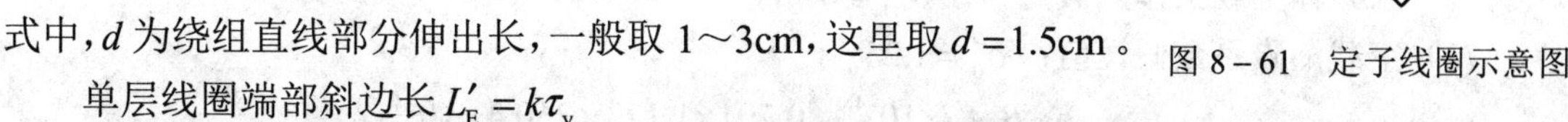

单层线圈端部斜边长$L'_{\mathrm{E}} = k\tau_{\mathrm{y}}$

双层线圈端部斜边长$L'_{\mathrm{E}} = \tau_{\mathrm{y}} / (2\cos\alpha_0) = [15.05 / (2\times0.808)]\mathrm{cm} = 9.313\mathrm{cm}$

k为系数，2 极电机取 0.58；4、6 极电机取 0.6；8 极电机取 0.625。

$$\cos\alpha_0 = \sqrt{1 - \sin^2\alpha_0} = \sqrt{1 - 0.5892^2} = 0.808$$

$$\sin\alpha_0 = \frac{b_1 + 2r_1}{b_1 + 2r_1 + 2b_{\mathrm{t1}}} = \frac{0.68 + 2\times0.45}{0.68 + 2\times0.45 + 0.5508\times2} = 0.5892$$

$$\tau_{\mathrm{y}} = \frac{\pi(D_{\mathrm{i1}} + 2h_{01} + h_1 + h_{12} + r_1)\beta_0}{2p} = \frac{11\pi}{12\times6}(28.5 + 2\times0.1 + 0.105 + 2.1 + 0.45)\mathrm{cm} = 15.05\mathrm{cm}$$

式中，β_0为与线圈节距有关的系数，对单层同心式线圈或单层交叉式线圈，β_0取平均值，对其他形式线圈，$\beta_0 = \beta$。

（63）线圈端部轴向投影长：$f_{\mathrm{d}} = L'_{\mathrm{E}}\sin\alpha_0 = 9.313\times0.5892\mathrm{cm} = 5.49\mathrm{cm}$

（64）线圈端部平均长：$L_{\mathrm{E}} = 2(d + L'_{\mathrm{E}}) = 2\times(1.5 + 9.313)\mathrm{cm} = 21.63\mathrm{cm}$

（65）定子导线重量：

$$G_{Cu}=1.05\pi\rho_{Cu}Q_1N_sL_{av}\times\frac{(N_{t1}d_{11}^2+N_{t2}d_{12}^2)}{4}\times10^{-5}$$
$$=1.05\pi\times8.9\times72\times32\times42.626\times\frac{2\times1.3^2}{4}\times10^{-5}\text{kg}$$
$$=24.36\text{kg}$$

式中，铜的密度 $\rho_{Cu}=8.9\text{g/cm}^3$。

六、磁路计算

（66）极弧系数：

对于图8-7(b)～(e)所示的磁极结构，$\alpha_p=\frac{q_m}{Q_2/2p}=\frac{8}{9}=0.889$；

对于图8-3、图8-6、图8-8及图8-7(a)、(f)、(g)所示的磁极结构，$\alpha_p=\frac{b_p}{\tau_2}=\frac{\tau_2-b_{02}}{\tau_2}$。

（67）计算极弧系数：$\alpha_i\approx\alpha_p=0.889$

（68）气隙磁通密度波形系数：$K_f=\frac{4}{\pi}\sin\frac{\alpha_i\pi}{2}=\frac{4}{\pi}\sin\frac{0.889\pi}{2}=1.254$

（69）气隙磁通波形系数：$K_\Phi=\frac{8}{\pi^2\alpha_i}\sin\frac{\alpha_i\pi}{2}=\frac{8}{0.889\pi^2}\sin\frac{0.889\pi}{2}=0.898$

（70）气隙系数：$K_\delta=K_{\delta1}K_{\delta2}=1.243\times1.034=1.285$

式中：

$$K_{\delta1}=\frac{t_1(4.4\delta+0.75b_{01})}{t_1(4.4\delta+0.75b_{01})-b_{01}^2}=\frac{1.244\times(4.4\times0.07+0.75\times0.38)}{1.244\times(4.4\times0.07+0.75\times0.38)-0.38^2}=1.243$$

$$K_{\delta2}=\frac{t_2(4.4\delta+0.75b_{02})}{t_2(4.4\delta+0.75b_{02})-b_{02}^2}=\frac{1.65\times(4.4\times0.07+0.75\times0.15)}{1.65\times(4.4\times0.07+0.75\times0.15)-0.15^2}=1.034$$

（71）永磁体空载工作点假定值：$b'_{m0}=0.791$

（72）空载漏磁系数假设值：$\sigma'_0=1.25$

（73）空载主磁通：$\Phi_{\delta0}=\frac{b'_{m0}B_rA_m\times10^{-4}}{\sigma'_0}=\frac{0.791\times1.123\times260.4\times10^{-4}}{1.25}\text{Wb}=1.85\times10^{-2}\text{Wb}$

（74）气隙磁通密度：$B_\delta=\frac{\Phi_{\delta0}\times10^4}{\alpha_i\tau_1L_{ef}}=\frac{0.0185\times10^4}{0.889\times14.923\times21.14}\text{T}=0.66\text{T}$

（75）气隙磁位差：

直轴磁路：

$$F_\delta=\frac{2B_\delta}{\mu_0}(\delta_2+K_\delta\delta)\times10^{-2}=\frac{2\times0.66}{4\pi\times10^{-7}}(0.015+1.285\times0.07)\times10^{-2}\text{A}=1102.4\text{A}$$

交轴磁路：

$$F_{\delta q}=\frac{2B_\delta}{\mu_0}K_\delta\delta\times10^{-2}=\frac{2\times0.66}{4\pi\times10^{-7}}\times1.285\times0.07\times10^{-2}\text{A}=944.9\text{A}$$

式中，永磁体在磁化方向与永磁体槽间的间隙 $\delta_2=0.015\text{cm}$。

（76）定子齿磁通密度：$B_{t1}=\dfrac{B_{\delta}t_1L_{ef}}{b_{t1}K_{Fe}L_1}=\dfrac{0.66\times1.244\times21.14}{0.5508\times0.93\times21}\text{T}=1.614\text{T}$

（77）定子齿磁位差：$F_{t1}=2H_{t1}h_{t1}=2\times41.9\times2.25\text{A}=188.6\text{A}$

根据 B_{t1} 查附表 B－1（2），得 $H_{t1}=41.9\text{A/cm}$。

（78）定子轭部磁通密度：$B_{j1}=\dfrac{\Phi_{\delta0}\times10^4}{2L_1K_{Fe}h_{j1}}=\dfrac{1.85\times10^{-2}\times10^4}{2\times21\times0.93\times3.25}\text{T}=1.46\text{T}$

（79）定子轭磁位差：$F_{j1}=2C_1H_{j1}L_{j1}=2\times0.38\times16.3\times9.621\text{A}=119.2\text{A}$

通过 B_{j1} 查附表 B－1（2），得 $H_{j1}=16.3\text{A/cm}$。

查图 8－62 得定子轭部磁路校正系数 $C_1=0.38$。

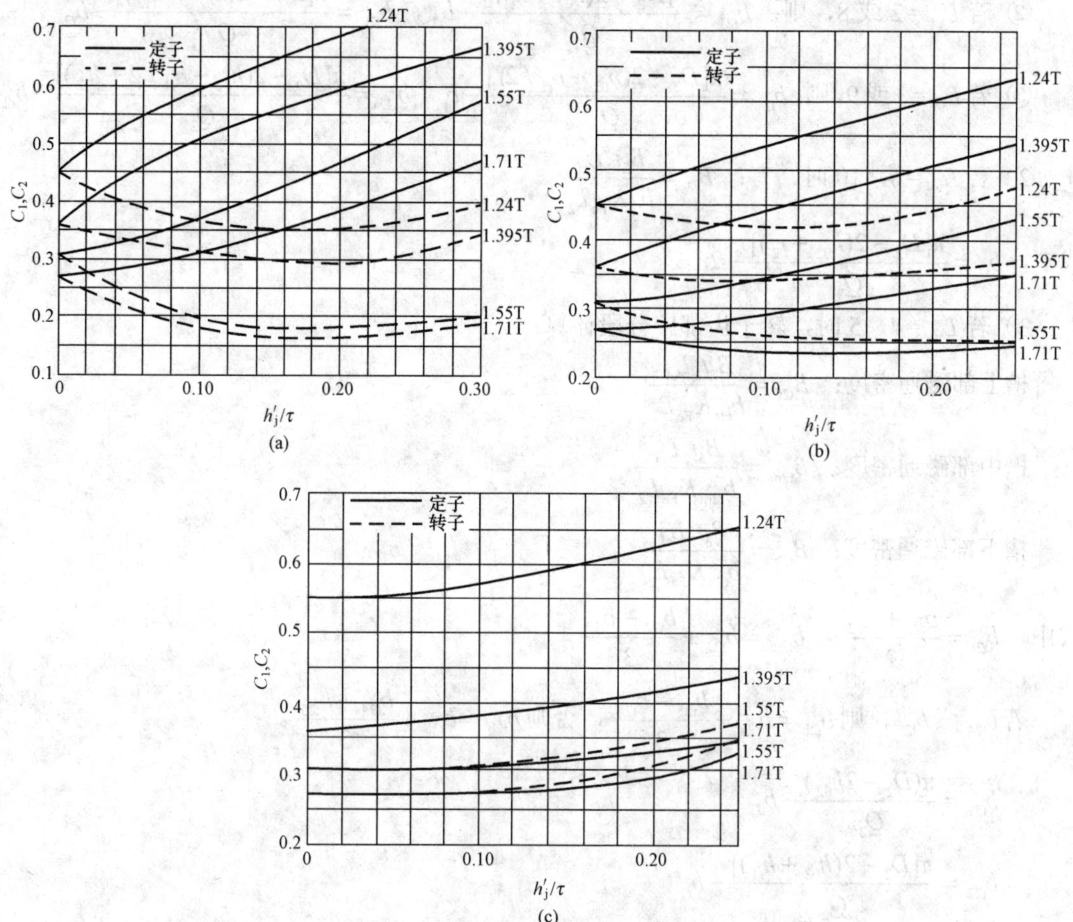

图 8－62　轭部磁路校正系数

（a）2 极；（b）4 极；（c）6 极及 6 极以上

（80）转子齿磁通密度：

1）若 L_{vv}＝1，2，3，7，8，9，有：$b_{t2}=\dfrac{B_{\delta}t_2L_{ef}}{b_{t2}K_{Fe}L_2}=\dfrac{0.66\times1.65\times21.14}{1.19\times0.93\times21}\text{T}=0.99\text{T}$。

式中，b_{t2} 为转子齿宽，对非平行齿取靠近最窄的 1/3 处。

若 $b_{t22} \leqslant b_{t21}$，则齿宽为 $b_{t2}=b_{t22}+\dfrac{b_{t21}-b_{t22}}{3}=\left(1.131+\dfrac{1.314-1.131}{3}\right)\text{cm}=1.19\text{cm}$；否则齿宽为 $b_{t2}=b_{t21}+\dfrac{b_{t22}-b_{t21}}{3}$。

① 若 L_{vv}=1 或 7，则：

$$b_{t21}=\frac{\pi[D_2-2(h_{02}+h_{r1})]}{Q_2}-b_{r1}=\left\{\frac{\pi[28.36-2\times(0.08+0.05)]}{54}-0.32\right\}\text{cm}=1.314\text{cm}$$

$$b_{t22}=\frac{\pi[D_2-2(h_{r12}+h_{02})]}{Q_2}-b_{r2}=\left(\frac{\pi[28.36-2\times(1.8+0.08)]}{54}-0.3\right)\text{cm}=1.131\text{cm}$$

② 若 L_{vv}=2 或 8，则：$b_{t21}=\dfrac{\pi[D_2-2(h_{02}+h_{r1})]}{Q_2}-b_{r1}$，$b_{t22}=\dfrac{\pi[D_2-2(h_{02}+h_{r12})]}{Q_2}-b_{r2}$

③ 若 L_{vv}=3 或 9，则：$b_{t21}=\dfrac{\pi[D_2-2(h_{02}+b_{r1}/2)]}{Q_2}-b_{r1}$，$b_{t22}=\dfrac{\pi[D_2-2(h_{02}+b_{r1}/2+h_{r2})]}{Q_2}-b_{r2}$

2）若 L_{vv}=6，10 时，有：$B_{t2}=\dfrac{B_\delta t_2 L_{ef}}{b_{t2}K_{Fe}L_2}$

式中，$b_{t2}=\dfrac{\pi[D_2-2(h_{02}+r_2)]}{Q_2}-2r_2$。

3）若 L_{vv}=4，5 时，转子齿部应分段计算：

槽上部磁通密度：$B_{t2t}=\dfrac{B_\delta t_2 L_{ef}}{b_{t2t}K_{Fe}L_2}$

槽中部磁通密度：$B_{t2m}=\dfrac{B_\delta t_2 L_{ef}}{b_{t2m}K_{Fe}L_2}$

槽下部磁通密度：$B_{t2b}=\dfrac{B_\delta t_2 L_{ef}}{b_{t2b}K_{Fe}L_2}$

式中，$b_{t2t}=\dfrac{b_{t21}+b_{t22}}{2}$，$b_{t2m}=b_{t23}+\dfrac{b_{t22}-b_{t23}}{3}$

若 $b_{t24} \leqslant b_{t25}$，则 $b_{t2b}=b_{t24}+\dfrac{b_{t25}-b_{t24}}{3}$，否则 $b_{t2b}=b_{t25}+\dfrac{b_{t24}-b_{t25}}{3}$。

$$b_{t21}=\frac{\pi(D_2-2h_{02})}{Q_2}-b_{02}$$

$$b_{t22}=\frac{\pi[D_2-2(h_{02}+h_{r1})]}{Q_2}-b_{r1}$$

$$b_{t23}=\frac{\pi[D_2-2(h_{02}+h_{r1}+h_{r2})]}{Q_2}-b_{r2}$$

$$b_{t24}=\frac{\pi[D_2-2(h_{02}+h_{r1}+h_{r2})]}{Q_2}-b_{r3}$$

$$b_{t25}=\frac{\pi[D_2-2(h_{02}+h_{r1}+h_{r2}+h_{r3})]}{Q_2}-b_{r4}$$

（81）转子齿磁位差：

1）若 $L_{vv}\neq4$ 和 5，则 $F_{t2}=2H_{t2}h_{t2}=2\times3.74\times1.8\text{A}=13.5\text{A}$。

根据 B_{t2} 查附表 B－1（2），得 $H_{t2}=3.74\text{A/cm}$。

2）若 L_{vv}=4 和 5，则 $F_{t2}=F_{t2t}+F_{t2m}+F_{t2b}$。

式中：$F_{t2t}=2H_{t2t}h_{t2t}$；$F_{t2m}=2H_{t2m}h_{t2m}$；$F_{t2b}=2H_{t2b}h_{t2b}$

根据 B_{t2t}、B_{t2m}、B_{t2b} 查硅钢片磁化曲线分别得 H_{t2t}、H_{t2m}、H_{t2b}。

（82）转子轭磁通密度：$B_{j2}=\dfrac{\Phi_{\delta0}\times10^4}{2L_2K_{Fe}h_{j2}}=\dfrac{1.85\times10^{-2}\times10^4}{2\times21\times0.93\times6.88}\text{T}=0.69\text{T}$

（83）转子轭磁位差：$F_{j2}=2C_2H_{j2}L_{j2}=2\times0.60\times2.06\times4.42\text{A}=10.9\text{A}$

根据 B_{j2} 查附表 B－1（2），得 $H_{j2}=2.06\text{A/cm}$。

查图 8－62，得到转子轭部校正系数 $C_2=0.60$。

（84）每对极总磁位差：$\Sigma F=F_\delta+F_{t1}+F_{j1}+F_{t2}+F_{j2}=(1102.4+188.6+119.2+13.5+10.9)\text{A}=1434.6\text{A}$

计算 X_{aq} 时，每对极总磁位差为：$\Sigma F_{aq}=F_{\delta q}+F_{t1}+F_{j1}+F_{t2}+F_{j2}=(944.9+188.6+119.2+13.5+10.9)\text{A}=1277.1\text{A}$

计算漏磁系数时，每极总磁位差为：$F_0=(F_{\delta q}+F_{t1}+F_{j1}+F_{t2}+F_{j2})/2=(1277.1/2)\text{A}=638.6\text{A}$

（85）空载漏磁系数：

根据第八章第二节的方法计算确定

1）通过转子槽的漏磁通 Φ_r 为：

$$\Phi_r=2\mu_0F_0\left(\frac{h_{02}}{b_{02}}+\frac{2h_{r1}}{b_{02}+b_{r1}}+\frac{2h_{r2}}{b_{r2}+b_{r1}}\right)L_{ef}\times10^{-2}$$

$$=2\times4\pi\times10^{-7}\times638.6\times\left(\frac{0.08}{0.15}+\frac{2\times0.05}{0.15+0.32}+\frac{2\times1.75}{0.3+0.32}\right)\times21.14\times10^{-2}\text{Wb}=2.169\times10^{-3}\text{Wb}$$

2）通过隔磁磁桥的磁通 Φ_x 为：

$$H_{b1}=\frac{F_0}{\min(b_{r2},h_m+\delta_2)}=\frac{638.6}{\min(0.3,0.42+0.015)}\text{A/cm}=2128.7\text{A/cm}$$

$$B_{b1}=2.24+\frac{0.3}{2000}(H_{b1}-1500)=\left[2.24+\frac{0.3}{2000}(2128.7-1500)\right]\text{T}=2.303\text{T}$$

$$\Phi_{x1}=2B_{b1}w_1L_{ef}\times10^{-4}=2\times2.303\times0.15\times21.14\times10^{-4}\text{Wb}=1.461\times10^{-3}\text{Wb}$$

$$H_{b2}=\frac{F_0}{h_m+\delta_2}=\frac{638.6}{0.42+0.015}\text{A/cm}=1468.0\text{A/cm}$$

$$B_{b2}=2.24+\frac{0.30}{2000}(H_{b2}-1500)=\left[2.24+\frac{0.30}{2000}(1468.0-1500)\right]\text{T}=2.237\text{T}$$

$$\Phi_{x2}=B_{b2}w_2L_{ef}\times10^{-4}=2.237\times0.15\times21.14\times10^{-4}\text{Wb}=7.1\times10^{-4}\text{Wb}$$

$$\Phi_x=\Phi_{x1}+\Phi_{x2}=(1.461\times10^{-3}+7.1\times10^{-4})\text{T}=2.171\times10^{-3}\text{T}$$

式中，w_1、w_2分别为隔磁磁桥1和隔磁磁桥2的宽度，$w_1=0.15\text{cm}$，$w_2=0.15\text{cm}$。

3）转子内部漏磁系数：

$$\sigma_1=\frac{\Phi_{\delta0}+\Phi_r+\Phi_x}{\Phi_\delta}=\frac{1.85\times10^{-2}+2.169\times10^{-3}+2.171\times10^{-3}}{1.85\times10^{-2}}=1.235$$

4）转子端部漏磁系数：查图8－14得，$\sigma_2'=0.282$，则：

$$\sigma_2=1+\frac{\sigma_2'}{L_2}\frac{b_M'}{\tau_2}=1+\frac{0.282}{21}\times\frac{12.4}{14.85}=1.0112$$

5）空载漏磁系数：$\sigma_0=\sigma_1+\sigma_2-1=1.235+1.0112-1=1.246$

如计算得到的σ_0与假设值σ_0'之间误差超过1%，则应重新设定σ_0'，重复第73至85项的计算。

（86）齿磁路饱和系数：$K_{st}=\dfrac{F_{\delta q}+F_{t1}+F_{t2}}{F_{\delta q}}=\dfrac{944.9+188.6+13.5}{944.9}=1.214$

（87）主磁导：$\Lambda_\delta=\dfrac{\Phi_{\delta0}}{\sum F}=\dfrac{1.85\times10^{-2}}{1434.6}\text{H}=1.29\times10^{-5}\text{H}$

（88）主磁导标幺值：

串联式磁路结构：$\lambda_\delta=\dfrac{2\Lambda_\delta h_m\times10^2}{\mu_r\mu_0A_m}=\dfrac{2\times1.29\times10^{-5}\times0.42\times10^2}{1.05\times4\pi\times10^{-7}\times260.4}=3.154$

并联式磁路结构：$\lambda_\delta=\dfrac{\Lambda_\delta h_m\times10^2}{\mu_r\mu_0A_m}$

（89）外磁路总磁导标幺值：$\lambda_n=\sigma_0\lambda_\delta=1.246\times3.154=3.93$

（90）漏磁导标幺值：$\lambda_\sigma=(\sigma_0-1)\lambda_\delta=(1.246-1)\times3.154=0.78$

（91）永磁体空载工作点：$b_{m0}=\dfrac{\lambda_n}{\lambda_n+1}=\dfrac{3.93}{3.93+1}=0.797$

如计算得到的b_{m0}与假设值b_{m0}'之间误差超过1%，则应重新设定b_{m0}'，重复第72～91项的计算。

（92）气隙磁通密度基波幅值：$B_{\delta1}=K_f\dfrac{\Phi_{\delta0}\times10^4}{\alpha_i\tau_1L_{ef}}=1.254\times\dfrac{1.85\times10^{-2}\times10^4}{0.889\times14.923\times21.14}\text{T}=0.827\text{T}$

（93）空载反电动势：

$$E_0=4.44fK_{dp}N\Phi_{\delta0}K_\Phi=4.44\times50\times0.947\times64\times0.0185\times0.898\text{V}=223.5\text{V}$$

七、参数计算

（94）定子直流电阻：

$$R_1=\rho\frac{2L_{av}N}{\pi a_1\left[N_{t1}\left(\frac{d_{11}}{2}\right)^2+N_{t2}\left(\frac{d_{12}}{2}\right)^2\right]}=2.17\times10^{-4}\times\frac{2\times42.626\times64}{6\pi\times2\times\left(\frac{1.3}{2}\right)^2}\Omega=0.0743\Omega$$

式中，铜线电阻率$\rho=2.17\times10^{-4}\ \Omega\cdot\text{mm}^2/\text{cm}$。

（95）转子折算电阻：$R_2=R_B+R_R=(0.1407+0.0176)\Omega=0.1583\Omega$

导条电阻：$R_{B}=\dfrac{K_{B}k_{c}\rho_{B}L_{B}}{A_{B}}=\dfrac{1.04\times816.3\times4.34\times10^{-4}\times21}{55}\Omega=0.140\,7\Omega$

端环电阻：$R_{R}=\dfrac{k_{c}Q_{2}\rho_{R}D_{R}}{2\pi p^{2}A_{R}}=\dfrac{816.3\times54\times4.34\times10^{-4}\times25.96}{2\pi\times3^{2}\times500}\Omega=0.017\,6\Omega$

式中　$K_{B}=1.04$（对铸铝转子）；

$K_{B}=1.0$（对铜条转子）；

$k_{c}=\dfrac{4m(NK_{dp})^{2}}{Q_{2}}=\dfrac{12\times(64\times0.947)^{2}}{54}=816.3$；

L_{B}——转子导条长度，$L_{B}=21\text{cm}$；

A_{B}——导条截面积，$A_{B}=55\text{mm}^{2}$；

D_{R}——端环平均直径，$D_{R}=25.96\text{cm}$；

A_{R}——端环截面积，$A_{R}=500\text{mm}^{2}$；

ρ_{B}——导条电阻率，$\rho_{B}=4.34\times10^{-4}\,\Omega\cdot\text{mm}^{2}/\text{cm}$；

ρ_{R}——端环电阻率，$\rho_{R}=4.34\times10^{-4}\,\Omega\cdot\text{mm}^{2}/\text{cm}$。

（96）转子绕组重量：

对铜条转子：$G_{Cu2}=8.9(Q_{2}A_{B}L_{B}+2A_{R}\pi D_{R})\times10^{-5}$

对铸铝转子：$G_{Al}=2.7(Q_{2}A_{B}L_{B}+2A_{R}\pi D_{R})\times10^{-5}=2.7\times(54\times55\times21+2\pi\times500\times25.96)\times10^{-5}\text{kg}=3.89\text{ kg}$

（97）漏抗系数：

$$C_{x}=\frac{4\pi f\mu_{0}L_{ef}(K_{dp}N)^{2}\times10^{-2}}{p}=\frac{4\pi\times50\times4\pi\times10^{-7}\times21.14\times(0.947\times64)^{2}\times10^{-2}}{3}=0.204\,4$$

（98）定子槽比漏磁导：$\lambda_{s1}=K_{U1}\lambda_{U1}+K_{L1}\lambda_{L1}=0.937\,5\times0.461\,3+0.953\times1.131=1.51$

式中　K_{U1}、K_{L1}——槽上、下部节距漏抗系数。

对于 60° 相带绕组：

当 0≤β≤1/3 时，$K_{U1}=3\beta/4$，$K_{L1}=(9\beta+4)/16$；

当 1/3≤β≤2/3 时，$K_{U1}=(6\beta-1)/4$，$K_{L1}=(18\beta+1)/16$；

当 2/3≤β≤1 时，$K_{U1}=(3\beta+1)/4=(11/4+1)/4=0.937\,5$，$K_{L1}=(9\beta+7)/16=(33/4+7)/16=0.953$。

对于 120° 相带绕组：

当 0≤β≤2/3 时，$K_{U1}=8\beta/9$，$K_{L1}=27\beta/32+1/4$；

当 2/3≤β≤1 时，$K_{U1}=3/4$，$K_{L1}=13/16$。

$$\lambda_{U1}=\frac{h_{01}}{b_{01}}+\frac{2h_{1}}{b_{01}+b_{1}}=\frac{0.1}{0.38}+\frac{2\times0.105}{0.38+0.68}=0.461\,3$$

$$\lambda_{L1}=\frac{\beta_{s}}{\left[\dfrac{\pi}{8\beta_{s}}+\dfrac{(1+\alpha)}{2}\right]^{2}}(K_{r1}+K_{r2})=\frac{2.216\,7}{\left[\dfrac{\pi}{8\times2.216\,7}+\dfrac{(1+0.755\,6)}{2}\right]^{2}}(0.337+0.231)=1.131$$

式中　$\alpha=\dfrac{b_{1}}{2r_{1}}=\dfrac{0.68}{2\times0.45}=0.755\,6$。

$$\beta_s=\frac{h_2}{2r_1}=\frac{1.995}{2\times0.45}=2.2167$$

$$K_{r1}=\frac{1}{3}-\frac{1-\alpha}{4}\left[\frac{1}{4}+\frac{1}{3(1-\alpha)}+\frac{1}{2(1-\alpha)^2}+\frac{1}{(1-\alpha)^3}+\frac{\ln\alpha}{(1-\alpha)^4}\right]$$

$$=\frac{1}{3}-\frac{1-0.755\,6}{4}\left[\frac{1}{4}+\frac{1}{3(1-0.755\,6)}+\frac{1}{2(1-0.755\,6)^2}+\frac{1}{(1-0.755\,6)^3}+\frac{\ln0.755\,6}{(1-0.755\,6)^4}\right]$$

$$=0.337$$

$$K_{r2}=\frac{2\pi^3-9\pi}{1536\beta_s^3}+\frac{\pi}{16\beta_s}-\frac{\pi}{8(1-\alpha)\beta_s}-\left[\frac{\pi^2}{64(1-\alpha)\beta_s^2}+\frac{\pi}{8(1-\alpha)^2\beta_s}\right]\ln\alpha$$

$$=\frac{2\pi^3-9\pi}{1536\times2.216\,7^3}+\frac{\pi}{16\times2.216\,7}-\frac{\pi}{8\times(1-0.755\,6)\times2.216\,7}-$$

$$\left[\frac{\pi^2}{64\times(1-0.755\,6)\times2.216\,7^2}+\frac{\pi}{8\times(1-0.755\,6)^2\times2.216\,7}\right]\ln0.755\,6$$

$$=0.231$$

（99）定子槽漏抗：$X_{s1}=\frac{2pmL_1\lambda_{s1}}{L_{ef}K_{dp}^2Q_1}C_x=\frac{2\times3\times3\times21\times1.51\times0.204\,4}{21.14\times0.947^2\times72}\Omega=0.085\,5\Omega$

（100）定子谐波漏抗：

$$X_{d1}=\frac{m\tau_1\sum s}{\pi^2K_\delta\delta K_{dp}^2K_{st}}C_x=\frac{3\times14.923\times0.006\,6\times0.204\,4}{\pi^2\times1.285\times0.07\times0.947^2\times1.214}\Omega=0.062\,5\Omega$$

查图 8-63 得到 $\sum s=0.006\,6$。

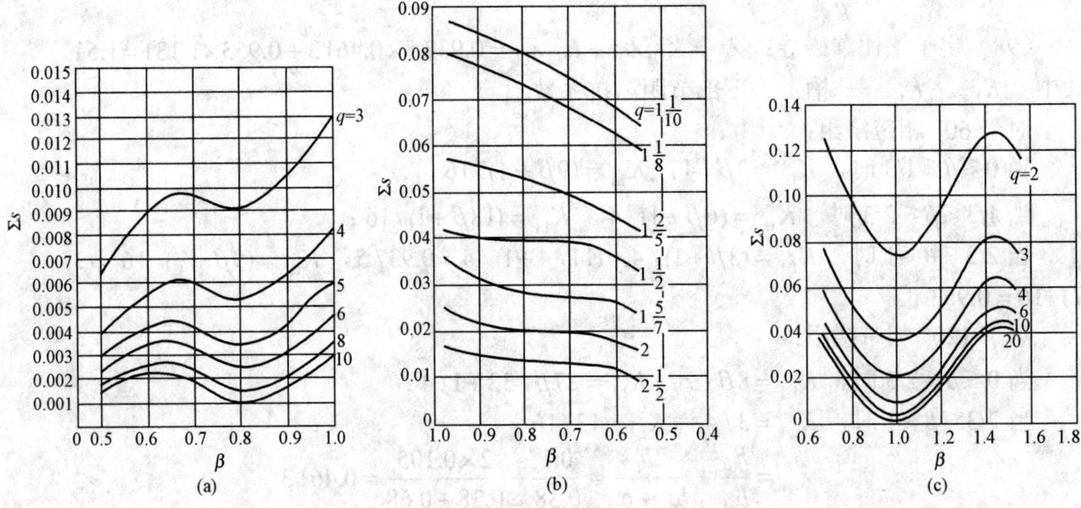

图 8-63　定子三相绕组的谐波漏磁导

（a）三相 60° 相带（整数槽）；（b）三相 60° 相带（分数槽）；（c）三相 120° 相带

（101）定子端部漏抗：

双层叠绕组：$X_{E1}=\frac{1.2(d+0.5f_d)}{L_{ef}}C_x=\frac{1.2\times(1.5+0.5\times5.49)}{21.14}\times0.204\,4\Omega=0.049\Omega$

单层同心式：$X_{E1}=0.67\dfrac{L_E-0.64\tau_y}{L_{ef}K_{dp}^2}C_x$

单层交叉式、同心式（分组的）：$X_{E1}=0.47\dfrac{L_E-0.64\tau_y}{L_{ef}K_{dp}^2}C_x$

单层链式：$X_{E1}=0.2\dfrac{L_E}{L_{ef}K_{dp}^2}C_x$

（102）定子斜槽漏抗：$X_{sk}=0.5\left(\dfrac{t_{sk}}{t_1}\right)^2 X_{d1}=0.5\times\left(\dfrac{1.244}{1.244}\right)^2\times 0.062\,5\Omega=0.031\,3\Omega$

（103）定子漏抗：$X_1=X_{s1}+X_{d1}+X_{E1}+X_{sk}=(0.085\,5+0.062\,5+0.049+0.031\,3)\Omega=0.228\,\Omega$

（104）转子槽比漏磁导：$\lambda_{s2}=\lambda_{U2}+\lambda_{L2}=0.533+2.0=2.533$

对半闭口槽，$\lambda_{U2}=\dfrac{h_{02}}{b_{02}}=\dfrac{0.08}{0.15}=0.533$

对于 L_{vv}=7、8、9、10，为闭口槽，此时无确定的转子电流值，难以计算，在起动性能计算时予以考虑。

槽下部比漏磁导 λ_{L2} 的计算方法见附录 C。

L_{vv}=1 时，$\lambda_{L2}=\dfrac{2h_{r1}}{b_{02}+b_{r1}}+\dfrac{4\beta_r}{(1+\alpha_r)^2}K_{r1}=\dfrac{2\times 0.05}{0.15+0.32}+\dfrac{4\times 5.833\,3}{(1+1.066\,7)^2}\times 0.333\,5=2.0$

$$
\begin{aligned}
K_{r1}&=\frac{1}{3}-\frac{1-\alpha_r}{4}\times\left[\frac{1}{4}+\frac{1}{3(1-\alpha_r)}+\frac{1}{2(1-\alpha_r)^2}+\frac{1}{(1-\alpha_r)^3}+\frac{\ln\alpha_r}{(1-\alpha_r)^4}\right]\\
&=\frac{1}{3}-\frac{1-1.066\,7}{4}\times\left[\frac{1}{4}+\frac{1}{3(1-1.066\,7)}+\frac{1}{2(1-1.066\,7)^2}+\frac{1}{(1-1.066\,7)^3}+\frac{\ln 1.066\,7}{(1-1.066\,7)^4}\right]\\
&=0.333\,5
\end{aligned}
$$

$$\beta_r=\frac{h_{r2}}{b_{r2}}=\frac{1.75}{0.3}=5.833\,3$$

$$\alpha_r=\frac{b_{r1}}{b_{r2}}=\frac{0.32}{0.3}=1.066\,7$$

（105）转子槽漏抗：$X_{s2}=\dfrac{2mpL_2\lambda_{s2}}{L_{ef}Q_2}C_x=\dfrac{2\times 3\times 3\times 21\times 2.533}{21.14\times 54}\times 0.204\,4\Omega=0.171\,4\,\Omega$

（106）转子谐波漏抗：$X_{d2}=\dfrac{m\tau_1\sum R}{\pi^2K_\delta\delta K_{st}}C_x=\dfrac{3\times 14.923\times 0.010\,15}{\pi^2\times 1.285\times 0.07\times 1.214}\times 0.204\,4\Omega=0.086\,2\Omega$

式中：$\sum R=\dfrac{\pi^2\left(\dfrac{2p}{Q_2}\right)^2}{12}=\dfrac{\pi^2\left(\dfrac{6}{54}\right)^2}{12}\Omega=0.010\,15\Omega$

（107）转子端部漏抗：$X_{E2}=\dfrac{0.757}{L_{ef}}\left(\dfrac{L_B-L_2}{1.13}+\dfrac{D_R}{2p}\right)C_x=\dfrac{0.757}{21.14}\times\dfrac{25.96}{6}\times 0.204\,4\Omega=0.032\Omega$

（108）转子漏抗：$X_2=X_{s2}+X_{d2}+X_{E2}=(0.171\,4+0.086\,2+0.032)\Omega=0.289\,6\Omega$

（109）直轴电枢磁动势折算系数：$K_{ad}=\dfrac{1}{K_f}=\dfrac{1}{1.254}=0.797$

（110）直轴电枢反应电抗：$X_{ad}=\dfrac{|E_0-E_d|}{I_d}=\dfrac{|223.5-163.1|}{25.5}\Omega=2.37\Omega$

式中：$E_d=4.44fK_{dp}N\Phi_{\delta N}K_\Phi=4.44\times50\times0.947\times64\times0.0135\times0.898\text{V}=163.1\text{V}$

$\Phi_{\delta N}=[b_{mN}-(1-b_{mN})\lambda_\sigma]A_mB_r\times10^{-4}=[0.698-(1-0.698)\times0.78]\times260.4\times1.123\times10^{-4}\text{Wb}$
$=0.0135\text{Wb}$。

$$b_{mN}=\frac{\lambda_n(1-f_a')}{\lambda_n+1}=\frac{3.93\times(1-0.1239)}{3.93+1}=0.698$$

对串联式磁路结构：$f_a'=\dfrac{F_{ad1}}{\sigma_0h_mH_c\times10}=\dfrac{554.3}{1.246\times0.42\times854.9\times10}=0.1239$

对并联式磁路结构：

$$f_a'=\frac{2F_{ad1}}{\sigma_0h_mH_c\times10}$$

其中：$F_{ad1}=0.45mK_{ad}\dfrac{K_{dp}NI_d}{p}=0.45\times3\times0.797\times\dfrac{0.947\times64\times25.5}{3}\text{A}=554.3\text{A}$

式中：$I_d=I_N/2=(51.04/2)\text{A}=25.5\text{A}$

（111）直轴同步电抗：$X_d=X_{ad}+X_1=(2.37+0.228)\Omega=2.60\Omega$

（112）交轴电枢反应电抗：$X_{aq}=X_{ad}\left(1+\dfrac{\lambda_\delta}{1+\lambda_\sigma}\right)=2.37\times\left(1+\dfrac{3.154}{1+0.78}\right)\Omega=6.57\Omega$

（113）交轴同步电抗：$X_q=X_{aq}+X_1=(6.57+0.228)\Omega=6.80\Omega$

八、工作特性计算

（114）机械损耗：

对于 2 极防护式，有：$p_{fw}=5.5\left(\dfrac{3}{p}\right)^2D_2^3\times10^{-3}$（W）

对于 4 极以上防护式，有：$p_{fw}=6.5\left(\dfrac{3}{p}\right)^2D_2^3\times10^{-3}=6.5\times\left(\dfrac{3}{3}\right)^2\times28.36^3\times10^{-3}\text{W}=148.3\text{W}$

对于 2 极封闭型自扇冷式，有：$p_{fw}=13(1-D_1\times10^{-2})\left(\dfrac{3}{p}\right)^2D_1^4\times10^{-5}$（W）

对于 4 极以上封闭型自扇冷式，有：$p_{fw}=\left(\dfrac{3}{p}\right)^2D_1^4\times10^{-4}$（W）

也可参考同规格感应电动机的机械损耗。

（115）设定功角：$\theta=56.5°$

（116）输入功率：

$$P_1=\frac{m}{X_dX_q+R_1^2}\times[E_0U_N(X_q\sin\theta-R_1\cos\theta)+R_1U_N^2+0.5U_N^2(X_d-X_q)\sin 2\theta]$$

$$=\frac{3}{2.6\times6.8+0.074\,3^2}\times[223.5\times219.39\times(6.8\times\sin56.5^\circ-0.0743\times\cos56.5^\circ)+$$

$$0.074\,3\times219.39^2+0.5\times219.39^2\times(2.6-6.8)\times\sin113^\circ]=31\,647.1\text{W}$$

（117）直轴电流：

$$I_d=\frac{R_1U_N\sin\theta+X_q(E_0-U_N\cos\theta)}{X_dX_q+R_1^2}$$

$$=\frac{0.074\,3\times219.39\times\sin56.5^\circ+6.8\times(223.5-219.39\times\cos56.5^\circ)}{2.6\times6.8+0.074\,3^2}\text{A}=40.14\text{A}$$

（118）交轴电流：

$$I_q=\frac{X_dU_N\sin\theta-R_1(E_0-U_N\cos\theta)}{X_dX_q+R_1^2}$$

$$=\frac{2.6\times219.39\times\sin56.5^\circ-0.074\,3\times(223.5-219.39\times\cos56.5^\circ)}{2.6\times6.8+0.074\,3^2}\text{A}=26.47\text{A}$$

（119）功率因数：$\cos\varphi=\cos(-0.1^\circ)=1.0$

式中：$\varphi=\theta-\psi=56.5^\circ-56.6^\circ=-0.1^\circ$；$\psi=\arctan\dfrac{I_d}{I_q}=\arctan\dfrac{40.14}{26.47}=56.6^\circ$

（120）定子电流：$I_1=\sqrt{I_d^2+I_q^2}=\sqrt{40.14^2+26.47^2}\text{A}=48.08\text{A}$

（121）定子电阻损耗：$p_{Cu}=mI_1^2R_1=3\times48.08^2\times0.074\,3\text{W}=515.3\text{W}$

（122）负载气隙磁通：$\Phi_\delta=\dfrac{E_\delta}{4.44fK_{dp}NK_\Phi}=\dfrac{216.15}{4.44\times50\times0.947\times64\times0.898}\text{Wb}=0.017\,89\text{Wb}$

式中：$E_\delta=\sqrt{(E_0-I_dX_{ad})^2+(I_qX_{aq})^2}=\sqrt{(223.5-40.14\times2.37)^2+(26.47\times6.57)^2}\text{V}=216.15\text{V}$

（123）负载气隙磁通密度：$B_{\delta d}=\dfrac{\Phi_\delta\times10^4}{\alpha_i\tau_1L_{ef}}=\dfrac{0.017\,89\times10^4}{0.889\times14.923\times21.14}\text{T}=0.638\text{T}$

（124）负载定子齿磁通密度：$B_{t1d}=B_{\delta d}\dfrac{t_1L_{ef}}{b_{t1}K_{Fe}L_1}=\dfrac{0.638\times1.244\times21.14}{0.5508\times0.93\times21}\text{T}=1.560\text{T}$

（125）负载定子轭磁通密度：$B_{j1d}=\dfrac{\Phi_\delta\times10^4}{2L_1K_{Fe}h_{j1}}=\dfrac{0.017\,89\times10^4}{2\times21\times0.93\times3.25}\text{T}=1.409\text{T}$

（126）铁耗：$p_{Fe}=k_1p_{t1d}V_{t1}+k_2p_{j1d}V_{j1}=(2.5\times0.042\,9\times1742.65+2\times0.035\,1\times7328.12)\text{W}=701.3\text{W}$

式中：p_{t1d}、p_{j1d} 为定子齿及轭单位铁损耗，可由 B_{t1d} 和 B_{j1d} 查附表 B－2（2）得到；k_1、k_2 为铁损耗修正系数，一般分别取 2.5、2，或根据实验确定。

（127）杂散损耗：$p_s=\left(\dfrac{I_1}{I_N}\right)^2p_{sN}{}^*P_N\times10^3=\left(\dfrac{48.08}{48.08}\right)^2\times0.008\times30\times10^3\text{W}=240.0\text{W}$

p_{sN}^* 可参考实验值或根据经验给定，此处取为 0.8%。

（128）总损耗：$\Sigma p = p_{Cu} + p_{Fe} + p_{fw} + p_s = (515.3 + 701.3 + 148.3 + 240.0)W = 1604.9W$

（129）输出功率：$P_2 = P_1 - \Sigma p = (31647.1 - 1577.9)W = 30042.2W$

（130）效率：$\eta = \frac{P_2}{P_1} = \frac{30042.2}{31647.1} = 94.93\%$

（131）工作特性：给定一系列递增的功角 θ，分别求出不同功角时的 P_2、η、I_1、$\cos\varphi$ 等性能，即为电机的工作特性，见表 8－3。

表 8－3　　　　　　　　　　　　工　作　特　性

θ/(°)	P_1/W	P_2/W	I_1/A	I_d/A	I_q/A	η/(%)	$\cos\varphi$
20.0	8349.4	7424.6	12.99	6.98	10.96	88.92	0.976
25.0	10 815.3	9855.1	16.75	9.87	13.53	91.12	0.981
30.0	13 502.6	12 493.7	20.82	13.34	15.99	92.53	0.985
35.0	16 429.9	15 356.3	25.24	17.36	18.32	93.47	0.989
40.0	19 603.8	18 446.4	30.00	21.91	20.50	94.10	0.993
45.0	23 017.6	21 754.4	35.11	26.94	22.52	94.51	0.996
50.0	26 651.3	25 257.4	40.55	32.42	24.36	94.77	0.999
55.0	30 471.4	28 919.1	46.30	38.31	26.01	94.91	1.000
56.5	31 647.1	30 042.2	48.08	40.14	26.47	94.93	1.000
60.0	34 431.1	32 690.1	52.33	44.56	27.45	94.94	1.000
65.0	38 471.5	36 509.3	58.62	51.12	28.68	94.9	0.997
70.0	42 522.9	40 306.0	65.11	57.95	29.68	94.79	0.992
75.0	46 506.2	44 001.5	71.77	64.99	30.45	94.61	0.984
80.0	50 335.5	47 507.7	78.56	72.19	30.98	94.38	0.973

（132）失步转矩倍数：

根据电磁功率的表达式，以功率角为自变量，求导得到：

$$\frac{dP_{em}}{d\theta} = \frac{mU_N E_0}{X_d}\cos\theta + mU_N^2\left(\frac{1}{X_q} - \frac{1}{X_d}\right)\cos 2\theta$$

令上式为零，求解得到功率角的值。由于永磁同步电动机最大功率出现在 $\theta > 90°$ 时，因此功率角取第二象限的值，得到 $\theta = 113.97°$，据此得到电磁功率的最大值：

$$P_{emmax} = \frac{mU_N E_0}{X_d}\sin\theta + \frac{mU_N^2}{2}\left(\frac{1}{X_q} - \frac{1}{X_d}\right)\sin 2\theta$$

$$= \frac{3\times219.39\times223.5}{2.6}\sin113.97°W + \frac{3\times219.39^2}{2}\left(\frac{1}{6.8} - \frac{1}{2.6}\right)\sin227.94°W = 64\,431.7W$$

$$T_{po}^{*} \approx \frac{P_{emmax}}{P_N} = \frac{64\,431.7}{30\times10^3} = 2.148$$

由于电磁功率中还包含铁耗、机械损耗和杂散损耗，所以输出功率会略小于电磁功率，因此实际的失步转矩倍数会小于该值。

（133）永磁体额定负载工作点：$b_{mN} = \dfrac{\lambda_n(1-f'_{aN})}{\lambda_n+1} = \dfrac{3.93\times(1-0.195)}{3.93+1} = 0.641\,7$

式中，对串联式磁极结构：

$$f'_{aN} = \frac{0.45mK_{ad}K_{dp}NI_{dN}}{p\sigma_0 H_c h_m\times10} = \frac{0.45\times3\times0.797\times0.947\times64\times40.14}{3\times1.246\times854.9\times0.42\times10} = 0.195$$

对并联式磁极结构：$f'_{aN} = \dfrac{0.9mK_{ad}K_{dp}NI_{dN}}{p\sigma_0 H_c h_m\times10}$

输出额定功率时定子电流的直轴分量：$I_{dN} = 40.14\text{A}$

（134）电负荷：$A = \dfrac{2mNI_1}{\pi D_{i1}} = \dfrac{2\times3\times64\times48.08}{28.5\pi}\text{A/cm} = 206.2\text{A/cm}$

（135）电流密度：$J_1 = \dfrac{I_1}{a_1\pi\left[N_{t1}\left(\dfrac{d_{11}}{2}\right)^2 + N_{t2}\left(\dfrac{d_{12}}{2}\right)^2\right]} = \dfrac{48.08}{6\pi\times2\left(\dfrac{1.3}{2}\right)^2}\text{A/mm}^2 = 3.02\text{A/mm}^2$

（136）热负荷：$AJ_1 = 206.2\times3.02\text{A/(cm}\cdot\text{mm}^2) = 622.7\text{A/(cm}\cdot\text{mm}^2)$

（137）永磁体最大去磁工作点：$b_{mh} = \dfrac{\lambda_n(1-f'_{adh})}{\lambda_n+1} = \dfrac{3.93\times(1-0.827)}{3.93+1} = 0.138$

式中，对串联式磁极结构：

$$f'_{adh} = \frac{0.45mK_{ad}K_{dp}NI_{adh}}{p\sigma_0 H_c h_m\times10} = \frac{0.45\times3\times0.797\times0.947\times64\times170.2}{3\times1.246\times854.9\times0.42\times10} = 0.827$$

对并联式磁极结构：$f'_{adh} = \dfrac{0.9mK_{ad}K_{dp}NI_{adh}}{p\sigma_0 H_c h_m\times10}$

$$I_{adh} = \frac{E_0X_d + \sqrt{E_0^2X_d^2 - (R_1^2+X_d^2)(E_0^2-U_N^2)}}{R_1^2+X_d^2}$$
$$= \frac{223.5\times2.6 + \sqrt{223.5^2\times2.6^2 - (0.074\,3^2+2.6^2)\times(223.5^2-219.39^2)}}{0.074\,3^2+2.6^2}\text{A} = 170.2\text{A}$$

b_{mh} 应高于最高工作温度（钕铁硼）或最低温度（铁氧体）时永磁材料退磁曲线的拐点。

九、起动性能计算

（138）起动电流假定：$I'_{st} = 460.0\text{A}$

（139）漏抗饱和系数：由 B_L 图 8-64 查得 $K_z = 0.6$，则：

$$B_L = \frac{\mu_0 F_{st}}{2\delta\beta_c\times10^{-2}} = \frac{4\pi\times10^{-7}\times3798.9}{2\times0.07\times1.029\times10^{-2}}\text{T} = 3.31\text{T}$$

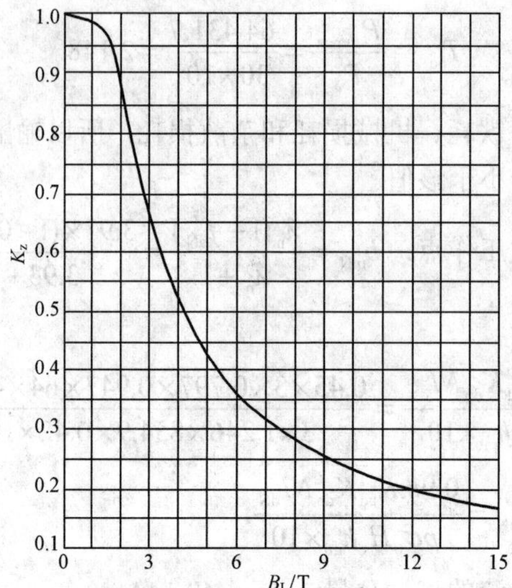

图 8-64　漏抗饱和系数

式中：$\beta_c = 0.64 + 2.5\sqrt{\delta/(t_1+t_2)} = 0.64 + 2.5\times\sqrt{0.07/(1.244+1.65)} = 1.029$

$$F_{st} = 0.707 I'_{st}\frac{N_s}{a}\times\left(K_{U1} + K_{d1}^2 K_{p1}\frac{Q_1}{Q_2}\right)\frac{E_0}{U_N}$$

$$= 0.707\times460.0\times\frac{32}{6}\times\left(0.937\,5 + 0.957\,7^2\times0.991\,4\times\frac{72}{54}\right)\times\frac{223.5}{219.39}\text{A} = 3798.9\text{A}$$

（140）齿顶漏磁饱和引起定子齿顶宽度的减小：

$$C_{s1} = (t_1 - b_{01})(1-K_z) = (1.244-0.38)\times(1-0.6)\text{cm} = 0.346\text{cm}$$

（141）齿顶漏磁饱和引起转子齿顶宽度的减小：

若 $L_{vv}=1\sim6$，则 $C_{s2} = (t_2 - b_{02})(1-K_z) = (1.65-0.15)\times(1-0.6)\text{cm} = 0.60\text{cm}$ 。

（142）起动时定子槽比磁导：

$$\begin{aligned}\lambda_{s1st} &= K_{U1}(\lambda_{U1} - \Delta\lambda_{U1}) + K_{L1}\lambda_{L1}\\ &= 0.937\,5\times(0.461\,3-0.160) + 0.953\times1.131\\ &= 1.36\end{aligned}$$

式中：$\Delta\lambda_{U1} = \frac{h_{01}+0.58h_1}{b_{01}}\left(\frac{C_{s1}}{C_{s1}+1.5b_{01}}\right) = \frac{0.1+0.58\times0.105}{0.38}\times\left(\frac{0.346}{0.346+1.5\times0.38}\right) = 0.160$

（143）起动时定子槽漏抗：$X_{s1st} = \frac{\lambda_{s1st}}{\lambda_{s1}}X_{s1} = \frac{1.36}{1.51}\times0.085\,5\Omega = 0.077\Omega$

（144）起动时定子谐波漏抗：$X_{d1st} = K_z X_{d1} = 0.6\times0.062\,5\Omega = 0.037\,5\Omega$

（145）起动时定子斜槽漏抗：$X_{skst} = K_z X_{sk} = 0.6\times0.031\,3\Omega = 0.018\,8\Omega$

（146）起动时定子漏抗：

$$X_{1st} = X_{s1st} + X_{d1st} + X_{E1} + X_{skst} = 0.077\Omega + 0.037\,5\Omega + 0.049\Omega + 0.018\,8\Omega = 0.182\,3\Omega$$

（147）考虑挤流效应转子导条相对高度：$\xi = 2\pi h_B\sqrt{\frac{b_B}{b_s}\frac{f}{\rho_B\times10^7}} = 2\pi\times1.8\sqrt{\frac{50}{4.34\times10^3}} = 1.214$

式中：h_B 为转子导条高度，对铸铝转子，不包括槽口高度；b_B/b_s 为转子导条宽与槽宽之比，对铸铝转子，b_B/b_s 取 1，对窄长的铜导条，b_B/b_s 取 0.9。

（148）导条电阻等效高度：$h_{PR}=\dfrac{h_B}{\varphi(\xi)}K_a=\dfrac{1.8}{1.18}=1.53$

式中：$\varphi(\xi)=\xi\left(\dfrac{\sinh 2\xi+\sin 2\xi}{\cosh 2\xi-\cos 2\xi}\right)=1.214\times\left(\dfrac{\sinh 2.428+\sin 2.428}{\cosh 2.428-\cos 2.428}\right)=1.18$；$K_a$ 为导条截面宽度突变系数，查图 8－65 可得。

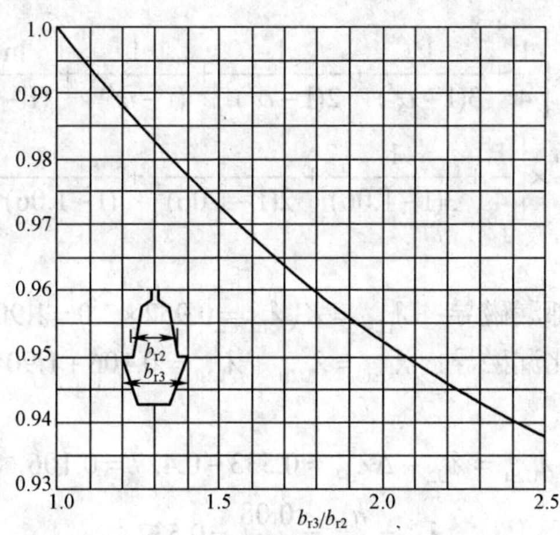

图 8－65　转子导体截面宽度突变修正系数

（149）槽漏抗等效高度：$h_{PX}=h_B\psi(\xi)K_a=1.8\times0.949\text{cm}=1.708\text{cm}$

式中：$\psi(\xi)=\dfrac{3}{2\xi}\left(\dfrac{\sinh 2\xi-\sin 2\xi}{\cosh 2\xi-\cos 2\xi}\right)=\dfrac{3}{2.428}\left(\dfrac{\sinh 2.428-\sin 2.428}{\cosh 2.428-\cos 2.428}\right)=0.949$

（150）起动转子电阻增大系数：

若 L_{vv}=1，2，3，7，8，9，则 $K_R=\dfrac{(1+\alpha_r)\varphi^2(\xi)}{1+\alpha_r[2\varphi(\xi)-1]}=\dfrac{(1+1.066\,7)\times1.18^2}{1+1.066\,7\times(2\times1.18-1)}=1.174$。

若 L_{vv}=6，10，则 $K_R=1$。

若 L_{vv}=4，5，则：

当 $h_{PR}>h_{r1}+h_{r2}$ 时，$K_R=\dfrac{A_s}{A_{s1}+A_{s2}+\dfrac{1}{2}(b_{PR}+b_{r3})h_R}$

式中，$b_{PR}=b_{r4}+\dfrac{(b_{r3}+b_{r4})(h_B-h_{PR})}{h_{r3}}$，$h_R=h_{PR}-h_{r1}-h_{r2}$。

当 $h_{PR}\leqslant h_{r1}+h_{r2}$ 时，$K_R=\dfrac{A_s}{A_{s1}+\dfrac{1}{2}(b_{PR}+b_{r1})h_R}$

式中，$b_{PR}=b_{r1}+\dfrac{(b_{r2}-b_{r1})(h_{PR}-h_{r1})}{h_{r2}}$，$h_R=h_{PR}-h_{r1}$。

A_{s1}、A_{s2}、A_{s3} 的计算见附录 C。

（151）起动转子漏抗减小系数：

若 $L_{vv}=6$，10，则 $K_X=1$；

若 $L_{vv}\neq 6$ 和 10，则 $K_X=\dfrac{b_{r2}(1+\alpha_r)^2\psi(\xi)K'_{r1}}{b_{PX}(1+\alpha')^2K_{r1}}=\dfrac{0.3\times 2.067^2\times 0.949\times 0.333\,5}{0.301\times 2.06^2\times 0.333\,5}=0.952$。

式中：$\alpha'=b_{r1}/b_{PX}=0.32/0.301=1.06$

$$b_{PX}=b_{r1}+(b_{r2}-b_{r1})\psi(\xi)=0.32+(0.3-0.32)\times 0.949=0.301$$

$$K_{r1}=0.333\,5$$

$$K'_{r1}=\frac{1}{3}-\frac{1-\alpha'}{4}\times\left[\frac{1}{4}+\frac{1}{3(1-\alpha')}+\frac{1}{2(1-\alpha')^2}+\frac{1}{(1-\alpha')^3}+\frac{\ln\alpha'}{(1-\alpha')^4}\right]$$
$$=\frac{1}{3}-\frac{1-1.06}{4}\times\left[\frac{1}{4}+\frac{1}{3(1-1.06)}+\frac{1}{2(1-1.06)^2}+\frac{1}{(1-1.06)^3}+\frac{\ln 1.06}{(1-1.06)^4}\right]$$
$$=0.333\,5$$

（152）起动转子槽下部漏磁导：$\lambda_{L2st}=K_X\lambda_{L2}=0.952\times 2.0=1.904$

（153）起动时转子槽比漏磁导：$\lambda_{s2st}=\lambda_{U2st}+\lambda_{L2st}=0.106+1.904=2.01$

对半闭口槽：

$$\lambda_{U2st}=\lambda_{U2}-\Delta\lambda_{U2}=0.533-0.427=0.106$$

$$\lambda_{U2}=\frac{h_{02}}{b_{02}}=\frac{0.08}{0.15}=0.533$$

$$\Delta\lambda_{U2}=\frac{h_{02}}{b_{02}}\left(\frac{C_{s2}}{C_{s2}+b_{02}}\right)=\frac{0.08}{0.15}\times\left(\frac{0.6}{0.6+0.15}\right)=0.427$$

对闭口槽，λ_{U2st} 可根据导条实际电流（查图8－66）计算。

（154）起动时转子槽漏抗：$X_{s2st}=\dfrac{\lambda_{s2st}}{\lambda_{s2}}X_{s2}=\dfrac{2.01}{2.533}\times 0.171\,4\Omega=0.136\,0\Omega$

（155）起动时转子谐波漏抗：$X_{d2st}=K_zX_{d2}=0.6\times 0.086\,2\Omega=0.051\,7\Omega$

（156）转子起动漏抗：$X_{2st}=X_{s2st}+X_{d2st}+X_{E2}=(0.136\,0+0.051\,7+0.032)\Omega=0.219\,7\Omega$

（157）起动总漏抗：$X_{st}=X_{1st}+X_{2st}=(0.182\,3+0.219\,7)\Omega=0.402\Omega$

（158）转子起动电阻：$R_{2st}=\left(K_R\dfrac{L_2}{L_B}+\dfrac{L_B-L_2}{L_B}\right)R_B+R_R=(1.174\times 0.140\,7+0.017\,6)\,\Omega=0.182\,8\Omega$

（159）起动时总电阻：$R_{st}=R_1+R_{2st}=(0.074\,3+0.182\,8)\Omega=0.257\,1\Omega$

（160）起动总阻抗：$Z_{st}=\sqrt{R_{st}^2+X_{st}^2}=\sqrt{0.257\,1^2+0.402^2}\Omega=0.477\,2\Omega$

（161）起动电流：$I_{st}=\dfrac{U_N}{Z_{st}}=\dfrac{219.39}{0.477\,2}\text{A}=459.74\text{A}$

应与第138项的假设值足够接近，否则重复第139～161项。

（162）起动电流倍数：$I_{st}^*=\dfrac{I_{st}}{I_N}=\dfrac{459.74}{48.08}=9.56$

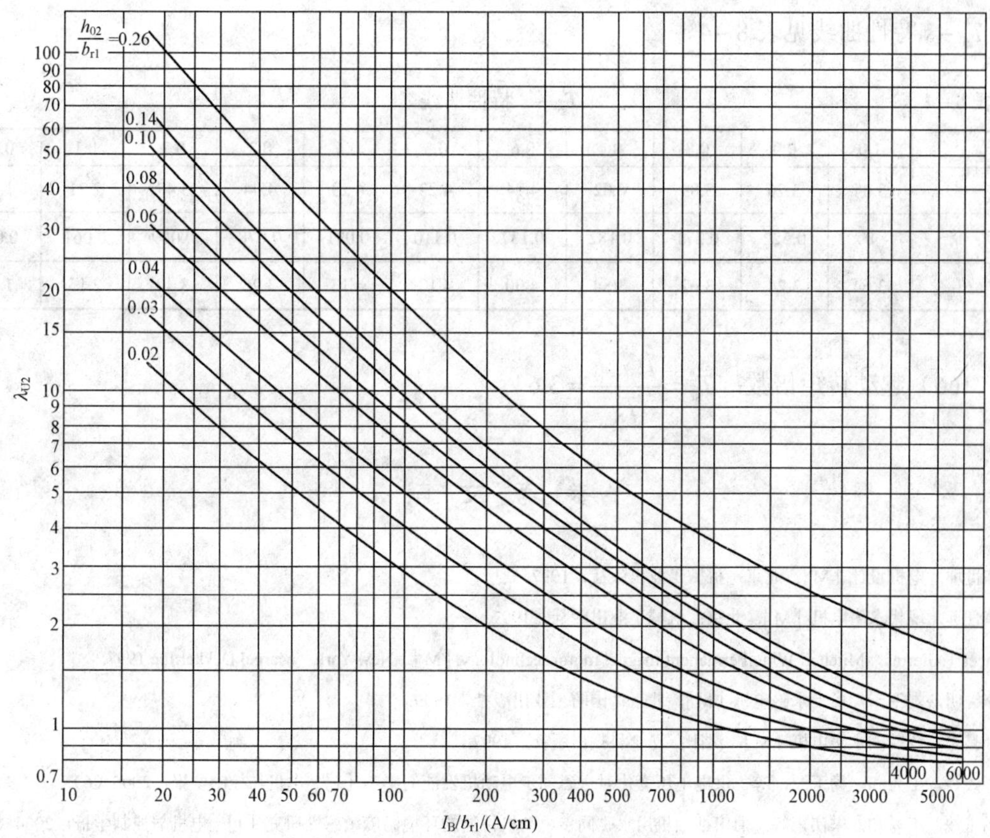

图 8－66　转子闭口槽上部比漏磁导

（163）异步起动转矩曲线：$T_c = \dfrac{mpU_N^2 \dfrac{R_{2st}(s)}{s}}{2\pi f\left\{\left[R_1 + c_1(s)\dfrac{R_{2st}(s)}{s}\right]^2 + [X_{1st}(s) + c_1(s)X_{2st}(s)]^2\right\}}$

式中，$c_1(s) = 1 + \dfrac{X_{1st}(s)}{X_m}$，其中：

$$X_m = \frac{2X_{ad}X_{aq}}{X_{ad} + X_{aq}}$$

$$R_{2st}(s) = (R_{2st} - R_2)\sqrt{s} + R_2$$

$$X_{1st}(s) = (X_{1st} - X_1)\sqrt{s} + X_1$$

对于半闭口槽 $X_{2st}(s) = (X_{2st} - X_2)\sqrt{s} + X_2$，对于闭口槽，$X_{2st}(s)$ 应根据不同转差率下导条的实际电流计算，s 为电机转差率。

（164）永磁体发电制动转矩曲线：

$$T_g = -\frac{mpE_0{}^2 R_1(1-s)[R_1{}^2 + (1-s)^2 X_q^2]}{2\pi f[R_1{}^2 + (1-s)^2 X_d X_q]^2}$$

（165）合成起动转矩曲线：$T_{av} = T_c + T_g$

$T_{av}-s$ 特性曲线见表 8-4。

表 8-4　　**$T_{av}-s$ 特性曲线**

s	1.0	0.9	0.8	0.7	0.6	0.5	0.4	0.3	0.2	0.1	0.05
T_c^*/倍	3.64	3.76	3.89	4.02	4.14	4.23	4.23	4.04	3.47	2.21	1.22
$-T_g^*$/倍	0	0.522	0.271	0.182	0.137	0.110	0.091	0.078	0.069	0.061	0.058
T_{av}^*/倍	3.64	3.24	3.62	3.84	4.00	4.12	4.13	3.96	3.40	2.15	1.16

（166）起动转矩倍数：$T_{st}^*=\dfrac{T_{av(s=1)}}{T_N}=3.64$

参　考　文　献

[1] 陈世坤．电机设计［M］．北京：机械工业出版社，1997.

[2] 唐任远．现代永磁电机［M］．北京：机械工业出版社，1997.

[3] Jacek F.Gierras，Mitchell Wing.Permanent magnet motor technology［M］．New York：Marcel Dekker.Inc.1997.

[4] 李钟明，刘卫国．稀土永磁电机［M］．北京：国防工业出版社，1999.

[5] 孙昌志．钕铁硼永磁电机［M］．沈阳：辽宁科技出版社，1997.

[6] 丁婷婷，王秀和，杨玉波，等．供电电压变化对永磁同步电动机性能的影响［J］．电机与控制学报，2005（6）.

[7] 杨玉波，王秀和，宋伟，等．油田抽油机用永磁同步电动机性能的环境温度敏感性研究［J］．电机与控制学报，2004（2）.

[8] 王道涵，王秀和，仲慧，等．三相不对称供电异步起动永磁同步电动机的仿真研究［J］．中国电机工程学报，2005（19）.

第九章　永磁同步发电机

同步发电机是一种应用广泛的交流电机，其显著特点是转子转速 n 与定子电流频率 f 之间具有固定不变的关系，即 $n=n_s=60f/p$，式中，n_s 为同步转速，p 为极对数。

永磁同步发电机是一种结构特殊的同步发电机，它与普通同步发电机的主要不同之处在于：其主磁场由永磁体产生，而不是由励磁绕组产生。与普通同步发电机相比，永磁同步发电机具有以下特点：

（1）省去了励磁绕组、磁极铁心和电刷–集电环，结构简单紧凑，可靠性高，免维护。

（2）不需要励磁电源，没有励磁绕组损耗，取消了电刷–集电环，减小了机械摩擦损耗，效率高。

（3）采用稀土永磁时，气隙磁通密度和功率密度高，体积小，重量轻。

（4）直轴电枢反应电抗小，因而固有电压调整率比电励磁同步发电机小。

（5）普通同步发电机可以通过调节励磁电流方便地调节输出电压和无功功率；永磁磁场难以调节，因此永磁同步发电机制成之后，难以通过调节励磁的方法调节输出电压和无功功率。

（6）永磁同步发电机通常采用钕铁硼或铁氧体永磁，永磁体的温度系数较高，输出电压随环境温度的变化而变化，导致输出电压偏离额定电压，且难以调节。

目前，永磁同步发电机的应用领域非常广阔，如航空航天用主发电机、大型火电站用副励磁机、风力发电、余热发电、移动式电源、备用电源、车用发电机等都广泛使用各种类型的永磁同步发电机，永磁同步发电机在许多应用场合有逐步代替电励磁同步发电机的趋势。

目前，关于永磁同步发电机的许多研究集中在输出电压调节方面，主要有两种方法：一种是采用电励磁和永磁励磁并存的混合励磁方式，通过调节电励磁绕组中的电流对气隙磁场进行调节；另一种是采用电力电子技术对输出电压等进行调节。这两种方法都会使发电机的结构趋于复杂、成本增加、可靠性降低，目前还没有理想的输出电压调节方法。

第一节　永磁同步发电机的基本结构和工作原理

一、永磁同步发电机的基本结构

与普通交流电机一样，永磁同步发电机也由定子和转子两部分组成，定子和转子之间有空气隙。图 9–1 为典型永磁同步发电机的结构示意图。

永磁同步发电机的定子铁心通常由 0.5mm 厚的硅钢片制成以减小定子铁耗，上面冲有均匀分布的槽，槽内放置三相对称绕组。定子槽形通常采用与永磁同步电动机相同的半闭口槽。为有效地削弱齿谐波电动势和齿槽转矩，通常采用定子斜槽。

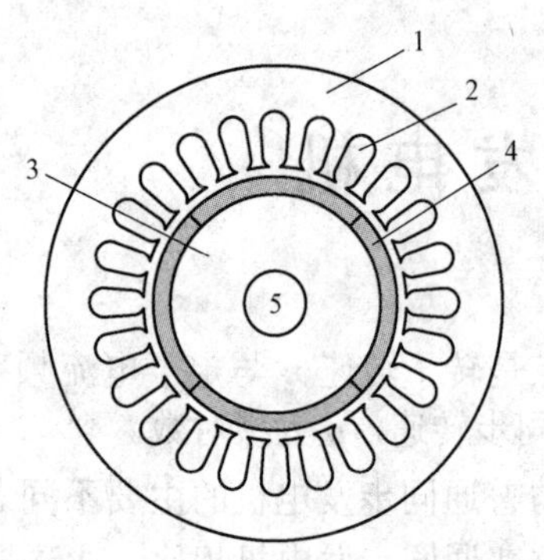

图9-1　典型永磁同步发电机的结构示意图

1—定子铁心；2—定子槽；3—转子铁心；4—永磁体；5—轴

定子绕组通常由圆铜线绕制而成，为减少输出电压中的谐波含量，大多采用双层短距和星形接法，小功率电机中也有采用单层绕组的，特殊场合也有采用正弦绕组的。

由于永磁同步发电机不需要起动绕组，转子结构比异步起动永磁同步电动机的简单，有较充足的空间放置永磁体。转子通常由转子铁心和永磁体组成。转子铁心既可以由硅钢片叠压而成，也可由整块钢加工而成。

根据永磁体放置位置的不同，将转子磁极结构分为表面式和内置式两种。表面式转子结构的永磁体固定在转子铁心的表面，结构简单，易于制造。内置式转子结构的永磁体位于转子铁心内部，不直接面对空气隙，转子铁心对永磁体有一定的保护作用，转子磁路的不对称产生磁阻转矩，并可通过聚磁作用产生较强的气隙磁场，有助于提高电机的过载能力和功率密度，但转子内部漏磁较大，需要采取一定的隔磁措施，转子结构和加工工艺复杂，且永磁体用量增加。

1. 表面式转子结构

根据定转子相对位置的不同，表面式转子结构又可分为内转子结构和外转子结构两种。内转子结构的转子在内、定子在外，如图9-2（a）、（b）所示。外转子结构的转子在外、定子在内，如图9-2（c）所示。表面式内转子结构又分为表面凸出式结构和表面插入式结构。

表面凸出式结构如图9-2（a）所示，具有结构简单、易于制造等优点，在永磁同步发电机、无刷直流电动机、调速永磁同步电动机中应用广泛。由于铁氧体永磁和稀土永磁的相对回复磁导率都接近于1，可以近似认为与空气的相同，因此表面凸出式结构的交直轴磁阻基本相等，在电磁性能上属于隐极转子结构。此外，还可通过改变永磁体形状使气隙磁通密度波形接近正弦，削弱输出电压中的谐波含量。表面插入式结构如图9-2（b）所示，相邻永磁磁极之间为铁心，永磁体安装时易于定位，制造简单，但漏磁较大。此外，直轴磁阻大于交轴磁阻，在电磁上属于凸极转子结构，因转子磁路不对称而产生磁阻转矩，可以提高发电机的过载能力。

在表面式结构中，永磁体通常为瓦片形，产生的磁通方向为电机径向，贴在转子铁心表面。永磁体的抗拉强度远远低于抗压强度，在内转子结构中，高速运行时产生的离心力接近甚至超过永磁材料的抗拉强度，容易损坏永磁体。此外，离心力和电磁力的作用可能会导致永磁体脱落，因此高速运行时需要在转子外加套环。套环是一个用高强度材料制成的圆筒，把转子各部件紧紧包住，使其处于压缩状态，保证了转子的机械强度。套环分为非金属套环、单金属套环和双金属套环三种。非金属套环是用碳纤维等材料绑扎转子，然后经加热固化形成的高强度套环。单金属套环由一种非导磁金属材料制成。非金属套环和单金属套环结构简单，易于制造，但都增大了气隙有效长度，为保证一定的气隙磁通密度，必须增加永磁体用量。双金属套环由一种导磁金属材料和一种非导磁金属材料制成，与永磁体对应的位置采用导磁金属材料，与极间区域对应的位置用非导磁金属材料，其优点是不增加气隙长度，但结构复杂，制造困难。

图 9-2（c）所示为外转子结构，可以产生较大的每极磁通。离心力不会损坏永磁体，除非特殊需要，无需外加套环，转子结构简单，但整个电机的结构复杂。

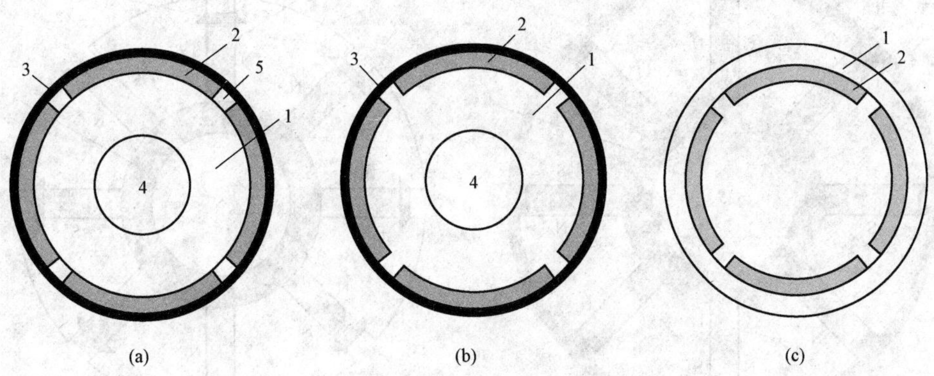

图 9-2 表面式转子结构

（a）表面凸出式结构；（b）表面插入式结构；（c）外转子结构

1—转子铁心；2—永磁体；3—套环；4—轴；5—非磁性材料

图 9-3 为一台表面凸出式结构的 8 极永磁同步发电机采用不同磁极形状时的气隙磁场分布对比，可以看出，采用等半径形状的磁极后，气隙磁通密度分布的正弦性大大改善。

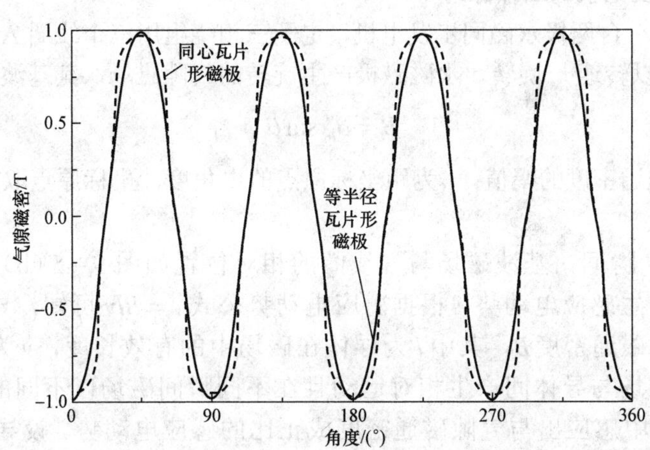

图 9-3 一台 8 极永磁同步发电机在不同磁极形状时的气隙磁场分布

2. 内置式转子结构

在内置式转子结构中，主要采用切向式转子结构，如图 9-4 所示。每极永磁体提供一对极磁路上的磁压降，每极磁通由两个永磁体面积共同提供，是一种聚磁结构，可以产生较高的气隙磁通密度，特别适合于极数较多的永磁同步发电机。由于永磁体在铁心内，需要采取隔磁措施，在转轴和铁心之间加非磁性金属衬套。图 9-4（a）用套环将转子各部件紧固在一起，机械强度好；图 9-4（b）用槽楔固定永磁体，工艺简单，适合于中、低速或小功率的永磁同步发电机。

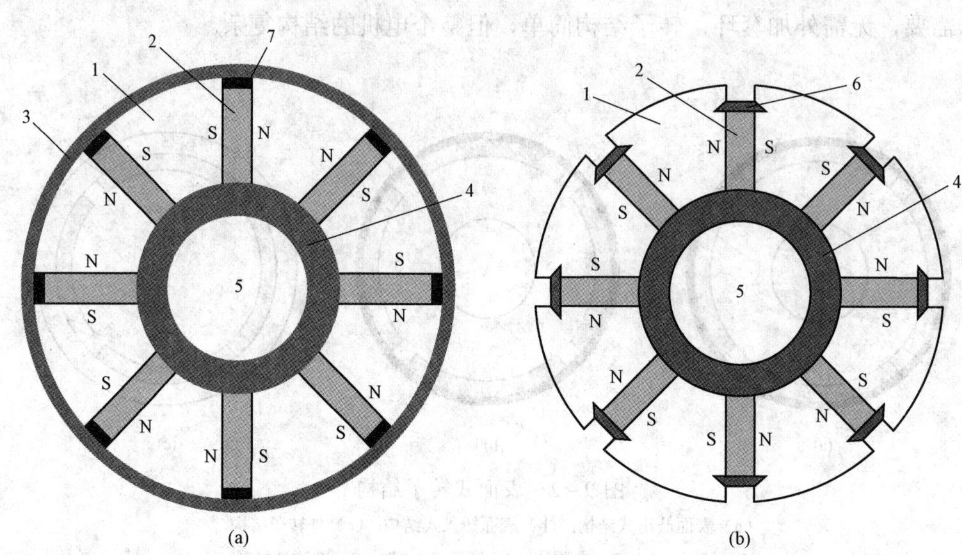

图 9－4　内置式转子结构

（a）切向套环式；（b）切向槽楔式

1—转子铁心；2—永磁体；3—套环；4—非磁性衬套；5—轴；6—非磁性槽楔；7—非磁性垫片

二、永磁同步发电机的工作原理

图 9－5（a）为一台两极永磁同步发电机，定子三相绕组用三个线圈 AX、BY、CZ 表示，转子由原动机拖动以转速 n_s 旋转，永磁磁极产生旋转的气隙磁场，其基波为正弦分布：

$$B = B_m \sin\theta \tag{9-1}$$

式中：B_m 为气隙磁通密度的幅值；θ为距坐标原点的电角度，坐标原点取为转子两个磁极之间中心线的位置。

在图 9－5（a）瞬间，基波磁场与各线圈的相对位置如图 9－5（b）所示。定子导体切割该旋转磁场产生感应电动势，根据感应电动势公式 $e = Blv$ 可知，导体中的感应电动势 e 将正比于气隙磁通密度 B，其中 l 为导体在磁场中的有效长度，v 为转子线速度。基波磁场旋转时，磁场与导体间产生相对运动且在不同瞬间磁场以不同的气隙磁通密度 B 切割导体，在导体中感应出与气隙磁通密度成正比的感应电动势。设导体切割 N 极磁场时感应电动势为正，则切割 S 极磁场时感应电动势为负，导体内感应电动势是一个交流电动势。

对于 A 相绕组，线圈的两个导体边相互串联，其中的感应电动势大小相等，方向相同，为一个线圈边内感应电动势的 2 倍。将转子的转速用每秒钟内转过的电弧度 ω 表示，ω 称为角频率。在时间 0～t 内，主极磁场转过的电角度$\theta = \omega t$，则 A 相绕组的感应电动势瞬时值为：

$$e_A = B_m lv \sin\theta = \sqrt{2}E_1 \sin\omega t \tag{9-2}$$

式中，E_1 为感应电动势的有效值。同理，当 $t=0$ 时，B、C 相绕组的感应电动势分别滞后于 A 相绕组的感应电动势 120° 和 240° 电角度，即：

$$\begin{cases} e_B = \sqrt{2}E_1\sin(\omega t - 120°) \\ e_C = \sqrt{2}E_1\sin(\omega t - 240°) \end{cases} \tag{9-3}$$

可以看出，永磁磁场在三相对称绕组中产生三相对称感应电动势。

导体中感应电动势的频率与转子的转速和极对数有关。若电机为两极电机，转子转一周，感应电动势交变一次，设转子每分钟转 n_s 周（即每秒 $n_s/60$ 周），则导体中电动势交变的频率应为 $f = n_s/60$（Hz）。若电机有 p 对极，则转子每旋转一周，感应电动势将交变 p 次，感应电动势的频率为：

$$f = \frac{pn_s}{60} \tag{9-4}$$

在我国，工业用电的标准频率为 50Hz，所以：

$$n_s = \frac{3000}{p}\text{r/min} \tag{9-5}$$

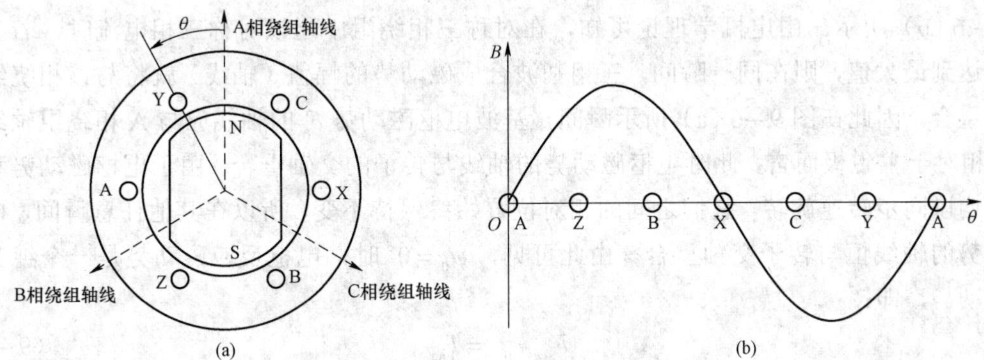

图 9-5　两极永磁同步发电机

若给发电机接上三相对称负载，则在定子三相对称绕组中产生三相对称电流，进而产生三相基波合成磁场。该三相基波合成磁场以转速 $n_s = 60f/p$ 旋转，旋转方向取决于三相电流的相序，由电流超前的相绕组轴线向电流滞后的相绕组轴线转动。可以看出，三相基波合成磁场与永磁磁极产生的基波磁场转速相等、转向相同、相对静止，产生恒定的电磁转矩。根据能量守恒定理，电磁转矩与转子上的驱动转矩方向相反，为制动性质。

第二节　永磁同步发电机的电枢反应

永磁同步发电机空载时，气隙中只有一个以同步速旋转的永磁磁场，它在电枢绕组内产生三相对称感应电动势。外加三相对称负载时，电枢绕组中将流过三相对称电流，产生电枢反应磁场，电机气隙内的磁场由电枢磁动势和励磁磁动势共同作用所产生。与空载时相比，电机的气隙磁场发生了变化。电枢磁动势的基波对气隙基波磁场的影响称为电枢反应。永磁同步发电机的空载磁场与永磁同步电动机相同，不再赘述，这里只讨论电枢反应磁场。

电枢反应使气隙磁场的幅值和空间相位发生变化，除了直接关系到机电能量转换之外，还有去磁或助磁作用，对电机的运行性能产生影响。电枢反应的性质（助磁、去磁或交磁）取决于电枢磁动势和主磁场在空间的相对位置，这一相对位置与励磁电动势 $\dot{E}_0$ 和负载电流 $\dot{I}$ 之间的相位差 ψ_0（内功率因数角）有关。下面根据 ψ_0 值的不同，分成两种情况加以分析。

一、电枢电流 $\dot{I}$ 与励磁电动势 $\dot{E}_0$ 同相位

图9-6（a）为一台两极同步发电机的示意图，每相绕组用一个集中线圈表示，磁极画成凸极式。电枢绕组中电动势和电流的正方向规定为从首端流出、从尾端流入。

在图9-6（a）所示的瞬间，主极轴线（直轴）与电枢A相绕组的轴线正交，A相绕组交链的主磁通为零。因为感应电动势滞后于产生它的磁通90°，故A相励磁电动势 $\dot{E}_{0A}$ 的瞬时值此时达到正的最大值，其方向如图9-6（a）所示；B、C两相的励磁电动势 $\dot{E}_{0B}$ 和 $\dot{E}_{0C}$ 分别滞后于A相电动势120°和240°，如图9-6（b）中的相量图所示。

若电枢电流 $\dot{I}$ 与励磁电动势 $\dot{E}_0$ 同相位，即内功率因数角 $\psi_0=0°$，则在图示瞬间，A相电流亦将达到正的最大值，B相和C相电流分别滞后于A相电流120°和240°，如图9-6（b）所示。由电机学理论可知，在对称三相绕组中通以对称三相电流时，若某相电流达到最大值，则在同一瞬间，三相基波合成磁动势的幅值（轴线）就将与该相绕组的轴线重合。因此在图9-6（a）所示瞬间，基波电枢磁动势 F_a 的轴线应与A相绕组轴线重合。相对于主磁极而言，此时电枢磁动势的轴线与转子的交轴重合。由于电枢磁动势和主磁极均以同步转速旋转，它们之间的相对位置始终保持不变，所以在其他任意瞬间，电枢磁动势的轴线恒与转子交轴重合。由此可见，$\psi_0=0°$ 时，电枢反应磁动势是一个纯交轴的磁动势，即：

$$F_{a(\psi_0=0°)}=F_{aq} \tag{9-6}$$

交轴电枢磁动势所产生的电枢反应称为交轴电枢反应。由于交轴电枢反应的存在，气隙合成磁场 B 与主磁场 B_0 之间形成一定的空间相角差，并且幅值有所增加，称之为交磁作用。正是由于交轴电枢反应的存在，使磁极受到力的作用而产生电磁转矩。由图9-6（c）可见，对于发电机，当 $\psi_0=0°$ 时，主磁场将超前于气隙合成磁场，于是主极上将受到一个制动性质的电磁转矩。交轴电枢磁动势与电磁转矩的产生及能量转换直接相关。

由图9-6（a）和（b）可知，用电角度表示时，主磁场 $\boldsymbol{B}_0$ 与电枢磁动势 $\boldsymbol{F}_a$ 之间的空间相位关系，恰好与A相的主磁通 $\dot{\boldsymbol{\Phi}}_{0A}$ 与A相电流 $\dot{I}_A$ 之间的时间相位关系相一致，且图9-6（a）的空间矢量与图9-6（b）的时间相量均为同步旋转。于是，若把图9-6（b）中的时间参考轴与图9-6（a）中的A相绕组轴线取为重合，就可以把图9-6（a）和图9-6（b）合并，得到一个时—空统一矢量图，如图9-6（d）所示。由于三相电动势和电流均为对称，所以在统一矢量图中仅画出A相的励磁电动势、电流和与之交链的主磁通，并把下标A省略，写成 $\dot{E}_0$、$\dot{I}$ 和 $\dot{\boldsymbol{\Phi}}_0$。在统一矢量图中，$\boldsymbol{F}_{f1}$ 既代表主极基波磁动势的空间矢量，又表示时间相量 $\dot{\boldsymbol{\Phi}}_0$ 的相位；$\dot{I}$ 既代表A相电流相量，又表示电枢磁动势 $\boldsymbol{F}_a$ 的空间相位。需要注意的是，在统一矢量图中，空间矢量是指整个电枢（三相）或主极的作用，而时间相量仅对一相而言。

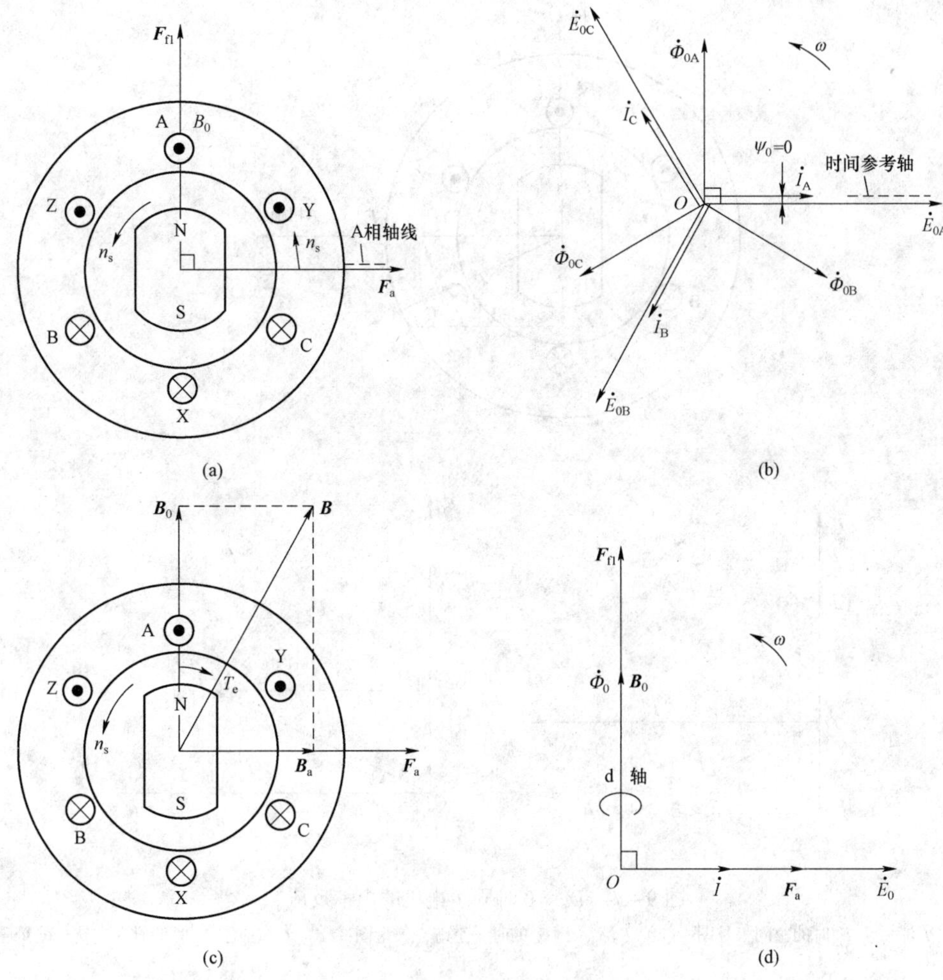

图 9－6　$\psi_0=0$ 时同步电机的电枢反应

（a）定子绕组内的电动势、电流和磁动势空间矢量图；（b）时间相量图；

（c）气隙合成磁场与主磁场的相对位置；（d）时—空统一矢量图

二、电枢电流 $\dot{I}$ 与励磁电动势 $\dot{E}_0$ 不同相位

现在进一步分析电枢电流 $\dot{I}$ 与励磁电动势 $\dot{E}_0$ 不同相位时的情况。在图 9－7（a）所示瞬间，A 相绕组的励磁电动势 $\dot{E}_0$ 达到正的最大值。若电枢电流滞后于励磁电动势某一相角 ψ_0（$0°<\psi_0<90°$），则 A 相电流在经过时间 $t=\psi_0/\omega$ 后才达到真正的最大值。也就是说，$t=\psi_0/\omega$ 秒后电枢磁动势的幅值才与 A 相绕组轴线重合。所以在图 9－7（a）所示瞬间，电枢磁动势 $\boldsymbol{F}_a$ 应在距离 A 相轴线 ψ_0 电角度处，即 $\boldsymbol{F}_a$ 滞后于主极磁动势 $90°+\psi_0$ 电角度。由于电枢磁动势与主极磁动势同方向、同速旋转，所以它们之间的相对位置将一直保持不变。不难看出，此时电枢磁动势 $\boldsymbol{F}_a$ 可以分成两个分量，一个为交轴电枢磁动势 $\boldsymbol{F}_{aq}$，另一个为直轴电枢磁动势 $\boldsymbol{F}_{ad}$，即：

$$\boldsymbol{F}_a=\boldsymbol{F}_{aq}+\boldsymbol{F}_{ad} \tag{9-7}$$

式中：$F_{ad}=F_a\sin\psi_0$；$F_{aq}=F_a\cos\psi_0$。

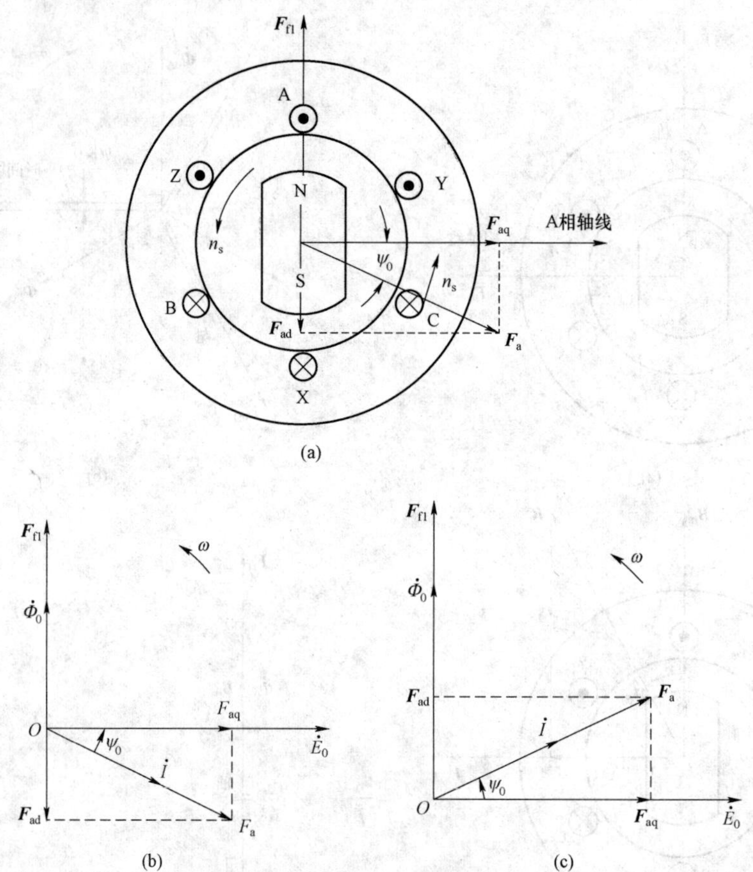

图9-7 $\psi_0 \neq 0$ 时同步电机的电枢反应

（a）$\dot{I}$ 滞后于 $\dot{E}_0$ 时的空间矢量图；（b）$\dot{I}$ 滞后于 $\dot{E}_0$ 的时一空统一矢量图；（c）$\dot{I}$ 超前于 $\dot{E}_0$ 时的时一空统一矢量图

交轴电枢反应的影响已在前面说明。直轴电枢磁动势所产生的直轴电枢反应，对主极而言，其作用可为去磁，亦可为助磁，视 ψ_0 的正、负而定。由图9-7（b）和（c）不难看出，对于同步发电机，若电枢电流 $\dot{I}$ 滞后于励磁电动势 $\dot{E}_0$，则直轴电枢反应磁动势 $\boldsymbol{F}_{ad}$ 与励磁磁动势 $\boldsymbol{F}_{f1}$ 反向，直轴电枢反应是去磁的；若 $\dot{I}$ 超前于 $\dot{E}_0$，则直轴电枢反应磁动势 $\boldsymbol{F}_{ad}$ 与励磁磁动势 $\boldsymbol{F}_{f1}$ 同向，直轴电枢反应将是助磁的。直轴电枢反应对同步电机的运行性能影响很大。若同步发电机单独给对称负载供电，则电机运行时，去磁或助磁的直轴电枢反应将使气隙内的合成磁通减少或增加，从而使发电机的端电压发生变化。

第三节 永磁同步发电机的磁场波形系数与参数计算

永磁同步发电机与异步起动永磁同步电动机在结构上有一定的区别，因此在磁场波形系数与参数计算方面也有所不同。

一、气隙磁场的有关系数

1. 计算极弧系数

与异步起动永磁同步电动机类似，永磁同步发电机的空载气隙磁场也是带有谐波的平顶波。但二者的结构不同，计算极弧系数α_i的确定方法也不同。

极弧系数为每极极弧长度$\widehat{b}_p$与极距τ的比值：

$$\alpha_p = \frac{\widehat{b}_p}{\tau} \tag{9-8}$$

对于表面式磁极结构，$\widehat{b}_p$为每极永磁体靠近气隙侧的弧长；对于内置式磁极结构，$\widehat{b}_p$为相邻两永磁磁极之间所夹铁心的外弧弧长。

计算极弧系数为：

$$\alpha_i = \alpha_p + \frac{2\delta}{\tau} \tag{9-9}$$

式中，δ为气隙长度。

2. 空载气隙磁通密度波形系数

空载气隙磁通密度波形系数与异步起动永磁同步电动机的相同，即：

$$K_f = \frac{4}{\pi}\sin\frac{\alpha_i \pi}{2} \tag{9-10}$$

3. 电枢反应磁通密度波形系数

直（交）轴电枢反应磁通密度波形系数定义为直（交）轴电枢反应所产生的气隙磁场基波磁通密度幅值与磁通密度最大值的比值，即：

$$\begin{cases} K_d = \dfrac{B_{ad1}}{B_{ad}} \\ K_q = \dfrac{B_{aq1}}{B_{aq}} \end{cases} \tag{9-11}$$

对于表面凸出式磁极结构，交直轴磁阻基本相等，可视为隐极电机，因而有：

$$K_d = K_q = 1 \tag{9-12}$$

对于表面插入式磁极结构，有[3]：

$$\begin{cases} K_d = \dfrac{1}{\pi}\left[\alpha_i\pi + \sin\alpha_i\pi + \left(1+\dfrac{h_m}{\delta}\right)(\pi - \alpha_i\pi - \sin\alpha_i\pi)\right] \\ K_q = \dfrac{1}{\pi}\left[\dfrac{1}{1+\dfrac{h_m}{\delta}}(\alpha_i\pi - \sin\alpha_i\pi) + \pi(1-\alpha_i) + \sin\alpha_i\pi\right] \end{cases} \tag{9-13}$$

对于内置式磁极结构，由于永磁体尺寸和隔磁磁桥尺寸等影响较大，难以给出K_d、K_q的计算公式，可采用有限元法进行计算。

4. 电枢反应系数

直轴电枢反应系数K_{ad}和交轴电枢反应系数K_{aq}分别定义为：

$$\begin{cases} K_{ad} = \dfrac{K_d}{K_f} \\ K_{aq} = \dfrac{K_q}{K_f} \end{cases} \tag{9-14}$$

二、电抗参数的计算

1. 电枢反应电抗

对于表面凸出式永磁同步发电机，直、交轴电枢反应电抗相等，为：

$$X_{ad}=X_{aq}=4m\mu_0 f\frac{(N_1K_{dp})^2}{\pi p}\frac{\tau L_{ef}}{K_\delta K_s\left(K_\delta\delta+\dfrac{h_m}{\mu_r}\right)} \tag{9-15}$$

式中，K_s 为磁路的饱和系数。由于永磁体的磁阻很大，可认为磁路不饱和，即 $K_s=1$。

2. 同步电抗

直轴同步电抗 X_d 和交轴同步电抗 X_q 分别为：

$$\begin{cases}X_d=X_1+X_{ad}\\X_q=X_1+X_{aq}\end{cases} \tag{9-16}$$

式中，X_1 为定子绕组每相漏电抗。

第四节　永磁同步发电机的电压方程和相量图

不计磁路饱和时，利用双反应理论，把电枢反应磁动势 $\boldsymbol{F}_a$ 分解成直轴和交轴磁动势 $\boldsymbol{F}_{ad}$、$\boldsymbol{F}_{aq}$，分别求出其所产生的直轴、交轴电枢反应磁通 $\dot{\boldsymbol{\Phi}}_{ad}$、$\dot{\boldsymbol{\Phi}}_{aq}$ 及其在电枢绕组中产生的感应电动势 $\dot{E}_{ad}$、$\dot{E}_{aq}$，再与主磁通 $\dot{\boldsymbol{\Phi}}_0$ 所产生的励磁电动势 $\dot{E}_0$ 相加，便得一相绕组的合成电动势 $\dot{E}$，再从合成电动势 $\dot{E}$ 中减去电枢绕组的电阻和漏抗压降，则得到电枢端电压 $\dot{U}$。因此，永磁同步发电机的电压方程为：

$$(\dot{E}_0+\dot{E}_{ad}+\dot{E}_{aq})-\dot{I}(R_1+\mathrm{j}X_1)=\dot{U} \tag{9-17}$$

E_{ad} 和 E_{aq} 分别正比于 $\boldsymbol{\Phi}_{ad}$ 和 $\boldsymbol{\Phi}_{aq}$，不计磁路饱和时 $\boldsymbol{\Phi}_{ad}$ 和 $\boldsymbol{\Phi}_{aq}$ 又分别正比于 F_{ad} 和 F_{aq}，而 F_{ad} 和 F_{aq} 又分别正比于电枢电流的直轴和交轴分量 I_d 和 I_q，因此有 $E_{ad}\propto I_d$，$E_{aq}\propto I_q$。

不计定子铁磁损耗时，$\dot{E}_{ad}$ 和 $\dot{E}_{aq}$ 分别滞后于 $\dot{I}_d$、$\dot{I}_q$ $90°$ 电角度，所以 $\dot{E}_{ad}$ 和 $\dot{E}_{aq}$ 可用负的电抗压降来表示

$$\left.\begin{aligned}\dot{E}_{ad}&=-\mathrm{j}\dot{I}_d X_{ad}\\\dot{E}_{aq}&=-\mathrm{j}\dot{I}_q X_{aq}\end{aligned}\right\} \tag{9-18}$$

将式（9-18）代入式（9-17），并考虑到 $\dot{I}=\dot{I}_d+\dot{I}_q$，可得

$$\begin{aligned}\dot{E}_0&=\dot{U}+\dot{I}R_1+\mathrm{j}\dot{I}X_1+\mathrm{j}\dot{I}_d X_{ad}+\mathrm{j}\dot{I}_q X_{aq}=\dot{U}+\dot{I}R_1+\mathrm{j}\dot{I}_d(X_{ad}+X_1)+\mathrm{j}\dot{I}_q(X_{aq}+X_1)\\&=\dot{U}+\dot{I}R_1+\mathrm{j}\dot{I}_d X_d+\mathrm{j}\dot{I}_q X_q\end{aligned} \tag{9-19}$$

图 9-8 为与式（9-19）相对应的永磁同步发电机相量图。

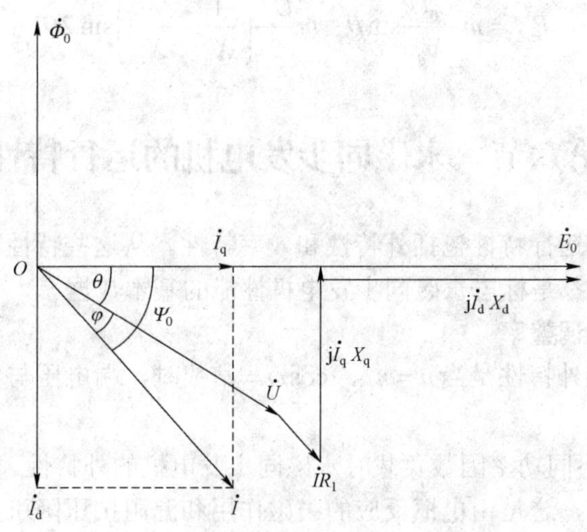

图 9-8 永磁同步发电机的相量图

第五节 永磁同步发电机的功率方程、转矩方程和功角特性

一、功率方程

永磁同步发电机负载运行时，要产生多种损耗。从转轴上输入的机械功率 P_1 中扣除机械损耗 p_{mec} 和定子铁耗 p_{Fe} 后，便得到电磁功率 P_{em}，电磁功率即为由气隙磁场从转子传到定子上的功率，即：

$$P_1 = p_{mec} + p_{Fe} + P_{em} \tag{9-20}$$

再从电磁功率中减去电枢绕组损耗 p_{Cu}，便得到电枢输出的电功率 P_2，即：

$$\begin{cases} P_2 = P_{em} - p_{Cu} = P_{em} - mI^2 R_1 \\ P_2 = mUI\cos\varphi \end{cases} \tag{9-21}$$

式中：m 为定子相数；U 和 I 分别为相电压和相电流的有效值。

式（9-20）和式（9-21）就是同步发电机的功率方程。

二、转矩方程

把功率方程式（9-20）两边除以同步角速度 Ω_s，可得同步发电机的转矩方程：

$$T_1 = T_0 + T_{em} \tag{9-22}$$

式中：$T_1 = \dfrac{P_1}{\Omega_s}$ 为原动机的驱动转矩；$T_0 = \dfrac{p_{mec} + p_{Fe}}{\Omega_s}$ 为发电机的空载转矩；$T_{em} = \dfrac{P_{em}}{\Omega_s}$ 为电磁转矩。

三、功角特性

当永磁同步发电机的端电压 U 保持不变时，发电机产生的电磁功率 P_{em} 与功率角 θ 之间的关系 $P_{em} = f(\theta)$ 称为功角特性。永磁同步发电机功角特性的表达式与永磁同步电动机的相同，即：

$$P_{em}=m\frac{E_0U}{X_d}\sin\theta+m\frac{U^2}{2}\left(\frac{1}{X_q}-\frac{1}{X_d}\right)\sin2\theta \tag{9-23}$$

第六节　永磁同步发电机的运行特性

永磁同步发电机的运行特性包括外特性和效率特性。从这些特性可以确定电机的电压调整率和额定效率，这些都是标志永磁同步发电机性能的基本数据。

一、外特性与电压调整率

永磁同步发电机的外特性是当$n=n_s$、$\cos\varphi=$常数时，端电压与负载电流之间的关系曲线$U=f(I)$。

图9-9表示带有不同功率因数负载时永磁同步发电机的外特性。带感性负载和纯电阻负载时，外特性是下降的，这是由电枢反应的去磁作用和漏阻抗压降引起的。带容性负载且内功率因数角为超前时，由于电枢反应的助磁作用和容性电流的漏抗电压上升，外特性可能是上升的。与普通同步发电机相比，永磁同步发电机的电枢反应去磁作用较小，外特性下降慢，电压调整率较小。

从外特性可以求出发电机的电压调整率，如图9-10所示。调节负载使发电机工作在额定工况，卸去负载，读取空载电动势E_0，则发电机的电压调整率Δu为：

$$\Delta u=\frac{E_0-U_N}{U_N}\times100\% \tag{9-24}$$

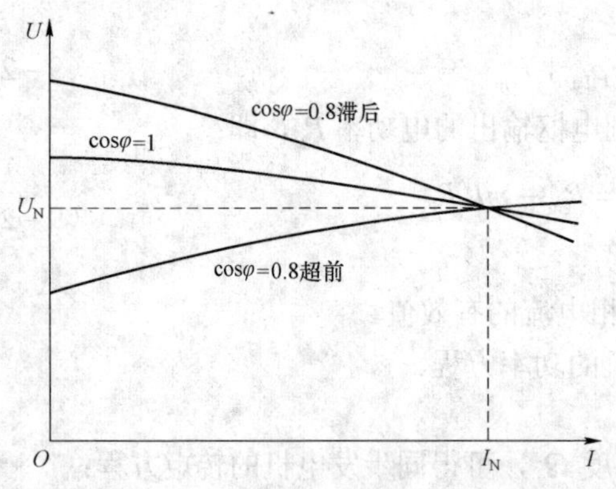

图9-9　永磁同步发电机的外特性

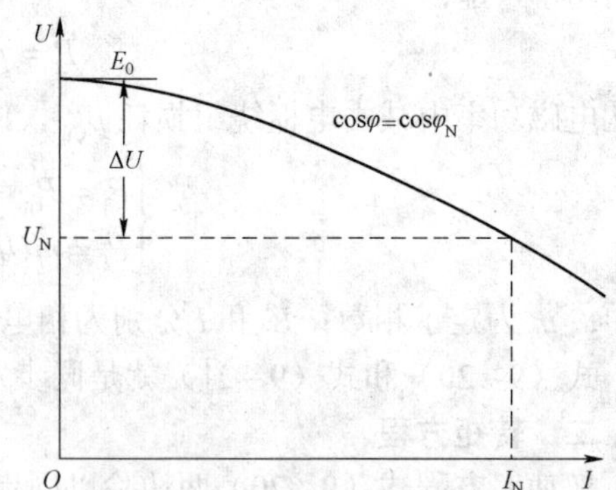

图9-10　由外特性求电压调整率

电压调整率是同步发电机的重要性能指标之一，过高的电压调整率将对用电设备的运行产生较大影响。永磁同步发电机的励磁难以调节，如何减小电压调整率是永磁同步发电机设计的重要问题之一。

由相量图可得到永磁同步发电机的输出电压。对于感性负载，额定负载时的输出电压为：

$$U=\sqrt{E_\delta^2-I_N^2(R_1\sin\varphi-X_1\cos\varphi)^2+I_N^2X_{aq}^2\cos\varphi}-I_N(R_1\cos\varphi+X_1\sin\varphi) \tag{9-25}$$

式中，$E_\delta = 4.44fNK_{dp}\Phi_{\delta N}K_\Phi$，$\Phi_{\delta N}$为额定负载时的每极气隙合成磁通。

从式（9－25）可以看出，影响电压调整率的既有外部负载因素，也有电机内部参数。当发电机带感性负载且功率因数一定时，减小直轴电枢反应电抗和电枢绕组电阻、增大交轴电枢反应电抗，都可以降低电压调整率。电压调整率主要取决于电机的内部参数，其中以电枢反应电抗的影响为最大。因此，在进行永磁同步发电机设计时，应从以下两方面入手：

（1）设法削弱电枢反应的去磁作用以减小 E_0 随负载的变化，需要增大永磁体充磁方向长度。

（2）减少绕组匝数以减小电阻和电抗，这就需要增加永磁体产生的磁通量，导致永磁体面积增大。

二、效率特性

效率特性是发电机在$n = n_s$、$U = U_N$、$\cos\varphi =$ 常数时，发电机的效率与输出功率之间的关系曲线$\eta = f(P_2)$。

和其他类型电机一样，永磁同步发电机的效率可以用直接负载法或损耗分析法求出。永磁同步发电机的损耗可分为基本损耗和杂散损耗两部分。基本损耗包括电枢的基本铁耗 p_{Fe}、电枢基本铜耗 p_{Cu} 和机械损耗 p_{mec}。电枢基本铁耗是指主磁通在电枢铁心齿部和轭部交变所引起的损耗。电枢基本铜耗是换算到基准工作温度时电枢绕组的直流电阻损耗。机械损耗包括轴承的摩擦损耗和通风损耗。杂散损耗包括电枢漏磁通在电枢绕组和其他金属结构部件中所引起的涡流损耗。总损耗 Σp 求出后，效率即可确定：

$$\eta = \left(1 - \frac{\Sigma p}{P_2 + \Sigma p}\right) \times 100\% \tag{9-26}$$

第七节　直驱永磁风力发电机

随着世界各国对可再生能源开发和利用的重视，风力发电越来越被人们所关注。在大型风力发电系统中，通常采用双馈发电机。风力机的转速很低，而双馈发电机受结构的限制无法采用很多极数，即无法实现很低的转速。为实现风力机和发电机之间的转速匹配，增加了增速机构。增速机构增加了振动和噪声，且需要定期进行维护，是风力发电机的一个薄弱环节。取消增速机构、实现直接驱动是风力发电的趋势之一，永磁风力发电机由于易于实现多极而成为直驱风力发电机的首选。

一、直驱式永磁同步风力发电系统的总体结构

图 9－11 是以永磁同步发电机和全功率变换器为核心的直驱式风力发电系统结构。风力机直接驱动永磁同步发电机旋转而产生三相对称交流电压，经过机侧变流器将其变为直流电压，再经网侧变流器将直流电压逆变为恒频恒压的三相对称交流电压，经变压器升压后输送到电网。中间直流环节的存在，使发电机与电力系统没有无功功率的交换，可根据风能变化，通过变速恒频控制来优化系统的输出功率。网侧变流器可以调节功率因数和输出电压。

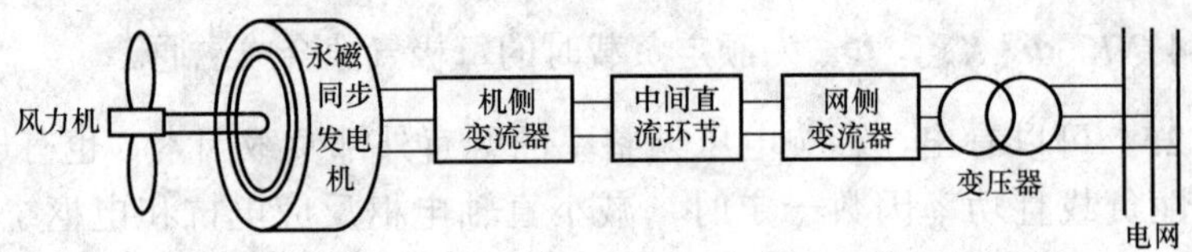

图 9-11　直驱式永磁同步风力发电机系统的结构

根据结构的不同，直驱式永磁同步发电机有内转子和外转子两种结构。内转子是一种应用广泛的结构形式，风力机和永磁体内转子同轴安装，定子绕组和铁心通风散热好，温度低，定子外形尺寸小。在外转子结构中，风力机与发电机的永磁外转子直接连接，定子电枢安装在静止轴上，永磁体易于安装固定，转动惯量大，易于平抑风力机的转速波动，缺点是不利于对电枢铁心和绕组的通风冷却，转子直径大，不易密封防护等。

二、结构特点

由电机设计理论可知，在功率一定的情况下，电机的体积与转速成反比，转速越低，体积越大。与带齿轮增速机构的发电机相比，直驱永磁风力发电机转速低，体积大，成本高。为适应这一特点和解决这一特点带来的问题，直驱式永磁同步风力发电机具有以下设计特点：

1. 采用高性能永磁材料

要减小电机体积、获得高功率密度，必须有足够高的气隙磁通密度，因而所采用的永磁材料应具有足够的剩磁通密度和矫顽力；由于直驱式永磁同步风力发电机在野外使用，环境条件恶劣，永磁材料应具有较好的磁性能稳定性；直驱式永磁同步风力发电机的损耗较大，温升较高，因此应选择工作温度高的永磁材料，确保不会发生不可逆去磁；考虑到电机制造的经济性，永磁材料价格要适宜。综合考虑以上因素，耐温等级高的钕铁硼永磁是最合适的。

2. 采用表面式多极结构

直驱式永磁同步风力发电机的转速较低，一般为每分钟几十转甚至十几转，为保证一定的频率，发电机的极数较多，如一台转速为22r/min的直驱式永磁同步风力发电机，要达到22Hz的频率，电机的极对数应为60。为适应多极数，定、转子尺寸大，电机呈扁平状。内置式结构虽然可以产生较高的气隙磁通密度，但难以实现极数如此多的转子结构，而表面式结构易于实现多极结构，在实际中应用广泛。

3. 采用分数槽绕组

在有限的定子铁心尺寸和满足工艺要求的前提下，如何用较少的槽数获得较多的极数是定子铁心和绕组设计中需要考虑的问题。由于受外形尺寸和工艺的限制，定子槽数不能太多，而电机极数很多。若电机的每极每相槽数 q 取较小的整数，虽然可以减少槽数，但不能利用绕组分布削弱非正弦分布磁场所产生的感应电动势中的谐波，且每极每相槽数较小时齿谐波电动势的次数较低而数值较大，这使感应电动势中含有大量的谐波。为解决上述矛盾，直驱式永磁同步风力发电机的每极每相槽数通常为分数，可写为如下形式：

$$q=b+\frac{c}{d} \tag{9-27}$$

分数槽绕组既可以削弱感应电动势中的谐波，又可以大幅度削弱齿槽转矩。分数槽绕组与整数槽绕组计算上的不同主要在于绕组分布因数。分数槽绕组的ν次谐波绕组分布因数为：

$$K_{d\nu}=\frac{\sin\frac{\nu q_{e}\alpha_{e}}{2}}{q_{e}\sin\frac{\nu\alpha_{e}}{2}} \tag{9-28}$$

式中，$q_{e}=bd+c$，$\alpha_{e}=60^{\circ}/q_{e}$。

4. 采用外转子电机结构

与内转子结构电机相比，外转子结构电机具有诸多优点，例如：叶片能方便地装设在转子毂表面；转子周长变大，可允许更多极数；离心力作用使永磁体与转子铁心接触更紧密，转子的机械可靠性高；转动惯量大，有助于平抑风力起伏引起的转速波动。因此一些直驱式永磁同步风力发电机采用外转子结构。

5. 采取措施降低起动阻转矩

起动阻转矩是直驱式永磁同步风力发电机的一个重要参数。一般来讲，起动阻转矩包括机械摩擦转矩、磁滞转矩和齿槽转矩。

机械摩擦转矩是转子与机座等部件之间的轴承配合、密封及润滑等方面的原因引起的摩擦转矩，很大程度上取决于工艺水平，其计算非常复杂，但在起动阻转矩中所占比例非常小。

当永磁体相对于电枢铁心运动时，会在电枢中产生磁滞损耗，被永磁体磁化的电枢铁心内的磁场滞后于永磁磁场一个角度，二者相互作用产生磁滞转矩。磁滞转矩在起动阻转矩中所占比例也非常小。

起动阻转矩的主要部分为齿槽转矩，要降低起动阻转矩，必须降低齿槽转矩。齿槽转矩的产生机理和削弱方法详见第五章。由于直驱式永磁同步风力发电机的电枢铁心呈扁平状，不能采用斜槽的方法，常用的方法是采用分数槽。

6. 结构设计时需考虑冷却与散热

大型风力发电机通常安装在距离地面较高的机舱内，会因散热不畅而导致电机部件出现故障，维护和保养非常不便。另外，永磁材料对温度变化比较敏感，温度过高将造成永磁材料性能的降低，甚至不可逆去磁。因此，永磁同步风力发电机的温升计算和冷却系统设计非常重要。进行兆瓦级永磁同步风力发电机组的冷却设计时，需要考虑整个系统的效率、尺寸和工艺实现的难度等。鉴于直驱式永磁同步发电机本身的特点，以及整体经济性方面的考虑，直驱式永磁同步风力发电机多采用风冷和水冷技术。

风冷风力发电机具有结构简单、投资与运行费用较低、便于管理与维护等优点，但其冷却效果受气温影响较大，冷却能力较弱。风冷分为自然风冷和强迫风冷，功率较小的风力发电机只需通过自然通风就可以达到冷却要求。对于直驱式永磁同步风力发电机，主要考虑两个方面：一是电机外径较大，考虑在轭部加装离心式风扇以及利用转子的“扇风”作用，促进冷却气流的流动；二是风力发电机的机体外就是促使电机运转的自然风，且风速较大，可以考虑利用自然风来冷却电机。

水冷是风力发电机采用的另一种冷却方式，由于水的热导率比较高，其冷却效果比风冷要好。采用水冷的发电机结构更为紧凑，虽增加了换热器与冷却介质管道的费用，却大大提高了发电机的冷却效果。同时由于机舱可以设计成密封型，避免了风沙雨水的侵入，给机组创造了洁净的工作环境，延长了设备使用寿命。

三、直驱式永磁同步风力发电机的特点

与常规发电机相比，直驱式永磁同步风力发电机具有以下特点：

（1）无齿轮增速箱，消除了齿轮箱渗漏油、磨损等隐患，系统维护工作量小，运行成本低，进入机舱维护方便。

（2）噪声小，系统简单，运行可靠。

（3）损耗小，系统效率高。

（4）在20年的设计寿命期内，总使用成本比带增速齿轮箱的双馈型风力发电机低15%。

（5）机舱、发电机分开吊装，单件起吊重量小于同功率带增速箱的发电机。

（6）机舱、发电机、轮毂采用正压技术，可防止潮湿、盐雾、沙尘等进入。

（7）采用全功率变流器，可根据要求进行有功功率、无功功率及频率输出的任意调节，谐波含量低，具有很强的低电压穿越能力以适应电网扰动，并网特性完全满足目前国际上最新风电并网技术标准的要求。

四、直驱式永磁同步风力发电机存在的问题

直驱式永磁同步风力发电机存在以下问题：

（1）电机直径大、重量大，需要考虑运输、安装等问题。

（2）永磁体退磁问题。

（3）风力发电机的使用环境恶劣、永磁体耐温不高，所以冷却问题尤为突出。

（4）轴承和振动问题。

（5）为避免电网对发电机的冲击，需要考虑保护问题。

五、典型的直驱式永磁同步风力发电机

由于直驱式永磁同步风力发电机组具有噪声低、寿命长、体积小、运行维护成本低、低风速时效率高等多种优点，显著提高了风力发电的效益。世界各国的学者和风力发电企业针对上述关键技术进行研究，开发了一批直驱式风力发电机，其中荷兰Zephyros公司的Z72直驱永磁风力发电机较为典型[7]。

荷兰Zephyros公司在2002年生产出Z72直驱永磁风力发电机，如图9－12所示，主要用于海上风力发电，具体性能参数见表9－1。采用内转子结构，定子空气冷却。图9－13为不同输出功率和不同转速时的效率曲线。图9－14为不同风速时的输出功率。该发电机组在安装之后的1.5年内，工作了7000h，发电4500MW·h。

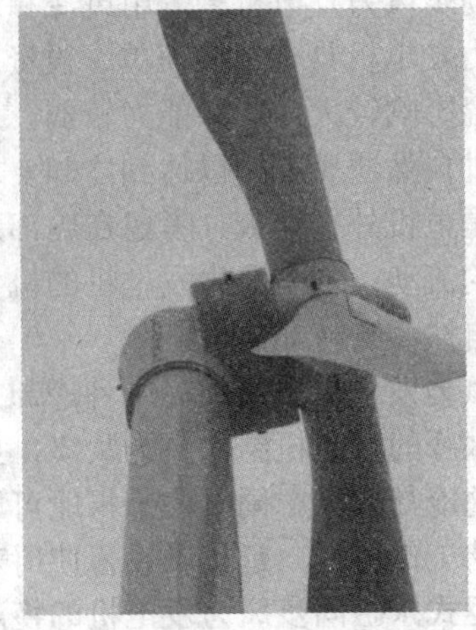

图9－12　荷兰Zephyros公司的Z72直驱永磁风力发电机

表 9-1　　Zephyros 公司 1.5MW 风力发电机的性能参数

额定输入功率	1670kW	绝缘等级	F
额定输出功率	1562kW	防护形式	IP54
额定转矩	862kN·m	冷却方式	IC40
额定电压	3000V	转动惯量	35 000kg·m²
功率因数	0.92	总重量	47 200kg
额定电流	327A	定子重量	25 000kg
频率范围	3～9.25Hz（额定）	转子重量	12 500kg
转速范围	9～18.5r/min（额定）	支撑重量	9000kg
相数	3	风轮直径	70m
气隙长度	3mm	电机铁心长度	1200mm
极数	60	环境温度	40℃
短路电流	569A	发电机外径	4m

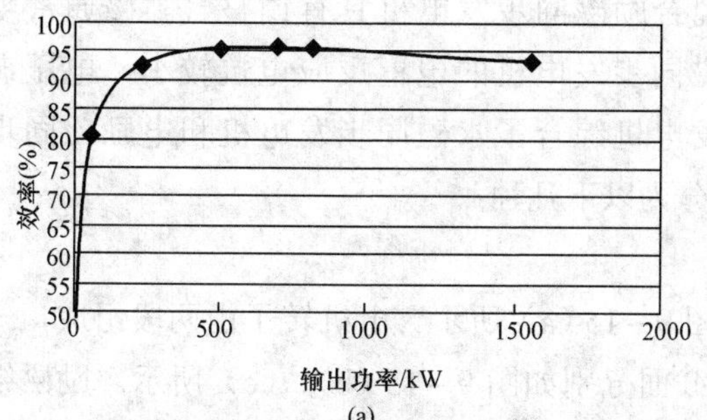

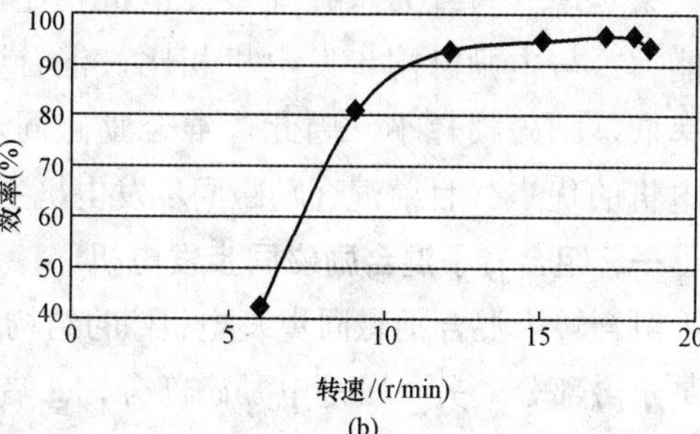

图 9-13　效率曲线

（a）不同输出功率时的效率；（b）不同转速时的效率

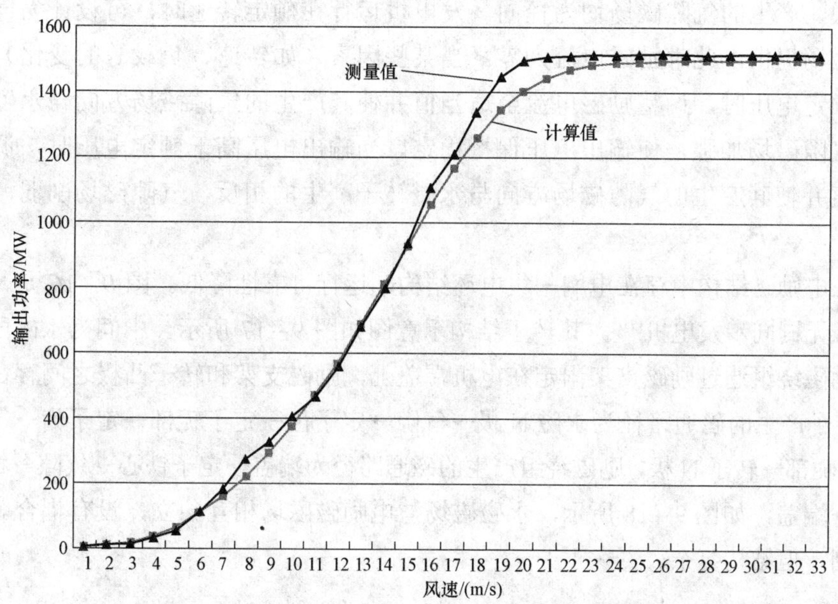

图 9-14　不同风速时的输出功率

第八节　混合励磁永磁同步发电机

永磁同步发电机取消了励磁绕组和集电环—电刷结构，虽然具有诸多优点，但其气隙磁通是由永磁磁动势、电枢反应磁动势和磁路结构共同决定的。在发电机运行过程中，环境温度的变化引起的永磁体性能和绕组电阻变化、负载变化引起的电枢反应磁动势的变化和转速的变化都会导致发电机输出电压的变化，无法像普通电励磁同步发电机那样通过调节励磁电流对气隙磁通进行调节，影响了发电机负载的正常工作，使永磁同步发电机的应用受到了一定的限制。

近年来，随着人们对独立发电系统（如风力发电）研究的日益深入，混合励磁同步发电机受到了广泛关注。混合励磁同步发电机的气隙磁场由永磁体和通电励磁绕组共同产生，气隙磁场的主要部分由永磁磁极建立，而电压调节所需的磁场变化部分靠电励磁绕组来实现。与普通永磁同步发电机相比，混合励磁同步发电机具有调整气隙磁通密度的能力；与电励磁同步发电机相比，混合励磁同步发电机的电枢反应电抗较小，电压调整率低，励磁损耗小。因此，混合励磁同步发电机综合了永磁同步发电机和电励磁同步发电机的优点。目前混合励磁同步发电机主要分为以下几种：

一、组合转子混合励磁同步发电机

组合转子混合励磁同步发电机[9]的结构如图9－15（a）所示。电机转子由两段组成，一段是永磁部分，另一段是电励磁部分，二者的截面分别如图9－15（b）、（c）所示。励磁绕组放置在转子槽内，永磁体段既可以采用表面式结构，也可以采用内置式结构。电励磁段也可以采用爪极励磁结构。两段转子之间用非导磁材料隔开，两段转子的磁路彼此独立，磁动势并联，产生的气隙磁场均为径向。发电机运行在额定转速时，可设计为气隙磁场完全由永磁磁场提供，此时励磁电流为零。当某些因素（如转速、负载等的变化）导致输出电压低于额定电压时，调整励磁电流至适当值并使其产生的气隙磁场方向与永磁转子产生的相同，气隙磁场加强，使输出电压保持稳定。当输出电压高于额定电压时，调整励磁电流至适当值并使其产生的气隙磁场方向与永磁转子产生的相反，气隙磁场削弱，维持输出电压恒定。

由于在电励磁结构中存在电刷—集电环结构，运行可靠性降低。图9－16是一种组合转子混合励磁无刷同步发电机[10]。其转子结构示意图如图9－17所示，中间为永磁段，两边为凸极段，励磁绕组通过励磁支架固定在电机端盖上，励磁支架和转子凸极之间存在一附加气隙。永磁转子产生的磁通路径为永磁N极→气隙→定子齿→定子轭部→定子齿→气隙→转子S极→转子轭部→转子N极，励磁绕组产生的磁通路径为端盖→定子铁心→气隙→转子凸极→附加气隙→端盖，如图9－18所示，永磁磁场与电励磁磁场相互独立，没有耦合。这种结构取消了电刷，但结构复杂。

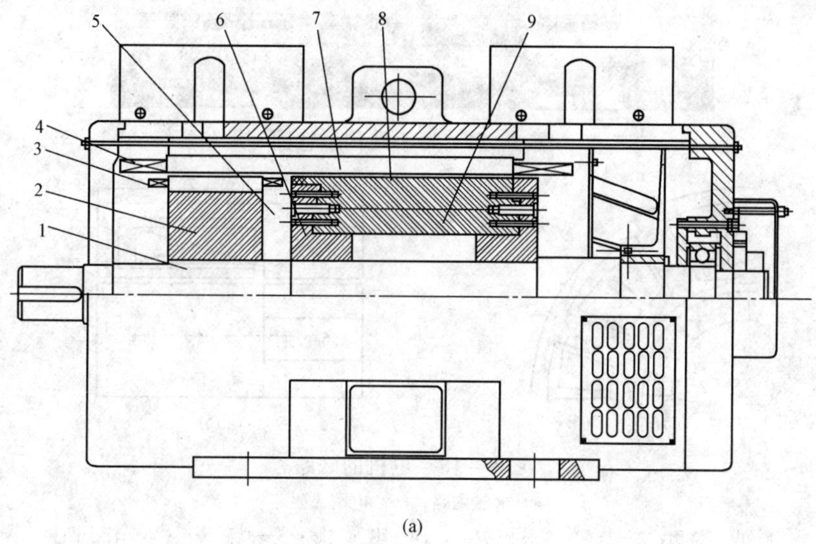

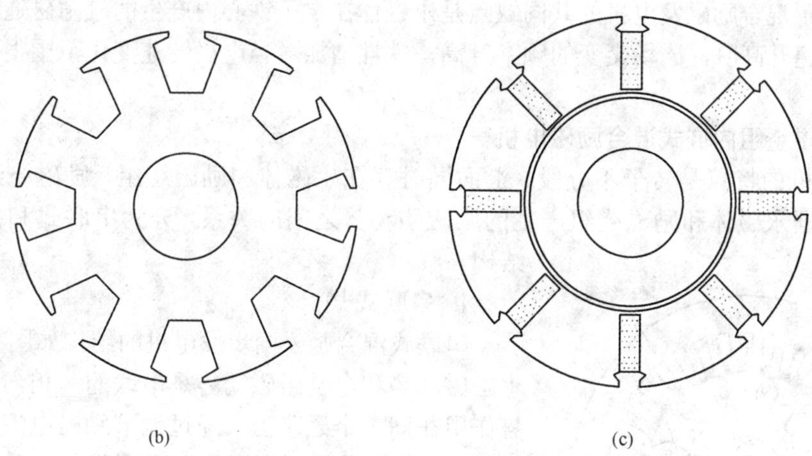

图 9－15　组合转子混合励磁同步发电机的结构示意图

（a）结构图；（b）电励磁段截面图；（c）永磁段截面图

1—转轴；2—电励磁转子段；3—励磁绕组；4—电枢绕组；5—两段转子间的间隙；6—永磁段的支架；7—定子铁心；8—永磁体；9—永磁转子段的铁心

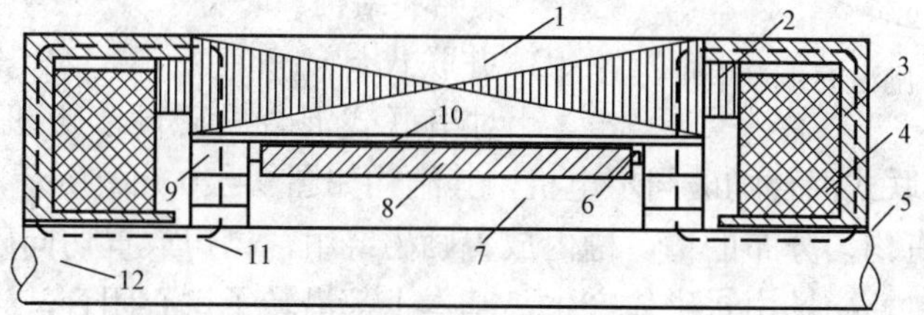

图 9－16　组合转子混合励磁无刷同步发电机

1—定子；2—电枢绕组；3—励磁绕组支架；4—励磁绕组；5—附加气隙；6—槽；7—转子；8—永磁体；9—凸极；10—气隙；11—磁路；12—转轴

图9－17 转子结构示意图

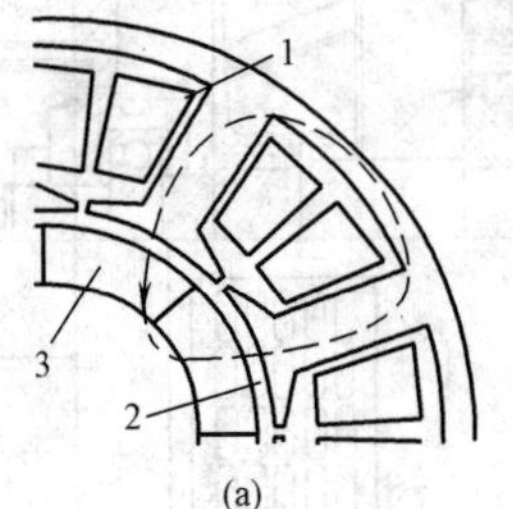

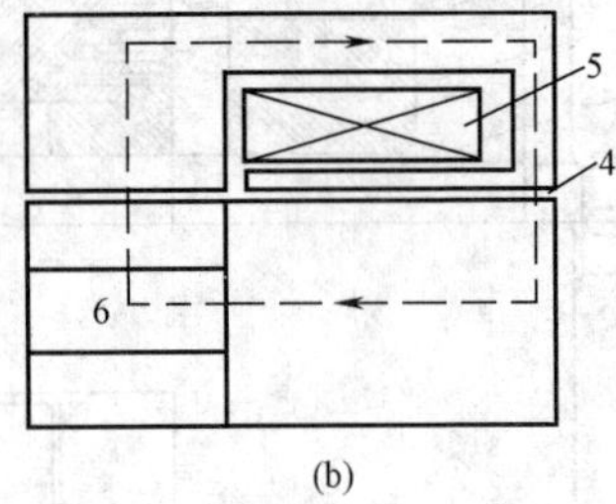

图9－18 电机的磁路

（a）永磁磁路；（b）电励磁磁路

1—电枢绕组；2—气隙；3—永磁磁极；4—附加气隙；5—励磁绕组；6—转子凸极

组合转子混合励磁发电机的共同缺点是永磁体在定子铁心内产生的气隙磁通密度基本不变，电机转速升高时，磁场交变的频率升高，铁耗增加。当电机转速变化范围很大时，会导致铁耗过高。

二、励磁绕组内嵌式混合励磁电机

这类电机的特点是转子不分段，上面同时存在永磁体和励磁绕组，励磁绕组放置在转子槽内。根据永磁体和励磁绕组产生的励磁磁动势之间的关系，分为串联式和并联式两种结构。

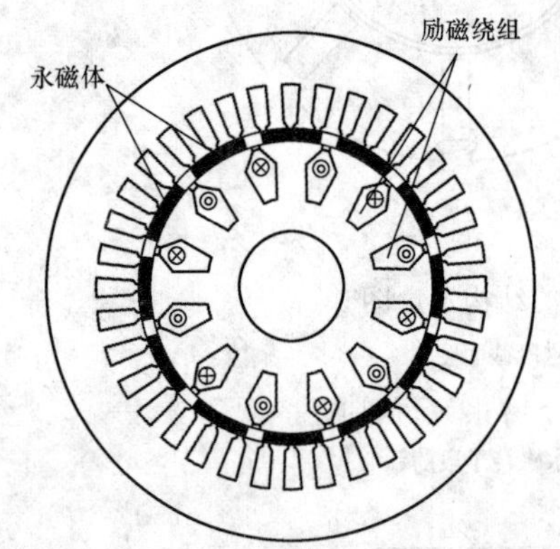

图9－19 串联式混合励磁同步发电机

1. 串联式[11]

串联式混合励磁同步发电机的结构如图9－19所示，永磁磁动势和电励磁磁动势是串联的，相当于两个磁动势作用在同一个磁路上。通过调节励磁电流改变作用在磁路上的磁动势，进而改变气隙磁场。由于永磁体的磁导率与空气的磁导率非常接近，磁路的磁阻非常大，需要较大的励磁电流，且容易使永磁体产生退磁，磁场调节范围小。此外，由于转子上存在励磁绕组，无法取消电刷—集电环结构。

2. 并联式[12]

针对串联式混合励磁同步电机的不足，参考文献［12］提出了一种并联式混合励磁同步电机，其结构如图9－20（a）所示，图9－20（b）为转子截面图。转子上有均匀分布的槽，槽内放置励磁绕组，槽口放置切向磁化的永磁体。当励磁电流为零或很小时，磁场由永磁体产生，基本上都沿转子铁心闭合，气隙磁场很小，磁场分布如图9－20（c）所示。随着励磁电流的增加，励磁磁动势增大，励磁磁动势除了作用在气隙上产生气隙磁场外，还迫使永磁体产生的磁场不再在转子内部闭合，而是通过气隙。这样，永磁磁动势和励磁磁动势成为并联关系。当电机额定运行时，励磁电流相对较大。与串联式混合励磁同步电机一样，无法取消电刷—集电环结构。

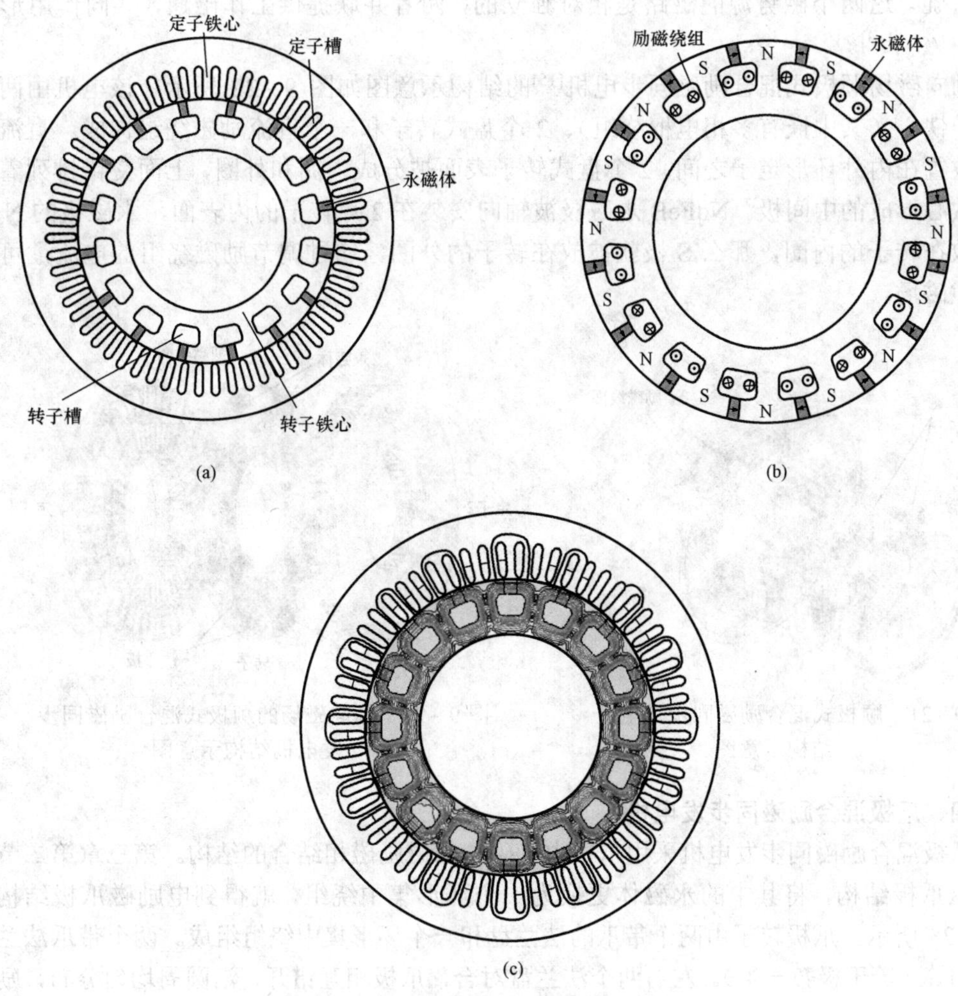

图 9-20 并联式混合励磁同步发电机

(a) 电机结构；(b) 转子截面；(c) 无励磁电流时的磁场分布

三、顺极式混合励磁同步发电机[13]

顺极式混合励磁同步电机的结构示意图如图 9-21 所示。电机定子上有三相对称电枢绕组，还有环形的直流励磁绕组，直流励磁绕组将定子铁心分成两段，两段铁心由其外侧的铁轭在机械和磁路上相连接。转子分成 N 极端和 S 极端两部分，每极端由同极性永磁磁极和铁心极交错排列，且两端的 N、S 永磁磁极和铁心极也相互错开。转子铁心和转轴间为导磁性能好的转子轭，用于转子的轴向导磁[8]。

永磁体产生的磁通路径为 N 极磁体（径向）→气隙（径向）→定子铁心（径向）→定子铁轭（轴向）→定子铁心（径向）→气隙（径向）→S 极磁体（径向）→转子铁心（径向）→转子轭（轴向）→转子铁心（径向）→N 极磁体（径向）。当励磁绕组通电流时，励磁电流所产生的电励磁磁通路径为定子铁心（径向）→定子铁轭（轴向）→定子铁心（径向）→气隙（径向）→转子铁心极（径向）→转子铁心（径向）→转子轭（轴向）→转子铁心（径向）→转子铁心极（径向）→气隙（径向）→定子铁心（径向）→

定子背轭。这两个磁势源的磁路是相对独立的，两者并联提供工作磁通，共同作用形成电机的主磁场[14]。

轴向磁场顺极式混合励磁同步电机[15]的结构示意图如图 9-22 所示。该电机由两个环形定子铁心（其中嵌有多相电枢绕组）、2 个盘式转子和一个直流励磁绕组构成。直流励磁绕组放置在内外环形定子之间。2 个盘式转子表面被分成内圈和外圈，上面交错排列着永磁极和铁心形成的中间极。NdFeB 永磁极被轴向安装在 2 片转子的内表面，永磁极的 N 极如果被放在转子的内圈，那么 S 极就被放在转子的外圈。通过调节励磁绕组的电流，可以改变气隙磁场。

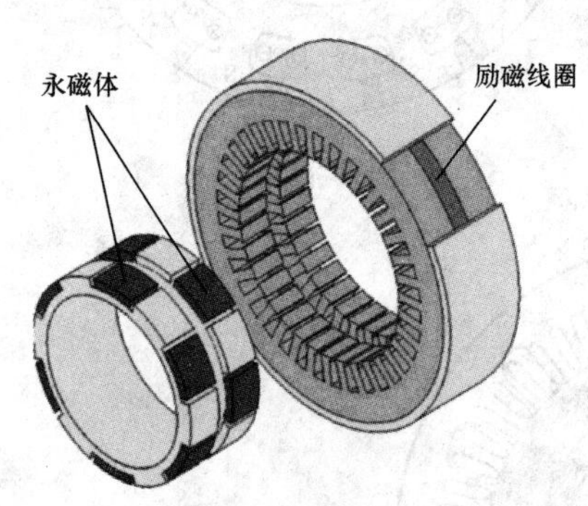

图 9-21　顺极式混合励磁同步发电机结构示意图

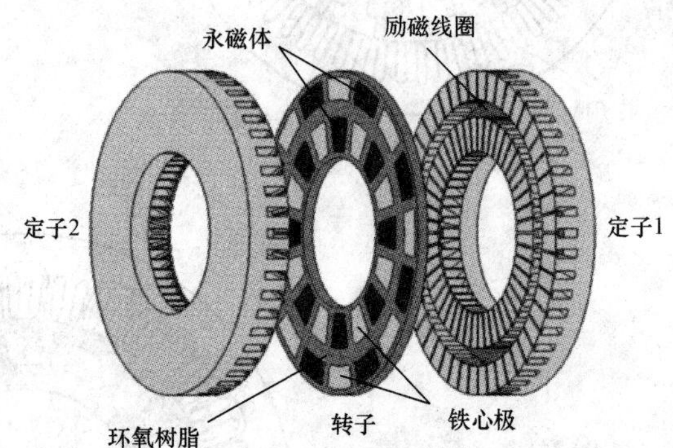

图 9-22　轴向磁场的顺极式混合励磁同步发电机结构示意图

四、爪极混合励磁同步发电机

爪极混合励磁同步发电机采用爪极电励磁与永磁励磁相结合的结构。第三章第二节介绍了永磁爪极结构，将其中的永磁体更换为一个环形集中绕组，就得到电励磁爪极结构，如图 9-23 所示，爪极转子由两个带爪的法兰盘和一个环形集中绕组组成。两个带爪法兰盘的爪数相等（等于极数一半）。左右两个法兰盘对合，爪极相互错开，沿圆周均匀分布，励磁线圈夹在两个带爪法兰盘中间。励磁绕组通电时，一个法兰盘的爪为 N 极，另一个法兰盘上的爪为 S 极，形成极性相异、相互错开的多极转子。由于结构简单、成本低、励磁调节方便，电励磁爪极电机作为车辆发电机被广泛使用。但这种爪极转子的形式，导致电励磁爪极发电机存在漏磁大、功率密度低、励磁损耗大、电机效率低等缺陷。为了解决上述问题，将电励磁与永磁励磁相结合，形成了爪极混合励磁电机。

参考文献［16］提出了一种有刷爪极混合励磁同步发电机，主要由定子、转子爪极、转子磁轭、永磁体和励磁绕组组成。定子与普通交流电机的定子相同，槽中嵌有多相对称绕组。直流励磁绕组位于两个带爪法兰盘之间，为一个环形线圈，通电后所产生的轴向磁通经转子磁轭到达爪极，然后流经气隙、定子铁心、气隙和爪极，回到转子磁轭，形成一个闭合磁路。永磁体位于两极之间，切向充磁，图 9-24 为其转子外形图。其磁场调节原理与并联式混合励磁同步电机的相同，励磁电流为零时永磁体产生的磁场也在转子内部闭合。永磁体的存在减小了爪极间的漏磁，从而提高了电机效率，改善了电机的低速输出特性，但与前面的电励磁爪极电机一样，励磁电流都是通过转子上的电刷—集电环结构引入，属于有刷励磁。

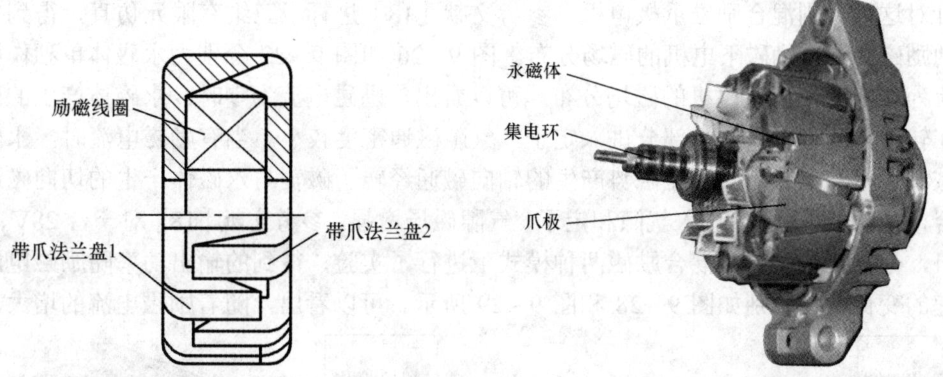

图 9－23　普通电励磁爪极转子　　　图 9－24　有刷爪极混合励磁同步电机的转子外形图

为了进一步提高爪极电机运行的可靠性，减少维护的工作量，参考文献[17]提出了一种无刷爪极混合励磁同步电机。该结构剖面图如图 9－25（a）所示，其中一侧的爪极（右爪极）通过较长的极身与转轴配合，另一侧的爪极（左爪极）没有极身，只用一个环把各爪极相连。两侧的爪极交叉安放，两个极爪之间的间隙一个采用非导磁材料焊接在一起，另一个用于放置切向充磁永磁体，如图 9－25（b）所示。当转轴转动时，两侧的爪极与转轴同时旋转。励磁绕组放在固定于端盖上的励磁支架上，伸入无极身爪极内孔中，实现了无刷励磁。

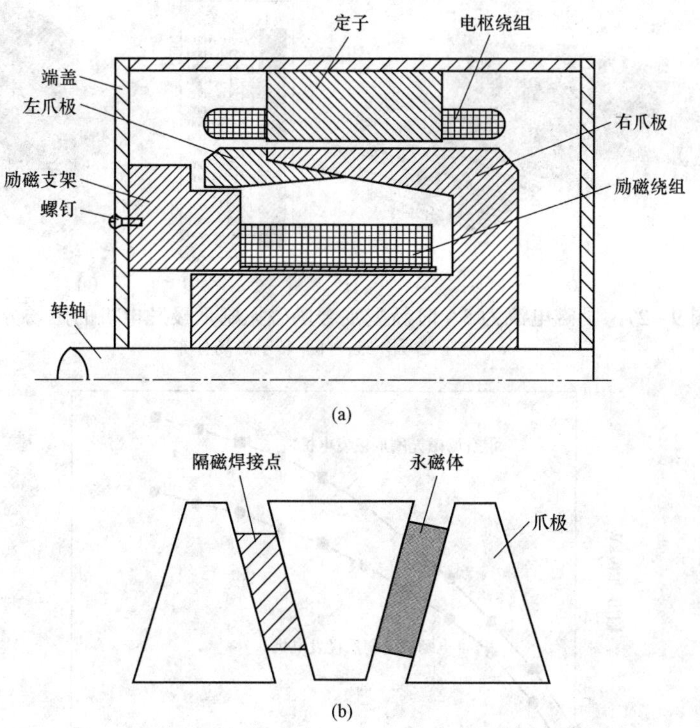

图 9－25　无刷爪极混合励磁同步发电机结构示意图

（a）剖面图；（b）永磁体安放位置示意图

针对这种无刷混合励磁爪极电机，参考文献［18］进行了三维有限元仿真，得到了永磁体单独励磁和混合励磁下电机的磁场分布。图9-26和图9-27分别为永磁体单独作用和励磁电流为5A时爪极发电机的磁场分布。可以看出，励磁电流为零时，永磁体产生的磁通大部分在转子内闭合，只有小部分进入定子，气隙磁通密度较小。当有励磁电流时，永磁体的存在减小了极间漏磁，且励磁磁势产生的轴向磁通经转子磁轭与永磁体产生的切向磁通在爪极汇合，成为径向磁通，进入气隙和定子，气隙磁场增强。参考文献［18］对一台28V、12kW的样机，分别在电励磁和混合励磁两种模式下进行了实验，得到的输出功率随励磁电流和电机转速的变化曲线分别如图9-28和图9-29所示。可以看出，随着励磁电流的增大，永磁

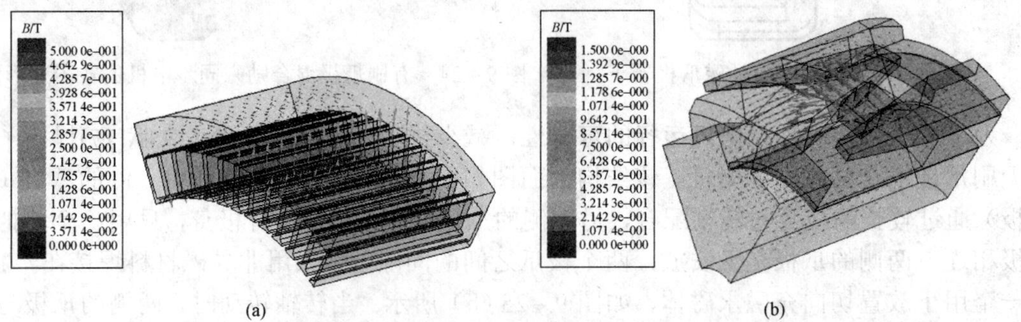

图9-26 永磁体单独作用时混合励磁无刷爪极发电机的磁场分布

（a）定子磁场分布；（b）转子磁场分布

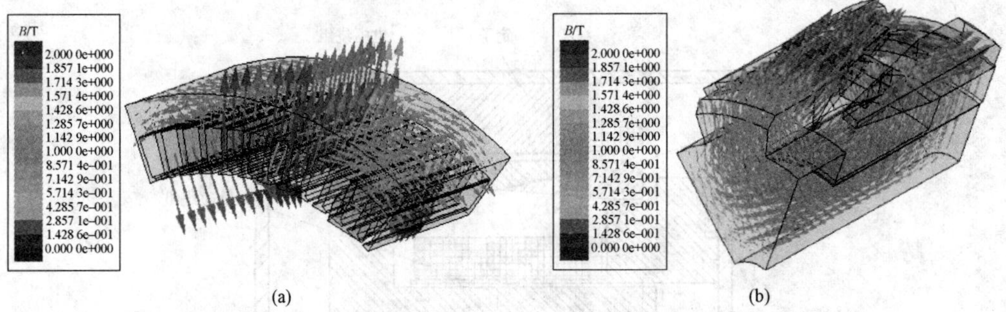

图9-27 励磁电流为5A时新型混合励磁无刷爪极发电机的磁场分布

（a）定子磁场分布；（b）转子磁场分布

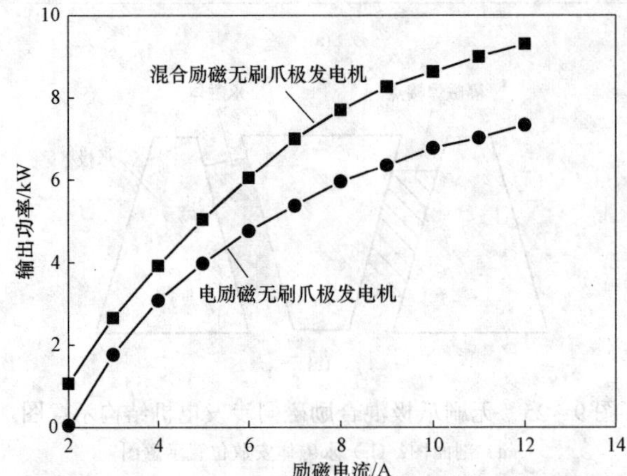

图9-28 3000r/min时电机输出功率随励磁电流变化曲线

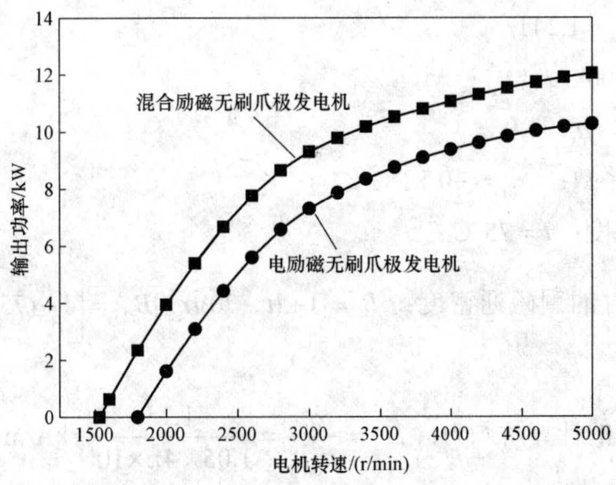

图 9－29　输出功率随电机转速变化曲线

体的增磁作用更加显著；相对于电励磁无刷爪极发电机，混合励磁无刷爪极发电机具有更高的功率密度和更好的低速输出性能，这对于降低发电机励磁损耗、提高系统效率具有重要意义。

第九节　表面凸出式永磁同步发电机的电磁计算程序和算例

一、额定数据

（1）额定功率：$P_N = 3\text{kW}$

（2）相数：$m = 3$

（3）额定线电压：$U_{Nl} = 400\text{V}$

（4）额定频率：$f = 50\text{Hz}$

（5）额定转速：$n_N = 1500\text{r/min}$

（6）极对数：$p = 60f/n_N = 60\times 50/1500 = 2$

（7）额定效率：$\eta_N = 93.4\%$

（8）额定功率因数：$\cos\varphi_N = 0.9$

（9）绕组形式：双层、Y 联结

（10）固有电压调整率：$\Delta U_N < 10\%$

（11）额定相电压：

$$U_N = U_{Nl}/\sqrt{3} = 400/\sqrt{3}\text{V} = 231\text{V}\ （\text{Y 联结}）$$

$$U_N = U_{Nl}\ （\triangle\text{联结}）$$

（12）额定相电流：$I_N = \dfrac{P_N \times 10^3}{mU_N\cos\varphi_N} = \dfrac{3\times 10^3}{3\times 231\times 0.9}\text{A} = 4.81\text{A}$

二、永磁材料性能

（13）永磁材料：N38SH

（14）20℃时永磁材料的性能：

剩磁通密度：$B_{r20}=1.24\text{T}$

矫顽力：$H_{c20}=900\text{kA/m}$

相对回复磁导率：$\mu_r=1.05$

剩磁通密度温度系数：$\alpha_{Br}=-0.12\ \%\text{K}^{-1}$

（15）预计工作温度：$t=75\ ℃$

（16）工作温度时的剩磁通密度：$B_r=[1+(t-20)\alpha_{Br}]B_{r20}=\left[1+(75-20)\times\dfrac{-0.12}{100}\right]\times1.24\text{T}=1.158\text{T}$

（17）工作温度时的计算矫顽力：$H_c=\dfrac{B_r}{\mu_0\mu_r}=\dfrac{1.158}{1.05\times4\pi\times10^{-7}}\text{kA/m}=877.6\text{kA/m}$

式中，真空磁导率 $\mu_0=4\pi\times10^{-7}\text{H/m}$。

（18）永磁体磁化方向长度：$h_m=0.4\text{cm}$

（19）极弧系数：$\alpha_p=0.785$

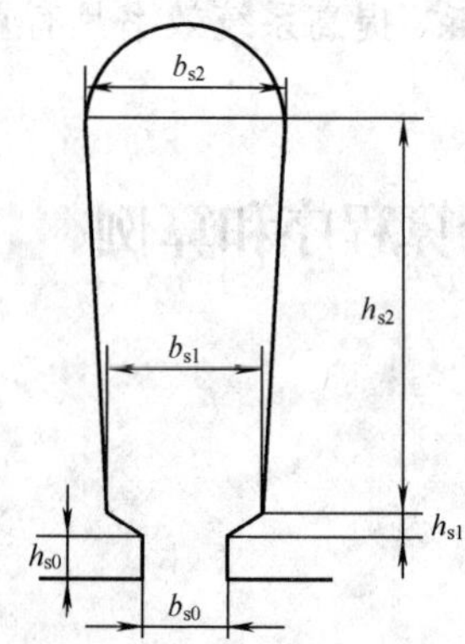

图 9－30　定子槽形及尺寸

三、定子铁心

（20）定子铁心材料：DR510－50

（21）定子外径：$D_1=23.0\text{cm}$

（22）定子内径：$D_{i1}=15.6\text{cm}$

（23）定子铁心长度：$L_1=10.0\text{cm}$

（24）定子铁心叠压系数：$K_{Fe}=0.95$，K_{Fe} 一般取 0.92～0.95。

（25）定子槽数：$Q=36$

（26）定子斜槽数：$t_{sk}=1$

（27）定子槽形及尺寸：$h_{s0}=0.08\text{cm}$；$h_{s1}=0.12\text{cm}$；$h_{s2}=0.72\text{cm}$；$b_{s0}=0.20\text{cm}$；$b_{s1}=0.58\text{cm}$；$b_{s2}=0.70\text{cm}$（见图 9－30）

（28）定子齿距：$t=\dfrac{\pi D_{i1}}{Q}=\dfrac{15.6\pi}{36}\text{cm}=1.36\text{cm}$

（29）定子极距：$\tau=\dfrac{\pi D_{i1}}{2p}=\dfrac{15.6\pi}{4}\text{cm}=12.25\text{cm}$

（30）定子计算齿宽：

$$b_{t1}=\frac{\pi[D_{i1}+2(h_{s0}+h_{s1}+h_{s2})]}{Q}-b_{s2}=\frac{\pi[15.6+2\times(0.08+0.12+0.72)]}{36}\text{cm}-0.70\text{cm}=0.822\text{cm}$$

$$b_{t2}=\frac{\pi[D_{i1}+2(h_{s0}+h_{s1})]}{Q}-b_{s1}=\frac{\pi[15.6+2\times(0.08+0.12)]}{36}\text{cm}-0.58\text{cm}=0.816\text{cm}$$

定子计算齿宽 b_t 取为距齿最窄处 1/3 处的齿宽：

若 $b_{t2}\leqslant b_{t1}$，$b_t=b_{t2}+\dfrac{b_{t1}-b_{t2}}{3}=0.816+\dfrac{0.822-0.816}{3}\text{cm}=0.818\text{cm}$；

否则，$b_t = b_{t1} + \dfrac{b_{t2} - b_{t1}}{3}$。

四、定子绕组

（31）每极每相槽数：$q = Q/(2mp) = 36/(2\times3\times2) = 3$

（32）绕组节距：$y = 8$

（33）绕组节距因数：$K_p = \sin\left(\dfrac{\pi}{2}\beta\right) = \sin\left(\dfrac{8\pi}{18}\right) = 0.985$

式中，$\beta = \dfrac{y}{mq} = \dfrac{8}{3\times3} = \dfrac{8}{9}$。

（34）绕组分布因数：

整数槽绕组：$K_d = \dfrac{\sin\left(\dfrac{\pi}{2m}\right)}{q\sin\left(\dfrac{\pi}{2mq}\right)} = \dfrac{\sin\left(\dfrac{\pi}{6}\right)}{3\times\sin\left(\dfrac{\pi}{18}\right)} = 0.9598$

分整数槽绕组：$K_d = \dfrac{\sin\left(\dfrac{\pi}{2m}\right)}{d\sin\left(\dfrac{\pi}{2md}\right)}$

式中，d 是将 q 化为假分数后的分子。

（35）斜槽因数：$K_{sk} = \dfrac{2\sin\left(\dfrac{\alpha_s}{2}\right)}{\alpha_s} = \dfrac{2\times\sin\left(\dfrac{0.349}{2}\right)}{0.349} = 0.995$

式中，$\alpha_s = \dfrac{t_{sk}t}{\tau}\pi = \dfrac{1.36\pi}{12.25} = 0.349$。

（36）绕组因数：$K_{dp} = K_d K_p K_{sk} = 0.9598\times0.985\times0.995 = 0.941$

（37）每槽导体数：$N_s = 56$

（38）并联支路数：$a = 2$

（39）并绕根数－线径：$N_t - d_1 = 2 - 0.56$

式中：N_t 为并绕根数；d_1 为导线裸线直径（mm）。

（40）每相绕组串联匝数：$N = \dfrac{N_s Q}{2ma} = \dfrac{56\times36}{2\times3\times2} = 168$

（41）槽满率计算：

槽面积 $A_s = \dfrac{b_{s1}+b_{s2}}{2}(h_{s1}+h_{s2}-h) + \dfrac{\pi b_{s2}^2}{8} = \dfrac{0.58+0.70}{2}\times(0.12+0.72-0.1)\text{cm}^2 + \dfrac{0.7^2\pi}{8}\text{cm}^2 =$ 0.666cm^2

式中，槽楔厚度 $h = 0.1\text{cm}$。

槽绝缘面积：

双层绕组：$A_i = C_i[2(h_{s1}+h_{s2})+\pi b_{s2}/2+b_{s2}+b_{s1}]$

$= 0.02\times[2\times(0.12+0.72)+0.7\pi/2+0.70+0.58]\text{cm}^2 = 0.081\text{cm}^2$

单层绕组：$A_i = C_i[2(h_{s1}+h_{s2})+\pi b_{s2}/2]$

槽绝缘厚度：$C_i = 0.02\text{cm}$

槽有效面积：$A_{ef} = A_s - A_i = (0.666-0.081)\text{cm}^2 = 0.585\text{cm}^2$

槽满率：$S_f = \dfrac{N_s N_t (d_1+h_{d1})^2}{A_{ef}} = \dfrac{56\times 2\times(0.56+0.08)^2}{0.585\times 100} = 78.4\%$

对应于 d_1 导线的双边绝缘厚度（厚绝缘）$h_{d1} = 0.08\text{mm}$。

（42）电流密度：$J = \dfrac{I_N}{aN_t A_{Cu}} = \dfrac{4.81\text{A}}{2\times 2\times 0.246\text{mm}^2} = 4.89\text{A/mm}^2$

式中，导线截面积 $A_{Cu} = \dfrac{\pi}{4}d_1^2 = \dfrac{\pi}{4}\times 0.56^2\text{mm}^2 = 0.246\text{mm}^2$。

（43）电负荷：$A = \dfrac{QN_s I_N}{a\pi D_{i1}} = \dfrac{36\times 56\times 4.81}{2\times\pi\times 15.6}\text{A/cm} = 99.0\text{A/cm}$

五、转子结构尺寸

（44）气隙长度：

均匀气隙：$\delta = \delta_1 + \Delta = 0.05\text{cm} + 0.1\text{cm} = 0.15\text{cm}$

式中：δ_1 为空气隙长度，0.05cm；Δ为无纬玻璃丝带厚度或非磁性材料套环厚度，0.1cm。

不均匀气隙：$\delta_{max} = 1.5\delta$

（45）转子外径：$D_2 = D_{i1} - 2\delta = (15.6 - 2\times 0.15)\text{cm} = 15.3\text{cm}$

（46）转子内径：$D_{i2} = 8.0\text{cm}$

（47）转子铁心长度：$L_2 = 10.0\text{cm}$

（48）转子极距：$\tau_2 = \dfrac{\pi D_2}{2p} = \dfrac{15.3\pi}{4} = 12.0\text{cm}$

（49）永磁体轴向长度：$L_m = 10.0\text{cm}$

（50）永磁体极弧宽度：$b_m = \alpha_p \tau_2 = 0.785\times 12.0\text{cm} = 9.42\text{cm}$

（51）永磁体每极截面积：$A_m = b_m L_m = 9.42\times 10.0\text{cm}^2 = 94.2\text{cm}^2$

（52）永磁体每对极磁化方向长度：

径向结构：$h_{Mp} = 2h_m = 0.8\text{cm}$

切向结构：$h_{Mp} = h_m$

（53）永磁体体积：$V_m = pA_m h_{Mp} = 2\times 94.2\times 0.8\text{cm}^3 = 150.72\text{cm}^3$

（54）永磁体重量：$G_m = \rho_m V_M \times 10^{-3} = 7.4\times 150.72\times 10^{-3}\text{kg} = 1.12\text{kg}$

式中：ρ_m 为永磁体的密度。对于稀土钴永磁，$\rho_m = 8.1\sim 8.3\text{g/cm}^3$；对于铁氧体永磁，$\rho_m = 4.8\sim 5.2\text{g/cm}^3$；对于钕铁硼永磁，$\rho_m = 7.3\sim 7.5\text{g/cm}^3$。

（55）硅钢片质量：$G_{Fe} = \rho_{Fe} L_1 K_{Fe} (D_1+\Delta)^2\times 10^{-3} = 7.8\times 10.0\times 0.95\times(23+0.5)^2\times 10^{-3}\text{kg} =$

40.9kg

式中：冲剪余量：$\varDelta = 0.5\text{cm}$；铁的密度：$\rho_{\text{Fe}} = 7.8\text{g/cm}^3$。

六、磁路计算

（56）预估空载电动势：$E_0' = (1+\Delta U_{\text{N}})U_{\text{N}} = (1+0.1)\times 231\text{V} = 254.1\text{V}$

（57）计算极弧系数 α_{i}：对于表面凸出式结构，可认为 $\alpha_{\text{i}} \approx \alpha_{\text{p}} = 0.785$。

（58）气隙磁通波形系数 K_Φ：$K_\Phi = \dfrac{8}{\alpha_{\text{i}}\pi^2}\sin\dfrac{\alpha_{\text{i}}\pi}{2} = \dfrac{8}{0.785\pi^2}\sin\dfrac{0.785\pi}{2} = 0.974$

（59）预估空载磁通：

$$\varPhi_{\delta 0}' = \frac{E_0'}{4.44fNK_{\text{dp}}K_\Phi} = \frac{254.1}{4.44\times 50\times 168\times 0.941\times 0.974}\text{Wb} = 7.43\times 10^{-3}\text{Wb}$$

取 $\varPhi_{\delta 0}' = 7.37\times 10^{-3}\text{Wb}$。

（60）铁心有效长度：

定转子轴向长度相等时：$L_{\text{ef}} = L_1 + 2\delta = (10+2\times 0.15)\text{cm} = 10.3\text{cm}$

定转子轴向长度不相等时：

$(L_1 - L_2)/2\delta = 8$ 时，$L_{\text{ef}} = L_1 + 3\delta$；

$(L_1 - L_2)/2\delta = 14$ 时，$L_{\text{ef}} = L_1 + 4\delta$。

（61）气隙磁通密度：$B_\delta = \dfrac{\varPhi_{\delta 0}'}{\alpha_{\text{i}}\tau L_{\text{ef}}}\times 10^4 = \dfrac{7.37\times 10^{-3}}{0.785\times 12.25\times 10.3}\times 10^4 = 0.744\text{T}$

（62）气隙系数：$K_\delta = \dfrac{t(4.4\delta + 0.75b_{\text{s0}})}{t(4.4\delta + 0.75b_{\text{s0}}) - b_{\text{s0}}^2} = \dfrac{1.36\times(4.4\times 0.15 + 0.75\times 0.2)}{1.36\times(4.4\times 0.15+0.75\times 0.2) - 0.2^2} = 1.038$

（63）气隙磁压降：$F_\delta = \dfrac{2B_\delta\delta K_\delta}{\mu_0}\times 10^{-2} = \dfrac{2\times 0.744\times 0.15\times 1.038}{4\pi\times 10^{-7}}\times 10^{-2}\text{A} = 1844\text{A}$

（64）定子齿磁通密度：$B_{\text{t}} = B_\delta\dfrac{tL_{\text{ef}}}{b_{\text{t}}K_{\text{Fe}}L_1} = 0.744\times\dfrac{1.36\times 10.3}{0.818\times 0.95\times 10.0}\text{T} = 1.34\text{T}$

（65）定子齿磁压降：$F_{\text{t}} = 2H_{\text{t}}h_{\text{t}} = 2\times 10.1\times 0.957\text{A} = 19.3\text{A}$

根据 B_{t} 查附表 B－1（2）的磁化曲线得 $H_{\text{t}} = 10.1\text{A/cm}$。

定子齿磁路计算长度：$h_{\text{t}} = h_{\text{s1}} + h_{\text{s2}} + b_{\text{s2}}/6 = (0.12+0.72+0.7/6)\text{cm} = 0.957\text{cm}$

（66）定子轭磁通密度：$B_{\text{j}} = \dfrac{\varPhi_{\delta 0}'}{2L_1K_{\text{Fe}}h_{\text{j}}}\times 10^4 = \dfrac{7.37\times 10^{-3}}{2\times 10.0\times 0.95\times 2.55}\times 10^4\text{T} = 1.52\text{T}$

$$h_{\text{j}} = \frac{D_1 - D_{\text{i1}}}{2} - (h_{\text{s0}} + h_{\text{s1}} + h_{\text{s2}} + b_{\text{s2}}/3) = \left[\frac{23-15.6}{2} - (0.08+0.12+0.72+0.70/3)\right]\text{cm} = 2.55\text{cm}$$

（67）定子轭磁压降：$F_{\text{j}} = 2C_{\text{j}}H_{\text{j}}l_{\text{j}} = 2\times 0.43\times 22.4\times 8.0\text{A} = 154.1\text{A}$

根据 B_{j} 查附录 B－1（2）的磁化曲线得 $H_{\text{j}} = 22.4\text{A/cm}$，$C_{\text{j}}$ 为考虑到轭部磁通密度不均匀而引入的轭部磁路长度校正系数，查图 8－62 得 $C_{\text{j}} = 0.43$。

l_{j} 为定子轭磁路计算长度，$l_{\text{j}} = \dfrac{\pi(D_1 - h_{\text{j}})}{4p} = \dfrac{\pi(23.0-2.55)}{8}\text{cm} = 8.0\text{cm}$。

（68）转子轭部磁通密度：$B_{\mathrm{C}}=\dfrac{\sigma_0\Phi'_{\delta0}}{2h_{\mathrm{C}}K_{\mathrm{Fe}}L_1}\times10^4=\dfrac{1.037\times7.37\times10^{-3}}{2\times3.25\times0.95\times10}\times10^4\,\mathrm{T}=1.24\mathrm{T}$

式中，转子轭部计算高度 $h_{\mathrm{C}}=\dfrac{D_2-D_{\mathrm{i2}}}{2}-h_{\mathrm{M}}=\left(\dfrac{15.3-8.0}{2}-0.4\right)\mathrm{cm}=3.25\mathrm{cm}$ 。

漏磁系数的确定可近似参考第三章的方法。

查图 3－25 得：$\sigma_2=1.031$ 。

查图 3－29 得：$\sigma'_1=0.65$，$\sigma_1=1+\dfrac{\sigma'_1}{L_{\mathrm{ef}}\times10}=1+\dfrac{0.65}{10.3\times10}=1.006$，$\sigma_0=\sigma_1+\sigma_2-1=1.031+1.006-1=1.037$ 。

（69）转子轭部磁压降：$F_{\mathrm{C}}=2H_{\mathrm{C}}l_{\mathrm{C}}=2\times7.38\times4.42\mathrm{A}=65.2\mathrm{A}$

式中，转子轭部计算长度 $l_{\mathrm{C}}=\dfrac{\pi(D_{\mathrm{i2}}+h_{\mathrm{C}})}{4p}=\dfrac{\pi(8+3.25)}{8}\mathrm{cm}=4.42\mathrm{cm}$，根据 B_{C} 查附录 B－1（2）的磁化曲线得 $H_{\mathrm{C}}=7.38\mathrm{A/cm}$。

（70）总磁压降：$\sum F=F_\delta+F_{\mathrm{t}}+F_{\mathrm{j}}+F_{\mathrm{C}}=1844\mathrm{A}+19.3\mathrm{A}+154.1\mathrm{A}+65.2\mathrm{A}=2082.6\mathrm{A}$

（71）饱和系数：$k_{\mathrm{s}}=\dfrac{\sum F}{F_\delta}=\dfrac{2082.6}{1844}=1.129$

（72）主磁导：$\Lambda_\delta=\dfrac{\Phi'_{\delta0}}{\sum F}=\dfrac{7.37\times10^{-3}}{2082.6}\mathrm{H}=3.54\times10^{-6}\mathrm{H}$

主磁导标幺值：$\lambda_\delta=\Lambda_\delta\dfrac{h_{\mathrm{Mp}}}{\mu_{\mathrm{r}}\mu_0A_{\mathrm{m}}}\times10^2=3.54\times10^{-6}\times\dfrac{0.8}{1.05\times4\pi\times10^{-7}\times94.2}\times10^2=2.3$

（73）漏磁导：$\Lambda_\sigma=(\sigma_0-1)\Lambda_\delta=(1.037-1)\times3.54\times10^{-6}\mathrm{H}=1.31\times10^{-7}\mathrm{H}$

（74）漏磁导标幺值：$\lambda_\sigma=\Lambda_\sigma\dfrac{h_{\mathrm{Mp}}}{\mu_{\mathrm{r}}\mu_0A_{\mathrm{m}}}\times10^2=1.31\times10^{-7}\dfrac{0.8}{1.05\times4\pi\times10^{-7}\times94.2}\times10^2=0.084$

（75）外磁路总磁导标幺值：$\lambda_{\mathrm{n}}=\lambda_\delta+\lambda_\sigma=2.3+0.084=2.384$

（76）永磁体空载工作点：

$$b_{\mathrm{m0}}=\varphi_{\mathrm{m0}}=\frac{\lambda_{\mathrm{n}}}{\lambda_{\mathrm{n}}+1}=\frac{2.384}{2.384+1}=0.704$$

$$h_{\mathrm{m0}}=f_{\mathrm{m0}}=\frac{1}{\lambda_{\mathrm{n}}+1}=\frac{1}{2.384+1}=0.296$$

（77）空载气隙磁通：$\Phi_{\delta0}=(b_{\mathrm{m0}}-h_{\mathrm{m0}}\lambda_\sigma)B_{\mathrm{r}}A_{\mathrm{m}}\times10^{-4}$

$$=(0.704-0.296\times0.084)\times1.158\times94.2\times10^{-4}\,\mathrm{Wb}=7.41\times10^{-3}\,\mathrm{Wb}$$

$$\left|\frac{\Phi_{\delta0}-\Phi'_{\delta0}}{\Phi_{\delta0}}\right|=\left|\frac{7.41\times10^{-3}-7.37\times10^{-3}}{7.41\times10^{-3}}\right|=0.54\%$$

若 $\left|\dfrac{\Phi_{\delta0}-\Phi'_{\delta0}}{\Phi_{\delta0}}\right|$ 小于 1%，则进入下一步，否则调整 $\Phi'_{\delta0}$，重新计算第（61）～（77）项。

（78）空载气隙磁通密度：$B_{\delta 0}=\dfrac{\Phi_{\delta 0}}{\alpha_{\mathrm{i}}\tau L_{\mathrm{ef}}}\times 10^{4}=\dfrac{7.41\times 10^{-3}}{0.785\times 12.25\times 10.3}\times 10^{4}\,\mathrm{T}=0.75\mathrm{T}$

（79）空载定子齿磁通密度：$B_{\mathrm{t0}}=B_{\delta 0}\dfrac{tL_{\mathrm{ef}}}{b_{\mathrm{t}}K_{\mathrm{Fe}}L_{1}}=0.75\times\dfrac{1.36\times 10.3}{0.818\times 0.95\times 10.0}\mathrm{T}=1.35\mathrm{T}$

（80）空载定子轭磁通密度：$B_{\mathrm{j0}}=\dfrac{\Phi_{\delta 0}}{2L_{1}h_{\mathrm{j}}K_{\mathrm{Fe}}}\times 10^{4}=\dfrac{7.41\times 10^{-3}}{2\times 10.0\times 2.55\times 0.95}\times 10^{4}\,\mathrm{T}=1.53\mathrm{T}$

（81）空载励磁电动势：$E_{0}=4.44fNK_{\mathrm{dp}}\Phi_{\delta 0}K_{\Phi}=4.44\times 50\times 168\times 0.941\times 7.41\times 10^{-3}\times 0.974\mathrm{V}=$ 253.3V

七、参数计算

（82）线圈平均半匝长：

$$L_{\mathrm{av}}=L_{1}+2(d+L_{\mathrm{E}}')=[10+2\times(1.0+6.79)]\mathrm{cm}=25.58\mathrm{cm}$$

式中，d 为绕组直线部分伸出长度，一般取 1～3cm，这里取 $d=1.0\mathrm{cm}$。

单层线圈端部斜边长：$L_{\mathrm{E}}'=k\tau_{\mathrm{y}}$。

双层线圈端部斜边长：$L_{\mathrm{E}}'=\tau_{\mathrm{y}}/(2\cos\alpha_{0})=12.2/(2\times 0.898)\mathrm{cm}=6.79\mathrm{cm}$

式中：k 为系数，2 极电机取 0.58；4、6 极电机取 0.6；8 极电机取 0.625。

$$\cos\alpha_{0}=\sqrt{1-\sin^{2}\alpha_{0}}=\sqrt{1-0.44^{2}}=0.898$$

$$\sin\alpha_{0}=\frac{b_{\mathrm{s1}}+b_{\mathrm{s2}}}{b_{\mathrm{s1}}+b_{\mathrm{s2}}+2b_{\mathrm{t1}}}=\frac{0.58+0.7}{0.58+0.7+0.818\times 2}=0.44$$

$$\begin{aligned}\tau_{\mathrm{y}}&=\frac{\pi(D_{\mathrm{i1}}+2h_{\mathrm{s0}}+2h_{\mathrm{s1}}+h_{\mathrm{s2}}+b_{\mathrm{s2}})\beta_{0}}{2p}\\&=\frac{8\pi}{9\times 4}(15.6+2\times 0.08+2\times 0.12+0.72+0.7)\mathrm{cm}=12.2\mathrm{cm}\end{aligned}$$

式中：β_{0} 为与绕组节距有关的系数，对单层同心式绕组或单层交叉式绕组，β_{0} 取平均值，对其他形式绕组，$\beta_{0}=\beta$。

（83）线圈端部轴向投影长：$f_{\mathrm{d}}=L_{\mathrm{E}}'\sin\alpha_{0}=6.79\times 0.44\mathrm{cm}=3.0\mathrm{cm}$

（84）线圈端部平均长：$L_{\mathrm{E}}=2(d+L_{\mathrm{E}}')=2\times(1.0+6.79)\mathrm{cm}=15.58\mathrm{cm}$

（85）每相绕组电阻：$R_{1}=\dfrac{2\rho L_{\mathrm{av}}N}{aN_{\mathrm{t}}A_{\mathrm{Cu}}}=\dfrac{2\times 0.217\times 10^{-3}\times 25.58\times 168}{2\times 2\times 0.246}\Omega=1.9\Omega$

A、E、B 级绝缘：$\rho_{\mathrm{Cu75}}=0.217\times 10^{-3}\,\Omega\cdot\mathrm{mm}^{2}/\mathrm{cm}$

F、H 级绝缘：$\rho_{\mathrm{Cu115}}=0.245\times 10^{-3}\,\Omega\cdot\mathrm{mm}^{2}/\mathrm{cm}$

（86）定子铜线质量：

$$\begin{aligned}G_{\mathrm{Cu}}&=1.05\pi\rho_{\mathrm{Cu}}QN_{\mathrm{s}}L_{\mathrm{av}}\times\frac{N_{\mathrm{t}}d_{1}^{2}}{4}\times 10^{-5}\\&=1.05\pi\times 8.9\times 36\times 56\times 25.58\times\frac{2\times 0.56^{2}}{4}\times 10^{-5}\mathrm{kg}\\&=2.37\mathrm{kg}\end{aligned}$$

式中，铜的密度 $\rho_{Cu}=8.9\text{g/cm}^3$。

（87）定子槽比漏磁导：$\lambda_s = K_{U1}\lambda_{U1} + K_{L1}\lambda_{L1} = 0.917\times 0.7077 + 0.938\times 0.564 = 1.18$

式中，K_{U1}、K_{L1} 为槽上、下部节距漏抗系数，对于 60° 相带绕组：

当 $0\leqslant\beta\leqslant 1/3$ 时，$K_{U1}=3\beta/4$，$K_{L1}=(9\beta+4)/16$；

当 $1/3\leqslant\beta\leqslant 2/3$ 时，$K_{U1}=(6\beta-1)/4$，$K_{L1}=(18\beta+1)/16$；

当 $2/3\leqslant\beta\leqslant 1$ 时，$K_{U1}=(3\beta+1)/4=(3\times 8/9+1)/4=0.917$，

$K_{L1}=(9\beta+7)/16=(9\times 8/9+7)/16=0.938$。

对于 120° 相带绕组：

当 $0\leqslant\beta\leqslant 2/3$ 时，$K_{U1}=8\beta/9$，$K_{L1}=27\beta/32+1/4$；

当 $2/3\leqslant\beta\leqslant 1$ 时，$K_{U1}=3/4$，$K_{L1}=13/16$。

$$\lambda_{U1}=\frac{h_{s0}}{b_{s0}}+\frac{2h_{s1}}{b_{s0}+b_{s1}}=\frac{0.08}{0.2}+\frac{2\times 0.12}{0.2+0.58}=0.7077$$

$$\lambda_{L1}=\frac{\beta_s}{\left[\frac{\pi}{8\beta_s}+\frac{(1+\alpha)}{2}\right]^2}(K_{r1}+K_{r2})=\frac{1.03}{\left[\frac{\pi}{8\times 1.03}+\frac{(1+0.83)}{2}\right]^2}(0.335+0.585)=0.564$$

式中，$\alpha=\frac{b_{s1}}{b_{s2}}=\frac{0.58}{0.7}=0.83$。

$$\beta_s=\frac{h_{s2}}{b_{s2}}=\frac{0.72}{0.7}=1.03$$

$$\begin{aligned}K_{r1}&=\frac{1}{3}-\frac{1-\alpha}{4}\left[\frac{1}{4}+\frac{1}{3(1-\alpha)}+\frac{1}{2(1-\alpha)^2}+\frac{1}{(1-\alpha)^3}+\frac{\ln\alpha}{(1-\alpha)^4}\right]\\&=\frac{1}{3}-\frac{1-0.83}{4}\left[\frac{1}{4}+\frac{1}{3(1-0.83)}+\frac{1}{2(1-0.83)^2}+\frac{1}{(1-0.83)^3}+\frac{\ln 0.83}{(1-0.83)^4}\right]\\&=0.335\end{aligned}$$

$$\begin{aligned}K_{r2}&=\frac{2\pi^3-9\pi}{1536\beta_s^3}+\frac{\pi}{16\beta_s}-\frac{\pi}{8(1-\alpha)\beta_s}-\left[\frac{\pi^2}{64(1-\alpha)\beta_s^2}+\frac{\pi}{8(1-\alpha)^2\beta_s}\right]\ln\alpha\\&=\frac{2\pi^3-9\pi}{1536\times 1.03^3}+\frac{\pi}{16\times 1.03}-\frac{\pi}{8\times(1-0.83)\times 1.03}-\left[\frac{\pi^2}{64\times(1-0.83)\times 1.03^2}+\frac{\pi}{8\times(1-0.83)^2\times 1.03}\right]\ln 0.83\\&=0.585\end{aligned}$$

（88）端部比漏磁导：$\lambda_E=0.34\frac{q}{L_1}(L_E-0.64\tau\beta)=0.34\times\frac{3}{10}\times\left(15.58-0.64\times 12.25\times\frac{8}{9}\right)=0.878$

（89）差漏磁导：$\lambda_d=\alpha_p\frac{\frac{5\delta}{b_{s0}}}{5+\frac{4\delta}{b_{s0}}}=0.785\times\frac{\frac{5\times 0.15}{0.2}}{5+\frac{4\times 0.15}{0.2}}=0.368$

（90）齿顶比漏磁导：$\lambda_{t}=\dfrac{t-b_{s0}}{4(\delta+h_{M})}=\dfrac{1.36-0.2}{4\times(0.15+0.4)}=0.53$

（91）总漏磁导：$\sum\lambda=\lambda_{s}+\lambda_{E}+\lambda_{d}+\lambda_{t}=1.18+0.878+0.368+0.53=2.96$

（92）每相绕组漏抗：

$$X_{1}=15.5\frac{f}{100}\left(\frac{N}{100}\right)^{2}\frac{L_{1}}{pq}\sum\lambda\times10^{-2}=15.5\times\frac{50}{100}\times\left(\frac{168}{100}\right)^{2}\times\frac{10}{2\times3}\times2.96\times10^{-2}\,\Omega=1.08\Omega$$

标幺值：$X_{1}^{*}=\dfrac{X_{1}I_{N}}{U_{N}}=\dfrac{1.08\times4.81}{231}=0.02$

（93）每极电枢磁动势：

$$F_{a}=0.45m\frac{NK_{dp}}{p}I_{N}=0.45\times3\times\frac{168\times0.941}{2}\times4.81\text{A}=513.3\text{A}$$

（94）直交轴电枢反应电抗：

$$X_{ad}=4m\mu_{0}f\frac{(NK_{dp})^{2}}{\pi p}\frac{\tau L_{ef}}{\left(k_{\delta}\delta+\dfrac{h_{m}}{\mu_{r}}\right)k_{s}}k_{d}\times10^{-2}$$

$$=4\times3\times4\pi\times10^{-7}\times50\times\frac{(168\times0.941)^{2}}{\pi\times2}\frac{12.25\times10.3}{\left(1.038\times0.15+\dfrac{0.4}{1.05}\right)\times1.129}\times1\times10^{-2}\,\Omega=6.25\Omega$$

$$X_{aq}=4m\mu_{0}f\frac{(NK_{dp})^{2}}{\pi p}\frac{\tau L_{ef}}{\left(k_{\delta}\delta+\dfrac{h_{m}}{\mu_{r}}\right)k_{s}}k_{q}\times10^{-2}$$

$$=4\times3\times4\pi\times10^{-7}\times50\times\frac{(168\times0.941)^{2}}{\pi\times2}\frac{12.25\times10.3}{\left(1.038\times0.15+\dfrac{0.4}{1.05}\right)\times1.129}\times1\times10^{-2}\,\Omega=6.25\Omega$$

$$k_{d}=k_{q}=1$$

（95）交轴同步电抗：

$$X_{d}=X_{q}=X_{1}+X_{aq}=(1.08+6.25)\Omega=7.33\Omega$$

$$X_{d}^{*}=X_{q}^{*}=\frac{X_{q}I_{N}}{U_{N}}=\frac{7.33\times4.81}{231}=0.153$$

（96）内功率因数角：$\psi_{N}=\arctan\dfrac{U_{N}\sin\varphi+I_{N}X_{q}}{U_{N}\cos\varphi+I_{N}R_{1}}=\arctan\dfrac{231\times0.436+4.81\times7.33}{231\times0.9+4.81\times1.9}=32^{\circ}$

（97）每极直轴电枢磁动势：

$$F_{ad}=0.45m\frac{NK_{dp}}{p}K_{ad}I_{N}\sin\psi_{N}=0.45\times3\times\frac{168\times0.941}{2}\times0.832\times4.81\times\sin32^{\circ}\text{A}=226.3\text{A}$$

式中：K_{ad} 为直轴电枢磁动势折算系数；$K_{ad}=K_{aq}=\dfrac{\pi}{4\sin\dfrac{\alpha_i\pi}{2}}=\dfrac{\pi}{4\sin\dfrac{0.785\pi}{2}}=0.832$。

每极直轴电枢磁动势的标幺值：$f_{ad}=\dfrac{2F_{ad}}{H_c h_{Mp}}\times10^{-1}=\dfrac{2\times226.3}{877.6\times0.8}\times10^{-1}=0.0645$

（98）永磁体负载工作点：

$$b_{mN}=\varphi_{mN}=\frac{\lambda_n(1-f'_{ad})}{\lambda_n+1}=\frac{2.384\times(1-0.062)}{2.384+1}=0.66$$

$$h_{mN}=f_{mN}=\frac{\lambda_n f'_{ad}+1}{\lambda_n+1}=\frac{2.384\times0.062+1}{2.384+1}=0.34$$

式中，$f'_{ad}=\dfrac{f_{ad}}{\sigma_0}=\dfrac{0.0645}{1.037}=0.062$。

（99）额定负载气隙磁通：

$$\Phi_{\delta N}=(b_{mN}-h_{mN}\lambda_\sigma)B_r A_m\times10^{-4}=(0.66-0.34\times0.084)\times1.158\times94.2\times10^{-4}\,\text{Wb}=6.9\times10^{-3}\,\text{Wb}$$

（100）负载气隙磁通密度：$B_{\delta N}=\dfrac{\Phi_{\delta N}}{\alpha_i\tau L_{ef}}\times10^4==\dfrac{6.9\times10^{-3}}{0.785\times12.25\times10.3}\times10^4\,\text{T}=0.70\text{T}$

（101）负载定子齿磁通密度：$B_{tN}=B_{\delta N}\dfrac{tL_{ef}}{b_t K_{Fe}L_1}=0.7\times\dfrac{1.36\times10.3}{0.818\times0.95\times10.0}\text{T}=1.26\text{T}$

（102）负载定子轭磁通密度：$B_{jN}=\dfrac{\Phi_{\delta N}}{2L_1K_{Fe}h_j}\times10^{-4}=\dfrac{6.9\times10^{-3}}{2\times10.0\times0.95\times2.55}\times10^4\,\text{T}=1.42\text{T}$

八、电压调整率和短路电流的计算

（103）额定负载时直轴内电动势：

$$E_d=4.44fNK_{dp}\Phi_{\delta N}K_\Phi=4.44\times50\times168\times0.941\times6.9\times10^{-3}\times0.974\text{V}=236.0\text{V}$$

（104）输出电压：

$$\begin{aligned}U&=\sqrt{E_d^2-I_N^2(R_1\sin\varphi-X_1\cos\varphi)^2+I_N^2X_{aq}^2\cos^2\psi_N}-I_N(R_1\cos\varphi+X_1\sin\varphi)\\&=\sqrt{236.0^2-4.81^2\times(1.9\times0.436-1.08\times0.9)^2+4.81^2\times6.25^2\times\cos^2 32^\circ}-\\&\quad 4.81\times(1.9\times0.9+1.08\times0.436)\\&=227\text{V}\end{aligned}$$

（105）电压调整率：$\Delta U=\dfrac{E_0-U}{U_N}\times100\%=\dfrac{253.3-227}{231}\times100\%=11.38\%$

（106）短路电流倍数：

$$\begin{aligned}I_k^*&=\frac{4.44\lambda_\delta fNK_{dp}B_rA_mK_\Phi\times10^{-4}}{4.44fNK_{dp}(1+\lambda_\sigma)\lambda_n f'_{ad}B_rA_mK_\Phi\times10^{-4}+(1+\lambda_n)I_N\sqrt{R_1^2+X_1^2-X_{aq}^2\cos^2\psi_k}}\\&=\frac{4.44\times2.3\times50\times168\times0.941\times1.158\times94.2\times0.974\times10^{-4}}{\left[\begin{aligned}&4.44\times50\times168\times0.941\times(1+0.084)\times2.384\times0.062\times1.158\times94.2\times0.974\times10^{-4}+\\&(1+2.384)\times4.81\times\sqrt{1.9^2+0.97^2-6.26^2\times\cos^2 75.28^\circ}\end{aligned}\right]}\\&=10.4\end{aligned}$$

（107）永磁体最大去磁工作点：

$$f_k' = I_k^* f_{ad}' = 10.04 \times 0.062 = 0.621$$

$$b_{mh} = \varphi_{mh} = \frac{\lambda_n (1 - f_k')}{\lambda_n + 1} = \frac{2.384(1-0.621)}{2.384+1} = 0.267$$

$$h_{mh} = f_{mh} = 1 - b_{mh} = 1 - 0.267 = 0.733$$

九、损耗和效率的计算

（108）定子齿体积：$V_t = Q L_1 K_{Fe} h_t b_t = 36 \times 10.0 \times 0.95 \times 0.957 \times 0.818 \text{cm}^3 = 267.7 \text{cm}^3$

（109）定子轭体积：$V_j = \pi (D_1 - h_j) h_j L_1 K_{Fe} = \pi \times (23 - 2.55) \times 2.55 \times 10.0 \times 0.95 \text{cm}^3 = 1556.3 \text{cm}^3$

（110）齿部单位铁耗：按齿部磁通密度 B_{tN} 查附表 B－2（2）的损耗曲线，得 $p_t = 27.5 \times 10^{-3} \text{W/cm}^3$。

（111）轭部单位损耗：按轭部磁通密度 B_{jN} 查附表 B－2（2）的损耗曲线，得 $p_j = 35.7 \times 10^{-3} \text{W/cm}^3$。

（112）定子铁耗：$p_{Fe} = k_1 p_t V_t + k_2 p_j V_j = (2.5 \times 0.0275 \times 267.7 + 2 \times 0.0357 \times 1556.3) \text{W} = 129.5 \text{W}$

式中，k_1、k_2 为铁损耗修正系数，一般分别取 2.5、2，或根据经验确定。

（113）定子绕组铜耗：$p_{Cu} = m I_N^2 R_1 = 3 \times 4.81^2 \times 1.9 \text{W} = 131.9 \text{W}$

（114）机械损耗：

对于 2 极防护式，有：$p_{fw} = 5.5 \left(\frac{3}{p} \right)^2 D_2^3 \times 10^{-3}$（W）

对于 4 极以上防护式，有：$p_{fw} = 6.5 \left(\frac{3}{p} \right)^2 D_2^3 \times 10^{-3} = 6.5 \times \left(\frac{3}{2} \right)^2 \times 15.3^3 \times 10^{-3} \text{W} = 52.4 \text{W}$

对于 2 极封闭型自扇冷式，有：$p_{fw} = 13(1 - D_1 \times 10^{-2}) \left(\frac{3}{p} \right)^2 D_1^4 \times 10^{-5}$（W）

对于 4 极以上封闭型自扇冷式，有：$p_{fw} = \left(\frac{3}{p} \right)^2 D_1^4 \times 10^{-4}$（W）

（115）杂散损耗：$p_s = (0.5 \sim 2.5) P_N \times 10 = 1 \times 3 \times 10 \text{W} = 30 \text{W}$

（116）总损耗：$\sum p = p_{Fe} + p_{Cu} + p_{fw} + p_s = (129.5 + 131.9 + 52.4 + 30) \text{W} = 343.8 \text{W}$

（117）效率：$\eta = \left(1 - \frac{\sum p}{P_N \times 10^3 + \sum p} \right) \times 100\% = \left(1 - \frac{343.8}{3000 + 343.8} \right) \times 100\% = 90\%$

参　考　文　献

[1]　唐任远. 现代永磁电机［M］. 北京：机械工业出版社，1997.

[2]　李钟明，刘卫国. 稀土永磁电机［M］. 北京：国防工业出版社，1999.

［3］ Jacek F.Gierras，Mitchell Wing.Permanent magnet motor technology［M］. New York：Marcel Dekker.Inc.1997.

［4］ 王秀和. 电机学［M］. 北京：机械工业出版社，2009.

［5］ Florence Libert.Design，Optimization and Comparison of Permanent Magnet Motor for a Low-Speed Direct-Driven Mixer［M］. Stockholm，2004.

［6］ 苗立杰. 直驱式变速变桨距永磁风力发电机组研制［J］. 上海电力，2007（3）：306－309.

［7］ C.J.A.Versteegh.Design of the Zephyros Z72 wind turbine with emphasis on the direct drive PM generator.NORPIE 2004，NTNU Trondheim Norway，2004（6）：14－16.

［8］ Chao-hui Zhao Yang-guang Yan.A Review of Development of Hybrid Excitation Synchronous Machine［C］. IEEE ISIE 2005，Dubrovnik，Croatia，2005（6）：20－23.

［9］ Shoudao Huang，Zhaohui Yang，Gao Jian.Study and Design of The Hybrid Excitation Synchronous Generator Operating Constant Voltage Over a Wide Range of Speeds［J］. IEEE Vehicle Power and Propulsion Conference（VPPC），Harbin，China，2008，9（3－5）.

［10］ Zou Jibin，Fu Xinghe.Study on the Structure and Flux Regulation Performance of a Novel Hybrid Excitation Synchronous Generator［C］. ICEMS 2008，2008，10（17－20）：3549－3553.

［11］ D.Fodorean，A.Djerdir，I.A.Viorel，and A.Miraoui.A double excited synchronous machine for direct drive application—Design and proto-type tests［J］. IEEE Transactions Energy Conversion，2007，22（3）：656－665.

［12］ Kaixiang Xiao，Chuang Liu，Qiang Zhou.The Structural and Characteristic Study on the Novel Parallel Magnetic Path Hybrid Excitation Synchronous Generator［C］. ICEMS 2008，2008，10（17－20）：3608－3611.

［13］ Tapia Juan A，Leonardi Franco，and Lipo T.A，Consequent Pole Permanent Magnet Machine with Field Weakening Capability［J］. IEEE International Electric Machine and Drives Conference，Cambridge，USA，2001：126－131.

［14］ 赵朝会，李遂亮，严仰光. 混合励磁电机的研究现状及进展［J］. 河南农业大学学报 2004（4）：461－466.

［15］ AYDIN M，HUANG S R，LIPO T A.A new axial flux surface mounted permanent magnet machine capable of field control［J］. IEEE IAS Annual Meeting Pittsburgh，2002（7）：1250－1257.

［16］ 王群京，李国丽，马飞. 具有永磁励磁的混合式爪极发电机空载磁场分析和电感计算［J］. 电工技术学报，2002（5）：1－5.

［17］ 乔东伟，王秀和，朱常青. 基于等效磁网络法的新型混合励磁无刷爪极发电机的性能计算［J］，电机与控制学报，2012（11）：11－16.

［18］ 乔东伟. 新型混合励磁无刷爪极发电机的研究［D］. 济南：山东大学，2013.

第十章　调速永磁同步电动机

调速永磁同步电动机又称为正弦波电流驱动永磁无刷电动机。相对于方波电流驱动永磁无刷电动机，调速永磁同步电动机避免了电流换向时产生的较大转矩脉动，具有更理想的伺服驱动性能。永磁同步电动机及其驱动系统是在以下基础上发展起来的：① 高性能钕铁硼永磁材料的出现及其性能的日益提高；② 矢量控制理论的提出；③ 高性能、高集成度的电子元器件、微处理器以及专用集成电路的出现和应用，以及大功率、大电流、高电压、高开关速度的功率电子器件的出现。高性能钕铁硼永磁材料的出现，提高了电机的功率密度、转矩密度和运行效率，降低了其体积及重量，扩大了其应用领域，并使电机向大功率化发展。矢量控制理论从原理上解决了包括调速永磁同步电动机在内的交流电机的驱动控制策略问题，使交流电动机可以像直流电动机那样进行控制。电子技术的发展不但使控制策略得以实现，而且使成本及电路体积大大降低。

调速永磁同步电动机在结构形式及理论分析上都和非调速永磁同步电动机类似，但采用新的控制策略——矢量控制理论进行控制时，具有和直流电动机类似的特性，其运行、驱动、控制都与电路系统联系在一起。

第一节　调速永磁同步电动机的基本结构和数学模型

一、调速永磁同步电动机的基本结构

调速永磁同步电动机的定子与普通感应电动机相似，采用分布及短距的三相对称定子绕组，以得到接近正弦的相电动势，采用转子斜极或定子斜槽等措施以降低齿槽转矩、振动和噪声。

调速永磁同步电动机的转子结构形式多种多样。由于采用变频起动，可以省去异步起动永磁同步电动机所具有的转子笼形绕组（某些调速永磁同步电动机也有转子笼形绕组，用以改善电机的动态性能）。图 10-1 是调速永磁同步电动机常见的转子结构形式，其中图 10-1（a）为表面张贴式，图 10-1（b）为表面插入式，图 10-1（c）～（f）为内置式。由于永磁体特别是稀土永磁体的磁导率近似等于真空磁导率，对于图 10-1（a）所示的转子结构，直轴磁阻与交轴磁阻相等，因此直、交轴电感相等，即 $L_d=L_q$，表现出隐极性质，而对其他结构，直轴磁阻大于交轴磁阻，因此 $L_d<L_q$，表现出凸极电机的性质。图 10-2 为图 10-1（c）所示结构的交、直轴电枢反应磁通路径。

值得注意的是，通过改变图 10-1（b）～（f）所示结构的永磁体磁化方向长度、极弧系数等结构尺寸，可以得到较大的交直轴电感比，从而提高电机的转矩输出及弱磁扩速能力。

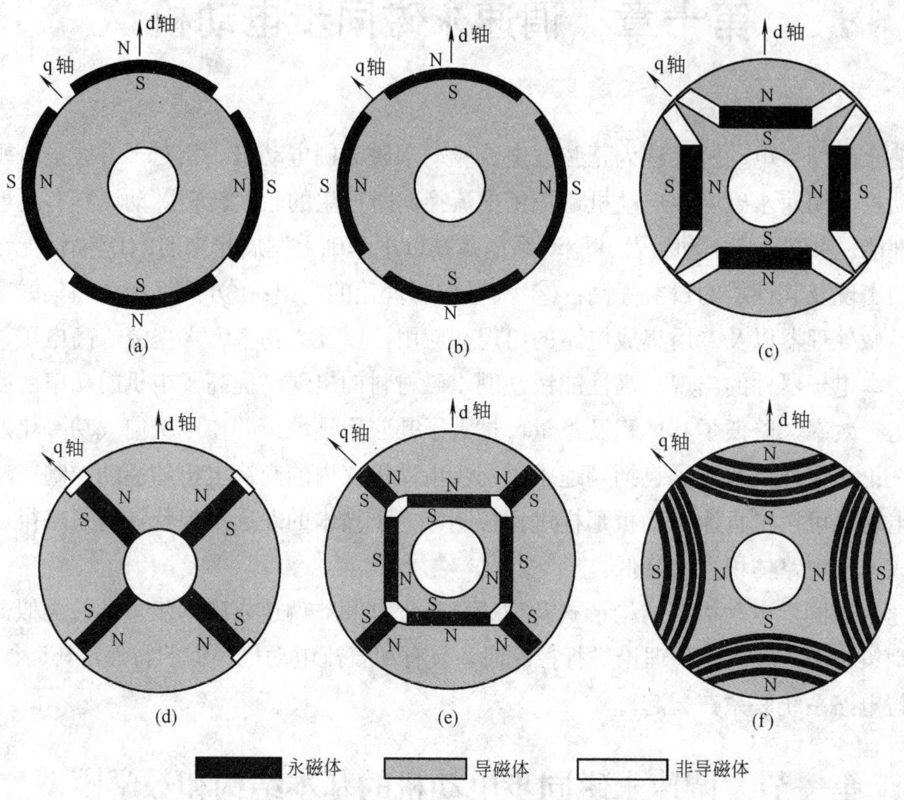

图 10-1　调速永磁同步电动机的转子结构

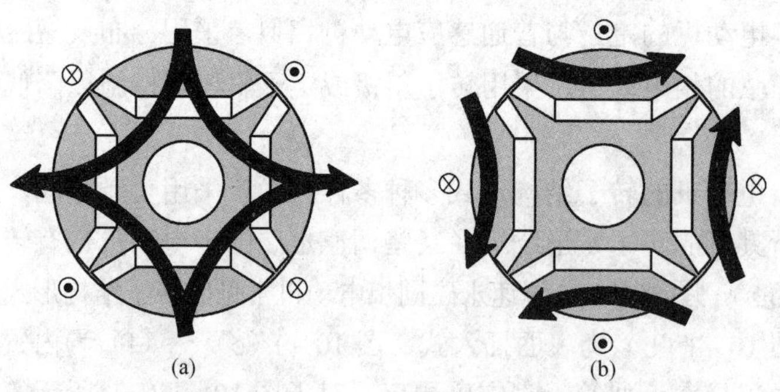

图 10-2　d、q 轴电枢反应磁通路径

（a）d 轴电枢反应磁通路径；（b）q 轴电枢反应磁通路径

二、调速永磁同步电动机的数学模型

分析调速永磁同步电动机时常用 dq 坐标系下的数学模型，它不仅可用于分析稳态运行性能，也可用于分析动态性能。在不计铁心饱和及铁耗、三相电流对称、转子无阻尼绕组时，可得到 dq 坐标系下调速永磁同步电动机的数学模型。

电压方程：

$$\begin{cases} u_{\mathrm{d}} = \dfrac{\mathrm{d}\psi_{\mathrm{d}}}{\mathrm{d}t} - \omega\psi_{\mathrm{q}} + r_1 i_{\mathrm{d}} \\ u_{\mathrm{q}} = \dfrac{\mathrm{d}\psi_{\mathrm{q}}}{\mathrm{d}t} + \omega\psi_{\mathrm{d}} + r_1 i_{\mathrm{q}} \end{cases} \tag{10-1}$$

磁链方程：

$$\begin{cases} \psi_{\mathrm{d}} = L_{\mathrm{d}} i_{\mathrm{d}} + L_{\mathrm{md}} i_{\mathrm{f}} = L_{\mathrm{d}} i_{\mathrm{d}} + \psi_{\mathrm{f}} \\ \psi_{\mathrm{q}} = L_{\mathrm{q}} i_{\mathrm{q}} \end{cases} \tag{10-2}$$

电磁转矩方程：

$$T_{\mathrm{em}} = p(\psi_{\mathrm{d}} i_{\mathrm{q}} - \psi_{\mathrm{q}} i_{\mathrm{d}}) = p[L_{\mathrm{md}} i_{\mathrm{f}} i_{\mathrm{q}} + (L_{\mathrm{d}} - L_{\mathrm{q}}) i_{\mathrm{d}} i_{\mathrm{q}}] \tag{10-3}$$

式中：u_{d}、u_{q}为定子 d、q 轴电压；i_{d}、i_{q}为定子 d、q 轴电流；ψ_{d}为定子直轴磁链，包括定子直轴电流产生的磁链和永磁体产生的磁链；ψ_{q}为定子交轴磁链，只包括定子交轴电流产生的磁链；L_{d}、L_{q}为定子绕组 d、q 轴电感；i_{f}为永磁体等效励磁电流，其值为$\psi_{\mathrm{f}}/L_{\mathrm{md}}$；$L_{\mathrm{md}}$为 d 轴励磁电感；$\omega$为角频率；$\psi_{\mathrm{f}}$为永磁体基波磁场在定子绕组中产生的磁链，可由$\psi_{\mathrm{f}} = \sqrt{3}E_0/\omega$求取。其中 E_0 为空载每相绕组反电动势的有效值（abc 坐标系下）；r_1 为定子绕组相电阻。

把式（10－1）～式（10－3）写成空间相量形式，分别为：

$$\boldsymbol{u}_{\mathrm{s}} = u_{\mathrm{d}} + \mathrm{j}u_{\mathrm{q}} = r_1 \boldsymbol{i}_{\mathrm{s}} + \mathrm{d}\boldsymbol{\psi}_{\mathrm{s}}/\mathrm{d}t + \mathrm{j}\omega\boldsymbol{\psi}_{\mathrm{s}} \tag{10-4}$$

$$\boldsymbol{i}_{\mathrm{s}} = i_{\mathrm{d}} + \mathrm{j}i_{\mathrm{q}} \tag{10-5}$$

$$\boldsymbol{\psi}_{\mathrm{s}} = \psi_{\mathrm{d}} + \mathrm{j}\psi_{\mathrm{q}} \tag{10-6}$$

$$T_{\mathrm{em}} = p\boldsymbol{\psi}_{\mathrm{s}}\boldsymbol{i}_{\mathrm{s}} \tag{10-7}$$

图 10－3 为调速永磁同步电动机的空间相量图。从图中可以看出，定子电流相量与 q 轴之间的夹角为α，定子电压相量与 q 轴之间的夹角为β，因此电机的功率因数可以表示为：

$$\cos\varphi = \cos(\beta - a) \tag{10-8}$$

由式（10－3）可以看出，永磁同步电动机的电磁转矩中有两个分量，分别为定子交轴电流与永磁磁链相互作用产生的永磁转矩 T_{m}和由于转子磁路不对称所产生的磁阻转矩 T_{r}。对于凸极永磁同步电动机，一般 $L_{\mathrm{d}} < L_{\mathrm{q}}$，为充分利用磁阻转矩，应使电机直轴电流为负值。

若 abc 坐标系中的变量为稳态正弦量，采用功率不变约束进行 dq 坐标变换，变换后相应的 d、q 轴量为恒定的直流量，且此直流量的大小为 abc 坐标系下相应正弦量（相值）有效值的$\sqrt{3}$倍。在电动机稳定运行时，式（10－1）和式（10－3）分别变为：

$$\begin{cases} u_{\mathrm{d}} = -\omega L_{\mathrm{q}} i_{\mathrm{q}} + r_1 i_{\mathrm{d}} \\ u_{\mathrm{q}} = \omega L_{\mathrm{d}} i_{\mathrm{d}} + \omega\psi_{\mathrm{f}} + r_1 i_{\mathrm{q}} \end{cases} \tag{10-9}$$

$$T_{\mathrm{em}} = p[\psi_{\mathrm{f}} i_{\mathrm{q}} + (L_{\mathrm{d}} - L_{\mathrm{q}}) i_{\mathrm{d}} i_{\mathrm{q}}] = \frac{p}{\omega}[e_0 i_{\mathrm{q}} + (X_{\mathrm{d}} - X_{\mathrm{q}}) i_{\mathrm{d}} i_{\mathrm{q}}] \tag{10-10}$$

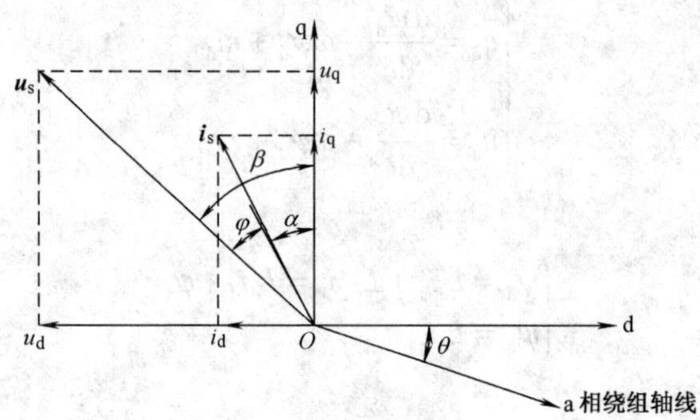

图 10－3 调速永磁同步电动机空间相量图

而电磁功率为：

$$P_{em}=\Omega T_{em}=e_0 i_q+(X_d-X_q)i_d i_q \tag{10-11}$$

式中，e_0 为空载反电动势，其值为每相绕组反电动势有效值的 $\sqrt{3}$ 倍，即 $e_0=\sqrt{3}E_0$。

利用上述数学模型分析永磁同步电动机，必须知道电感参数。电感的计算主要有解析法和有限元法两种。一般来讲，永磁体产生的气隙磁场并不是正弦分布，且永磁电机的磁路极为复杂，因此采用有限元法计算电感具有更高的计算精度，但计算复杂。在精度要求不是很高的情况下通常采用解析法。下面针对图 10－1（a）所示的结构采用解析法计算 i_f 和 L_m（此时 $L_m=L_{md}=L_{mq}$）。

对图 10－1（a）所示的表面式转子结构，永磁体等效励磁线圈产生的空间磁动势如图 10－4 所示。图中矩形磁动势波的幅值为：

$$F_c=\frac{B_r}{\mu_r\mu_0}h_m \tag{10-12}$$

该磁动势波的基波分量表示为：

$$f_{c1}(\theta_\alpha)=F_{c1}\sin\theta=\frac{4}{\pi}\frac{B_r}{\mu_r\mu_0}h_m\sin\theta_p\sin\theta_\alpha \tag{10-13}$$

式中，θ_p 为永磁体极弧宽度的 1/2（电弧度）。

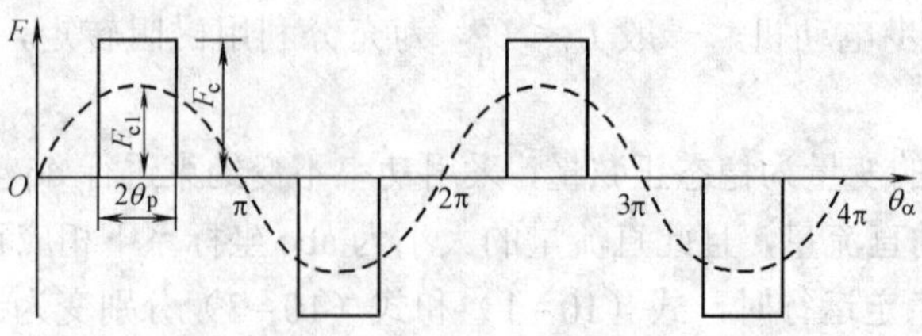

图 10－4 永磁体气隙磁动势分布

若将永磁体等效励磁线圈归算到定子侧，则定子 d 轴绕组产生的基波磁动势幅值应与 F_{c1} 相等，即：

$$\frac{\sqrt{3/2}N_s}{2p}i_f = F_{c1} \tag{10-14}$$

式中，N_s为等效正弦分布绕组的每相串联匝数，与每相实际串联匝数N的关系为：

$$N_s = \frac{4}{\pi}k_{dp1}N \tag{10-15}$$

式中，k_{dp1}为基波绕组系数，由此可得永磁体的等效励磁电流为：

$$i_f = \frac{8}{\pi}\sqrt{\frac{2}{3}}\frac{p}{N_s}\frac{B_r}{\mu_r\mu_0}h_m \sin\theta_p \tag{10-16}$$

基波永磁磁动势$f_{c1}(\theta_\alpha)$所产生的基波磁通密度为：

$$b_{c1}(\theta_\alpha) = \mu_0 \frac{f_{c1}(\theta_\alpha)}{l_g} \tag{10-17}$$

式中，l_g为气隙等效长度，考虑到永磁体磁导率接近于 1，因此可以表示为$l_g = \delta + h_m$，该基波磁通密度的幅值B_{c1}为：

$$B_{c1} = \frac{4}{\pi}\int_0^{\frac{\pi}{2}} b_{c1}(\theta_a)\sin\theta_\alpha \mathrm{d}\theta_\alpha \tag{10-18}$$

由$b_{c1}(\theta_\alpha)$产生的永磁磁链ψ_f可由下式给出：

$$\psi_f = \frac{1}{2}\sqrt{\frac{3}{2}}\frac{N_s}{p}\pi r_g l_{ef} B_{c1} \tag{10-19}$$

式中：r_g为电机气隙平均半径；l_{ef}为铁心有效长度。

对于表面式结构，交、直轴励磁电感相等，并用L_m表示，得：

$$L_m = \frac{\psi_f}{i_f} = \frac{3\pi}{8}\mu_0 \frac{N_s^2 l_{ef} r_g}{p^2 l_g} \tag{10-20}$$

第二节　调速永磁同步电动机的矢量控制

一、矢量控制原理

电机的速度控制实际上是通过控制转矩来实现的。在永磁直流电动机中，仅仅改变电枢电流便可实现对转矩的控制，这是因为无论转子在什么位置，电枢电流产生的磁动势总与永磁磁场正交，转矩可表示如下：

$$T_{em} = K_T \Phi_f I_a \tag{10-21}$$

式中：K_T为比例常数；Φ_f为永磁磁动势所产生的每极磁通，可认为是常数；I_a为电枢电流。可以看出，通过控制电枢电流便可控制转矩，从而实现对电动机转速的控制。

与永磁直流电动机不同，调速永磁同步电动机电枢反应磁动势与永磁磁场不正交，难以通过控制电枢电流来调节电机的转矩。但从静止三相 abc 坐标系变换到 dq 坐标系后，永磁同步电动机的转矩表达式变为式（10-3）。当$L_d = L_q$时，式（10-3）和式（10-21）的形式相同，其中交轴电流相当于永磁直流电动机中的电枢电流，因此可以通过调节交轴电流实现对转矩及转速的控制。当 $L_d \neq L_q$ 时，通过调节交直轴电流，不但可以利用磁阻转矩加大转矩输出能力，还可以改变直轴磁链大小，从而实现永磁同步电动机的弱磁调速控制。

总之，在永磁磁链和直、交轴电感确定后，电机的转矩取决于定子电流的空间相量 $\boldsymbol{i}_s$，而 $\boldsymbol{i}_s$ 的大小和相位又取决于 i_d 和 i_q，也就是说，控制 i_d 和 i_q 便可以控制电动机的转矩。一定的转速和转矩对应于一定的直、交轴电流给定值 i'_d 和 i'_q，通过适当的控制，使实际直、交轴电流 i_d 和 i_d 跟踪 i'_d 和 i'_q，便可实现电动机转矩和转速的控制。

由于电枢绕组的实际电流是三相交流电流 i_a、i_b、i_c，因此三相电流的给定值 i'_a、i'_b 和 i'_c 由下面的变换从 i'_d 和 i'_q 得到：

$$\begin{bmatrix} i'_a \\ i'_b \\ i'_c \end{bmatrix} = \sqrt{\frac{3}{2}} \begin{bmatrix} \cos\theta & -\sin\theta \\ \cos\left(\theta - \frac{2\pi}{3}\right) & -\sin\left(\theta - \frac{2\pi}{3}\right) \\ \cos\left(\theta + \frac{2\pi}{3}\right) & -\sin\left(\theta + \frac{2\pi}{3}\right) \end{bmatrix} \begin{bmatrix} i'_d \\ i'_q \end{bmatrix} \tag{10-22}$$

式中，θ为电机转子直轴与定子 a 相绕组轴线之间的夹角（电角度），如图 10－3 所示可以通过位于电机非轴伸端上的位置传感器获得。

通过电流控制环，可使电机实际输入电流与给定电流一致，从而实现对电机转矩的控制。需要指出，上述电流控制方法对电机稳态运行和动态都适用，且 i_d 和 i_q 是各自独立控制的，便于实现各种控制策略。

二、永磁同步电动机的电流控制策略

1. 恒转矩控制

恒转矩控制一般采用最大转矩/电流比控制，此时直、交轴电流满足下式：

$$\begin{cases} i_d = \dfrac{-\psi_f + \sqrt{\psi_f^2 + 8(L_d - L_q)^2 i_s^2}}{4(L_d - L_q)} \\ i_q = \sqrt{i_s^2 - i_d^2} \end{cases} \tag{10-23}$$

式中，i_s 为 dq 坐标系下电枢电流值，可为逆变器电流容量的任何允许值。由逆变器容量决定的电枢电流最大值用 $i_{\lim}$ 表示。

在恒转矩控制过程中，随电机转速的升高，电枢绕组电动势增大，当增大到逆变器最高输出电压（即电机的极限电压）$u_{\lim}$ 时，电机转速达到恒转矩控制时的最高转速，该转速定义为电机的转折转速，以电角速度 ω_b 表示。由上式和电压方程式可得到转折转速为：

（1）当凸极率$\rho \neq 1$时，有：

$$\omega_b = \frac{u_{\lim}}{\sqrt{(L_q i_s)^2 + \psi_f^2 + \dfrac{(L_d + L_q)C^2 + 8\psi_f L_d C}{16(L_d - L_q)}}} \tag{10-24}$$

式中，凸极率 $\rho=\dfrac{L_{\mathrm{q}}}{L_{\mathrm{d}}}$，$C=-\psi_{\mathrm{f}}+\sqrt{\psi_{\mathrm{f}}^2+8(L_{\mathrm{d}}-L_{\mathrm{q}})^2 i_{\mathrm{s}}^2}$。

（2）$\rho=1$ 时，最大转矩/电流比控制即为 $i_{\mathrm{d}}=0$ 控制，转折转速为：

$$\omega_{\mathrm{b}}=\frac{u_{\lim}}{\sqrt{(L_{\mathrm{q}} i_{\mathrm{s}})^2+\psi_{\mathrm{f}}^2}} \tag{10-25}$$

在电机恒转矩控制过程中，输出转矩保持不变，功率线性增加并在转折转速时达到最大值。

2. 普通弱磁控制

当电机转速增至转折转速时，要继续增加转速必须采用弱磁控制。永磁同步电动机弱磁控制的思想来自他励直流电动机的调磁控制。他励直流电动机转速随端电压的升高而升高，当端电压达到极限值时，如希望再升高转速，必须降低电动机的励磁电流，使磁场减弱，才能保证电动势和极限电压的平衡。永磁同步电动机的励磁磁动势由永磁体产生而无法调节，只有通过调节定子电流，即增加定子直轴去磁电流分量来维持高速运行时电压的平衡，达到弱磁扩速的目的。

在弱磁调速过程中，电机的电压保持其极限值 $u_{\lim}$ 不变，因此由电压方程式可得到电机运行于某一转速 ω 时的交、直轴电流分别为：

当 $\psi_{\mathrm{f}}/L_{\mathrm{d}}>i_{\mathrm{s}}$ 时，有：

$$\begin{cases} i_{\mathrm{d}}=-\dfrac{\psi_{\mathrm{f}}}{L_{\mathrm{d}}}+\sqrt{\left(\dfrac{u_{\lim}}{L_{\mathrm{d}}\omega}\right)^2-(\rho i_{\mathrm{q}})^2} \\ i_{\mathrm{d}}^2+i_{\mathrm{q}}^2=i_{\mathrm{s}} \end{cases} \tag{10-26}$$

当 $\psi_{\mathrm{f}}/L_{\mathrm{d}}\leqslant i_{\mathrm{s}}$ 时，有：

$$\begin{cases} i_{\mathrm{d}}=-\dfrac{\psi_{\mathrm{f}}}{L_{\mathrm{d}}}-\sqrt{\left(\dfrac{u_{\lim}}{L_{\mathrm{d}}\omega}\right)^2-(\rho i_{\mathrm{q}})^2} \\ i_{\mathrm{d}}^2+i_{\mathrm{q}}^2=i_{\mathrm{s}}^2 \end{cases} \tag{10-27}$$

3. 最大输入功率弱磁控制

当 $\psi_{\mathrm{f}}<L_{\mathrm{d}} i_{\mathrm{s}}$ 且电机的普通弱磁控制达一定转速时，再增加电机转速，必须降低电机的电流，从而进入最大输入功率弱磁控制，此时电机直、交轴电流应满足：

$$\begin{cases} i_{\mathrm{d}}=-\dfrac{\psi_{\mathrm{f}}}{L_{\mathrm{d}}}+\Delta i_{\mathrm{d}} \\ i_{\mathrm{q}}=\dfrac{\sqrt{(u_{\lim}/\omega)^2-(L_{\mathrm{d}}\Delta i_{\mathrm{d}})^2}}{L_{\mathrm{q}}} \end{cases} \tag{10-28}$$

当 $\rho\neq1$ 时，$\Delta i_{\mathrm{d}}=\dfrac{\rho\psi_{\mathrm{f}}-\sqrt{(\rho\psi_{\mathrm{f}})^2+8(\rho-1)^2(u_{\lim}/\omega)^2}}{4(\rho-1)L_{\mathrm{d}}}$；当 $\rho=1$ 时，$\Delta i_{\mathrm{d}}=0$。

三、调速永磁同步电动机矢量控制系统

由上面给出的调速永磁同步电动机的电流控制策略可以看出，各电流控制均是基于对其幅值和相位的控制，即对定子电流矢量的控制。图 10－5 为调速永磁同步电动机矢量控制系统简图。

指令速度ω'与实际反馈速度ω 的差值作为速度 PI 调节器的输入，其输出经限幅后作为电机交轴给定电流 i'_q；由电机实际转速确定的直轴给定电流 i'_d 连同交轴给定电流 i'_q 经坐标变换（坐标变换所需的位置信号由位置检测元件得到）得到三相给定电流 i'_a、i'_b、i'_c，这一给定电流与实际反馈电流 i_a、i_b、i_c 进行滞环比较，得到逆变器功率管的驱动信号，实现对电机转速、电流的双闭环控制。

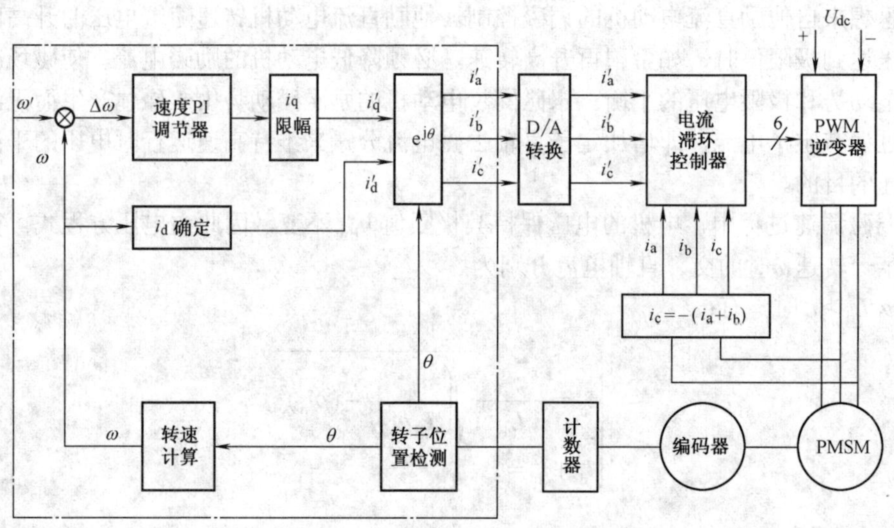

图 10－5　调速永磁同步电动机矢量控制系统简图

第三节　调速永磁同步电动机矢量控制时的功率特性及弱磁扩速能力分析

一、矢量控制调速永磁同步电动机性能的分析方法

由图 10－3 可以看出，在不计各种损耗的前提下，电机的电磁功率可表示为：

$$P_{em}=u_s i_s\cos\varphi \tag{10-29}$$

为使分析更具普遍性，对永磁同步电动机功率特性的分析采用标幺值形式，功率及电角速度的基值 P_c、ω_c 分别定义为：

$$P_c=P_{emN}=u_{lim}i_{limN} \tag{10-30}$$

$$\omega_c = \frac{u_{\lim}}{\psi_f} \tag{10-31}$$

式中，$i_{\lim N} = \psi_f / L_d$。由于永磁同步电动机的功率特性及弱磁扩速能力不但决定于电机本身的参数，还与逆变器容量及直流母线电压大小有关，因此以下的分析是以电机的凸极率ρ和弱磁率ξ为参数。弱磁率ξ定义为：

$$\xi = \frac{L_d i_s}{\psi_f} \tag{10-32}$$

二、永磁同步电动机恒转矩控制和普通弱磁控制时的功率特性

1. 电压和电流相量的变化轨迹

根据前述电流控制策略，永磁同步电动机在恒转矩控制及普通弱磁控制方式下，电压、电流相位角α、β满足

$$\alpha = \begin{cases} \arctan[\rho\cos\beta / (1/\xi - \sin\beta)] & \xi < 1/\sin\beta \\ 180^\circ - \arctan[\rho\cos\beta / (\sin\beta - 1/\xi)] & \xi > 1/\sin\beta \\ 90^\circ & \xi = 1/\sin\beta \end{cases} \tag{10-33}$$

因此，在整个恒转矩控制区和普通弱磁控制区内，有如图 10-6 所示的电压、电流相量变化轨迹，可以看出：

（1）在恒转矩控制区，电流相量保持为$\boldsymbol{OA_i}$不变，其相角β_1可表示为下式：

$$\beta_1 = \begin{cases} 0^\circ & \rho = 1 \\ \arcsin\dfrac{-1/\xi + \sqrt{(1/\xi)^2 + 8(1-\rho)^2}}{4(\rho - 1)} & \rho \neq 1 \end{cases} \tag{10-34}$$

电压相量的相角为α_1，幅值由 0 增加到极限电压$u_{\lim}$。

（2）在普通弱磁控制区，电流相量由$\boldsymbol{OA_i}$变化到$\boldsymbol{OB_i}$，即幅值不变，相角由β_1变到 90°；电压相量幅值不变，但相位由α_1开始根据弱磁率的不同而具有不同的变化规律。

当$\xi = 1$时，若电流相量由$\boldsymbol{OA_i}$变化到$\boldsymbol{OB_i}$，电压相量则由$\boldsymbol{OA_u}$变化到$\boldsymbol{OB_u}$，即随电流相位由β_1变到 90°，电压相位也由α_1变到 90°，如图 10-6（a）所示。

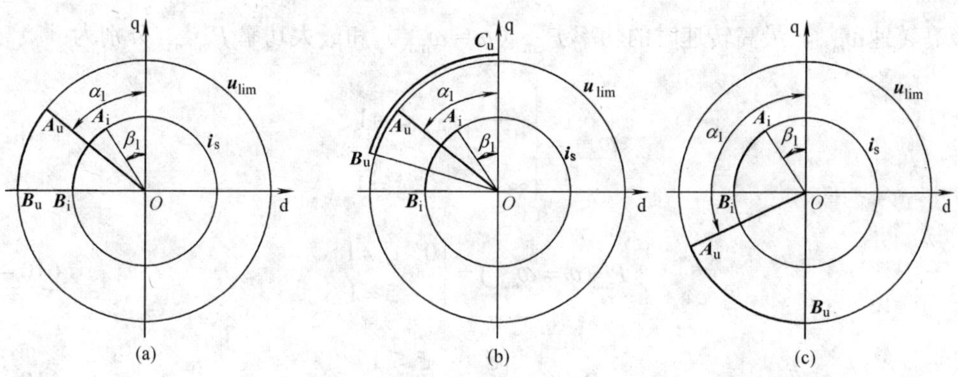

图 10-6　恒转矩控制及普通弱磁控制时电压、电流相量变化轨迹

（a）$\xi = 1$；（b）$\xi < 1$；（c）$\xi > 1$

当$\xi<1$时，在整个弱磁区内，电压相量相角先由α_1增大到某一最大值α_z，然后再减少到零，变化轨迹如图 10－6（b）所示，即电压相量由$\boldsymbol{OA}_\mathbf{u}$变化到$\boldsymbol{OB}_\mathbf{u}$，然后反转变化到$\boldsymbol{OC}_\mathbf{u}$。电压相角为$\alpha_z$（即电压相量转折）时的电流相角$\beta_z$只与弱磁率$\xi$有关，而与凸极率无关，$\beta_z$满足：

$$\sin\beta_z=\xi \tag{10-35}$$

当$\xi>1$时，在整个弱磁过程中，电压相角由α_1一直增大到 180°，如图 10－6（c）所示。α达 90°时的电流相位角β_p也与ρ无关（由于α_1可能大于 90°，此时该点为假想点），且满足：

$$\sin\beta_p=\frac{1}{\xi} \tag{10-36}$$

2. 功率与电角速度之间的关系

在普通弱磁控制下，电机电角速度与电流相量角之间的关系为

$$\begin{aligned}\omega&=\frac{u_{\lim}}{\sqrt{(L_q i_q)^2+(\psi_f+L_d i_d)^2}}\\&=\frac{u_{\lim}}{\sqrt{(L_q i_s\cos\beta)^2+(\psi_f-L_d i_s\sin\beta)^2}}\end{aligned} \tag{10-37}$$

以标幺值表示，上式变为：

$$\omega^*=\omega/\omega_c=1\Big/\sqrt{(\rho\xi\cos\beta)^2+(1-\xi\sin\beta)^2} \tag{10-38}$$

此时功率标幺值为：

$$P_{em}^*=P_{em}/P_{emN}=\xi\cos\varphi \tag{10-39}$$

计及恒转矩运行时功率的变化特征，可得$P_{em}/P_{emN}=f(\omega/\omega_c)$的变化曲线如图 10－7 所示。

最高转速ω_{max}^*、最高转速时的功率P_{em}^*（$\omega=\omega_{max}$）和最大功率P_{emmax}^*分别为：

$$\omega_{max}^*=\begin{cases}\dfrac{1}{|1-\xi|} & \xi\neq1\\ \infty & \xi=1\end{cases} \tag{10-40}$$

$$P_{em}^*(\omega=\omega_{max})=\begin{cases}0 & \xi\neq1\\1 & \xi=1\end{cases} \tag{10-41}$$

$$P_{emmax}^*=\begin{cases}\xi & \xi\leqslant1\\ >1 & \xi>1\end{cases} \tag{10-42}$$

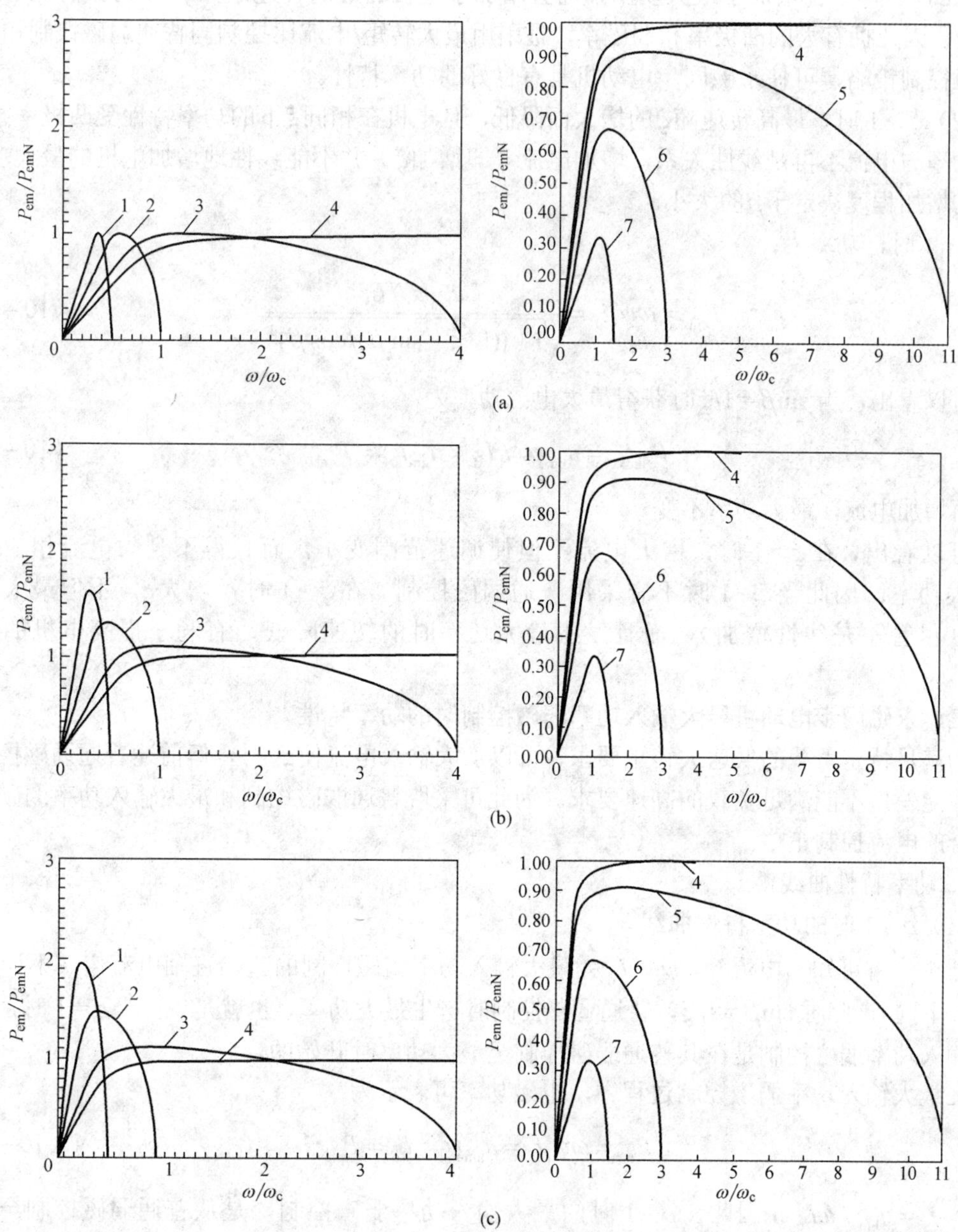

图 10-7　电磁功率与电角速度之间的关系

(a) $\rho=1$；(b) $\rho=2$；(c) $\rho=3$

1—$\xi=3$；2—$\xi=2$；3—$\xi=1.25$；4—$\xi=1$；5—$\xi=0.909$；6—$\xi=0.667$；7—$\xi=0.333$

（1）$\xi\leqslant1$ 时，电机的最高转速、最高转速时的功率及最大功率仅决定于ξ，与ρ无关。因此，相同ξ下，电机的功率特性曲线基本相同。凸极率仅对产生最大功率时的转速值有影响，ρ增大时该转速值降低，有利于提高电机的低速特性。但当ξ较小时（即永磁磁链比直轴磁链大很多），ρ对功率特性曲线影响很小，这是由于磁阻功率比永磁功率更决定于电机电流的大小。因此在ξ较小时，凸极率对电机的功率特性影响可忽略不计。同时可以看出，增大弱磁率ξ，不但线性增加了最大功率，而且增加了电机的最高转速，在$\xi=1$时具有理想的最高转速。因此拥有大的凸极率和弱磁率，且采用最大转矩/电流比控制同普通弱磁控制相结合的电流控制策略，可使永磁同步电动机具有良好的功率特性。

（2）$\xi>1$时，最高转速随ξ的增大而降低，且电机在相同ξ下的功率特性受凸极率影响；最大功率与电流不再是线性关系，增加电流（即增加ξ）并不能线性地增加电机的最大功率，功率的增加程度决定于ρ的大小。

$\rho=1$时，功率为：

$$P_{em}=\omega\psi_f i_q=\frac{u_{lim}\psi_f/L_d}{\sqrt{1+((1/\xi-\sin\beta)/\cos\beta)^2}} \tag{10-43}$$

可以看出，当$\sin\beta=1/\xi$时获得最大电磁功率为：

$$P_{emmax}=u_{lim}\psi_f/L_d=u_{lim}i_{sN}=P_{emN} \tag{10-44}$$

此时再增加电流，最大功率不变。

可以看出，在$\xi>1$时，增大电流不但使调速范围变小，而且得不到与电流相应大小的最大功率。因此当$\xi>1$时不宜采用普通弱磁控制。在$\xi>1$时，增大ξ，不但最大功率增加（尽管不是线性增加），而且发生最大功率时的转速降低，有利于提高电机的低速转矩。

三、永磁同步电动机最大输入功率弱磁控制时的功率特性

为满足特定负载的低速大转矩要求，可以加大输入电流使$\xi>1$，但前述普通弱磁控制的调速性能差，不能满足负载的高速要求。为此可采取普通弱磁控制和最大输入功率弱磁控制相结合的电流控制策略。

1. 功率特性曲线

（1）$\rho=1$时的功率特性曲线。

通过分析可知，电流$i_d=\psi_f/L_d$为最大输入功率弱磁控制的起始直轴电流值（不计i_d的正负，下同），此时$\sin\beta=1/\xi$，普通弱磁控制时产生最大功率。也就是说，当$\rho=1$时，电机最大输入功率弱磁控制是在其普通弱磁控制至最大功率时开始的。

在最大输入功率弱磁控制过程中，电磁功率可表示为：

$$P_{em}=\omega\psi_f i_q=u_{lim}\psi_f/L_q=P_{emN} \tag{10-45}$$

式中，$i_q=u_{lim}/\omega L_q$。因此，$\rho=1$时的最大输入功率弱磁控制，是从普通弱磁控制至最大功率开始，并保持这一功率不变。由此可得具有最大输入功率弱磁控制时的功率特性曲线，如图10-8所示，图中同时给出只采用普通弱磁控制时的功率特性曲线。可以看出，$\rho=1$、$\xi>1$时普通弱磁控制无法满足恒功率要求，调速范围低，改为普通弱磁控制与最大输入功率弱磁控制相结合的方法则可得到趋于无穷的恒功率弱磁调速范围。在图10-8中，比较$\xi=1$时的功率特性曲线及$\xi>1$时最大输入功率弱磁控制的功率特性曲线可以看出，两者的主要区别在于恒转矩运行区而非弱磁区，后者比前者在低速时有更高的转矩。

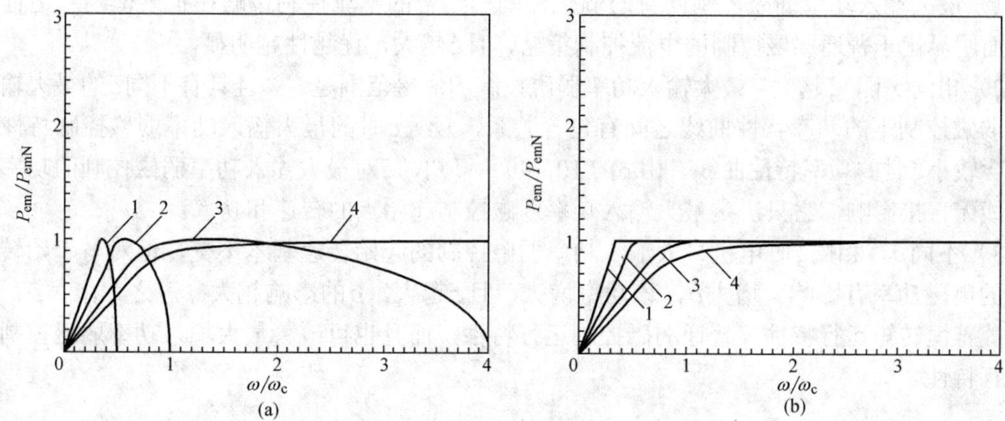

图 10－8　$\rho=1$ 时两种不同弱磁控制功率特性曲线比较

（a）普通弱磁；（b）最大输入功率弱磁控制

1—$\xi=3$；2—$\xi=2$；3—$\xi=1.25$；4—$\xi=1$

（2）$\rho\neq1$ 时的功率特性曲线。

当$\rho\neq1$ 时，最大输入功率弱磁控制运行的最高转速也趋于无穷，忽略定子绕组电阻时，有：

$$u_d=\omega L_q i_q=\sqrt{u_{lim}^2-\left[\frac{\omega\rho\psi_f-\sqrt{(\omega\rho\psi_f)^2+8(\rho-1)^2u_{lim}^2}}{4(\rho-1)}\right]^2} \tag{10-46}$$

当$\omega\to\infty$时，有：

$$u_d=u_{lim} \tag{10-47}$$

也就是说，在$\rho\neq1$ 时，最大输入功率弱磁控制达最高转速时电压电流同相位，都在直轴方向上，因此 $\cos\varphi=1$，且$u_s=u_d=u_{lim}$，$i_s=i_d=\psi_f/L_d=i_{sN}$。最高转速时的电磁功率同样可表示为：

$$P_{em}(\omega=\infty)=u_{lim}i_{sN}=P_{emN} \tag{10-48}$$

即同$\rho=1$ 电机一样，$\rho\neq1$ 电机采用最大输入功率弱磁控制达其最高转速时的电磁功率与$\xi=1$ 时普通弱磁控制的最大电磁功率相等。

由最大输入功率控制的电流控制策略，进行必要的推导可得最大输入功率弱磁控制时的电磁功率表达式为：

$$P_{em}/P_{emN}=\sqrt{1-[f(\rho,\omega/\omega_c)]^2(\omega/\omega_c)^2}\{1+(1-\rho)[f(\rho,\omega/\omega_c)-1]\}/\rho \tag{10-49}$$

显然有：

$$\lim_{\omega/\omega c\to\infty}P_{em}/P_{emN}=1 \tag{10-50}$$

图 10－9 给出了凸极率分别为 2 和 3 时不同弱磁率下电机最大输入功率弱磁控制的功率特性曲线，并同时给出恒转矩控制及普通弱磁控制时的功率特性曲线。图中同时标出了最大输入功率弱磁控制的起始运行点。结合图 10－8 所示凸极率为 1 时的最大输入功率弱磁控制

时的功率特性曲线，可以看出：

1）最大输入功率弱磁控制同普通弱磁控制相结合的电流控制策略在扩展恒功率运行范围方面明显优于普通弱磁控制的电流控制策略，且ξ越大，优越性越明显。

2）相同ρ下，ξ越大，最大输入功率弱磁控制的弱磁范围越宽，且具有不同ξ的最大输入功率弱磁控制下的功率特性曲线之间有包含关系，较大ξ时的最大输入功率弱磁控制特性曲线包含较小ξ时的功率特性曲线。由式（10-49）可知，ξ对最大输入功率弱磁控制的功率特性曲线无直接影响，它只决定最大输入功率弱磁控制起始点的转速和功率。

3）不同ρ、相同ξ时电机最大输入功率弱磁控制的起始转速基本不变，但对与起始转速对应的电磁功率有影响。增大ρ，该功率增大，且ξ越大，ρ的影响越大。总之，增大ρ，不但可改善恒转矩运行特性、普通弱磁控制运行特性，而且也可改善最大输入功率弱磁控制下的运行特性。

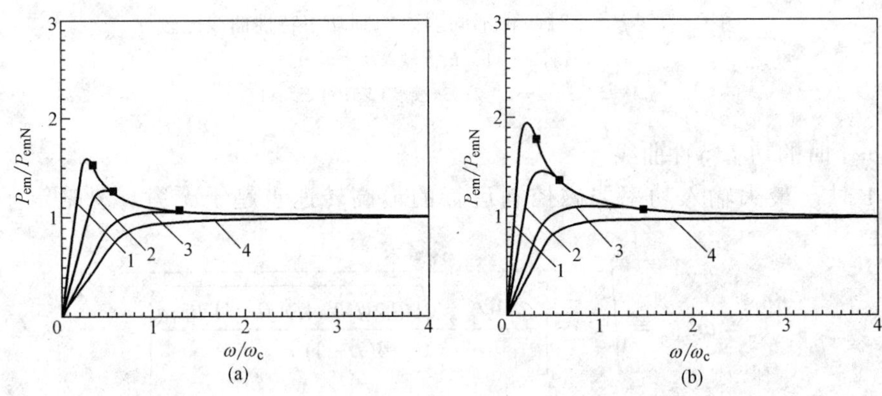

图 10-9　$\xi>1$ 时采取最大输入功率弱磁控制的功率特性曲线

（a）$\rho=2$；（b）$\rho=3$

1—$\xi=3$；2—$\xi=2$；3—$\xi=1.25$；4—$\xi=1$

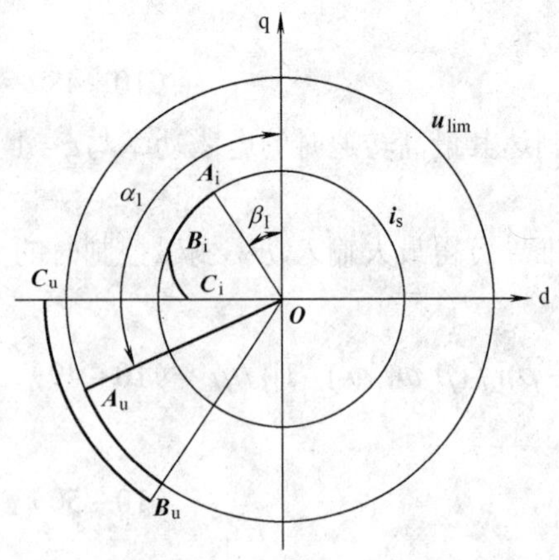

图 10-10　$\xi>1$ 时采用最大输入功率弱磁控制电压电流相量轨迹

4）ξ较大时，尽管最大输入功率弱磁控制的起始电磁功率较大，恒功率运行范围相对较宽，但该电磁功率很快衰减，最后至 P_{emN}，且其最大功率也不与电流成线性关系，即其逆变器容量在弱磁阶段未能得到有效利用。

2. 电压电流相量轨迹

当$\xi>1$ 时，若普通弱磁至一定转速时改为最大输入功率弱磁控制，则整个调速范围内的电压电流相量轨迹如图 10-10 所示。恒转矩控制时，电流相量为 $\boldsymbol{OA_i}$ 保持不变，电压相量轨迹由 $\boldsymbol{O}$ 至 $\boldsymbol{A_u}$；普通弱磁时，电流相量轨迹由 $\boldsymbol{A_i}$ 至 $\boldsymbol{B_i}$，电压相量轨迹由 $\boldsymbol{A_u}$ 至 $\boldsymbol{B_u}$；最大输入功率弱磁控制时，电流相量轨迹由 $\boldsymbol{B_i}$ 至 $\boldsymbol{C_i}$，电压相量轨迹由 $\boldsymbol{B_u}$ 至 $\boldsymbol{C_u}$。

3. 最大输入功率弱磁控制的等效电流控制策略

从最大输入功率弱磁控制的电流控制策略可以看出，PMSM 的最大输入功率弱磁控制是电机电流逐渐减少的控制，电流的计算极为复杂，在实际应用中难以实现，因此采用等效电流控制策略。

在等效电流控制策略中，将最大输入功率弱磁控制转化为弱磁率逐渐减低的普通弱磁控制，避免了电流的复杂计算。图 10－11 所示凸极率为 3 时，弱磁率由 3 降为 2，然后降为 1 的等效电流控制策略，图中同时给出了最大输入功率弱磁控制。可以看出，如果细化弱磁率的降低速度，等效电流控制策略可以很好地模拟最大输入功率弱磁控制。

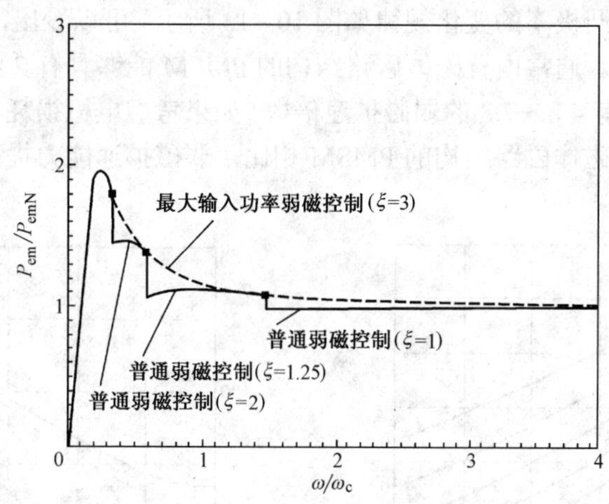

图 10－11 最大输入功率弱磁控制的等效电流控制策略

四、永磁同步电动机弱磁扩速能力的提高

前述分析 PMSM 功率特性时，已涉及弱磁扩速能力的提高，本节讨论弱磁扩速倍数。由于在$\xi \geqslant 1$（$\xi > 1$ 时采用最大输入功率弱磁控制或ξ逐渐降低的普通弱磁功率控制）时已具有无穷大的理想最高转速，因此本节仅分析$\xi < 1$ 情况。

经推导得转折转速与凸极率、弱磁率之间的关系为：

$$\omega_b^* = \begin{cases} \dfrac{1}{\sqrt{1+(\rho\xi)^2 + \dfrac{1}{16(1-\rho)}[(1+\rho)C_f^2 + 8C_f]}} & \rho \neq 1 \\ \dfrac{1}{\sqrt{1+\xi^2}} & \rho = 1 \end{cases} \tag{10-51}$$

式中，$C_f = -1 + \sqrt{1+8(1-\rho)^2\xi^2}$。其对应曲线如图 10－12 所示。可以看出，转折转速与弱磁率、凸极率有直接关系，凸极率、弱磁率增大，转折转速降低。同时由前述分析已知最高转速与凸极率无关，因此增加电机凸极率可显著提高电机的弱磁扩速能力。电机的弱磁扩速能力以弱磁扩速倍数 k_ξ 表示，定义为：

$$k_\xi = \frac{\omega_{max}}{\omega_b} = \frac{\omega_{max}^*}{\omega_b^*} \tag{10-52}$$

k_ξ的具体表达式为：

$$k_\xi=\begin{cases}\dfrac{\sqrt{1+(\rho\xi)^2+\dfrac{1}{16(1-\rho)}[(1+\rho)C_f^2+8C_f]}}{1-\xi} & \rho\neq 1\\[2ex]\dfrac{\sqrt{1+\xi^2}}{1-\xi} & \rho=1\end{cases}\tag{10-53}$$

显然，弱磁扩速倍数表示的是PMSM在空载且不计电机各种损耗时的弱磁扩速能力。弱磁扩速倍数随弱磁率及凸极率的变化规律如图10-13所示。可以看出，PMSM弱磁扩速能力随弱磁率的增加而提高。通常内置磁体磁路结构的PMSM能够具有2的凸极率、0.7～0.8的弱磁率，因此理论上具有4.8～7.8的弱磁扩速倍数（如果考虑电机损耗，该数值则大打折扣），与凸极率为1的表面式磁体磁路结构的PMSM相比，弱磁扩速能力提高了20%。

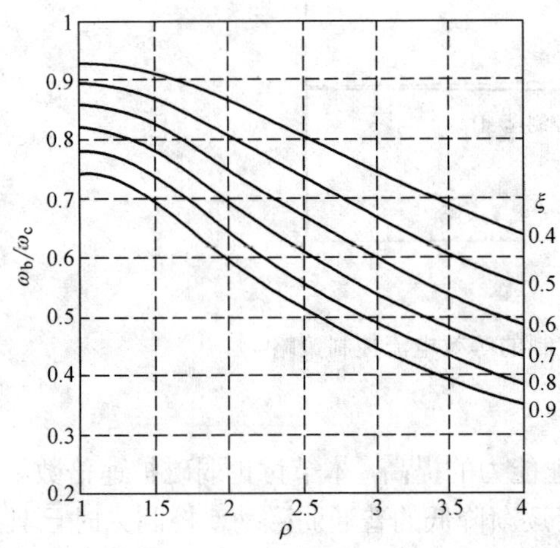

图10-12 转折转速与ξ、ρ的关系曲线

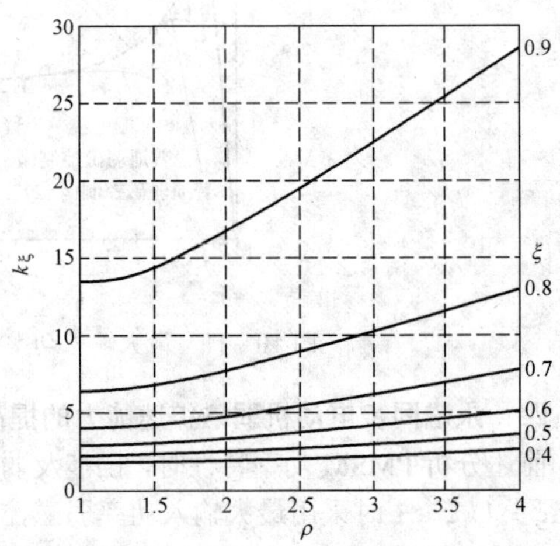

图10-13 弱磁扩速倍数与ξ、ρ的关系曲线

五、其他因素对电机功率特性及弱磁扩速能力的影响

前面分析了永磁同步电动机理想情况下的功率特性及弱磁扩速能力，未计及损耗和饱和的影响，实际电机存在各种损耗（包括绕组铜耗、铁耗、机械损耗等）及磁路的非线性，下面具体分析这些因素的影响。

电机绕组电阻的存在，使电机的功率特性曲线降低。在分析问题时可将理想的电压极限值扣除电机绕组的电阻压降作为实际的电压极限值，用以考虑电枢绕组电阻的影响。

电机的磁滞损耗近似正比于频率，涡流损耗则与频率的二次方成正比。因此变频驱动永磁同步电动机的铁耗非常复杂。高速时电机的基波磁通很低，所产生的铁耗不大，但谐波产生的铁耗较大，使电机高速时的输出功率降低，从而限制了电机的最高运行速度。

电机的机械损耗近似与转速的三次方成正比，因此高速时电机的损耗大小更决定于机械损耗，在电机设计中必须充分考虑这一点。

磁路饱和对电机的功率特性也有重要影响。低速时交轴磁路的饱和使交轴电抗变小，从而降低了电机的凸极率，影响电机的功率特性。高速时由于磁通密度较低，且电枢反应磁场主要作用于直轴，而直轴电感几乎与直轴电流无关，因此高速时可以认为电机是线性的。

第四节　调速永磁同步电动机电感参数计算方法

由前面的分析可知，调速永磁同步电动机的交、直轴电感的大小直接决定电机弱磁扩速能力、转矩输出能力和功率输出能力，准确计算电机的交、直轴电感参数对电机的设计及控制至关重要。

显然，转子磁路结构、永磁体结构尺寸和性能、隔磁措施及尺寸、交直轴电流都影响调速永磁同步电动机的交、直轴电感。对于确定的调速永磁同步电动机，前三项因素是固定的。以下仅分析交、直轴电流对电感的影响。电机的电感参数在 dq 坐标系和 abc 坐标系中具有相同的数值，为分析方便，在 abc 坐标系下计算电感参数。

一、交、直电感的计算方法

图 10－14 为忽略电枢绕组电阻时的永磁同步电动机相量图，电机的直轴电枢反应电感 L_{ad}、交轴电枢反应电感 L_{aq} 分别为：

$$L_{ad}=\frac{I_d X_{ad}}{\omega I_d}=\frac{E_0-E_d}{\omega I_d}=\frac{\psi_{abc-f}-\psi_{abc-d}}{I_d} \tag{10-54}$$

$$L_{aq}=\frac{E_{aq}}{\omega I_q}=\frac{\psi_{abc-q}}{I_q} \tag{10-55}$$

上式中，各量都是abc坐标系下的值，其中，ψ_{abc-f} 为永磁体发出的空载基波磁链，而 ψ_{abc-d}、ψ_{abc-q} 分别为电机施加交、直轴电流后经傅里叶展开而得的直轴基波磁链和交轴基波磁链。

调速永磁同步电机具有复杂的转子磁路结构，因此难以采用解析分析方法精确地计算交、直轴电感，而必须采用场路结合的方法进行，即基于式（10－54）和式（10－55），对电机施加一系列不同的交、直轴电流分量，求得在不同交、直轴电流下永磁同步电动机的交、直轴电感。

二、交、直轴电流对交、直轴电感的影响

图 10－15 为类似于图 10－1（b）所示的转子磁路结构，图 10－16 为该磁路结构电机在不同激励下的磁力线分布。其中，图 10－16（a）为永磁体单独激励时的磁力线分布（即空载磁力线分布），图 10－16（b）为直轴电流单独激励时的磁力线分布，图 10－16（c）为交轴电流单独激励时的磁力线分布，图 10－16（d）为永磁体和直轴电流共同激励时的磁力线分布，图 10－16（e）为永磁体和交轴电流共同激励时的磁力线分布，图 10－16（f）为永磁体和交、直轴电流共同激励时的磁力线分布。可以看出，在调速永磁同步电动机中，交直轴磁路耦合作用很强且存在局部饱和现象，说明交直轴电流对交直轴电感有影响，必须采用电磁场的数值计算方法才能进行电机交直轴电感的精确计算。

图 10－17 和图 10－18 为采用有限元法计算得到的某一调速永磁同步电动机的直、交轴

电感随交直轴电流的变化曲线。可以看出，当直轴电流较小时，随着交轴电流的增大，直轴电枢反应电感先减小而后又增大，当直轴电流大到一定程度后，随着交轴电流的增大，直轴电枢反应电感也随之减小；直轴电流的增大，使得交轴电枢反应电感相应减小。上述现象可以归结为不同交、直轴电流作用下电机交、直轴磁路饱和程度的复杂变化。还可以看出，直轴电流对直轴电枢反应电感的影响比较小，而交轴电流对交轴电枢反应电感的影响则比较明显。

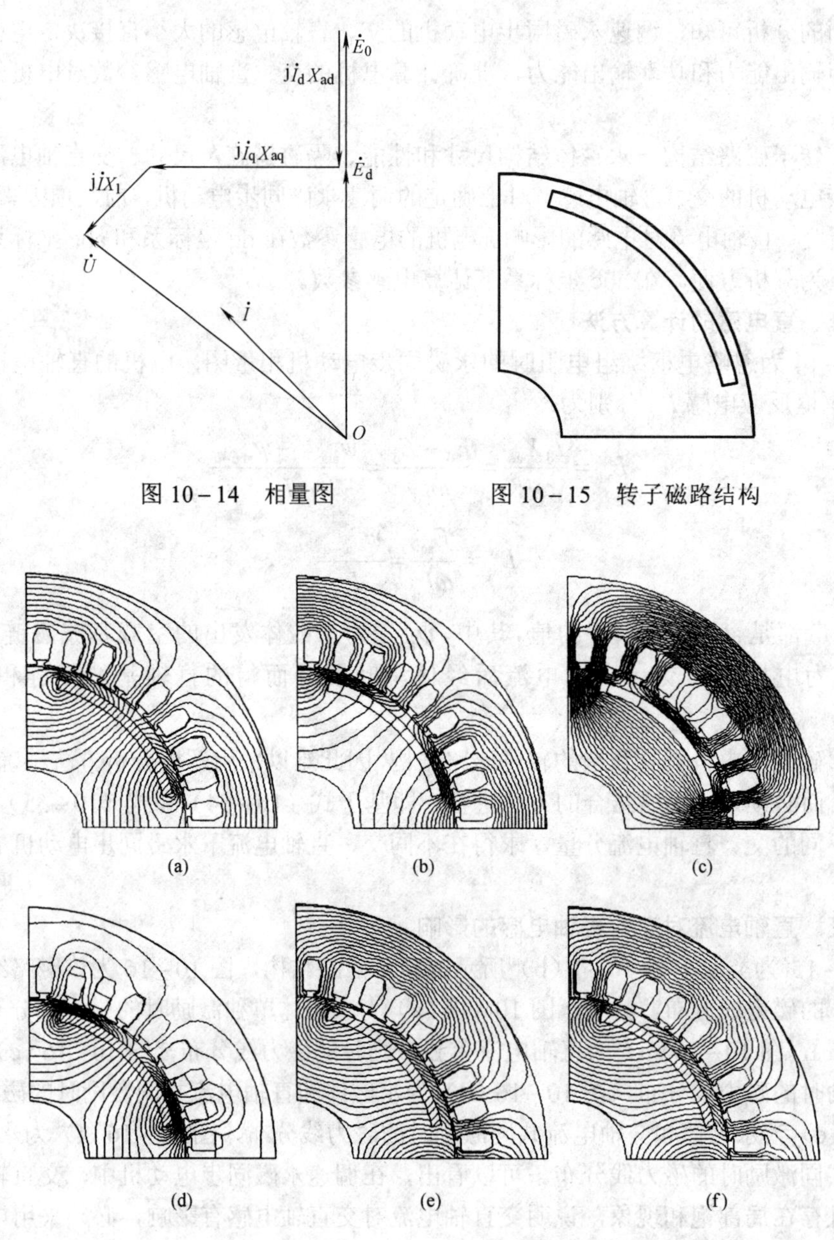

图 10-14　相量图

图 10-15　转子磁路结构

图 10-16　不同激励下电机磁场分布

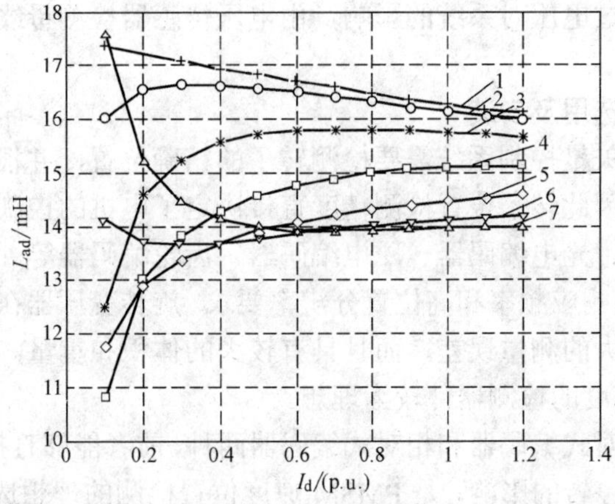

图 10-17　直轴电枢反应电感随交直轴电流的变化

1— $I_q=0$；2— $I_q=0.2$；3— $I_q=0.4$；4— $I_q=0.6$；5— $I_q=0.8$；6— $I_q=1.0$；7— $I_q=1.2$（交轴电流标幺值）

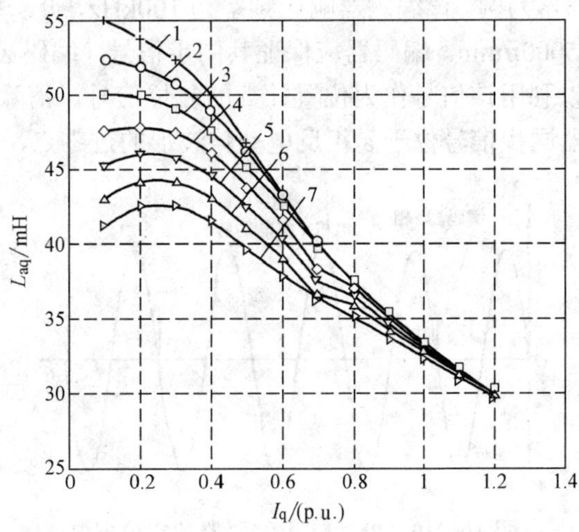

图 10-18　交轴电枢反应电感随交直轴电流的变化

1— $I_d=0$；2— $I_d=0.2$；3— $I_d=0.4$；4— $I_d=0.6$；5— $I_d=0.8$；6— $I_d=1.0$；7— $I_d=1.2$（直轴电流标幺值）

第五节　调速永磁同步电动机矢量控制运行的实现

一、驱动系统概述

图 10-5 为调速永磁同步电动机矢量控制系统简图，本节以 80C196KC 单片机为硬件核心，并与其他硬件电路相结合，以 PL/M 语言作为软件编程语言，设计并实现该控制系统。单片机通过 8253 计数器检测电机转子位置，计算电机速度，实现速度的 PI 调节及交轴电流限幅，完成坐标变换，然后通过 DAC1210 数模转换器实现给定电流数字量到模拟量的转换。同时，单片机可直接通过自身带的 A/D 转换读取由电位器输入的转速模拟给定。定子电流的滞环调节及电流调制所需的三角波信号都由硬件电路实现，以节约 CPU 资源。通过三只电流传感器检测电机三相电流以获得电流反馈和保护所需的电流信号。通过能耗制动单元防止快

速降速及停机所引起的过电压对系统的影响，由电压传感器检测母线电压以实现系统的过电压及欠电压保护。

二、位置传感器的选用及安装

永磁同步电动机的矢量控制系统需要检测转子的精确位置，并根据转子的位置按正弦电流波形给出的相电流，因此转子位置检测精度直接决定了电机的控制精度。有多种传感器可供选择，如旋转变压器、光电编码器、磁电编码器、齿轮编码器等。磁电编码器、齿轮编码器难以满足PMSM的高响应频率和高位置分辨率要求。旋转变压器在高速运行时其输出信号畸变较大，从而导致较大的测量误差，而且具有较大的体积和重量。因此采用光电编码器作为PMSM转子位置和速度的检测器件较为理想。

光电编码器分为绝对式编码器和相对式编码器两种，前者能够直接输出转子的绝对位置，且不受电机反复起动和停转的影响，是PMSM速度位置检测的理想选择。但目前的绝对式编码器难以满足高速运行要求，因此采用增量式编码器作为PMSM位置速度检测装置，并在软件上采取相应措施实现电机转子绝对位置的检测。

以LMA增量式编码器为例。该编码器响应频率为100kHz，分辨率（整周线数）为1000，最高持续机械转速可达5000r/min。编码器应保证其同步信号（编码z相信号）透光光栅位于电机永磁磁极轴线上，以利用该信号作为位置计数的复位信号，消除位置检测的积累误差。因此在安装时，使编码器同步信号位于a相反电动势波形的过零点，如图10－19所示。

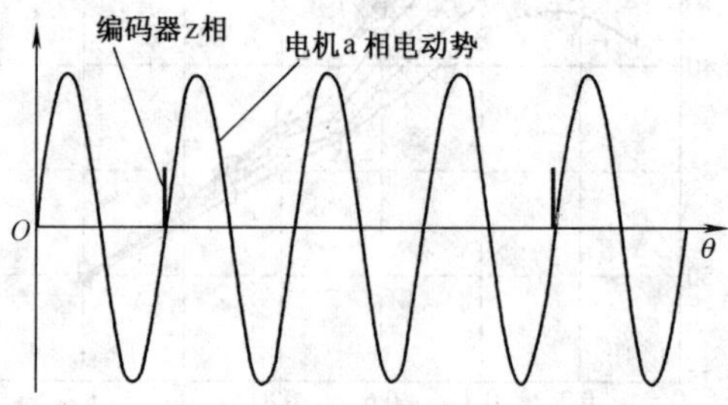

图10－19 PMSM用编码器的定位安装

三、电机位置、速度的采样

以可编程计数器8253配合单片机的定时器1进行电机转子位置速度信号的采集。8253有三个功能相同的16位计数器：计数器0、计数器1和计数器2，它与编码器输出信号及单片机的连接如图10－20所示。光电编码器的a相输出信号经放大整形后接至8253计数器0和1的时钟输入端，整周信号（z相）经放大整形后接至计数器0的门控输入，单片机CLKOUT引脚输出的时钟信号经10分频后接至计数器2的时钟输入，计数器2的输出作为单片机的外部中断源。发生中断时，单片机读计数器0，得到电机转子的绝对位置。显然，可通过调整计数器2的初值调整转子位置的采样周期。如计数器2的初值为0140H（320），则转子位置的采样周期为400μs，能够保证电机在6000r/min时，每360°电角度范围采样25次转子位置，从而保证最高速时给定电流的正弦性。连续两次读计数器1，同时通过单片机定时器1记录读取计数器1的时间便可计算电机的速度。可以看出计数器0的初值应为编码器整周线数的整数倍（编码器输出信号一般需倍频），而计数器1的初值应为最大值（0000H）。

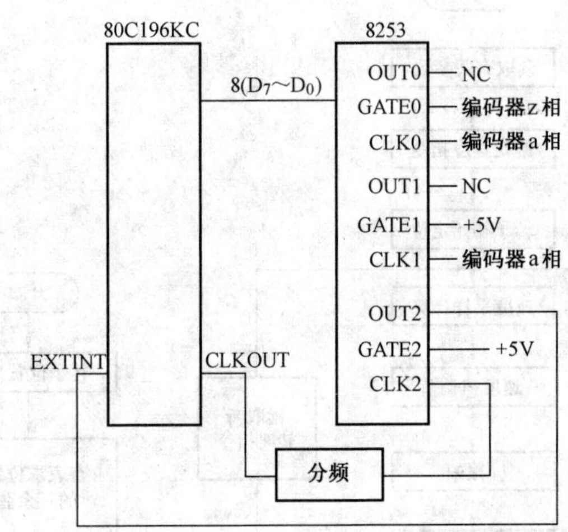

图 10－20　PMSM 系统计数器同单片机及编码器信号的连接

四、PMSM 控制系统软件设计

1. PMSM 控制软件框图

可靠、准确地控制软件是控制系统安全、高性能运行的重要保证。PL/M 语言是目前单片机开发的最优秀语言之一，它更接近和体现人的设计思想，可直接对单片机所有硬件进行操作，直接支持中断管理和服务，其内部过程的语言代码非常精炼，且占用的存储器空间少。

由于单片机的计算速度有限，为得到良好的电机驱动性能，首先要保证电机在可调转速范围内及时并尽可能多地采集转子位置信号，并根据转子位置信号输出三相给定正弦电流。而对转子速度的采集要求相对低一些。因此转子位置的采集、坐标变换及三相数字给定电流的输出作为一中断服务子程序，其中断源为外部中断，用软件确定中断发生时间，保证电机在最高运行转速时仍能输出良好的给定正弦电流波形。单片机其他时间用于速度的采样计算、速度的 PI 调节等。所以整个控制软件由一个主程序和一个中断服务子程序组成，如图 10－21 所示。

由于增量式光电编码器无法直接确定转子的绝对位置，因此必须对转子磁极进行初始定位。定位时，先通过逆变器给电机 a 相绕组通以直流电流 I，b、c 相绕组通入 $-I/2$ 的直流电流，从而使电机转子磁极中心线位于定子 a 相绕组轴线上，该位置即为转子磁极轴线的绝对零位置。

2. 电流控制策略在单片机上的实现

对任一给定转速，系统中速度 PI 调节器都有一饱和限幅过程及比例积分调节过程。对饱和限幅过程，给定交直轴电流由式（10－23）和式（10－26）给出（分恒转矩控制和弱磁控制范围）。在 PI 调节器起作用时，交轴给定电流由速度 PI 输出值决定，直轴给定电流决定于下式：

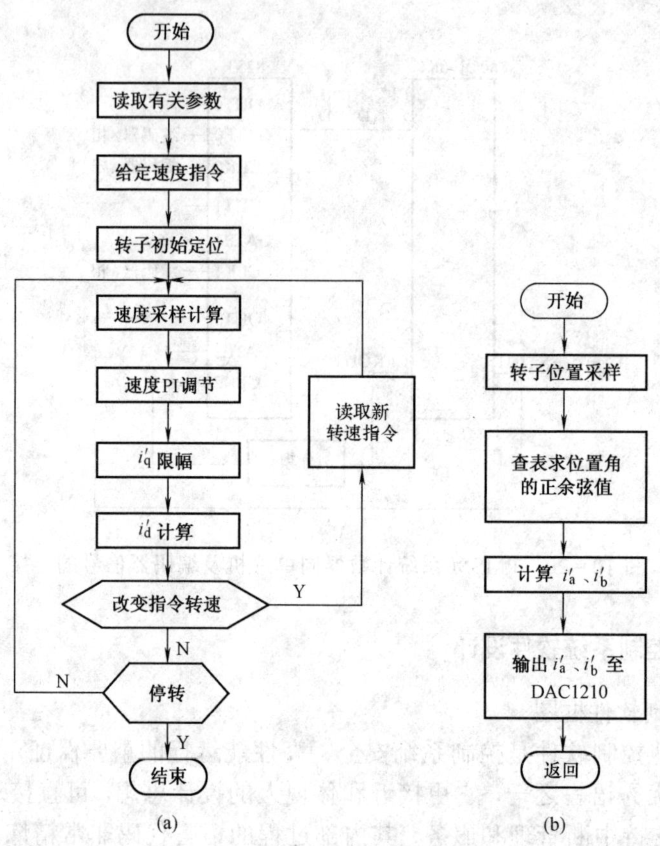

图 10－21　PMSM 系统控制软件框图

（a）主程序框图；（b）中断服务子程序

$$i_d = \frac{\psi_f - \sqrt{\psi_f^2 + 4(\rho-1)^2 L_d^2 i_q^2}}{2(\rho-1)L_d} \quad \text{（恒转矩运行范围）} \tag{10-56}$$

$$i_d = -\frac{\psi_f}{L_d} + \sqrt{\left(\frac{u_{lim}}{L_d \omega}\right)^2 - (\rho i_q)^2} \quad \text{（恒功率运行范围）} \tag{10-57}$$

显然，本系统所采用的单片机无法进行上述公式的计算，必须进行简化并做成表格形式。

（1）恒转矩运行。

在速度 PI 调节器饱和时，直轴给定电流为一确定的负值电流，通过系统调试确定一合适的数值，以充分利用电机的磁阻转矩。交轴给定电流即为速度 PI 输出的限幅值，该限幅值由逆变器的电流限值及直轴给定电流确定。

当电机转速接近给定转速、速度 PI 调节器起作用时，由速度 PI 调节器的输出作为交轴给定电流 i'_q，直轴给定电流 i'_d 查由式（10－56）制作的 i'_d—i'_q 表求得。可以看出，i'_d 值只与负载转矩及电机参数有关，而与转速无关，因此恒转矩控制区的直轴稳态电流值可根据负载转矩大小经调试得到，以充分利用电机的磁阻转矩。实际上，在电机凸极率不大时，若小负载转矩稳态运行（如电动汽车的稳态平路行驶），可以直接采用 $i_d=0$ 控制；若大负载转矩运行，加一定的直轴电流分量以利用电机的磁阻转矩。

（2）恒功率运行。

将整个弱磁调速范围分段，在 PI 调节器饱和时，由式（10－57）计算并经调试得到不同转速范围内的理想交直轴给定电流 i_d'、i_q'，做成表格；在稳态运行时，i_q' 由速度 PI 输出决定，i_d' 仅将前述表格中的 i_d' 经调试而适当降低即可。

第六节　调速永磁同步电动机的直接转矩控制

一、概述

直接转矩控制（简称为 DTC）是继矢量控制之后在 20 世纪 80 年代提出的又一高性能交流电动机控制策略，已成功应用于感应电机中，在永磁同步电动机中的研究和应用也得到了广泛的关注。相对于矢量控制，直接转矩控制省去了复杂的空间坐标变换；只需采用定子磁链定向控制，便可在定子坐标系内实现对电动机磁链、转矩的直接观察和控制；由于只需要检测定子电阻即可准确观测定子磁链，解决了矢量控制中系统性能受转子参数影响的问题。在实施 DTC 时，将磁链、转矩观测值与给定值之差经两值滞环控制器调节后便获得磁链、转矩控制信号，再综合考虑定子磁链的当前位置来选取合适的电压空间矢量，形成对电动机转矩的直接控制。

直接转矩控制基于 M－T 坐标系，因此本节对永磁同步电动机 DTC 的介绍从永磁同步电动机的 M－T 坐标系下的转矩方程开始，给出其电压矢量的产生、磁链和转矩的控制，最后给出 DTC 的系统结构。

二、永磁同步电动机 M－T 坐标系下的转矩方程

由式（10－3）可知，PMSM 的电磁转矩取决于定子交、直轴电流分量，还没有达到完全解耦。为此，需进行坐标变换解耦，求出在以定子磁链 ψ_s 方向为直轴的 M－T 坐标系中 PMSM 的转矩方程。图 10－22 为凸极式永磁同步电动机 M－T 坐标系及 d－q 坐标系的关系图及电动机各相量。图 10－22 中，A 为定子 A 相绕组轴线，ψ_s 为定子磁链，该磁链包括定子电流产生的磁链 ψ_a 和永磁磁链 ψ_f，其幅值表示为下式：

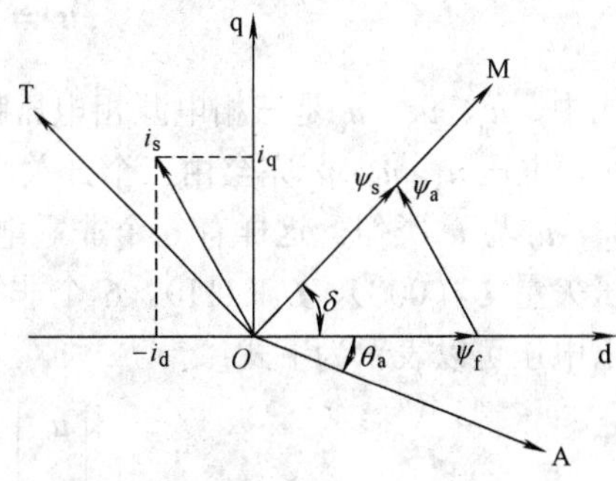

图 10－22　PMSM 的 M－T 及 dq 坐标系

$$\psi_s=\sqrt{\psi_d^2+\psi_q^2} \tag{10-58}$$

式中，ψ_d、ψ_q 见式（10－2），M－T 坐标系与 d－q 坐标系之间的转换公式如下：

$$\begin{bmatrix} V_d \\ V_q \end{bmatrix}=\begin{bmatrix} \cos\delta & -\sin\delta \\ \sin\delta & \cos\delta \end{bmatrix}\begin{bmatrix} V_M \\ V_T \end{bmatrix} \tag{10-59}$$

上式中，$\boldsymbol{V}$ 代表任意矢量。M－T 坐标系下的磁链表达式为：

$$\begin{bmatrix}\psi_{M}\\\psi_{T}\end{bmatrix}=\begin{bmatrix}L_{d}\cos^{2}\delta+L_{q}\sin^{2}\delta & -L_{d}\sin\delta\cos\delta+L_{q}\sin\delta\cos\delta\\-L_{d}\sin\delta\cos\delta+L_{q}\sin\delta\cos\delta & L_{d}\sin^{2}\delta+L_{q}\cos^{2}\delta\end{bmatrix}\begin{bmatrix}i_{M}\\i_{T}\end{bmatrix}+\psi_{f}\begin{bmatrix}\cos\delta\\-\sin\delta\end{bmatrix} \tag{10-60}$$

由于$\psi_{T}=0$，由式（10-60）可得：

$$i_{M}=\frac{2\psi_{f}\sin\delta-[(L_{d}+L_{q})+(L_{d}-L_{q})\cos2\delta]i_{T}}{(L_{d}-L_{q})\sin^{2}\delta} \tag{10-61}$$

因为$\psi_{M}=\psi_{s}$，根据上式可得：

$$i_{T}=\frac{1}{2L_{d}L_{q}}[2\psi_{f}L_{q}\sin\delta-|\psi_{s}|(L_{q}-L_{d})\sin2\delta] \tag{10-62}$$

将电流i_{d}、i_{q}由坐标变换以电流i_{T}、i_{M}代替，得到在M-T坐标系下电磁转矩T_{em}的表达式为：

$$T_{em}=\frac{3p|\psi_{s}|}{4L_{d}L_{q}}[2\psi_{f}L_{q}\sin\delta-|\psi_{s}|(L_{q}-L_{d})\sin2\delta] \tag{10-63}$$

PMSM输出转矩与定子磁链幅值、转子磁链幅值及定转子磁链的夹角δ的正弦成正比。在实际运行中，保持定子磁链幅值为额定值，以充分利用电动机铁心，PMSM转子磁链幅值也为恒值，要改变电动机转矩的大小，可以通过改变定、转子磁链夹角的大小来实现，这就是直接转矩控制理论的指导思想。

三、基于定子相电压矢量的定子磁链控制

定子电压矢量$\boldsymbol{u}_{s}$由下式给出：

$$\boldsymbol{u}_{s}=\frac{2}{3}[u_{a}+u_{b}e^{j(2/3)\pi}+u_{c}e^{j(4/3)\pi}] \tag{10-64}$$

式中，u_{a}、u_{b}、u_{c}是三相电源相电压瞬时值。当电机由如图10-23所示的电压源逆变器供电时，电压u_{a}、u_{b}、u_{c}完全由三个开关状态S_{a}、S_{b}、S_{c}确定，如果$S_{a}=1$，则$u_{a}=V_{dc}$，否则$u_{a}=0$，u_{b}、u_{c}与u_{a}类似。这样有6个非零电压矢量$\boldsymbol{U}_{1}$（100），$\boldsymbol{U}_{2}$（110），…，$\boldsymbol{U}_{6}$（101）和2个零电压矢量$\boldsymbol{U}_{7}$（000）、$\boldsymbol{U}_{8}$（111）。6个非零电压矢量互相差60°，如图10-24所示，逆变器的输出电压可以表示为下式：

$$\begin{bmatrix}u_{a}\\u_{b}\\u_{c}\end{bmatrix}=\frac{1}{3}\begin{bmatrix}2 & -1 & -1\\-1 & 2 & -1\\-1 & -1 & 2\end{bmatrix}\begin{bmatrix}S_{a}\\S_{b}\\S_{c}\end{bmatrix}U_{dc} \tag{10-65}$$

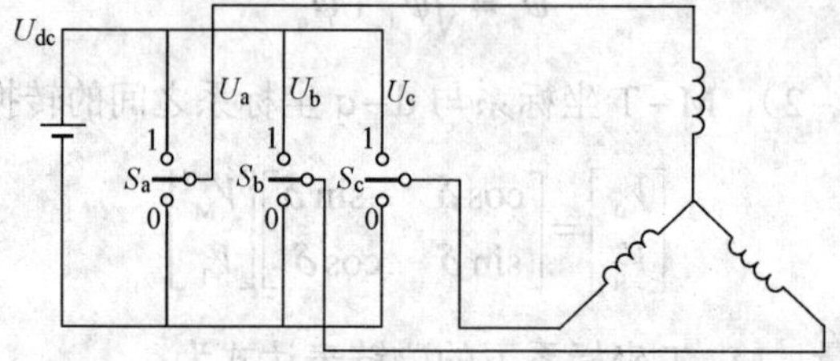

图10-23 电压源供电的电机三相绕组

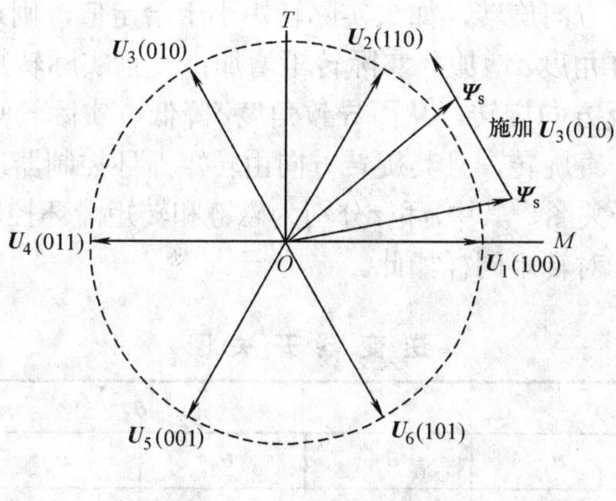

图 10-24　定子磁链的运动

在 M-T 坐标系下，定子磁链与输入电压之间的关系为

$$\psi_s = \int (\boldsymbol{u}_s - \boldsymbol{i}_s r)\,\mathrm{d}t \tag{10-66}$$

若忽略电阻，则

$$\psi_s = \int \boldsymbol{u}_s \mathrm{d}t \tag{10-67}$$

将上式离散化处理，有

$$\boldsymbol{\psi}_s = \boldsymbol{u}_s t + \boldsymbol{\psi}_{s0} \tag{10-68}$$

式中，$\boldsymbol{\psi}_{s0}$为磁链初值。这表明，可以通过控制 PMSM 的输入电压矢量$\boldsymbol{u}_s$来精确控制定子磁链的幅值、旋转方向及速度。

定子磁链沿电压矢量方向的运动如图 10-24 所示。为了方便选择电压矢量用以控制定子磁链幅值，将电压矢量平面分成 6 个部分，如图 10-25 中的θ_1、θ_2、θ_3、θ_4、θ_5、θ_6所示。在每一个部分，选定两个相邻的电压矢量用来控制磁链$\boldsymbol{\psi}_s$的大小。当磁链在θ_1范围时，电压矢量$\boldsymbol{U}_2$和$\boldsymbol{U}_3$就可以用来控制磁链的大小，使其在确定的磁链变化范围内。

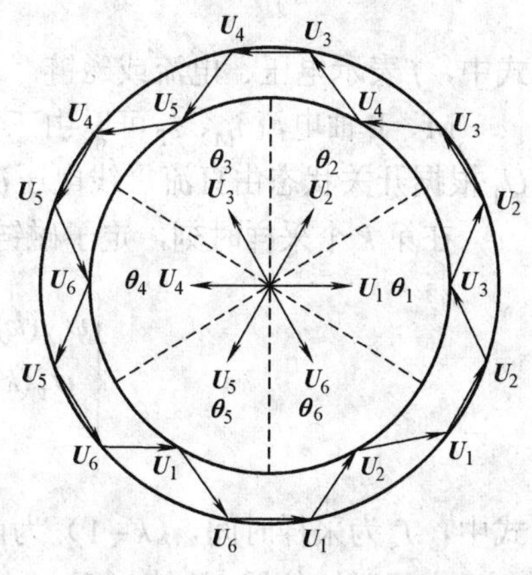

图 10-25　定子磁链的控制

在直接转矩控制中，电机定子磁链的幅值通过上述电压矢量的控制而保持为额定值，要改变转矩大小，可以通过控制定、转子磁链之间的夹角来实现，下面分析如何通过电压矢量的控制调节定、转子磁链之间的夹角δ。由于转子磁链的转动速度保持不变，因此夹角δ的调节可以通过调节定子磁链的瞬时转动速度来实现。

由式（10-68）可以看出，当施加零电压矢量时，定子磁链位于其初始位置，这对感应电机完全正确，这是由于感应电机的定子磁链由定子电压唯一确定。但对 PMSM，由于永磁体随转子旋转，当定子施加零电压矢量时定子磁链将变化。因此，在 PMSM 中，不采用零电压矢量控制定子磁链，即定子磁链一直随转子磁链的旋转而旋转。

假定电机转子逆时针方向旋转，如果实际转矩小于给定值，则选择使定子磁链逆时针方向旋转的电压矢量，这样角度δ增加，实际转矩增加；一旦实际转矩高于给定转矩，则选择的电压矢量使定子磁链反方向旋转，从而导致角度δ降低，实际转矩降低。通过这种方式选择电压矢量，定子磁链一直旋转，且其旋转方向由转矩滞环控制器决定。

表 10－1 为逆变器开关图，其中ϕ和τ分别为磁链和转矩滞环控制器的输出。如果$\phi=1$，则实际磁链小于给定值，对转矩同样如此。

表 10－1　　　**逆变器开关图**

ϕ	τ	θ					
		θ_1	θ_2	θ_3	θ_4	θ_5	θ_6
$\phi=0$	$\tau=1$	$\boldsymbol{U}_2$（110）	$\boldsymbol{U}_3$（010）	$\boldsymbol{U}_4$（011）	$\boldsymbol{U}_5$（001）	$\boldsymbol{U}_6$（101）	$\boldsymbol{U}_1$（100）
	$\tau=0$	$\boldsymbol{U}_6$（101）	$\boldsymbol{U}_1$（100）	$\boldsymbol{U}_2$（110）	$\boldsymbol{U}_3$（010）	$\boldsymbol{U}_4$（011）	$\boldsymbol{U}_5$（001）
$\phi=1$	$\tau=1$	$\boldsymbol{U}_3$（010）	$\boldsymbol{U}_4$（011）	$\boldsymbol{U}_5$（001）	$\boldsymbol{U}_6$（101）	$\boldsymbol{U}_1$（100）	$\boldsymbol{U}_2$（110）
	$\tau=0$	$\boldsymbol{U}_5$（001）	$\boldsymbol{U}_6$（101）	$\boldsymbol{U}_1$（100）	$\boldsymbol{U}_2$（110）	$\boldsymbol{U}_3$（010）	$\boldsymbol{U}_4$（011）

四、PMSM 直接转矩控制系统的实现

图 10－26 为永磁同步电动机 DTC 控制框图，三相坐标系变量通过下式转化为 M－T 坐标系下的变量：

$$\begin{bmatrix} f_{\mathrm{M}} \\ f_{\mathrm{T}} \end{bmatrix} = \begin{bmatrix} 1 & -1/2 & -1/2 \\ 0 & \sqrt{3}/2 & \sqrt{3}/2 \end{bmatrix} \begin{bmatrix} f_{\mathrm{a}} \\ f_{\mathrm{b}} \\ f_{\mathrm{c}} \end{bmatrix} \tag{10-69}$$

式中，f表示电压、电流或磁链。

M、T 轴电流 i_{M}、i_{T} 可以由三相实际电流 i_{a}、i_{b}、i_{c} 经过坐标变换而得，M、T 轴电压 U_{M}、U_{T} 根据开关状态由直流母线电压决定。

在第 k 个采样时刻，定子磁链幅值为：

$$\begin{cases} \psi_{\mathrm{M}}(k) = \psi_{\mathrm{M}}(k-1) + [U_{\mathrm{M}}(k-1) - Ri_{\mathrm{M}}]T_{\mathrm{s}} \\ \psi_{\mathrm{T}}(k) = \psi_{\mathrm{T}}(k-1) + [U_{\mathrm{T}}(k-1) - Ri_{\mathrm{T}}]T_{\mathrm{s}} \\ \psi_{\mathrm{s}}(k) = \sqrt{\psi_{\mathrm{M}}^2(k) + \psi_{\mathrm{T}}^2(k)} \end{cases} \tag{10-70}$$

式中，T_{s} 为采样时间，（$k-1$）为前一采样时刻。

定子磁链位置θ计算如下：

$$\theta = \arctan[\psi_{\mathrm{M}}(k) / \psi_{\mathrm{T}}(k)] \tag{10-71}$$

系统的速度调节器可以采用比例积分形式，其输入为电机指令速度和电机实际反馈速度的差值，输出为电磁转矩的给定值T'。其控制规律为：

$$T' = k_{\mathrm{p}}\left(\Delta\omega + \frac{1}{T_{\mathrm{i}}}\int_0^t \Delta\omega \mathrm{d}t\right) \tag{10-72}$$

其离散格式为：

$$T'(k) = T'(k-1) + k_p[\Delta\omega(k) - \Delta\omega(k-1)] + k_i\Delta\omega(k) \tag{10-73}$$

式中，k_p、k_i、T_i分别为比例系数、积分系数和积分时间常数。

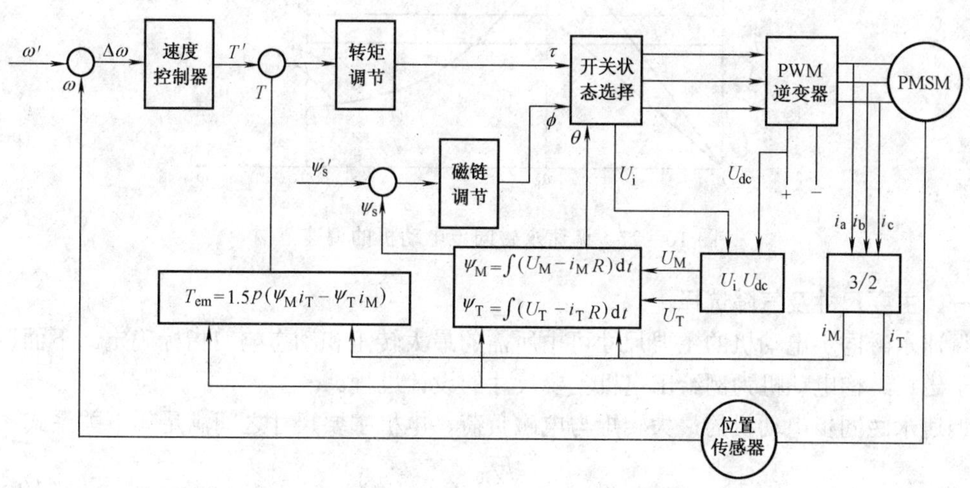

图 10－26　PMSM 的 DTC 控制框图

第七节　调速永磁同步电动机的电磁设计

调速永磁同步电动机的磁路计算同异步起动永磁同步电动机，即针对某一工作点的磁路计算可以完全参照异步起动永磁同步电动机。不同之处在于，调速永磁同步电动机主要应用于高性能伺服驱动控制领域，其性能要求除了高效高转矩密度外，还包括调速范围宽、转矩转速平稳、动态响应快速准确等。

调速永磁同步电动机的性能在很大程度上与其相匹配的功率系统密不可分，因此其设计必须兼顾其功率系统，或者电机与功率系统协调设计。具体设计时，应根据电机系统的应用场合和有关技术经济指标要求，首先确定电动机的控制策略及逆变器的容量，然后根据电机设计的有关知识具体设计电机，下面以矢量控制调速永磁同步电动机为例，分析该种电机不同于异步起动永磁同步电动机的设计特点。

永磁同步电动机调速传动系统的主要性能是它的调速范围和动态响应性能。调速范围分为恒转矩区和弱磁恒功率区，如图 10－27 所示。图中ω_b为转折转速，是恒转矩区和恒功率区的分界点，此时电机的电动势达到最大值，折算到逆变器直流母线侧为其直流电压值。转折转速一般设计为其额定工作转速，该点的额定运行状态需要进行磁路设计并进行热负荷计算，显然希望该额定工作点具有尽可能高的运行效率；同时需要计算电机该点的最大输出转矩，并校核电机起动加速至该转速所需时间是否满足要求。在图 10－27 中，ω_{max}为最高运行转速，对该转速，需要计算起动加速至该转速所需时间及在该转速下产生最大转矩时的永磁体抗失磁能力。

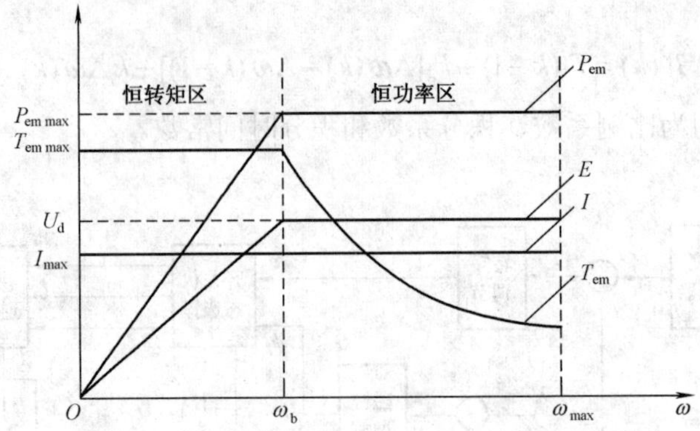

图 10-27 调速永磁同步电动机的调速范围

一、主要尺寸及气隙选择

调速永磁同步电动机的主要尺寸可由所需的最大转矩和动态响应指标确定。下面以表面式转子磁路结构电动机为例给出电机主要尺寸的设计过程。

调速永磁同步电动机的最大转矩与电磁负荷、电机主要尺寸之间满足如下关系式：

$$T_{\text{emmax}}=\frac{\sqrt{2}\pi}{4}B_{\delta1}L_{\text{ef}}D_{\text{i1}}^2A \tag{10-74}$$

式中，$B_{\delta1}$ 和 A 分别为气隙磁通密度基波幅值和电负荷。

$$A=\frac{2mNI_1K_{\text{dp1}}}{\pi D_{\text{i1}}} \tag{10-75}$$

式中，D_{i1} 为电机电枢直径。因此，电机的主要尺寸表示为：

$$D_{\text{i1}}^2L_{\text{ef}}=\frac{4T_{\text{emmax}}}{\sqrt{2}\pi B_{\delta1}A} \tag{10-76}$$

永磁同步电动机动态响应性能指标体现在最大电磁转矩作用下，电机由静止加速到转折转速所需的时间 t_b 的大小，最大转矩与时间 t_b 满足下式：

$$T_{\text{emmax}}=\frac{J\Delta\omega}{p\Delta t}\approx\frac{J\omega_b}{pt_b} \tag{10-77}$$

式中，J 为电机系统的转动惯量（包括电机和负载），当忽略负载的转动惯量时，近似表示为下式：

$$J=\frac{\pi}{2}\gamma_{\text{Fe}}L_{\text{ef}}\left(\frac{D_{\text{i1}}}{2}\right)^4 \tag{10-78}$$

式中，γ_{Fe} 为转子材料的平均密度。

由式（10-76）～式（10-78）可得电机的定子内径为：

$$D_{\text{i1}}=\sqrt{\frac{8\sqrt{2}pt_bB_{\delta1}A}{\omega_b\gamma_{\text{Fe}}}} \tag{10-79}$$

在保证电机动态响应性能指标的前提下确定定子内径的最大值，并由此确定电机的定子铁心长度。

考虑到电机的安装等要求，调速永磁同步电动机的气隙长度一般大于同规格感应电动机。值得注意的是，调速永磁同步电动机采用高性能的稀土永磁材料，因此稍微增大气隙，不会引起电机性能的改变。电机气隙的选择不但与所采用的转子磁路结构有关，而且与电机的弱磁扩速能力要求有关。对表面式转子磁路结构的调速永磁同步电动机，转子铁心上的瓦片形磁体需要加装磁体保护套，为降低漏磁，保护套一般采用非导磁材料，因此电机的有效气隙较大；对采用内置式转子磁体结构且要求有一定恒功率运行速度范围的调速永磁同步电动机，气隙不宜太大，否则将导致电动机的直轴电感过小，弱磁能力不足，无法达到要求的最高转速。

确定电动机的定子外径时，一般是在保证电动机足够散热能力的前提下，为提高电动机效率而加大定子外径或为减小电动机制造成本而缩小定子外径，视具体情况而定。

二、转子磁路结构的选择

转子磁路结构主要考虑机械强度、有无恒功率运行要求及加工成本等。当电动机最高转速不是很高时，可以选用表面凸出式转子磁路结构，此时采用无纬玻璃丝带作为磁体保护套，具有足够的机械强度且加工工艺简单、成本低廉，但电机没有凸极性，弱磁能力差；对高速电机，采用表面凸出式转子磁路结构时必须采用高强度的金属材料（如钛合金或不锈钢）作磁体保护套；如电机要求一定的恒功率运行速度范围则应采用内置式转子磁路结构。内置式转子磁路结构永磁同步电动机不但易于弱磁扩速，而且漏磁系数比表面式转子磁路结构电机要大，从而提高了电机的抗去磁能力。

三、永磁体选择及设计

1. 永磁体选择

尽管永磁材料多种多样，但应用于调速永磁同步电动机的磁体材料只有稀土磁体，即钕铁硼永磁和钐钴永磁，两者都具有很高的磁性能，相对于后者，前者的剩磁通密度度更高，价格较低，但温度系数较高，居里温度较低，因此钕铁硼永磁更适于民用调速永磁同步电动机领域，但必须进行永磁体最大去磁工作点的校核。

2. 永磁体设计

不同的转子磁路结构，永磁体尺寸设计也不同。对表面式转子磁路结构调速永磁同步电动机，其永磁体尺寸可近似由下式确定：

$$\begin{cases} h_m = \dfrac{\mu_r}{B_r / B_\delta - 1} l_g \\ b_m = \alpha_p \tau_2 \end{cases} \tag{10-80}$$

式中：B_r/B_δ为磁体剩磁通密度与气隙磁通密度幅值之比，一般取为1.1～1.35；τ_2为电机转子极距；α_p为电机磁体极弧系数；b_m为每极永磁体宽度。

对内置式转子磁路结构永磁同步电动机，永磁体尺寸的确定比较复杂，因为它与许多因素有关，如确定永磁体的磁化方向长度时，应考虑它对永磁体工作点、可去磁能力和弱磁扩速能力的影响。

四、永磁磁通密度波形优化

调速永磁同步电动机需要正弦波分布的空载相电动势，与正弦波相电流相互作用，产生没有纹波的平稳电磁转矩。如果电机的永磁磁通密度正弦分布，则电机的定子绕组可以不采用短距和分布等措施就能得到正弦性良好的空载相电动势。在通常的转子磁路结构中，由永磁体产生的气隙磁通密度不是正弦分布，为此必须进行永磁磁通密度波形的优化。

1. 表面式磁体结构永磁同步电动机

对表面式磁路结构永磁同步电动机，可以通过优化电机的极弧大小改善电机的永磁气隙磁通密度波形，在相同极弧系数下，电机的极对数越多，永磁气隙磁通密度波形正弦性越好；通过对永磁体极弧范围内磁化方向长度的优化同样可以改善永磁气隙磁通密度波形。还可采用 HALBACH 磁体结构得到较接近正弦波分布的永磁气隙磁通密度波形。此外，HALBACH 磁体结构还具有很强的磁屏蔽作用，可以大大降低转子磁体的轭部导磁铁心厚度，甚至省去转子轭部导磁铁心，对电机转动惯量和体积重量的降低极为有利。

2. 内置式磁体结构永磁同步电动机

在内置式磁体结构永磁同步电动机中，要想得到较接近正弦波分布的永磁气隙磁通密度，只有通过极靴的优化来实现，即采用不均匀气隙。

五、齿槽转矩的抑制和低速平稳性的改善

高精度的调速传动系统通常要求具有较高的定位精度。影响永磁同步电动机定位精度的主要原因永磁体不通电时所呈现出的齿槽转矩，该转矩力图使电动机转子定于某一位置。

分析表明，当永磁体的磁极宽度为整数个定子齿距时，可以有效抑制齿槽转矩。减少定子槽开口或采用磁性槽楔，也是减小齿槽转矩的有效方法。另外，采用分数槽绕组结构，在设计上使电机的永磁磁通密度波形尽可能正弦分布，在工艺上提高铁心的加工精度和选用一致性较好的永磁体等，都是抑制永磁同步电动机齿槽转矩的可行措施。

低速平稳性是调速永磁同步电动机的一个重要指标。影响电动机低速平稳性的主要原因是电动机低速运行时的脉动转矩，包括电动势或电流非正弦引起的纹波转矩和齿槽转矩。减小电动机低速转矩脉动的主要措施如下：

（1）增大电机的气隙长度。

（2）采用定子斜槽或转子斜极。

（3）减少定子槽开口宽度或采用磁性槽楔，或采用无齿定子结构。

（4）合理选择定子槽数，使电机绕组采用短距分布绕组或采用分数槽结构。

（5）进行永磁磁通密度波形的优化。

（6）采用阻尼绕组。

调速永磁同步电动机的设计，除了上述特殊要求外，其他性能计算，如磁路计算等与异步起动永磁同步电动机完全相同，在此不再赘述。

参　考　文　献

[1]　唐任远. 现代永磁电机理论与设计 [M]. 北京：机械工业出版社，1997.

[2]　郭庆鼎，王成元. 交流伺服系统 [M]. 北京：机械工业出版社，1994.

[3]　海老原大树（日）. 电动机技术实用手册 [M]. 王益全，等，译. 北京：科学出版社，2005.

[4]　徐衍亮. 电动汽车用永磁同步电动机及其驱动系统研究 [D]. 沈阳工业大学博士学位论文，2001.

[5]　徐衍亮. 电动汽车用永磁同步电动机功率特性及弱磁扩速能力研究 [J]. 山东大学学报（工学版），2002（5）.

[6]　L.Zhong，M.F.Rahman and etc.，Analysis Of Direct Torque Control In Permanent Magnet Synchronous Motor Drives [J]. IEEE

Transactions on Power Electronics. 1997，12（3）：628－536.

［7］ 徐衍亮，唐任远．电动汽车用永磁同步电动机场路结合设计计算［J］．中小型电机，2003（2）.

［8］ 许家群．电动汽车用永磁同步电动机传动控制系统的研究［D］．沈阳工业大学博士学位论文，2003.

［9］ 郭振宏．宽恒功率调速范围主轴永磁同步电动机及其传动系统的研究［D］．沈阳工业大学博士学位论文，1999.

［10］徐衍亮，许家群，唐任远．永磁同步电动机空载气隙磁通密度波形优化［J］．微特电机 2002（6）.

［11］Mehrdad Ehsani，Khwaja M.and Hamid A.Toliyat，Propulsion system design of electric and hybrid vehicles［J］．IEEE Transactions on Industrial Electronics 1977，44（1）：19－27.

［12］S.Morimoto，Y.Takeda，T.Hirasa and K. Taniguchi，Expansion of operating limits for permanent magnet motor by current vector control considering inverter capacity［J］．IEEE Transactions on Industry Applications, 1990，26（5）：871－889.

［13］Morimoto S.Sanada M.and Takeda Y.，Inverter-driven synchronous motor for constant power［J］．IEEE Transactions on Industry Magazine，1996：19－24.

［14］许家群，徐衍亮，唐任远．电动汽车用永磁同步电动机控制系统的研究［J］．中小型电机，2002（3）.

［15］万文斌，徐衍亮，唐任远．永磁同步电动机的高性能电流控制器［J］．中国电机工程学报，2000（12）.

［16］R.F.Schiferl and T.A.Lipo.Power capability of salient pole permanent magnet synchronous motor in variable speed drive applications［J］．IEEE Transactions on Industry Applications，1990，26（1）：115－123.

［17］B.J.Chalmers，L.Musaba and D.F.Gosden.Variable-frequency synchronous motor drives for electric vehicles［J］．IEEE Transactions on Industry Applications，1996，32（4）：898－903.

［18］周青苗．永磁同步电动机直接转矩控制理论分析［J］．西北工业大学学报，2000（2）.

第十一章 特殊结构永磁电机

第一节 横向磁通永磁电机

随着电动车、磁悬浮列车和舰船电力推动等大功率电气传动技术的发展，人们对低速、高转矩密度、直接驱动电机的需求日益迫切。然而在传统电机中，磁通经过的齿部和电枢绕组所在的槽占用同一截面，齿槽宽度相互制约，输出转矩难以得到根本提高。横向磁通电机采用独特的结构，可解决上述矛盾，具有较高的转矩密度，且体积小、重量轻，但功率因数较低，结构复杂，工艺性差，制约了其工程应用。

一、横向磁通永磁电机的结构与工作原理

横向磁通电机是由德国不伦瑞克理工大学的 Herbert Weh 教授和他的合作者在 1986 年提出的[1]。所谓横向磁通电机（Transverse Flux Machine，TFM），是相对于常规的径向磁通和轴向磁通电机而言的，目前还没有统一、严格的定义。在如图 11－1（a）所示的常规电机中，磁力线所在平面平行于电机的旋转方向。图 11－1（b）为早期的聚磁式横向磁通永磁电机结构示意图，磁通在 U 型铁心内，磁力线在 zy 平面中，而旋转方向垂直于 zy 平面，即磁力线所在平面垂直于电机的旋转方向。每相绕组环绕所有 U 型定子铁心，定子齿槽结构和电枢线圈在空间上相互垂直，电负荷和磁负荷在空间上解耦，因而铁心尺寸和通电线圈的大小相互独立，在一定范围内可以任意选取，这是常规电机所无法做到的，也正是横向磁通永磁电机的优势所在。图 11－1（b）所示的横向磁通永磁电机采用双边布局定子结构，转子采用聚磁式结构，永磁体数量较多，均匀分布于转子上。定子由均匀分布的 U 型定子元件构成，并且内外定子元件各错开一个极距，线圈嵌在定子和转子之间的大槽中。当定子线圈通电时，

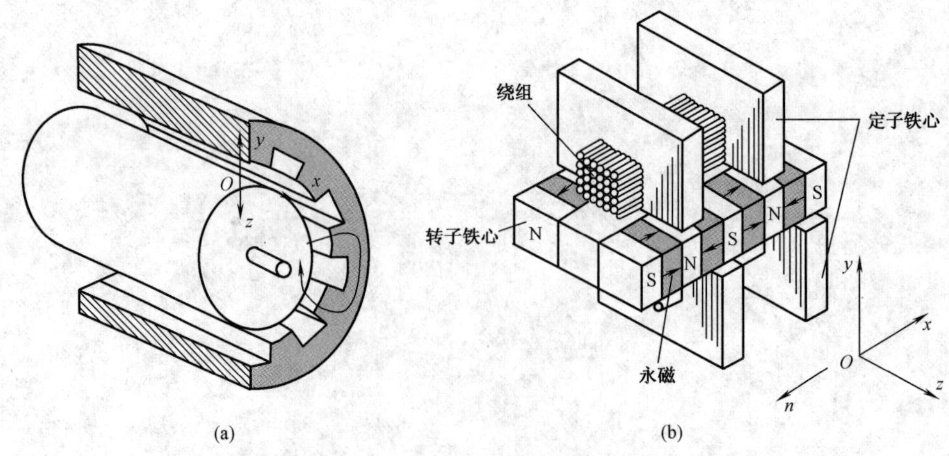

图 11－1 传统径向磁通电机与横向磁通永磁电机的磁路对比

（a）传统径向电机；（b）横向磁通永磁电机结构示意图

U 型定子元件中会产生径向和轴向磁场，通过定子元件的一个齿部到转子，再到它的另一个齿部，从而形成了磁回路，图 11－2 为横向磁通永磁电机磁路结构图[2][3]，可以等效地把定子的两个齿部看成是两个不同的磁极，根据同性相斥、异性相吸的原理，这两个齿部的磁场和转子永磁体所产生的磁场相互作用，使转子转动。每当转子移过一个极距，只要相应地改变线圈中的电流方向，转子就可以连续转动。

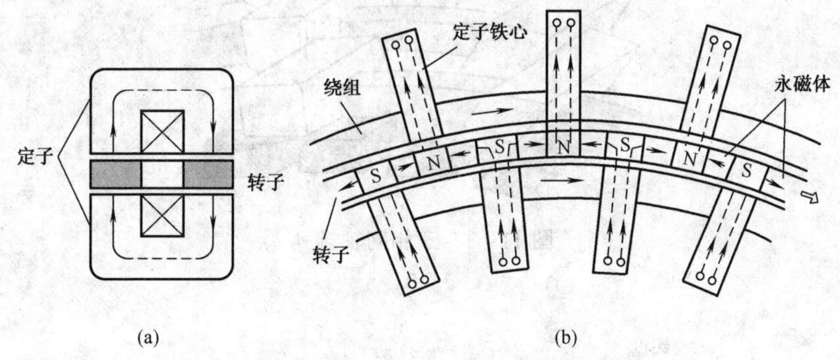

图 11－2　横向磁通永磁电机的磁路结构

二、横向磁通永磁电机的特点

横向磁通永磁电机的主要特点是：

（1）定子各相之间没有耦合，可独立分析与控制。

（2）它的许多参数是独立的，可根据需要调整磁路尺寸、选择线圈的线规和匝数，设计自由度大。

（3）转矩密度比传统径向电机大，低速时能产生大转矩。

（4）体积小、重量轻。

（5）结构复杂，对制造工艺水平要求较高。

（6）漏电抗较大，功率因数不高。

由于横向磁通永磁电机结构复杂，在小功率场合不能体现其优势，特别适合于低速大功率的工业领域和军事领域，如风力发电机、水轮机、舰船等用的几十兆瓦电机。

三、横向磁通永磁电机的分类

在横向磁通永磁电机出现之后，各国学者对其结构进行了改进，并结合制造工艺，提出了多种结构的横向磁通永磁电机。通常采用以下方法对横向磁通永磁电机进行分类。

1. 按定子三相的排列方式分类

在三相横向磁通永磁电机中，三相的排列有两种方式：一种为三相同轴排列，如图 11－3 所示[4]；另一种为三相同圆周排列，如图 11－4 所示。两种排列方式有各自的特点，适用于不同场合。

在三相同轴排列结构中，共有三个转子盘，分别构成三相，每相的磁路各自独立，相当于三台单相电机共用转轴，三相在圆周上错开 120° 电角度，能充分利用空间。缺点是三相必须是三个独立的定、转子结构，制造工艺较复杂，不适于电机功率较小的场合，适合制成大功率电机。

在三相同圆周排列的结构中，定子三相共用一个转子，每一相的定子磁路和绕组各占据

120°的扇形区域，这种结构适合于电机功率较小的场合。

图11-3　三相同轴排列

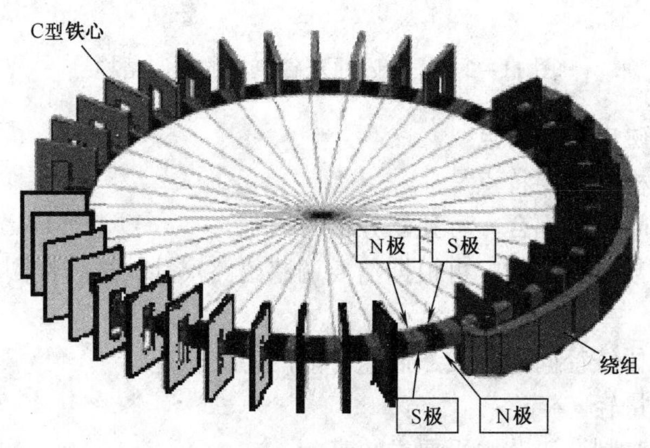

图11-4　三相同圆周排列

2. 按转子永磁体的放置方式分类

按照转子永磁体的放置方式进行分类，可分为表面式和聚磁式两类。

（1）表面式横向磁通永磁电机[5]。图11-5（a）是表面式横向磁通永磁电机早期的一种结构，永磁体均匀地分布在转子表面，相邻的永磁体分别被充成不同极性。U型定子元件以两倍极距的距离均匀分布在整个圆周上，其两个齿部对应的永磁体极性相反，一半的永磁体没有和定子元件形成回路，且所产生的漏磁通会削弱定子中的主磁通。可在没有被充分利用的永磁体上放置由软铁材料制成的I型定子元件，产生同U型定子元件中相同幅值的磁通。为了减少漏磁，把I型定子元件两端削成三角形，得到图11-5（b）所示的结构。

图11-6（a）标出了表面式横向磁通永磁电机的磁路。可以看出，由于I型定子元件和U型定子元件中的磁通方向相反，它们在转子铁心中的磁通方向也相反，从而使这些磁通互相抵消，连接永磁体的那部分铁心就可以认为没有磁通，可以省去。图11-6（b）是图11-6（a）的改进结构，它不仅可以减少铁心材料的用量，减轻电机的重量，降低成本，且可以采用叠片铁心以减少涡流损耗、便于加工。

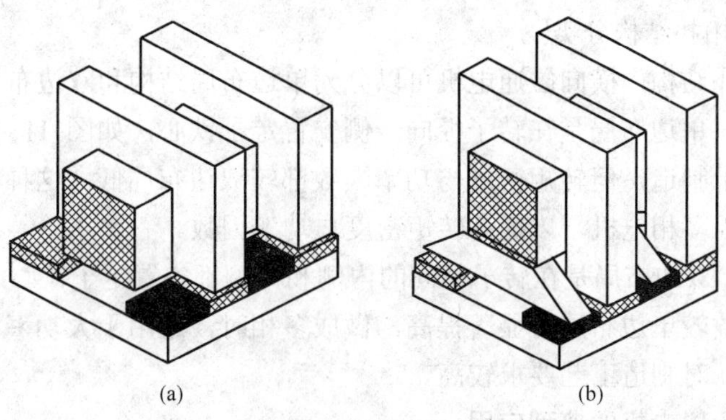

图 11－5 表面式横向磁通永磁电机

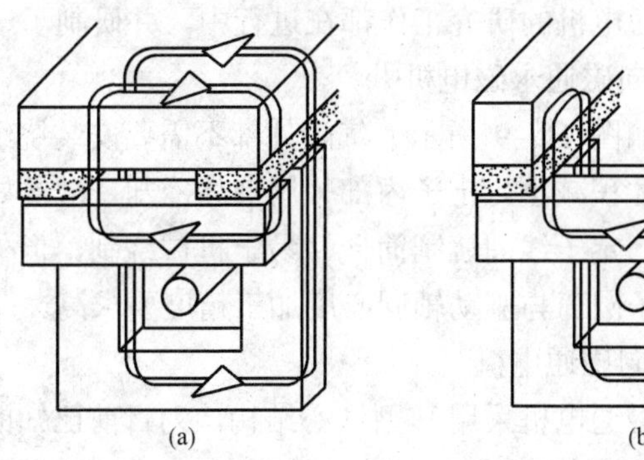

图 11－6 表面式横向磁通电机的改进

（2）聚磁式横向磁通永磁电机[6]。在普通永磁电机中，永磁体安装形式一般分为表面式和内置式两种。表面式永磁体电机的永磁体一般直接贴在电机转子或定子表面，需要用专门措施来固定。在内置式安装结构中，永磁体安装和调整方便，工艺性较好，特别是通过合理选择结构尺寸，可以达到"聚磁"效果，使磁通密度突破永磁体剩磁的限制，获得较高的气隙磁通密度。

聚磁式横向磁通永磁电机的永磁体位于转子内部，如图 11－7 和图 11－8 所示。图 11－8 是对图 11－7 所示结构上的改进，将定子铁心扭转一个角度，使磁通从一个转子相邻的磁体中穿过；还可以将铁心形状改为 C 型，以减少因磁通畸变产生的铁耗。

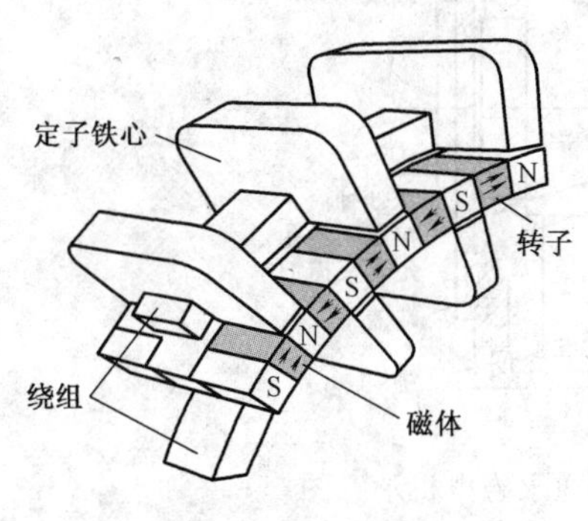

图 11－7 聚磁结构（一）

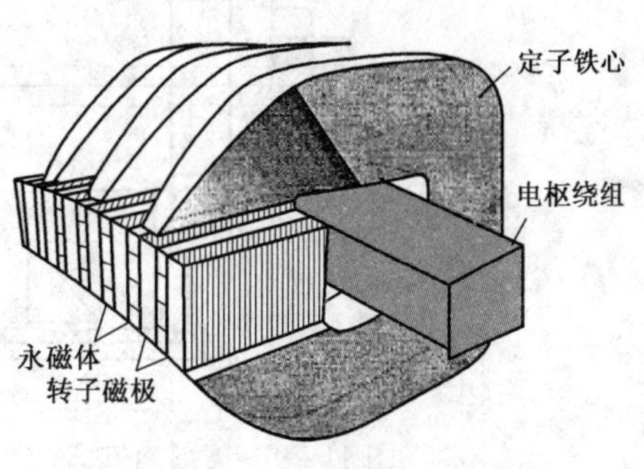

图 11－8 聚磁结构（二）

3. 按定转子的拓扑结构分类

按定转子的拓扑结构，横向磁通电机可以分为单边布局结构和双边布局结构两种。

（1）单边布局。单边布局是在转子径向一侧安置定子铁心，如图 11－5（a）所示。单边布局结构简单，易于制造，但转矩密度与功率因数都较双边布局低。这种电机可以做成轴向多相电机或者同圆周多相电机，以提高转矩密度与功率因数。

（2）双边布局。双边布局是在转子径向的内侧和外侧都安置定子铁心，如图 11－7 所示。转矩密度与功率因数较单边布局有显著提高，做成多相时，适用于大功率场合。但双边横向磁通电机结构复杂，对制造工艺要求较高。

四、横向磁通永磁电机的典型应用

由于横向磁通电机具有较高的功率密度和效率，特别适用于车、船等的电力直接驱动的场合。各国对不同类型横向磁通电机的研究工作都在进行中，并研制了一些样机。

1. 英国南安普顿大学的横向磁通永磁电机[7]

此电机采用外转子结构，如图 11－9 所示。气隙外部不需要安装绕组的空间，在气隙面积相同的情况下，电机外径和体积减小。定子内部采用液体冷却，散热好，便于选择较大的电磁负荷以获得高的转矩密度，定子线圈绕制简便，易于机械绕制。但外转子结构不易与被驱动机械进行连接，且对外转子圆筒与驱动轴同心度加工精度要求高。

2. 丹麦阿尔伯格大学的横向磁通电机

丹麦阿尔伯格大学的横向磁通电机采用 E 型铁心结构，为目前已知的极数最少的横向磁通电动机，它适合于转速相对较高的直接驱动场合，如图 11－10 所示。其铁心由硅钢片叠制，制造简便，采用小线圈环绕每个磁极的方式。样机由 2.3kg 叠片铁心和 0.75kg 铜构成，转速为 1000r/min 时的转矩大于 4N·m，效率大于 70%。

3. 瑞典皇家技术学院的横向磁通电机

英国南安普顿大学的横向磁通永磁电机示意图如图 11－9 所示。此结构将三相布置在同一圆周上，没有采用聚磁结构，它的气隙是平面，因此磁极端面也是平面，易于加工。

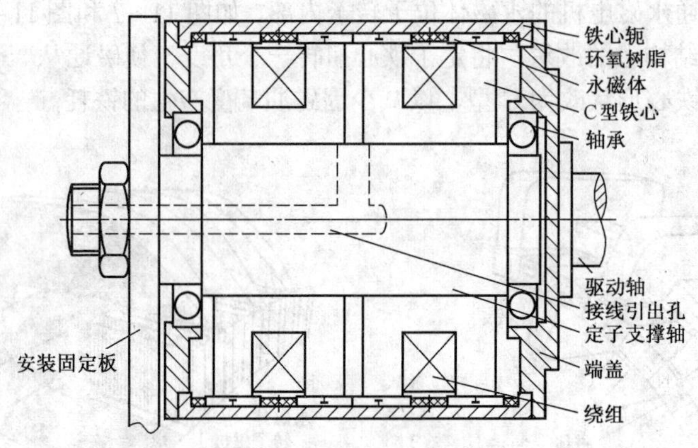

图 11－9　英国南安普敦大学的横向磁通永磁电机示意图

图 11－10　丹麦阿尔伯格大学的横向磁通永磁电机

第二节　圆筒型永磁同步直线电机

作为直线电机的一种结构形式，圆筒型永磁同步直线电机采用圆筒型结构，易于实现高防护等级，且无绕组端部，具有运行效率高、功率密度和推力密度高、单边磁拉力小、伺服性能好等优点，具有广阔的应用前景。

一、圆筒型永磁同步直线电机的结构与工作原理

将一台旋转电机沿径向剖开，沿圆周方向展开，就得到了一台单边扁平型直线电机，如图 11－11 所示，由定子演变而来的一侧称为初级，由转子演变而来的一侧称为次级。再将扁平型直线电机沿着垂直于运动的方向卷成圆筒型，就构成了圆筒型永磁同步直线电机[8]。

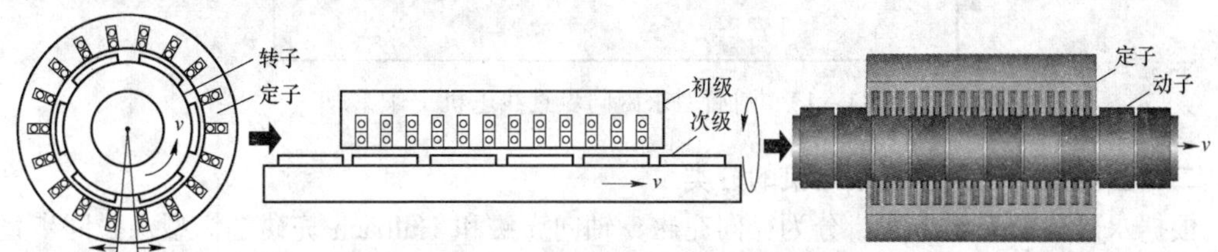

图 11－11　圆筒型永磁同步直线电机的演变

圆筒型永磁同步直线电机的结构如图 11－12 所示，由静止的定子和直线运动的动子组成，两者之间存在气隙。定子侧包括定子铁心和定子绕组，为减小铁心损耗，定子铁心采用硅钢片叠压而成。槽内放置圆环状线圈，即饼式线圈，饼式线圈取消了平板型直线电机和旋转电机的电枢绕组端部，制造工艺简单，线圈利用率高。动子侧包括永磁体、动子铁心和轴。磁极结构和永磁体充磁方式存在多种形式，在气隙中产生沿轴向 N、S 极交替分布的磁场，图中磁极为径向充磁结构。

圆筒型永磁同步直线电机的工作原理与永磁同步旋转电机类似，基于永磁磁场和电枢磁场相互作用产生电磁力工作。如图 11－13 所示，在定子侧三相对称绕组中通入三相对称电流，不考虑端部对磁场的影响，电枢反应基波磁场正弦分布，沿轴向运动，速度为：

$$v_s = 2\tau f \tag{11-1}$$

式中：τ 为极距；f 为供电频率。

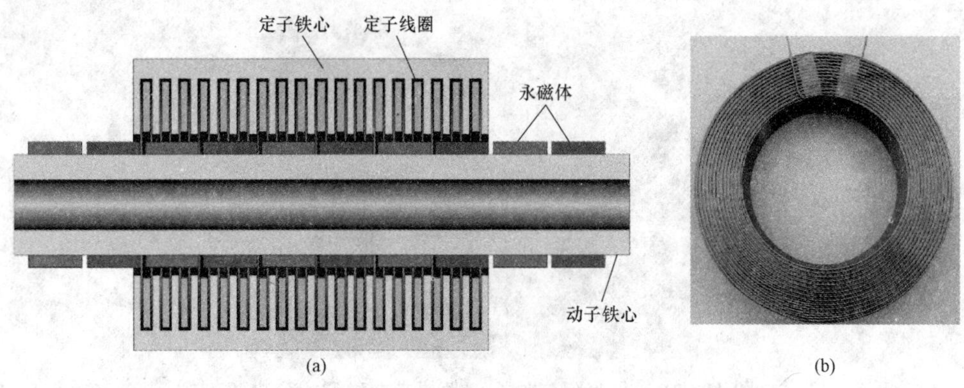

图 11－12　圆筒型永磁同步直线电机结构
（a）电机结构；（b）饼式线圈

除了电枢反应磁场外，气隙中还存在动子产生的永磁磁场。该电机由变频器驱动，在起动和正常运行时，电枢反应磁场的基波分量与永磁磁场的基波分量极数相等、运动速度和方向相同，相互作用产生恒定的电磁推力，驱动负载运动，这就是圆筒型永磁同步直线电机的基本工作原理。

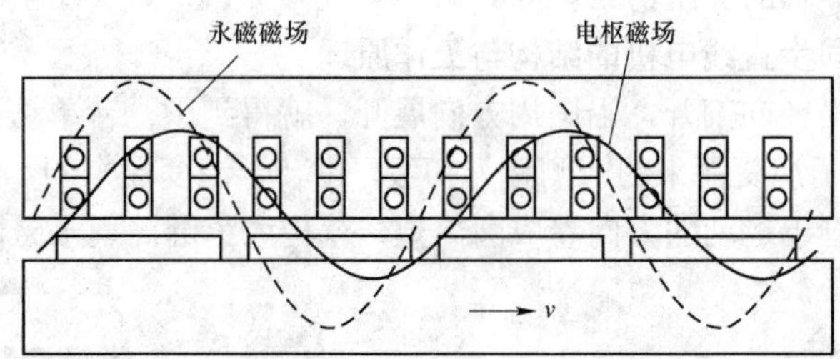

图 11－13　圆筒型永磁同步直线电机工作原理

二、圆筒型永磁同步直线电机的分类

根据永磁体的充磁方式，分为径向充磁、轴向充磁和 Halbach 充磁圆筒型永磁同步直线电机[8]。

采用径向充磁永磁体的动子结构如图 11－14（a）所示。动子永磁体为圆环形结构，径向充磁，沿轴向依次均匀排列在动子铁心上，相邻永磁体充磁方向相反。径向充磁方式产生的气隙磁通密度谐波含量较高，磁场畸变大，且径向充磁永磁体圆环在充磁工艺上较难实现，一般采用多片拼接而成。

采用轴向充磁永磁体的动子结构如图 11－14（b）所示。将永磁体环轴向充磁，套在非导磁轴上，相邻两永磁体环充磁方向相反，两者之间放置导磁铁心，每极磁通由相邻的两永磁体共同提供。轴向充磁方式的永磁体容易充磁，工艺性好。由于交直轴电感不相等，通过合理的利用磁阻推力，能够提高电机的推力密度。

采用 Halbach 充磁的动子结构如图 11－14（c）所示。动子圆环形永磁体包含径向充磁和轴向充磁两种，每个磁极由多个按特定方向充磁且顺序排列的永磁体圆环组成。Halbach 充磁结构提高了气隙磁通密度正弦性，增大了气隙磁通，减小了推力波动，提高了推力密度和效率，减小了动子轭部厚度以及动子质量，提高了系统的动态性能。缺点是采用 Halbach 充磁方式的永磁体在工艺上加工难度较大，成本高。

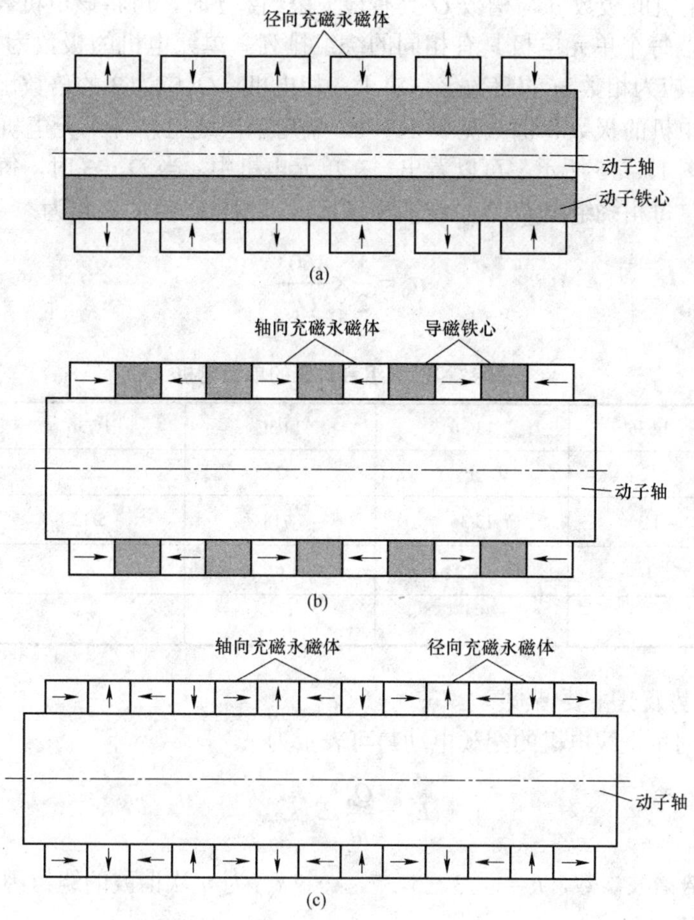

图 11－14　圆筒型永磁同步直线电机动子永磁体充磁方式

（a）径向充磁方式；（b）轴向充磁方式；（c）Halbach 充磁方式

根据定子有无铁心，圆筒型直线电机分为有铁心结构与无铁心结构。有铁心结构又分为有齿槽结构和无齿槽结构。有齿槽结构的气隙小、推力密度高，由于齿槽效应和端部效应的影响，推力波动大。在有铁心无齿槽结构中，消除了齿槽效应，但端部力仍然存在。在无铁心结构中，不存在齿槽力和端部力，推力波动小，缺点是推力密度低[8]。

三、圆筒型永磁同步直线电机的推力波动与削弱

圆筒型永磁同步直线电机的推力波动来源主要包括电动势谐波引起的推力谐波、齿槽力和端部力，其中齿槽力和端部力之和称为磁阻力[9]。以定子 36 槽圆筒型永磁同步直线电机为例，研究极数分别为 12、13、14、15 和 16 时的推力波动来源及其削弱方法。

1. 单元电机

对于旋转电机，原电机的相数为 m，定子槽数为 Q，永磁转子极对数为 p，若 Q 与 p 之间有最大公约数 t，即 $Q/p=Q_0/p_0$，Q_0 为 m 的整数倍，则极对数为 p_0，槽数为 Q_0 的电机称为单元电机，原电机由 t 个单元电机组成[10]。在进行直线电机绕组分析时，若不考虑端部磁路的影响，该分析方法仍然适用。

与旋转电机极数为偶数不同，直线电机的极数可为奇数，为便于分析，此处采用极数而不是极对数。当电机的极数 p 与槽数 Q 具有最大公约数 t 时，可将该电机表示为 t 个单元电机沿轴向的组合，每个单元电机具有相同的绕组排列。单元电机的极数为 $p_0=p/t$，槽数为 $Q_0=Q/t$，其中 Q_0 应为相数 m 的整数倍，对于三相电机，Q_0 应为 3 的倍数。

各模型单元电机的极数和槽数见表 11－1。采用单层绕组，各单元电机的槽电动势星形图和绕组划分如图 11－15 所示。可以看出，在单元电机中，当 $Q_0=3$ 时，每相仅包含一个线圈；当 $Q_0>3$ 时，每相绕组由 $Q_0/3$ 个线圈串联而成，槽电动势的夹角为：

$$\alpha_0=\frac{1}{2}\times\frac{360^\circ}{Q_0} \tag{11-2}$$

表 11－1　　各极数和槽数组合对应的单元电机

p/Q	12/36	13/36	14/36	15/36	16/36
t	12	1	2	3	4
p_0/Q_0	1/3	13/36	7/18	5/12	4/9
Q_0/m	1	12	6	4	3
α_0	—	5°	10°	15°	20°

2. 空载电动势及其主要谐波

圆筒型永磁同步直线电机的空载电动势可表示为：

$$E_n=\frac{Q_0}{m}tE_{cn}k_{wn} \tag{11-3}$$

式中：n 为电动势谐波次数，$n=1$，3，5，7，…；k_{wn} 为 n 次谐波的绕组因数；E_{cn} 为一个线圈的电动势有效值，即：

$$E_{cn}=B_n lv \tag{11-4}$$

式中：B_n 为气隙磁通密度 n 次谐波有效值；l 为线圈导体有效长度；v 为磁通密度谐波和导体之间的相对运动速度，即动子速度，绕组因数可表示为：

$$k_{wn}=k_{pn}k_{dn} \tag{11-5}$$

式中，k_{pn} 为 n 次谐波的节距因数，对于单层饼式线圈，k_{pn} 为 1，k_{dn} 为 n 次谐波的分布因数，可表示为：

$$k_{dn}=\frac{\sin\left(\frac{Q_0}{m}\cdot\frac{n\alpha_0}{2}\right)}{\frac{Q_0}{m}\sin\frac{n\alpha_0}{2}} \tag{11-6}$$

式中，α_0 为每相相邻两线圈基波电动势夹角，当极数为 12、13、14、15、16 时，α_0 分别为 0°、5°、10°、15° 和 20°。

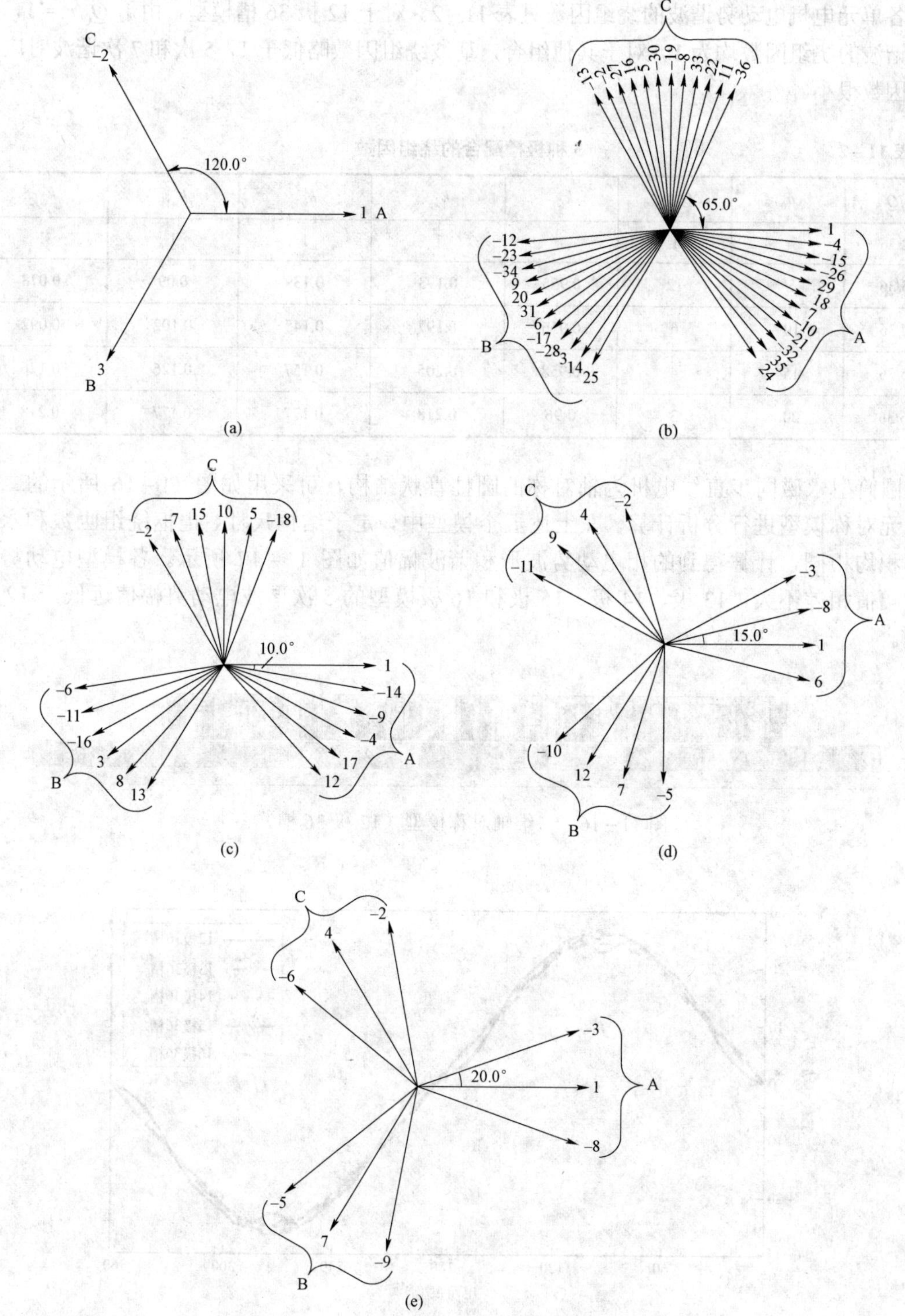

图 11－15　各单元电机的槽电动势星形图和三相绕组划分

（a）$p_0=1$，$Q_0=3$；（b）$p_0=13$，$Q_0=36$；（c）$p_0=7$，$Q_0=18$；

（d）$p_0=5$，$Q_0=12$；（e）$p_0=4$，$Q_0=9$

各单元电机电动势谐波的绕组因数见表 11－2。对于 12 极 36 槽模型，由于 $Q_0/m=1$，基波和谐波的绕组因数均为 1。对于其他组合，基波绕组因数略低于 1，5 次和 7 次谐波对应的绕组因数很小。

表 11－2　　5 种极槽配合的绕组因数

p/Q	α_0	Q_0/m	k_{w1}	k_{w5}	k_{w7}	k_{w11}	k_{w13}
12/36	/	1	1	1	1	1	1
13/36	5°	12	0.955	0.193	0.139	0.09	0.078
14/36	10°	6	0.956	0.197	0.145	0.102	0.092
15/36	15°	4	0.958	0.205	0.157	0.126	0.126
16/36	20°	3	0.96	0.218	0.177	0.177	0.218

圆筒型永磁同步直线电机为轴对称的圆柱管状结构，可采用如图 11－16 所示的二维有限元对称模型进行分析计算。在上述五个模型中，定子结构尺寸、电枢绕组匝数和永磁体体积均相同，计算得到的相电动势波形和谐波幅值如图 11－17 所示。各模型电动势的基波幅值相差不大，13 极、14 极、15 极和 16 极模型的 5 次谐波电动势幅值远低于 12 极模型。

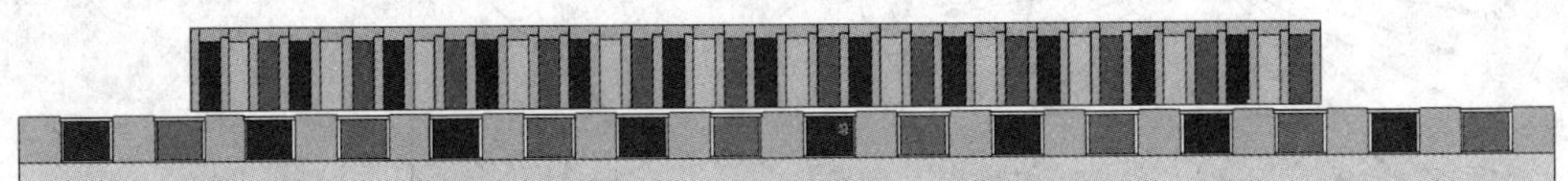

图 11－16　二维轴对称模型（12 极 36 槽）

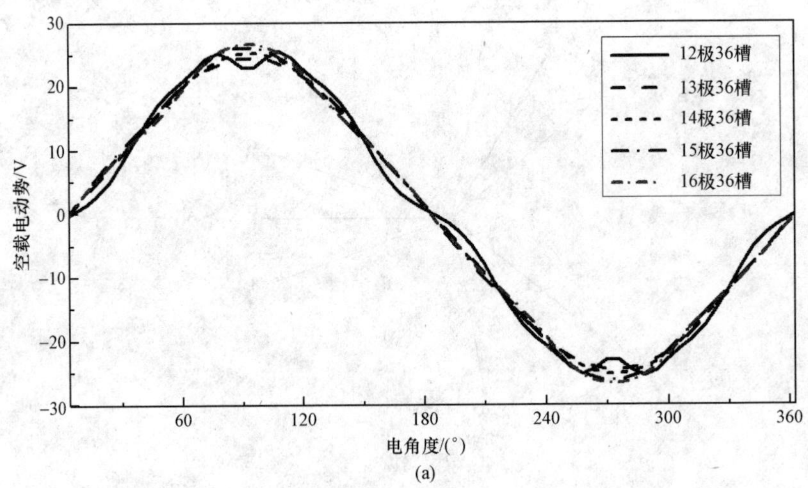

图 11－17　5 个模型的电动势波形和谐波幅值（一）

(a) 电动势波形

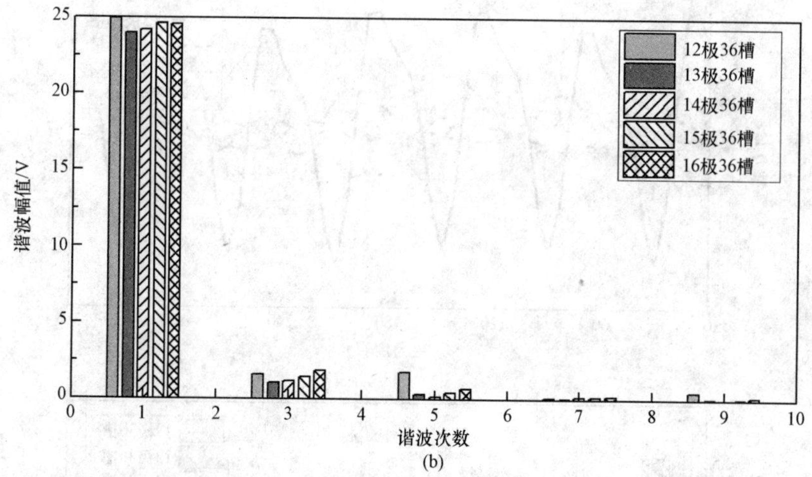

图 11－17　5 个模型的电动势波形和谐波幅值（二）

（b）电动势谐波幅值

3. 电动势谐波引起的推力波动与削弱

对于直线电机，推力可表示为：

$$F=\frac{e_a i_a+e_b i_b+e_c i_c}{v} \tag{11-7}$$

式中：e_a、e_b 和 e_c 分别三相绕组相电动势；i_a、i_b 和 i_c 为三相电流。

此处仅考虑电动势谐波与基波电流相互作用引起的推力波动，不考虑电流谐波的影响。推力波动主要由电动势的 $6k\pm1$ 次谐波引起。产生的推力为：

$$F_{(6k-1)}=\frac{1}{v}3E_{p(6k-1)}I_p\cos[6k\omega t+\theta_{(6k-1)}+\theta_i] \tag{11-8}$$

$$F_{(6k+1)}=\frac{1}{v}3E_{p(6k+1)}I_p\cos[6k\omega t+\theta_{(6k+1)}-\theta_i] \tag{11-9}$$

式中：$F_{(6k\pm1)}$ 为电动势的 $6k\pm1$ 次谐波与电流基波相互作用产生的推力；$E_{p(6k\pm1)}$ 为电动势的 $6k\pm1$ 次谐波有效值；$\theta_{(6k\pm1)}$ 为电动势的 $6k\pm1$ 次谐波相位角；I_p 为基波电流有效值；θ_i 为电流相位角。

可以看出，电动势的 $6k\pm1$ 次谐波与基波电流相互作用，所产生的推力的谐波次数均为 $6k$ 次，合成的 $6k$ 次谐波幅值取决于两分量的幅值和相位差。

不考虑齿槽力和端部力的影响，5 个模型的推力波形和主要谐波幅值如图 11－18 所示，推力波动分别为 55.58%、10.75%、9.99%、9.92%和 12.59%，其中 12 极 36 槽模型的推力波动远大于其余 4 个模型，由前面分析可知，本模型中推力波动主要由电动势的 5 次谐波引起。

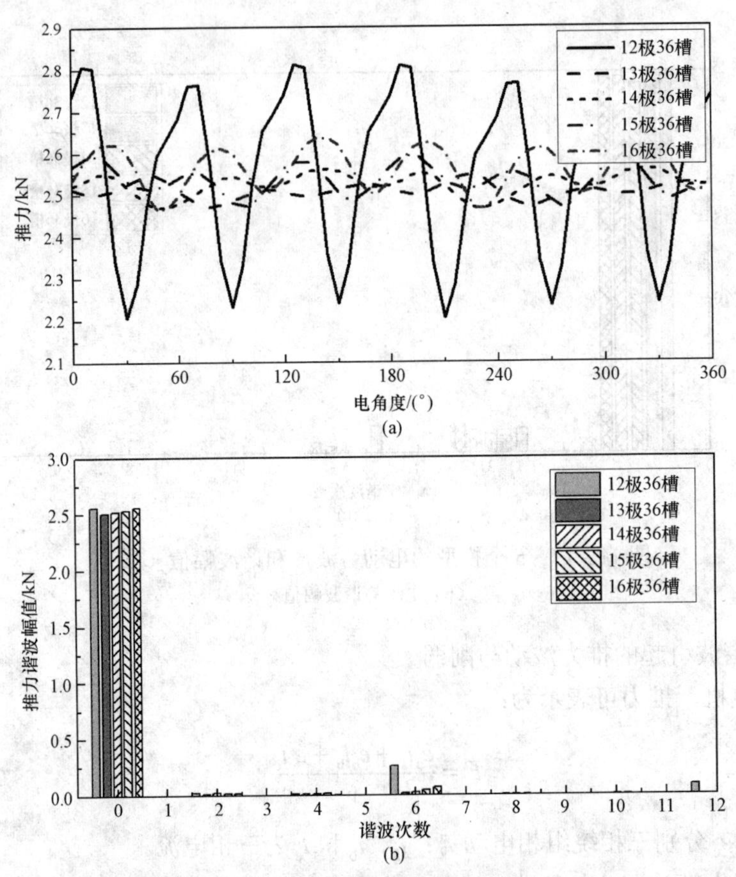

图 11－18　5个模型的推力及其谐波幅值

（a）推力波形；（b）推力谐波幅值

对于每极每相槽数为整数模型，可采取改变动子极弧系数、采用双层短距分布绕组等常规方法削弱由电动势的 $6k\pm1$ 次谐波引起的推力波动，也可以利用直线电机的结构特点采用定子铁心轴向分段的方法削弱推力波动[11-12]。以12极36槽模型为例，根据前面的分析，可将其分解为12个单元电机，每个单元电机的电动势波形相同，以一个或者几个单元电机为单位将定子铁心轴向分为几段，其间填充非导磁材料，通过合理地选择分段间距，可有效地削弱电动势的5次和7次谐波。本例中，简便起见，将定子铁心分为两段，每段包含18个槽，如图 11－19（a）所示。分段间距的大小决定了每个分段同相电动势的相位差，相位差的影响仍然采用分布因数表示：

$$k_{dn}=\frac{\sin\left(\frac{nq_d}{2}\frac{d+t_w}{\tau}\pi\right)}{q_d\sin\left(\frac{n}{2}\frac{d+t_w}{\tau}\pi\right)} \tag{11-10}$$

式中：q_d 为定子分段数；d 为分段间距；t_w 为定子齿宽。

图 11－19（b）为电动势基波、5次和7次分布因数随分段间距的变化曲线，通过合理地

调整间距大小，可以在基本不影响基波电动势的前提下，削弱 5 次和 7 次电动势谐波。分段间距对推力平均值和推力波动系数的影响如图 11－19（c）所示。当分段间距为 2mm 时，与不分段相比，推力平均值减小了 0.63%，推力波动从 55.58%减小到 14.27%，推力波动削弱效果非常明显。

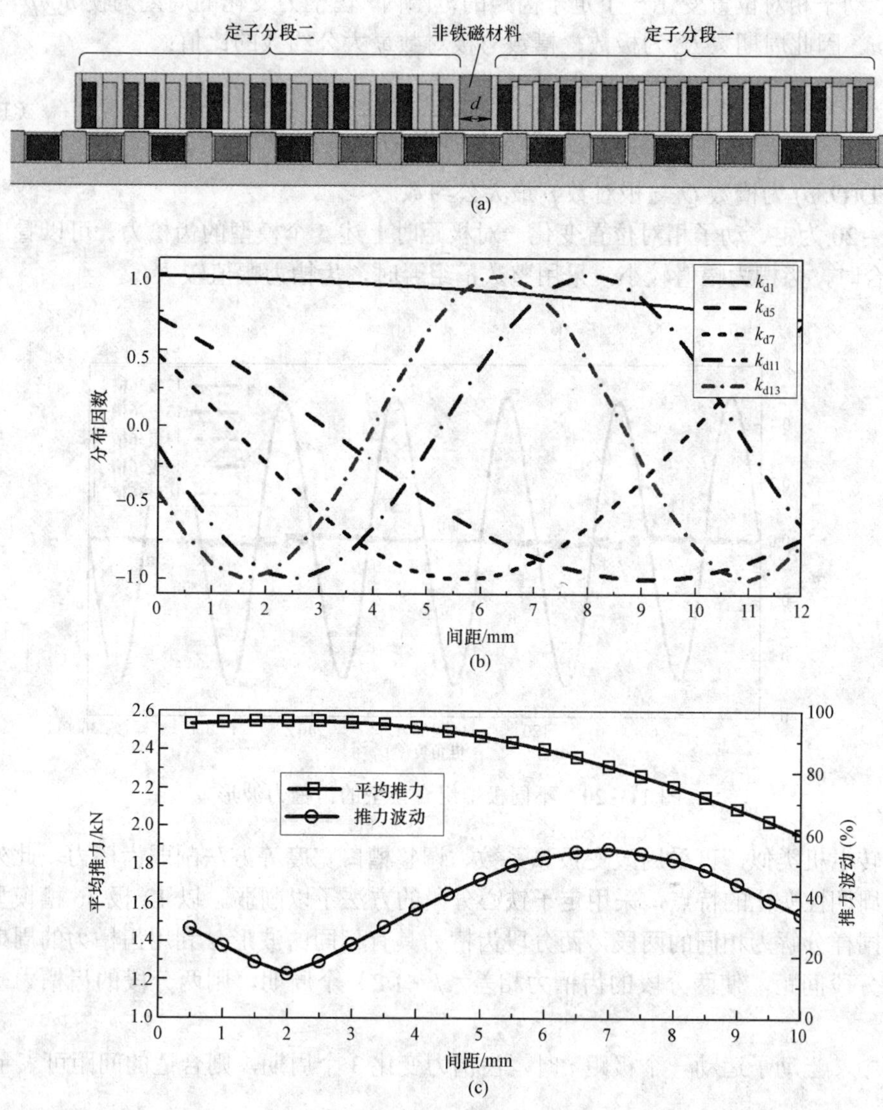

图 11－19　采用定子铁心分段结构削弱推力波动

（a）定子铁心分段；（b）分段间距对分布因数的影响；（c）分段间距对平均转矩和推力波动的影响

4. 齿槽力

圆筒型永磁同步直线电机的齿槽力是动子永磁体和定子齿槽之间相互作用产生的。采用与旋转电机类似的方法，可得到直线电机齿槽力的表达式[13]：

$$F_{\mathrm{cog}}=\frac{\pi^2 QD}{4\mu_0}\left(\frac{L}{\pi}\delta+\delta^2\right)\sum_{n=1}^{\infty}nG_{\mathrm{n}}B_{\mathrm{r}(nQ/p)}\sin\frac{2\pi nQx}{L} \tag{11-11}$$

式中：G_{n}为气隙磁导平方的傅里叶展开系数；$B_{\mathrm{r}(nQ/p)}$为气隙磁通密度二次方的傅里叶展开系数。

在定、动子相对位置变化一个定子齿距的范围内，齿槽力变化的周期为使 nQ/p 为整数的最小整数 n。因此周期数 N_{p} 为极数、槽数与极对数最大公约数的比值：

$$N_{\mathrm{p}}=\frac{p}{\mathrm{GCD}(Q,p)} \tag{11-12}$$

式中，$\mathrm{GCD}(Q,p)$ 为槽数 Q 与极对数 p 最大公约数。

图 11－20 为定、动子相对位置变化一对极距时上述 5 个模型的齿槽力。可以看出，采用分数槽组合时，齿槽力幅值较小，采用整数槽组合时，齿槽力幅值较大。

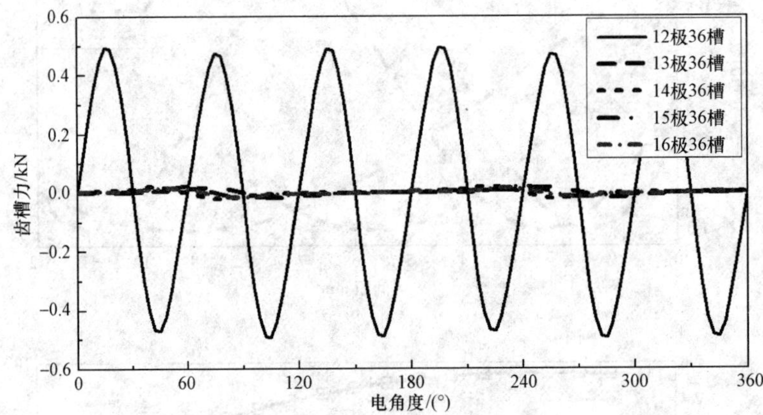

图 11－20　不同极槽组合模型的齿槽力波形

与旋转电机类似，可采用改变极弧系数、调整槽口宽度等方法削弱齿槽力。此外，可利用齿槽力周期性变化的特点，采用定子铁心分段的方法予以削弱。以 12 极 36 槽模型为例，定子铁心同样分解为相同的两段，两分段齿槽力具有相同的波形，利用齿槽力的周期性，适当地调整分段间距，使两分段的齿槽力相差（$k+1/2$）个周期，则两分段的齿槽力基波可相互抵消。

本例中，当动子运动一个极距 τ 时，齿槽力变化 3 个周期，则合适的间距可表示为：

$$d=\frac{\tau}{3}\left(k+\frac{1}{2}\right)-t_{\mathrm{w}} \tag{11-13}$$

齿槽力幅值随分段间距的变化曲线如图 11－21（a）所示。可以看出，当分段间距满足式（11－13）时，齿槽力得到了很好的削弱。图 11－21（b）为定子铁心不分段和分段间距为 2mm 时的齿槽力波形，可以看出，分段间距为 2mm 时，两分段齿槽力相差半个周期，相互抵消，齿槽力得到了很好的削弱。

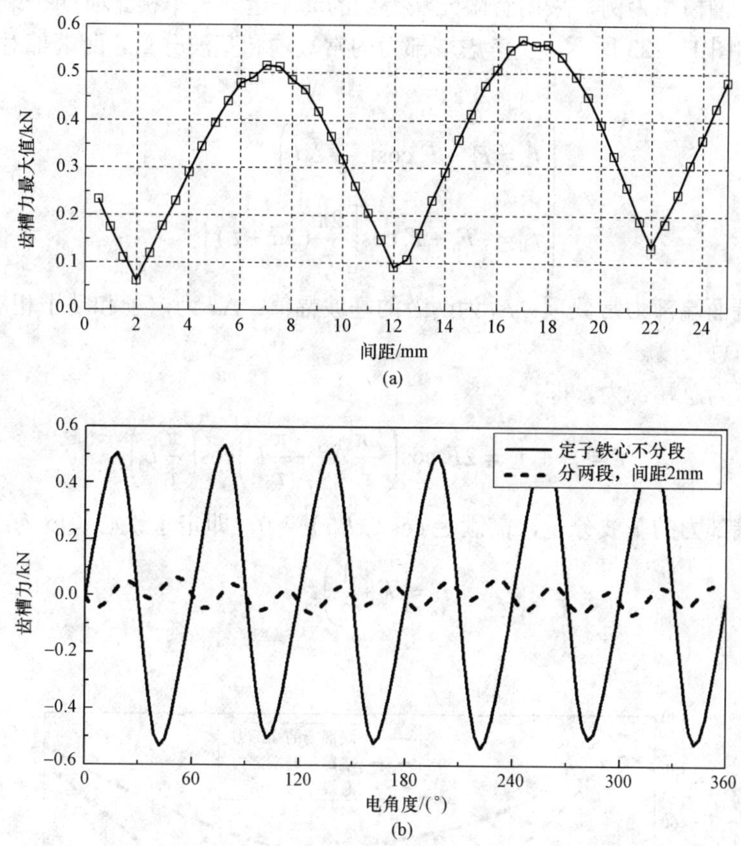

图 11－21　分段间距对齿槽力的影响

（a）齿槽力幅值随分段间距变化曲线；（b）不分段与分两段时齿槽力波形

5. 端部力

圆筒型永磁同步直线电机的定子铁心在两端为开断结构，随着动子的运动，动子永磁体运动到定子两端时，与端部产生作用力，称为端部力。根据麦克斯韦张量法，空载时的端部力的表达式为[9]：

$$F_{\text{end}}=\frac{\pi D_{\delta}}{2\mu_0}\left[-\int_{CD}(B_x^2-B_y^2)\mathrm{d}y+\int_{AB}(B_x^2-B_y^2)\mathrm{d}y\right] \tag{11-14}$$

式中：B_x 和 B_y 为磁通密度的 x 和 y 方向分量；AB 和 CD 对应于定子铁心的两个端面，如图 11－22 所示；D_{δ} 为等效气隙直径。

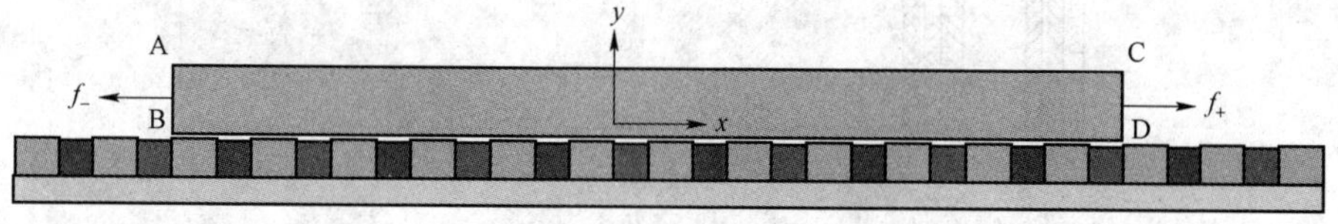

图 11－22　端部力分析模型

以 12 极 36 槽模型为例，采用有限元法得到的动子运动一个极距时两个端面的端部力波形和主要谐波如图 11-23 所示，仅考虑端部力的常数项和基波分量，两端部对应的端部力可表示为：

$$\begin{cases} f_{+} = F_0 + F_1 \cos\left(\dfrac{2\pi}{\tau}\Delta d\right) \\ f_{-} = -F_0 + F_1 \cos\left[\dfrac{2\pi}{\tau}(\Delta d + L)\right] \end{cases} \tag{11-15}$$

式中：F_0 为两端面端部力常数项；F_1 为两者的基波幅值；Δd 为定子和动子相对运动位置；L 为定子铁心轴向总长度。

二者之和即为总端部力，即：

$$f = f_{+} + f_{-} = 2F_1 \cos\left(\frac{2\pi}{\tau}\Delta d + \frac{\pi}{\tau}L\right)\cos\left(\frac{\pi}{\tau}L\right) \tag{11-16}$$

要想消除端部力的基波分量，需满足 $\cos(\pi L/\tau) = 0$，即定子铁心长度为：

$$L = \left(k + \frac{1}{2}\right)\tau \tag{11-17}$$

式中，k 为正整数。

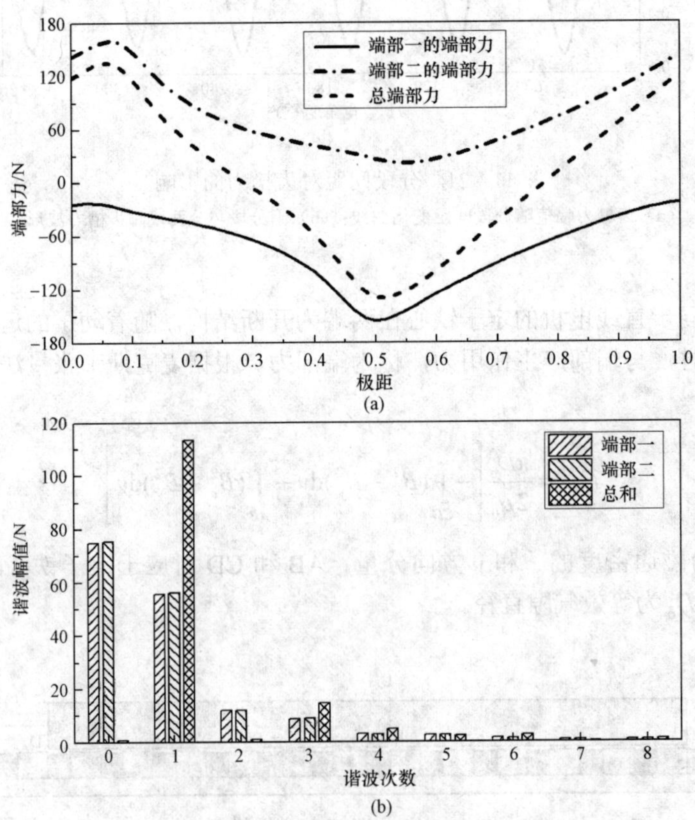

图 11-23　两个端面的端部力波形

（a）端部力波形；（b）端部力主要谐波幅值

通过调整定子铁心端部长度，当铁心总长度为极距的（$k+0.5$）倍时，由于两端面的端部力基波相位差为 180°，相互抵消，可有效地削弱总端部力。图 11－24（a）为两端面端部力基波相位差和总端部力幅值随定子铁心总长度的变化曲线。可以看出，当铁心长度为极距的整数倍时，基波相位差接近于零，总端部力中基波幅值最大；当铁心长度为极距的（$k+0.5$）倍时，基波相位差接近 180°，总端部力中基波幅值为零，端部力幅值大为削弱。图 11－24（b）为 $L/\tau-p=0$ 和 0.5 时的总端部力的波形，可以看出，通过适当地选择定子铁心长度，可有效地削弱端部力。

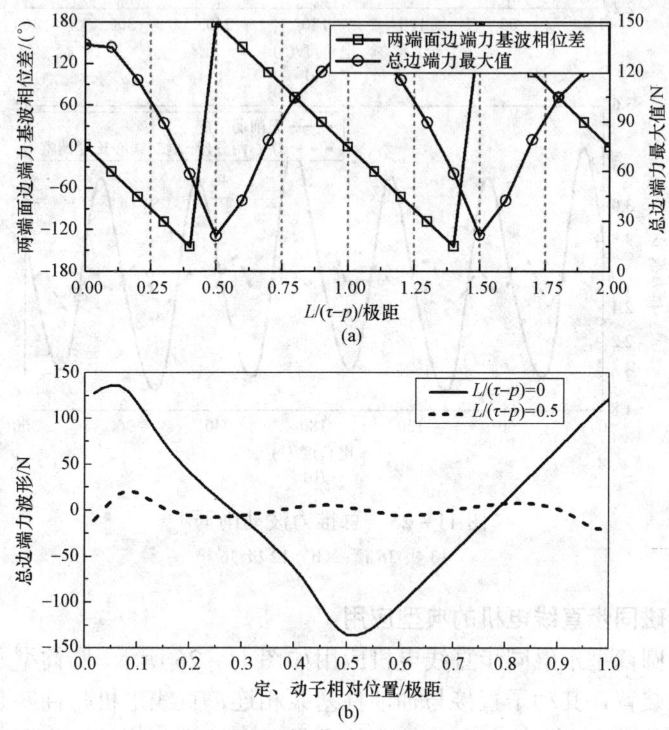

图 11－24　定子铁心长度对端部力大小和相位的影响

（a）两端面端部力基波相位差、总端部力最大值随铁心长度变化曲线；（b）不同铁心长度时的端部力波形

6. 总推力波动的削弱

圆筒型永磁同步直线电机推力波动的来源主要包括电动势谐波、齿槽力和端部力，在整数槽模型中，三种原因导致的推力波动均存在，因此需要综合考虑，将多种削弱方法组合应用。而在某些分数槽模型中，推力波动的来源则主要集中在一个方面，削弱方法只需要专注于单一来源即可。

在前面分析的 5 个模型中，分数槽模型的推力波动的主要来源为端部力，可通过适当改变定子铁心端部长度削弱推力波动。图 11－25（a）为 13 极 36 槽模型正常铁心长度和铁心长度满足 $L/(\tau-p)=0.5$ 时的推力波形，后者的推力波动从 10.79%减小到 2.95%。对于 12 极 36 槽模型，可采用定子铁心分段削弱由电动势谐波和齿槽力引起的推力波动，通过调整定子铁心长度削弱端部力，推力波形的对比如图 11－25（b）所示。可以看出，推力波动得到了有效削弱。

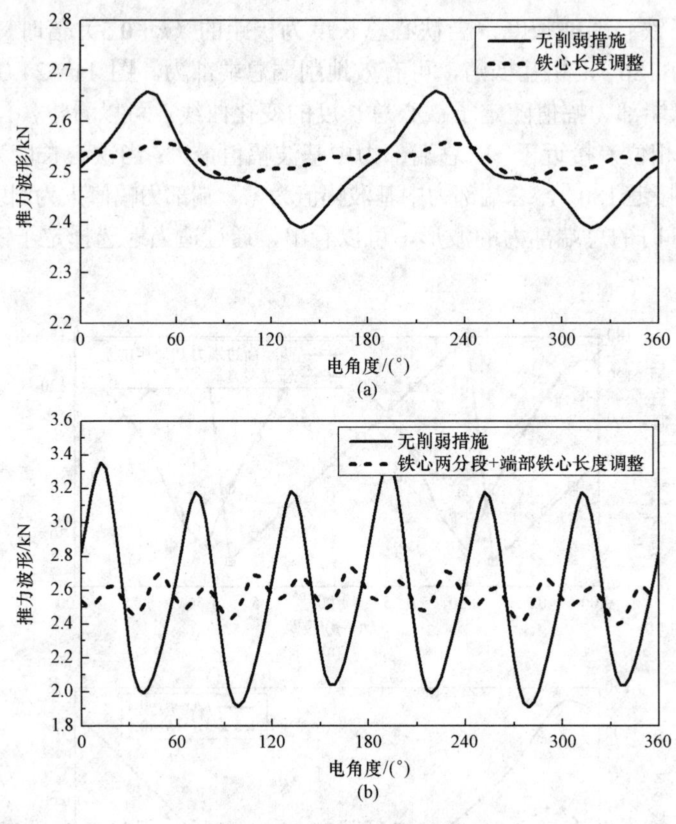

图 11－25　总推力波动削弱

（a）13 极 36 槽；（b）12 极 36 槽

四、圆筒型永磁同步直线电机的典型应用

油井柱塞泵用圆筒型永磁同步直线电机应用如图 11－26 所示。圆筒型永磁直线同步电机作为柱塞泵的动力装置，其动子直接与抽油柱塞泵相连，直线电机与柱塞泵一起放置到地下油层中，在运动过程中，电机动子驱动油泵柱塞做周期性往复运动，将原油液举升到地面。这种新型的无杆采油装置去掉了传统的游梁式抽油机的抽油杆和地面上的机械传动机构，大大提高了采油效率。

图 11－26　油井柱塞泵用圆筒型永磁同步直线电机应用

第三节　高速永磁同步电机

一、概述

工频供电下交流电机的最高转速为3000r/min，变频调速技术的应用，可以方便地调节交流电机的转速，高速电机应运而生。从负载角度来讲，关注的是电机旋转速度；但从电机本体设计的角度来讲，更多关注的是电机转子表面的线速度。因此，严格来讲，界定电机是否高速，应考虑其转子表面线速度。一般可认为当转子表面线速度达到100m/s及以上，可认定该电机为高速电机。然而，由于电机转子的线速度与转子直径有关，直观认定比较困难。因此目前一般将转速高于10000r/min的电机界定为高速电机。

由交流电机的主要尺寸公式可知，电机的体积与转矩成正比。在保持电机功率不变的前提下，将电机的转速提高10倍，电机的体积将缩小为原来的十分之一。因此高速电机具有功率密度高、体积小、重量轻、可取消变速箱实现高速直驱等显著优势，在飞机或舰载供电设备的分布式发电、天然气输送高速离心压缩机、鼓风机和高速飞轮储能系统等多种高速驱动装备领域中需求非常广泛。现有的常速电机+增速齿轮箱的高速驱动系统中，增速齿轮箱占用空间较大、漏油事故时有发生、维护成本高、寿命短、噪声污染严重，且增速齿轮箱传动引起功率损失，导致整个系统效率降低。若采用高速电机直接驱动，则可省去增速箱环节，具有系统体积小、噪声低、可靠性高、维护量小、传动效率高等突出优势，综合节能效果显著。

目前，高速电机主要包括高速感应电机、高速开关磁阻电机和高速永磁电机。高速感应电机的转子结构简单、可靠性高，适合在高温和高速条件下长时间运行，但其转子损耗大、功率因数和效率较低。高速开关磁阻电机结构简单、坚固耐用、成本低廉、耐高温，但转子风摩耗大、效率低、噪声大、转矩波动和机械振动大，应用领域受到较大限制。高速永磁电机具有效率和功率因数高、转速运行范围宽等突出优点，特别适合应用于高速高性能电机系统，已成为高速电机研究与应用的主流。另外，值得注意的是，在大功率和高转速场合，采用永磁电机的居多，感应电机次之。

二、高速永磁电机的转子结构

与常速电机相比，高速永磁电机的“三高属性”（高频、高速和高损耗密度）带来了很多新的技术难题，设计与制造难度大。按照高速电机难度值（转速和功率平方根的乘积），对近十年来国内外高速永磁电机的转子类型进行了统计，其统计结果如图11－27所示[14]。可以看出，除少数采用内置式永磁转子结构外（由于受硅钢片强度和隔磁桥厚度的影响，内置式转子很难应用于大功率高速电机），大功率高速永磁电机多采用如图11－28所示的表贴式永磁转子结构[15]。

由于电机高速旋转会产生很大的离心力，必须对表贴转子永磁体加以保护。保护套类型主要包括如图11－29所示的非导磁合金护套和碳纤维绑扎护套[16]。非导磁金属护套可采用Inconel718合金和钛合金等，与转子过盈装配（可采用转轴冷态套装技术）。碳纤维保护套与永磁体之间亦采用过盈配合（缠绕时需施加足够的预紧力）。采用非导磁合金钢护套，尽管能够对高频磁场起到一定的屏蔽作用，进而减小永磁体中的高频附加损耗，但由于定子空间谐波和时间谐波的作用，在保护套上会产生较大的涡流损耗，从而导致转子温升的升高，严重时会导致永磁体局部失磁或退磁。与金属护套相比，碳纤维绑扎护套的电导率低，产生的涡流损耗小；但碳纤维是热的不良导体，不利于永磁转子的散热，温度升高可能使碳纤维护套永磁转子高速旋转时的机械强度降低，造成护套本身的损坏。

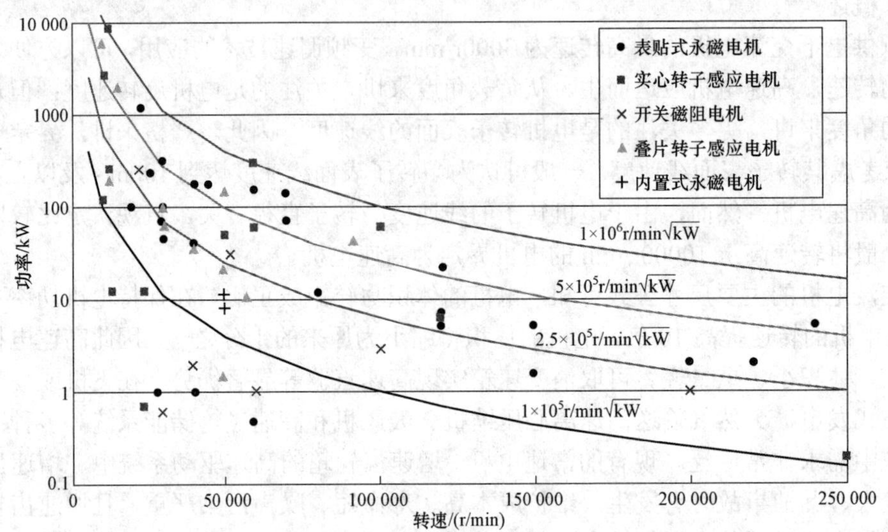

图 11－27　高速永磁电机的转速及功率分布

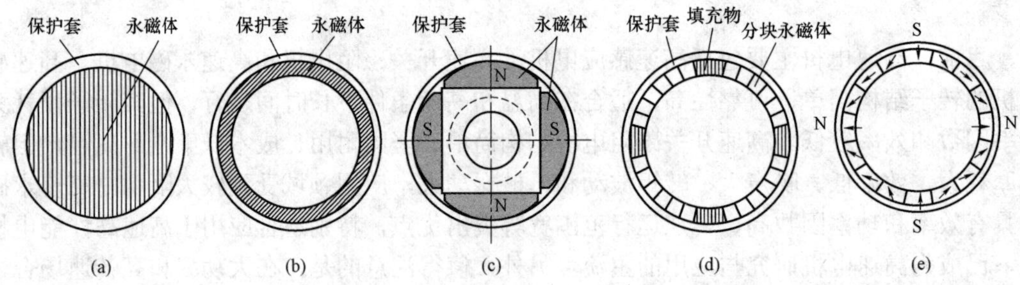

图 11－28　高速永磁电机表贴式转子结构

（a）实心永磁体结构；（b）环形永磁体结构；（c）面包型永磁体结构；（d）永磁体分段结构；（e）Halbach 充磁转子结构

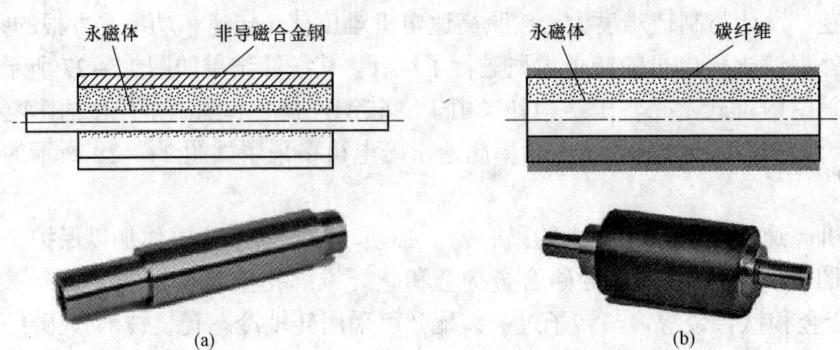

图 11－29　基于两种保护套的高速永磁电机转子

（a）采用非导磁合金钢护套的永磁转子；（b）采用碳纤维绑扎的永磁转子

三、高速永磁电机的损耗

常速永磁电机的损耗计算方法已比较成熟，计算精度基本能满足工程设计的需要。与常速永磁电机相比，高速永磁电机的损耗计算模型和方法，以及不同类型损耗在电机总损耗中的占比存在较大差别。

1. 定子铜耗

当电机的供电频率较低时，定子绕组电流产生的铜耗基本可以认为是直流电阻铜耗。但对于高速永磁电机来讲，高频的定子电流不仅会在构成绕组的导体中产生趋肤效应，而且也会在槽内相邻导体间产生邻近效应。频率越高，趋肤效应和邻近效应越显著。为考虑趋肤效应和邻近效应对绕组交流损耗的影响，需要计算交流高频附加损耗。

高频附加损耗与电机供电电压频率、绕组导体尺寸和在槽中的排列位置等诸多因素有关。为降低趋肤效应和邻近效应对定子铜耗的影响，可采用绞线多根并绕技术，并尽量使每根导线的半径小于透入深度。

2. 定子铁耗

磁通在定子铁心内交变会产生铁耗。在低频情况下，铁心中的磁场主要考虑交变磁化的作用，其铁耗计算方法已经比较成熟。在高频供电时，定子铁心中的磁场大多为不规则的旋转磁化，定子铁心中任意一点的磁通密度波形都可以分解成一系列谐波椭圆磁场。因此，高频情况下的铁耗计算模型和方法实际上发生了很大变化。

高速永磁电机的频率较高，所以铁耗占比较大。为了控制定子铁耗，在设计电机时对电机的磁通密度要给予适当的控制，一般要比常速电机的磁通密度低 10%～15%左右。

3. 转子涡流损耗

对于常速永磁同步电机，由于磁通交变频率较低，永磁转子的涡流损耗通常可以忽略不计。然而，对于高速永磁电机，高频供电的电流谐波、电机的磁动势和磁导谐波产生的谐波磁场，会在永磁转子中产生大量的涡流损耗，而高速电机的等效气隙较大，转子散热比较困难，容易导致转子温度升高，严重时会使永磁体过热而退磁，降低了高速永磁电机运行的可靠性，甚至使用寿命，因此必须准确计算高速永磁电机转子的涡流损耗和温升。

4. 转子风摩耗

转子表面与气隙中的流体摩擦产生风摩耗。当电机转速较低时，风摩耗在总损耗的占比较小，计算方法也比较成熟。当转子线速度大幅提高以后，风摩耗会急剧增大。与常速电机相比，风摩耗对高速电机效率的影响非常显著，风摩耗在总损耗中的占比甚至会达到 30%以上，因此准确计算电机的风摩耗，并在设计阶段尽量降低高速电机的风摩耗，对于抑制转子温升、提高电机运行效率具有重要意义。

计算风摩耗的方法主要有两种，即基于流体计算的有限元法和解析法。解析法无法像基于流体有限元法那样考虑诸多复杂因素的影响，且解析法公式中某些系数是基于实验得出的，普适性差，计算时难免存在较大误差，多用于风摩耗的初步估算或对比分析。有限元方法能够全面地考虑高速转子旋转过程中复杂的流体运动状态等复杂因素对转子风摩损耗的影响，从而得到更为准确的损耗估算值。因此，目前风摩耗的计算大多采用基于流体计算的有限元方法。

四、高速永磁电机的设计原则与方法

常速永磁电机主要尺寸的确定，一般重点考虑主要尺寸对电磁性能的影响，可以在初选电磁负荷的情况下，根据电机的功率和转速，利用电机的主要尺寸关系式，初步确定电机的电枢直径和铁心有效长度。然而，对于高速电机，不仅需要考虑电机主要尺寸对电磁性能的影响，还要特别考虑主要尺寸对转子机械特性（强度、刚度等动力学特性）的影响。高速旋转时，转子表面产生非常大的离心力，必须保证转子表面的离心力在转子材料允许的极限范围内并留有足够余量，因此高速电机的转子外径不可像常速电机那样选取，必须优先考虑转子材料可承受的最大离心力，在确定转子外径之后，再根据电机的功率和转速比，初步确定电机的铁心长度。

1. 定子设计与材料选取

（1）极数的选取。为使定子绕组电流和铁心磁场的交变频率尽可能低，并削弱定子绕组的趋肤效应和邻近效应，高速电机的极数大多取为2或4。2极电机的永磁体可采用永磁径向分段或整体永磁结构，定子电流和铁心中磁场的交变频率也较低，有利于降低高频附加损耗，但2极电机的定子绕组端部较长、铁心轭部较厚。4极电机的定子绕组端部较短，铁心轭部亦较薄，但定子绕组电流和铁心中磁场的交变频率比2极电机要提高一倍，铁耗较大。

（2）定子铁心材料的选取。高频情况下的导磁性能高和铁耗低是高速电机铁心材料选取的主要原则。从降低铁心涡流损耗的角度，应尽量减小硅钢片材料的厚度，可以选取厚度0.2mm以下的硅钢材料。从材料选型来看，可作为高速电机定子铁心的材料主要包括高硅钢片（FeSi）、软磁复合材料（SMC）和非晶合金（AMM）等。

高硅钢片的硅含量是普通硅钢片的两倍左右，内部晶粒间绝缘，可以有效降低高频工况下的铁耗。

软磁复合材料（SMC）是采用粉末冶金技术制造的一种新型材料，具有各向同性、涡流损耗小和可加工成任意形状适合三维磁场流通等优点。与普通硅钢片相比，软磁复合材料的硬度较差，加工时容易损坏，且磁导率偏低。一般来说，当工作频率低于400Hz时，其铁心比损耗还高于普通硅钢片；但当工作频率高于500Hz时，其铁心比损耗就会明显低于普通硅钢片，并且频率越高，损耗降低的程度越显著。

与传统硅钢相比，非晶合金（AMM）具有更高的电阻率和更薄的带材厚度，可以更有效地降低铁耗。但非晶合金材料薄、脆、硬，需要专用加工设备；非晶合金的性能对加工工艺和机械应力非常敏感。

图11－30给出了不同铁心材料的单位重量铁耗随频率的变化曲线[15]。图中B20AT1500、B27AH1500、B35AH300分别为0.2mm、0.27mm和0.35mm的硅钢片材料，Vacoflux50为0.2mm的钴钢片，Somaloy700为软磁复合材料，Metglas2605SA1为非晶合金材料。可以看出，钴钢片的比损耗小于硅钢片，非晶合金材料的比铁耗远小于其他材料；当电机频率低于1000Hz时，SMC材料的比铁耗高于普通硅钢片；当电机频率高于2000Hz时，SMC材料的比铁耗优于普通硅钢片。进行高速电机设计时，通过选取合适的铁心材料，可以有效地降低定子铁耗，提高电机效率。

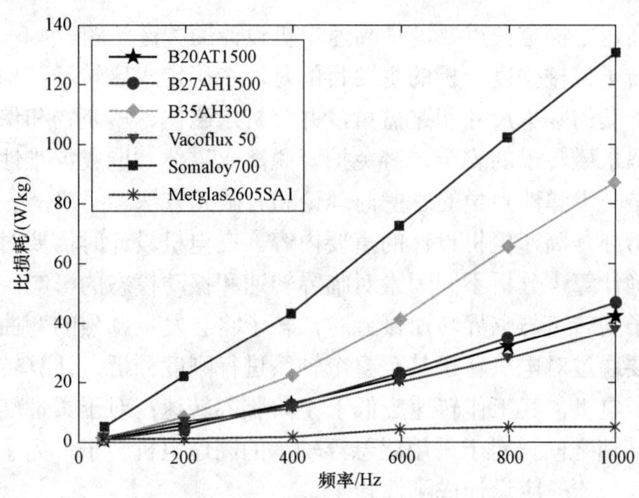

图 11－30　不同铁心材料的比铁耗

2. 转子设计与材料选取

转子直径和铁心长度是高速电机的重要尺寸，直接影响电机的电磁性能和机械性能。从减小离心力、提高转子强度的角度来看，希望高速电机转子直径选得越小越好；从保证转子具有足够的刚度和较高的临界转速的角度来看，转子轴向又不可过长。转子强度与刚度对转子直径、长度的需求相矛盾的特点，决定了电机主要尺寸的设计必定是一个多次迭代的设计过程。

（1）磁极结构设计与永磁材料的选取。高速永磁转子主要包括内插式和表贴式两种结构型式。受隔磁桥和硅钢片强度的限制，内置式转子不太适合于大功率高速永磁电机，因此大功率高速永磁电机多采用表贴式转子结构。综合考虑高速电机在磁场、强度和温升要求等方面要求，永磁材料一般选用钕铁硼永磁（NdFeB）或钐钴永磁（SmCo）。NdFeB 永磁材料的剩磁通密度和矫顽力较大，但易受温度影响，最大承受温度约为 220℃，抗拉强度为 80～140MPa；而 SmCo 永磁材料的剩磁通密度较小，受温度影响亦小，但最大承受温度高达 350℃，抗拉强度也小，为 25～35MPa。两种材料各有优势，可根据不同需要做出选择。

（2）永磁转子保护套的设计与制作。钕铁硼永磁的抗压强度为 1000～1100MPa，抗拉强度为 80～140MPa，具有抗压不抗拉的特点。将表贴式永磁转子用于高速永磁电机时，如果没有保护措施，永磁体将无法承受转子高速旋转时产生的巨大离心力，永磁体的保护是高速永磁转子设计与制作的最大难题。

永磁转子的保护套主要有两种：高强度合金护套和碳纤维捆扎护套。高强度合金护套是各向同性材料，而碳纤维护套是各向异性材料，两种护套的应力计算模型有较大差别。从制造工艺来看，合金护套需采用冷套技术，而碳纤维护套需要专门的缠绕机械进行缠绕绑扎。不管是哪类护套，均应保证在静态情况下的转子永磁承受足够大的压应力，以在高速运行时保护永磁体。鉴于永磁体的抗拉强度远小于抗压强度，设计过程中应确保高速转子永磁体承受的拉应力小于抗拉强度且留有足够裕度，保障电机安全可靠运行。

3. 高速电机的机械性能分析方法

高速电机的机械性能分析主要包括转子强度分析和动力学分析，转子强度的准确计算和动力学精确分析对高速电机至关重要，是高速电机设计的关键问题。

高速永磁电机转子机械强度分析的主要目的是，在确定永磁转子结构的基础上，确定永磁体、填充物和保护套的基本尺寸和过盈量，并分析永磁体、填充物和保护套在高速旋转下的应力分布，以确保永磁转子的安全，避免护套脱离永磁体，造成灾难性后果。目前进行强度分析的主要方法是基于弹性力学的厚壁筒理论和有限元方法。

转子动力学分析亦是高速电机设计的重要内容。在电机设计时需要对转子的临界转速和振动模态等进行精确计算，分析不同因素对临界转速和振动模态的影响，避免共振等破坏性事故的发生。当转子的转速与临界转速接近时，转子将会发生剧烈的弯曲振动，严重时甚至损坏转子，因此需要通过对电机转子甚至整个轴系进行刚度分析，计算转子系统的各阶临界转速。对于刚性转子电机，其工作转速应低于1阶临界转速；对于柔性转子，应使工作转速在1阶与2阶临界转速之间。对于采用磁悬浮轴承的高速电机转子，为了减小跨越临界转速时磁悬浮控制的难度，一般应设计成刚性转子。

4. 高速电机的冷却系统设计

相对于常速电机，高速电机的功率密度和损耗密度大幅度提高，对高速电机冷却系统的冷却能力提出了更高要求；各类损耗的占比发生了较大变化，使电机的温升分布也相应变化，冷却系统的结构与方式也要适应这种变化。

高速永磁电机的定子损耗主要包括铁耗和铜耗。由于电机高频运行，定子铁耗比铜耗大得多，定子损耗密度远高于常速电机。可采用常规的水冷或风冷方式进行冷却，但需调整冷却系统的参数（增大流体的流量和压力，减小流阻等）以获得好的冷却效果。

高速永磁电机的转子损耗主要包括转子涡流损耗和转子高速旋转引起的转子风摩耗。由于工作在高频和高速，这两类损耗，特别是转子风摩耗随转速升高而急剧增大，而转子的散热较为困难，导致转子温升通常高于定子温升。为有效解决转子温升过高的问题，对转子的冷却需进行特殊考虑。最可能也是最方便的转子冷却方式是强迫风冷。高速电机转子一般为细长型结构，而且电机的气隙长度有限，所以流过气隙的冷却空气流阻较大，十分不利于转子表面的风冷散热。为提高转子风冷效果，可采用定子槽局部空槽的冷却技术，如图11－31所示[17]，在定子槽接近槽口的部位不放置绕组，即空出一部分槽空间连同气隙一起作为轴向通风道，可有效地降低通风道的风阻，大大增加冷却空气流量，提高永磁转子的散热能力。

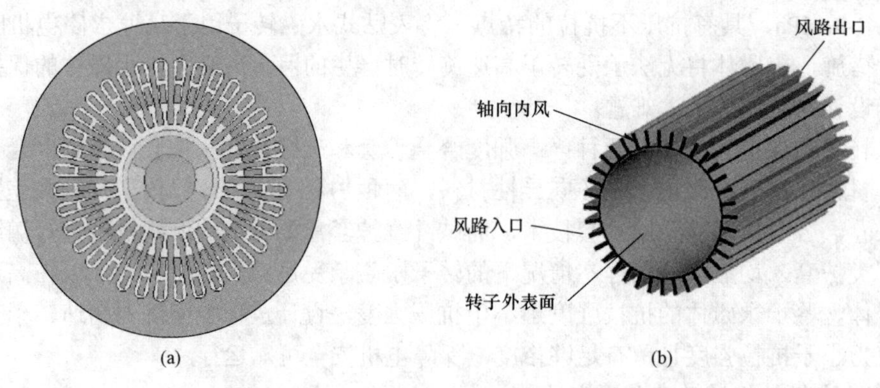

图11－31　局部空槽冷却方式的定子冲片和槽内轴向通风道示意图

（a）高速永磁电机示意图；（b）轴向内通风道结构图

五、高速永磁电机的多物理场耦合设计方法

1. 电机的多物理场耦合设计

永磁电机内部的多物理场耦合关系如图 11－32 所示，同时存在电磁场、温度场、流体场、应力场、声场等多种物理场，且相互之间存在错综复杂的耦合关系。例如，电磁场与温度场之间相互耦合、相互影响，当电机和永磁体的温度发生变化时，定子绕组电阻和永磁体性能发生变化，导致磁场变化，引起绕组损耗和铁耗的变化，进而影响电机的温度场。

电机内部各物理场之间的耦合关系，按相互之间的影响时序可分为单向耦合和双向耦合，按关联程度可以分为强耦合和弱耦合。对于普通永磁电机的设计，往往需要关注电机的电磁问题，其他诸如机械、温度等方面的问题不是突出的核心问题，因此以电磁设计为主，一般无需进行多物理场耦合设计。对于高速永磁电机，其多物理场耦合关系见表 11－3，电磁性能、机械强度和刚度以及散热冷却都是高速电机设计中所应关注的问题，且电机性能彼此间有着较强的耦合性，进一步提高了高速电机设计的复杂度。

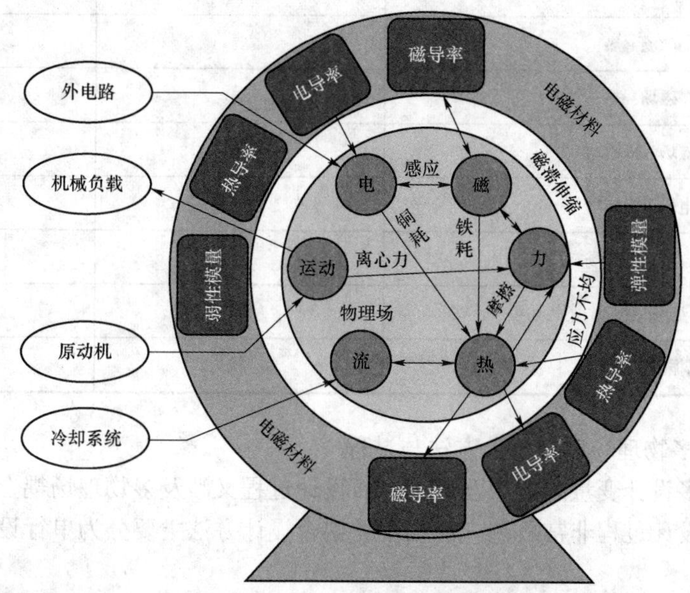

图 11－32　永磁电机内部的多物理场耦合关系

对于具有多场强耦合特征的高速永磁电机，要想得到多场协同的全局优化结果，必须进行深度的交叉耦合设计。一方面，在多物理场耦合作用下电磁材料的电磁特性、应力特性和导热特性体现出很强的耦合特征；另一方面，转子流－热－固耦合引发的转子热应力、转子偏心引发的气流激振和疲劳裂纹等问题，不仅增加了转子结构的振动噪声、影响转子的动态特性，甚至会导致转子失效，并深度影响电机的电磁场和电磁特性。因此，该类电机的设计应该综合考虑多物理场的相互耦合效应。

然而，目前所采用的设计方法仍然是单独进行电磁场、应力场、转子动力学、温度场的分析，再经过顺次迭代设计使方案满足各物理场的设计要求。这种做法的主要缺点为：① 忽视了各物理场参数间的强耦合作用，使电机设计过程对各物理场间相互制约因素考虑不足；

② 没有考虑材料特性非线性变化对各物理场计算的交叉动态影响，造成某些关键设计参数余量过大，使材料不能得到最有效的利用。因此，这种没有考虑多物理场相互耦合关系的设计方法，很难快速、精确地得到多物理场强耦合下的多目标全局优化结果，有必要进行永磁电机的多物理场耦合设计。

电机的多物理场耦合设计，就是通过有限元仿真软件实现对电磁场与温度场、电磁场与应力场、温度场与应力场、流体场与温度场的单/双向耦合协同设计，从而得到多物理场相互协同的电机电磁特性、温度分布、结构应力、振动噪声等多场优化结果，设计出综合性能优良的电机设计方案。

表 11-3　　高速永磁电机内部各物理场之间的耦合关系

物理场	耦合关系	
	耦合强弱	单/双向
电场-磁场	强	双向
电场-热	弱	双向
磁场-热	弱	双向
磁场-机械场	弱	单向
电场-机械场	弱	单向
温度-机械场	弱	单向
磁场-振动	弱	单向
振动-噪声	弱	单向

2. 永磁电机多物理场耦合设计方法与过程

由于涉及诸多设计变量间的相互影响，而设计过程又涉及多物理场耦合和反复迭代，因此多物理场耦合设计过程非常复杂。多物理场耦合设计方法主要分为串行设计方法和并行设计方法两类。

（1）串行设计方法。针对永磁电机的多场耦合设计，目前大多采用串行设计方法。永磁电机多物理场协同串行设计流程如图 11-33 所示[18]。可以看出，整个设计流程包括电磁设计、冷却系统设计、转子动力学计算、轴承设计、机座设计等。由于有限元模型计算时间较长，此例中电机的电磁、应力、动力学、温升计算都采用了解析模型。多物理场串行协同设计方法难以考虑物理场之间的双向耦合，是其相对于并行设计方法的主要缺陷。

（2）并行设计方法。并行设计的流程如图 11-34 所示。在进行并行设计时，首先进行预设计，确定电机的初步参数；然后进行系统分解，确定电机需要考虑的物理场，依据参数分别建立多场模型；再确定电机各物理场之间的耦合参数、耦合形式和协调策略；最后判别电机方案是否满足各物理场设计要求，若不满足各物理场的设计要求，则调整参数回到第一步，重复上述过程，直到满足各物理场设计要求为止。

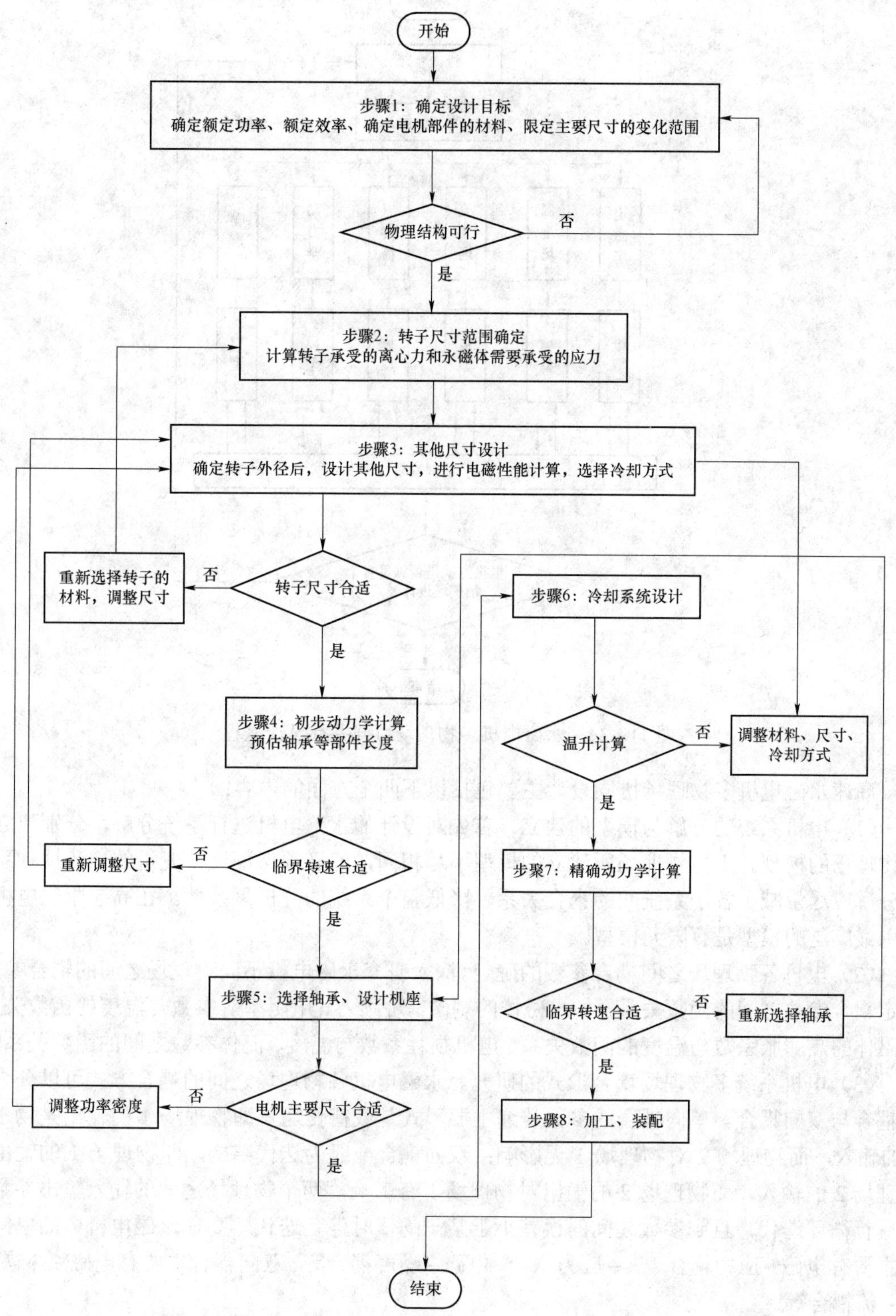

图 11－33　永磁电机多物理场协同串行设计流程

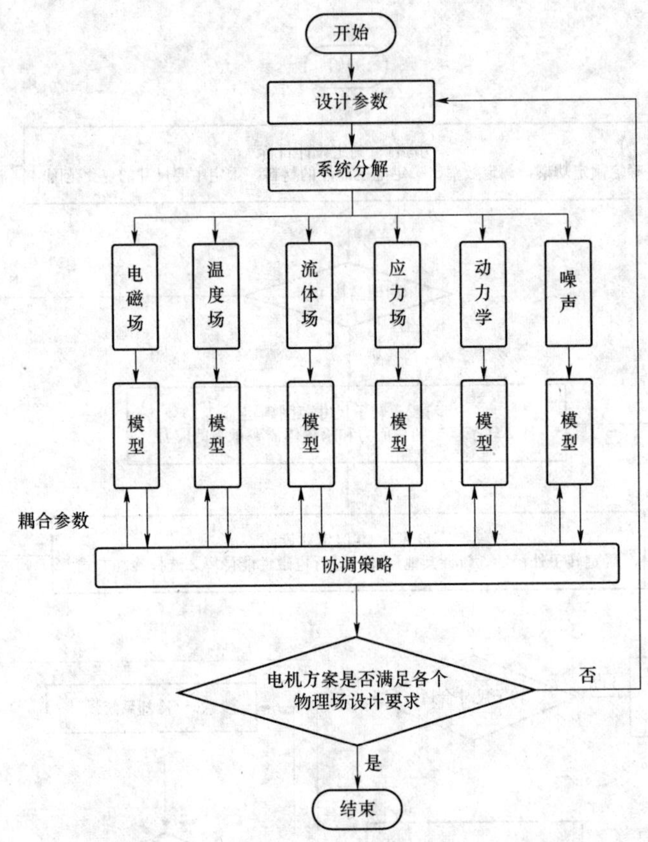

图 11-34　永磁电机多物理场协同并行设计流程

高速永磁电机多物理场协同设计主要包括以下四个方面的内容：

（1）电机系统的分解与模型的建立。首先对设计的永磁电机进行系统分解，分别建立不同物理场的模型。不同物理场所建立的模型不尽相同，但必须保证设计变量的一致性。系统的分解应尽量减少各子系统间的耦合关系，降低整个系统的分析复杂性。在高速永磁电机中应用最广泛的模型是有限元模型。

（2）电机各物理场之间耦合参数的确定。深入研究永磁电机不同物理场之间的耦合参数，确定耦合参数之间的函数关系，如永磁体的剩磁、矫顽力、电阻率等参数与温度的函数关系、永磁体的热膨胀系数与温度的函数关系、电机损耗系数与温度、流体参数之间的函数关系等。

（3）电机系统多物理场耦合形式的研究。永磁电机各物理场之间的耦合方式可以分为单向耦合与双向耦合。单向耦合的参数传递主要形式是载荷传递，即物理场 1 的输出是物理场 2 的输入，而物理场 2 对物理场 1 无影响；双向耦合一般为迭代结构，即物理场 1 的输出是物理场 2 的输入，而物理场 2 的输出对物理场 1 有影响，两个物理场之间的输入输出参数不断进行循环迭代，直到参数之间的误差小于某一阈值时停止迭代。高速永磁电机中的单向耦合主要有电磁-应力耦合、热-应力耦合、电磁-噪声耦合等。双向耦合主要有电磁-热耦合、热-流耦合等。

（4）电机各物理场之间协调策略的研究。针对不同物理场的耦合形式，需要探索物理场之间的协调策略，对多物理场进行适当解耦，缩短永磁电机的设计周期。目前针对永磁电机并行协调策略的研究较少，大多还停留在串行设计阶段。探索多物理场之间的协调策略将是未来永磁电机多物理场协同并行设计的发展方向。

六、高速永磁电机的设计实例

某压缩机对直驱高速永磁电机的主要技术要求为：额定功率为100kW，额定电压为380V，额定转速100 000r/min，额定运行效率为95%。

1. 电磁设计方案

依据高速永磁电机的基本设计原则与方法，综合考虑各方面因素，经过对比分析首先确定了电机的极数为2极，电机的主要尺寸为：定子内径52mm，铁心长度130mm。定子槽数选为24槽，定子硅钢片型号为B27AH1500，定子三相绕组Y联结。转子永磁体材料选择为N38EH，采用表贴式永磁转子结构，用碳纤维绑扎。具体的电磁设计方案见表11－4。

表11－4　压缩机用100kW/100 000r/min高速永磁电机的电磁设计方案

额定数据	额定输出功率 P_N/kW	100	额定电流 I_N/A	155
	额定线电压 U_N/V	380	额定效率 η_N（%）	95.5
	额定转速 n_N/（r/min）	100 000	额定频率/Hz	1666.7
	额定转矩 T_N/（N·m）	9.5	极数	2
主要尺寸	定子外径 D_1/mm	142	转子外径 D_2/mm	50
	定子内径 D_{i1}/mm	52	铁心长度 L_a/mm	132
	定子槽数	24	保护套厚度/mm	5
	永磁体外径/mm	40	永磁体厚度/mm	16
电机性能	铜耗/W	248	杂散耗/W	1500
	铁耗/W	1050	总损耗/W	3798
	风摩耗/W	1000	电机效率（%）	96.2

2. 冷却系统设计与温升计算

转子永磁体材料N38EH的最大可承受温度约为220℃，设计时应留有裕量，尽量使转子温度控制在150℃以下，以保障转子的可靠运行，为此可采用如图11－35所示的风冷与水冷相结合的混合冷却系统[15]，即在定子槽内留出多余的槽空间作为轴向风道，用于给转子散热；而在定子机壳表面采用环形水道给定子散热。

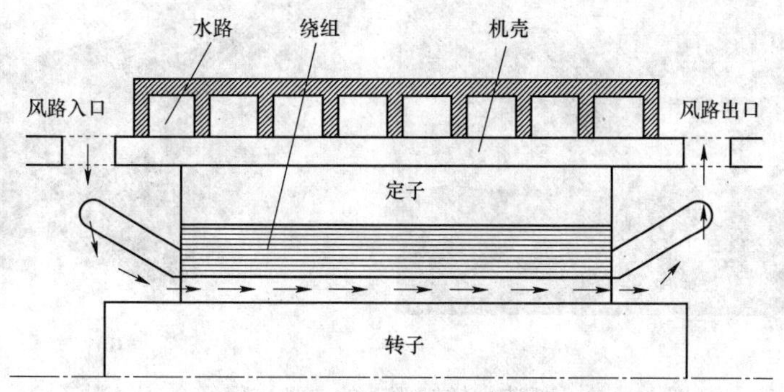

图11－35　风冷与水冷相结合的混合冷却系统

该高速电机的温度场计算结果表明，转子永磁体最高温度为 137℃，远小于永磁体最大可承受温度，避免了永磁体不可逆退磁；而定子温度和绕组温度较低（约为 80℃），完全可以保障电机长期可靠运行。

3. 转子强度设计与分析

为保障转子机械强度，选取了具有较高机械强度的 NdFeB 永磁材料。考虑到转子温度会较高，选用了 N38EH 永磁体。采用了碳纤维护套。转子强度设计应满足以下要求：在高速和高温运行下，永磁体拉应力应小于 80MPa，碳纤维护套应力应不大于 1400MPa。在进行碳纤维缠绕时应保障碳纤维复合材料与永磁体的过盈配合。转子强度的分析计算结果表明，永磁体的应力约为 16MPa，而护套应力约为 745MPa，因此，保护套应力和永磁体应力均小于各自材料的极限要求，并有足够的裕度。

第四节　低速直驱永磁同步电动机

一、低速大转矩电机

受电机效率、起动转矩、功率因数以及经济性的限制，工频电压供电的交流电机的极数不能太多。如小功率三相感应电动机，最大极数为 10 极，若采用工频电压供电，最低转速为 600r/min。许多机械负载的转速较低，工频供电电机不能直接驱动负载，为实现驱动电机与负载的转速匹配，采用“常速电机+变速箱+负载”方式，存在综合效率低、可靠性差等问题。变频器供电电机的转速可以方便调节，对于低速负载，去掉变速箱实现低速电机的直接驱动成为可能。关于低速电机，目前没有统一的定义，但一般认为电机输出转速低于 500r/min 的电机即为低速电机。

根据交流电机的主要尺寸公式，电机的体积与转矩成正比。在功率不变的前提下，电机的体积与转速成反比，即转速越低，体积越大，因此，低速直驱永磁同步电机的体积与重量较大。

二、主要应用领域及其优势

在钢铁煤炭的加工运输、石油开采与地质勘探、船舶动力装备、风力发电、电动汽车、轨道交通和其他工业加工设备等领域，需要大量的低速大转矩驱动装置，其典型应用场合如图 11-36 所示。

(a)

(b)

图 11-36　低速大转矩驱动的典型应用场合（一）

（a）船舶推进；（b）线送带传送

(c)

图 11－36 低速大转矩驱动的典型应用场合（二）

（c）磨煤机

在这些工业领域中，目前大多仍采用如图 11－37（a）所示的“常速感应电机＋减速箱＋低速大转矩负载”的驱动模式，具有系统体积庞大、综合效率低、可靠性差、维护成本高以及噪声和润滑油污染严重等缺陷。如果采用如图 11－37（b）所示的低速永磁电机直驱技术，由低速永磁电机直接驱动负载，取消了变速箱，具有以下优势：① 简化了传动链，具有占用空间小、噪声低、污染小等特点；② 降低了机械装备的维护成本，减少了维护量，系统运行可靠性高；③ 提高了机械装备系统的效率，综合节能效果显著。以常见的游梁式抽油机系统为例，目前大多采用“常速感应电机＋减速箱”的驱动模式，由于采用的效率偏低的感应电机，再考虑减速箱和四连杆的传动效率以后，一般认为整个传动系统的效率不会超过 75%；而如果采用低速永磁电机直接驱动，系统效率可达 85%以上，系统综合节能在 15%左右。

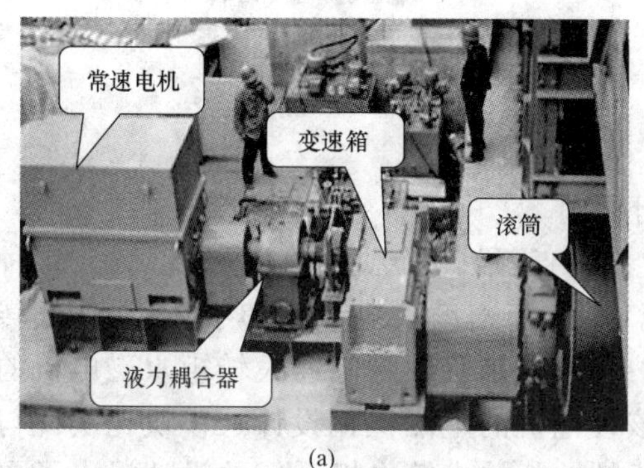

(a)

(b)

图 11－37 低速大转矩驱动系统的两种驱动模式

（a）常速感应电机＋变速箱驱动；（b）低速大转矩永磁电机直接驱动

三、低速永磁电机与其他类型电机的对比

为降低电机转速，不仅要求供电电流的频率低，而且要求电机本身的极数要尽可能多。因此低速大转矩电机的整体结构大多比较扁平，以便有足够多的槽布置多极绕组。

理论上讲，感应电机、电励磁同步电机和永磁同步电机均可用作低速大转矩直驱电机。但感应电机额定点附近效率不高，轻载时效率快速下降，在多极的情况下效率更低，且极数多导致功率因数大大降低。电励磁同步电机的负载和效率特性与感应电机类似，它采用直流电励磁，功率因数可调，但固有的电刷－集电环结构降低了其运行可靠性，增加了维护成本。永磁同步电机励磁磁场由永磁体提供，可以利用分数槽绕组结构将电机设计成多极低速，从而实现直驱运行，具有磁极形状和尺寸灵活多样、体积小、重量轻、结构简单、运行可靠等优势，效率和功率因数亦较高，在低速大转矩直接驱动场合具有无可比拟的优势。

以长期轻载运行的油田游梁式抽油机为例，该类负载对起动转矩要求很高，所以需要配置较大功率的电机，而正常运行时的负载率只有20%～30%，存在严重的“大马拉小车”现象，图11－38给出了感应电机和永磁电机在不同负载率下的效率和功率因数对比，可以看出，如果采用感应电机驱动，效率和功率因数均很低，电能浪费十分严重；而永磁电机在轻载与重载的全负载范围内，均具有较高的效率和功率因数，因此多极永磁电机是低速大转矩电机的不二选择。

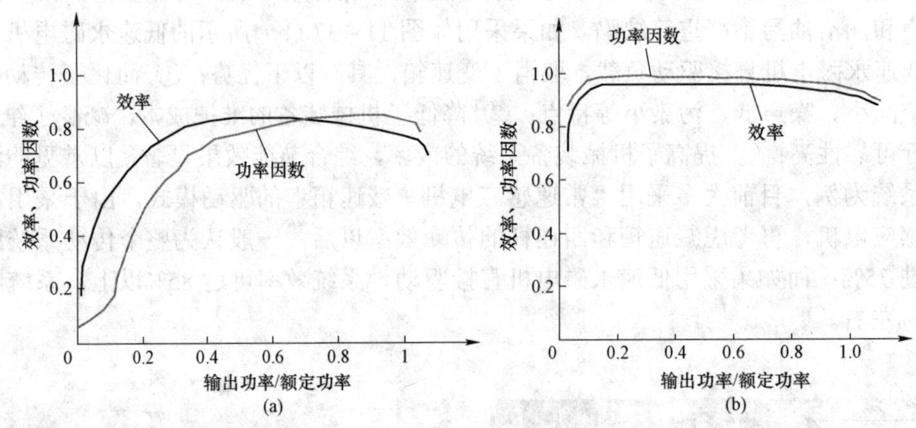

图11－38　感应电机和永磁电机在不同负载率下的力能指标对比

（a）感应电机；（b）永磁同步电机

四、低速大转矩永磁电机的关键技术与设计原则

低速大转矩电机具有“一低两大”的属性（即低频、大转矩、大径长比），对该种电机的设计提出了新的问题和挑战。一般来讲，高转矩密度（轻量化和小体积）、低转矩脉动、低振动噪声、高可靠（高容错和低维护成本）是负载对低速大转矩永磁电机的基本要求，也是必须突破的关键技术，这就对该种电机的电磁优化设计、模块化实现与机械强度分析、温升均衡与冷却系统设计、超低频控制技术等电机系统的设计提出了更高的要求。

1. 提高低速大转矩电机的转矩密度，降低有效材料成本和提高电机的轻量化水平

由于电机转速很低，所以在同样功率下，电机的转矩很大，目前低速永磁电机的转矩超过20万N•m，电机体积很大，如何提高电机的转矩密度和材料利用率，实现电机结构部件轻量化，是低速大转矩永磁电机的核心技术。从交流电机的主要尺寸关系式可知，增大电磁

负荷，提高电机利用系数，是提高电机转矩密度、减小电机体积最直接和最有效的方法；另外，还可通过设计合理的转子结构，尽可能地增大转子磁阻转矩对电机输出转矩的贡献率。电磁负荷增大，必然引起电机温升提高，要解决这一问题，一是合理选取电机的导电与导磁材料，二是有效增强电机的冷却与散热能力。

2. 降低转矩脉动和减小振动噪声是低速大转矩永磁电机设计的关键技术

转矩脉动会引起振动和噪声，影响传动系统的控制精度，产生瞬时单边磁拉力，严重时会发生转轴疲劳破坏。由于电机的速度很低，转矩脉动对负载转速波动的影响就会非常明显，所以应有效控制该种电机的转矩脉动，以降低速度波动并减小电机的振动噪声。转矩脉动的产生原因主要包括三个方面：一是电机的磁动势谐波；二是电机气隙的磁导谐波；三是供电逆变器的电流谐波。抑制电机的转矩脉动，可从两方面入手：一是优化电机本体结构参数，包括合理选择电机的极槽配合、优化电机的绕组设计、采用不均匀气隙、采用磁性槽楔、优化永磁体的形状尺寸等，目的在于尽可能减少气隙磁场的谐波成分；二是尽量降低超低频供电逆变器的电流谐波，从供电电流的角度提高气隙磁场的正弦性。

3. 低速大转矩永磁电机温升控制与高效散热问题

温升是永磁电机的主要性能指标，温升过高会加速绕组绝缘老化，严重时会导致永磁体永久退磁，有效控制温升是电机能否长期可靠运行的关键。由于磁通的交变频率低而转矩大，低速大转矩电机的铜耗要远大于电机的铁耗，且一般采用扁平式结构（大径长比），绕组端部的有效散热对降低和均衡电机温升非常重要。降低和均衡电机温升的主要措施包括：① 降低电机的电磁负荷以降低电机损耗，但会导致电机体积增大，转矩密度下降，因此应综合考虑；② 设计高效机壳水冷系统或强迫风冷，提高电机散热能力；③ 采用了如图 11－39 所示的绕组端部导热硅胶整体封装工艺。绕组端部导热硅胶整体封装工艺，一般可使绕组端部温升降低 5～10K 甚至更多，具有很好的冷却、散热效果。

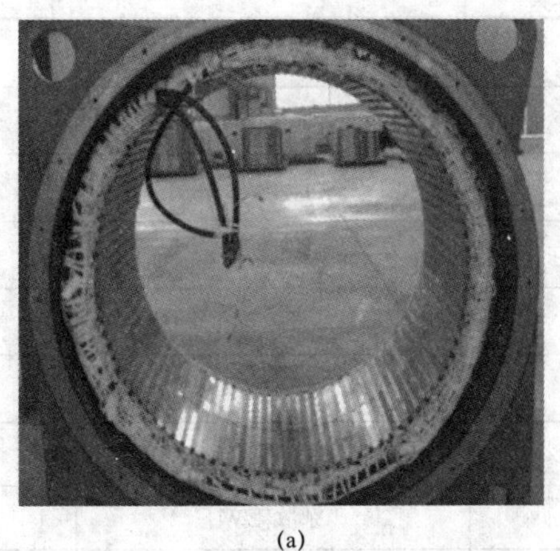

(a)

(b)

图 11－39　低速大转矩永磁电机的端部绕组灌封效果图

（a）灌封前的绕组端部；（b）灌封后的绕组端部

4. 低速大转矩永磁电机的整机加工装配工艺

低速大转矩的特点决定了该种电机呈现扁平、大径长比的结构特征，对整机加工装配工艺提出了更高的要求，主要表现在三个方面：① 低速要求电机具有更多的极数，因此电机的定子槽数通常较多，这就要求定子具有较大的外径，且定子槽型一般为深而窄的细长型结构；② 体积大而结构扁平的结构特点，使电机整体结构的机械强度降低，且永磁体安装及整机加工愈加困难，特别是对电机的机械尺寸配合和机壳等结构部件的加工工艺要求更高；③ 对于大体积和大径长比的电机，更易出现电机的气隙偏心，偏心的主要特征及其原因见表 11－5。偏心严重时会产生很大的不平衡单边磁拉力，甚至引起扫膛事故的发生。因此，不仅要求在电机设计阶段对机械强度进行精确计算校核，而且对电机结构部件的加工和装配亦提出了更高的要求。

表 11－5　　低速大转矩永磁电机偏心的主要特征及其原因

分类	静态偏心	动态偏心	混合偏心
特征	最大气隙和最小气隙位置不随时间变化	最小气隙位置随转轴的旋转发生变化	静态和动态偏心情况同时存在
原因	定子刚度不够，发生椭圆变形	轴承磨损、转轴弯曲、极限转速下的机械共振等	

五、低速大转矩永磁电机的设计实例

某矿用低速大转矩永磁同步电动机的技术要求为：额定功率 160kW，额定电压 600V，额定转速 95r/min，额定转矩 16 084N•m，过载倍数 1.5 倍，额定频率 31.7Hz。其主要设计方案见表 11－6。电机极数设计为 40 极，定子槽数为 48 槽，采用双层绕组、Y 联结，绕组节距为 1。定子槽形采用半开口的矩形槽结构，以提高气隙磁通密度，定子铁心采用扣片固定。转子采用内置式切向永磁结构。其仿真结果如图 11－40 所示，样机产品如图 11－41 所示。

表 11－6　　矿用 160kW、95r/min 低速大转矩永磁电机设计方案

额定数据	额定输出功率 P_N/kW	160	额定电流 I_N/A	184.3
	额定线电压 U_N/V	600	额定效率 η_N	93.5
	额定转速 n_N/（r/min）	95	额定功率因数	0.90
	额定转矩 T_N/（N·m）	16 084	额定频率/Hz	31.7
主要尺寸	定子外径 D_1/mm	950	转子外径 D_2/mm	754.4
	定子内径 D_{i1}/mm	760	铁心长度 L_a/mm	535
	定子槽数	48	气隙长度 δ/mm	2.8
电机性能	铜耗/W	6592	杂散耗/W	800
	铁耗/W	2499	总损耗/W	10 610
	风摩耗/W	720	电机效率（%）	93.78

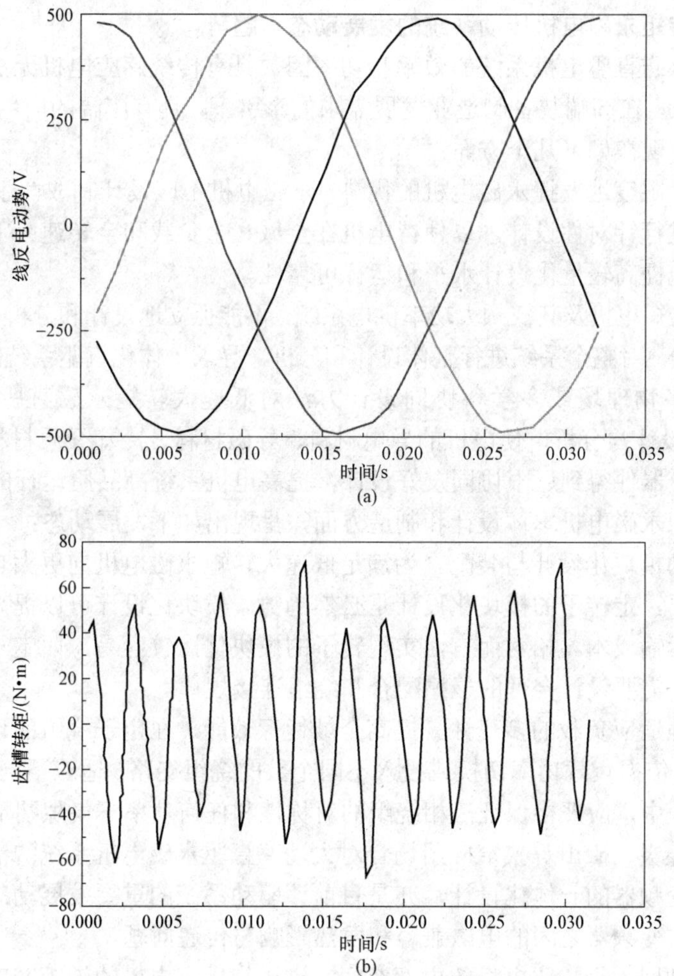

图 11-40 矿用 160kW、95r/min 低速大转矩永磁电机仿真计算结果

（a）线反电动势；（b）齿槽转矩

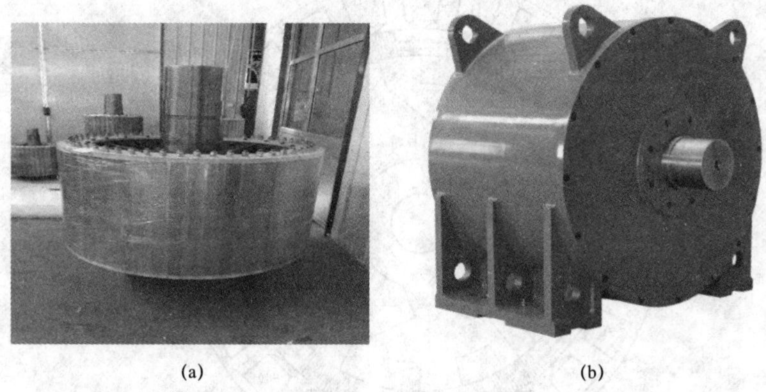

(a) (b)

图 11-41 矿用 160kW、95r/min 低速大转矩永磁电机样机产品

（a）样机转子；（b）样机外形图

六、低速大转矩永磁电机传动系统的发展动态与趋势

低速大转矩永磁直驱电机系统的效率和功率因数具有传统感应电机无法比拟的优势，具有良好的节能效果，在高端装备制造业发展需求的牵引下，具有广阔的应用前景。综合来看，其发展趋势主要体现在如下几个方面：

（1）为了更大限度地发挥永磁电机的优势，永磁电机不应设计制成“标准件”，而应根据具体的负载需求进行针对性设计，以使得电机在全域（全负载和全转速）下的综合运行效能最高，最大限度地提高轻量化设计水平和运行可靠性。

（2）低速大转矩电机及其低频大功率供电系统，不能孤立地设计和分析，而应综合考虑电机、变频器和负载，对整个系统进行整体设计和分析，寻求一体化直驱系统的整体优化设计。

（3）应采用多物理场或多学科协同设计方法对低速大转矩永磁直驱电机及其变流控制器进行系统的设计与分析，使电机的导电材料、导磁材料、冷却介质材料、机械支撑材料和大功率整流逆变器件得到近限协同友好设计，提高电机系统高品质运行的智能化水平。

在低速大转矩永磁电机本体设计和制造方面，呈现出如下发展动态：

（1）定转子的模块化设计与装配。为满足低速大转矩永磁电机向更大功率、体积和更大径长比发展的需要，定转子的模块化设计是必然趋势。模块化设计可以提高运行可靠性，降低电机的维护和运输成本。相对而言，实现转子的模块化比较容易，而定子绕组的模块化实现起来相对困难，需要设计合理的极槽配合和绕组连接规律。

（2）为更好地适应负载的多变性、提高全域运行效能，在定子绕组的设计中，可采用多支路的绕组设计，依据负载功率切换或投入不同个数的绕组支路，适应不同功率的负载需求。在切换支路的过程中，应严格保证三相绕组的对称性和任何功率下气隙圆形旋转磁场。

（3）为适应煤炭、矿山等狭窄应用场合对大功率直驱永磁电机系统的需求，采用电机和低频大功率供电变频器的一体化设计，亦是目前该驱动系统的重要发展动态。这种情况下，需要解决好电机与变频器之间的电磁兼容和发热影响与传递问题。

（4）为充分利用大径长比电机的内部空间，进一步提高电机的转矩密度，根据不同应用场合的负载需求，可以采用双定子单转子或双转子单定子的电机结构。图 11－42 提供

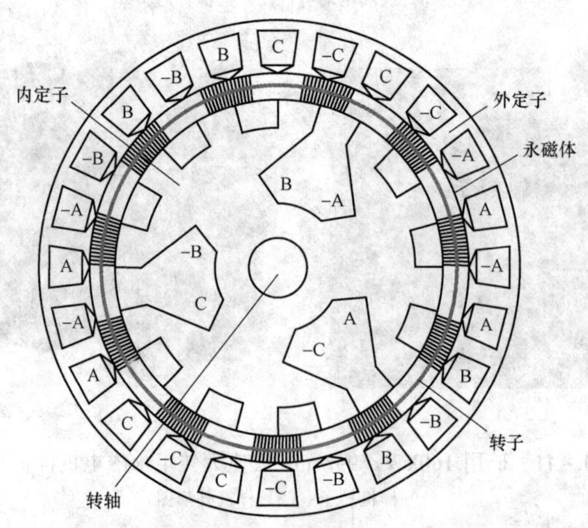

图 11－42　双定子低速大转矩永磁电机结构示意图

了一种双定子低速大转矩永磁电机结构[19]。根据电机的功率和转速不同，一般认为可以提高转矩密度在 20%～50%左右，具有非常好的应用前景。该种电机的主要设计难点是：必须解决好定转子三部分结构的可靠机械传动和最里层定子或转子的可靠散热问题。

第五节　双三相永磁同步电动机

双三相永磁同步电动机为多相永磁同步电动机中较为典型的一类。与普通三相永磁同步电动机相比，它在低速运行时可以产生较大的电磁转矩，适用于直接驱动和大功率传动场合。与其他多相电机相比，它不仅具有多相电机的诸多优点，而且可以直接使用市场上普通的三相逆变器供电，极大地提高了控制的便利性和经济性。

一、双三相永磁同步电动机的结构

所谓双三相绕组，是指在电机的定子槽内嵌放了两套彼此独立的传统三相对称绕组，而两套绕组的对应相的相位差可以调节，目前研究较多的为双三相相移 30° 和相移 180° 两种绕组排布，对应的槽电动势星形图如图 11－43 所示，后者也称为六相对称排布。双三相电机中的两套三相绕组彼此独立，并且每一套三相绕组都能使电机平稳运行，两套绕组的驱动系统也是彼此独立的。为了提高双三相电机的容错性能，定子一般采用分数槽集中绕组。

在双三相相移 30° 绕组排布中，两套绕组中对应相电动势相差 30° 电角度，在空间位置上，用机械角度表示的两套绕组空间夹角为[20]：

$$\beta = \frac{30^\circ}{t} \tag{11-18}$$

式中，t 为单元电机数。

六相对称绕组在空间上依次相差 60° 电角度，各相绕组的电动势也依次相差 60° 电角度。

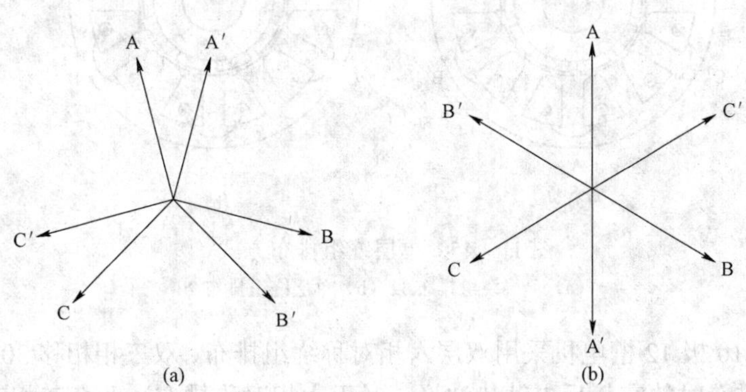

图 11－43　两种绕组排布时的槽电动势星形图

（a）相移 30° 排布；（b）相移 180° 排布（六相对称排布）

根据一个槽内的线圈边数，双三相绕组分为单层绕组和双层绕组。以10极12槽双三相永磁同步电机为例，双三相绕组双层和单层排布分别如图11-44和图11-45所示[21]。采用双层绕组排布时，图11-44（a）和（b）为六相对称绕组排布，两者的区别是两套三相绕组排列不同，图11-44（a）中两套三相绕组依次分布，图11-44（b）中两套三相绕组交叉分布。两者的稳态性能相同，故障状态下仅一套三相对称绕组运行时，图11-44（b）的不平衡磁拉力小于图11-44（a）。图11-44（c）为双三相相移30°绕组排布，两套绕组空间位置相差30°机械角度。采用单层绕组时，相邻绕组的空间位置相差60°机械角度，因此无法实现双三相相移30°绕组排布。六相对称绕组排布如图11-45所示，图11-45（a）和图11-45（b）的区别是两套三相对称绕组排列不同，两者稳态性能相同，故障状态下，仅一套三相对称绕组运行时两者的不平衡磁拉力不同。

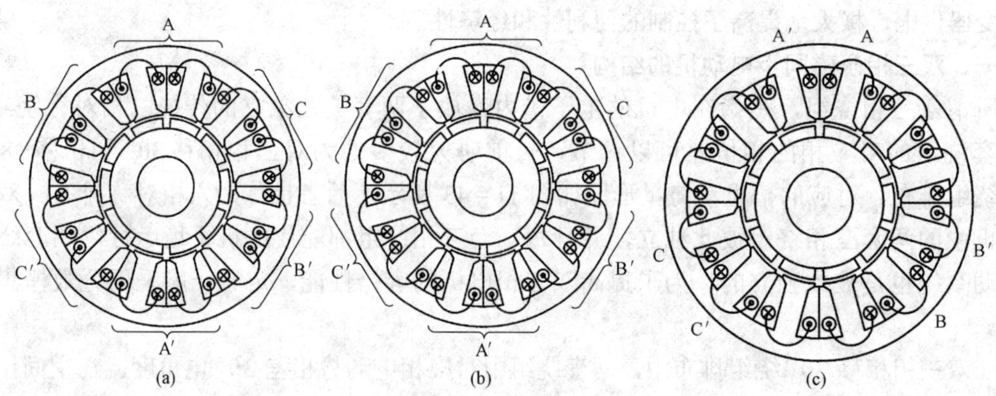

图11-44 双层绕组排布方式

（a）双层绕组排布1；（b）双层绕组排布2；（c）双层绕组排布3

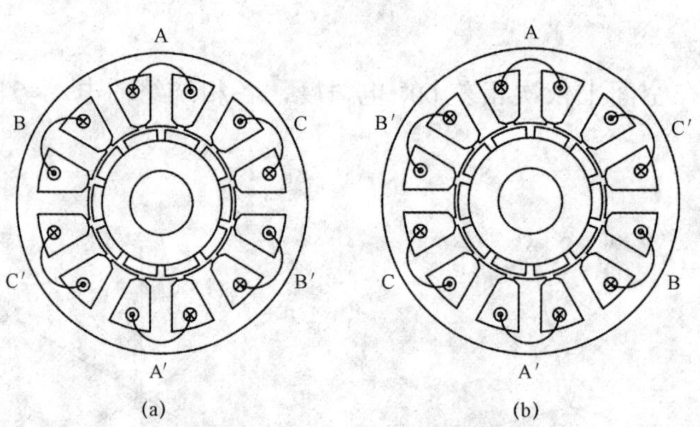

图11-45 单层绕组排布方式

（a）单层绕组排布1；（b）单层绕组排布2

图11-46为10极12槽电机采用双层六相对称绕组排布、双三相相移30°绕组排布和单层六相对称绕组排布时的空载反电动势波形。对于六相对称排布，两套三相对称绕组中的对应相反电动势基波分量的相位相差180°电角度。在双三相相移30°绕组排布中，两套三相对称绕组中的对应相反电动势基波分量相位相差30°电角度。

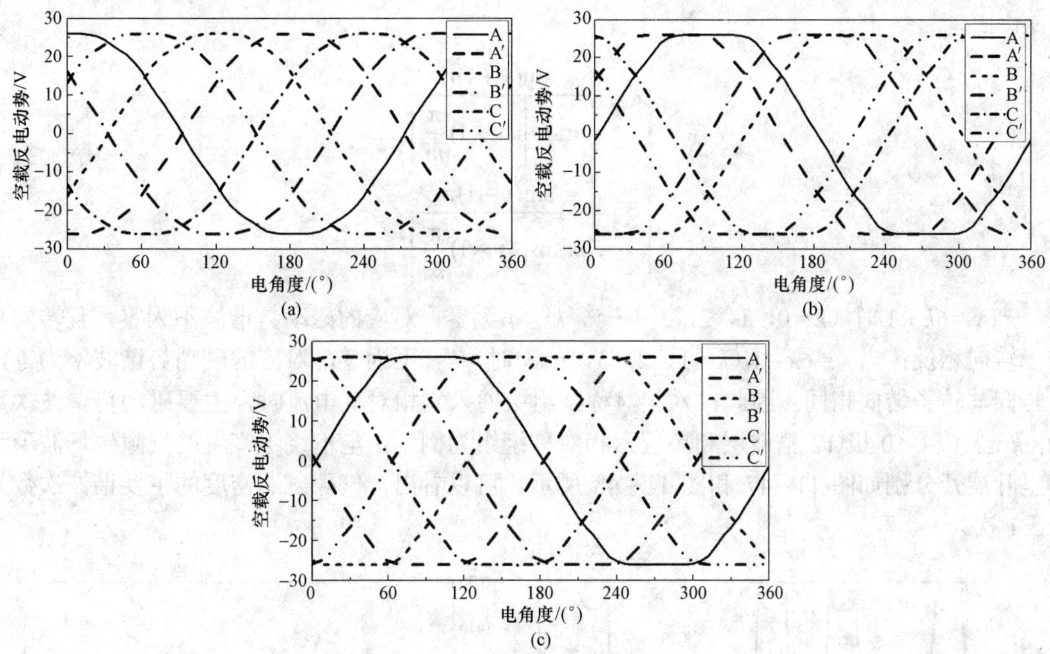

图 11－46　六相对称和双三相相移 30° 绕组排布时的空载反电动势

（a）双层六相对称绕组排布；（b）双三相相移 30° 绕组排布；（c）单层六相对称绕组排布

二、双三相绕组的电枢磁动势谐波

1. 六相对称绕组

对于六相对称绕组，相邻两相绕组轴线空间相差 60° 电角度，即 360°/m 电角度，以第一相绕组轴线位置为坐标原点，则第一相绕组产生的磁动势为：

$$f_{1v} = F_v \cos v\alpha \cos \omega t \tag{11-19}$$

式中：v 为谐波次数；F_v 为相绕组产生的 v 次谐波幅值；ω 为电流变化角频率；t 为时间。

各相电流在时间相位上相差 360°/m 电角度，则第 n 相绕组对应的磁动势可表示为：

$$\begin{aligned} f_{nv} &= F_v \cos\left[\omega t + (n-1)\frac{2\pi}{m}\right]\cos v\left[\alpha - (n-1)\frac{2\pi}{m}\right] \\ &= \frac{1}{2}F_v\left\{\cos\left[\omega t + v\alpha - (v-1)(n-1)\frac{2\pi}{m}\right] + \cos\left[\omega t - v\alpha + (v+1)(n-1)\frac{2\pi}{m}\right]\right\} \end{aligned} \tag{11-20}$$

将 m 相绕组的磁动势叠加，并整理得：

$$\begin{aligned} f_v &= \sum_{n=1}^{m} f_{nv} = \frac{1}{2}F_v\left\{\cos(\omega t + v\alpha)\sum_{n=1}^{m}\cos\left[(v-1)(n-1)\frac{2\pi}{m}\right] + \right. \\ &\left. \quad \cos(\omega t - v\alpha)\sum_{n=1}^{m}\cos\left[(v+1)(n-1)\frac{2\pi}{m}\right]\right\} \\ &= \frac{m}{2}F_v\left[\cos(\omega t + v\alpha)k_{v-} + \cos(\omega t - v\alpha)k_{v+}\right] \end{aligned} \tag{11-21}$$

式中[20]：

$$
\begin{cases}
k_{\nu+}=\dfrac{\sin(\nu+1)\pi}{m\sin\left[(\nu+1)\dfrac{\pi}{m}\right]} \\
k_{\nu-}=\dfrac{\sin(\nu-1)\pi}{m\sin\left[(\nu-1)\dfrac{\pi}{m}\right]}
\end{cases}
\tag{11-22}
$$

当 $\nu=6k+1$ 时（$k=0$，1，2，3，…），$k_{\nu-}$ 不为零，对应的磁动势谐波不为零，且转向与转子转向相反；当 $\nu=6k-1$（$k=1$，2，3，…）时，$k_{\nu+}$ 不为零，对应的磁动势谐波不为零，且转向与转子转向相同。因此，六相对称绕组中通入六相对称电流时，主要磁动势谐波次数为 $6k\pm1$。以 10 极 12 槽双层和单层六相对称绕组为例，由电枢绕组产生的气隙磁场波形和傅里叶展开分别如图 11－47 和图 11－48 所示。可以看出，气隙磁通密度的主要谐波次数为 $6k\pm1$ 次。

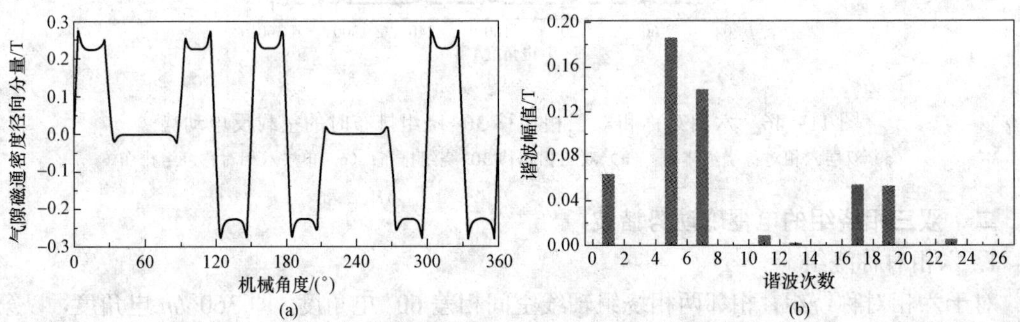

图 11－47　10 极 12 槽电机采用双层六相对称绕组时的电枢磁场

（a）电枢磁场波形；（b）气隙磁通密度主要谐波

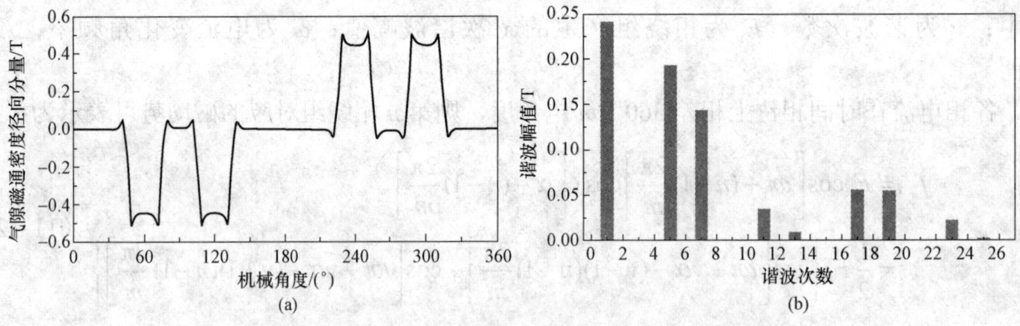

图 11－48　10 极 12 槽电机采用单层六相对称绕组时的电枢磁场

（a）电枢磁场波形；（b）气隙磁通密度主要谐波

2. 双三相相移 30° 绕组

为了分析单层和双层绕组排布对双三相相移 30° 绕组磁动势谐波的影响，以 10 极 12 槽和 22 极 24 槽模型为例进行说明。10 极 12 槽电机采用双三相相移 30° 排布时，只能采用双层绕组。22 极 24 槽电机可以采用单层和双层绕组排布。

对于 10 极 12 槽电机，以 A 相绕组轴线为原点，ABC 三相绕组的磁动势可表示为：

$$\begin{cases} f_{A\nu}=F_\nu\cos\nu\alpha\cos\omega t \\ f_{B\nu}=F_\nu\cos\nu\left(\alpha+\dfrac{2\pi}{3}\right)\cos\left(\omega t-\dfrac{2\pi}{3}\right) \\ f_{C\nu}=F_\nu\cos\nu\left(\alpha-\dfrac{2\pi}{3}\right)\cos\left(\omega t+\dfrac{2\pi}{3}\right) \end{cases} \tag{11-23}$$

ABC 三相绕组的合成磁动势可表示为：

$$f=\sum_{\nu=6k\pm1}^{\infty}\frac{3}{2}F_\nu\cos(\omega t\pm\nu\alpha) \tag{11-24}$$

考虑到 A′B′C′与 ABC 电流相位差和绕组轴线相位差，其磁动势可表示为：

$$\begin{cases} f'_{A\nu}=F_\nu\cos\nu\left(\alpha+\dfrac{5\pi}{6}\right)\cos\left(\omega t+\dfrac{\pi}{6}\right) \\ f'_{B\nu}=F_\nu\cos\nu\left(\alpha+\dfrac{2\pi}{3}+\dfrac{5\pi}{6}\right)\cos\left(\omega t-\dfrac{2\pi}{3}+\dfrac{\pi}{6}\right) \\ f'_{C\nu}=F_\nu\cos\nu\left(\alpha-\dfrac{2\pi}{3}+\dfrac{5\pi}{6}\right)\cos\left(\omega t+\dfrac{2\pi}{3}+\dfrac{\pi}{6}\right) \end{cases} \tag{11-25}$$

A′B′C′三相绕组的合成磁动势可表示为：

$$f'=\sum_{\nu=6k\pm1}^{\infty}\frac{3}{2}F_\nu\cos[\omega t\pm\nu\alpha+(k+1)\pi] \tag{11-26}$$

两套三相对称绕组的磁动势叠加得到：

$$f_t=\sum_{\nu=6k\pm1}^{\infty}3F_\nu\cos\left(\omega t\pm\nu\alpha+\frac{k+1}{2}\pi\right)\cos\frac{k+1}{2}\pi \tag{11-27}$$

当 k 为奇数时，对应的 $6k\pm1$ 次谐波不为零；当 k 为偶数时，两套绕组对应的谐波幅值相等，相位相差 180°，相互抵消。因此，磁动势主要谐波次数为 $6k\pm1$，其中 k 为奇数。图 11－49 为电枢绕组产生的气隙磁通密度的径向分量波形和谐波幅值，可以看出主要谐波次数为 5、7、17、19、29 和 31。

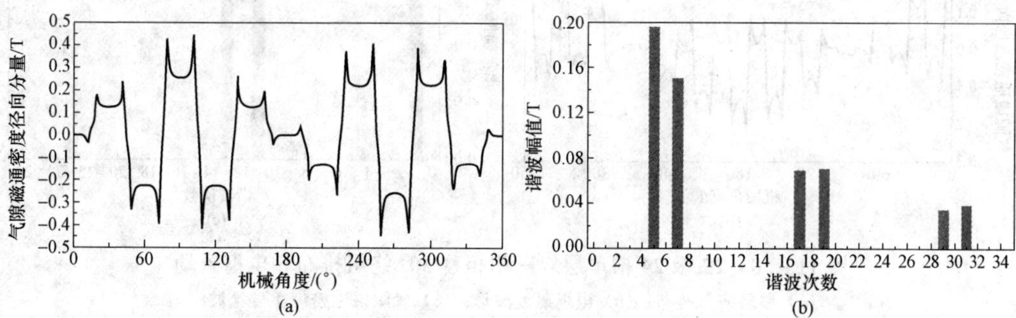

图 11－49　10 极 12 槽电机采用双三相相移 30° 时的电枢磁场

（a）电枢磁场波形；（b）气隙磁通密度主要谐波

22 极 24 槽电机采用单层时的绕组排布如图 11－50（a）所示，ABC 三相绕组的合成磁动势见式（11－24）。A′B′C′三相绕组的磁动势为：

$$\begin{cases} f'_{A\nu}=F_\nu\cos\nu\left(\alpha-\dfrac{\pi}{6}\right)\cos\left(\omega t+\dfrac{\pi}{6}\right) \\ f'_{B\nu}=F_\nu\cos\nu\left(\alpha+\dfrac{2\pi}{3}-\dfrac{\pi}{6}\right)\cos\left(\omega t-\dfrac{2\pi}{3}+\dfrac{\pi}{6}\right) \\ f'_{C\nu}=F_\nu\cos\nu\left(\alpha-\dfrac{2\pi}{3}-\dfrac{\pi}{6}\right)\cos\left(\omega t+\dfrac{2\pi}{3}+\dfrac{\pi}{6}\right) \end{cases} \tag{11-28}$$

A′B′C′三相绕组的合成磁动势可表示为：

$$f'=\sum_{\nu=6k\pm1}^{\infty}\frac{3}{2}F_\nu\cos[\omega t\pm\nu\alpha+k\pi] \tag{11-29}$$

两套三相绕组的合成磁动势为：

$$f_t=\sum_{\nu=6k\pm1}^{\infty}3F_\nu\cos\left(\omega t\pm\nu\alpha+\frac{k}{2}\pi\right)\cos\frac{k}{2}\pi \tag{11-30}$$

当 k 为奇数时，对应的 $6k\pm1$ 次谐波为零，该次谐波不存在；当 k 为偶数时，对应的 $6k\pm1$ 次谐波不为零。因此，主要谐波次数为 $6k\pm1$，其中 k 为偶数。图 11-50（b）、（c）为电枢磁场波形和对应的谐波幅值，可以看出，主要谐波次数为 1、11、13、23、25 等。

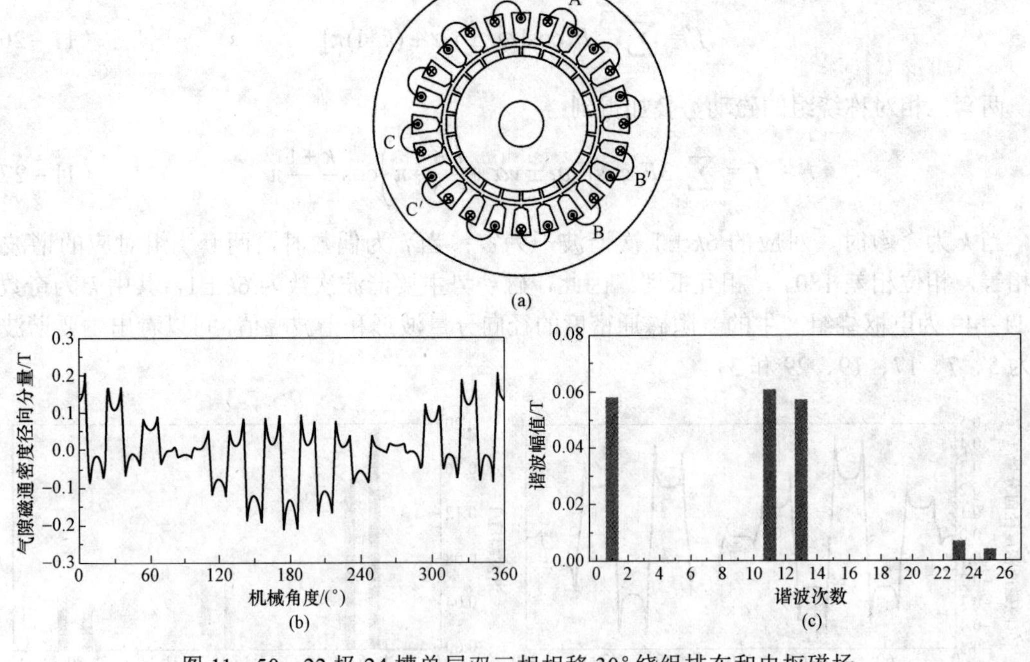

图 11-50 22 极 24 槽单层双三相相移 30° 绕组排布和电枢磁场

（a）单层绕组排布；（b）电枢磁场波形；（c）气隙磁通密度主要谐波

三、双三相永磁同步电动机的转矩脉动

1. 六相对称绕组

对于六相对称绕组，可将六相绕组分为两套三相对称绕组。对于 ABC 三相系统，只考虑电动势的 $6k\pm1$ 次谐波，与电流基波相互作用产生的电磁转矩为：

$$T_{\mathrm{e}}=\frac{e_{\mathrm{A}\nu}i_{\mathrm{A}}+e_{\mathrm{B}\nu}i_{\mathrm{B}}+e_{\mathrm{C}\nu}i_{\mathrm{C}}}{\Omega} \tag{11-31}$$

式中

$$\begin{cases} i_{\mathrm{A}}=I_{\mathrm{m}}\cos(\omega t+\varphi_0) \\ i_{\mathrm{B}}=I_{\mathrm{m}}\cos\left(\omega t-\dfrac{2}{3}\pi+\varphi_0\right) \\ i_{\mathrm{C}}=I_{\mathrm{m}}\cos\left(\omega t+\dfrac{2}{3}\pi+\varphi_0\right) \end{cases}$$

$$\begin{cases} e_{\mathrm{A}\nu}=E_{\nu\mathrm{m}}\cos(\nu\omega t) \\ e_{\mathrm{B}\nu}=E_{\nu\mathrm{m}}\cos\nu\left(\omega t-\dfrac{2}{3}\pi\right) \\ e_{\mathrm{C}\nu}=E_{\nu\mathrm{m}}\cos\nu\left(\omega t+\dfrac{2}{3}\pi\right) \end{cases}$$

代入式（11－31）得：

$$T_{\mathrm{e}\nu(\nu=6k\pm1)}=\frac{1}{\Omega}\times\frac{3}{2}E_{\mathrm{m}\nu}I_{\mathrm{m}}\cos(6k\omega t\mp\varphi_0) \tag{11-32}$$

对于 A′B′C′三相系统，只考虑电动势的 $6k\pm1$ 次谐波，产生转矩可表示为：

$$T_{\mathrm{e}}'=\frac{e_{\mathrm{A}\nu}'i_{\mathrm{A}}'+e_{\mathrm{B}\nu}'i_{\mathrm{B}}'+e_{\mathrm{C}\nu}'i_{\mathrm{C}}'}{\Omega} \tag{11-33}$$

式中

$$\begin{cases} i_{\mathrm{A}}'=I_{\mathrm{m}}\cos(\omega t+\pi+\varphi_0) \\ i_{\mathrm{B}}'=I_{\mathrm{m}}\cos\left(\omega t+\pi-\dfrac{2}{3}\pi+\varphi_0\right) \\ i_{\mathrm{C}}'=I_{\mathrm{m}}\cos\left(\omega t+\pi+\dfrac{2}{3}\pi+\varphi_0\right) \end{cases}$$

$$\begin{cases} e_{\mathrm{A}\nu}'=E_{\nu\mathrm{m}}\cos\nu(\omega t+\pi) \\ e_{\mathrm{B}\nu}'=E_{\nu\mathrm{m}}\cos\nu\left(\omega t+\pi-\dfrac{2}{3}\pi\right) \\ e_{\mathrm{C}\nu}'=E_{\nu\mathrm{m}}\cos\nu\left(\omega t+\pi+\dfrac{2}{3}\pi\right) \end{cases}$$

代入式（11－33）得

$$T_{\mathrm{e}\nu(\nu=6k\pm1)}'=\frac{1}{\Omega}\times\frac{3}{2}E_{\mathrm{m}\nu}I_{\mathrm{m}}\cos(6k\omega t\mp\varphi_0) \tag{11-34}$$

可以看出，对于六相对称绕组，两套三相对称绕组产生的转矩完全相同，转矩的主要谐波为 $6k$ 次。图 11－51 为 10 极 12 槽双三相永磁电机采用双层六相对称绕组时的电磁转矩波形和主要谐波幅值，可以看出，电磁转矩的主要谐波为 6 次和 12 次，ABC 和 A′B′C′三相系统的电磁转矩波形相同，电磁转矩的 $6k$ 次谐波相互叠加，但是由于饱和的作用，六相绕组全

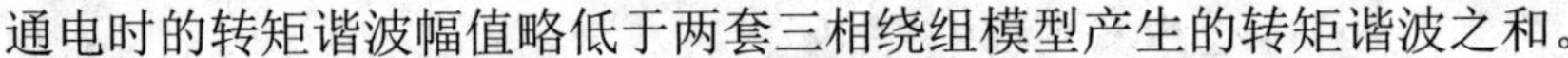
通电时的转矩谐波幅值略低于两套三相绕组模型产生的转矩谐波之和。

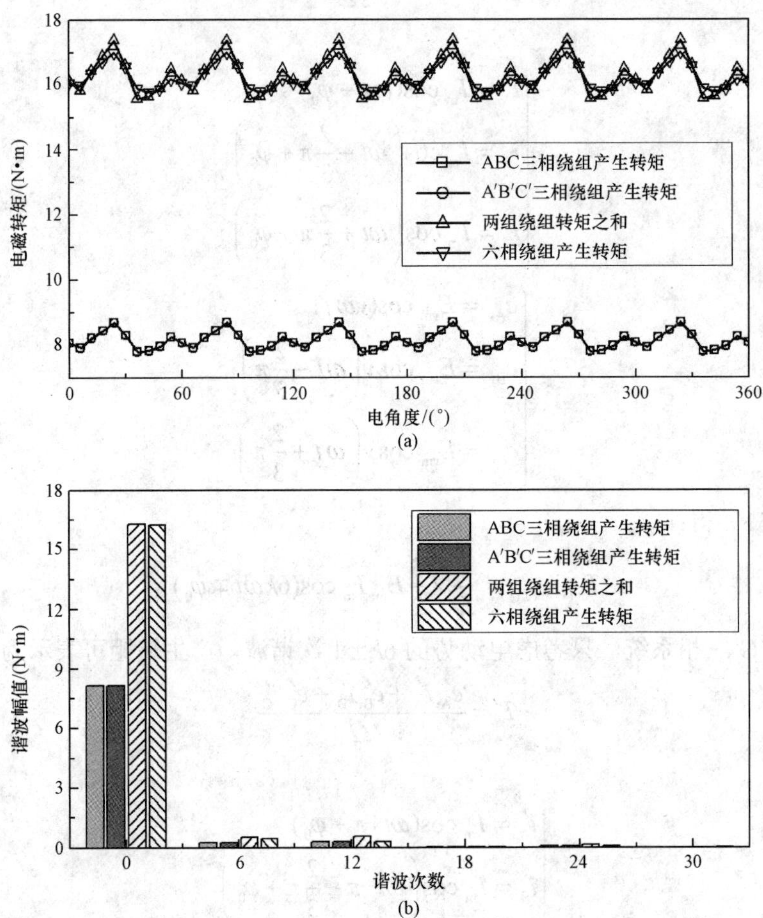

图 11-51　双三相永磁电机采用六相对称绕组时的电磁转矩

（a）电磁转矩波形；（b）电磁转矩主要分量

2. 双三相相移 30° 绕组

对于双三相相移 30° 绕组，可看作两套对称三相绕组偏移 30° 电角度构成。以 10 极 12 槽双三相相移 30° 绕组排布为例。对于 ABC 三相对称绕组，仅考虑 $\nu=6k\pm1$ 次电动势谐波与基波电流相互作用产生的转矩，其表达式见式（11-32）。

对于 A′B′C′三相系统，仅考虑 $\nu=6k\pm1$ 次电动势谐波与基波电流产生转矩见式（11-33），其中：

$$
\begin{cases}
i'_{\mathrm{A}} = I_{\mathrm{m}}\cos\left(\omega t+\dfrac{\pi}{6}+\varphi_0\right) \\
i'_{\mathrm{B}} = I_{\mathrm{m}}\cos\left(\omega t+\dfrac{\pi}{6}-\dfrac{2}{3}\pi+\varphi_0\right) \\
i'_{\mathrm{C}} = I_{\mathrm{m}}\cos\left(\omega t+\dfrac{\pi}{6}+\dfrac{2}{3}\pi+\varphi_0\right)
\end{cases}
$$

$$\begin{cases} e'_{\mathrm{A}\nu} = E_{\nu\mathrm{m}} \cos \nu\left(\omega t + \dfrac{\pi}{6}\right) \\ e'_{\mathrm{B}\nu} = E_{\nu\mathrm{m}} \cos \nu\left(\omega t + \dfrac{\pi}{6} - \dfrac{2}{3}\pi\right) \\ e'_{\mathrm{C}\nu} = E_{\nu\mathrm{m}} \cos \nu\left(\omega t + \dfrac{\pi}{6} + \dfrac{2}{3}\pi\right) \end{cases}$$

代入式（11－33），得到转矩表达式：

$$T'_{\mathrm{e}\nu(\nu=6k\pm1)} = \frac{1}{\Omega}\frac{3}{2}E_{\mathrm{m}\nu}I_{\mathrm{m}}\cos(6k\omega t + k\pi \mp \varphi_0) \tag{11-35}$$

当 k 为奇数，也就是 $\nu=5$，7，17，19 时，两套三相对称绕组对应的转矩谐波大小相等，相位相差 180°，相互抵消，总转矩中不含这些次数的谐波。当 k 为偶数，也就是 $\nu=11$，13，23，25 时，两套绕组对应的谐波幅值相等，相位相同，总转矩中包含这些次数的谐波。图 11－52 为 10 极 12 槽双三相永磁电机采用双三相相移 30° 绕组时的电磁转矩波形和主要谐波幅值，电磁转矩的主要谐波为 12 次。

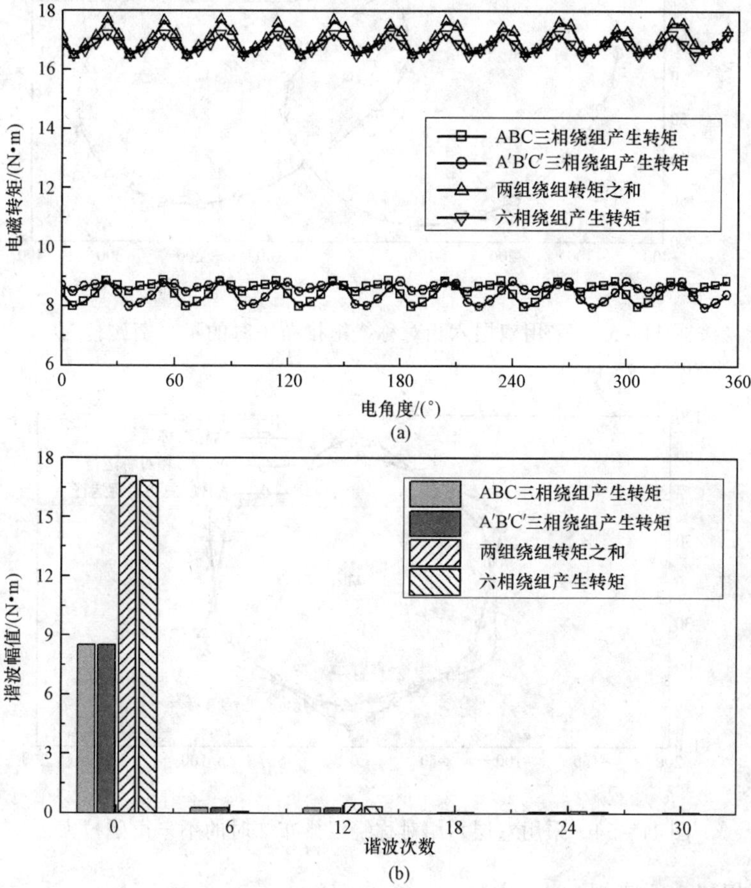

图 11－52　双三相永磁电机采用双三相相移 30° 绕组时的电磁转矩

（a）电磁转矩波形；（b）电磁转矩主要分量

因此，对于六相对称和双三相相移30°两种绕组排布，六相对称模型的转矩波动与对应的三相对称绕组模型相同，主要由$6k$（$k=1，2，3，\cdots$）次谐波引起的。对于双三相相移30°模型，转矩波动主要由$12k$（$k=1，2，3，\cdots$）次谐波引起。

四、仅一套三相对称绕组运行时的不平衡磁拉力

1. 六相对称绕组

双三相电机的绕组排布除了考虑电机正常运行时的性能外，还应考虑电机在故障情况下的运行。以10极12槽双三相永磁同步电动机为例，双层六相对称排布1和排布2时的不平衡磁拉力计算结果如图11－53和图11－54所示。六相对称运行时，A与A′（B与B′，C与C′）相差180°机械角度，产生的磁拉力相互抵消，因此整体的不平衡磁拉力为零。故障状态下，仅一套三相对称绕组运行，不平衡磁拉力大大增加，由于绕组排布1中三相绕组集中分布，而绕组排布2中三相绕组沿圆周对称分布，前者的磁拉力大于后者。

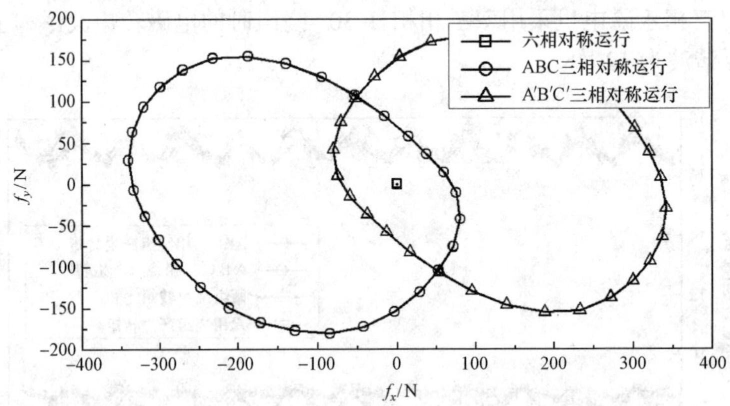

图11－53　采用双层六相对称绕组排布1时的不平衡磁拉力

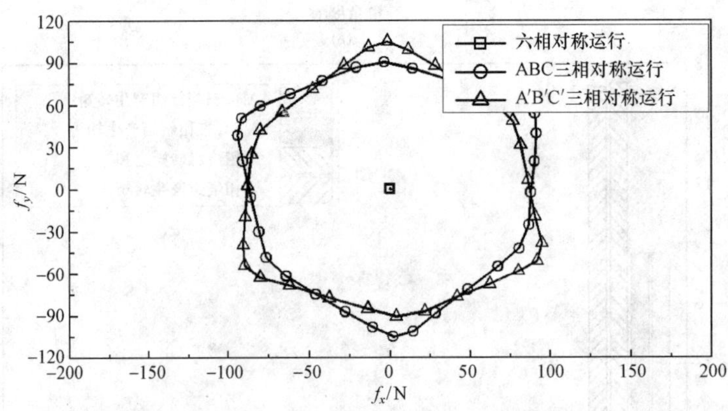

图11－54　采用双层六相对称绕组排布2时的不平衡磁拉力

2. 双三相相移30°绕组

图11－55为10极12槽永磁同步电动机采用双三相相移30°绕组排布时的不平衡磁拉力。由于每相绕组均由包含相差180°机械角度的两个线圈构成，所以不论是双三相运行还是单三

相运行，不平衡磁拉力的值为零。

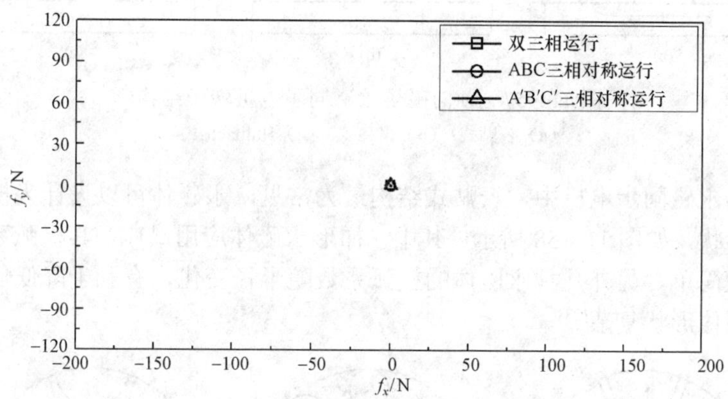

图 11－55　采用双三相相移 30° 绕组排布时的不平衡磁拉力

第六节　轴向磁场永磁同步电机

轴向磁场永磁同步电机的气隙磁场方向与转轴方向相同，载流导体径向放置，定子和转子皆为盘式结构，具有以下特点：直径与长度之比较大，电机较扁；气隙为平面型且长度易调节；功率密度较高，铁心材料用量较少；可采用轴向多盘模块化设计提高电机的功率和转矩。轴向磁场永磁同步电机适用于轴向空间受限或需低速大转矩以实现直驱的应用场合[22]。

一、轴向磁场永磁同步电机的结构

轴向磁场永磁同步电机的基本结构如图 11－56 所示，通常由定子铁心、定子绕组、永磁转子、端盖、轴承和轴等组成。定子和转子呈圆盘状，沿轴向排列，产生轴向气隙磁场。定子铁心一般由硅钢片冲制卷绕而成，转子采用高性能的永磁体并有多种结构形式。

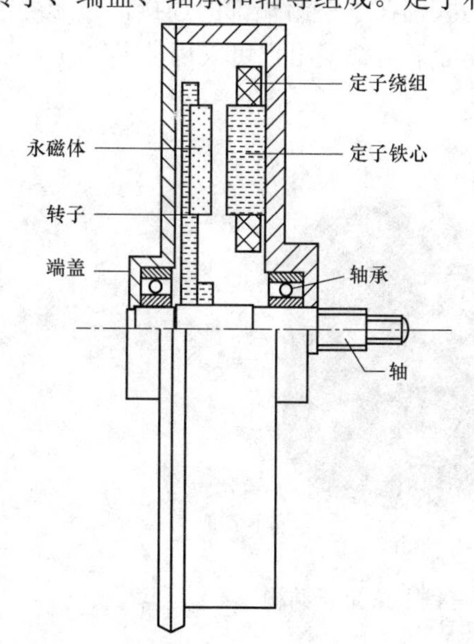

图 11－56　轴向磁场永磁同步电机基本结构

1. 转子结构

与径向磁场永磁同步电机的转子结构类似，轴向磁场永磁同步电机的转子结构有表贴式、聚磁式和 Halbach 式三种，如图 11－57 所示。表贴式结构的永磁体采用轴向充磁，相邻永磁体充磁方向相反，如图 11－57（a）所示。聚磁式结构的永磁体切向充磁，相邻永磁体充磁方向相反，形成聚磁式结构，如图 11－57（b）所示。Halbach 式结构的永磁体以 Halbach 阵列进行排列，通过使永磁体的磁化矢量随阵列距离变化进行不断旋转，能够增强气隙侧磁场而减弱背侧磁场，从而无需转子轭铁即可构成闭合磁路，可实现轴向磁场永磁同步电机的无铁心化，如图 11－57（c）所示。

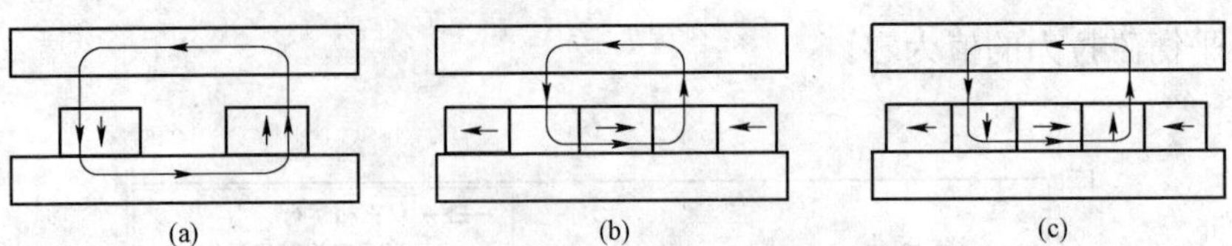

图 11－57　轴向磁场永磁同步电机转子结构

（a）表贴式；（b）聚磁式；（c）Halbach 式

在轴向磁场永磁同步电机中，表贴式结构最为常见，永磁体可以设计为梯形、圆形、半圆形等不同的形状，如图 11－58 所示。其中，梯形永磁体应用最广，其极弧系数不随半径变化，磁场分布较简单。另外几种永磁体的极弧系数随半径变化，有利于降低低谐波的反电动势波形，但永磁体形状复杂[23]。

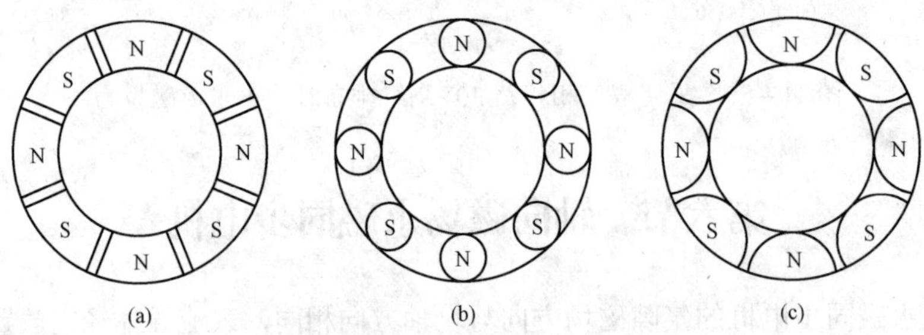

图 11－58　轴向磁场永磁同步电机的表贴式永磁体形状

（a）梯形；（b）圆形；（c）半圆形

2. 定子结构

定子结构可分为有铁心式和无铁心式两种形式。有铁心式结构又可以设计为有槽式或者无槽式两种形式，如图 11－59 所示。为减小转矩脉动，可采用斜槽结构，定子绕组一般有鼓形绕组和环形绕组两种形式，如图 11－60 所示。二者的区别在于绕组端部的连接，鼓形绕组端部沿周向分布，而环形绕组端部沿轴向分布，前者既可采用叠绕组也可采用非叠绕组，后者一般采用非叠式绕组，如图 11－61 所示。

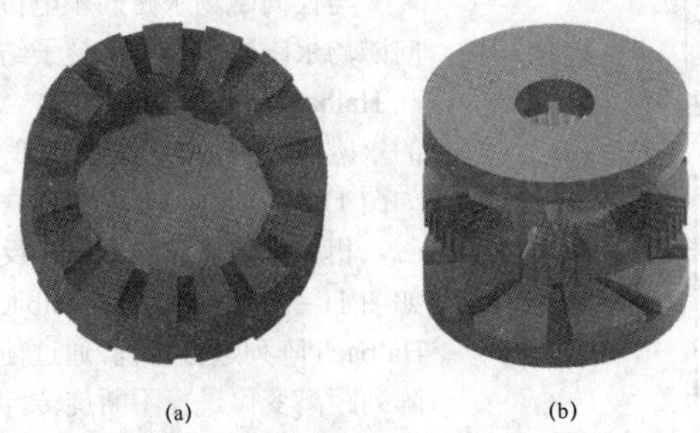

图 11－59　轴向磁场永磁同步电机的有铁心式定子结构

（a）有槽式；（b）无槽式

图 11－60　轴向磁场永磁同步电机绕组形式
（a）鼓形绕组；（b）环形绕组

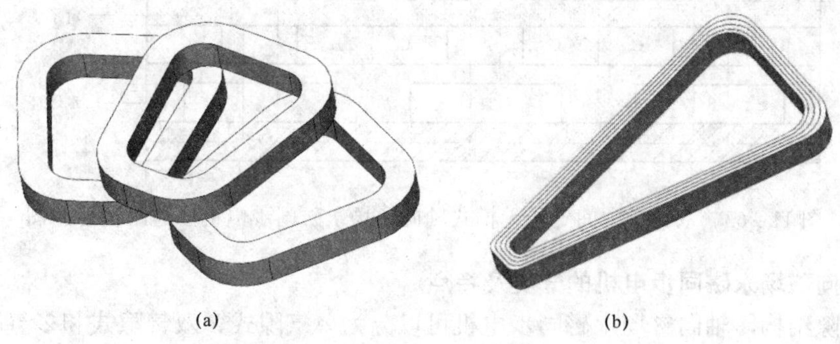

图 11－61　叠式绕组和非叠式绕组
（a）叠式绕组；（b）非叠式绕组

无铁心式通常采用中间定子结构，优点是电机效率高，缺点是电机等效气隙长度大，相比同等情况下的有铁心电机，永磁材料用量增加，定子绕组可采用叠绕组和非叠绕组两种形式，采用非叠绕组形式的优点较多，如装配工艺相对简单，线圈总长度和端部长度均减小，铜耗较小，不需要考虑齿槽转矩和绕组在齿槽中的绕制等问题，因而在绕组布局和装配上选择空间较大；缺点是绕组因数有所降低，使输出转矩减小。

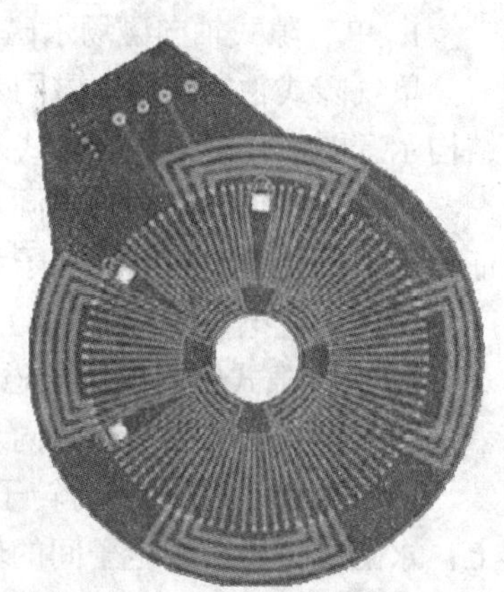

图 11－62　PCB 绕组

此外，在一些小功率应用场合，定子绕组采用 PCB 绕组，如图 11－62 所示，直接将绕组的导体印制在 PCB 板上，不涉及绕线以及线圈固化等问题，极大地简化了轴向磁场永磁同步电机定子的制造工艺，并可设计出很多形状复杂的绕组，同时使得气隙更平整，非常适用于无铁心式轴向磁场永磁同步电机[24]。

二、轴向磁场永磁同步电机的运行原理

为了克服单边磁拉力等问题，轴向磁场永磁同步电机一般采用中间定子或中间转子的双边结构。下面以双转子中间定子无槽式轴向磁场永磁同步电机为例，分析轴向磁场永磁同步电机的运行原理。

电机采用表贴式永磁体，充磁方式为轴向充磁，不同侧转子对应位置的永磁体充磁方向相同，同侧转子的永磁体 N、S 极交替布置。图 11－63 为该电机的磁通路径示意图，磁通从

永磁体的N极出发经过气隙进入定子，沿定子轭周向经过一个极距后穿过气隙，进入相邻永磁体的S极，再通过一个对称的路径回到出发的磁极形成闭合回路。当磁极周向旋转时，磁极的磁力线切割定子线圈，产生感应电动势。电机负载时，三相定子通入电流产生轴向磁场，定子磁场与转子永磁体产生的磁场相互作用，使转子转动。

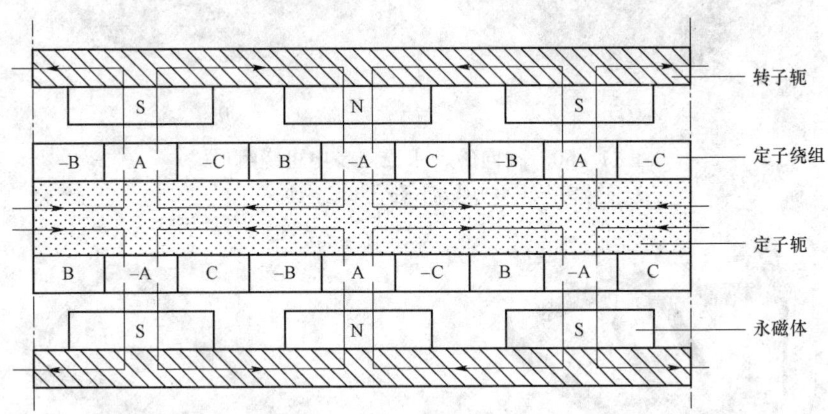

图 11－63　双转子中间定子无槽式轴向磁场永磁同步电机磁通路径示意图

三、轴向磁场永磁同步电机的分类及特点

根据气隙结构，轴向磁场永磁同步电机可以分为单气隙式、双气隙式和多气隙式结构。根据定子和转子的相对位置，双气隙式轴向磁场永磁同步电机还可采用内转子式和外转子式等多种结构[25]。

1. 单气隙式轴向磁场永磁同步电机

单气隙式轴向磁场永磁同步电机的结构简单，产生的转矩相对较低。图 11－64 是其典型结构示意图，转子采用表贴式永磁体，定子由硅钢片加工而成。

单气隙式轴向磁场永磁同步电机的定子和转子之间的磁拉力不平衡，需要推力轴承来保证转子不发生轴向窜动；转子盘需要足够厚以保证其刚度。另外，定子铁心中的磁场交变，产生铁耗，使电机效率降低。

2. 双气隙式轴向磁场永磁同步电机

双气隙式轴向磁场永磁同步电机包括双气隙内转子式和双气隙外转子式两种结构。

图 11－65 为双气隙内转子式轴向磁场永磁同步电机结构示意图，其绕组位于两侧定子上，永磁体位于两个定子间的转子上。当两套绕组并联时，可以确保一套绕组发生故障时电机仍可以运行；当两套绕组串联时，定子和转子的轴向磁拉力平衡，轴承不承受轴向力。对于双气隙内转子轴向磁场永磁同步电机，定子在电机的外侧，散热性能好，转子的转动惯量小，适用于伺服传动。

图 11－66 为双气隙外转子式轴向磁场永磁同步电机，其结构为两侧转子中间定子，比双气隙内转子轴向磁场永磁同步电机具有更紧密的结构，但转子的转动惯量较大，适用于低速、大转矩的应用场合。

外转子式轴向磁场永磁同步电机的中间定子铁心一般不开槽，环形定子铁心由连续的钢带制成，定子绕组可以均匀地环绕于铁心上，形成环形绕组，绕组用环氧树脂密封，以提高其刚度及散热能力。有效气隙长度等于电枢绕组的厚度和气隙之和。当两个转子上的永磁体为 N 极面对 S 极时，无需定子轭，可采用无铁心结构，如图 11－66（b）所示。

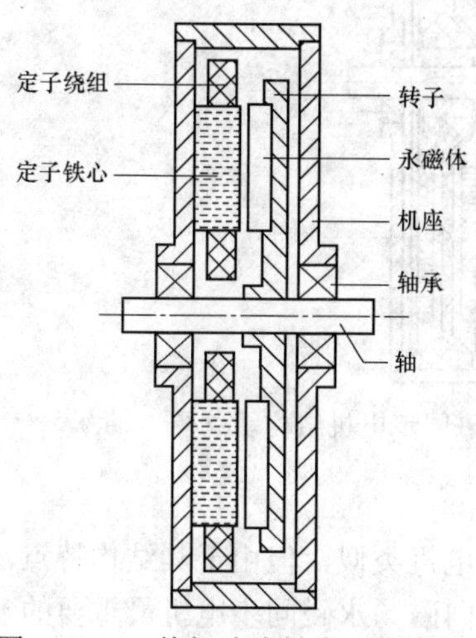

图 11－64　单气隙式轴向磁场永磁同步电机典型结构示意图

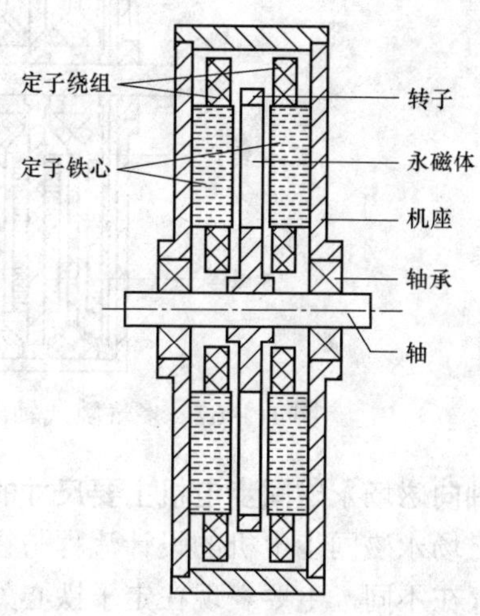

图 11－65　双气隙内转子式轴向磁场永磁同步电机结构示意图

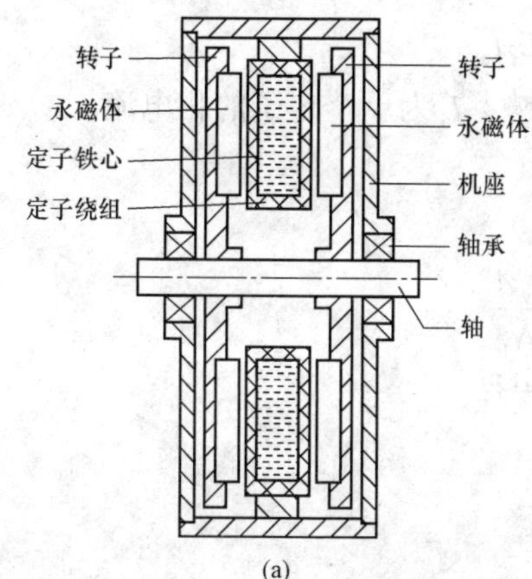

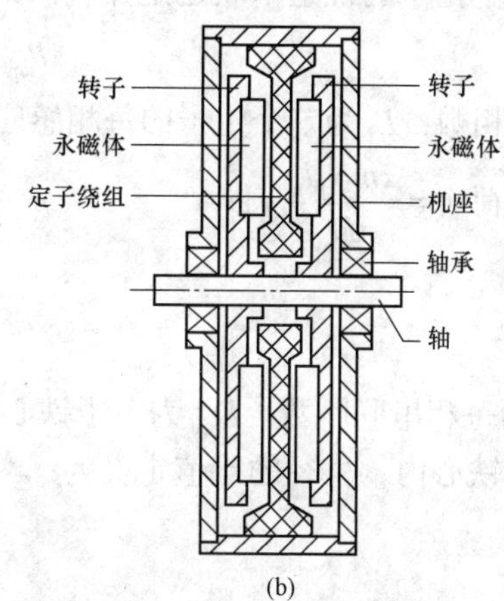

图 11－66　双气隙外转子式轴向磁场永磁同步电机结构示意图

（a）无槽式；（b）无铁心式

3. 多气隙式轴向磁场永磁同步电机

对于轴向磁场永磁同步电机，一般可以通过增加电机直径来提升转矩，但受到轴承承受的轴向力、盘与轴之间机械连接部件的机械强度等因素限制。对于大转矩轴向磁场永磁同步电机，更合理的解决方案是采用定子和转子交替排列的多气隙结构，该结构有利于电机的模块化设计，降低制造成本。其中，无铁心式电机结构为制造由相同模块组成的多气隙式轴向磁场永磁同步电机提供了高度的灵活性，如图 11－67 所示，模块的数量取决于所需的轴功率或转矩[26]。

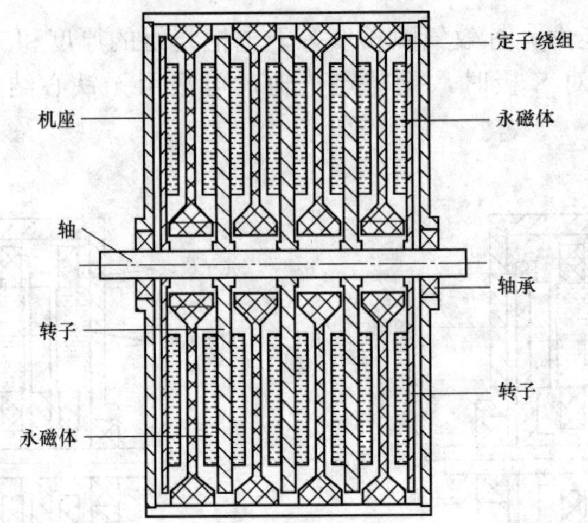

图 11－67　多气隙式轴向磁场永磁同步电机结构示意图

四、轴向磁场永磁同步电机主要尺寸的确定

轴向磁场永磁同步电机的设计流程与径向磁场电机类似，但由于其结构特点，主要尺寸设计方面存在不同，主要表现在定子铁心外径是轴向磁场永磁同步电机最重要的参数，正比于输出功率的立方根。双定子轴向磁场永磁同步电机定子外径确定方法如下：

无论两个定子的绕组串联还是并联，双定子轴向磁场永磁同步电机的电磁功率 P_{em} 都为：

$$P_{em}=2mE_f I_a \tag{11-36}$$

式中：m 为相数；E_f 为单个定子的每相感应电动势；I_a 为单个定子的相电流。

由线负荷 $A=\dfrac{2mN_1 I_a}{\pi D_{av}}$ 得：

$$I_a=\frac{\pi D_{av}A}{2mN_1} \tag{11-37}$$

式中：N_1 为每相串联匝数；D_{av} 为定子铁心平均直径。

将定子铁心内、外径的比值定义为：

$$k_d=\frac{D_{in}}{D_{ext}} \tag{11-38}$$

则

$$D_{av}=\frac{1+k_d}{2}D_{ext} \tag{11-39}$$

式中：D_{in} 为定子铁心内径；D_{ext} 为定子铁心外径。

定子绕组的感应电动势为：

$$E_f=\pi\sqrt{2}\frac{np}{60}N_1 k_{w1}\Phi_f \tag{11-40}$$

式中：n 为电机转速；p 为极对数；k_{w1} 为基波绕组系数；Φ_f 为每极磁通。

$$\Phi_f=\frac{2}{\pi}B_d\tau L_i=\frac{D_{av}}{p}B_\delta L_i \tag{11-41}$$

式中：B_δ为气隙磁通密度基波幅值；L_i为定子铁心径向长度。

$$L_i = \frac{1-k_d}{2} D_{ext} \tag{11-42}$$

将式（11－37）～式（11－42）代入式（11－36）得：

$$P_{em} = 2mE_f I_a = \frac{\pi^2 \sqrt{2}}{60} \times \frac{(1+k_d)^2}{4} \times \frac{1-k_d}{2} n k_{w1} A B_d D_{ext}^3 \tag{11-43}$$

由此可得定子铁心的外径为：

$$D_{ext} = \sqrt[3]{\frac{480 P_{em}/n}{\pi^2 k_{w1} \sqrt{2}(1+k_d)^2(1-k_d) A B_d}} \tag{11-44}$$

可以看出，定子外径正比于输出功率的立方根，随着输出功率的增加，定子外径的增加相对缓慢。因此，轴向磁场永磁同步电机特别适合于轴向空间受到限制、低速大转矩以及大功率应用场合。

第七节 永磁辅助式同步磁阻电机

永磁辅助式同步磁阻电机作为一种新型的内置式永磁同步电机，结合了永磁同步电机和同步磁阻电机的特点，有效利用永磁转矩和磁阻转矩，具有功率密度高、调速范围宽及成本低等优点[27]。相比于传统永磁同步电机，永磁辅助式同步磁阻电机可以减少永磁体的用量、降低对永磁体的性能要求。

一、永磁辅助式同步磁阻电机的结构

永磁辅助式同步磁阻电机结构示意图如图 11－68 所示。定子与普通交流电机相同，转子结构与同步磁阻电机类似，通过设计多层空气磁障提升转子凸极比，从而产生较大的磁阻转矩，同时在转子磁障中放入永磁体，使其兼有永磁同步电机和同步磁阻电机的优点。

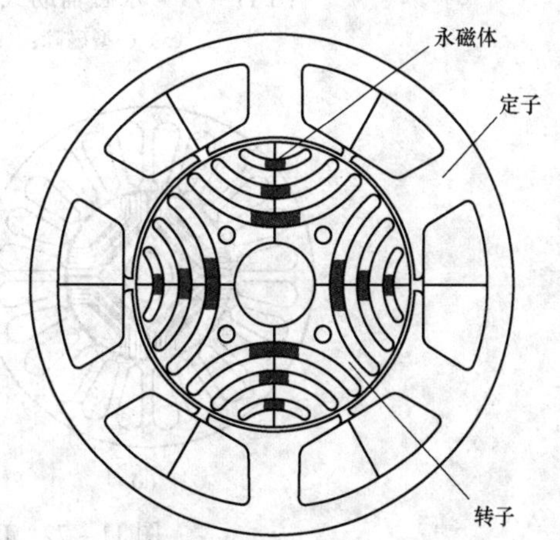

图 11－68 永磁辅助式同步磁阻电机结构示意图

根据转子结构的不同，永磁辅助式同步磁阻电机分为径向叠压式和轴向叠压式两种形式[28]，分别如图 11－69 和图 11－70 所示。径向叠压式转子采用轴向的叠片构成，即将硅钢片和永磁体按一定厚度比例沿轴向交替叠压而成，可获得较大的交轴电感和较小的直轴电感，从而显著提升磁阻转矩。但此结构的生产工艺相对复杂、机械强度低，制造成本较高，限制了其在工业中的应用。轴向叠压式转子是由硅钢片经过冲片叠压加工形成，然后将永磁材料放置在转子的空气磁障内。永磁体可以采用性能较差、价格较低的铁氧体或粘结钕铁硼永磁体，且制造工艺相对简单，制造成本低。

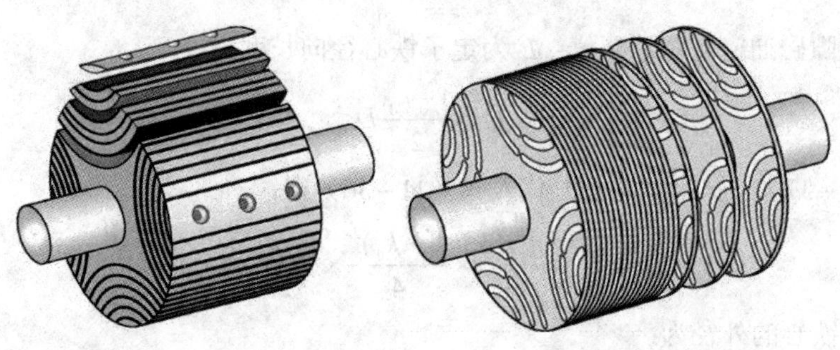

图 11－69　径向叠压式结构　　　　图 11－70　轴向叠压式结构

空气磁障的形状对永磁辅助式同步磁阻电机的磁路分布以及磁力线走向有较大影响。以轴向叠压式转子结构为例，转子磁障主要分为 C 型磁障、U 型磁障和 A 型磁障三类，如图 11－71 所示。对于 U 型磁障，既可以在磁障内全部放置永磁体，也可以在 U 型磁障底部或两侧放置永磁体，如图 11－72 所示。

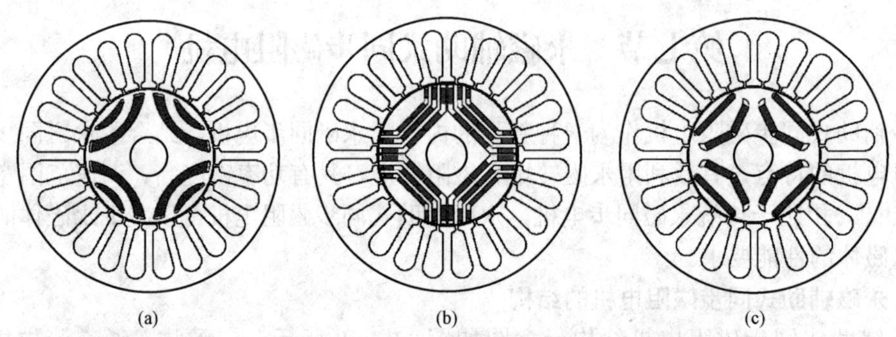

图 11－71　永磁辅助式同步磁阻电机的磁障结构示意图

（a）C 型磁障；（b）U 型磁障；（c）A 型磁障

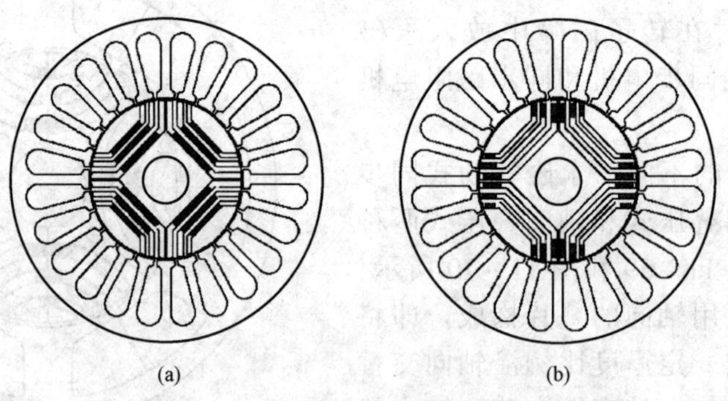

图 11－72　U 型磁障的永磁体放置

（a）U 型磁障 I 类；（b）U 型磁障 II 类

二、永磁辅助式同步磁阻电机的转矩特性

永磁辅助式同步磁阻电机中的电磁关系与普通内置式永磁同步电机相同，因此其电压方程、相量图、转矩特性等都与后者相同，在此不再赘述。为便于分析，列出其转矩特性为：

$$T_{\text{em}}=\frac{mpUE_0}{\omega X_{\text{d}}}\sin\theta+\frac{mpU^2}{2\omega}\left(\frac{1}{X_{\text{q}}}-\frac{1}{X_{\text{d}}}\right)\sin 2\theta=T_{\text{pm}}+T_{\text{re}} \tag{11-45}$$

可以看出，电磁转矩分为两项：第一项 T_{pm} 与空载反电动势有关，即与永磁体磁链有关，是永磁体产生的磁链与电枢磁场相互作用产生的永磁转矩；第二项转矩 T_{re} 与 X_{d}、X_{q} 有关，是因电机凸极效应而产生的磁阻转矩，磁阻转矩的产生机理参见第八章。

永磁辅助式同步磁阻电机和普通内置式永磁同步电机都利用了两种转矩成分，但存在差别。相对于内置式永磁同步电机，其转子往往采用多层磁障结构，磁阻转矩较大；由于永磁体性能或永磁体用量不如普通内置式永磁同步电机，其永磁转矩相对较小。图 11－73（a）、（b）分别为内置式永磁同步电机与永磁辅助式同步磁阻电机的转矩特性。可以看出，永磁辅助式同步磁阻电机中永磁转矩占比小，磁阻转矩占比大，因此调速范围优于内置式永磁同步电机。

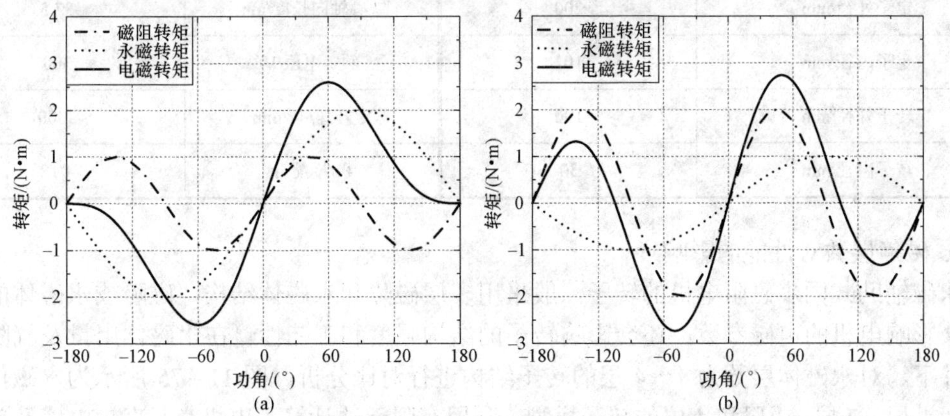

图 11－73　内置式永磁同步电机与永磁辅助式同步磁阻电机的转矩特性

（a）内置式永磁同步电机；（b）永磁辅助式同步磁阻电机

从图 11－73 可以看出，最大电磁转矩输出对应功角下的永磁转矩和磁阻转矩均不是最大值，即转矩成分未得到充分利用。因此，有学者提出非对称转子结构来改善永磁辅助式同步磁阻电机的转矩特性[29]，使永磁转矩和磁阻转矩在相同功角处取得最大值，以此来提高电磁转矩，其拓扑结构如图 11－74（a）所示，转矩特性如图 11－74（b）所示。

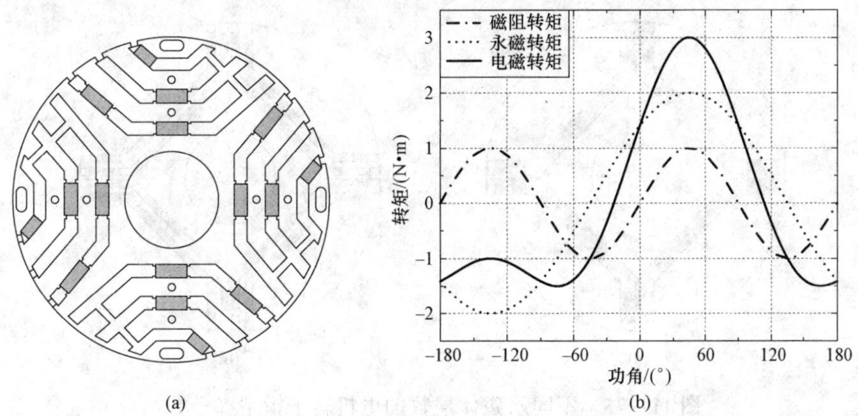

图 11－74　非对称转子电机拓扑结构及转矩特性

（a）非对称转子电机拓扑结构；（b）非对称转子电机转矩特性

三、永磁辅助式同步磁阻电机的结构参数对交直轴电感的影响

由转矩特性可知，永磁辅助式同步磁阻电机的性能与 L_q、L_d 的差值或电机的凸极比 L_d/L_q 密切相关。电感 L_d、L_q 与线圈匝数有关，而凸极比与结构尺寸有关、与线圈匝数无关，因此一般采用凸极比来衡量电机结构对磁阻转矩的影响。在电机绕组确定后，与磁阻转矩直接相关的是 L_d 与 L_q 的差值，为了提升磁阻转矩，应该增加 L_d 与 L_q 的差值。本节以 4 极、12 槽、U 型磁障永磁辅助式同步磁阻电机为研究对象，分析了电机的不同结构参数对 d、q 轴电感的影响，电机的主要参数见表 11－7。

表 11－7　　U 型磁障永磁辅助同步磁阻电机的主要参数

参数	数值	参数	数值
定子外径/mm	200	铁心轴向长度/mm	37.5
定子内径/mm	102	额定电压/V	300
转子外径/mm	100	额定转速/（r/min）	3000
转子内径/mm	30	极/槽配合	4/12

1. 磁障层数对性能的影响

永磁辅助式同步磁阻电机的转子一般采用多层磁障和永磁体结构，磁障或永磁体的层数不但会影响电机的电磁参数，还会影响转子的结构强度和工艺性。在永磁体用量及气隙相同的条件下，对永磁体层数为 1～4 层的转子结构进行对比分析，图 11－75 所示为永磁体层数分别为 1 层、2 层、3 层和 4 层的转子模型。利用有限元法计算了电机交、直轴电感及差值随永磁体层数的变化曲线，如图 11－76 所示。

可以看出，在保证永磁体用量不变的前提下，随着磁障层数的增加，直轴电感不断变小，交轴电感先变大后略微变小，电机的交直轴电感差值不断变大，凸极效应增强。因此，永磁辅助同步磁阻电机在工艺和结构允许的范围内多采用磁阻转矩相对较大的多层磁障结构。

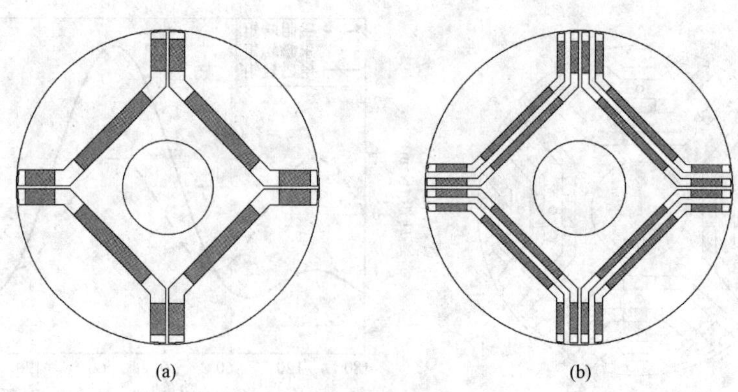

图 11－75　不同永磁体层数的电机转子模型（一）

（a）1 层永磁体转子；（b）2 层永磁体转子

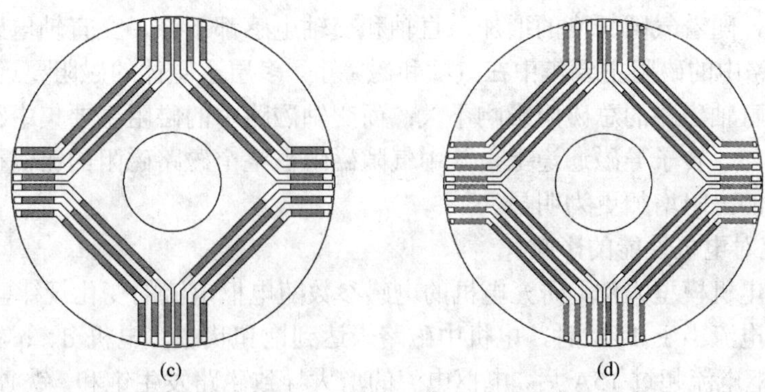

图 11－75　不同永磁体层数的电机转子模型（二）

（c）3 层永磁体转子；（d）4 层永磁体转子

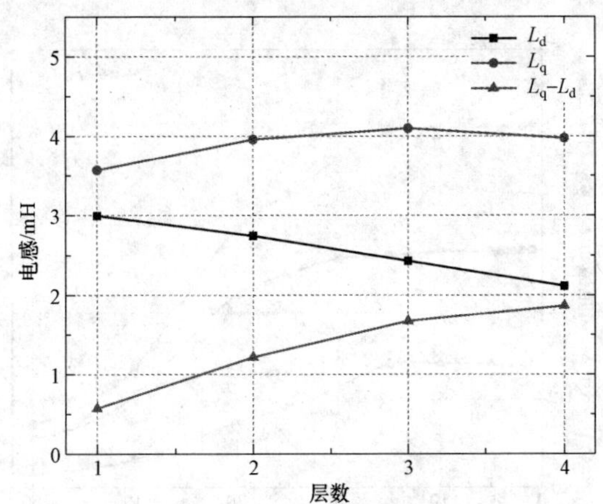

图 11－76　磁障层数对电磁参数的变化曲线

2. 气隙对性能的影响

气隙长度的选择是永磁辅助式同步磁阻电机的设计重点，直接影响交直轴电感，进而影响电机性能。以 3 层磁障电机模型为例，研究气隙长度对电机参数的影响，结果如图 11－77

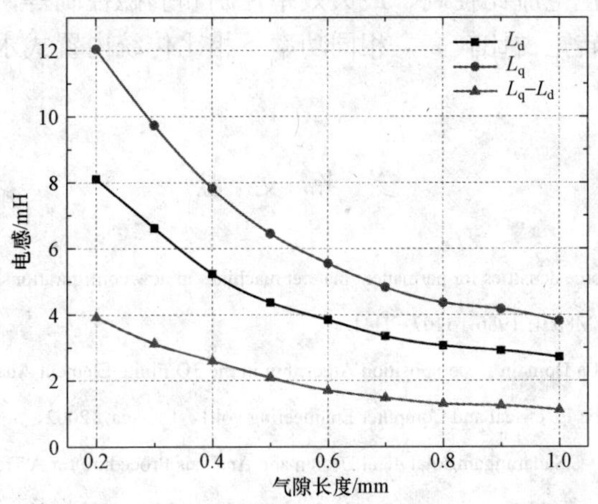

图 11－77　气隙长度对电磁参数的影响

所示。可以看出，随着气隙长度的增加，直轴和交轴电感都下降，交直轴电感差值也不断变小。因为直轴磁路中的磁阻主要集中在气隙和磁障上，多层永磁体的磁阻要远大于气隙磁阻，气隙长度变化对直轴磁路的总磁阻影响不大；而交轴磁路中的磁阻主要集中在电机气隙、定子齿部、定子轭部、转子导磁通道上，其中气隙磁阻占整个磁路磁阻的比例很大，增大电机气隙，交轴磁路的磁阻增加更为明显。

3. 电枢电流对电机性能的影响

以3层磁障电机模型为例，研究电机的电感参数随电枢电流的变化规律，如图11-78所示。当定子电枢电流小于15A时，电机中磁路未达到饱和状态，电机d、q轴电感基本保持不变。当定子电枢电流超过15A后，电枢电流的增大导致磁路发生饱和，铁心的磁导率变小，电机的d、q轴电感均大幅下降，其中q轴电感对电流的敏感度较大，d、q轴电感差值不断变小。

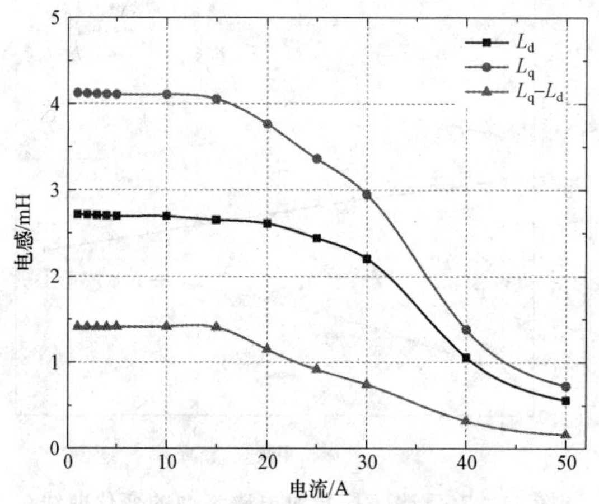

图11-78 电枢电流对电磁参数的影响

四、永磁辅助式同步磁阻电机的控制策略

永磁辅助式同步磁阻电机可采用传统内置式永磁同步电机常用的电流控制方法，如单位功率因数控制、最大转矩电流比控制、最大效率控制和弱磁控制等，在此不再赘述。因其具有较大的凸极比，磁阻转矩占比较高，相同功率下相比传统内置式永磁同步电机弱磁调速范围更广。

参考文献

[1] H.Weh, H.May.Achievable force densities for permanent magnet machines in new configurations[C]. Proc. International Conference on Electrical Machines（ICEM86），1986：1107-1111.

[2] Erich Schmidt.Application of a Domain Decomposition Algorithm in the 3D Finite Element Analysis of a Transverse Flux Machine [C]. Canadian Conference on Electrical and Computer Engineering vol.1，Canada，2002，5（12-15）：156-161.

[3] W.M.Arshad，T.Backstrom，C.Sadarangam.Analytical Design and Analysis Procedure for A Transverse Flux Machine [C]. IEEE International Electric Machines and Drives Conference, Cambridge，USA，2001：115-121.

[4] 袁琼，江建中．横向磁场永磁电机[J]．微特电机，2002，30（3）：3-4，7.

［5］ G.Henneberger，M.Bork.Development of a new transverse flux motor［J］. IEE Colloquium on New Topologies for Permanent Magnet Machines，1997：1－6.

［6］ M.R.Harris，G.H.Pajooman，S.M.A.Sharkh.Comparison of alternative topologies for VR/MIN（transverse-flux）electrical machines［C］//Proceedings of the IEE Colloquium on New Topologies for Permanent Magnet Machines，United kingdom，June 18－19，1997：P.2/1－2/7.

［7］ Z.Q.Zhu and D.Howe. Halbach permanent magnet machines and applications：a review［J］. IEE Proc.－Electr.Power Appl，2001，148（4）：299－308.

［8］ 卢琴芬，沈燚明，叶云岳. 永磁直线电机结构及研究发展综述［J］. 中国电机工程学报，2019，39（9）：2575－2587.

［9］ 潘开林，傅建中，陈子辰. 永磁直线同步电机的磁阻力分析及其最小化研究［J］. 中国电机工程学报，2004，24（4）：112－115.

［10］陈益广，潘玉玲，贺鑫. 永磁同步电机分数槽集中绕组磁动势［J］. 电工技术学报，2010，25（10）：30－36.

［11］Huang Liren，Chen Yi，Kong Hao，et al.Analysis of a permanent magnet linear synchronous motor with segmented armature for transportation system［C］//Proceeding of 2014 17th International Conference on Electrical Machines and Systems（ICEMS），2014：1791－1796.

［12］Huang Xuzhen，Qian Zhenyu，Tan Qiang，et al.Suppressing the thrust ripple of the permanent magnet linear synchronous motors with different pole structures by setting the modular primary structures differently［J］. IEEE Transactions on Energy Conversion，2018，33（4）：1815－1824.

［13］曾文欣. 油井柱塞泵用永磁直线同步电动机设计研究［D］. 山东大学，2017.

［14］D.Gerada，A.Mebarki，N.Brown，C，et al.High-speed elecctrical machines：topologies，trends，and developments［J］. IEEE Transactions on Industrial Electronics，2014，61（6）：2946－2959.

［15］张凤阁，杜光辉，王天煜，等. 高速电机发展与设计综述［J］. 电工技术学报，2016，31（7）：1－18.

［16］王天煜. 高速永磁电机转子综合设计方法及动力学特性的研究［D］. 沈阳：沈阳工业大学，2010.

［17］郝叶. 100kW、50 000r/min 高速永磁同步电机的设计与分析［D］. 沈阳：沈阳工业大学，2017.

［18］Uzhegov N，Kurvinen E，Nerg J，et al.Multidisciplinary Design Process of a 6－Slot 2－Pole High-Speed Permanent-Magnet Synchronous Machine［J］. IEEE Transactions on Industrial Electronics，2016，63（2）：784－795.

［19］S.Niu，S.L.Ho，W.N.Fu.，A novel direct-drive dual-structure permanent magnet machine［J］. IEEE Transactions on Magnetics，2010，46（6）：2036－2039.

［20］王勃. 双三相永磁同步容错电动机的研究［D］. 哈尔滨：哈尔滨工业大学，2013.

［21］Massimo Barcaro，Nicola Bianchi，Freddy Magnussen.Analysis and tests of a dual three-phase 12－slot 10－pole permanent-magnet motor［J］. IEEE Transactions on Industry Applications，2010，46（6）：2355－2362.

［22］黄允凯，周涛，董剑宁，等. 轴向永磁电机及其研究发展综述［J］. 中国电机工程学报，2015，35（1）：192－205.

［23］刘向东，马同凯，赵静. 定子无铁心轴向磁通永磁同步电机研究进展综述［J］. 中国电机工程学报，2020，40（1）：257－273＋392.

［24］程恩. 印制永磁同步电机的设计及其控制［D］. 中国矿业大学，2018.

［25］F.G.Capponi，G.D.Donato and F.Caricchi.Recent Advances in Axial-Flux Permanent-Magnet Machine Technology［J］. IEEE Transactions on Industry Applications，2012，48（6）：2190－2205.

［26］M.Aydin，S.Huang and T.A.Lipo.Axial flux permanent magnet disc machines：A review.Proc.Int.SPEEDAM［J］，2004（8）：61－71.

［27］赵争鸣. 新型同步磁阻永磁电机发展及现状［J］. 电工电能新技术，1998（03）：24－27＋75.

［28］Kolehmainen，J.Synchronous reluctance motor with form blocked rotor［J］. IEEE Transactions on Energy Conversion，2010，25（2）：450－456.

［29］赵文良，刘炎，陈德志，等. 一种永磁聚磁式同步磁阻电机及其非对称转子［P］. 山东省：CN109802504A，2019－05－24.

附 录

附录A 导线规格表

附表 A-1 漆包圆铜（铝）线规格表 （单位：mm）

铜、铝导线外径	薄绝缘	厚绝缘	铜、铝导线外径	薄绝缘	厚绝缘
标称	漆层最小厚度	漆层最小厚度	标称	漆层最小厚度	漆层最小厚度
0.015	0.002		0.530	0.025	0.04
0.020	0.003		0.560	0.025	0.04
0.025	0.004		0.600	0.025	0.04
0.030	0.004		0.630	0.025	0.04
0.040	0.004		0.670	0.025	0.04
0.050	0.005		（0.690）	0.025	0.04
0.060	0.008	0.009	0.710	0.025	0.04
0.070	0.008	0.009	0.750	0.03	0.05
0.080	0.008	0.010	（0.770）	0.03	0.05
0.090	0.008	0.010	0.800	0.03	0.05
0.100	0.010	0.013	（0.830）	0.03	0.05
0.110	0.010	0.013	0.850	0.03	0.05
0.120	0.010	0.013	0.900	0.03	0.05
0.130	0.010	0.013	（0.930）	0.03	0.05
0.140	0.012	0.016	0.950	0.03	0.05
0.150	0.012	0.016	1.00	0.04	0.06
0.160	0.012	0.016	1.06	0.04	0.06
0.170	0.012	0.016	1.12	0.04	0.06
0.180	0.015	0.020	1.18	0.04	0.06
0.190	0.015	0.020	1.25	0.04	0.06
0.200	0.015	0.020	1.30	0.04	0.06
0.210	0.015	0.020	（1.35）	0.04	0.06
0.230	0.020	0.025	1.40	0.04	0.06
0.250	0.020	0.025	（1.45）	0.04	0.06
（0.270）	0.020	0.025	1.50	0.04	0.06
0.280	0.020	0.025	（1.56）	0.04	0.06
（0.290）	0.020	0.025	1.60	0.05	0.07
0.310	0.020	0.025	1.70	0.05	0.07
0.330	0.020	0.03	1.80	0.05	0.07
0.350	0.020	0.03	1.90	0.05	0.07
0.380	0.020	0.03	2.00	0.05	0.07
0.400	0.020	0.03	2.12	0.05	0.07
0.420	0.020	0.03	2.24	0.05	0.07
0.450	0.020	0.03	2.36	0.05	0.07
0.470	0.020	0.03	2.50	0.05	0.07
0.500	0.020	0.03			

注：1. 括号内规格为不推荐的保留规格。

2. 聚酯漆包圆铜线、缩醛漆包圆铜线规格为 0.02～2.5mm；聚氨酯漆包圆铜线规格为 0.015～1.00mm；聚氨酯漆包圆铝线规格为 0.06～2.5mm。

附录B 导磁材料磁化曲线和损耗曲线图表

附表 B-1 **0.5mm 厚热轧硅钢片 50Hz 典型磁化曲线表**

（1）$B_{25}=1.48T$ 磁化曲线表 （单位：A/cm）

B/T	0	0.01	0.02	0.03	0.04	0.05	0.06	0.07	0.08	0.09
0.4	1.40	1.43	1.46	1.49	1.52	1.55	1.58	1.61	1.64	1.67
0.5	1.71	1.75	1.79	1.83	1.87	1.91	1.95	1.99	2.03	2.07
0.6	2.12	2.17	2.22	2.27	2.32	2.37	2.42	2.48	2.54	2.60
0.7	2.67	2.74	2.81	2.88	2.95	3.02	3.09	3.16	3.24	3.32
0.8	3.40	3.48	3.56	3.64	3.72	3.80	3.89	3.98	4.07	4.16
0.9	4.25	4.35	4.45	4.55	4.65	4.76	4.88	5.00	5.12	5.24
1.0	5.36	5.49	5.62	5.75	5.88	6.02	6.16	6.30	6.45	6.60
1.1	6.75	6.91	7.08	7.26	7.45	7.65	7.86	8.08	8.31	8.55
1.2	8.80	9.06	9.33	9.61	9.90	10.2	10.5	10.9	11.2	11.60
1.3	12.0	12.5	13.0	13.5	14.0	14.5	15.0	15.6	16.2	16.8
1.4	17.4	18.2	18.9	19.8	20.6	21.6	22.6	23.8	25.0	26.4
1.5	28.0	29.7	31.5	33.7	36.0	38.5	41.3	44.0	47.0	50.0
1.6	52.9	55.9	59.0	62.1	65.3	69.2	72.8	76.6	80.4	84.2
1.7	88.0	92.0	95.6	100	105	110	115	120	126	132
1.8	138	145	152	159	166	173	181	189	197	205

（2）$B_{25}=1.54T$ 磁化曲线表 （单位：A/cm）

B/T	0	0.01	0.02	0.03	0.04	0.05	0.06	0.07	0.08	0.09
0.4	1.38	1.40	1.42	1.44	1.46	1.48	1.50	1.52	1.54	1.56
0.5	1.58	1.60	1.62	1.64	1.66	1.69	1.71	1.74	1.76	1.78
0.6	1.81	1.84	1.86	1.89	1.91	1.94	1.97	2.00	2.03	2.06
0.7	2.10	2.13	2.16	2.20	2.24	2.28	2.32	2.36	2.40	2.45
0.8	2.50	2.55	2.60	2.65	2.70	2.76	2.81	2.87	2.93	2.99
0.9	3.06	3.13	3.19	3.26	3.33	3.41	3.49	3.57	3.65	3.74
1.0	3.83	3.92	4.01	4.11	4.22	4.33	4.44	4.56	4.67	4.80
1.1	4.93	5.07	5.21	5.36	5.52	5.68	5.84	6.00	6.16	6.33
1.2	6.52	6.72	6.94	7.16	7.38	7.62	7.86	8.10	8.36	8.62
1.3	8.90	9.20	9.50	9.80	10.1	10.5	10.9	11.3	11.7	12.1
1.4	12.6	13.1	13.6	14.2	14.8	15.5	16.3	17.1	18.1	19.1
1.5	20.1	21.2	22.4	23.7	25.0	26.7	28.5	30.4	32.6	35.1
1.6	37.8	40.7	43.7	46.8	50.0	53.4	56.8	60.4	64.0	67.8
1.7	72.0	76.4	80.8	85.4	90.2	95.0	100	105	110	116
1.8	122	128	134	140	146	152	158	165	172	180

（3）$B_{25}=1.57\mathrm{T}$ 磁化曲线表　　（单位：A/cm）

B/T	0	0.01	0.02	0.03	0.04	0.05	0.06	0.07	0.08	0.09
0.4	1.37	1.38	1.40	1.42	1.44	1.46	1.48	1.50	1.52	1.54
0.5	1.56	1.58	1.60	1.62	1.64	1.66	1.68	1.70	1.72	1.75
0.6	1.77	1.79	1.81	1.84	1.87	1.89	1.92	1.94	1.97	2.00
0.7	2.03	2.06	2.09	2.12	2.16	2.20	2.23	2.27	2.31	2.35
0.8	2.39	2.43	2.48	2.52	2.57	2.62	2.67	2.73	2.79	2.85
0.9	2.91	2.97	3.03	3.10	3.17	3.24	3.31	3.39	3.47	3.55
1.0	3.63	3.71	3.79	3.88	3.97	4.06	4.16	4.26	4.37	4.48
1.1	4.60	4.72	4.86	5.00	5.14	5.29	5.44	5.60	5.76	5.92
1.2	6.10	6.28	6.46	6.65	6.85	7.05	7.25	7.46	7.68	7.90
1.3	8.14	8.40	8.68	8.96	9.26	9.58	9.86	10.2	10.6	11.0
1.4	11.4	11.8	12.3	12.8	13.3	13.8	14.4	15.0	15.7	16.4
1.5	17.2	18.0	18.9	19.9	20.9	22.1	23.5	25.0	26.8	28.6
1.6	30.7	33.0	35.6	38.2	41.1	44.0	47.0	50.0	53.5	57.5
1.7	61.5	66.0	70.5	75.0	79.7	84.5	89.5	94.7	100	105
1.8	110	116	122	128	134	141	148	155	162	170

附表 B-2　　0.5mm 厚热轧硅钢片 50Hz 典型损耗曲线表

（1）$P_{10/50}=2.5\mathrm{W/kg}$ 损耗曲线表

B/T	0	0.01	0.02	0.03	0.04	0.05	0.06	0.07	0.08	0.09
0.5	6.28	6.50	6.74	7.00	7.22	7.47	7.70	7.94	8.18	8.42
0.6	8.66	8.90	9.14	9.40	9.64	9.90	10.1	10.4	10.6	10.9
0.7	11.1	11.4	11.6	11.9	12.1	12.4	12.7	12.9	13.2	13.4
0.8	13.6	14.0	14.2	14.4	14.7	15.0	15.2	15.5	15.8	16.0
0.9	16.3	16.6	16.9	17.2	17.5	17.8	18.1	18.5	18.8	19.1
1.0	19.5	19.9	20.2	20.6	21.0	21.4	21.8	22.3	22.7	23.2
1.1	23.7	24.2	24.7	25.2	25.7	26.3	26.8	27.3	27.9	28.5
1.2	29.0	29.6	30.1	30.7	31.3	31.9	32.5	33.1	33.7	34.3
1.3	34.9	35.5	36.0	36.7	37.3	37.9	38.5	39.1	39.7	40.3
1.4	40.9	41.5	42.1	42.7	43.3	44.0	44.6	45.2	45.8	46.4
1.5	47.1	47.7	48.3	48.9	49.6	50.2	50.8	51.4	51.9	52.6
1.6	53.1	53.7	54.3	54.9	55.5	56.1	56.7	57.3	57.9	58.5
1.7	59.1	59.7	60.3	60.9	61.6	62.3	62.9	63.6	64.4	65.0
1.8	65.8	66.6	67.4	68.2	69.0	69.9	70.8	71.7	72.6	73.5
1.9	74.4	75.4	76.3	77.1	78.0	78.9	79.8	80.8	81.8	82.8

（2）$P_{10/50}$=2.1W/kg 损耗曲线表

B/T	0	0.01	0.02	0.03	0.04	0.05	0.06	0.07	0.08	0.09
0.5	5.15	5.35	5.55	5.76	5.98	6.17	6.38	6.57	6.78	7.00
0.6	7.22	7.42	7.62	7.84	8.05	8.26	8.48	8.70	8.90	9.12
0.7	9.35	9.55	9.76	9.98	10.2	10.4	10.6	10.8	11.0	11.3
0.8	11.5	11.7	12.0	12.2	12.4	12.6	12.8	13.1	13.3	13.5
0.9	13.8	14.0	14.3	14.5	14.8	15.1	15.3	15.6	15.9	16.2
1.0	16.5	16.8	17.1	17.4	17.8	18.1	18.4	18.8	19.2	19.6
1.1	20.0	20.4	20.8	21.2	21.7	22.1	22.6	23.0	23.5	24.0
1.2	24.5	25.0	25.4	26.0	26.4	27.0	27.5	28.0	28.5	29.0
1.3	29.5	30.0	30.5	31.0	31.6	32.1	32.6	33.1	33.6	34.2
1.4	34.7	35.2	35.7	36.2	36.7	37.2	37.8	38.3	38.8	39.4
1.5	39.8	40.4	40.9	41.4	41.9	42.4	42.9	43.5	44.0	44.5
1.6	45.0	45.6	46.1	46.6	47.1	47.7	48.2	48.7	49.2	49.7
1.7	50.2	50.7	51.3	51.8	52.3	52.9	53.5	54.1	54.7	55.4
1.8	56.1	56.8	57.4	58.1	58.9	59.6	60.3	61.0	61.8	62.6
1.9	63.4	64.1	64.8	65.6	66.4	67.2	67.9	68.7	69.4	70.3

注：1. 表中查得数应 $\times 10^{-3}$W/cm³。

2. B_{25} 表示当磁场强度为 25A/cm 时产生的磁通密度 B 的值。

3. $P_{10/50}$ 表示频率为 50Hz，磁通密度为 1T 时的铁耗，以 W/kg 表示。

附表 B－3　　常用冷轧硅钢片磁化曲线和损耗曲线表

（1）DW540－50 直流磁化特性表

B/T	0	0.01	0.02	0.03	0.04	0.05	0.06	0.07	0.08	0.09
0.1	35.03	36.15	37.74	39.01	40.61	42.20	42.99	44.27	45.38	46.18
0.2	46.97	47.77	49.36	50.16	50.96	52.55	52.95	54.14	54.94	55.73
0.3	57.32	58.12	58.92	59.71	60.51	62.10	62.90	63.69	64.49	65.29
0.4	66.08	66.88	67.68	68.47	69.27	70.06	70.86	71.66	72.45	73.25
0.5	74.04	74.84	75.64	76.04	77.23	78.03	78.82	79.62	80.41	81.21
0.6	82.01	82.80	84.39	85.99	86.78	87.58	88.38	89.17	89.97	90.76
0.7	91.56	92.37	93.15	93.95	95.54	97.13	98.73	100.32	101.91	102.71
0.8	103.50	104.30	105.89	108.28	109.87	110.67	111.46	113.06	116.24	117.04
0.9	117.83	118.63	121.02	122.61	124.20	125.80	126.59	128.98	132.17	135.35
1.0	156.15	136.94	139.33	141.72	144.90	148.09	151.27	152.87	156.05	159.24
1.1	160.83	162.42	167.20	171.18	173.57	179.14	185.51	187.90	191.08	199.04
1.2	203.03	207.01	214.97	222.93	230.89	238.85	248.41	257.96	267.52	277.07
1.3	286.62	294.95	302.55	318.47	334.39	350.32	366.24	398.09	414.01	429.94
1.4	461.78	477.71	517.52	549.36	589.17	636.94	700.64	748.41	796.18	875.80
1.5	955.41	1035.03	1114.65	1194.27	1433.12	1512.74	1671.97	1910.83	2070.06	2308.92
1.6	2547.77	2866.24	3025.48	3264.33	3503.18	3821.66	4140.13	4458.60	4617.83	5095.54
1.7	5254.78	5573.25	5891.72	6050.96	6369.43	6847.13	7165.61	7484.08	7802.55	

注：表中查得数应 $\times 10^{-2}$A/cm。

（2）DW540－50铁损耗特性表（50Hz）　　（单位：W/kg）

B/T	0	0.01	0.02	0.03	0.04	0.05	0.06	0.07	0.08	0.09
0.50	0.560	0.580	0.600	0.620	0.640	0.660	0.690	0.715	0.740	0.755
0.60	0.770	0.800	0.825	0.850	0.875	0.900	0.918	0.933	0.950	0.980
0.70	1.00	1.030	1.060	1.100	1.130	1.170	1.200	1.220	1.250	1.280
0.80	1.300	1.330	1.350	1.370	1.385	1.400	1.430	1.450	1.480	1.510
0.90	1.550	1.580	1.610	1.630	1.660	1.700	1.730	1.760	1.800	1.850
1.00	1.900	1.930	1.950	1.980	2.010	2.050	2.100	2.150	2.180	2.250
1.10	2.300	2.330	2.360	2.400	2.450	2.500	2.530	2.570	2.600	2.630
1.20	2.650	2.720	2.790	2.850	2.870	2.900	2.960	3.020	3.080	3.110
1.30	3.150	3.200	3.250	3.300	3.350	3.400	3.460	3.530	3.600	3.680
1.40	3.750	3.800	3.850	3.900	3.950	4.000	4.070	4.140	4.200	4.280
1.50	4.350	4.430	4.500	4.600	4.650	4.700	4.800	4.900	5.000	5.050
1.60	5.100	5.160	5.230	5.300	5.370	5.440	5.510	5.580	5.650	5.720
1.70	5.800									

注：密度为7.75g/cm^3。

（3）DW465－50直流磁化特性表

B/T	0	0.01	0.02	0.03	0.04	0.05	0.06	0.07	0.08	0.09
0.1	31.85	33.44	35.03	36.62	38.06	39.01	39.81	41.40	42.20	43.79
0.2	45.38	46.18	46.97	47.77	48.57	50.16	50.96	52.55	54.14	54.49
0.3	55.73	56.53	57.32	58.12	58.92	59.71	60.51	62.10	62.90	63.69
0.4	64.49	65.29	66.08	66.88	67.68	68.47	69.27	70.06	70.86	71.66
0.5	72.45	73.25	73.65	74.04	74.44	74.84	75.24	75.64	76.04	76.43
0.6	76.83	77.23	77.63	78.03	78.42	78.82	78.98	79.14	79.30	79.46
0.7	79.62	80.41	81.21	82.01	82.80	83.60	84.39	85.19	85.99	86.78
0.8	87.58	89.17	90.76	92.36	93.95	96.34	97.93	99.52	101.11	102.71
0.9	104.30	105.89	107.48	109.08	110.67	112.26	113.85	115.45	117.04	118.63
1.0	121.02	123.41	125.80	129.78	131.37	133.76	135.35	136.94	140.13	141.72
1.1	143.31	146.50	149.68	152.87	160.83	167.20	171.97	176.75	181.53	184.71
1.2	189.49	195.86	202.23	208.60	213.38	222.93	230.89	238.85	246.82	254.78
1.3	262.74	272.29	286.62	302.55	310.51	318.47	334.39	362.26	382.17	398.09
1.4	429.94	445.86	477.71	525.48	581.21	668.79	740.45	764.33	835.99	915.61
1.5	995.22	1114.65	1273.89	1353.50	1512.74	1592.30	1831.21	1990.45	2149.68	2308.92
1.6	2547.77	2866.24	3025.48	3184.71	3503.18	3742.04	3901.27	4219.75	4458.60	4777.07
1.7	5095.54	5414.01	5891.72	6210.19	6369.43	6687.90	7006.37	7165.61	7643.31	

注：表中查得数应×10^{-2}A/cm。

（4）DW465－50 铁损耗特性表（50Hz）　（单位：W/kg）

B/T	0	0.01	0.02	0.03	0.04	0.05	0.06	0.07	0.08	0.09
0.50	0.560	0.580	0.600	0.620	0.640	0.660	0.680	0.710	0.740	0.760
0.60	0.780	0.800	0.825	0.850	0.875	0.900	0.925	0.950	0.970	1.000
0.70	1.030	1.050	1.070	1.100	1.130	1.150	1.180	1.200	1.220	1.260
0.80	1.300	1.320	1.340	1.350	1.380	1.400	1.430	1.460	1.500	1.520
0.90	1.540	1.560	1.580	1.600	1.630	1.650	1.700	1.750	1.800	1.820
1.00	1.840	1.850	1.860	1.880	1.920	1.970	2.000	2.050	2.100	2.140
1.10	2.180	2.200	2.220	2.250	2.280	2.300	2.360	2.420	2.500	2.530
1.20	2.550	2.580	2.620	2.650	2.700	2.750	2.800	2.850	2.900	2.950
1.30	3.000	3.050	3.100	3.150	3.200	3.250	3.300	3.350	3.400	3.450
1.40	3.500	3.550	3.600	3.650	3.700	3.750	3.800	3.850	3.900	3.950
1.50	4.000	4.050	4.100	4.150	4.180	4.200	4.230	4.270	4.300	4.400
1.60	4.500	4.570	4.640	4.700	4.750	4.800	4.850	4.900	4.950	4.980
1.70	5.000	5.050	5.100	5.200	5.250	5.300	5.400	5.500	5.600	5.700

注：密度为 7.70g/cm^3。

（5）DW360－50 直流磁化特性表

B/T	0	0.01	0.02	0.03	0.04	0.05	0.06	0.07	0.08	0.09
0.1	28.66	31.85	33.44	35.03	36.62	38.22	39.01	39.81	41.40	42.99
0.2	44.59	46.18	46.97	47.77	48.17	48.57	49.36	50.96	52.55	54.14
0.3	54.94	55.73	56.53	57.17	58.12	58.92	59.71	60.51	62.90	63.69
0.4	64.49	64.89	65.29	65.68	66.08	66.48	66.89	67.28	67.68	68.47
0.5	69.27	69.67	70.06	70.46	70.86	71.66	72.05	72.45	73.25	73.65
0.6	74.04	74.84	75.64	76.43	77.23	78.03	78.62	78.82	79.22	79.64
0.7	82.01	82.80	83.60	84.39	85.19	85.99	87.58	91.56	92.36	93.95
0.8	95.54	98.73	100.32	101.91	102.71	103.50	105.10	106.69	108.28	109.87
0.9	111.46	113.06	114.65	116.24	117.83	119.43	121.02	122.61	124.20	125.80
1.0	127.39	130.57	133.76	136.84	140.13	143.31	146.49	149.68	152.87	156.05
1.1	159.25	165.61	171.97	178.34	184.71	191.08	197.45	203.82	212.19	216.51
1.2	218.95	221.34	223.73	224.52	225.32	254.78	262.74	278.66	286.62	302.55
1.3	314.49	326.34	342.36	366.24	382.17	406.05	437.90	453.82	493.63	525.48
1.4	557.32	605.10	636.00	716.56	796.18	835.99	915.61	995.22	1114.65	1194.27
1.5	1353.50	1512.74	1671.97	1910.83	2070.06	2308.92	2547.78	2866.24	3025.48	3343.95
1.6	3642.42	3901.27	4140.13	4458.59	4777.07	5254.78	5652.87	6130.57	6369.43	6847.13
1.7	7165.61	7802.55								

注：表中查得数应 $\times 10^{-2}$A/cm。

（6）DW360－50 铁损耗特性表（50Hz）　　　　（单位：W/kg）

B/T	0	0.01	0.02	0.03	0.04	0.05	0.06	0.07	0.08	0.09
0.50	0.420	0.433	0.448	0.460	0.470	0.480	0.495	0.505	0.520	0.540
0.60	0.560	0.570	0.580	0.590	0.610	0.630	0.645	0.660	0.680	0.690
0.70	0.700	0.715	0.735	0.750	0.780	0.800	0.815	0.830	0.840	0.860
0.80	0.880	0.900	0.920	0.940	0.955	0.970	0.990	1.020	1.040	1.060
0.90	1.090	1.120	1.150	1.170	1.200	1.240	1.260	1.280	1.300	1.320
1.00	1.340	1.360	1.380	1.400	1.425	1.450	1.470	1.500	1.540	1.560
1.10	1.580	1.600	1.620	1.640	1.680	1.700	1.730	1.750	1.780	1.820
1.20	1.850	1.880	1.910	1.930	1.950	1.980	2.000	2.350	2.135	2.180
1.30	2.150	2.200	2.240	2.270	2.310	2.350	2.400	2.450	2.500	2.550
1.40	2.600	2.630	2.650	2.680	2.740	2.800	2.830	2.860	2.900	2.950
1.50	3.000	3.020	3.045	3.070	3.100	3.200	3.260	3.320	3.400	3.450
1.60	3.500	3.550	3.600	3.650	3.700	3.750	3.820	3.880	3.950	3.980
1.70	4.000	4.030	4.060	4.100	4.200	4.300	4.350	4.400	4.450	4.500

注：密度为 7.65g/cm^3。

（7）DW315－50 直流磁化特性表

B/T	0	0.01	0.02	0.03	0.04	0.05	0.06	0.07	0.08	0.09
0.1	23.89	24.68	26.12	27.07	27.87	28.66	30.10	31.69	31.85	32.48
0.2	33.44	34.08	35.03	35.83	36.62	38.21	38.62	39.41	39.81	41.08
0.3	42.20	42.83	42.99	44.59	45.38	46.02	46.42	47.29	47.61	47.77
0.4	49.20	49.36	49.76	50.16	50.96	51.75	52.55	52.79	53.11	53.34
0.5	55.33	55.57	55.73	56.13	56.37	57.33	57.72	58.12	58.52	58.92
0.6	60.51	61.31	62.10	62.90	63.54	64.49	65.29	66.08	66.88	67.68
0.7	68.47	69.27	70.06	70.86	71.66	73.25	74.05	74.84	75.64	78.03
0.8	78.82	79.62	81.21	82.80	83.60	84.40	85.99	87.58	90.76	92.37
0.9	94.75	95.54	98.73	99.52	100.32	102.71	103.50	106.69	108.28	111.47
1.0	114.73	114.81	115.05	119.43	121.02	124.20	127.39	131.37	134.55	139.33
1.1	141.72	144.90	149.68	150.48	155.26	163.22	165.61	171.98	179.14	185.56
1.2	192.68	199.05	207.01	214.97	222.93	234.87	243.63	246.82	270.70	285.03
1.3	298.57	310.51	326.43	342.36	366.24	390.13	398.09	429.14	460.19	485.67
1.4	517.52	557.33	597.13	636.94	740.45	796.18	859.87	955.41	1035.03	1114.65
1.5	1233.80	1354.50	1472.93	1592.36	1791.40	1990.45	2149.68	2388.54	2627.39	2866.24
1.6	3025.48	3184.71	3503.19	3821.66	4060.51	4299.36	4617.83	4936.35	5414.01	5625.87
1.7	6050.96	6369.43	6608.28	7006.37	7563.69	7961.78				

注：表中查得数应 $\times 10^{-2}$A/cm。

（8）DW315－50 铁损耗特性表（50Hz）　　（单位：W/kg）

B/T	0	0.01	0.02	0.03	0.04	0.05	0.06	0.07	0.08	0.09
0.50	0.410	0.420	0.430	0.440	0.450	0.460	0.470	0.480	0.490	0.500
0.60	0.515	0.530	0.545	0.560	0.570	0.580	0.590	0.610	0.620	0.635
0.70	0.650	0.665	0.680	0.700	0.715	0.730	0.748	0.761	0.780	0.795
0.80	0.820	0.840	0.860	0.880	0.900	0.920	0.940	0.960	0.980	0.990
0.90	1.000	1.030	1.060	1.080	1.100	1.120	1.130	1.150	1.180	1.200
1.00	1.220	1.250	1.285	1.300	1.330	1.350	1.375	1.395	1.420	1.440
1.10	1.450	1.470	1.500	1.520	1.550	1.580	1.600	1.630	1.650	1.680
1.20	1.700	1.750	1.800	1.830	1.850	1.870	1.900	1.920	1.950	1.970
1.30	1.980	2.000	2.040	2.080	2.120	2.150	2.170	2.190	2.200	2.250
1.40	2.300	2.350	2.400	2.440	2.470	2.500	2.550	2.600	2.650	2.720
1.50	2.800	2.830	2.860	2.880	2.910	2.950	2.980	3.040	3.100	3.150
1.60	3.200	3.250	3.300	3.350	3.400	3.450	3.500	3.550	3.600	3.700
1.70	3.770	3.810	3.850	3.900	3.950	4.000	4.100	4.200	4.300	4.400

注：密度为 7.60g/cm^3。

附表 B－4　　厚度 1～1.75mm 的钢板磁化曲线表　　（单位：A/cm）

B/T	0	0.01	0.02	0.03	0.04	0.05	0.06	0.07	0.08	0.09
0.3	1.8									
0.4	2.1									
0.5	2.5	2.55	2.60	2.65	2.7	2.75	2.79	2.83	2.87	2.91
0.6	2.95	3.0	3.05	3.1	3.15	3.2	3.25	3.3	3.35	3.4
0.7	3.45	3.51	3.57	3.63	3.69	3.75	3.81	3.87	3.93	3.99
0.8	4.05	4.12	4.19	4.26	4.33	4.4	4.48	4.56	4.64	4.72
0.9	4.8	4.9	4.95	5.05	5.1	5.2	5.3	5.4	5.5	5.6
1.0	5.7	5.82	5.95	6.07	6.15	6.3	6.42	6.55	6.65	6.8
1.1	6.9	7.03	7.2	7.31	7.48	7.6	7.75	7.9	8.08	8.25
1.2	8.45	8.6	8.8	9.0	9.2	9.4	9.6	9.92	10.15	10.45
1.3	10.8	11.12	11.45	11.75	12.2	12.6	13.0	13.5	13.93	14.5
1.4	14.9	15.3	15.95	16.45	17.0	17.5	18.35	19.2	20.1	21.1
1.5	22.7	24.5	25.6	27.1	28.8	30.5	32.0	34.0	36.5	37.5
1.6	40.0	42.5	45.0	47.5	50.0	52.5	55.8	59.5	62.3	66.0
1.7	70.5	75.3	79.5	84.0	88.5	93.2	98.0	103	108	114
1.8	119	124	130	135	141	148	156	162	170	178
1.9	188	197	207	215	226	235	245	256	265	275
2.0	290	302	315	328	342	361	380			

附表 B－5　　铸钢或厚钢板磁化曲线表　　（单位：A/cm）

B/T	0	0.01	0.02	0.03	0.04	0.05	0.06	0.07	0.08	0.09
0	0	0.08	0.16	0.24	0.32	0.4	0.48	0.56	0.64	0.72
0.1	0.8	0.88	0.96	1.04	1.12	1.2	1.28	1.36	1.44	1.52
0.2	1.6	1.68	1.76	1.84	1.92	2.00	2.08	2.16	2.24	2.32
0.3	2.4	2.48	2.5	2.64	2.72	2.8	2.88	2.96	3.04	3.12
0.4	3.2	3.28	3.36	3.44	3.52	3.6	3.68	3.76	3.84	3.92
0.5	4.0	4.04	4.17	4.26	4.34	4.43	4.52	4.61	4.7	4.79
0.6	4.88	4.97	5.06	5.16	5.25	5.35	5.44	5.54	5.64	5.74
0.7	5.84	5.93	6.03	6.13	6.23	6.32	6.42	6.52	6.62	6.72
0.8	6.82	6.93	7.03	7.24	7.34	7.45	7.55	7.66	7.76	7.87
0.9	7.98	8.10	8.23	8.35	8.48	8.5	8.73	8.85	8.98	9.11
1.0	9.24	9.38	6.53	9.69	9.86	10.04	10.22	10.39	10.56	10.73
1.1	10.9	11.08	11.27	11.47	11.67	11.87	12.07	12.27	12.48	12.69
1.2	12.9	13.15	13.4	13.7	14.0	14.3	14.6	14.9	15.2	15.55
1.3	15.9	16.3	16.7	17.2	17.6	18.1	18.6	19.2	19.7	20.3
1.4	20.9	21.6	22.3	23.0	23.6	24.4	25.3	26.2	27.1	28.0
1.5	28.9	29.9	31.0	32.1	33.2	34.3	35.6	37.0	38.3	39.6
1.6	41.0	42.5	44.0	45.5	47.0	48.7	50.0	51.5	53.0	55.0

附表 B－6　　10 号钢磁化曲线表　　（单位：A/cm）

B/T	0	0.01	0.02	0.03	0.04	0.05	0.06	0.07	0.08	0.09
0	0	0.3	0.5	0.7	0.85	1.0	1.05	1.15	1.2	1.25
0.1	1.3	1.35	1.4	1.45	1.5	1.55	1.6	1.62	1.65	1.68
0.2	1.7	1.75	1.77	1.8	1.82	1.85	1.88	1.9	1.92	1.95
0.3	1.97	1.99	2.0	2.02	2.04	2.06	2.08	2.1	2.13	2.15
0.4	2.18	2.2	2.22	2.28	2.3	2.35	2.37	2.4	2.45	2.48
0.5	2.5	2.55	2.58	2.6	2.65	2.7	2.74	2.77	2.82	2.85
0.6	2.9	2.95	3.0	3.05	3.08	3.12	3.18	3.22	3.25	3.35
0.7	3.38	3.45	3.48	3.55	3.6	3.65	3.73	3.8	3.85	3.9
0.8	4.0	4.05	4.13	4.2	4.27	4.35	4.42	4.5	4.58	4.65
0.9	4.72	4.8	4.9	5.0	5.1	5.2	5.3	5.4	5.5	5.6
1.0	5.7	5.8	5.9	6.0	6.1	6.2	6.3	6.45	6.6	6.7
1.1	6.82	6.95	7.05	7.2	7.35	7.5	7.65	7.75	7.85	8.0
1.2	8.1	8.25	8.42	8.55	8.7	8.85	9.0	9.2	9.35	9.55
1.3	9.75	9.9	10.0	10.8	11.4	12.0	12.7	13.6	14.4	15.2
1.4	16.0	16.6	17.6	18.4	19.2	20	21.2	22	23.2	24.2
1.5	25.2	26.2	27.4	28.4	29.2	30.2	31.0	32.7	33.2	34.0
1.6	35.2	36.0	37.2	38.4	39.4	40.4	41.4	42.8	44.2	46
1.7	47.6	58	60	62	64	66	69	72	76	80
1.8	83	85	90	93	97	100	103	108	110	114
1.9	120	124	130	133	137	140	145	152	158	165
2.0	170	177	183	188	194	200	205	212	220	225
2.1	230	240	250	257	264	273	282	290	300	308
2.2	320	328	338	350	362	370	382	392	405	415
2.3	425	435	445	458	470	482	500	522		

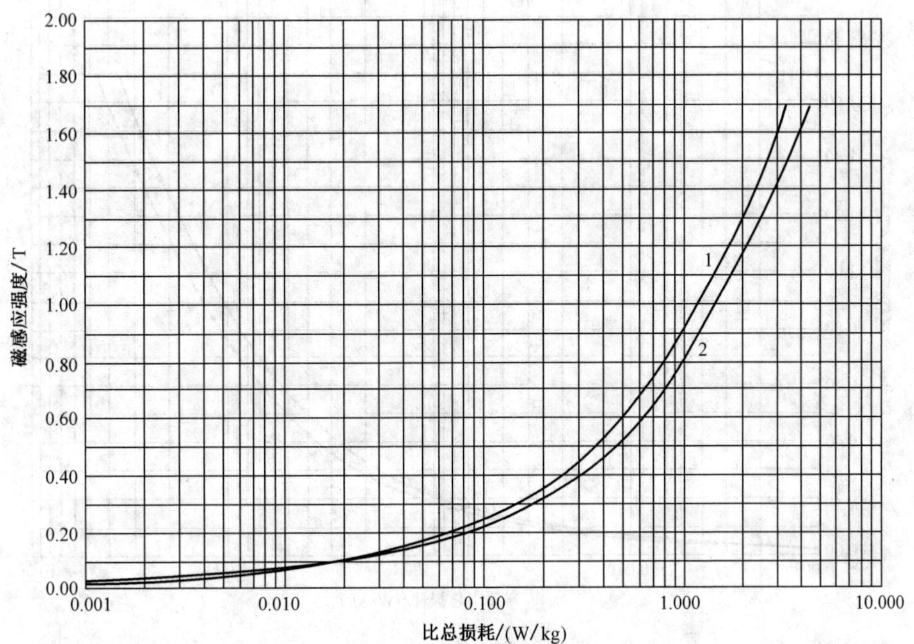

附图 B－1　0.5mm 厚冷轧硅钢片 50TW290 交流损耗曲线（密度为 7.6g/cm^3）

1—50Hz；2—60Hz

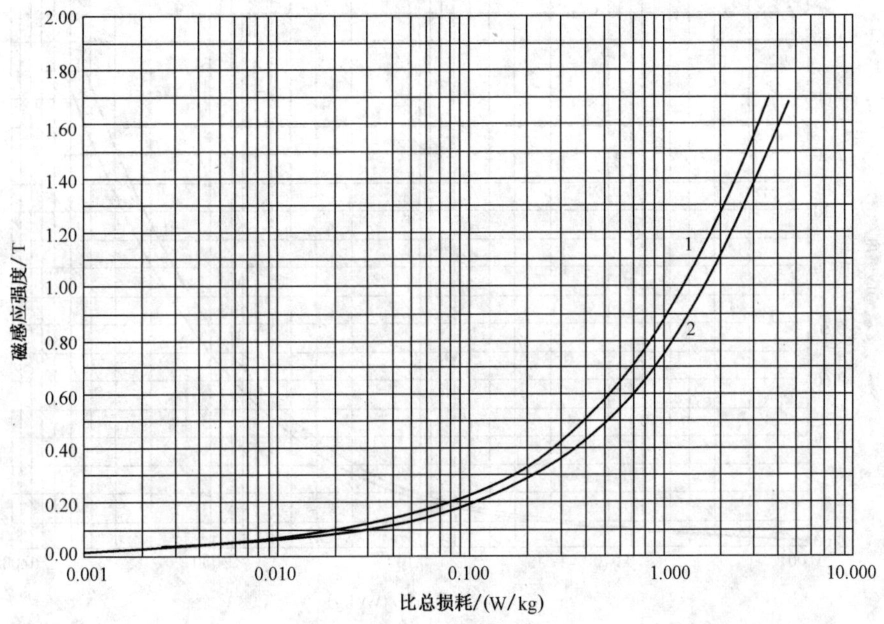

附图 B－2　0.5mm 厚冷轧硅钢片 50TW310 交流损耗曲线（密度为 7.65g/cm^3）

1—50Hz；2—60Hz

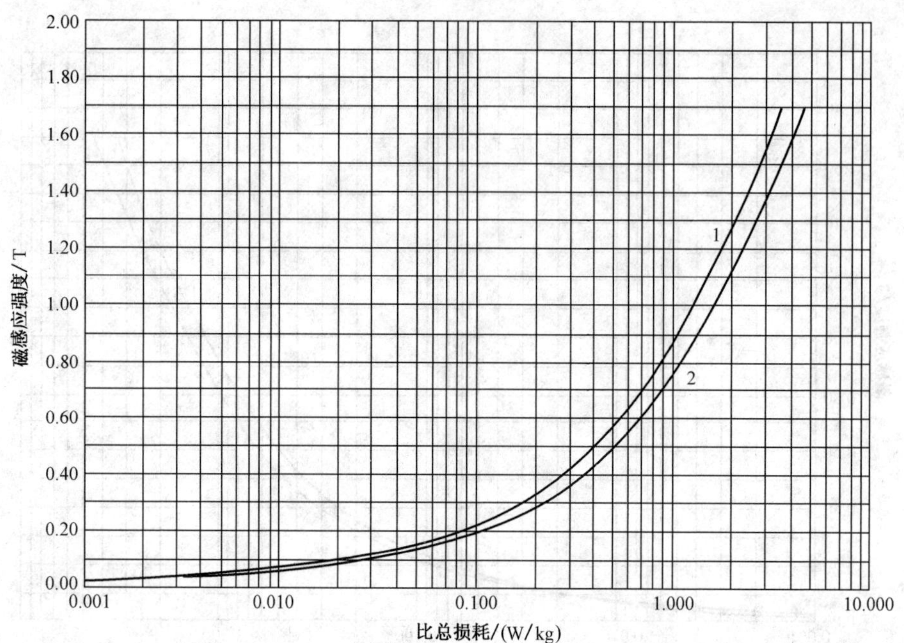

附图 B-3　0.5mm 厚冷轧硅钢片 50TW350 交流损耗曲线（密度为 7.65g/cm³）

1—50Hz；2—60Hz

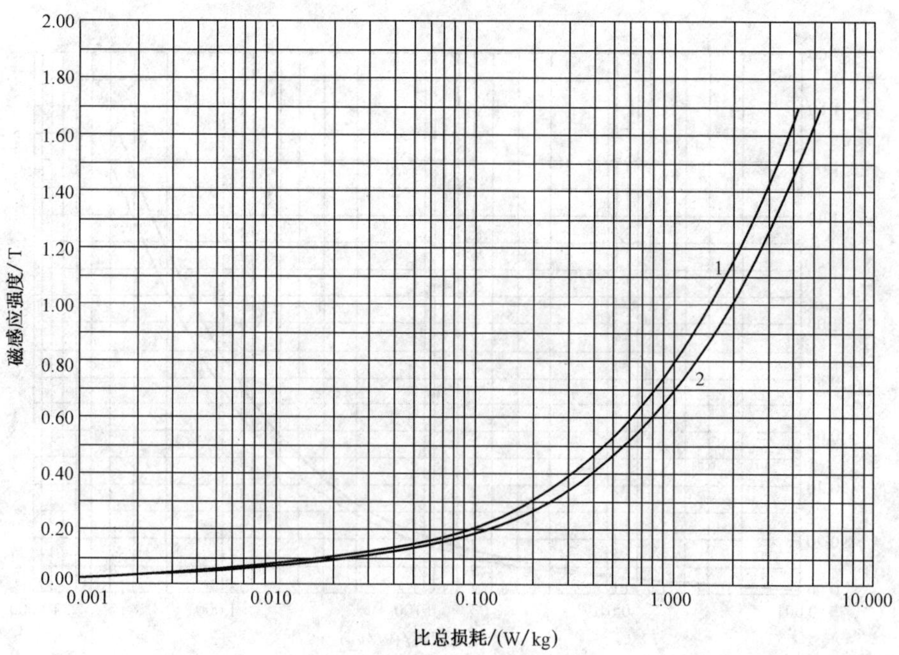

附图 B-4　0.5mm 厚冷轧硅钢片 50TW400 交流损耗曲线（密度为 7.65g/cm³）

1—50Hz；2—60Hz

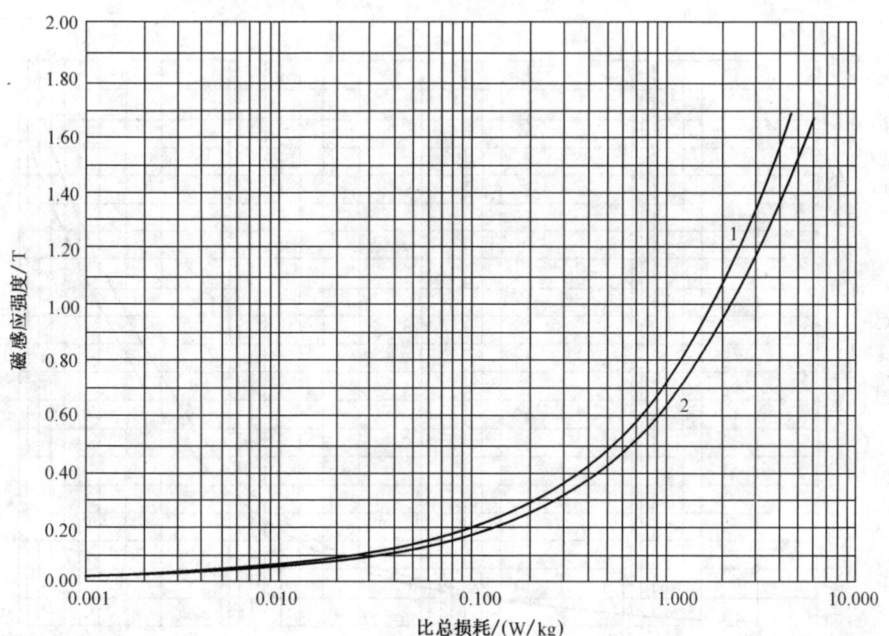

附图 B－5　0.5mm 厚冷轧硅钢片 50TW470 交流损耗曲线（密度为 7.70g/cm^3）

1—50Hz；2—60Hz

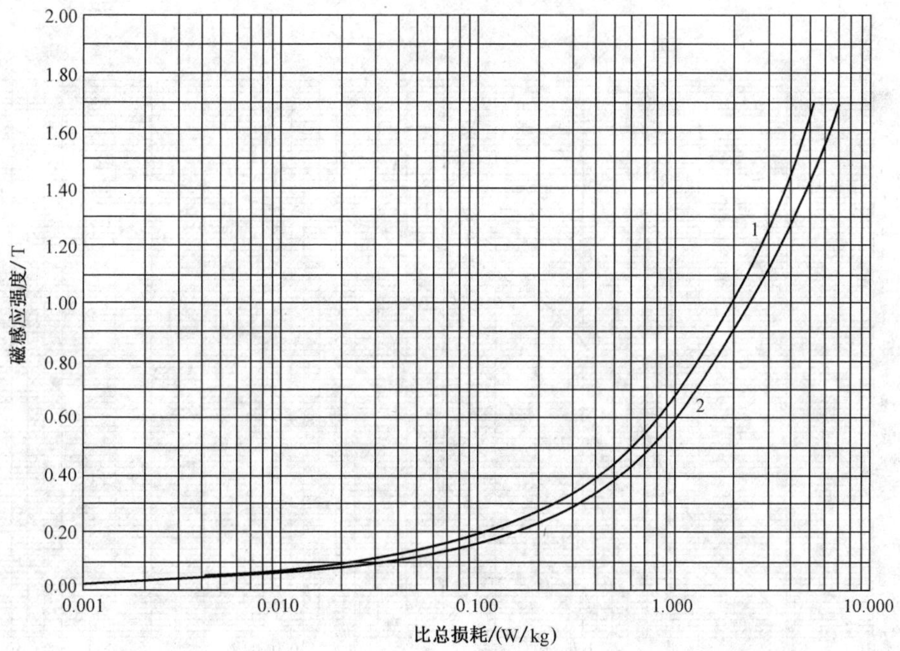

附图 B－6　0.5mm 厚冷轧硅钢片 50TW600 交流损耗曲线（密度为 7.75g/cm^3）

1—50Hz；2—60Hz

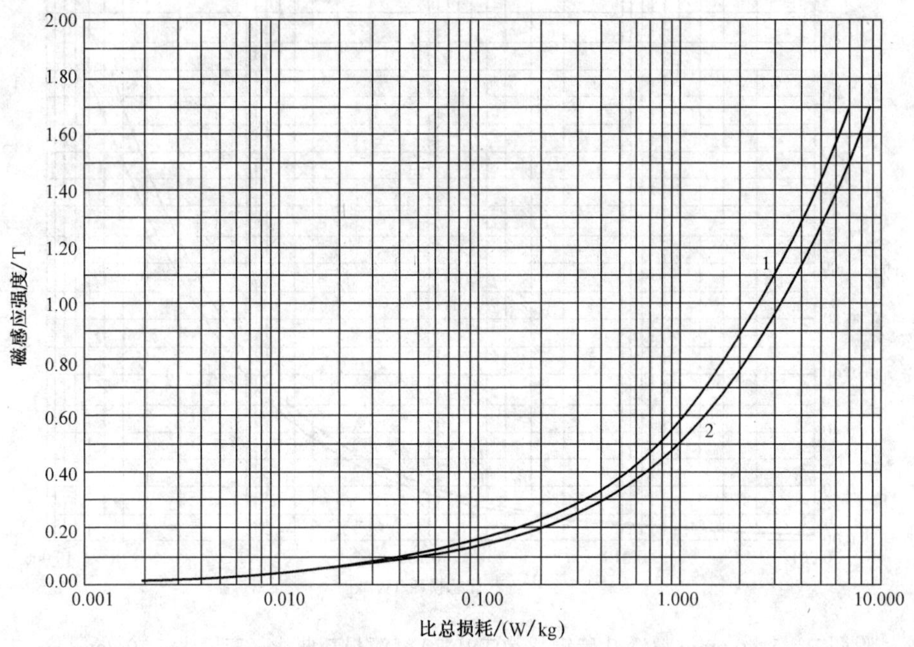

附图 B-7　0.5mm 厚冷轧硅钢片 50TW800 交流损耗曲线（密度为 7.8g/cm³）

1—50Hz；2—60Hz

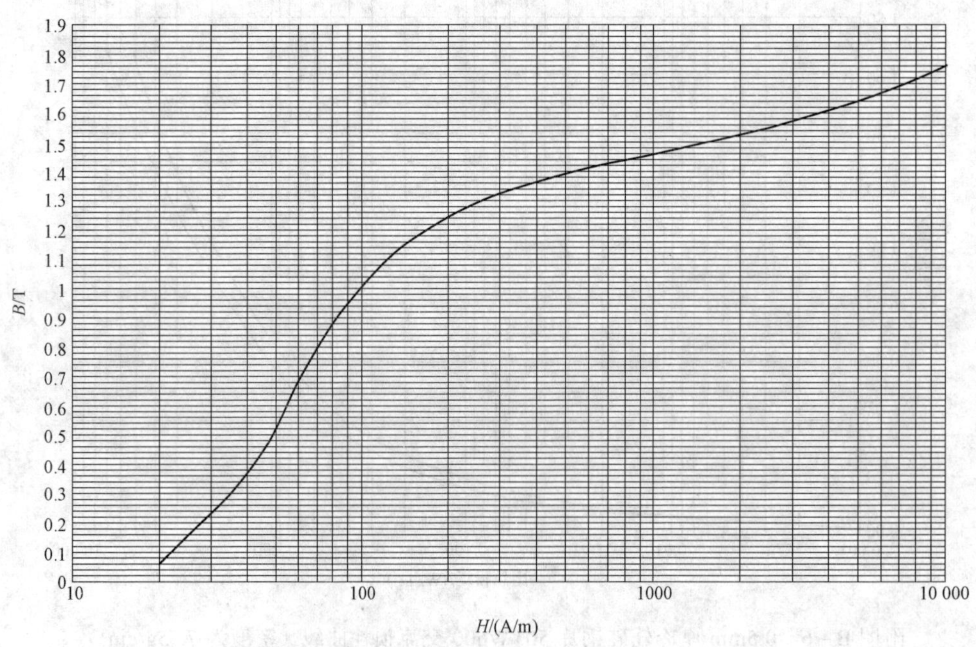

附图 B-8　0.5mm 厚冷轧硅钢片 50TW290 直流磁化曲线（密度为 7.6g/cm³）

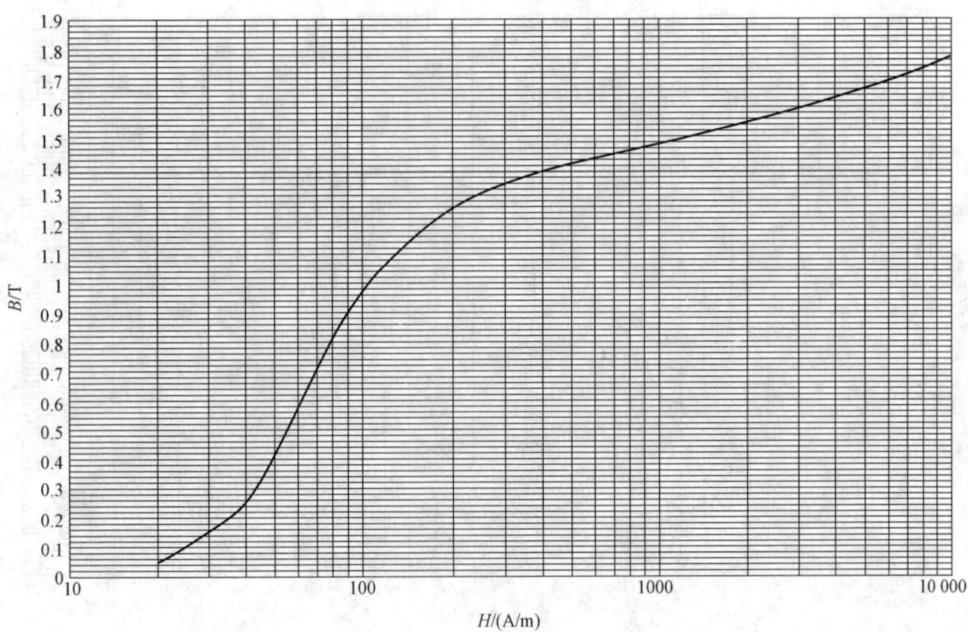

附图 B－9　0.5mm 厚冷轧硅钢片 50TW310 直流磁化曲线（密度为 7.65g/cm³）

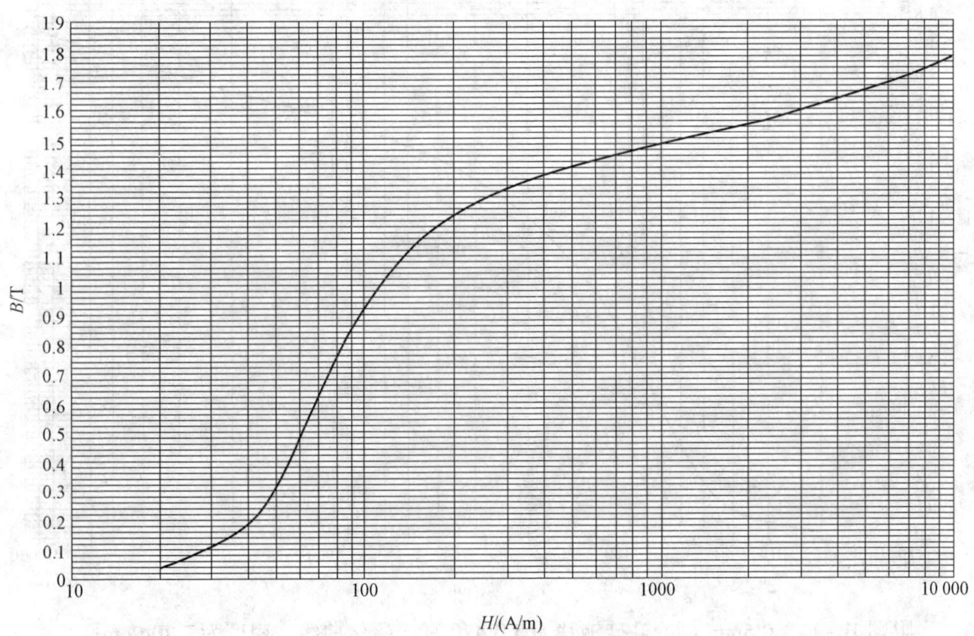

附图 B－10　0.5mm 厚冷轧硅钢片 50TW350 直流磁化曲线（密度为 7.65g/cm³）

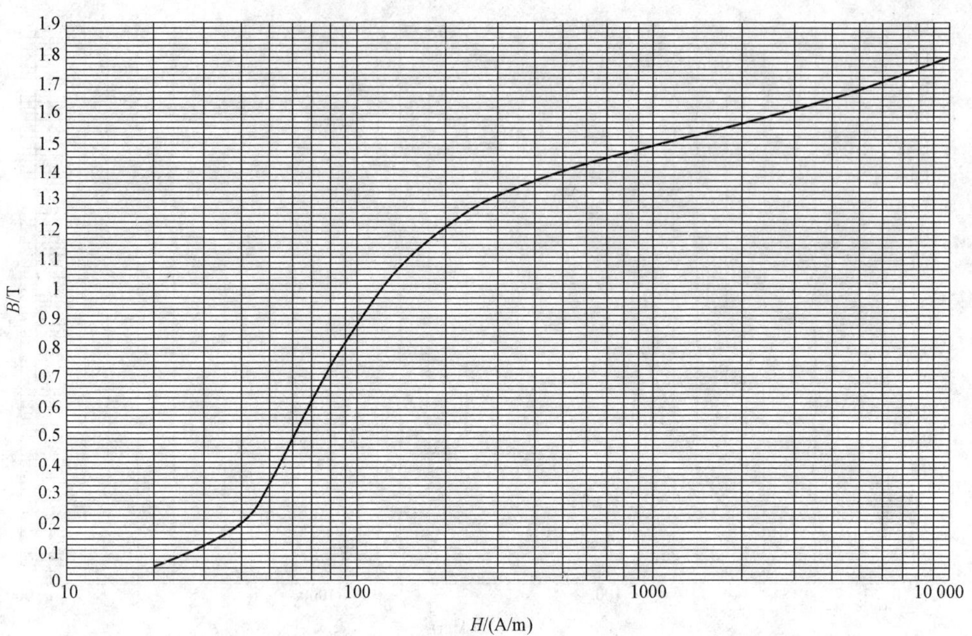

附图 B－11　0.5mm 厚冷轧硅钢片 50TW400 直流磁化曲线（密度为 7.65g/cm³）

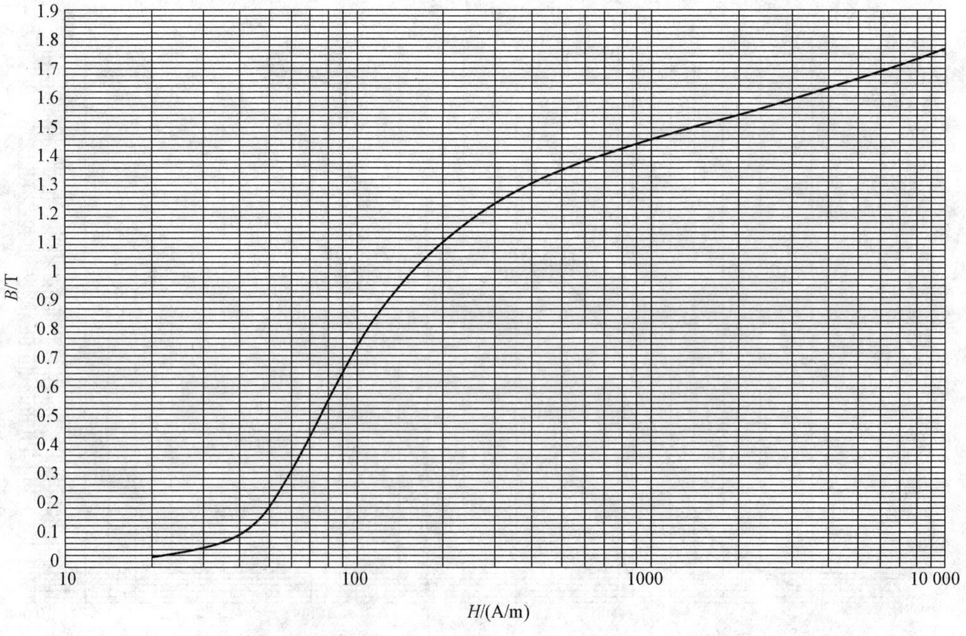

附图 B－12　0.5mm 厚冷轧硅钢片 50TW470 直流磁化曲线（密度为 7.70g/cm³）

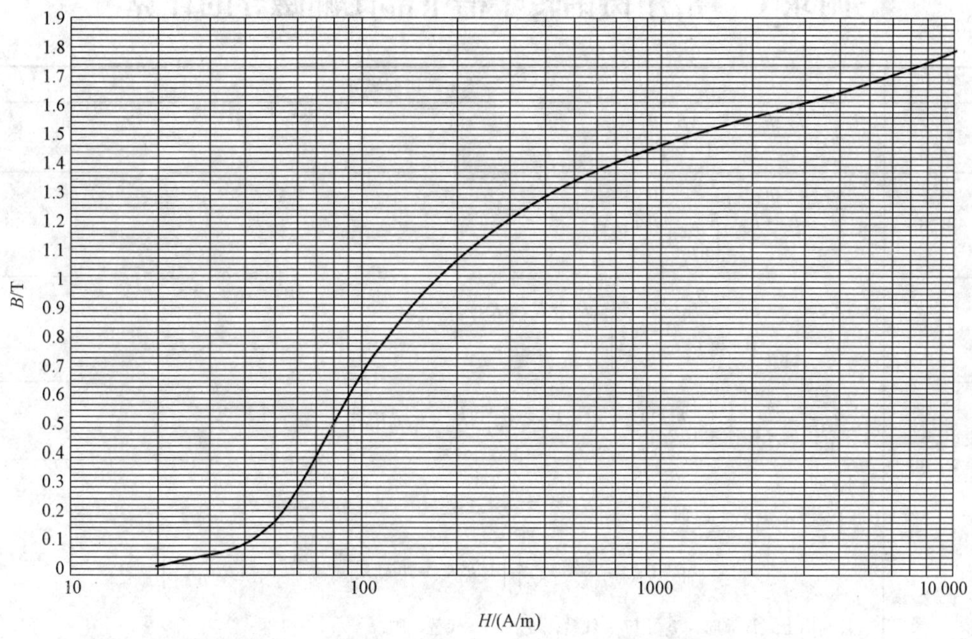

附图 B－13　0.5mm 厚冷轧硅钢片 50TW600 直流磁化曲线（密度为 7.75g/cm^3）

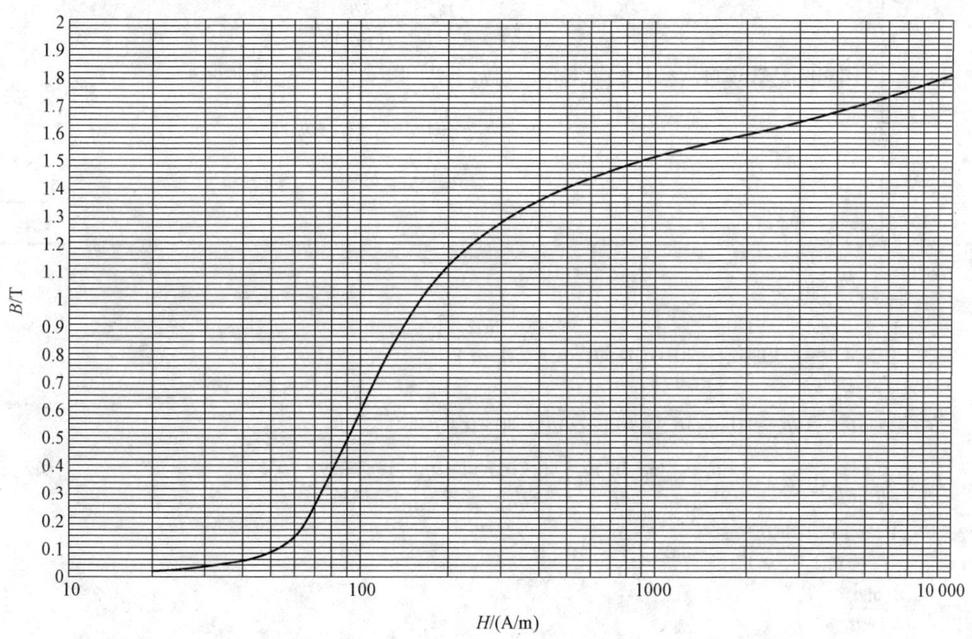

附图 B－14　0.5mm 厚冷轧硅钢片 50TW800 直流磁化曲线（密度为 7.80g/cm^3）

附录 C　常用铸铝转子槽下部比漏磁导的计算

<table>
<tr><th>槽形</th><th>槽下部比漏磁导</th></tr>
<tr><td>$L_{vv}=1，7$</td><td>$\lambda_{L2}=\dfrac{2h_{r1}}{b_{02}+b_{r1}}+\dfrac{4\beta_r}{(1+\alpha_r)^2}K_{r1}$</td></tr>
<tr><td>$L_{vv}=2，8$</td><td>$\lambda_{L2}=\dfrac{2h_{r1}}{b_{02}+b_{r1}}+\dfrac{\beta_r}{\left[\dfrac{\pi}{8\beta_r}+\dfrac{(1+\alpha_r)}{2}\right]^2}(K_{r1}+K_{r2})$</td></tr>
<tr><td>$L_{vv}=3，9$</td><td>$\lambda_{L2}=\dfrac{\beta_r}{\left[\dfrac{\pi}{8\beta_r}(1+\alpha_r^2)+\dfrac{(1+\alpha_r)}{2}\right]^2}(K_{r1}+K_{r2}+K_{r3})$</td></tr>
<tr><td rowspan="2">$L_{vv}=4，5$</td><td>$\lambda_{L2}=\dfrac{2h_{r1}}{b_{02}+b_{r1}}+\dfrac{1}{A_s^2}\left(b_{r2}h_{r2}^3K_{r1}+A_{s3}h_{r2}^2K_{r4}+A_{s3}^2\dfrac{h_{r2}}{b_{r2}}K_{r5}+b_{r4}h_{r3}^3K'_{r1}\right)$</td></tr>
<tr><td>起动时：
（1）当 $h_{PX}>h_{r1}+h_{r2}$ 时，
$$\lambda_{L2st}=\dfrac{2h_{r1}}{b_{02}+b_{r1}}+\dfrac{1}{A_s^2}\left(b_{r2}h_{r2}^3K_{r1}+A_{s3}h_{r2}^2K_{r4}+A_{s3}^2\dfrac{h_{r2}}{b_{r2}}K_{r5}+b_{r4}h_{r3}^3K'_{r1}\right)$$
且利用上式计算时，b_{r4} 用 b_{PX} 代替，h_{r3} 用 h_X 代替，则：
$$b_{PX}=b_{r4}+\dfrac{1}{h_{r3}}(b_{r3}-b_{r4})(h_B-h_{PX})$$
$$h_X=h_{PX}-(h_{r1}+h_{r2})$$
（2）当 $h_{PX}\leqslant h_{r1}+h_{r2}$ 时，
$$\lambda_{L2st}=\dfrac{2h_{r1}}{b_{02}+b_{r1}}+\dfrac{4\beta_r}{(1+\alpha_r)^2}K_{r1}$$
且利用上式计算时，b_{r2} 用 b_{PX} 代替，h_{r2} 用 h_X 代替，则：
$$b_{PX}=b_{r1}+\dfrac{1}{h_{r2}}(b_{r2}-b_{r1})(h_{PX}-h_{r1})$$
$$h_X=h_{PX}-h_{r1}$$</td></tr>
<tr><td>$L_{vv}=6，10$</td><td>$\lambda_{L2}=0.623$</td></tr>
</table>

注：$\alpha_r=\dfrac{b_{r1}}{b_{r2}}$，$\beta_r=\dfrac{h_{r2}}{b_{r2}}$。

$$K_{r1}=\frac{1}{3}-\frac{1-\alpha_r}{4}\left[\frac{1}{4}+\frac{1}{3(1-\alpha_r)}+\frac{1}{2(1-\alpha_r)^2}+\frac{1}{(1-\alpha_r)^3}+\frac{\ln\alpha_r}{(1-\alpha_r)^4}\right]$$

$$K_{r2}=\frac{2\pi^3-9\pi}{1536\beta_r^3}+\frac{\pi}{16\beta_r}-\frac{\pi}{8(1-\alpha_r)\beta_r}-\left[\frac{\pi^2}{64(1-\alpha_r)\beta_r^2}+\frac{\pi}{8(1-\alpha_r)^2\beta_r}\right]\ln\alpha_r$$

$$K_{r3}=\frac{\pi}{4\beta_r}\left[\frac{\pi}{8\beta_r}(1-\alpha_r^2)+\frac{1+\alpha_r}{2}\right]^2+\frac{(4+3\pi^2)\alpha_r^2}{32\beta_r^2}\left[\frac{\pi(1-\alpha_r^2)}{8\beta_r}+\frac{1+\alpha_r}{2}\right]+\frac{14\pi^3+39\pi}{1536}\times\frac{\alpha_r^4}{\beta_r^3}$$

$$K_{r4}=\frac{1}{2}-\frac{1}{1-\alpha_r}-\frac{\ln\alpha_r}{(1-\alpha_r)^2}$$

$$K_{r5}=-\frac{\ln\alpha_r}{1-\alpha_r}$$

K'_{r1} 以 $\alpha_r=\dfrac{b_{r3}}{b_{r4}}$ 代入 K_{r1} 的计算公式计算。

$A_{s1}=(b_{02}+b_{r1})h_{r1}/2$，$A_{s2}=(b_{r1}+b_{r2})h_{r2}/2$，$A_{s3}=(b_{r3}+b_{r4})h_{r3}/2$，$A_s=A_{s1}+A_{s2}+A_{s3}$。